책장을 넘기며 느껴지는
몰입의 기쁨

노력한 만큼 빛이 나는
내일의 반짝임

새로운 배움, 더 큰 즐거움

미래엔이 응원합니다!

올리드 유형완성

중등 수학 3(하)

BOOK CONCEPT

단계별, 유형별 학습으로 수학 잡는 필수 유형서

BOOK GRADE

구성 비율 개념 — 문제

개념 수준 상세 — 알참 — 간략

문제 수준 기본 — 실전 — 심화

WRITERS

미래엔콘텐츠연구회

No.1 Content를 개발하는 교육 전문 콘텐츠 연구회

COPYRIGHT

인쇄일 2022년 5월 2일(2판1쇄)

발행일 2022년 5월 2일

펴낸이 신광수

펴낸곳 ㈜미래엔

등록번호 제16-67호

교육개발1실장 하남규

개발책임 주석호

개발 김윤희, 김지연, 박지혜, 이주현

콘텐츠서비스실장 김효정

콘텐츠서비스책임 이승연, 이병욱

디자인실장 손현지

디자인책임 김기욱

디자인 이진희, 유성아

CS본부장 강윤구

CS지원책임 강승훈

ISBN 979-11-6841-125-8

INTRODUCTION

머리말

끊임없는 노력이 나의 실력을 만든다!!

끊임없이 노력하라.
체력이나 지능이 아니라 노력이야말로
잠재력의 자물쇠를 푸는 열쇠다.
- 윈스턴 처칠

여러분은 지금까지 수학 공부를 어떻게 하였나요?
공부 계획은 열심히 세웠지만
실천하지 못하여 중간에 포기하지 않았나요?
또는 개념을 명확히 이해하지 못한 채
문제만 기계적으로 풀지 않았나요?

수학을 잘하려면 집중력 있고 끈기 있게 공부하여야 합니다.
이때 개념을 정확히 이해하고 문제를 푸는 것이
무엇보다 중요하겠지요.

올리드 유형완성은
주제별로 개념과 유형을 구성하여
하루에 한 주제만 집중할 수 있도록 하였습니다.
올리드 유형완성으로 하루에 한 주제씩
개념 학습과 유형 연습을 완벽하게 한다면
그 하루하루의 노력이 모여
점점 실력이 향상되는 나를 발견하게 될 것입니다.

STRUCTURE

특장과 구성

1 수학의 모든 문제 유형을 한 권에 담았습니다.

교과서에 수록된 문제부터 시험에 출제된 문제까지 모든 수학 문제를 개념별, 난이도별, 유형별로 정리하여 구성하였습니다.

Lecture별 유형 집중 학습

Lecture별로 교과서 핵심 개념과 이를 익히고 계산력을 기를 수 있는 문제로 구성하였습니다.

교과서와 시험에 출제된 문제를 철저히 분석하여 개념과 문제 형태에 따라 다양한 유형으로 구성하였습니다.

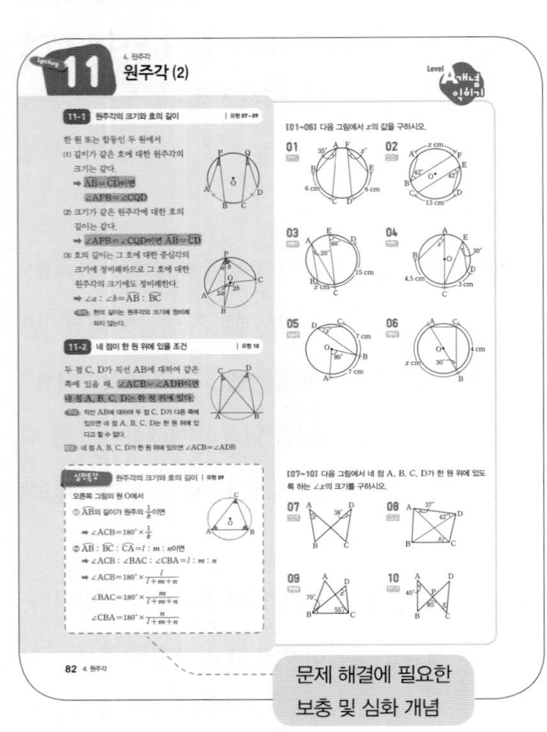

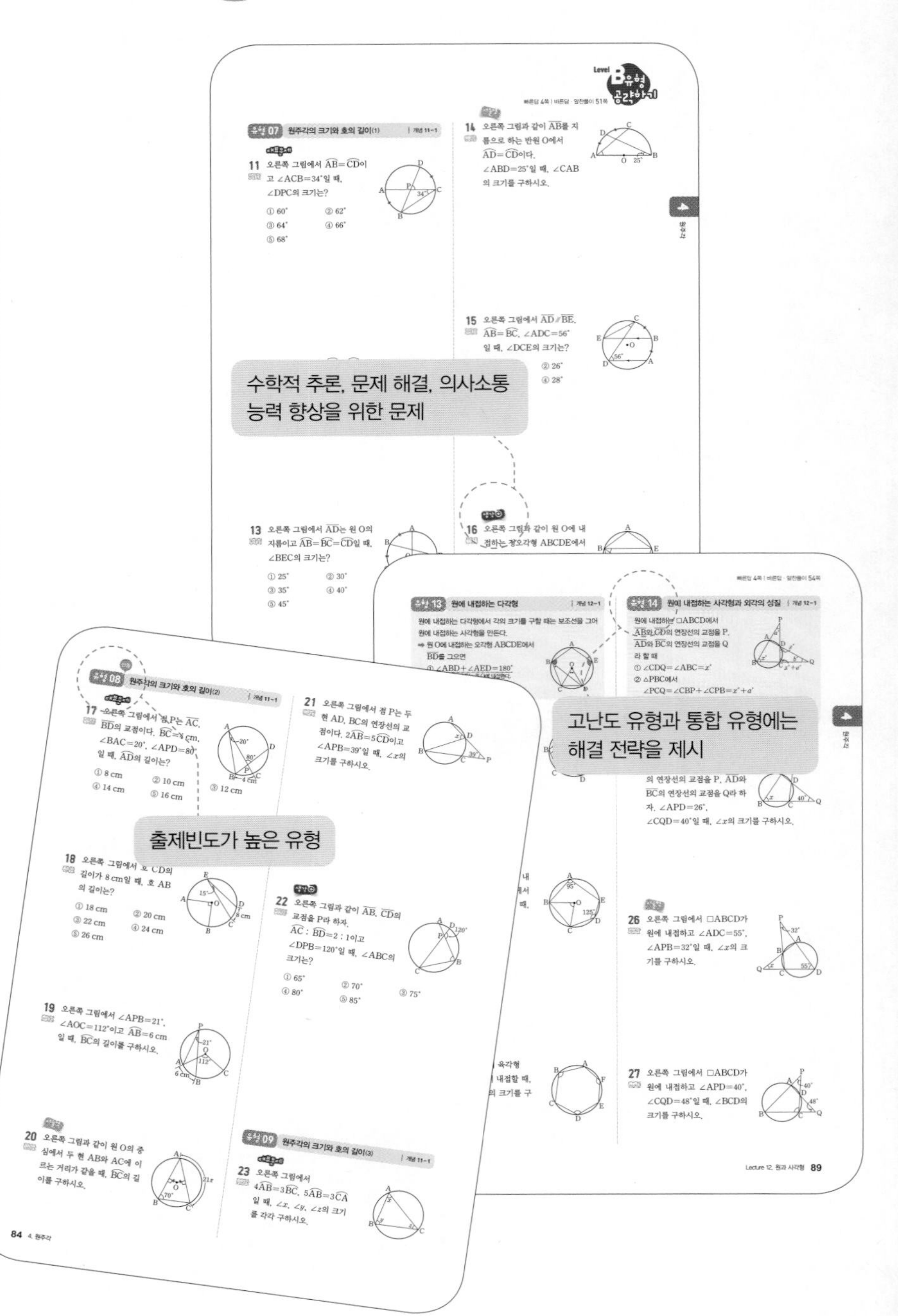

2 진도에 맞춰 기본부터 실전까지 완전 학습이 가능합니다.

한 시간 수업(Lecture)을 기본 4쪽으로 구성하여 수업 진도에 맞춰 예습 · 복습하기 편리하고, 유형별로 충분한 문제 해결 연습을 할 수 있습니다.

3 서술형 문제, 사고력 문제로 수학적 창의성을 기릅니다.

교육과정에서 강조하는 창의 사고력을 기를 수 있도록 다양한 형태의 문제를 제시하고 자세한 풀이를 수록하여 쉽게 이해할 수 있습니다.

중단원별 실전 집중 학습

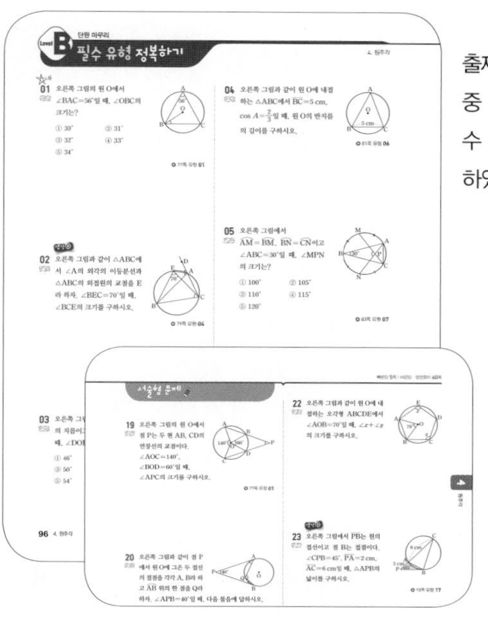

출제율이 높은 시험 문제 중 Lecture별로 학습할 수 있도록 문제를 구성하였습니다.

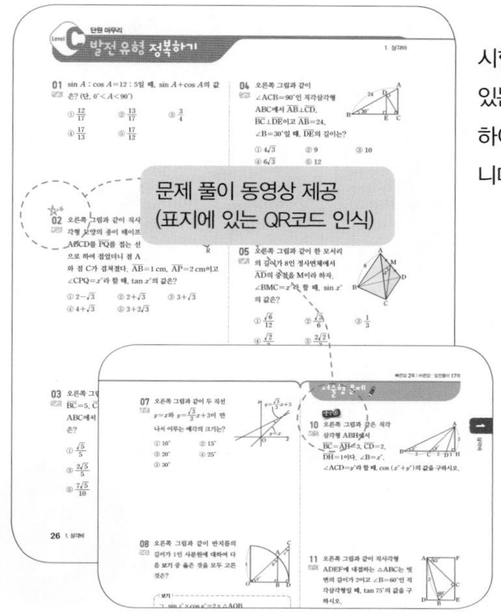

시험에서 변별력 있는 문제를 엄선하여 구성하였습니다.

자세한 문제 풀이

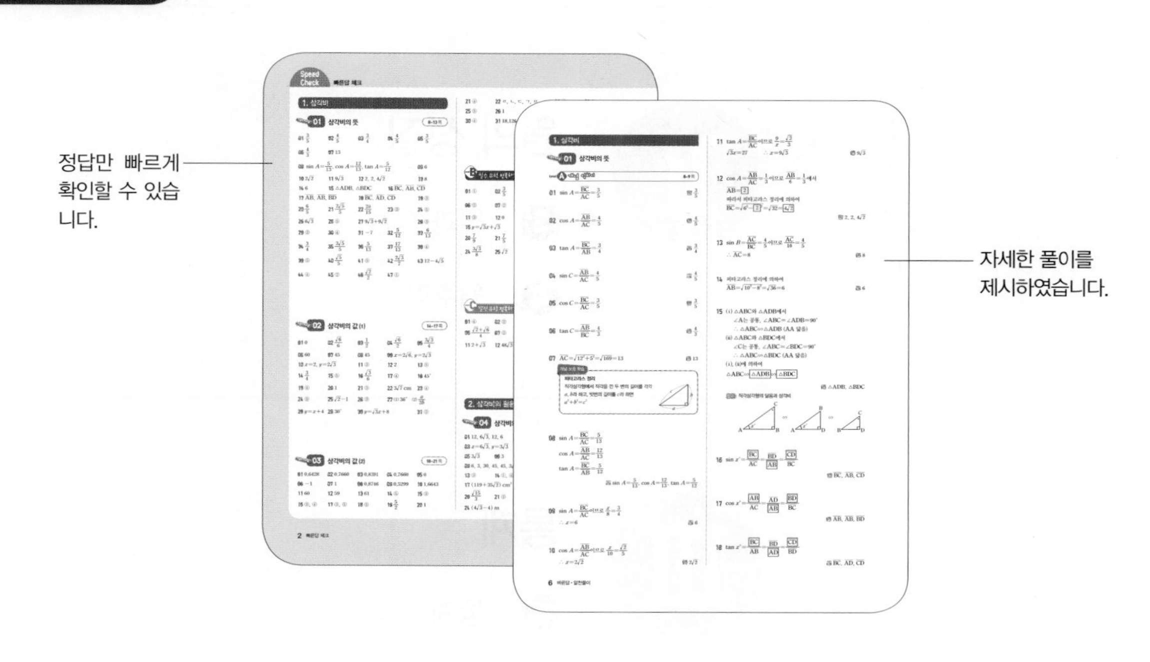

CONTENTS

차례

I 삼각비

원의 성질

통계

수학이 쉬워지는

"유형완성 학습법"

STEP 01

핵심 개념 정리

수학 문제를 풀기 위해서는 무엇보다 개념을 정확히 이해하고 있는 것이 중요하므로 차근차근 개념을 학습하여 확실히 이해하고 공식을 암기합니다. 교과서를 먼저 읽은 후 공부하면 더 쉽게 개념을 이해할 수 있습니다.

STEP 02

Level A 개념 익히기

기본 문제를 풀어 보면서 개념을 어느 정도 이해했는지 확인해 봅니다. 틀린 문제가 있다면 해당 개념으로 돌아가 개념을 다시 한 번 학습한 후 문제를 다시 풀어 봅니다.

STEP 03

Level B 유형 공략하기

문제의 형태와 문제 해결에 사용되는 핵심 개념, 풀이 방법 등에 따라 문제를 유형화하고 그 유형에 맞는 해결 방법이 제시되어 있으므로 문제를 풀어 보며 해결 방법을 익힙니다. 틀린 문제가 있다면 체크해 두고 반드시 복습합니다.

STEP 04

Level B 단원 마무리 필수 유형 정복하기

수학을 꾸준히 공부했다고 하더라도 실전에 앞서 실전 감각을 기르는 것이 무엇보다 중요합니다. 필수 유형 정복하기에 제시된 문제를 풀면서 실전 감각을 기르고 앞에서 학습한 내용을 얼마나 이해했는지 확인해 봅니다.

STEP 05

Level C 단원 마무리 발전 유형 정복하기

난이도가 높은 문제를 해결하기 위해서는 어떤 개념과 유형이 복합된 문제인지를 파악하고 그에 맞는 전략을 세울 수 있어야 합니다. 발전 유형 정복하기에 제시된 문제를 풀면서 앞에서 학습한 유형들이 어떻게 응용되어 있는지 파악하고 해결 방법을 고민해 보는 훈련을 통해 문제 해결력을 기릅니다.

Ⅰ. 삼각비

1 삼각비

학습 계획 및 성취도 체크

- 학습 계획을 세우고 적어도 두 번 반복하여 공부합니다.
- 유형 이해도에 따라 ▢ 안에 ○, △, ×를 표시합니다.
- 시험 전에 [빈출] 유형과 × 표시한 유형은 반드시 한 번 더 풀어 봅니다.

			학습 계획	1차 학습	2차 학습
Lecture 01 삼각비의 뜻	유형 **01**	삼각비의 뜻	/	▢	▢
	유형 **02**	삼각비를 이용하여 삼각형의 변의 길이 구하기 빈출	/	▢	▢
	유형 **03**	한 삼각비의 값을 알 때 다른 삼각비의 값 구하기	/	▢	▢
	유형 **04**	직선의 방정식과 삼각비	/	▢	▢
	유형 **05**	직각삼각형의 닮음과 삼각비(1) 빈출	/	▢	▢
	유형 **06**	직각삼각형의 닮음과 삼각비(2)	/	▢	▢
	유형 **07**	입체도형에서의 삼각비의 활용	/	▢	▢
Lecture 02 삼각비의 값(1)	유형 **08**	30°, 45°, 60°의 삼각비의 값 빈출	/	▢	▢
	유형 **09**	삼각비를 이용하여 각의 크기 구하기	/	▢	▢
	유형 **10**	특수한 각의 삼각비를 이용하여 변의 길이 구하기 빈출	/	▢	▢
	유형 **11**	특수한 각의 삼각비를 이용하여 다른 삼각비의 값 구하기	/	▢	▢
	유형 **12**	직선의 기울기와 삼각비	/	▢	▢
Lecture 03 삼각비의 값(2)	유형 **13**	사분원을 이용하여 삼각비의 값 구하기 빈출	/	▢	▢
	유형 **14**	0°, 90°의 삼각비의 값	/	▢	▢
	유형 **15**	삼각비의 값의 대소 관계 빈출	/	▢	▢
	유형 **16**	삼각비의 값의 대소 관계를 이용한 식의 계산	/	▢	▢
	유형 **17**	삼각비의 표를 이용하여 삼각비의 값, 각의 크기 구하기	/	▢	▢
	유형 **18**	삼각비의 표를 이용하여 변의 길이 구하기 빈출	/	▢	▢
단원 마무리	**Level B** 필수 유형 정복하기		/	▢	▢
	Level C 발전 유형 정복하기		/	▢	▢

1. 삼각비

삼각비의 뜻

01-1 삼각비의 뜻 | 유형 01~04, 07

$\angle B=90^\circ$인 직각삼각형 ABC에서

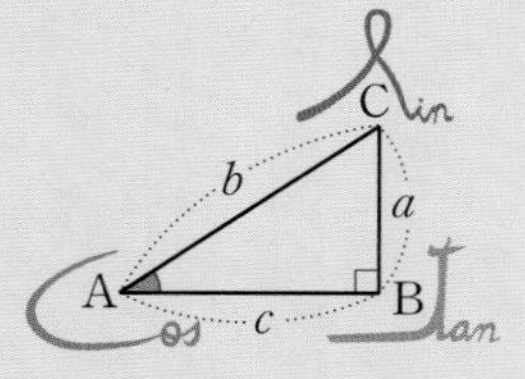

(1) ($\angle$A의 사인)$=\dfrac{(\text{높이})}{(\text{빗변의 길이})}$

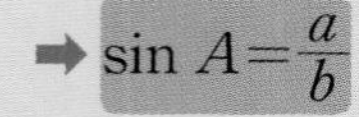

➡ $\sin A=\dfrac{a}{b}$

(2) ($\angle$A의 코사인)$=\dfrac{(\text{밑변의 길이})}{(\text{빗변의 길이})}$

➡ $\cos A=\dfrac{c}{b}$

(3) ($\angle$A의 탄젠트)$=\dfrac{(\text{높이})}{(\text{밑변의 길이})}$

➡ $\tan A=\dfrac{a}{c}$

이때 $\sin A$, $\cos A$, $\tan A$를 통틀어 $\angle$A의 **삼각비**라 한다.

참고 ① 삼각비는 직각삼각형에서만 정해진다.
② 삼각비를 나타낼 때는 $\angle$A의 크기를 보통 A로 나타낸다.

주의 한 직각삼각형에서도 기준각에 따라 높이와 밑변이 바뀐다. 이때 기준각의 대변이 높이가 된다.

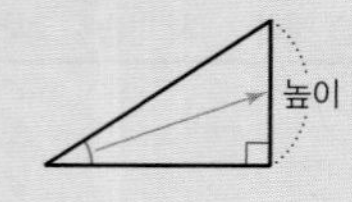

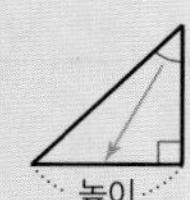

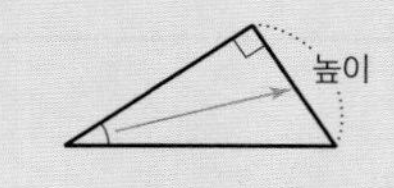

01-2 닮은 직각삼각형에서 삼각비의 값 | 유형 05, 06

$\angle B=90^\circ$인 직각삼각형 ABC에서 $\angle$A의 크기가 정해지면 직각삼각형의 크기에 관계없이 삼각비의 값은 항상 일정하다.

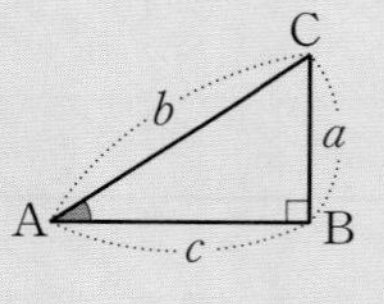

실전특강 직선의 방정식과 삼각비 | 유형 04

직선 l이 x축의 양의 방향과 이루는 각의 크기를 a°라 할 때, 삼각비의 값은 다음과 같은 순서로 구한다.

❶ 직선의 방정식에 $y=0$, $x=0$을 각각 대입하여 점 A, B의 좌표를 구한다.

❷ 직각삼각형 AOB에서 삼각비의 값을 구한다.

➡ $\sin a^\circ=\dfrac{\overline{OB}}{\overline{AB}}$, $\cos a^\circ=\dfrac{\overline{OA}}{\overline{AB}}$, $\tan a^\circ=\dfrac{\overline{OB}}{\overline{OA}}$

[01~06] 오른쪽 그림과 같은 직각삼각형 ABC에서 다음 삼각비의 값을 구하시오.

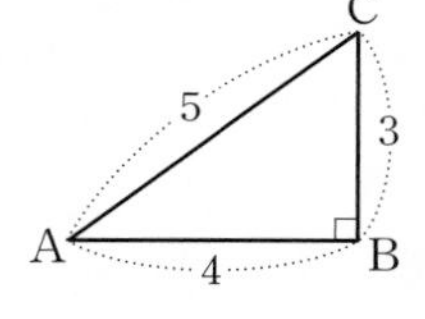

01 $\sin A$ 0001

02 $\cos A$ 0002

03 $\tan A$ 0003

04 $\sin C$ 0004

05 $\cos C$ 0005

06 $\tan C$ 0006

[07~08] 오른쪽 그림과 같은 직각삼각형 ABC에서 다음을 구하시오.

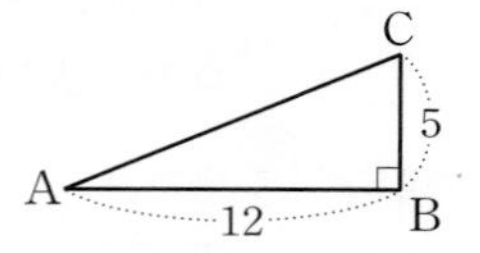

07 $\overline{AC}$의 길이

0007

08 $\sin A$, $\cos A$, $\tan A$의 값

0008

[09~11] 직각삼각형 ABC에서 삼각비의 값이 다음과 같이 주어질 때, x의 값을 구하시오.

09 $\sin A=\dfrac{3}{4}$ 0009

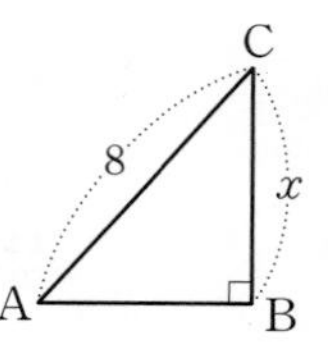

10 $\cos A=\dfrac{\sqrt{2}}{5}$ 0010

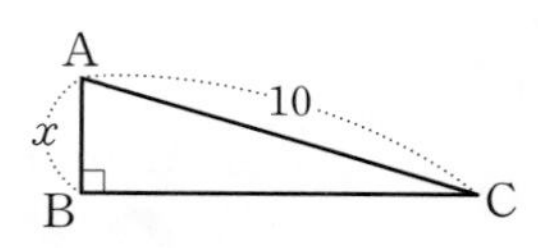

11 $\tan A=\dfrac{\sqrt{3}}{3}$ 0011

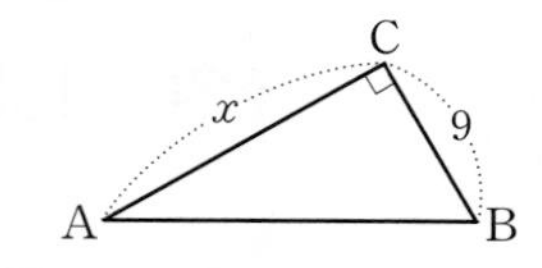

12 (0012) 다음은 오른쪽 그림과 같은 직각삼각형 ABC에서 $\cos A=\frac{1}{3}$일 때, $\overline{BC}$의 길이를 구하는 과정이다. □ 안에 알맞은 수를 써넣으시오.

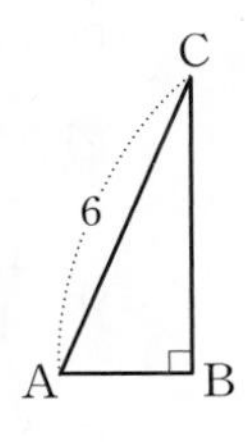

$\cos A=\frac{\overline{AB}}{\overline{AC}}=\frac{1}{3}$이므로 $\overline{AB}=\square$
$\therefore \overline{BC}=\sqrt{6^2-\square^2}=\square$

[13~14] 오른쪽 그림과 같은 직각삼각형 ABC에서 $\sin B=\frac{4}{5}$일 때, 다음을 구하시오.

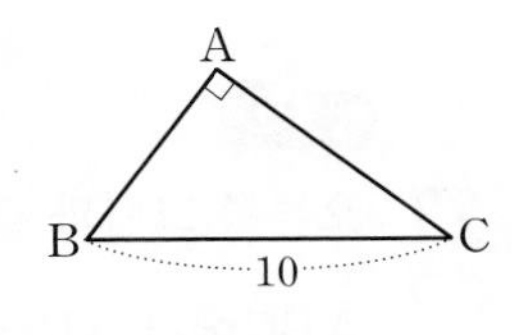

13 (0013) $\overline{AC}$의 길이

14 (0014) $\overline{AB}$의 길이

[15~18] 오른쪽 그림과 같은 직각삼각형 ABC에서 $\overline{AC}\perp\overline{BD}$일 때, 다음 □ 안에 알맞은 것을 써넣으시오.

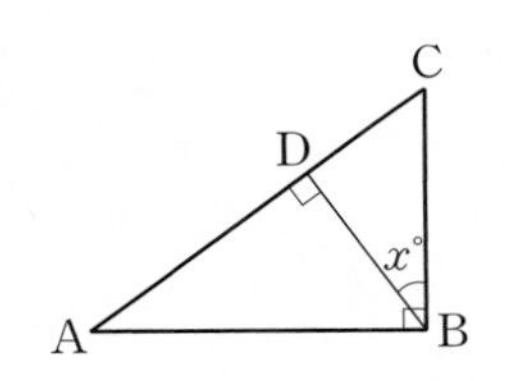

15 (0015) $\triangle ABC \backsim \square \backsim \square$

16 (0016) $\sin x^\circ=\frac{\square}{\overline{AC}}=\frac{\overline{BD}}{\square}=\frac{\square}{\overline{BC}}$

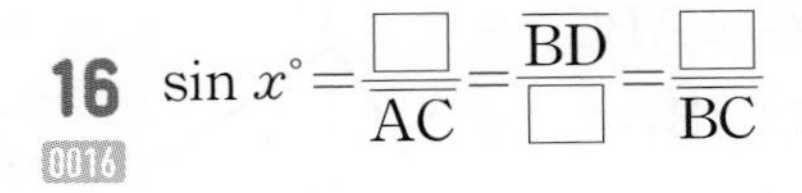

17 (0017) $\cos x^\circ=\frac{\square}{\overline{AC}}=\frac{\overline{AD}}{\square}=\frac{\square}{\overline{BC}}$

18 (0018) $\tan x^\circ=\frac{\square}{\overline{AB}}=\frac{\overline{BD}}{\square}=\frac{\square}{\overline{BD}}$

유형 01 삼각비의 뜻 | 개념 01-1

대표문제

19 (0019) 오른쪽 그림과 같은 직각삼각형 ABC에서 $\overline{AC}=\sqrt{7}$, $\overline{BC}=3$일 때, 다음 중 옳지 않은 것은?

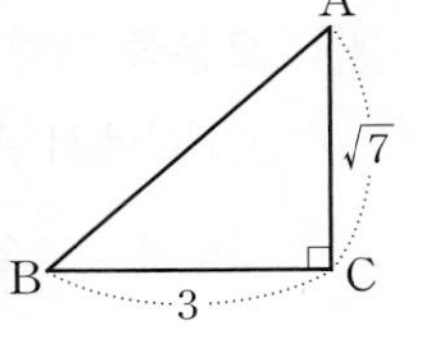

① $\sin A=\frac{3}{4}$
② $\cos A=\frac{\sqrt{7}}{4}$
③ $\tan A=\frac{\sqrt{7}}{3}$
④ $\sin B=\frac{\sqrt{7}}{4}$
⑤ $\cos B=\frac{3}{4}$

20 (0020) 오른쪽 그림과 같은 직각삼각형 ABC에서 $\sin C+\cos B$의 값을 구하시오.

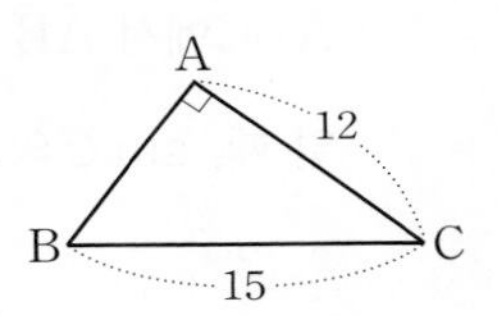

21 (0021) 오른쪽 그림과 같은 직각삼각형 ABC에서 $\overline{AC}:\overline{BC}=2:1$일 때, $\sin B$의 값을 구하시오.

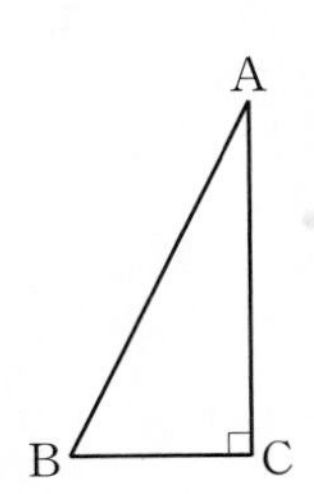

서술형

22 (0022) 오른쪽 그림의 직각삼각형 ABC에서 $\tan x^\circ+\tan y^\circ$의 값을 구하시오.

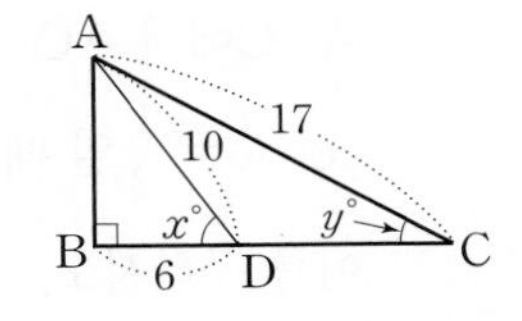

1 삼각비

빈출

유형 02 삼각비를 이용하여 삼각형의 변의 길이 구하기

| 개념 01-1

❶ 주어진 삼각비의 값을 이용하여 변의 길이를 구한다.
❷ 피타고라스 정리를 이용하여 나머지 한 변의 길이를 구한다.

대표문제

23 0023 오른쪽 그림과 같은 직각삼각형 ABC에서 $\overline{AB}=6$이고 $\sin A=\frac{2}{3}$일 때, $\overline{AC}$의 길이는?

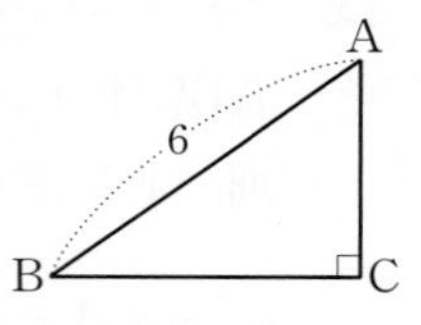

① 4 ② $3\sqrt{2}$ ③ $2\sqrt{5}$
④ 5 ⑤ $2\sqrt{7}$

24 0024 오른쪽 그림과 같은 직각삼각형 ABC에서 $\overline{AB}=8$이고 $\tan A=\frac{3}{4}$일 때, $\sin C$의 값은?

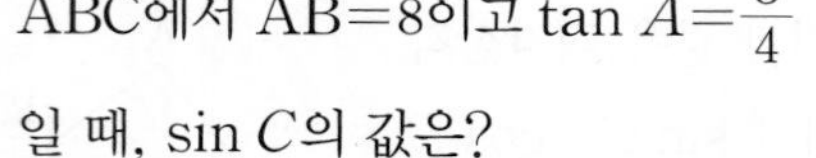

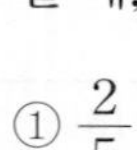

① $\frac{2}{5}$ ② $\frac{\sqrt{5}}{5}$
③ $\frac{3}{5}$ ④ $\frac{\sqrt{5}}{3}$
⑤ $\frac{4}{5}$

서술형

25 0025 오른쪽 그림과 같은 직각삼각형 ABC에서 $\overline{AC}=4\sqrt{3}$이고 $\cos C=\frac{1}{2}$일 때, $\triangle ABC$의 넓이를 구하시오.

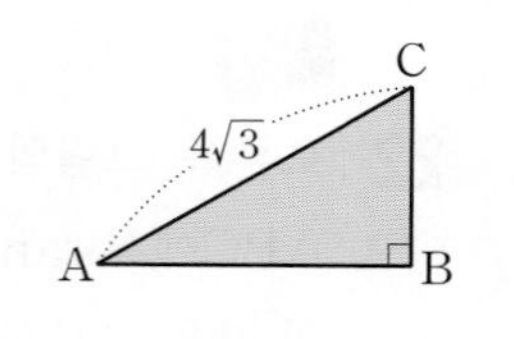

26 0026 오른쪽 그림과 같은 직각삼각형 ABC에서 $\overline{BC}=9$이고 $\cos B=\frac{\sqrt{5}}{3}$일 때, $\frac{\tan C}{\cos C}$의 값은?

① $\frac{4\sqrt{5}}{15}$ ② $\frac{2}{3}$ ③ $\frac{\sqrt{7}}{3}$
④ $\frac{\sqrt{5}}{2}$ ⑤ $\frac{3\sqrt{5}}{4}$

생각⊕

27 0027 오른쪽 그림과 같은 직각삼각형 ABC에서 $\overline{AB}=9$, $\sin A=\frac{\sqrt{6}}{3}$일 때, $\overline{AC}+\overline{BC}$의 길이를 구하시오.

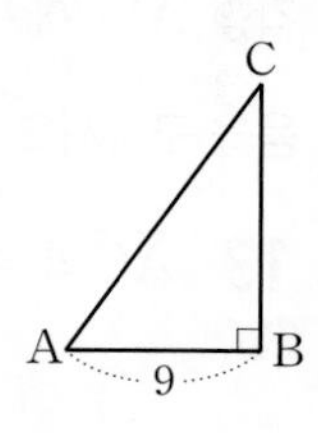

28 0028 오른쪽 그림과 같은 $\triangle ABC$에서 $\overline{AH}\perp\overline{BC}$이고 $\overline{AB}=4$, $\overline{AC}=6$, $\cos B=\frac{1}{2}$일 때, $\tan C$의 값은?

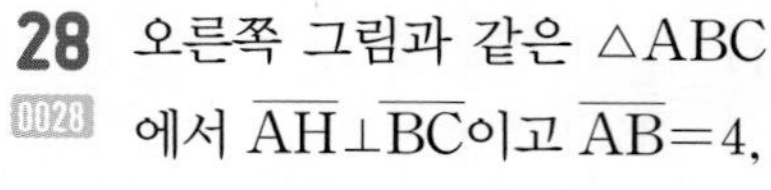

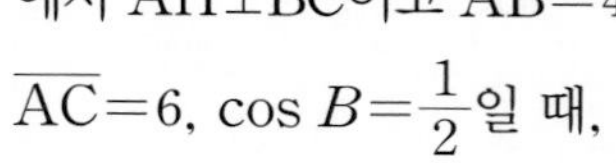

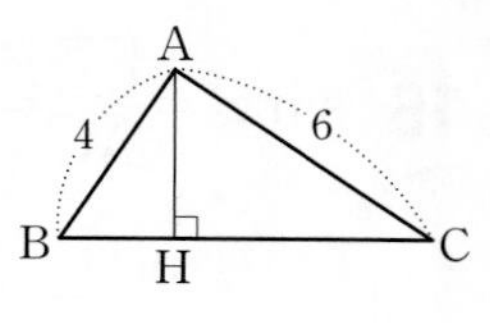

① $\frac{1}{3}$ ② $\frac{\sqrt{3}}{3}$ ③ $\frac{\sqrt{2}}{2}$
④ $\frac{\sqrt{3}}{2}$ ⑤ $\frac{\sqrt{5}}{2}$

유형 03 한 삼각비의 값을 알 때 다른 삼각비의 값 구하기 | 개념 01-1

❶ 주어진 삼각비의 값을 갖는 직각삼각형을 그린다.
❷ 피타고라스 정리를 이용하여 나머지 한 변의 길이를 구한다.
❸ 다른 삼각비의 값을 구한다.

대표문제

29 $\sin A=\frac{2}{3}$일 때, $6\cos A\times\tan A$의 값은?
0029
(단, $0^\circ<A<90^\circ$)

① 3 ② 4 ③ $3\sqrt{2}$
④ $4\sqrt{2}$ ⑤ 6

30 $\angle C=90^\circ$이고 $\cos B=\frac{8}{17}$인 △ABC에 대하여 다음 중 옳지 않은 것은?
0030

① $\sin B=\frac{15}{17}$ ② $\cos A=\frac{15}{17}$
③ $\tan A=\frac{8}{15}$ ④ $\tan A=\tan B$
⑤ $\sin A=\cos B$

31 $4\tan A=3$일 때, $\frac{\sin A+\cos A}{\sin A-\cos A}$의 값을 구하시오.
0031
(단, $0^\circ<A<90^\circ$)

32 $\angle C=90^\circ$인 직각삼각형 ABC에서 $\sin(90^\circ-A)=\frac{12}{13}$일 때, $\tan A$의 값을 구하시오.
0032

유형 04 직선의 방정식과 삼각비 | 개념 01-1

대표문제

33 오른쪽 그림과 같이 일차방정식 $2x-3y+6=0$의 그래프가 x축의 양의 방향과 이루는 각의 크기를 a°라 할 때, $\sin a^\circ\times\cos a^\circ$의 값을 구하시오.
0033

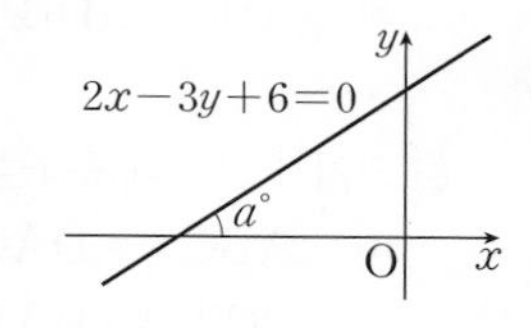

34 오른쪽 그림과 같이 일차함수 $y=\frac{3}{4}x+2$의 그래프가 x축의 양의 방향과 이루는 각의 크기를 a°라 할 때, $\tan a^\circ$의 값을 구하시오.
0034

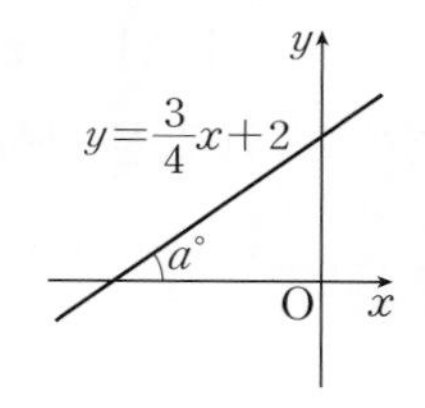

서술형

35 오른쪽 그림과 같이 일차방정식 $x+2y+4=0$의 그래프와 x축이 이루는 예각의 크기를 a°라 할 때, $\sin a^\circ+\cos a^\circ$의 값을 구하시오.
0035

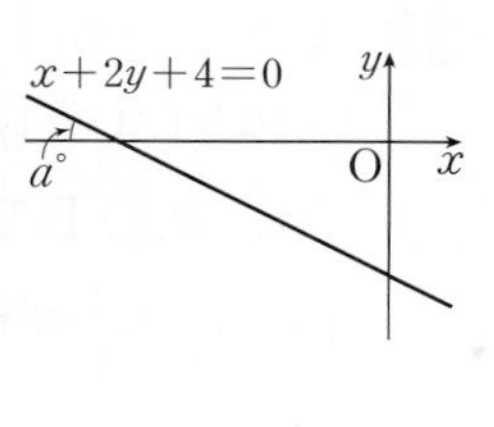

36 직선 $2x+3y-12=0$이 x축과 이루는 예각의 크기를 a°라 할 때, $\cos^2 a^\circ-\sin^2 a^\circ$의 값을 구하시오.
0036

빈출

유형 05 직각삼각형의 닮음과 삼각비(1) | 개념 01-2

❶ 닮음인 삼각형을 찾는다.
➡ $\triangle ABC \backsim \triangle DBA \backsim \triangle DAC$ (AA 닮음)
❷ 크기가 같은 대응각을 찾는다.
➡ $\angle ABC = \angle DAC$
$\angle BCA = \angle BAD$
❸ 닮은 직각삼각형에서 대응각에 대한 삼각비의 값은 일정함을 이용하여 삼각비의 값을 구한다.

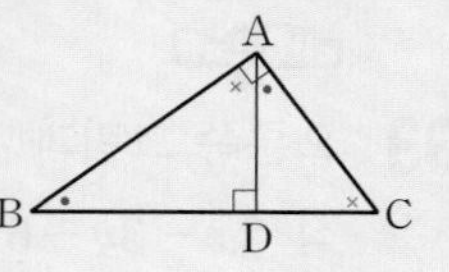

대표문제

37 0037 오른쪽 그림과 같은 직각삼각형 ABC에서 $\overline{AD} \perp \overline{BC}$이고 $\overline{AB}=5$, $\overline{AC}=12$이다.
$\angle BAD = x^\circ$, $\angle CAD = y^\circ$라 할 때, $\sin x^\circ + \sin y^\circ$의 값을 구하시오.

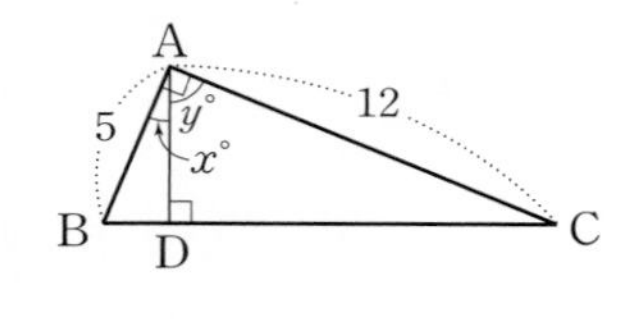

38 0038 오른쪽 그림의 직각삼각형 ABC에서 $\overline{AD} \perp \overline{BC}$이다. $\overline{AB}=9$, $\angle BAD = x^\circ$이고 $\tan x^\circ = \frac{3}{4}$일 때, $\overline{BC}$의 길이는?

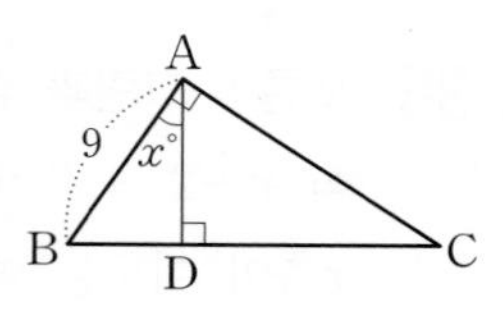

① 12 ② 13 ③ 14
④ 15 ⑤ 16

39 0039 오른쪽 그림과 같은 직각삼각형 ABC에서 $\overline{BD} \perp \overline{AC}$이다. $\angle ABD = x^\circ$라 할 때, 다음 중 옳지 않은 것은?

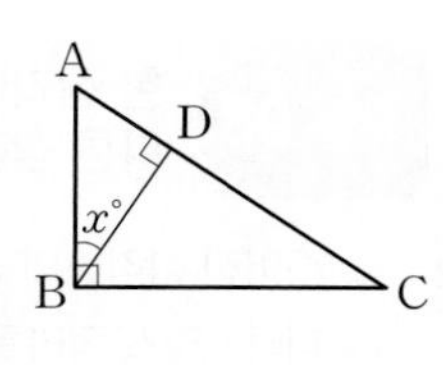

① $\sin x^\circ = \frac{\overline{AB}}{\overline{AC}}$ ② $\sin x^\circ = \frac{\overline{BD}}{\overline{BC}}$
③ $\cos x^\circ = \frac{\overline{BD}}{\overline{AB}}$ ④ $\cos x^\circ = \frac{\overline{BC}}{\overline{AC}}$
⑤ $\tan x^\circ = \frac{\overline{AB}}{\overline{AC}}$

서술형

40 0040 오른쪽 그림과 같이 $\overline{BC}=4$, $\overline{CD}=2$인 직사각형 ABCD의 꼭짓점 A에서 대각선 BD에 내린 수선의 발을 H라 하고 $\angle BAH = x^\circ$라 할 때, $\sin x^\circ$의 값을 구하시오.

A D x° 2 H B 4 C

유형 06 직각삼각형의 닮음과 삼각비(2) | 개념 01-2

대표문제

41 0041 오른쪽 그림과 같은 직각삼각형 ABC에서 $\overline{DE} \perp \overline{BC}$이고 $\overline{AB}=4$, $\overline{AC}=3$이다.
$\angle BDE = x^\circ$라 할 때, $\cos x^\circ$의 값은?

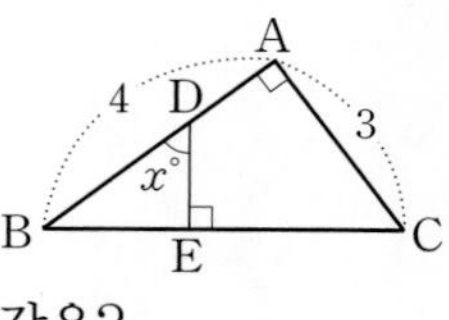

① $\frac{1}{5}$ ② $\frac{3}{10}$ ③ $\frac{2}{5}$
④ $\frac{1}{2}$ ⑤ $\frac{3}{5}$

42 0042 오른쪽 그림과 같은 직각삼각형 ABC에서 $\overline{AB}\perp\overline{ED}$일 때, $\sin B\times\cos B$의 값을 구하시오.

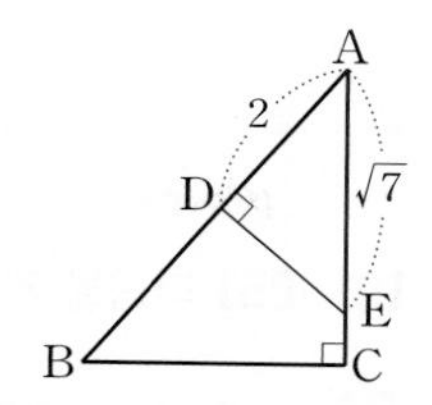

43 0043 오른쪽 그림과 같은 직각삼각형 ABC에서 $\overline{BC}=6$, $\tan B=2$이다. $\angle AED=90^\circ$, $\overline{DE}=2\sqrt{5}$가 되도록 $\overline{AB}$, $\overline{AC}$ 위에 각각 점 D, E를 잡을 때, $\overline{EC}$의 길이를 구하시오.

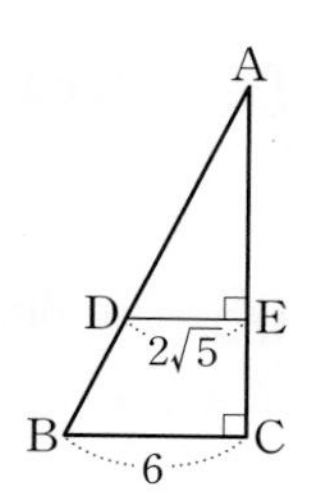

유형 07 입체도형에서의 삼각비의 활용 | 개념 01-1

❶ 입체도형에서 직각삼각형을 찾는다.
❷ 피타고라스 정리를 이용하여 변의 길이를 구한다.
❸ 삼각비의 값을 구한다.

대표문제

44 0044 오른쪽 그림과 같이 한 모서리의 길이가 3인 정육면체에서 $\angle CEG=x^\circ$라 할 때, $\cos x^\circ$의 값은?

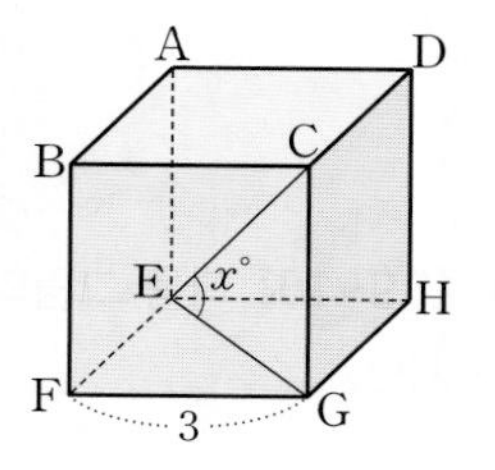

① $\frac{1}{3}$ ② $\frac{1}{2}$
③ $\frac{\sqrt{3}}{3}$ ④ $\frac{\sqrt{6}}{3}$
⑤ $\frac{\sqrt{3}}{2}$

45 0045 오른쪽 그림과 같은 직육면체에서 $\angle DFH=x^\circ$라 할 때, $\sin x^\circ-\cos x^\circ+\tan x^\circ$의 값은?

① $\sqrt{2}-1$ ② 1
③ 2 ④ $\sqrt{2}+1$
⑤ $\sqrt{3}+2$

서술형

46 0046 오른쪽 그림은 모서리의 길이가 모두 4이고 밑면이 정사각형인 사각뿔이다. $\angle OAC=x^\circ$라 할 때, $\cos x^\circ$의 값을 구하시오.

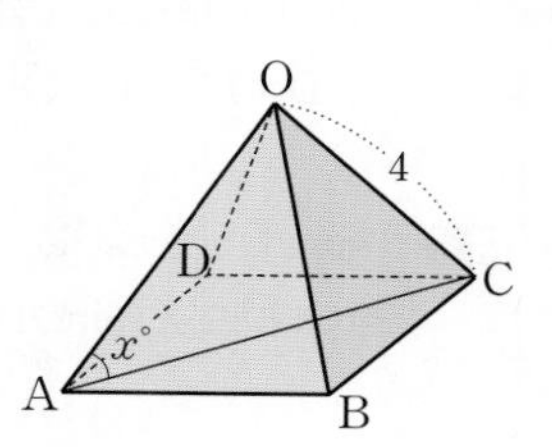

생각⊕

47 0047 오른쪽 그림과 같이 높이가 12인 원기둥이 있다. 위쪽 밑면의 둘레 위의 점 P에서 아래쪽 밑면에 내린 수선의 발을 H, 점 H에서 아래쪽 밑면의 지름 AB에 내린 수선의 발을 Q, $\angle PQH=x^\circ$라 하자. $\overline{AQ}=2$, $\overline{OA}=5$일 때, $\tan x^\circ$의 값은?

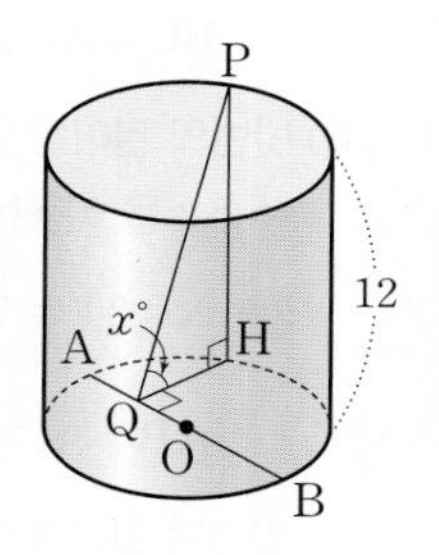

① 3 ② 4 ③ 5
④ 6 ⑤ 7

삼각비의 값 (1)

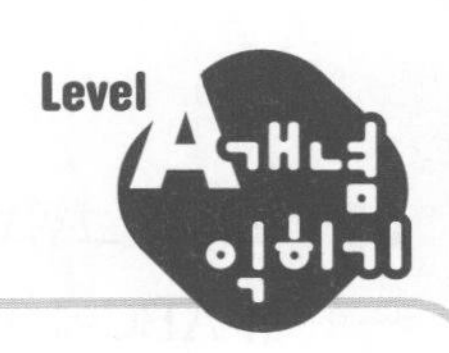

02-1 30°, 45°, 60°의 삼각비의 값 | 유형 08~12

삼각비 \ A	30°	45°	60°	
$\sin A$	$\frac{1}{2}$	$\frac{\sqrt{2}}{2}$	$\frac{\sqrt{3}}{2}$	→ 삼각비의 값이 커진다.
$\cos A$	$\frac{\sqrt{3}}{2}$	$\frac{\sqrt{2}}{2}$	$\frac{1}{2}$	→ 삼각비의 값이 작아진다.
$\tan A$	$\frac{\sqrt{3}}{3}$	1	$\sqrt{3}$	→ 삼각비의 값이 커진다.

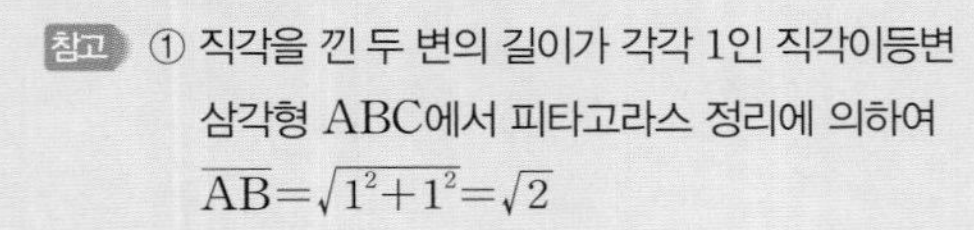
참고 ① 직각을 낀 두 변의 길이가 각각 1인 직각이등변 삼각형 ABC에서 피타고라스 정리에 의하여
$\overline{AB}=\sqrt{1^2+1^2}=\sqrt{2}$

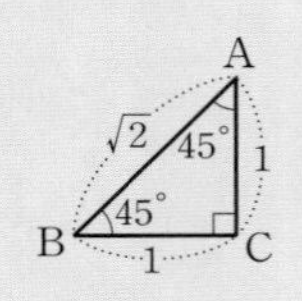

② 한 변의 길이가 2인 정삼각형 ABC의 꼭짓점 A에서 밑변 BC에 내린 수선의 발을 D라 하면 피타고라스 정리에 의하여
$\overline{AD}=\sqrt{2^2-1^2}=\sqrt{3}$

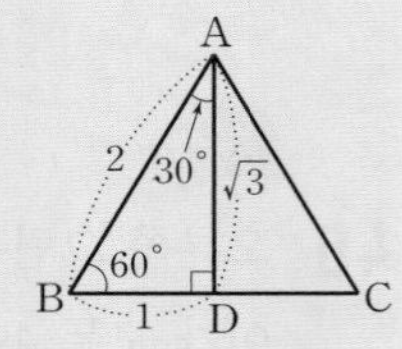

주의 $(\sin A)^2$, $(\cos A)^2$, $(\tan A)^2$은 각각 $\sin^2 A$, $\cos^2 A$, $\tan^2 A$로 나타내므로 $(\sin A)^2 \neq \sin A^2$

실전특강 특수한 각의 삼각비를 이용하여 변의 길이 구하기 | 유형 10~12

특수한 각을 갖는 직각삼각형에서는 삼각비의 값을 이용하여 변의 길이를 구할 수 있다.

(1) 빗변의 길이를 알 때, 높이 구하기
➡ sin을 이용한다.

예 $\sin 30° = \frac{\overline{BC}}{\overline{AC}}$이므로
$\overline{BC}=\overline{AC}\sin 30°=6\times\frac{1}{2}=3$

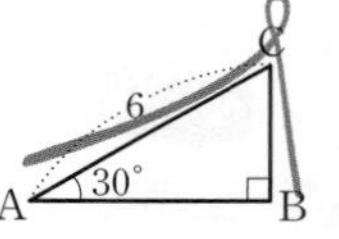

(2) 빗변의 길이를 알 때, 밑변의 길이 구하기
➡ cos을 이용한다.

예 $\cos 30° = \frac{\overline{AB}}{\overline{AC}}$이므로
$\overline{AB}=\overline{AC}\cos 30°=6\times\frac{\sqrt{3}}{2}=3\sqrt{3}$

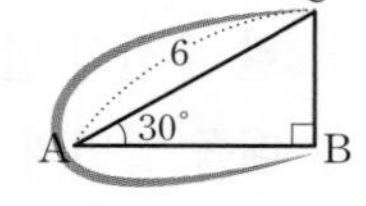

(3) 밑변의 길이를 알 때, 높이 구하기
➡ tan를 이용한다.

예 $\tan 30° = \frac{\overline{BC}}{\overline{AB}}$이므로
$\overline{BC}=\overline{AB}\tan 30°=6\times\frac{\sqrt{3}}{3}=2\sqrt{3}$

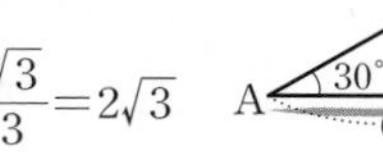

[01~05] 다음을 계산하시오.

01 $\sin 30° - \cos 60°$
0048

02 $\sin 45° \times \tan 30°$
0049

03 $\cos 30° \div \tan 60°$
0050

04 $\sin 60° \div \cos 45° \times \tan 45°$
0051

05 $\tan 60° - \sin 30° \times \cos 30°$
0052

[06~08] $0 < x < 90$일 때, 다음을 만족하는 x의 값을 구하시오.

06 $\sin x° = \frac{\sqrt{3}}{2}$
0053

07 $\cos x° = \frac{\sqrt{2}}{2}$
0054

08 $\tan x° = 1$
0055

[09~10] 다음 그림의 직각삼각형에서 x, y의 값을 각각 구하시오.

09
0056

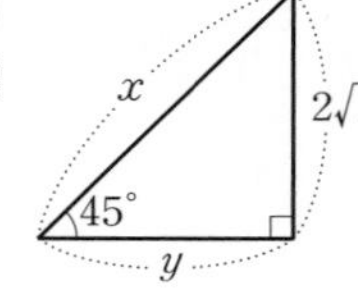

10
0057

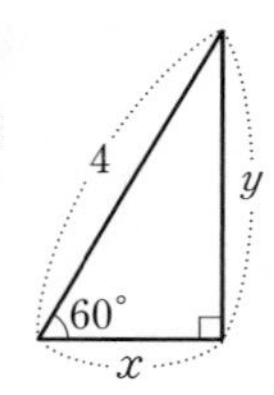

유형 08 $30°$, $45°$, $60°$의 삼각비의 값 | 개념 02-1

빈출

대표문제

11 다음 **보기** 중 옳은 것을 모두 고른 것은?

0058

보기

ㄱ. $\sin 45° + \cos 45° = 1$

ㄴ. $\cos 60° \times \tan 45° = \sin 30°$

ㄷ. $\cos 30° + \cos 60° = \cos 45°$

ㄹ. $\tan 30° = \dfrac{1}{\tan 60°}$

① ㄱ, ㄴ ② ㄱ, ㄷ ③ ㄴ, ㄹ
④ ㄱ, ㄴ, ㄹ ⑤ ㄴ, ㄷ, ㄹ

12 다음을 계산하시오.

0059

$$\tan 60° \times \sin 60° + \cos 30° \times \tan 30°$$

13 $\sqrt{3}\cos 30° - \dfrac{\tan 45°}{\sin 60° \times \tan 60°}$의 값은?

0060

① $\dfrac{1}{6}$ ② $\dfrac{1}{3}$ ③ $\dfrac{1}{2}$
④ $\dfrac{2}{3}$ ⑤ $\dfrac{5}{6}$

서술형

14 세 내각의 크기의 비가 1 : 2 : 3인 삼각형의 내각 중 가장 작은 각의 크기를 A라 할 때, $\sin A \times \cos A \div \tan A$의 값을 구하시오.

0061

유형 09 삼각비를 이용하여 각의 크기 구하기 | 개념 02-1

예각에 대한 삼각비의 값이 주어지면 특수한 각의 삼각비의 값을 이용하여 각의 크기를 구한다.

대표문제

15 $\sin(2x-10)° = \dfrac{\sqrt{3}}{2}$을 만족하는 x의 값은?

0062

(단, $5 < x < 50$)

① 15 ② 20 ③ 25
④ 30 ⑤ 35

16 $\cos(x+35)° = \dfrac{\sqrt{2}}{2}$일 때, $\sin 3x° \times \tan 3x°$의 값을 구하시오. (단, $0 < x < 30$)

0063

17 $\sin(x-15)° = \cos 60°$일 때, $\sin x° + \cos x°$의 값은? (단, $15 < x < 90$)

0064

① $\dfrac{\sqrt{3}}{2}$ ② 1 ③ $\dfrac{\sqrt{3}+1}{2}$
④ $\sqrt{2}$ ⑤ $\sqrt{3}$

18 이차방정식 $x^2-2x+1=0$의 한 근을 $\tan A$라 할 때, $\angle A$의 크기를 구하시오. (단, $0° < A < 90°$)

0065

빈출

유형 10 특수한 각의 삼각비를 이용하여 변의 길이 구하기

| 개념 02-1

대표문제

19 0066 오른쪽 그림과 같은 직각삼각형 ABC에서 $\overline{AD}\perp\overline{BC}$이고 $\angle B=60^\circ$, $\overline{BD}=6$일 때, $\overline{AC}$의 길이는?

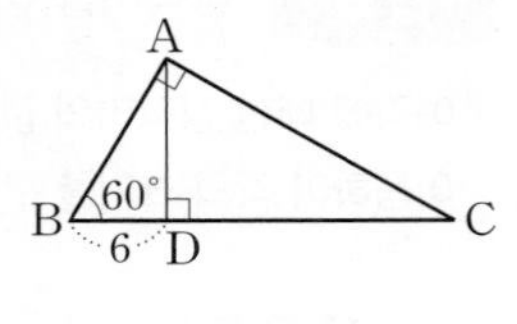

① $6\sqrt{3}$ ② 12 ③ $12\sqrt{2}$
④ $12\sqrt{3}$ ⑤ 24

20 0067 오른쪽 그림과 같이 두 직각삼각형이 겹쳐져 있고 $\overline{CD}=\sqrt{3}$일 때, $\overline{AB}$의 길이를 구하시오.

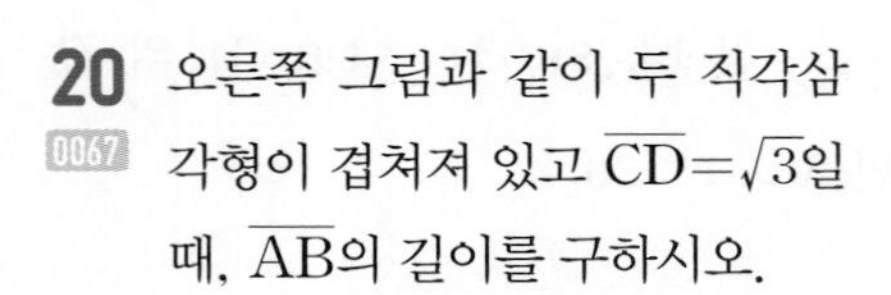

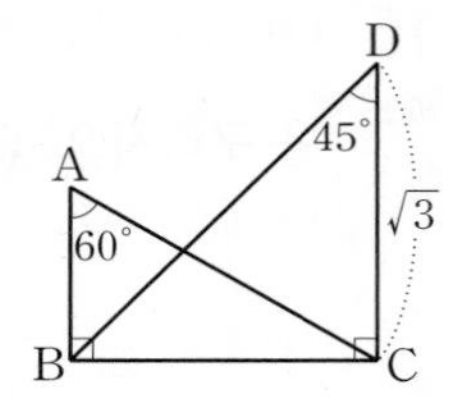

21 0068 오른쪽 그림과 같은 직각삼각형 ABC에서 $\angle A=45^\circ$, $\angle DBC=30^\circ$, $\overline{AB}=6\sqrt{2}$일 때, $\overline{AD}$의 길이는?

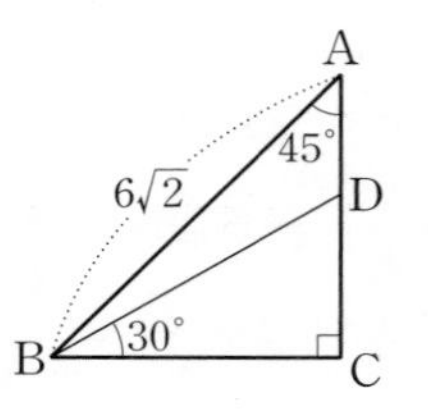

① $6-3\sqrt{3}$ ② $6-3\sqrt{2}$
③ $6-2\sqrt{3}$ ④ $6-2\sqrt{2}$
⑤ $6-\sqrt{3}$

서술형

22 0069 오른쪽 그림과 같은 직각삼각형 ABC에서 $\overline{BD}=\overline{CD}$이고 $\overline{AB}=12$ cm, $\angle B=30^\circ$일 때, $\overline{AD}$의 길이를 구하시오.

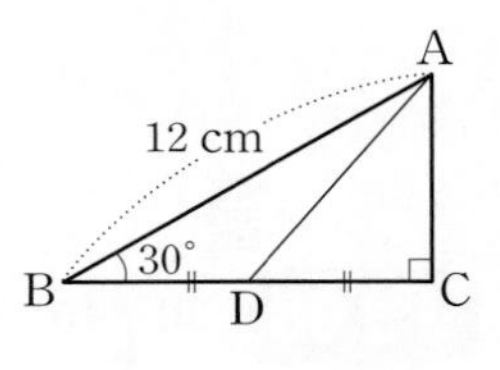

23 0070 오른쪽 그림과 같은 직각삼각형 ABC에서 $\overline{AD}$가 $\angle A$의 이등분선일 때, $y-x$의 값은?

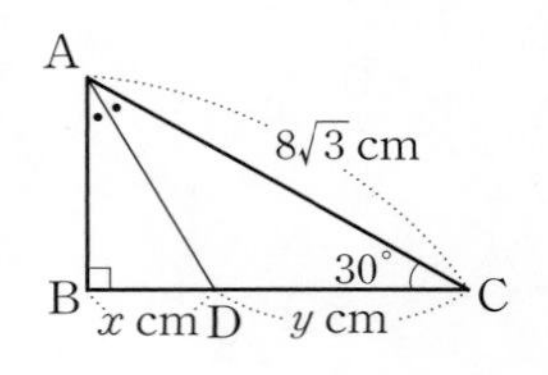

① $\dfrac{4\sqrt{3}}{3}$ ② 3 ③ $2\sqrt{3}$
④ 4 ⑤ $3\sqrt{3}$

24 0071 오른쪽 그림에서 $\overline{AB}=10$, $\angle BAC=\angle ADC=90^\circ$, $\angle B=60^\circ$, $\angle DAC=45^\circ$일 때, □ABCD의 둘레의 길이는?

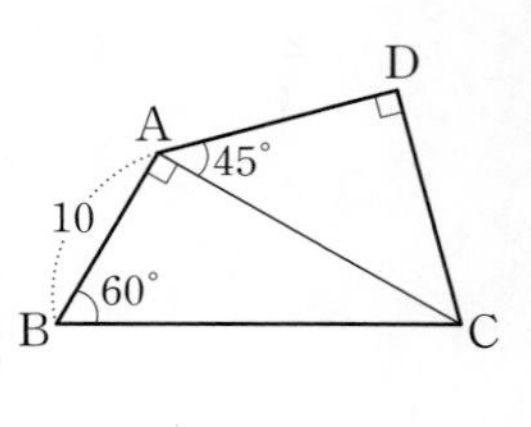

① $10+5\sqrt{6}$ ② $10+6\sqrt{6}$
③ $10+10\sqrt{6}$ ④ $20+10\sqrt{6}$
⑤ $30+10\sqrt{6}$

유형 11 특수한 각의 삼각비를 이용하여 다른 삼각비의 값 구하기 | 개념 02-1

대표문제

25 0072 오른쪽 그림과 같은 직각삼각형 ABC에서 $\overline{AD}=\overline{BD}$, $\overline{AC}=2\sqrt{3}$, $\angle ADB=135°$일 때, $\tan B$의 값을 구하시오.

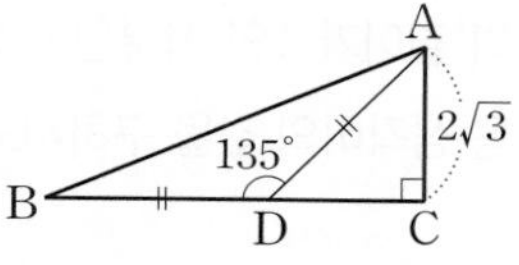

26 0073 오른쪽 그림과 같은 직각삼각형 ABC에서 $\overline{BD}=2$, $\angle B=15°$, $\angle ADC=30°$일 때, $\tan 75°$의 값은?

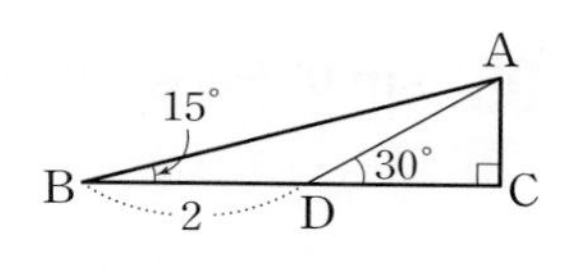

① $2-\sqrt{3}$ ② $1+\sqrt{3}$ ③ $2+\sqrt{3}$
④ 4 ⑤ $3+\sqrt{5}$

생각⊕

27 0074 오른쪽 그림에서 삼각형 ABC는 $\angle A=36°$이고 $\overline{AB}=\overline{AC}$인 이등변삼각형이다. $\angle B$의 이등분선과 $\overline{AC}$의 교점을 D라 하고 $\overline{AB}=a$, $\overline{BC}=b$라 할 때, 다음 물음에 답하시오.

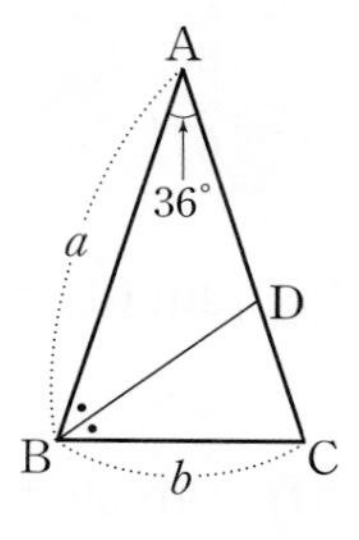

(1) $\angle ABD$의 크기를 구하시오.

(2) $\cos 36°$의 값을 a, b를 이용하여 나타내시오.

유형 12 직선의 기울기와 삼각비 | 개념 02-1

직선 $y=ax+b$가 x축의 양의 방향과 이루는 각의 크기를 $\alpha°$라 하면

$$(\text{직선의 기울기})=a=\frac{\overline{OB}}{\overline{OA}}=\tan \alpha°$$

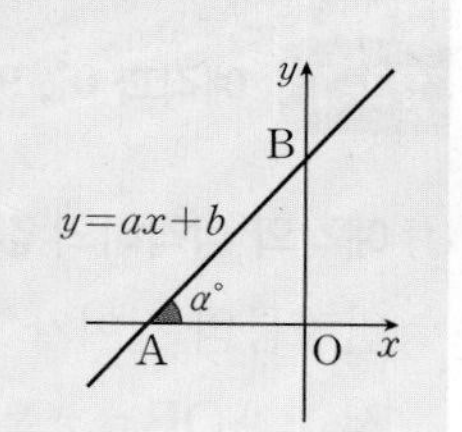

대표문제

28 0075 오른쪽 그림과 같이 y절편이 4이고, x축의 양의 방향과 이루는 각의 크기가 45°인 직선의 방정식을 구하시오.

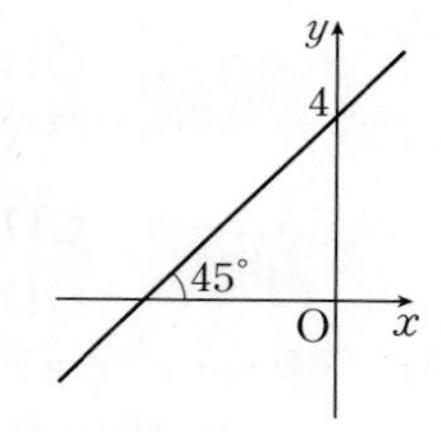

29 0076 일차방정식 $\sqrt{3}x-3y+9=0$의 그래프가 x축의 양의 방향과 이루는 예각의 크기를 구하시오.

서술형

30 0077 점 $(-\sqrt{3}, 5)$를 지나고 x축의 양의 방향과 이루는 각의 크기가 60°인 직선의 방정식을 구하시오.

31 0078 오른쪽 그림과 같이 x절편이 -6이고 x축의 양의 방향과 이루는 각의 크기가 30°인 직선이 있다. 이 직선과 x축, y축으로 둘러싸인 도형의 넓이는?

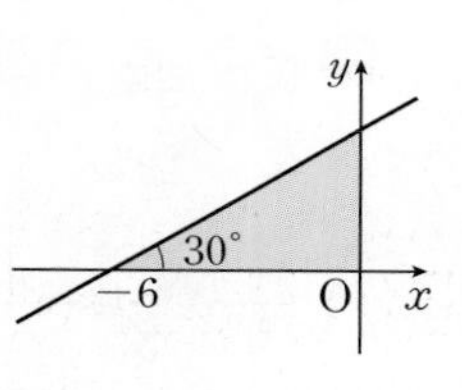

① 6 ② $6\sqrt{2}$ ③ $6\sqrt{3}$
④ $8\sqrt{2}$ ⑤ $8\sqrt{3}$

1 삼각비

삼각비의 값 (2)

03-1 예각과 0°, 90°의 삼각비의 값 | 유형 13~16

(1) 예각의 삼각비의 값

반지름의 길이가 1인 사분원에서 ∠AOB$=x°$일 때,

① $\sin x° = \frac{\overline{AB}}{\overline{OA}} = \frac{\overline{AB}}{1} = \overline{AB}$

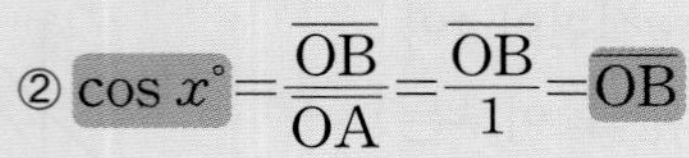

② $\cos x° = \frac{\overline{OB}}{\overline{OA}} = \frac{\overline{OB}}{1} = \overline{OB}$

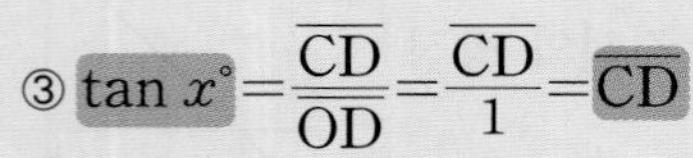

③ $\tan x° = \frac{\overline{CD}}{\overline{OD}} = \frac{\overline{CD}}{1} = \overline{CD}$

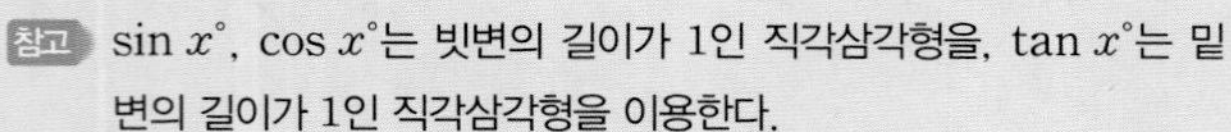

참고 $\sin x°$, $\cos x°$는 빗변의 길이가 1인 직각삼각형을, $\tan x°$는 밑변의 길이가 1인 직각삼각형을 이용한다.

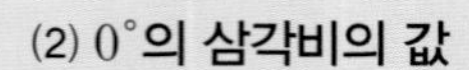

(2) 0°의 삼각비의 값

① $\sin 0° = 0$

② $\cos 0° = 1$

③ $\tan 0° = 0$

(3) 90°의 삼각비의 값

① $\sin 90° = 1$

② $\cos 90° = 0$

③ $\tan 90°$의 값은 정할 수 없다.

03-2 삼각비의 표 | 유형 17, 18

(1) 삼각비의 표

삼각비의 값을 반올림하여 소수점 아래 넷째 자리까지 나타낸 것

(2) 삼각비의 표 읽는 방법

삼각비의 표에서 각도의 가로줄과 삼각비의 세로줄이 만나는 곳의 수를 읽는다.

예

각도	사인(sin)	코사인(cos)	탄젠트(tan)
13°	0.2250	0.9744	0.2309
14°	0.2419	0.9703	0.2493
15°	0.2588	0.9659	0.2679

➡ 위의 삼각비의 표에서

$\sin 13° = 0.2250$, $\cos 14° = 0.9703$, $\tan 15° = 0.2679$

참고 삼각비의 표에 있는 값은 어림값이지만, 이 표를 이용하여 삼각비의 값을 나타낼 때는 보통 등호 =를 쓴다.

[01~04] 오른쪽 그림과 같이 반지름의 길이가 1인 사분원을 이용하여 다음 삼각비의 값을 구하시오.

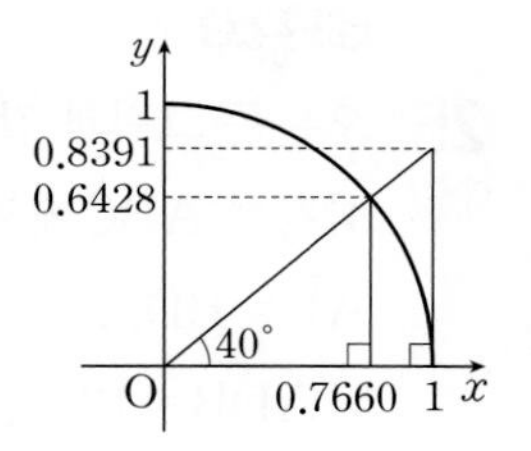

01 $\sin 40°$ 0079

02 $\cos 40°$ 0080

03 $\tan 40°$ 0081

04 $\sin 50°$ 0082

[05~07] 다음을 계산하시오.

05 $\sin 0° + \cos 90°$ 0083

06 $\tan 0° - \cos 0°$ 0084

07 $\sin 90° \times \cos 0° - \tan 45° \times \tan 0°$ 0085

[08~13] 아래 삼각비의 표를 이용하여 다음 식을 만족하는 x의 값을 구하시오.

각도	사인(sin)	코사인(cos)	탄젠트(tan)
58°	0.8480	0.5299	1.6003
59°	0.8572	0.5150	1.6643
60°	0.8660	0.5000	1.7321
61°	0.8746	0.4848	1.8040

08 $\sin 61° = x$ 0086

09 $\cos 58° = x$ 0087

10 $\tan 59° = x$ 0088

11 $\sin x° = 0.8660$ 0089

12 $\cos x° = 0.5150$ 0090

13 $\tan x° = 1.8040$ 0091

유형 13 사분원을 이용하여 삼각비의 값 구하기 | 개념 03-1

빈출

대표문제

14 0092 오른쪽 그림과 같이 반지름의 길이가 1인 사분원에 대하여 다음 중 옳지 않은 것은?

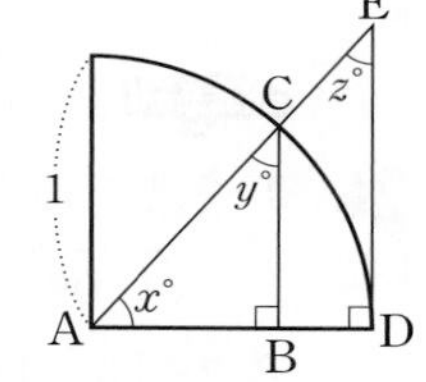

① $\sin x^\circ = \overline{BC}$

② $\sin y^\circ = \overline{AB}$

③ $\cos x^\circ = \overline{AB}$

④ $\tan x^\circ = \overline{DE}$

⑤ $\cos z^\circ = \overline{AE}$

15 0093 오른쪽 그림과 같이 좌표평면 위의 원점 O를 중심으로 하고 반지름의 길이가 1인 사분원에 대하여 다음 중 옳은 것은?

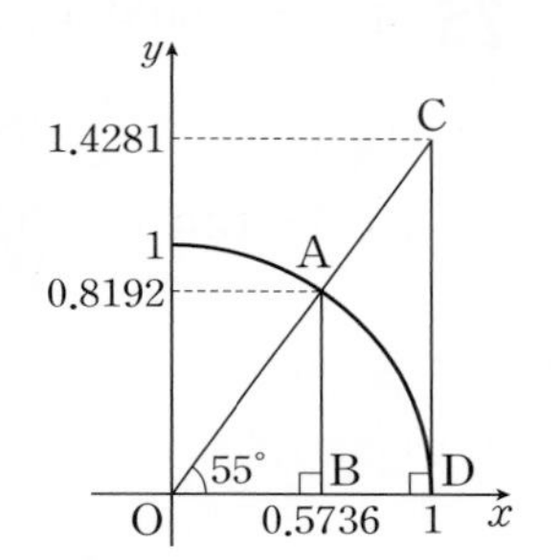

① $\sin 55^\circ = 0.5736$

② $\cos 55^\circ = 0.8192$

③ $\tan 55^\circ = 1.4281$

④ $\sin 35^\circ = 0.8192$

⑤ $\tan 35^\circ = 0.5736$

16 0094 오른쪽 그림은 반지름의 길이가 1인 사분원을 좌표평면 위에 나타낸 것이다. $\angle AOB = x^\circ$, $\angle OCD = y^\circ$라 할 때, 다음 중 점 A의 좌표인 것을 모두 고르면? (정답 2개)

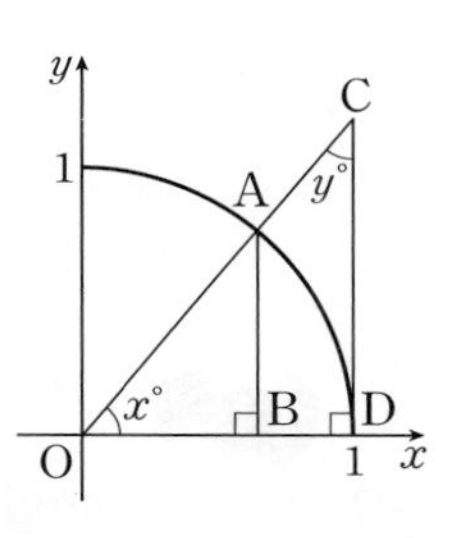

① $(\sin x^\circ, \cos x^\circ)$ ② $(\cos x^\circ, \sin x^\circ)$

③ $(\cos x^\circ, \tan x^\circ)$ ④ $(\sin y^\circ, \cos y^\circ)$

⑤ $(\cos y^\circ, \sin x^\circ)$

유형 14 0°, 90°의 삼각비의 값 | 개념 03-1

대표문제

17 0095 다음 중 옳지 않은 것을 모두 고르면? (정답 2개)

① $\sin 0^\circ - \cos 0^\circ = -1$

② $\sin 30^\circ + \cos 60^\circ - \sin 90^\circ = 0$

③ $\sin 90^\circ \times \tan 45^\circ - \cos 0^\circ = 2$

④ $\sin 30^\circ + \cos 90^\circ + \tan 0^\circ \times \tan 30^\circ = \frac{1}{2}$

⑤ $(\cos 0^\circ + \cos 45^\circ) \times (\sin 90^\circ - \sin 45^\circ) = -\frac{1}{2}$

18 0096 다음 중 옳은 것은?

① $\sin 0^\circ = \cos 0^\circ = \tan 0^\circ$

② $\sin 45^\circ = \cos 45^\circ = \tan 45^\circ$

③ $\sin 90^\circ = \cos 90^\circ = \tan 90^\circ$

④ $\sin 0^\circ = \cos 90^\circ = \tan 90^\circ$

⑤ $\sin 90^\circ = \cos 0^\circ = \tan 45^\circ$

19 다음을 계산하시오.

$$\frac{(\tan 60^\circ + \sin 45^\circ)(3\tan 30^\circ - \cos 45^\circ)}{\sin 90^\circ \times \cos 0^\circ}$$

20 0098 $\sin 30^\circ + \tan x^\circ = \cos 60^\circ \times \tan 45^\circ$일 때, $\sin x^\circ + \cos x^\circ$의 값을 구하시오. (단, $0 \le x < 90$)

빈출

유형 15 삼각비의 값의 대소 관계 | 개념 03-1

(1) $0\le x\le 90$일 때, x의 값이 증가하면

① $\sin x^\circ$의 값은 0에서 1까지 증가한다.

② $\cos x^\circ$의 값은 1에서 0까지 감소한다.

③ $\tan x^\circ$의 값은 0에서 한없이 증가한다. (단, $x\ne 90$)

(2) $\sin x^\circ$, $\cos x^\circ$, $\tan x^\circ$의 값의 대소 관계

① $0\le x<45$일 때, $\sin x^\circ<\cos x^\circ$

② $x=45$일 때, $\sin x^\circ=\cos x^\circ<\tan x^\circ$

③ $45<x<90$일 때, $\cos x^\circ<\sin x^\circ<\tan x^\circ$

대표문제

21 다음 중 삼각비의 값의 대소 관계로 옳지 않은 것은?

0099

① $\sin 40^\circ<\sin 50^\circ$ ② $\cos 15^\circ>\cos 18^\circ$

③ $\sin 35^\circ<\cos 35^\circ$ ④ $\cos 60^\circ>\tan 50^\circ$

⑤ $\tan 55^\circ<\tan 65^\circ$

22 다음 **보기**의 삼각비의 값을 그 크기가 작은 것부터 차례대로 나열하시오.

0100

보기

ㄱ. $\cos 0^\circ$ ㄴ. $\sin 30^\circ$ ㄷ. $\tan 40^\circ$

ㄹ. $\cos 70^\circ$ ㅁ. $\tan 80^\circ$

23 다음 중 옳지 않은 것은?

0101

① $0^\circ\le A\le 90^\circ$일 때, A의 값이 커지면 $\sin A$의 값도 커진다.

② $0^\circ\le A\le 90^\circ$일 때, A의 값이 커지면 $\cos A$의 값은 작아진다.

③ $0^\circ\le A\le 45^\circ$일 때, $\sin A\le\cos A$이다.

④ $45^\circ\le A<90^\circ$일 때, $\tan A\ge 1$이다.

⑤ $45^\circ<A<90^\circ$일 때, $\sin A<\cos A<\tan A$이다.

유형 16 삼각비의 값의 대소 관계를 이용한 식의 계산 | 개념 03-1

근호 안에 삼각비를 포함한 식의 제곱 꼴이 있는 경우에는 제곱근의 성질을 이용하여 주어진 식을 간단히 한다.

➡ $\sqrt{a^2}=\begin{cases} a\ (a\ge 0) \\ -a\ (a<0)\end{cases}$

대표문제

24 $0^\circ<A<45^\circ$일 때,

0102

$$\sqrt{(\cos A-1)^2}+\sqrt{(\cos A+1)^2}$$

을 간단히 하시오.

25 $45<x<90$일 때, $\sqrt{(1-\tan x^\circ)^2}$을 간단히 하면?

0103

① 1 ② $\tan x^\circ$ ③ $\tan^2 x^\circ$

④ $1-\tan x^\circ$ ⑤ $\tan x^\circ-1$

26 $0^\circ<A<90^\circ$일 때,

0104

$$\sqrt{(1-\sin A)^2}+\sqrt{\sin^2 A}$$

를 간단히 하시오.

생각⊕

27 $45<x<90$일 때,

0105

$$\sqrt{(\cos x^\circ-\sin x^\circ)^2}+\sqrt{(\sin x^\circ+\cos x^\circ)^2}=\sqrt{3}$$

을 만족하는 x의 값을 구하시오.

유형 17 삼각비의 표를 이용하여 삼각비의 값, 각의 크기 구하기 | 개념 03-2

대표문제

28 $\sin x^\circ=0.9781$, $\cos y^\circ=0.1908$일 때, 다음 삼각비의 표를 이용하여 $x+y$의 값을 구하면?
0106

각도	사인(sin)	코사인(cos)	탄젠트(tan)
77°	0.9744	0.2250	4.3315
78°	0.9781	0.2079	4.7046
79°	0.9816	0.1908	5.1446
80°	0.9848	0.1736	5.6713

① 155 ② 156 ③ 157
④ 158 ⑤ 159

29 **28**번의 삼각비의 표를 이용하여 $\tan 77^\circ-\cos 80^\circ$의 값을 구하시오.
0107

30 다음 중 아래 삼각비의 표를 이용하여 구한 값으로 옳은 것은?
0108

각도	사인(sin)	코사인(cos)	탄젠트(tan)
31°	0.5150	0.8572	0.6009
32°	0.5299	0.8480	0.6249
33°	0.5446	0.8387	0.6494

① $\cos 33^\circ=0.5446$
② $\tan 32^\circ=0.8572$
③ $\sin x^\circ=0.5299$이면 $x=31$
④ $\cos x^\circ=0.8387$이면 $x=33$
⑤ $\tan x^\circ=0.6009$이면 $x=32$

빈출 유형 18 삼각비의 표를 이용하여 변의 길이 구하기 | 개념 03-2

대표문제

31 다음 삼각비의 표를 이용하여 오른쪽 그림의 직각삼각형 ABC에서 $\overline{AC}$의 길이를 구하시오.
0109

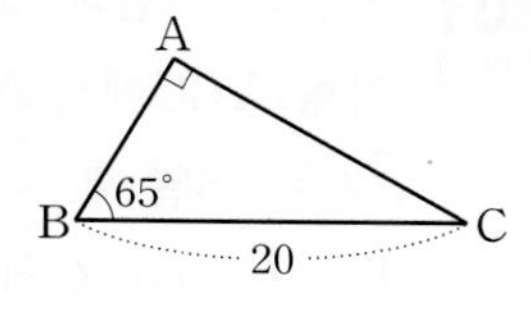

각도	사인(sin)	코사인(cos)	탄젠트(tan)
24°	0.4067	0.9135	0.4452
25°	0.4226	0.9063	0.4663
26°	0.4384	0.8988	0.4877

32 **31**번의 삼각비의 표를 이용하여 오른쪽 그림의 직각삼각형 ABC에서 $\overline{BC}$의 길이를 구하면?
0110

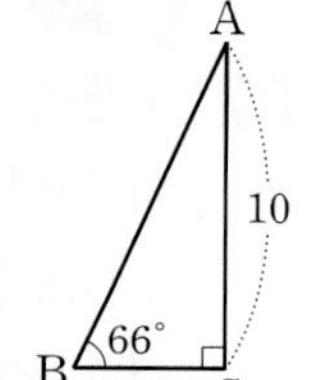

① 4.226 ② 4.384
③ 4.452 ④ 9.063
⑤ 9.135

33 오른쪽 그림과 같이 반지름의 길이가 1인 사분원에서 $\angle AOB=37^\circ$일 때, 다음 삼각비의 표를 이용하여 $\overline{AB}+\overline{OB}-\overline{CD}$의 값을 구하시오.
0111

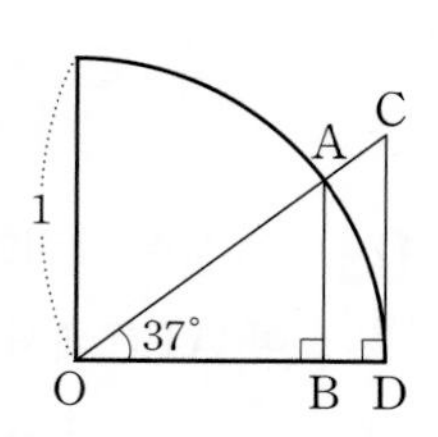

각도	사인(sin)	코사인(cos)	탄젠트(tan)
36°	0.5878	0.8090	0.7265
37°	0.6018	0.7986	0.7536
38°	0.6157	0.7880	0.7813

Level B 단원 마무리

필수 유형 정복하기

01 0112

오른쪽 그림과 같은 직각삼각형 ABC에서 $\overline{AB}=2$, $\overline{BC}=\sqrt{6}$일 때, $\tan B\times\cos C$의 값은?

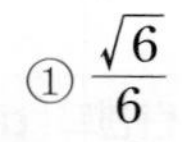
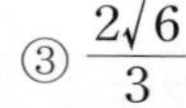

① $\frac{\sqrt{6}}{6}$ ② $\frac{\sqrt{6}}{3}$ ③ $\frac{2\sqrt{6}}{3}$
④ $\frac{5\sqrt{6}}{6}$ ⑤ $2\sqrt{6}$

▶ 09쪽 유형 01

생각⊕

02 0113

오른쪽 그림과 같이 반지름의 길이가 5인 반원 O에서 $\angle BAC=90^\circ$이고 $\overline{AB}=8$이다. $\angle OAB=x^\circ$라 할 때, $\sin x^\circ$의 값을 구하시오.

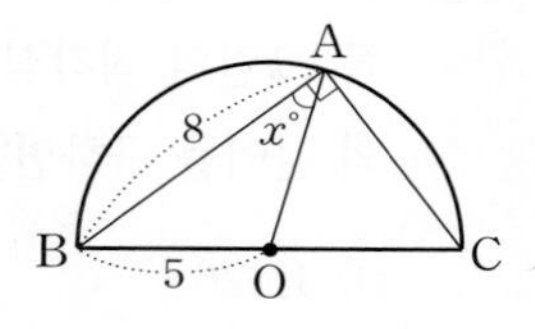

▶ 09쪽 유형 01

03 0114

오른쪽 그림과 같은 직각삼각형 ABC에서 $\overline{AC}=15$이고 $\cos A=\frac{4}{5}$일 때, △ABC의 둘레의 길이는?

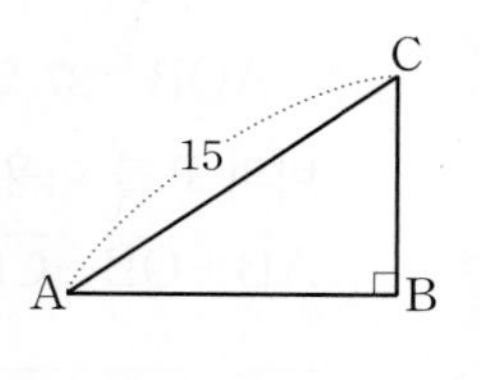

① 28 ② 30 ③ 32
④ 36 ⑤ 40

▶ 10쪽 유형 02

04 0115

오른쪽 그림과 같은 △ABC에서 $\overline{AH}\perp\overline{BC}$이고 $\overline{AB}=6$, $\overline{BC}=10$, $\cos B=\frac{2}{3}$일 때, △ABC의 넓이는?

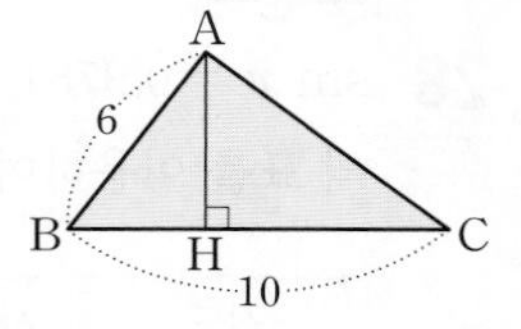

① 10 ② $10\sqrt{2}$ ③ $10\sqrt{5}$
④ 15 ⑤ $15\sqrt{3}$

▶ 10쪽 유형 02

05 0116

$4\cos A-3=0$일 때, $\sin A\times\tan A$의 값은? (단, $0^\circ<A<90^\circ$)

① $\frac{1}{3}$ ② $\frac{1}{2}$ ③ $\frac{7}{12}$
④ $\frac{\sqrt{7}}{4}$ ⑤ $\frac{\sqrt{7}}{3}$

▶ 11쪽 유형 03

06 0117

$\sin 35^\circ=a$일 때, 다음 중 $\sin 55^\circ$의 값을 a에 대한 식으로 나타낸 것은?

① $1-a^2$ ② $\sqrt{1-a^2}$ ③ $\frac{1}{a}$
④ a ⑤ $\sqrt{a^2+1}$

▶ 11쪽 유형 03

07 0118 오른쪽 그림과 같이 일차방정식 $4x-3y-12=0$의 그래프가 x축의 양의 방향과 이루는 각의 크기를 $a°$라 할 때, $\sin^2 a° - \cos^2 a°$의 값은?

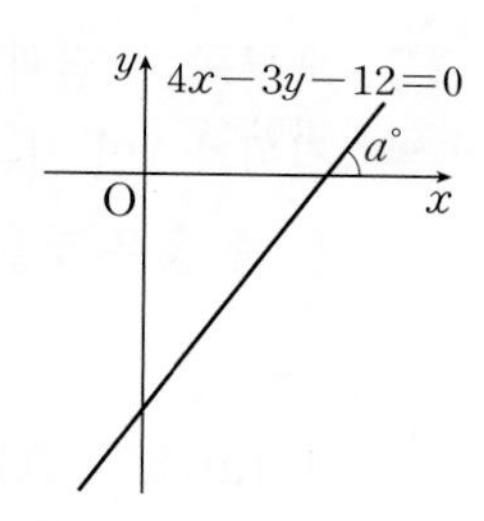

① $\frac{1}{5}$ ② $\frac{7}{25}$ ③ $\frac{9}{25}$
④ $\frac{12}{25}$ ⑤ $\frac{3}{5}$

▶ 11쪽 유형 04

08 0119 오른쪽 그림과 같은 직각삼각형 ABC에서 $\overline{AD} \perp \overline{BC}$이다. $\overline{BD}=16$, $\overline{CD}=9$일 때, $\cos x°$의 값을 구하시오.

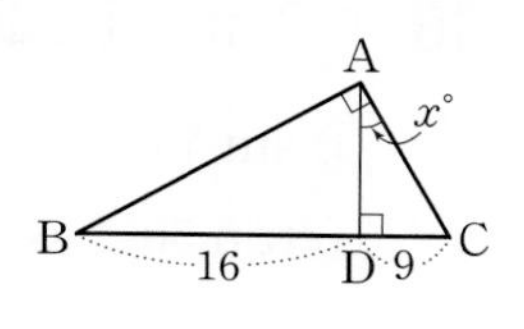

▶ 12쪽 유형 05

09 0120 오른쪽 그림과 같은 직각삼각형 ABC에서 $\overline{AC} \perp \overline{BD}$, $\overline{AB} \perp \overline{DE}$, $\overline{AC} \perp \overline{EF}$일 때, 다음 중 $\cos A$를 나타낸 것이 아닌 것은?

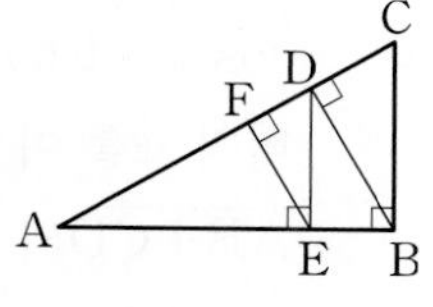

① $\frac{\overline{AF}}{\overline{AE}}$ ② $\frac{\overline{AB}}{\overline{AC}}$ ③ $\frac{\overline{BD}}{\overline{DE}}$
④ $\frac{\overline{EF}}{\overline{DE}}$ ⑤ $\frac{\overline{AE}}{\overline{AD}}$

▶ 12쪽 유형 05

10 0121 오른쪽 그림과 같이 한 모서리의 길이가 4인 정육면체에서 $\angle AGE = x°$라 할 때, $\cos x° \times \tan(90°-x°)$의 값을 구하시오.

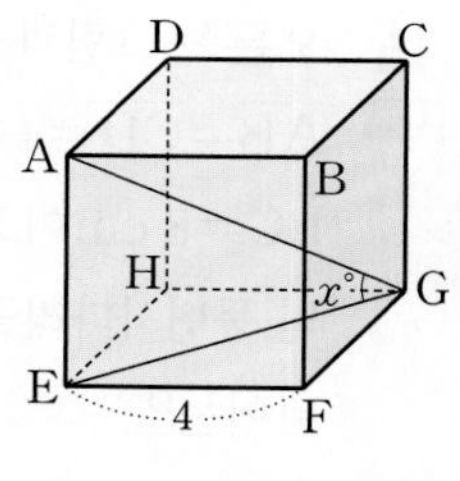

▶ 13쪽 유형 07

11 0122 다음 중 옳지 않은 것은?

① $\sin 0° \times \cos 90° + \sin 90° \times \cos 0° = 1$
② $\sin 60° \times \tan 30° - \sin 45° \times \cos 45° = 0$
③ $\sin 45° \times \sin 30° - \sin 45° \times \cos 30° = \sqrt{2}-\sqrt{6}$
④ $\sin 30° \times \cos 60° - \tan 45° = -\frac{3}{4}$
⑤ $\sin 45° \div \cos 45° - \cos 60° = \frac{1}{2}$

▶ 15쪽 유형 08 + 19쪽 유형 14

12 0123 $\tan(x+15)° = 1$일 때, $\sin x° - \cos 2x°$의 값을 구하시오. (단, $0 < x < 45$)

▶ 15쪽 유형 09

13 0124 오른쪽 그림에서 $\angle B = 30°$, $\angle ADC = 45°$, $\angle ACD = 90°$이고 $\overline{AC}=4$일 때, $\overline{BD}$의 길이를 구하시오.

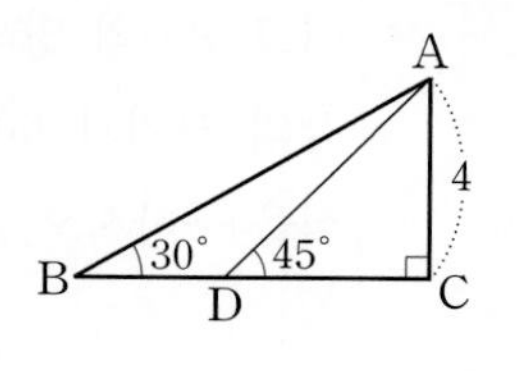

▶ 16쪽 유형 10

14 0125 오른쪽 그림과 같이 $\overline{AB}=\overline{CD}=4$ cm, $\overline{BC}=8$ cm이고 $\angle B=60^\circ$인 등변사다리꼴 ABCD의 넓이는?

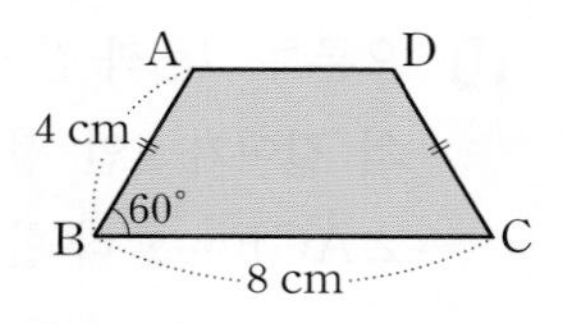

① 12 cm^2 ② $12\sqrt{2}\text{ cm}^2$ ③ $12\sqrt{3}\text{ cm}^2$
④ 16 cm^2 ⑤ $16\sqrt{3}\text{ cm}^2$

16쪽 유형 10

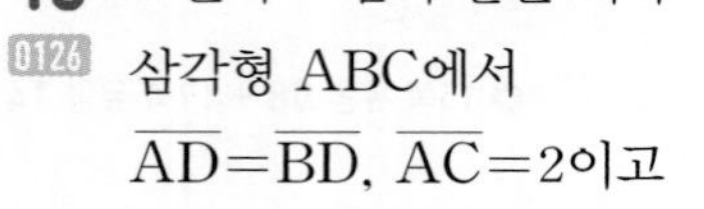

15 0126 오른쪽 그림과 같은 직각삼각형 ABC에서 $\overline{AD}=\overline{BD}$, $\overline{AC}=2$이고 $\angle B=15^\circ$일 때, $\tan 15^\circ$의 값을 구하시오.

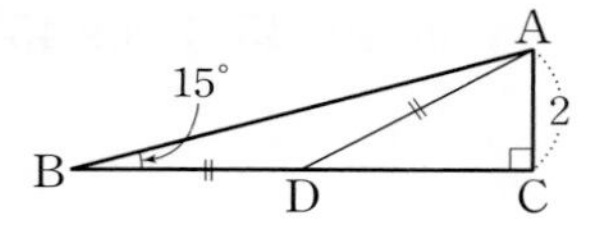

17쪽 유형 11

16 0127 오른쪽 그림과 같이 x절편이 -1이고 x축의 양의 방향과 이루는 각의 크기가 60°인 직선의 방정식을 구하시오.

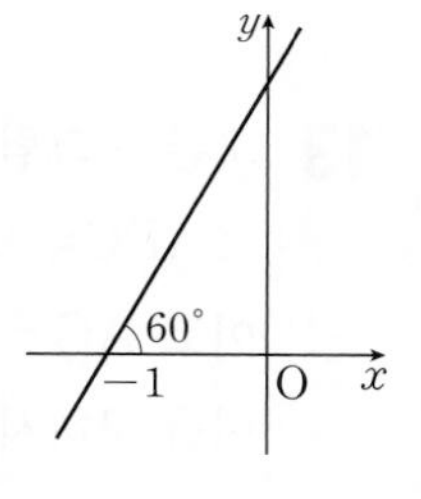

17쪽 유형 12

17 0128 오른쪽 그림과 같이 반지름의 길이가 1인 사분원에 대하여 다음 중 옳은 것을 모두 고르면? (정답 2개)

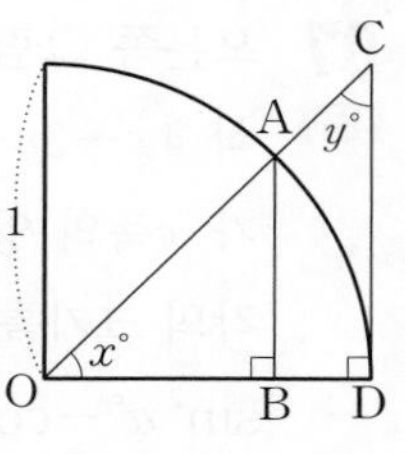

① $\tan x^\circ=\overline{AB}$
② $\cos y^\circ=\overline{CD}$
③ $\sin y^\circ=\overline{OA}$
④ $\overline{OC}=\dfrac{1}{\cos x^\circ}$
⑤ $\cos^2 x^\circ+\cos^2 y^\circ=1$

19쪽 유형 13

18 0129 다음 삼각비의 값 중에서 가장 큰 것은?

① $\sin 45^\circ$ ② $\cos 90^\circ$ ③ $\cos 20^\circ$
④ $\tan 50^\circ$ ⑤ $\sin 20^\circ$

20쪽 유형 15

19 0130 오른쪽 그림은 반지름의 길이가 3인 사분원을 좌표평면 위에 나타낸 것이다. $\cos a^\circ=0.66$일 때, 다음 삼각비의 표를 이용하여 $\overline{AB}+\overline{CD}$의 값을 구하시오.

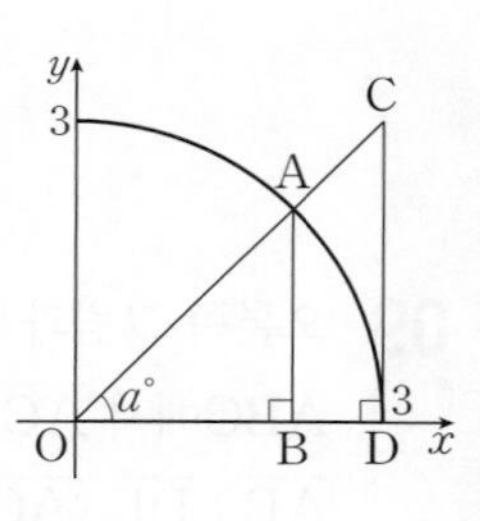

각도	사인(sin)	코사인(cos)	탄젠트(tan)
46°	0.72	0.69	1.04
47°	0.73	0.68	1.07
48°	0.74	0.67	1.11
49°	0.75	0.66	1.15

21쪽 유형 17 + 21쪽 유형 18

서술형 문제

20 0131 오른쪽 그림과 같은 △ABC에서 $\overline{AB}=9$, $\overline{AC}=6$이고 $\sin C=\frac{2\sqrt{2}}{3}$일 때, $\cos B$의 값을 구하시오.

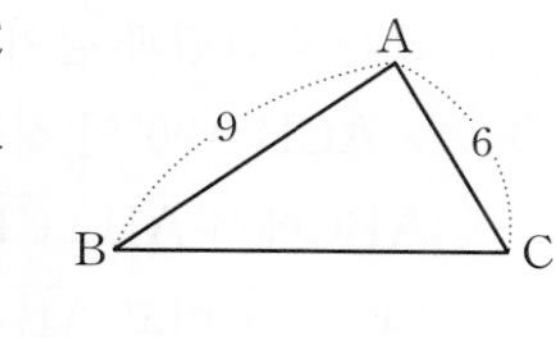

10쪽 유형 02

21 0132 오른쪽 그림과 같이 직각삼각형 ABC의 변 AB 위의 점 D에서 변 BC에 내린 수선의 발을 E라 하면 $\overline{BD}=5$, $\overline{DE}=3$이다. $\angle C=x^\circ$라 할 때, $\sin x^\circ+\sin(90^\circ-x^\circ)$의 값을 구하시오.

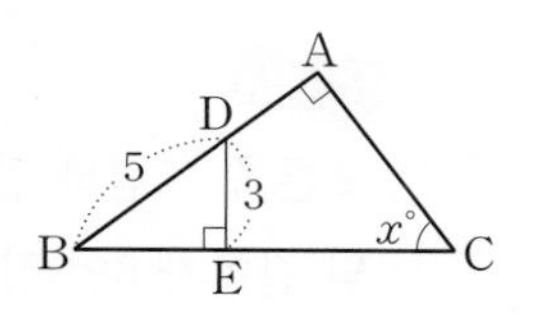

12쪽 유형 06

22 0133 이차방정식 $4x^2-4x+1=0$을 만족하는 x의 값이 $\cos A$의 값과 같을 때, $\sin A\times\tan A$의 값을 구하시오. (단, $0^\circ<A<90^\circ$)

15쪽 유형 09

23 0134 오른쪽 그림에서 $\angle ABC=\angle ACD=\angle ADE=90^\circ$, $\angle CAB=\angle DAC=\angle EAD=30^\circ$이고 $\overline{AB}=3$ cm일 때, △ADE의 넓이를 구하시오.

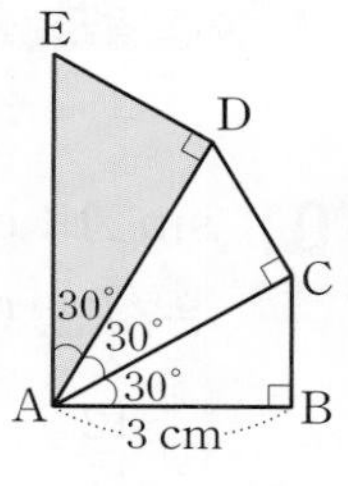

16쪽 유형 10

생각⊕

24 0135 오른쪽 그림은 반지름의 길이가 1인 사분원에서 $\angle AOB=60^\circ$인 직각삼각형 AOB를 그린 것이다. 점 C에서 그은 사분원의 접선이 선분 OA의 연장선과 만나는 점을 D라 할 때, □ABCD의 넓이를 구하시오.

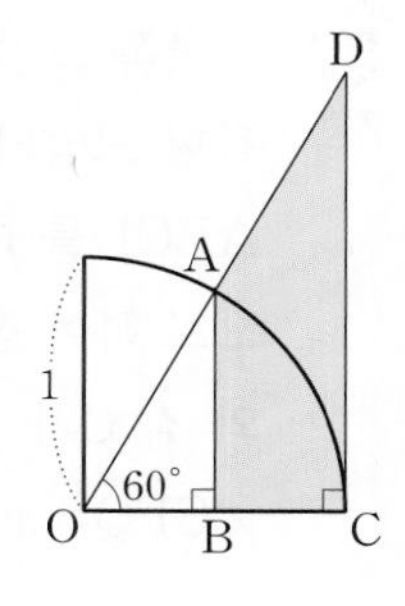

19쪽 유형 13

25 0136 $45^\circ<A<90^\circ$일 때,

$$\sqrt{(\cos A-\cos 45^\circ)^2}+\sqrt{(\cos A+\cos 45^\circ)^2}$$

을 간단히 하시오.

20쪽 유형 16

발전 유형 정복하기

01 0137 $\sin A : \cos A = 12 : 5$일 때, $\sin A + \cos A$의 값은? (단, $0° < A < 90°$)

① $\frac{12}{17}$ ② $\frac{13}{17}$ ③ $\frac{3}{4}$
④ $\frac{17}{13}$ ⑤ $\frac{17}{12}$

02 0138 오른쪽 그림과 같이 직사각형 모양의 종이 테이프 ABCD를 $\overline{PQ}$를 접는 선으로 하여 접었더니 점 A와 점 C가 겹쳐졌다. $\overline{AB} = 1$ cm, $\overline{AP} = 2$ cm이고 $\angle CPQ = x°$라 할 때, $\tan x°$의 값은?

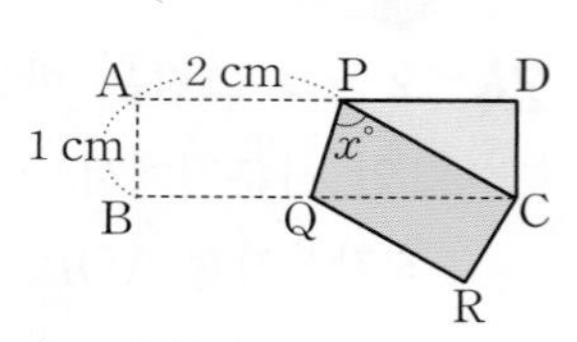

① $2-\sqrt{3}$ ② $2+\sqrt{3}$ ③ $3+\sqrt{3}$
④ $4+\sqrt{3}$ ⑤ $3+2\sqrt{3}$

03 0139 오른쪽 그림과 같이 $\overline{AB} = 4\sqrt{5}$, $\overline{BC} = 5$, $\overline{CA} = \sqrt{65}$인 삼각형 ABC에서 $\sin B + \cos B$의 값은?

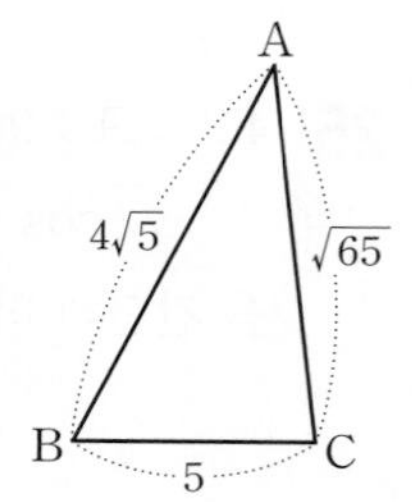

① $\frac{\sqrt{5}}{5}$ ② $\frac{3\sqrt{5}}{10}$
③ $\frac{2\sqrt{5}}{5}$ ④ $\frac{3\sqrt{5}}{5}$
⑤ $\frac{7\sqrt{5}}{10}$

04 0140 오른쪽 그림과 같이 $\angle ACB = 90°$인 직각삼각형 ABC에서 $\overline{AB} \perp \overline{CD}$, $\overline{BC} \perp \overline{DE}$이고 $\overline{AB} = 24$, $\angle B = 30°$일 때, $\overline{DE}$의 길이는?

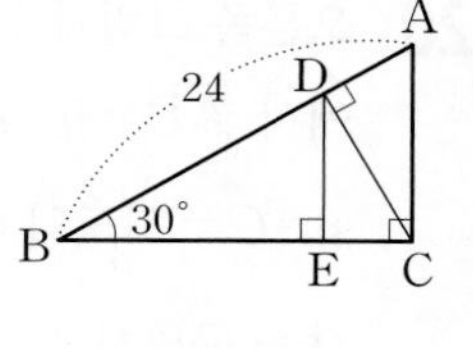

① $4\sqrt{3}$ ② 9 ③ 10
④ $6\sqrt{3}$ ⑤ 12

생각⊕

05 0141 오른쪽 그림과 같이 한 모서리의 길이가 8인 정사면체에서 $\overline{AD}$의 중점을 M이라 하자. $\angle BMC = x°$라 할 때, $\sin x°$의 값은?

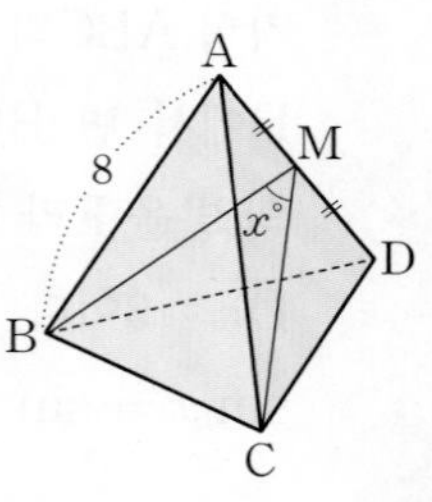

① $\frac{\sqrt{6}}{12}$ ② $\frac{\sqrt{2}}{6}$ ③ $\frac{1}{3}$
④ $\frac{\sqrt{2}}{3}$ ⑤ $\frac{2\sqrt{2}}{3}$

06 0142 오른쪽 그림과 같은 삼각형 ABC에서 $\overline{AC} = 4$이고 $\angle B = 45°$, $\angle C = 60°$일 때, $\sin A$의 값을 구하시오.

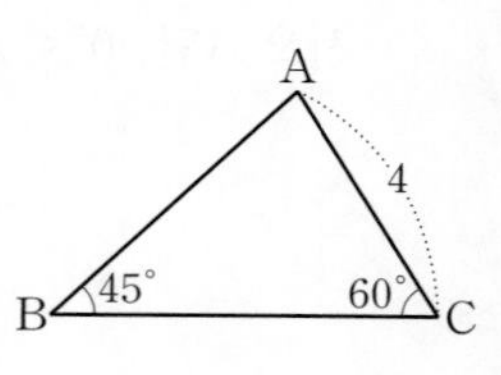

Tip
보조선을 그어 특수한 각을 한 내각으로 하는 직각삼각형을 만든다.

07 0143 오른쪽 그림과 같이 두 직선 $y=x$와 $y=\frac{\sqrt{3}}{3}x+3$이 만나서 이루는 예각의 크기는?

① 10° ② 15°
③ 20° ④ 25°
⑤ 30°

08 0144 오른쪽 그림과 같이 반지름의 길이가 1인 사분원에 대하여 다음 **보기** 중 옳은 것을 모두 고른 것은?

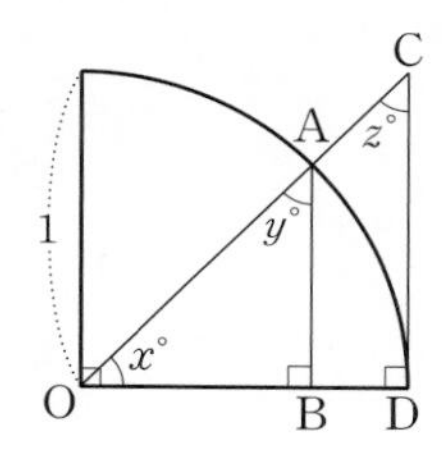

보기
ㄱ. $\sin z^\circ \times \cos y^\circ = 2 \times \triangle AOB$
ㄴ. $\tan x^\circ + \tan y^\circ + \tan z^\circ = \overline{CD} + \frac{1}{\overline{CD}}$
ㄷ. y의 값이 커지면 $\sin x^\circ$의 값도 커진다.
ㄹ. x의 값이 커지면 $\tan y^\circ$의 값은 작아진다.

① ㄱ, ㄴ ② ㄱ, ㄹ ③ ㄴ, ㄷ
④ ㄱ, ㄴ, ㄹ ⑤ ㄴ, ㄷ, ㄹ

09 0145 $45^\circ < A < 90^\circ$일 때,

$$\sqrt{(\sin A+\cos A)^2}-\sqrt{(\cos A-\sin A)^2}=\frac{1}{2}$$

을 만족하는 A에 대하여 $\sin A \times \tan A$의 값을 구하시오.

서술형 문제

생각⊕

10 0146 오른쪽 그림과 같은 직각삼각형 ABH에서 $\overline{BC}=\overline{AH}=3$, $\overline{CD}=2$, $\overline{DH}=1$이다. $\angle B=x^\circ$, $\angle ACD=y^\circ$라 할 때, $\cos(x^\circ+y^\circ)$의 값을 구하시오.

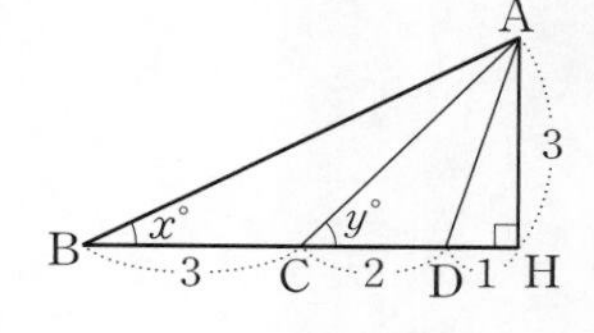

11 0147 오른쪽 그림과 같이 직사각형 ADEF에 내접하는 $\triangle ABC$는 빗변의 길이가 2이고 $\angle B=60^\circ$인 직각삼각형일 때, $\tan 75^\circ$의 값을 구하시오.

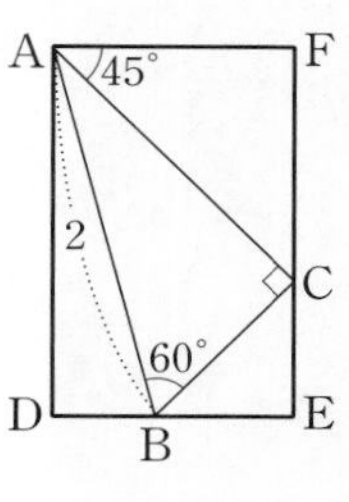

12 0148 오른쪽 그림과 같은 직각삼각형 ABC와 DBC에서 $\angle ACB=45^\circ$, $\angle D=60^\circ$이고 $\overline{CD}=8$일 때, $\triangle EBC$의 넓이를 구하시오.

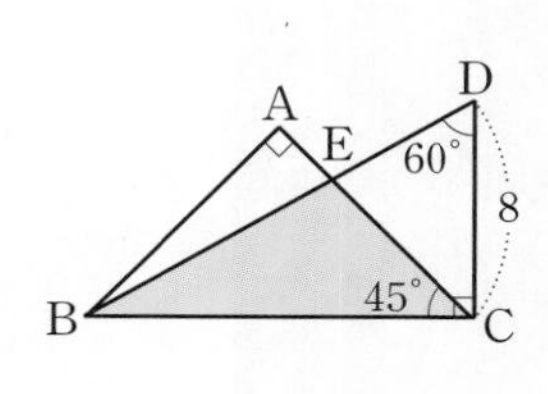

I. 삼각비

2 삼각비의 활용

학습 계획 및 성취도 체크

- 학습 계획을 세우고 적어도 두 번 반복하여 공부합니다.
- 유형 이해도에 따라 ▢ 안에 ○, △, ×를 표시합니다.
- 시험 전에 [빈출] 유형과 × 표시한 유형은 반드시 한 번 더 풀어 봅니다.

			학습 계획	1차 학습	2차 학습
Lecture 04 삼각비의 활용(1)	유형 **01**	직각삼각형의 변의 길이	/	▢	▢
	유형 **02**	입체도형에서 직각삼각형의 변의 길이의 활용	/	▢	▢
	유형 **03**	실생활에서 직각삼각형의 변의 길이의 활용 빈출	/	▢	▢
	유형 **04**	일반 삼각형의 변의 길이; 두 변의 길이와 그 끼인각의 크기를 알 때 빈출	/	▢	▢
	유형 **05**	일반 삼각형의 변의 길이; 한 변의 길이와 그 양 끝 각의 크기를 알 때	/	▢	▢
Lecture 05 삼각비의 활용(2)	유형 **06**	삼각형의 높이(1); 두 예각이 주어질 때	/	▢	▢
	유형 **07**	삼각형의 높이(2); 예각과 둔각이 주어질 때	/	▢	▢
	유형 **08**	삼각형의 넓이(1); 예각이 주어질 때 빈출	/	▢	▢
	유형 **09**	삼각형의 넓이(2); 둔각이 주어질 때 빈출	/	▢	▢
Lecture 06 삼각비의 활용(3)	유형 **10**	다각형의 넓이 빈출	/	▢	▢
	유형 **11**	평행사변형의 넓이 빈출	/	▢	▢
	유형 **12**	사각형의 넓이	/	▢	▢
단원 마무리	**Level B** 필수 유형 정복하기		/	▢	▢
	Level C 발전 유형 정복하기		/	▢	▢

삼각비의 활용(1)

04-1 직각삼각형의 변의 길이 | 유형 01~03

$\angle C=90^\circ$인 직각삼각형 ABC에서

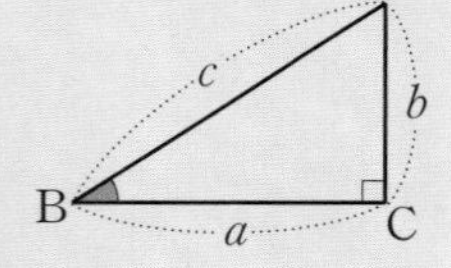

(1) **$\angle$B의 크기와 빗변의 길이 c를 알 때**

$$a=c\cos B,\quad b=c\sin B$$

(2) **$\angle$B의 크기와 밑변의 길이 a를 알 때**

$$b=a\tan B,\quad c=\frac{a}{\cos B}$$

(3) **$\angle$B의 크기와 높이 b를 알 때**

$$a=\frac{b}{\tan B},\quad c=\frac{b}{\sin B}$$

참고 직각삼각형에서 한 예각의 크기와 한 변의 길이를 알면 삼각비를 이용하여 나머지 두 변의 길이를 구할 수 있다.

04-2 일반 삼각형의 변의 길이 | 유형 04, 05

(1) △ABC에서 두 변의 길이 a, c와 그 끼인각 $\angle$B의 크기를 알 때, 나머지 한 변의 길이는 다음과 같은 순서로 구한다.

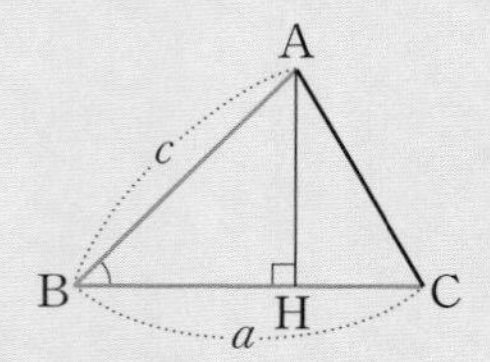

❶ 나머지 변이 직각삼각형의 빗변이 되도록 한 꼭짓점에서 수선을 긋는다.
➡ $\overline{AH}$를 긋는다.

❷ 삼각비를 이용하여 나머지 변의 길이를 구한다.
➡ $\overline{AH}=c\sin B$, $\overline{CH}=a-c\cos B$

❸ 피타고라스 정리를 이용하여 변의 길이를 구한다.
➡ $\overline{AC}=\sqrt{\overline{AH}^2+\overline{CH}^2}$
$=\sqrt{(c\sin B)^2+(a-c\cos B)^2}$

(2) △ABC에서 한 변의 길이 a와 그 양 끝 각 $\angle$B, $\angle$C의 크기를 알 때, 다른 한 변의 길이는 다음과 같은 순서로 구한다.

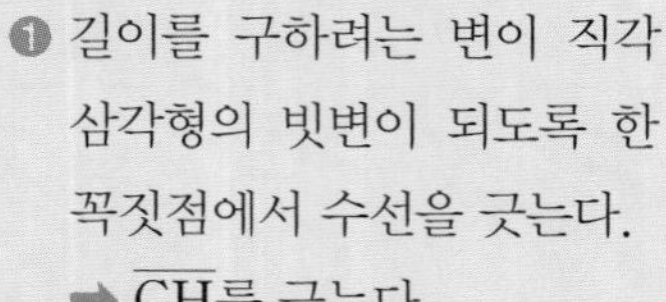

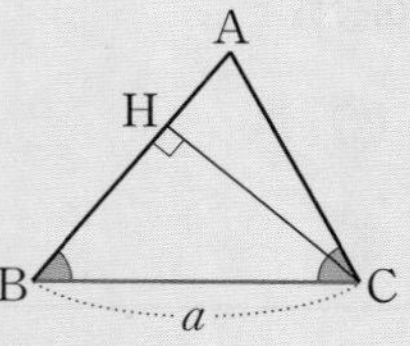

❶ 길이를 구하려는 변이 직각삼각형의 빗변이 되도록 한 꼭짓점에서 수선을 긋는다.
➡ $\overline{CH}$를 긋는다.

❷ 필요한 변의 길이와 각의 크기를 구한다.
➡ $\overline{CH}=a\sin B$, $\angle A=180^\circ-(\angle B+\angle C)$

❸ 삼각비를 이용하여 변의 길이를 구한다.
➡ $\overline{AC}=\dfrac{\overline{CH}}{\sin A}=\dfrac{a\sin B}{\sin A}$

[01~02] 다음 그림의 직각삼각형 ABC에 대하여 □ 안에 알맞은 수를 써넣으시오.

01 0149

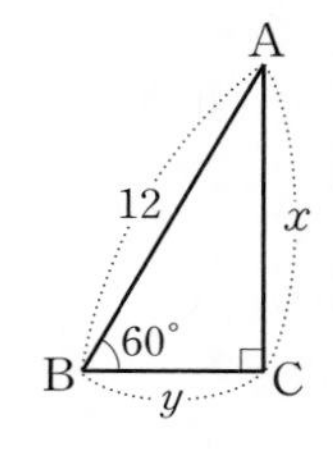

$\sin 60^\circ=\dfrac{x}{12}$이므로

$x=$□$\times\sin 60^\circ=$□

$\cos 60^\circ=\dfrac{y}{12}$이므로

$y=$□$\times\cos 60^\circ=$□

02 0150

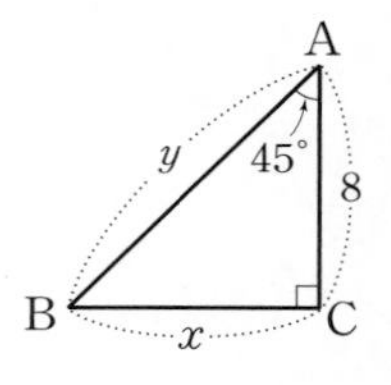

$\tan 45^\circ=\dfrac{x}{8}$이므로

$x=$□$\times\tan 45^\circ=$□

$\cos 45^\circ=\dfrac{8}{y}$이므로

$y=\dfrac{□}{\cos 45^\circ}=$□

03 0151 오른쪽 그림과 같은 직각삼각형 ABC에서 x, y의 값을 각각 구하시오.

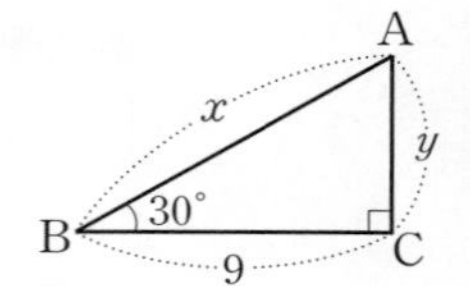

04 0152 다음은 오른쪽 그림과 같은 삼각형 ABC에서 $\overline{AC}$의 길이를 구하는 과정이다. □ 안에 알맞은 수를 써넣으시오.

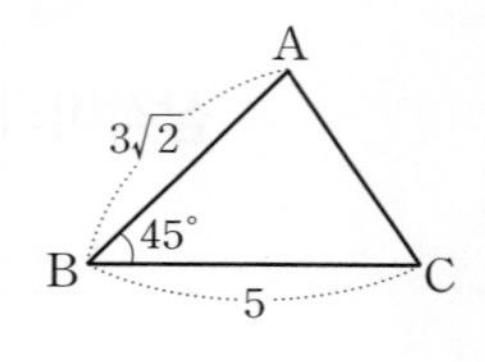

점 A에서 $\overline{BC}$에 내린 수선의 발을 H라 하면 △ABH에서

$\overline{AH}=$□$\times\sin 45^\circ$
$=$□

$\overline{BH}=$□$\times\cos 45^\circ=$□

이때 $\overline{CH}=\overline{BC}-\overline{BH}=$□이므로 △AHC에서

$\overline{AC}=\sqrt{3^2+□^2}=$□

[05~08] 오른쪽 그림과 같은 삼각형 ABC에서 $\overline{AC}$의 길이를 구하기 위하여 꼭짓점 A에서 $\overline{BC}$에 수선 AH를 그었다. 다음을 구하시오.

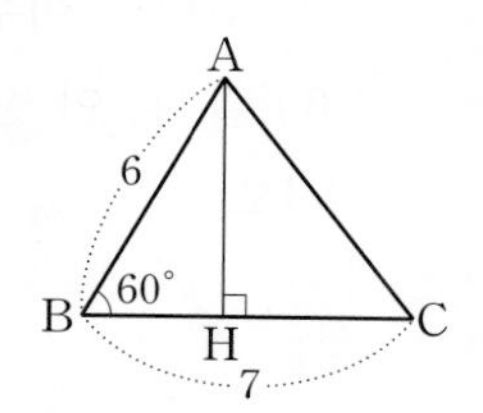

05 $\overline{AH}$의 길이
0153

06 $\overline{BH}$의 길이
0154

07 $\overline{CH}$의 길이
0155

08 $\overline{AC}$의 길이
0156

09 다음은 오른쪽 그림과 같은 삼각형 ABC에서 $\overline{AC}$의 길이를 구하는 과정이다. □ 안에 알맞은 수를 써넣으시오.
0157

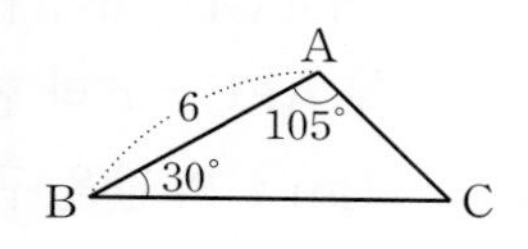

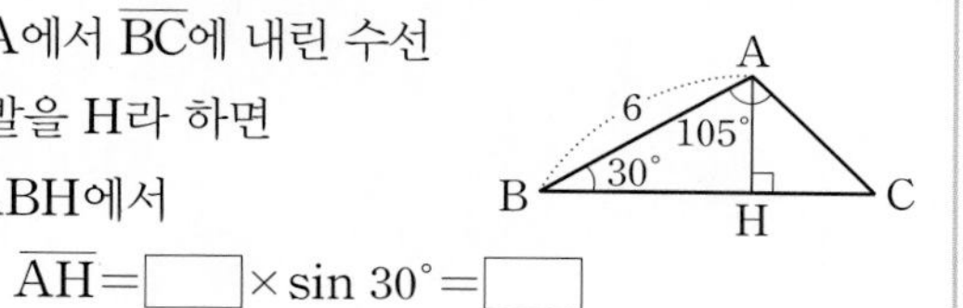

점 A에서 $\overline{BC}$에 내린 수선의 발을 H라 하면
△ABH에서

$\overline{AH}=\square\times\sin 30^\circ=\square$

이때 △ABC에서

$\angle C=180^\circ-(105^\circ+\square^\circ)=\square^\circ$

이므로 △AHC에서

$\overline{AC}=\dfrac{\overline{AH}}{\sin \square^\circ}=\square$

[10~11] 오른쪽 그림과 같은 삼각형 ABC에서 $\overline{AC}$의 길이를 구하기 위하여 꼭짓점 A에서 $\overline{BC}$에 수선 AH를 그었다. 다음을 구하시오.

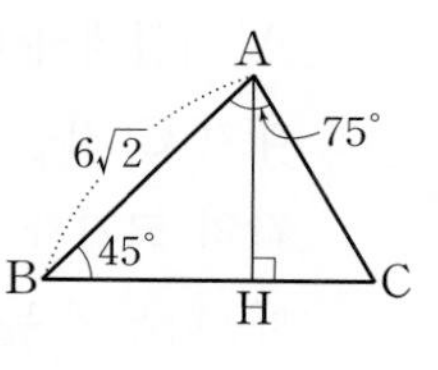

10 $\overline{AH}$의 길이
0158

11 $\overline{AC}$의 길이
0159

유형 01 직각삼각형의 변의 길이 | 개념 04-1

대표문제

12 오른쪽 그림과 같은 직각삼각형 ABC에서 $\angle B=37^\circ$, $\overline{BC}=10$ cm일 때, $x-y$의 값을 구하시오.
0160

(단, $\sin 37^\circ=0.6$, $\cos 37^\circ=0.8$로 계산한다.)

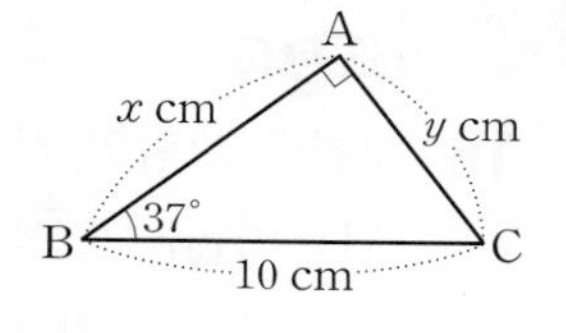

13 다음 중 오른쪽 그림과 같은 직각삼각형 ABC에서 $\overline{AC}$의 길이를 나타내는 것이 아닌 것은?
0161

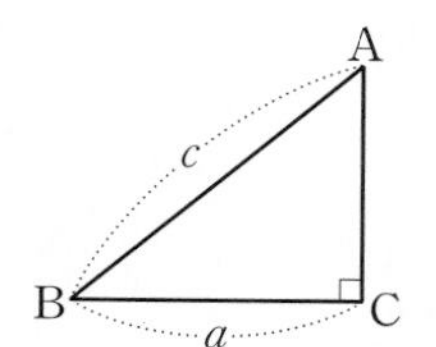

① $c\sin B$ ② $a\tan B$
③ $c\sin A$ ④ $c\cos A$
⑤ $\dfrac{a}{\tan A}$

14 다음 중 오른쪽 그림과 같은 직각삼각형 ABC에서 $\overline{BC}$의 길이를 나타내는 것을 모두 고르면? (정답 2개)
0162

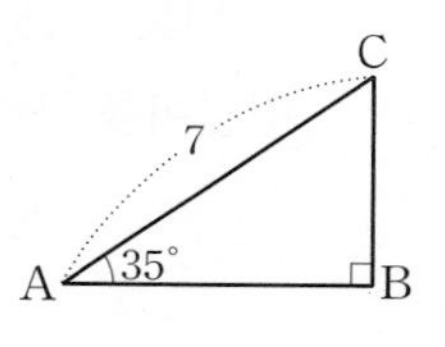

① $7\sin 35^\circ$ ② $\dfrac{7}{\sin 35^\circ}$ ③ $\dfrac{7}{\cos 35^\circ}$
④ $7\cos 55^\circ$ ⑤ $7\tan 55^\circ$

15 오른쪽 그림에서 $\overline{CD}=3$이고 $\angle ABC=\angle BCD=90^\circ$, $\angle ACB=30^\circ$, $\angle D=45^\circ$일 때, $\overline{AC}$의 길이를 구하시오.
0163

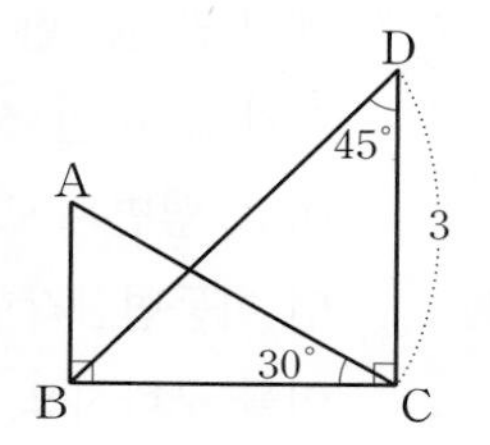

유형 02 입체도형에서 직각삼각형의 변의 길이의 활용

| 개념 04-1

❶ 입체도형에서 직각삼각형을 찾는다.
❷ 삼각비를 이용하여 모서리의 길이, 대각선의 길이 등을 구한다.
❸ ❷를 이용하여 입체도형의 겉넓이 또는 부피를 구한다.

대표문제

16 0164 오른쪽 그림의 직육면체에서 $\overline{AB}=6\text{ cm}$, $\overline{CF}=8\text{ cm}$이고 $\angle CFG=30^\circ$일 때, 이 직육면체의 부피는?

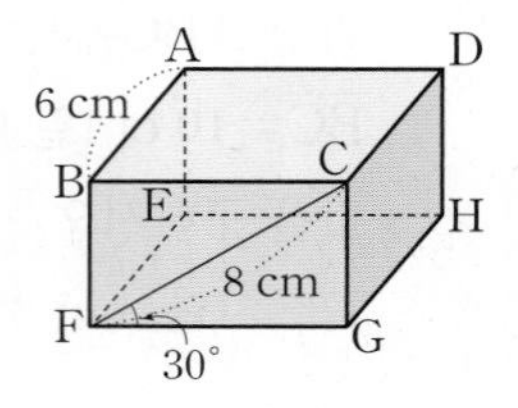

① 96 cm^3 ② $96\sqrt{2}\text{ cm}^3$ ③ $96\sqrt{3}\text{ cm}^3$
④ 192 cm^3 ⑤ $192\sqrt{3}\text{ cm}^3$

17 0165 오른쪽 그림과 같이 $\overline{BC}=7\sqrt{2}\text{ cm}$, $\overline{BE}=5\text{ cm}$이고 $\angle BAC=90^\circ$, $\angle ABC=45^\circ$인 삼각기둥의 겉넓이를 구하시오.

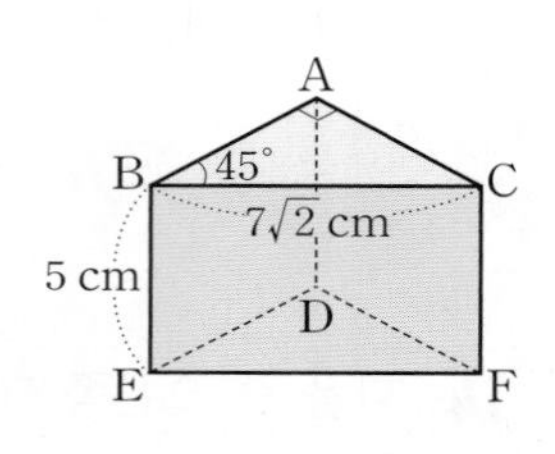

18 0166 오른쪽 그림의 사각뿔에서 밑면은 한 변의 길이가 6 cm인 정사각형이고, 옆면은 모두 합동인 이등변삼각형이다. $\angle OBH=30^\circ$일 때, $\overline{OH}$의 길이를 구하시오.

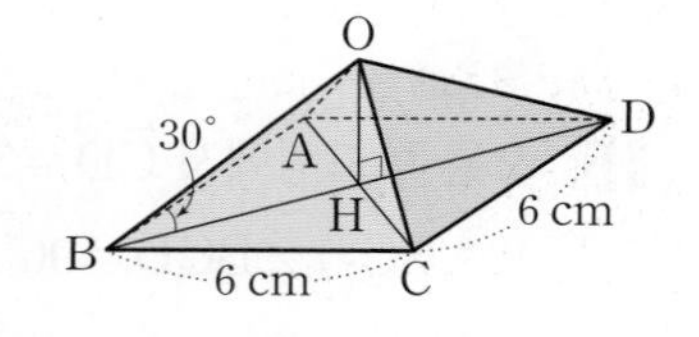

19 0167 오른쪽 그림과 같이 모선의 길이가 12 cm인 원뿔이 있다. 모선과 밑면이 이루는 각의 크기가 60°일 때, 이 원뿔의 부피를 구하시오.

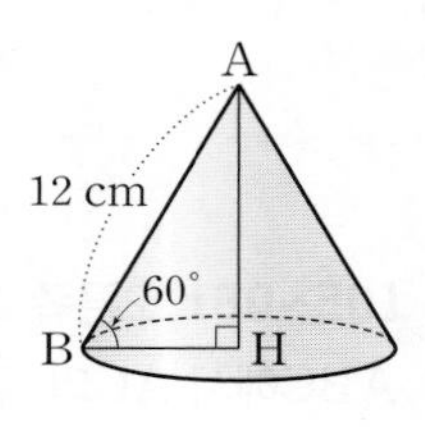

생각⊕

20 0168 오른쪽 그림의 직육면체에서 $\angle CFG=45^\circ$, $\angle DGH=60^\circ$이고 $\overline{GH}=6$이다. $\angle AFC=x^\circ$라 할 때, $\tan x^\circ$의 값을 구하시오.

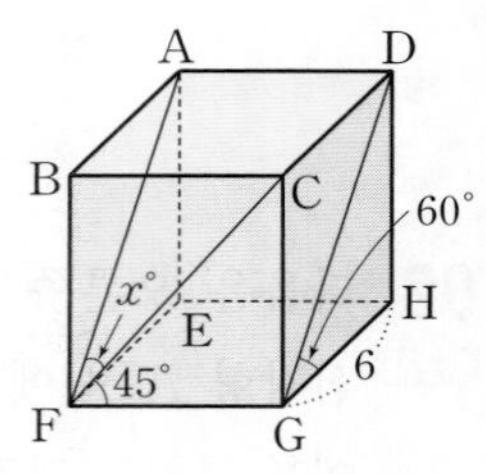

빈출

유형 03 실생활에서 직각삼각형의 변의 길이의 활용

| 개념 04-1

❶ 주어진 그림에서 직각삼각형을 찾는다.
❷ 삼각비를 이용하여 각 변의 길이를 구한다.

대표문제

21 0169 오른쪽 그림과 같이 나무로부터 10 m 떨어진 A 지점에서 나무의 꼭대기 C 지점을 올려본 각의 크기가 25°이다. 이 사람의 눈높이가 1.5 m일 때, 나무의 높이는? (단, $\tan 25^\circ=0.47$로 계산한다.)

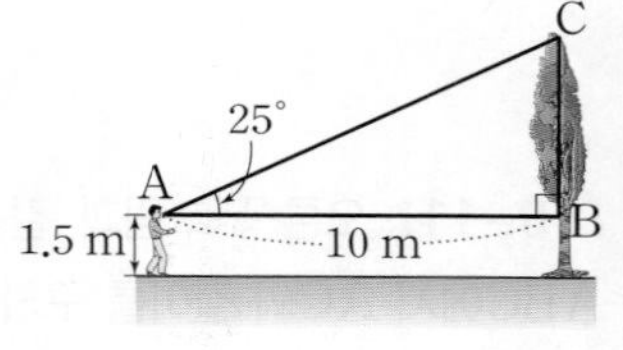

① 6 m ② 6.2 m ③ 6.4 m
④ 6.6 m ⑤ 6.8 m

22 0170 지면에 수직으로 서 있던 막대가 오른쪽 그림과 같이 부러져 꼭대기 부분이 지면과 30°의 각을 이루었다. 부러지기 전의 막대의 높이를 구하시오.

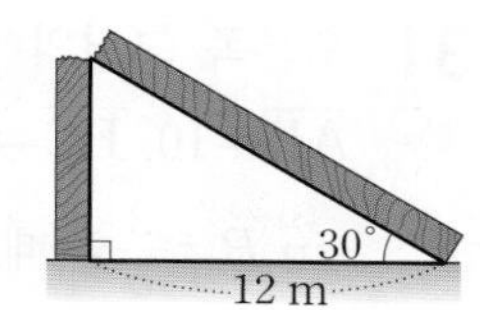

23 0171 오른쪽 그림과 같이 6 m 떨어진 두 건물 A, B가 있다. A 건물의 옥상에서 B 건물을 올려본각의 크기가 30°이고 내려본각의 크기가 45°일 때, B 건물의 높이는?

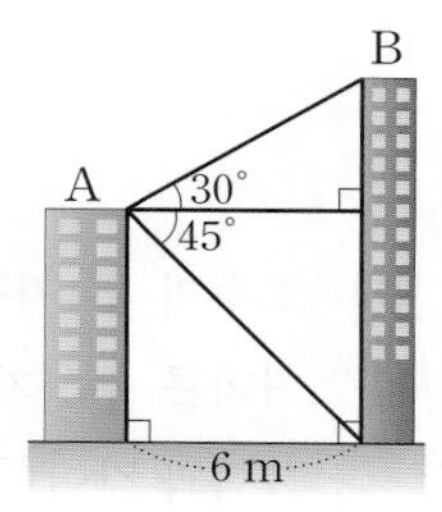

① $\frac{6-2\sqrt{3}}{3}$ m ② $(6-2\sqrt{3})$ m

③ $\frac{6+2\sqrt{3}}{3}$ m ④ $2\sqrt{3}$ m

⑤ $(6+2\sqrt{3})$ m

서술형

24 0172 오른쪽 그림과 같이 건물로부터 4 m 떨어진 지점에서 국기 게양대의 양 끝을 올려본각의 크기가 각각 60°, 45°일 때, 국기 게양대의 높이 $\overline{CD}$의 길이를 구하시오.

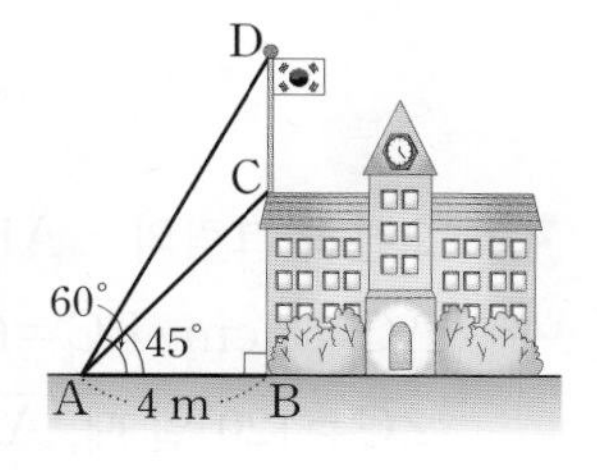

생각⊕

25 0173 오른쪽 그림과 같이 지면으로부터 높이가 60 m인 A 지점에서 수평면과 이루는 경사각이 23°인 길을 따라 C 지점까지 분속 30 m로 내려가려고 한다. 이때 A 지점에서 C 지점까지 가는 데 걸리는 시간을 구하시오.

(단, sin 23° = 0.4로 계산한다.)

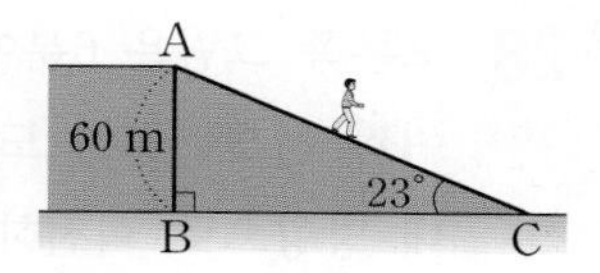

26 0174 오른쪽 그림과 같이 길이가 10 cm인 실에 매달린 추가 좌우로 30°씩 흔들리고 있다. B 지점이 A 지점보다 x cm 위에 있을 때, x의 값을 구하시오.

(단, 추의 크기는 무시한다.)

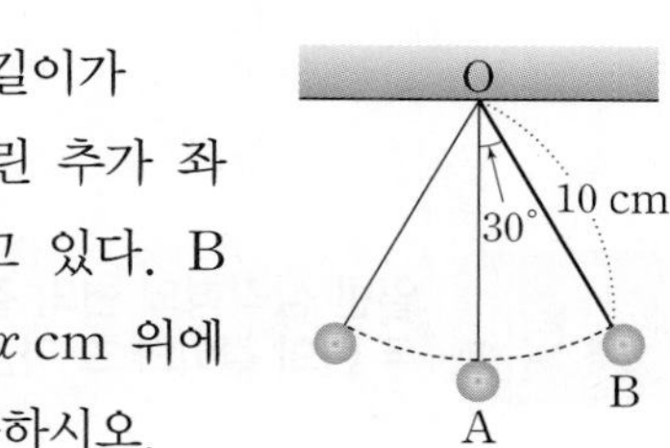

27 0175 성의 높이를 구하기 위하여 오른쪽 그림과 같이 수평면 위에 두 지점 B, C 사이의 거리를 100 m가 되도록 잡고 측량하였다. 다음 삼각비의 표를 이용하여 이 성의 높이 $\overline{AH}$의 길이를 구하시오.

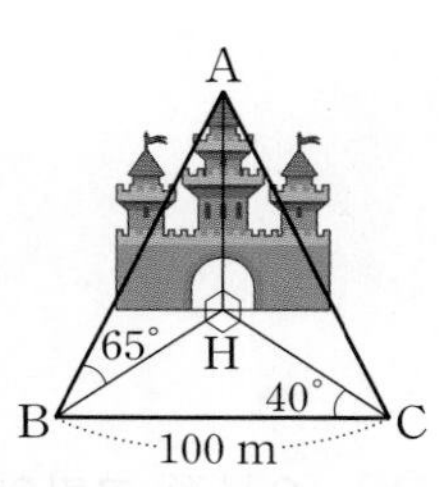

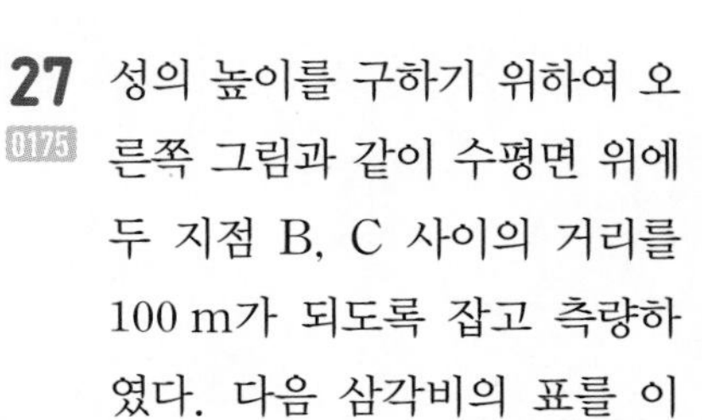

삼각비 \ A	40°	50°	65°
sin A	0.64	0.77	0.91
cos A	0.77	0.64	0.42
tan A	0.84	1.19	2.14

생각⊕

28 오른쪽 그림은 6분에 1바퀴씩 시곗바늘이 도는 반대 방향으로 회전하고 지름의 길이가 40 m인 놀이기구이다. A 칸, B 칸에는 각각 성민이와 소정이가 타고 있을 때, $\overline{AB}$가 지면과 평행한 때로부터 2분 후에 소정이는 성민이보다 얼마나 더 높은 곳에 있는지 구하시오. (단, 각 칸의 크기는 무시한다.)

0176

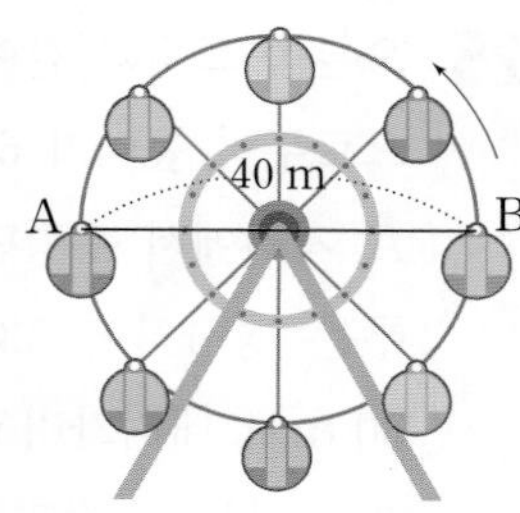

31 오른쪽 그림의 △ABC에서 $\overline{AB}=10$, $\overline{BC}=13$이고 $\sin B=\dfrac{3}{5}$일 때, $\overline{AC}$의 길이는?

0179

① $2\sqrt{15}$ ② $\sqrt{61}$ ③ $\sqrt{62}$
④ $3\sqrt{7}$ ⑤ 8

빈출

유형 04 일반 삼각형의 변의 길이: 두 변의 길이와 그 끼인각의 크기를 알 때

| 개념 04-2

대표문제

29 오른쪽 그림의 △ABC에서 $\overline{AB}=10\text{ cm}$, $\overline{BC}=15\text{ cm}$, $\angle B=60^\circ$일 때, $\overline{AC}$의 길이를 구하시오.

0177

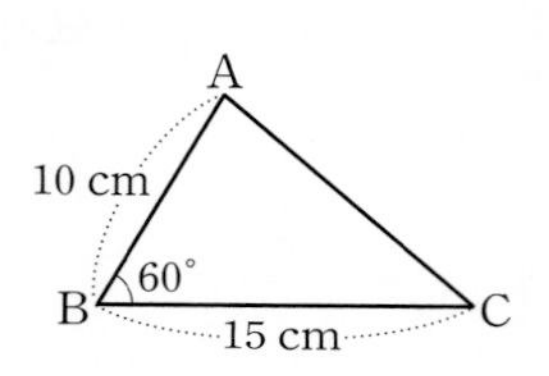

30 오른쪽 그림의 △ABC에서 $\overline{AC}=6$, $\overline{BC}=4\sqrt{3}$이고 $\angle C=30^\circ$일 때, $\overline{AB}$의 길이는?

0178

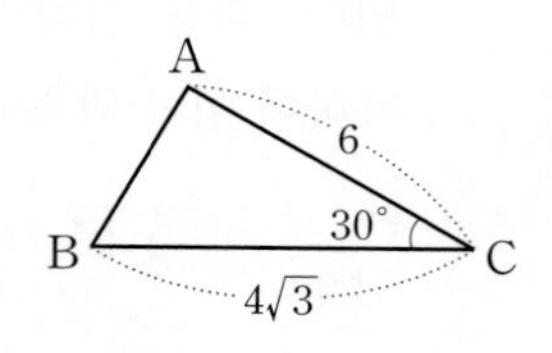

① $1+\sqrt{6}$ ② $2+\sqrt{3}$ ③ $2\sqrt{3}$
④ $2\sqrt{6}$ ⑤ $3\sqrt{3}$

32 호수의 두 지점 B, C 사이의 거리를 구하기 위하여 오른쪽 그림과 같이 측량하였다. $\overline{AB}=12\text{ m}$, $\overline{AC}=8\sqrt{2}\text{ m}$이고 $\angle A=45^\circ$일 때, 두 지점 B, C 사이의 거리는?

0180

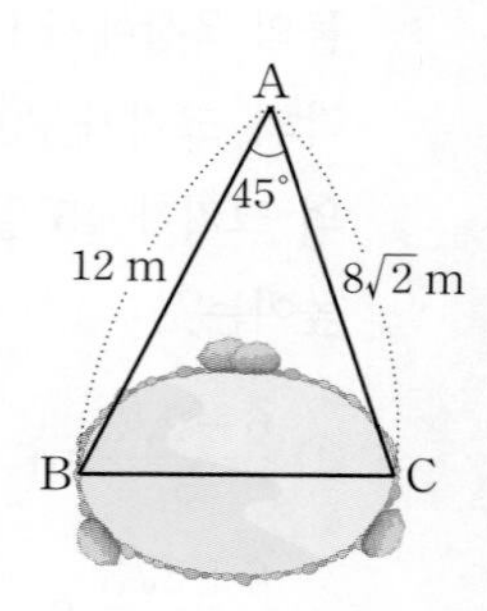

① 4 m ② $2\sqrt{5}$ m ③ $3\sqrt{5}$ m
④ 8 m ⑤ $4\sqrt{5}$ m

33 오른쪽 그림의 △ABC에서 $\overline{AC}=8\text{ cm}$, $\overline{BC}=6\text{ cm}$, $\angle C=120^\circ$일 때, $\overline{AB}$의 길이를 구하시오.

0181

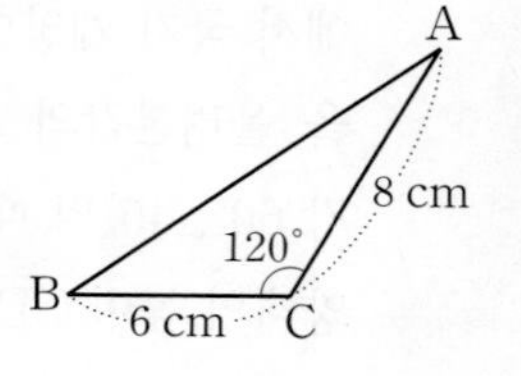

유형 05 일반 삼각형의 변의 길이: 한 변의 길이와 그 양 끝 각의 크기를 알 때

| 개념 04-2

대표문제

34 0182 오른쪽 그림의 △ABC에서 $\angle B=45°$, $\angle C=75°$이고 $\overline{BC}=12$일 때, $\overline{AC}$의 길이는?

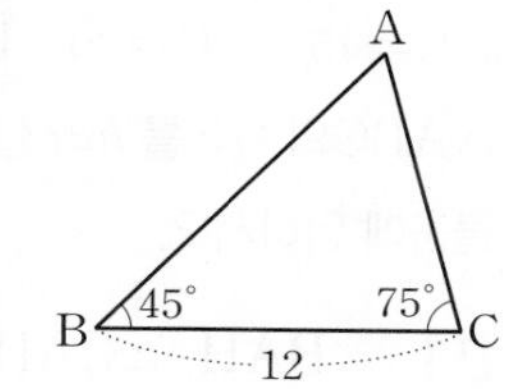

① $2\sqrt{6}$ ② $3\sqrt{6}$
③ $4\sqrt{6}$ ④ $5\sqrt{6}$
⑤ $6\sqrt{6}$

35 0183 오른쪽 그림의 △ABC에서 $\angle B=60°$, $\angle C=45°$이고 $\overline{AB}=8\sqrt{2}$일 때, $\overline{AC}$의 길이를 구하시오.

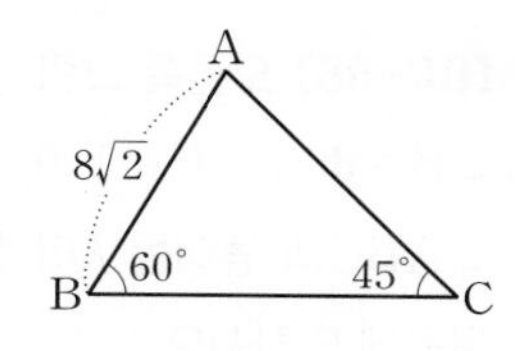

36 0184 오른쪽 그림의 △ABC에서 $\angle B=37°$, $\angle C=60°$이고 $\overline{AC}=b$일 때, 다음 중 $\overline{AB}$의 길이를 나타내는 것은?
(단, $\sin 37°=0.6$, $\cos 37°=0.8$로 계산한다.)

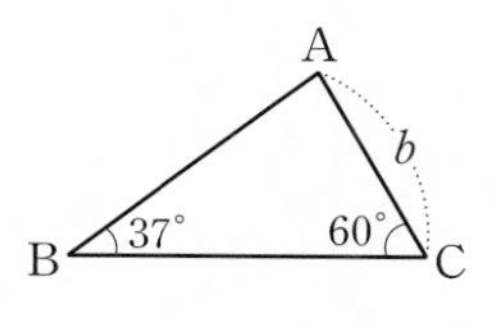

① $\frac{5\sqrt{3}}{8}b$ ② $\frac{3\sqrt{3}}{4}b$ ③ $\frac{5\sqrt{3}}{6}b$
④ $\sqrt{3}b$ ⑤ $\frac{6\sqrt{3}}{5}b$

서술형

37 0185 강의 양쪽에 있는 두 지점 A, B 사이의 거리를 구하기 위하여 오른쪽 그림과 같이 측량하였다. $\angle A=60°$, $\angle B=75°$이고 $\overline{BC}=60$ m일 때, 두 지점 A, B 사이의 거리를 구하시오.

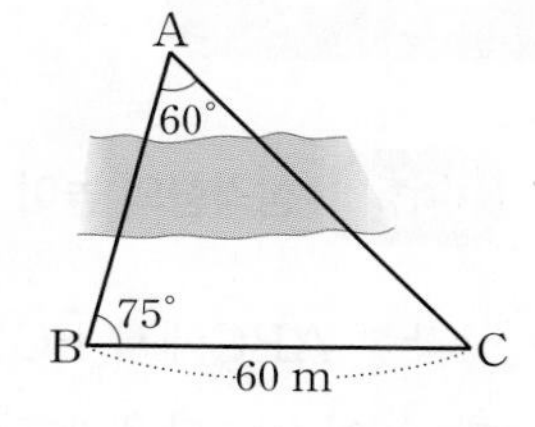

38 0186 오른쪽 그림의 △ABC에서 $\angle B=45°$, $\angle C=105°$이고 $\overline{BC}=4\sqrt{2}$일 때, $\overline{AB}$의 길이를 구하시오.

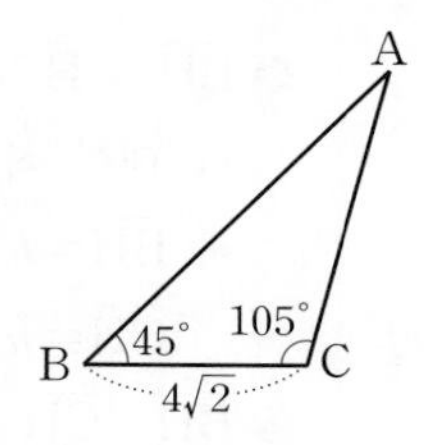

생각⊕

39 0187 오른쪽 그림과 같이 꼭지각의 크기가 30°인 이등변삼각형 ABC에서 $\overline{BC}=\overline{BD}=4\sqrt{6}$일 때, $\overline{AB}$의 길이는?

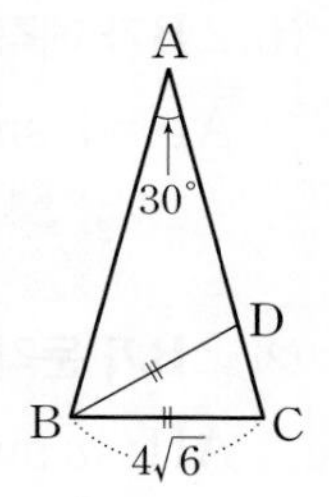

① $4+4\sqrt{3}$ ② $12+4\sqrt{3}$
③ $8+8\sqrt{3}$ ④ $12+8\sqrt{3}$
⑤ $8+12\sqrt{3}$

Lecture 05

삼각비의 활용(2)

05-1 삼각형의 높이 | 유형 06, 07

삼각형 ABC에서 $\overline{BC}$의 길이 a와 $\angle B$, $\angle C$의 크기를 알 때, 높이 h는 다음과 같은 순서로 구한다.

(1) **두 예각이 주어진 경우**

❶ $\overline{BH}$, $\overline{CH}$의 길이를 각각 h에 대한 식으로 나타낸다.

➡ $\overline{BH}=h\tan x^\circ$, $\overline{CH}=h\tan y^\circ$

❷ $\overline{BH}+\overline{CH}=a$이므로

$h(\tan x^\circ+\tan y^\circ)=a$

$\therefore h=\dfrac{a}{\tan x^\circ+\tan y^\circ}$

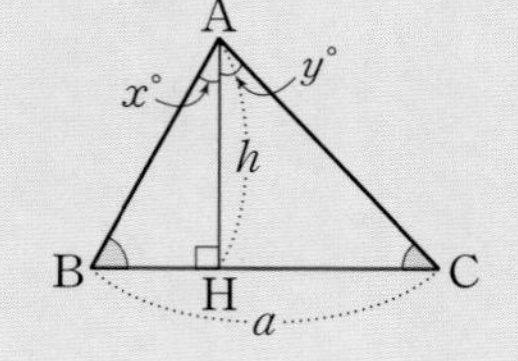

(2) **예각과 둔각이 주어진 경우**

❶ $\overline{BH}$, $\overline{CH}$의 길이를 각각 h에 대한 식으로 나타낸다.

➡ $\overline{BH}=h\tan x^\circ$, $\overline{CH}=h\tan y^\circ$

❷ $\overline{BH}-\overline{CH}=a$이므로

$h(\tan x^\circ-\tan y^\circ)=a$

$\therefore h=\dfrac{a}{\tan x^\circ-\tan y^\circ}$

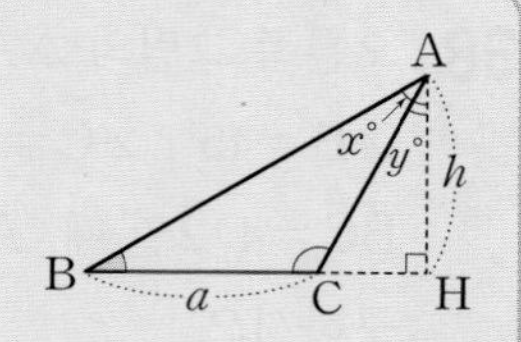

05-2 삼각형의 넓이 | 유형 08, 09

삼각형 ABC에서 두 변의 길이 a, c와 그 끼인각 $\angle B$의 크기를 알 때, 넓이 S는

(1) **$\angle B$가 예각인 경우**

$\overline{AH}=c\sin B$이므로

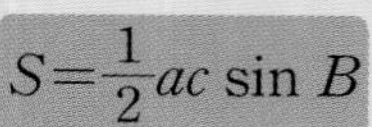

$S=\dfrac{1}{2}ac\sin B$

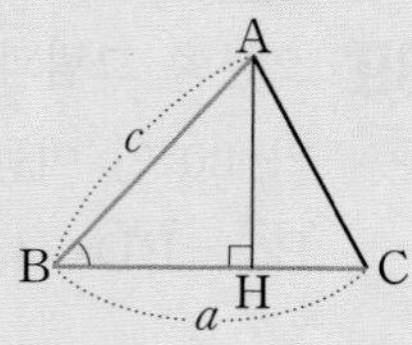

(2) **$\angle B$가 둔각인 경우**

$\overline{AH}=c\sin(180^\circ-B)$이므로

$S=\dfrac{1}{2}ac\sin(180^\circ-B)$

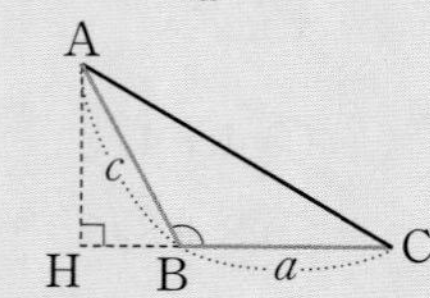

[01~03] 오른쪽 그림과 같이 $\angle B=45^\circ$, $\angle C=30^\circ$, $\overline{BC}=8$인 $\triangle ABC$의 높이를 h라 할 때, 다음 물음에 답하시오.

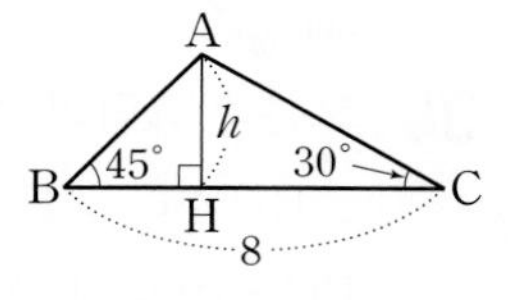

01 $\angle BAH$, $\angle CAH$의 크기를 각각 구하시오.
0188

02 $\overline{BH}$, $\overline{CH}$의 길이를 각각 h에 대한 식으로 나타내시오.
0189

03 h의 값을 구하시오.
0190

[04~06] 오른쪽 그림과 같이 $\angle B=30^\circ$, $\angle C=120^\circ$, $\overline{BC}=6$인 $\triangle ABC$의 높이를 h라 할 때, 다음 물음에 답하시오.

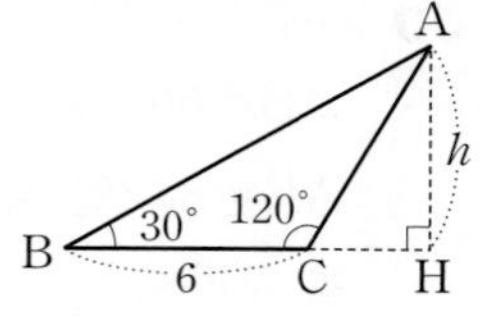

04 $\angle BAH$, $\angle CAH$의 크기를 각각 구하시오.
0191

05 $\overline{BH}$, $\overline{CH}$의 길이를 각각 h에 대한 식으로 나타내시오.
0192

06 h의 값을 구하시오.
0193

[07~08] 다음 삼각형의 넓이를 구하시오.

07
0194

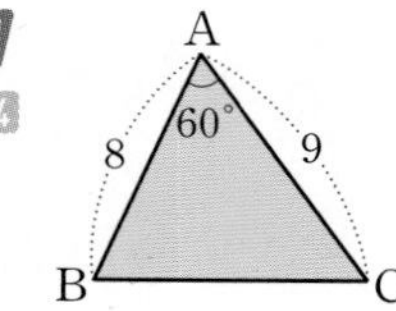

08
0195

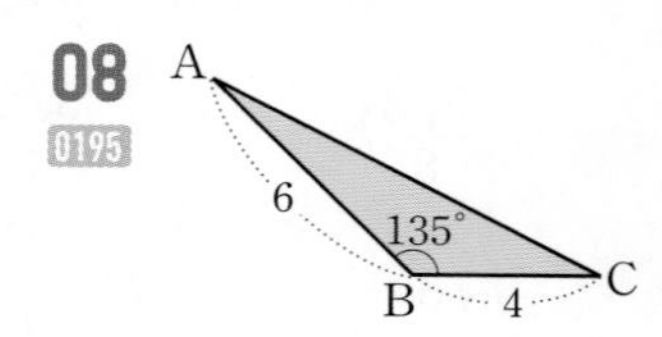

유형 06 삼각형의 높이 (1); 두 예각이 주어질 때 | 개념 05-1

대표문제

09 0196 오른쪽 그림과 같이 $\triangle ABC$의 꼭짓점 A에서 $\overline{BC}$에 내린 수선의 발을 H라 하자. $\angle B=30°$, $\angle C=45°$, $\overline{BC}=6$일 때, $\overline{AH}$의 길이는?

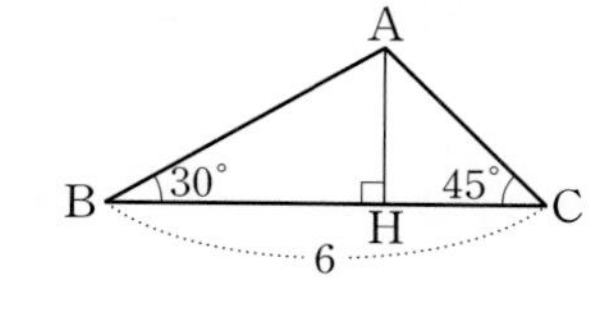

① $3(\sqrt{2}-1)$ ② $3(\sqrt{3}-1)$ ③ $6(\sqrt{2}-1)$
④ $3(\sqrt{2}+1)$ ⑤ $3(\sqrt{3}+1)$

10 0197 오른쪽 그림의 $\triangle ABC$에서 $\overline{AB}\perp\overline{CH}$이고 $\angle A=40°$, $\angle B=70°$, $\overline{AB}=60$일 때, 다음 중 $\overline{CH}$의 길이를 구하는 식은?

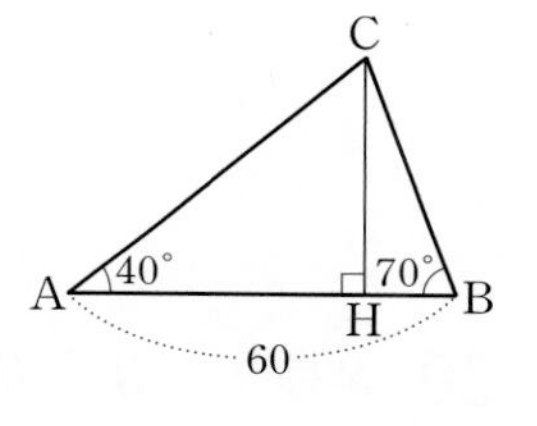

① $\dfrac{60}{\tan 50°+\tan 20°}$ ② $\dfrac{60}{\tan 50°-\tan 20°}$
③ $\dfrac{60}{\tan 40°+\tan 70°}$ ④ $\dfrac{60}{\tan 70°-\tan 40°}$
⑤ $\dfrac{60}{\tan 40°+\tan 50°}$

11 0198 오른쪽 그림과 같이 120 m 떨어진 지면 위의 두 지점 A, B에서 하늘에 떠 있는 열기구 P를 올려본각의 크기가 각각 45°, 30°일 때, 이 열기구의 높이를 구하시오.

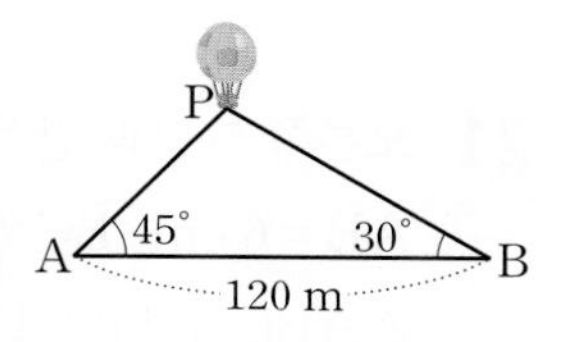

12 0199 오른쪽 그림과 같이 한 변의 길이가 10 m이고 그 양 끝 각의 크기가 45°, 60°인 삼각형 모양의 잔디밭을 만들려고 한다. 이 잔디밭의 넓이를 구하시오.

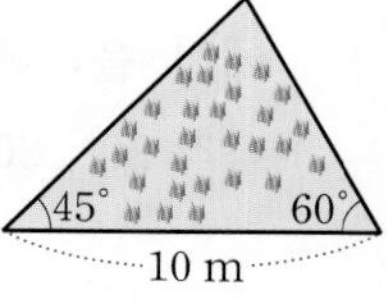

유형 07 삼각형의 높이 (2); 예각과 둔각이 주어질 때 | 개념 05-1

대표문제

13 0200 오른쪽 그림의 $\triangle ABC$에서 $\angle B=30°$, $\angle ACB=120°$, $\overline{BC}=2$일 때, $\overline{AH}$의 길이를 구하시오.

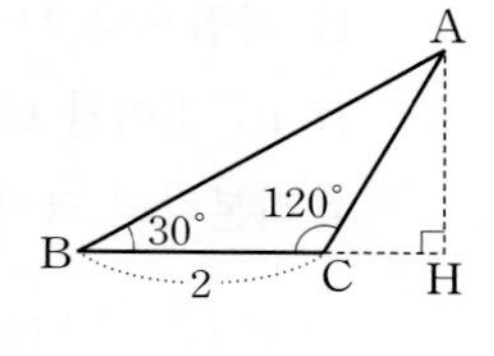

14 0201 오른쪽 그림과 같이 $\triangle ABC$의 꼭짓점 A에서 $\overline{BC}$의 연장선에 내린 수선의 발을 H라 하자. $\angle ACH=52°$, $\angle B=28°$, $\overline{BC}=14$일 때, 다음 중 $\overline{AH}$의 길이를 구하는 식은?

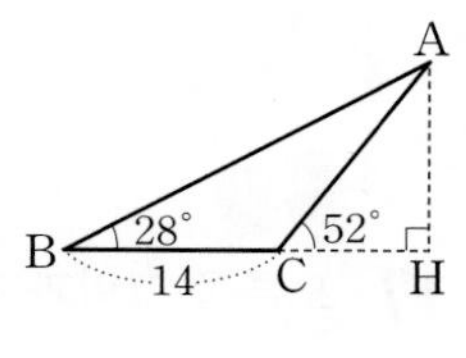

① $\dfrac{14}{\tan 52°-\tan 28°}$ ② $\dfrac{14}{\tan 52°+\tan 28°}$
③ $\dfrac{14}{\tan 62°-\tan 38°}$ ④ $\dfrac{14}{\tan 62°+\tan 38°}$
⑤ $14(\tan 62°-\tan 28°)$

15 0202 오른쪽 그림과 같이 지면으로부터 30 m 높이에 있는 연을 두 지점 A, B에서 올려본각의 크기가 각각 30°, 60°일 때, 두 지점 A, B 사이의 거리는?

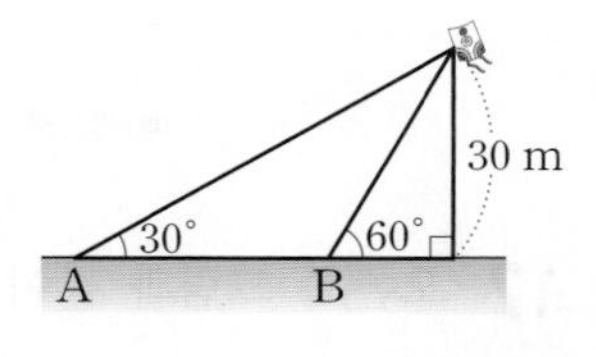

① $10\sqrt{3}$ m ② $20\sqrt{2}$ m ③ $20\sqrt{3}$ m
④ $30\sqrt{2}$ m ⑤ $30\sqrt{3}$ m

16 0203 오른쪽 그림과 같이 B 지점에서 나무의 꼭대기 A 지점을 올려본각의 크기는 30°이고, B 지점으로부터 나무쪽으로 18 m 걸어간 C 지점에서 나무의 꼭대기 A 지점을 올려본각의 크기는 45°일 때, 이 나무의 높이는?

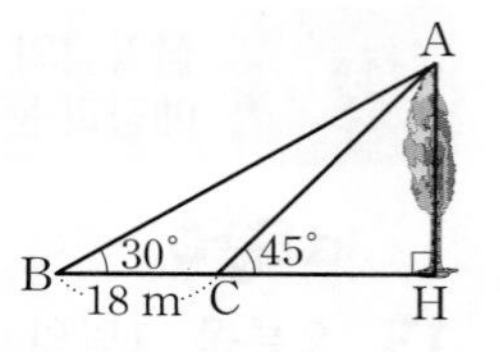

① $9(\sqrt{3}-1)$ m ② $12(\sqrt{3}-1)$ m
③ $15(\sqrt{3}-1)$ m ④ $9(\sqrt{3}+1)$ m
⑤ $12(\sqrt{3}+1)$ m

서술형

17 0204 오른쪽 그림과 같이 $\angle BAC=15°$, $\angle B=45°$이고 $\overline{BC}=6$ cm인 $\triangle ABC$에 대하여 다음 물음에 답하시오.

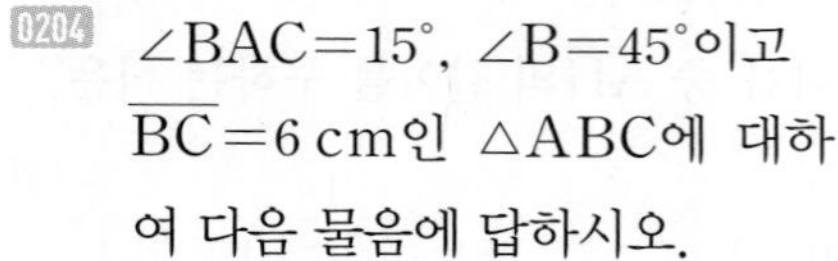

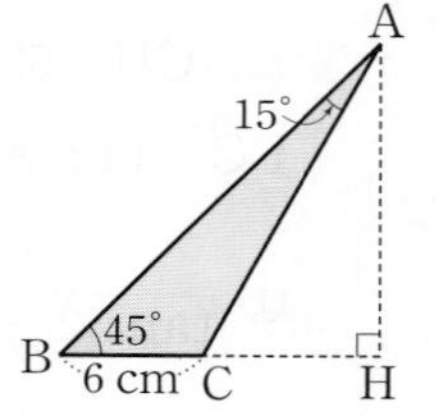

(1) $\overline{AH}$의 길이를 구하시오.

(2) 삼각형 ABC의 넓이를 구하시오.

빈출

유형 08 삼각형의 넓이 (1); 예각이 주어질 때 | 개념 05-2

대표문제

18 0205 오른쪽 그림과 같이 $\overline{AC}=\overline{BC}=10$ cm, $\angle B=75°$인 이등변삼각형 ABC의 넓이를 구하시오.

19 0206 오른쪽 그림과 같이 $\overline{AB}=4\sqrt{3}$ cm, $\angle B=60°$인 $\triangle ABC$의 넓이가 48 cm²일 때, $\overline{BC}$의 길이를 구하시오.

20 0207 오른쪽 그림과 같은 $\triangle ABC$에서 $\overline{AB}=4$, $\overline{AC}=6$이고 $\tan A=\sqrt{3}$일 때, $\triangle ABC$의 넓이는? (단, $0°<A<90°$)

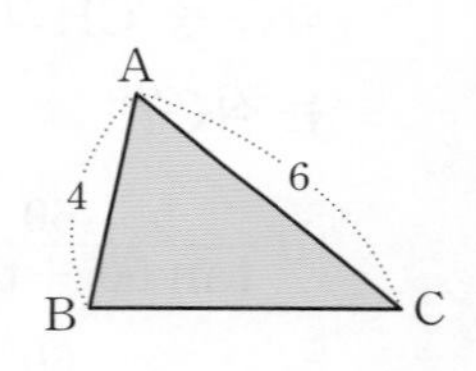

① $6\sqrt{3}$ ② $7\sqrt{3}$ ③ $8\sqrt{3}$
④ $9\sqrt{3}$ ⑤ $10\sqrt{3}$

21 0208 오른쪽 그림과 같이 $\overline{AB}=6$ cm, $\overline{BC}=8$ cm인 $\triangle ABC$의 넓이가 $12\sqrt{2}$ cm²일 때, $\angle B$의 크기를 구하시오. (단, $0°<\angle B<90°$)

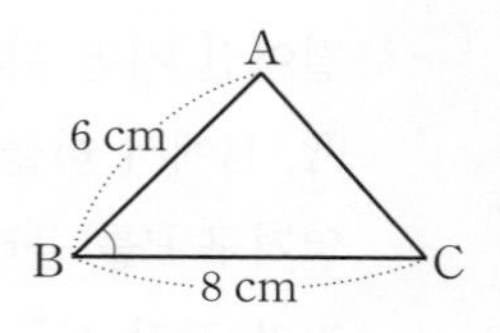

22 0209 오른쪽 그림에서 점 G가 $\triangle ABC$의 무게중심일 때, $\triangle AGC$의 넓이를 구하시오.

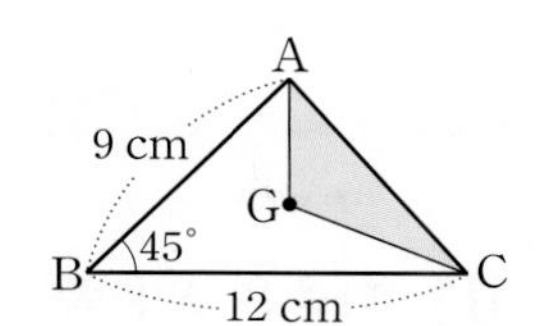

25 0212 오른쪽 그림과 같이 $\overline{AC}=5$ cm, $\overline{BC}=4$ cm인 $\triangle ABC$의 넓이가 5 cm²일 때, $\angle C$의 크기를 구하시오. (단, $90° < \angle C < 180°$)

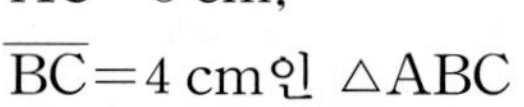

26 0213 오른쪽 그림에서 $\triangle ABC$는 $\angle A=90°$인 직각삼각형이고 $\angle ACB=30°$이다. □BDEC는 한 변의 길이가 12인 정사각형일 때, $\triangle ABD$의 넓이는?

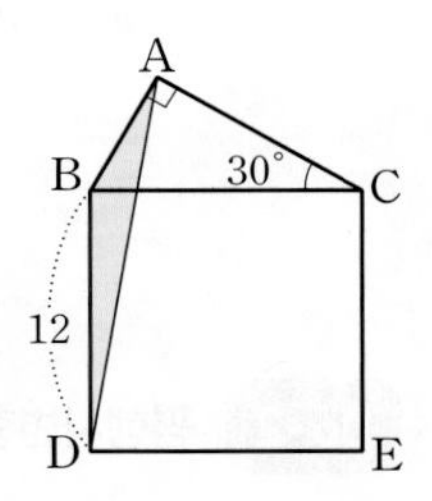

① 17 ② 18 ③ 19 ④ 20 ⑤ 21

빈출 유형 09 삼각형의 넓이 (2); 둔각이 주어질 때 | 개념 05-2

대표문제

23 0210 오른쪽 그림과 같이 $\overline{AB}=12$ cm, $\overline{BC}=5$ cm, $\angle A=22°$, $\angle C=38°$인 $\triangle ABC$의 넓이는?

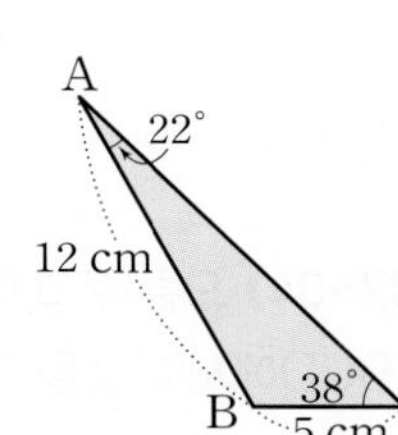

① 15 cm² ② $15\sqrt{2}$ cm² ③ $15\sqrt{3}$ cm² ④ 18 cm² ⑤ $18\sqrt{3}$ cm²

서술형

27 0214 오른쪽 그림과 같이 반지름의 길이가 6 cm인 반원 O에서 색칠한 부분의 넓이를 구하시오.

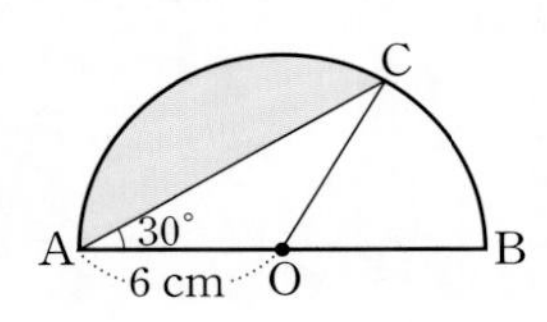

24 0211 오른쪽 그림과 같이 $\overline{BC}=10$ cm, $\angle C=135°$인 $\triangle ABC$의 넓이가 100 cm²일 때, $\overline{AC}$의 길이는?

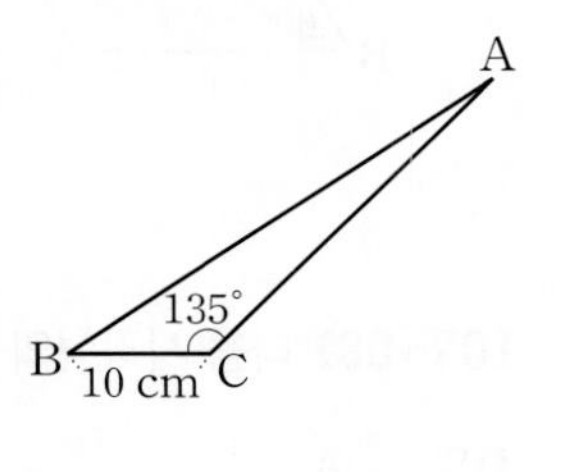

① $10\sqrt{2}$ cm ② $10\sqrt{3}$ cm ③ 20 cm ④ $20\sqrt{2}$ cm ⑤ $20\sqrt{3}$ cm

28 0215 다음 그림과 같은 $\triangle ABC$에서 $\angle BAC=120°$이고 $\overline{AD}$가 $\angle BAC$의 이등분선일 때, $\overline{AD}$의 길이를 구하시오.

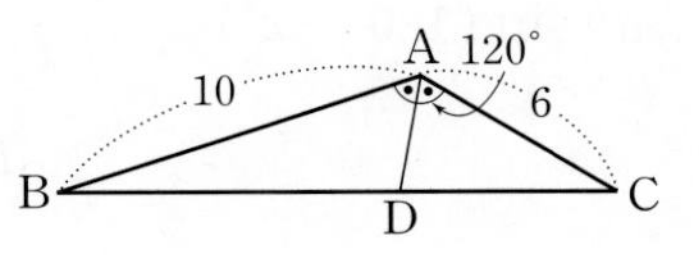

삼각비의 활용(3)

06-1 다각형의 넓이 | 유형 10

다각형의 넓이는 다음과 같은 순서로 구한다.

❶ 보조선을 그어 다각형을 여러 개의 삼각형으로 나눈다.
❷ 각 삼각형의 넓이를 구하여 더한다.
➡ □ABCD
$=\triangle ABD+\triangle BCD$
$=\frac{1}{2}ad\sin A+\frac{1}{2}bc\sin C$
(단, ∠A, ∠C는 예각)

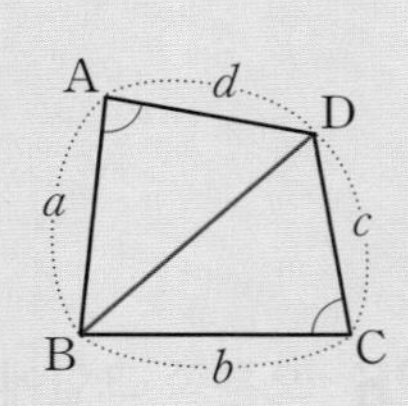

06-2 평행사변형의 넓이 | 유형 11

평행사변형 ABCD에서 두 변의 길이 a, b와 그 끼인각 ∠B의 크기를 알 때, 넓이 S는

(1) **∠B가 예각인 경우**
➡ $S=ab\sin B$

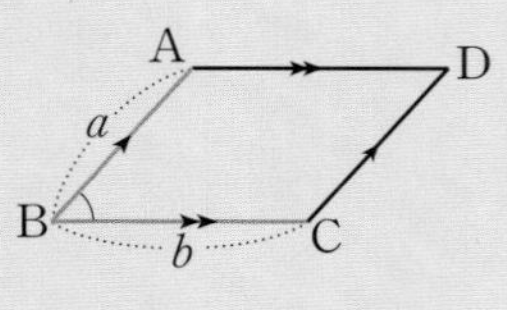

(2) **∠B가 둔각인 경우**
➡ $S=ab\sin(180^\circ-B)$

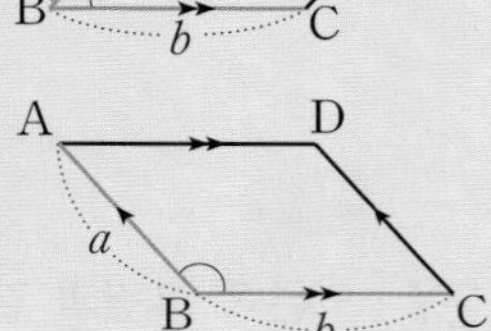

06-3 사각형의 넓이 | 유형 12

사각형 ABCD에서 두 대각선의 길이 a, b와 두 대각선이 이루는 각의 크기 x°를 알 때, 넓이 S는

(1) **x°가 예각인 경우**
➡ $S=\frac{1}{2}ab\sin x^\circ$

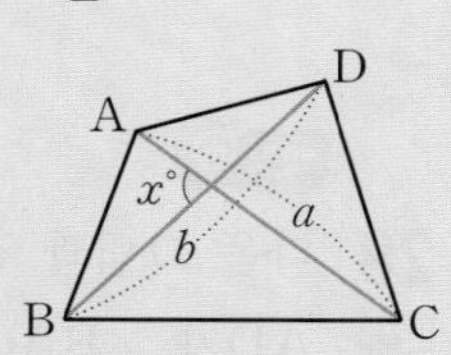

(2) **x°가 둔각인 경우**
➡ $S=\frac{1}{2}ab\sin(180^\circ-x^\circ)$

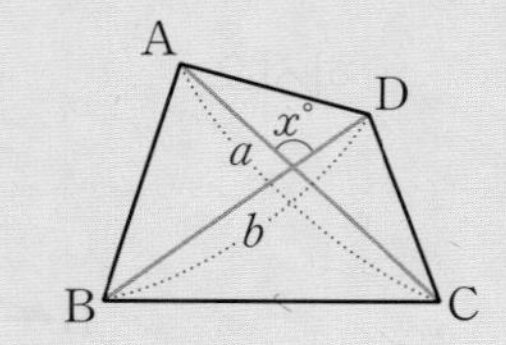

01 0216 다음은 오른쪽 그림과 같은 사각형 ABCD의 넓이를 구하는 과정이다. □ 안에 알맞은 수를 써넣으시오.

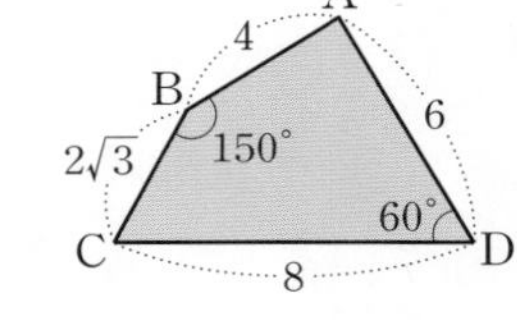

$\overline{AC}$를 그으면
△ABC
$=\frac{1}{2}\times4\times2\sqrt{3}\times$□
$=$□
△ACD$=\frac{1}{2}\times8\times6\times$□$=$□
∴ □ABCD$=$△ABC$+$△ACD$=$□

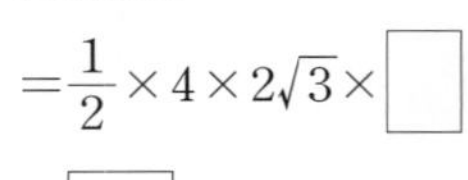

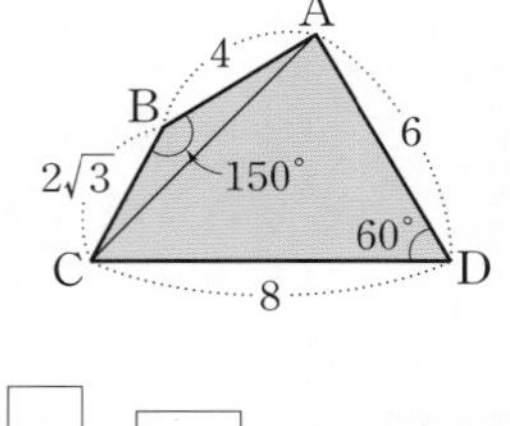

[02~04] 오른쪽 그림과 같은 사각형 ABCD에서 다음을 구하시오.

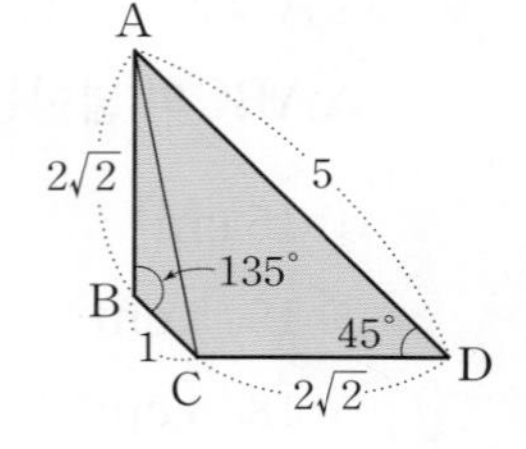

02 0217 △ABC의 넓이

03 0218 △ACD의 넓이

04 0219 □ABCD의 넓이

[05~06] 다음 평행사변형의 넓이를 구하시오.

05 0220

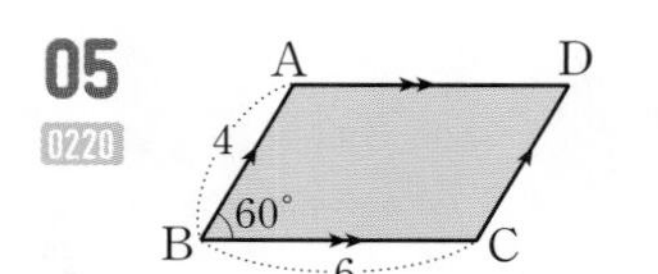

06 0221

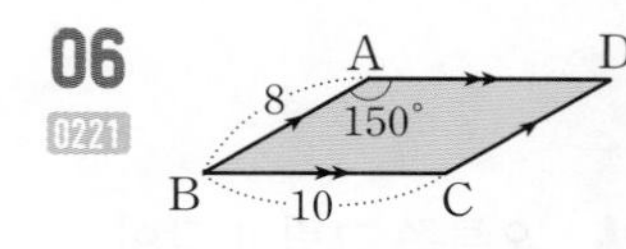

[07~08] 다음 사각형의 넓이를 구하시오.

07 0222

A D 10 60° 12 B C

08 0223

A 135° D 10 10 B C

빈출

유형 10 다각형의 넓이 | 개념 06-1

대표문제

09 0224 오른쪽 그림과 같은 □ABCD의 넓이는?

① $\frac{27\sqrt{3}}{4}$ cm²
② $7\sqrt{3}$ cm²
③ $\frac{29\sqrt{3}}{4}$ cm²
④ $\frac{15\sqrt{3}}{2}$ cm²
⑤ $\frac{31\sqrt{3}}{4}$ cm²

10 0225 오른쪽 그림과 같은 □ABCD에서 $\overline{AD}=8$, $\overline{CD}=10$이고 $\angle ADB=30°$, $\angle CBD=45°$일 때, □ABCD의 넓이를 구하시오.

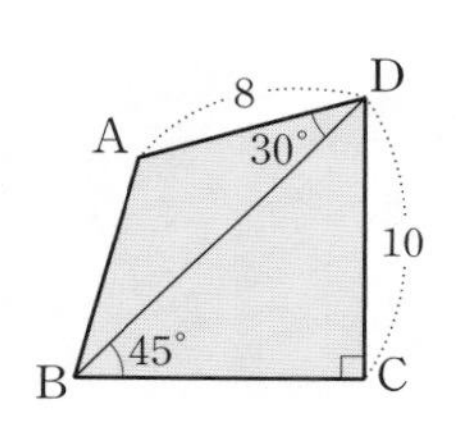

11 0226 오른쪽 그림과 같이 한 변의 길이가 6 cm인 정육각형의 넓이는?

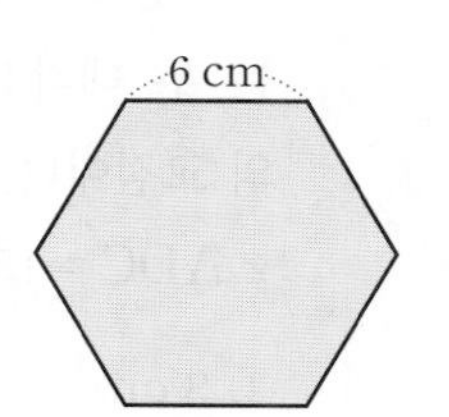

① 54 cm² ② $50\sqrt{2}$ cm²
③ $54\sqrt{2}$ cm² ④ $50\sqrt{3}$ cm²
⑤ $54\sqrt{3}$ cm²

서술형

12 0227 오른쪽 그림과 같이 원에 내접하는 정팔각형의 넓이가 $128\sqrt{2}$ cm²일 때, 이 원의 반지름의 길이를 구하시오.

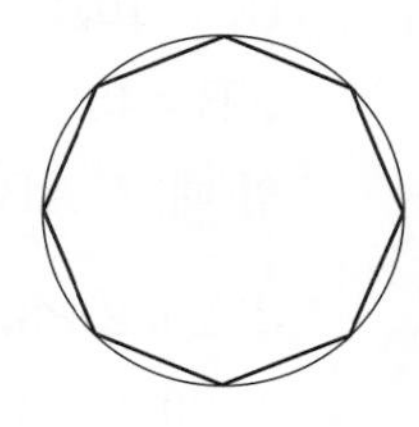

13 0228 오른쪽 그림과 같은 □ABCD에서 $\overline{AB}=6$, $\angle B=60°$, $\angle ACD=30°$이다. □ABCD의 넓이가 $24\sqrt{3}$일 때, $\overline{CD}$의 길이는?

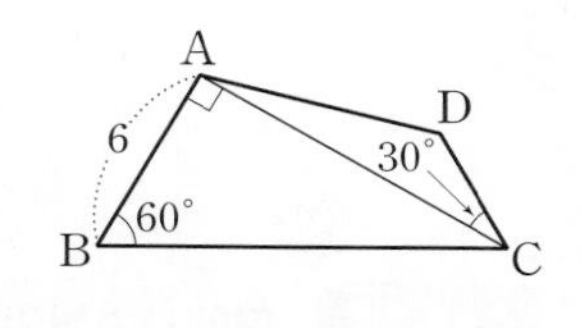

① $2\sqrt{2}$ ② 3 ③ $2\sqrt{3}$
④ $\sqrt{15}$ ⑤ 4

14 0229 오른쪽 그림과 같이 한 변의 길이가 $2\sqrt{3}$ cm인 정사각형 ABCD를 점 A를 중심으로 시곗바늘이 도는 반대 방향으로 30°만큼 회전시켜 □AB′C′D′을 만들었다. 이때 두 정사각형이 겹쳐지는 부분의 넓이는?

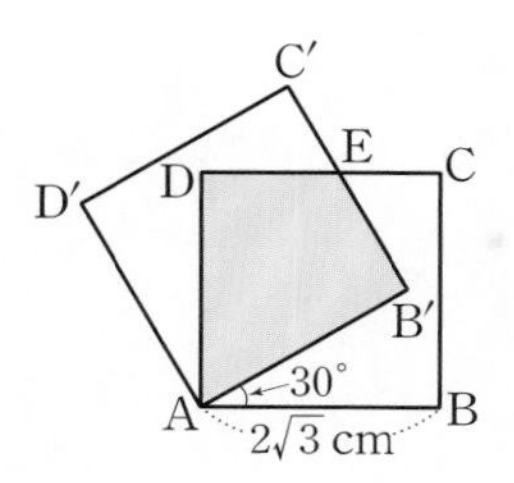

① $2\sqrt{2}$ cm² ② $2\sqrt{3}$ cm² ③ 4 cm²
④ $4\sqrt{2}$ cm² ⑤ $4\sqrt{3}$ cm²

2 삼각비의 활용

생각⊕

15 0230 오른쪽 그림과 같은 □ABCD에서 $\overline{AB}=8$, $\overline{BC}=10\sqrt{2}$, $\overline{CD}=6$이고 $\angle B=45°$, $\angle ACD=60°$일 때, □ABCD의 넓이는?

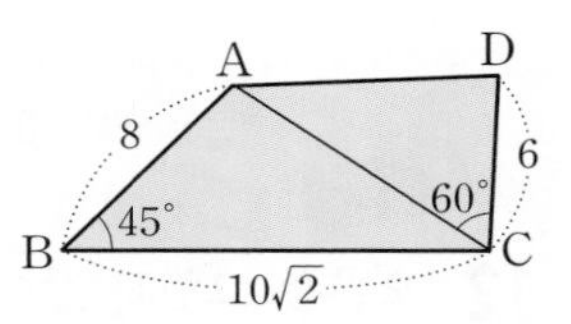

① $20\sqrt{2}+3\sqrt{26}$　② $40+3\sqrt{26}$
③ $20\sqrt{2}+3\sqrt{78}$　④ $40+3\sqrt{78}$
⑤ $40\sqrt{2}+3\sqrt{78}$

빈출

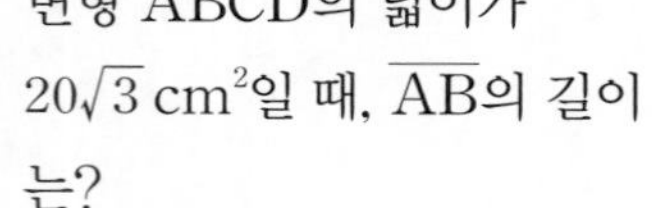

유형 11 평행사변형의 넓이 | 개념 06-2

대표문제

16 0231 오른쪽 그림과 같은 평행사변형 ABCD의 넓이가 $20\sqrt{3}\text{ cm}^2$일 때, $\overline{AB}$의 길이는?

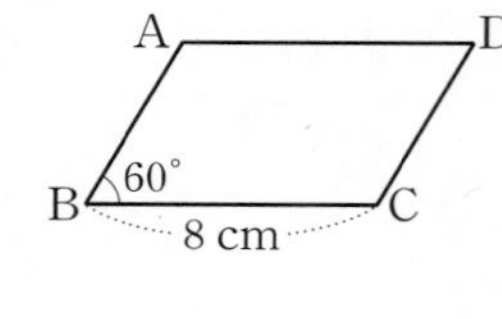

① $3\sqrt{2}$ cm　② $2\sqrt{6}$ cm　③ 5 cm
④ $3\sqrt{3}$ cm　⑤ $5\sqrt{2}$ cm

17 0232 오른쪽 그림과 같이 한 변의 길이가 6 cm인 마름모 ABCD의 넓이를 구하시오.

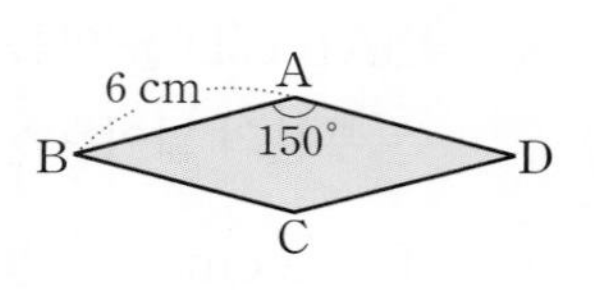

18 0233 오른쪽 그림과 같은 평행사변형 ABCD의 넓이가 $60\sqrt{2}\text{ cm}^2$일 때, ∠B의 크기는? (단, $90° < \angle B < 180°$)

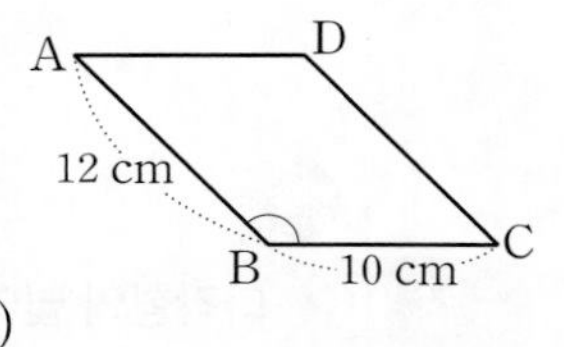

① 105°　② 115°　③ 120°
④ 135°　⑤ 150°

서술형

19 0234 오른쪽 그림과 같이 6개의 합동인 마름모로 이루어진 도형의 넓이가 $300\sqrt{3}\text{ cm}^2$일 때, 마름모의 한 변의 길이를 구하시오.

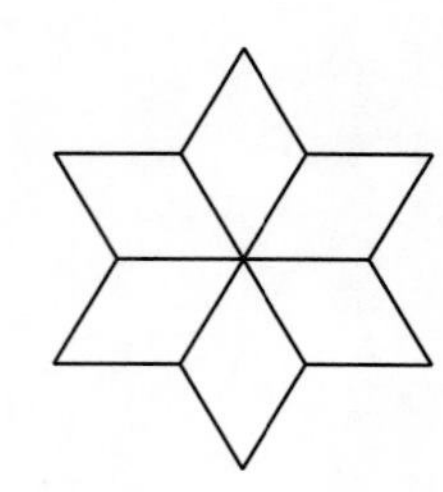

20 0235 오른쪽 그림과 같은 평행사변형 ABCD에서 점 P는 두 대각선 AC와 BD의 교점이다. $\overline{AB}=4$ cm, $\overline{BC}=6$ cm이고 $\angle ADC=150°$일 때, △ABP의 넓이는?

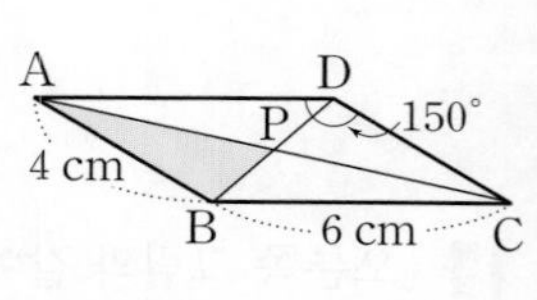

① 3 cm^2　② $3\sqrt{2}\text{ cm}^2$　③ $3\sqrt{3}\text{ cm}^2$
④ 6 cm^2　⑤ $6\sqrt{2}\text{ cm}^2$

21 0236 오른쪽 그림과 같은 평행사변형 ABCD에서 $\overline{BC}$의 중점을 M이라 하자. $\overline{AB}=8$ cm, $\overline{AD}=12$ cm, $\angle D=60^\circ$일 때, $\triangle AMC$의 넓이는?

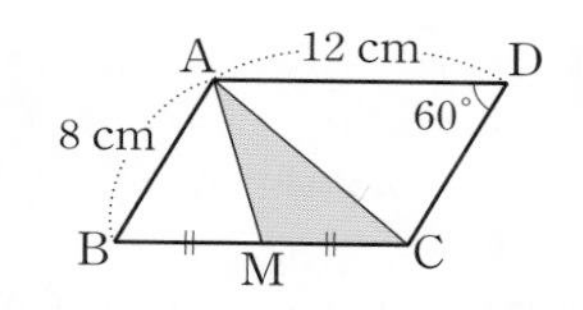

① 12 cm^2 ② $12\sqrt{2}\text{ cm}^2$ ③ $12\sqrt{3}\text{ cm}^2$
④ 24 cm^2 ⑤ $24\sqrt{3}\text{ cm}^2$

유형 12 사각형의 넓이 | 개념 06-3

대표문제

22 0237 오른쪽 그림과 같은 사각형 ABCD의 넓이는?

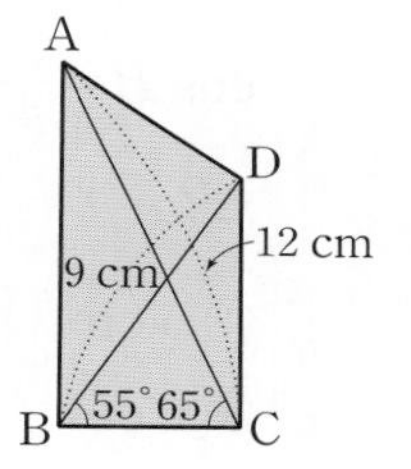

① $18\sqrt{2}\text{ cm}^2$ ② $18\sqrt{3}\text{ cm}^2$
③ 27 cm^2 ④ $27\sqrt{2}\text{ cm}^2$
⑤ $27\sqrt{3}\text{ cm}^2$

23 0238 오른쪽 그림과 같이 두 대각선의 길이가 8 cm, 6 cm인 사각형 ABCD의 넓이가 12 cm^2일 때, $\angle x$의 크기를 구하시오.

(단, $0^\circ < \angle x < 90^\circ$)

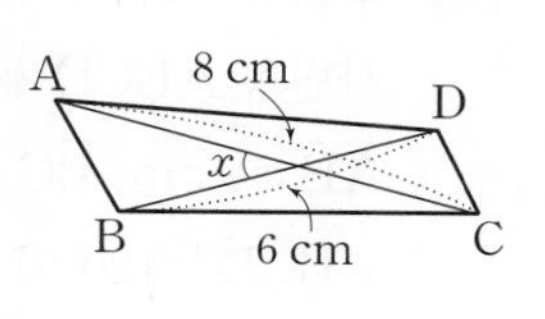

24 0239 오른쪽 그림과 같은 사각형 ABCD의 넓이는?

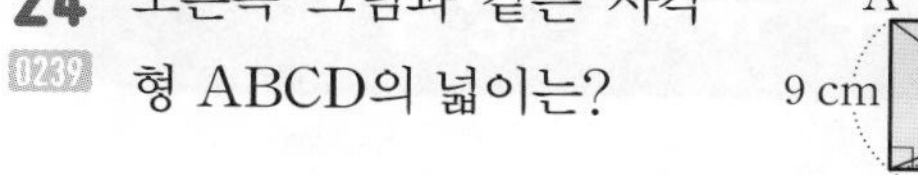

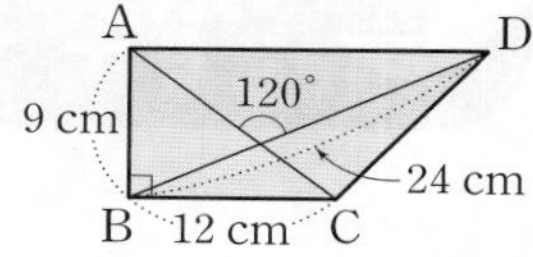

① $72\sqrt{3}\text{ cm}^2$
② $80\sqrt{3}\text{ cm}^2$
③ $84\sqrt{3}\text{ cm}^2$
④ $88\sqrt{3}\text{ cm}^2$
⑤ $90\sqrt{3}\text{ cm}^2$

25 0240 오른쪽 그림과 같은 등변사다리꼴 ABCD의 넓이가 $18\sqrt{2}\text{ cm}^2$이고, 두 대각선이 이루는 각의 크기가 135°일 때, $\overline{BD}$의 길이는?

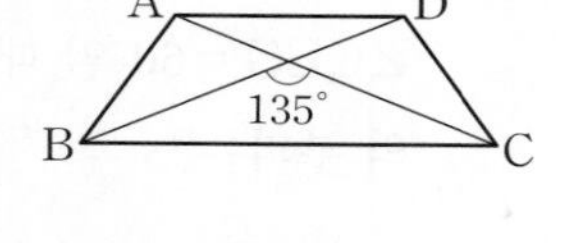

① 6 cm ② $6\sqrt{2}$ cm ③ $6\sqrt{3}$ cm
④ 12 cm ⑤ $12\sqrt{2}$ cm

생각⊕ 서술형

26 0241 오른쪽 그림과 같이 두 대각선의 길이가 8 cm, 9 cm인 사각형 ABCD의 넓이의 최댓값을 구하시오.

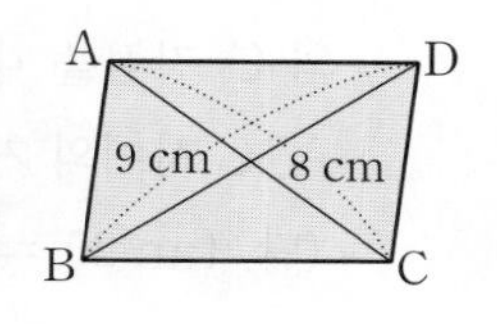

01 다음 중 오른쪽 그림과 같은 직각삼각형 ABC에서 $\overline{AB}$의 길이를 나타내는 것은?
0242

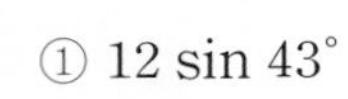

① $12\sin 43^\circ$ ② $12\cos 43^\circ$
③ $12\tan 43^\circ$ ④ $\dfrac{12}{\sin 43^\circ}$
⑤ $\dfrac{12}{\cos 43^\circ}$

▶ 31쪽 유형 01

02 오른쪽 그림과 같은 직육면체에서 $\overline{FG}=\overline{GH}=3$ cm이고 $\angle CEG=60^\circ$일 때, 이 직육면체의 부피는?
0243

① $27\sqrt{3}$ cm³ ② $27\sqrt{6}$ cm³
③ $36\sqrt{2}$ cm³ ④ $36\sqrt{3}$ cm³
⑤ $36\sqrt{6}$ cm³

▶ 32쪽 유형 02

03 오른쪽 그림과 같이 사다리차의 사다리가 건물로부터 10 m 떨어진 B 지점에서 사람이 있는 A 지점까지 55°의 각도로 기대어 있다. B 지점에서 건물의 C 지점을 내려본각의 크기가 20°일 때, 두 지점 A, C 사이의 거리를 구하시오.
0244
(단, $\tan 20^\circ=0.36$, $\tan 55^\circ=1.43$으로 계산한다.)

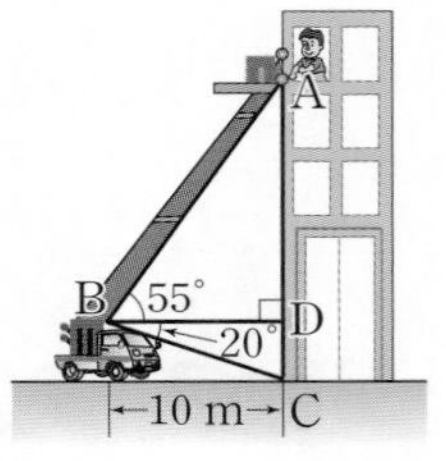

▶ 32쪽 유형 03

04 산의 높이를 구하기 위하여 오른쪽 그림과 같이 수평면 위에 두 지점 A, B 사이의 거리를 200 m가 되도록 잡고 측량하였다. 이 산의 높이 $\overline{CH}$의 길이를 구하시오.
0245

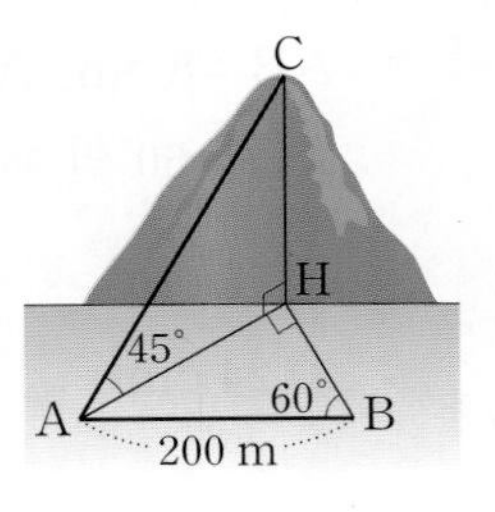

▶ 32쪽 유형 03

05 오른쪽 그림과 같은 △ABC에서 $\overline{AB}=\overline{BC}=8$ cm이고 $\cos B=\dfrac{3}{4}$일 때, $\overline{AC}$의 길이는?
0246

① 5 cm ② $2\sqrt{7}$ cm ③ $4\sqrt{2}$ cm
④ 6 cm ⑤ $2\sqrt{10}$ cm

▶ 34쪽 유형 04

06 오른쪽 그림과 같은 평행사변형 ABCD에서 $\overline{AB}=2$ cm, $\overline{BC}=3$ cm, $\angle BCD=120^\circ$일 때, 대각선 AC의 길이를 구하시오.
0247

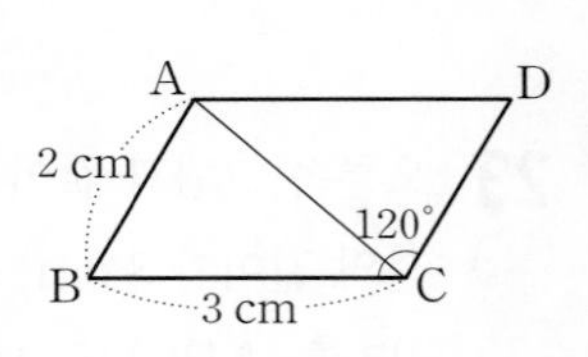

▶ 34쪽 유형 04

07 0248 두 지점 A, B 사이의 거리를 구하기 위하여 C 지점에서 오른쪽 그림과 같이 측량하였더니 $\overline{AC}=12$ m, $\angle A=105°$, $\angle C=30°$이었다. 이때 두 지점 A, B 사이의 거리는?

① 6 m　② $6\sqrt{2}$ m　③ $6\sqrt{3}$ m
④ 12 m　⑤ $12\sqrt{2}$ m

▶ 35쪽 유형 05

08 0249 오른쪽 그림과 같이 3 km 떨어진 지면 위의 두 지점 A, B에서 C 지점의 비행기를 올려본각의 크기가 각각 45°, 60°이었다. 이 비행기의 높이를 구하시오.

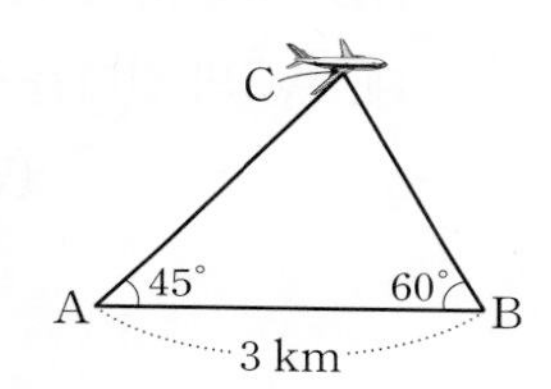

▶ 37쪽 유형 06

09 0250 오른쪽 그림과 같이 200 m 떨어진 두 지점 A, B에서 건물의 꼭대기 D 지점을 올려본각의 크기가 각각 45°, 60°이었다. 이 건물의 높이 $\overline{CD}$의 길이를 구하시오.

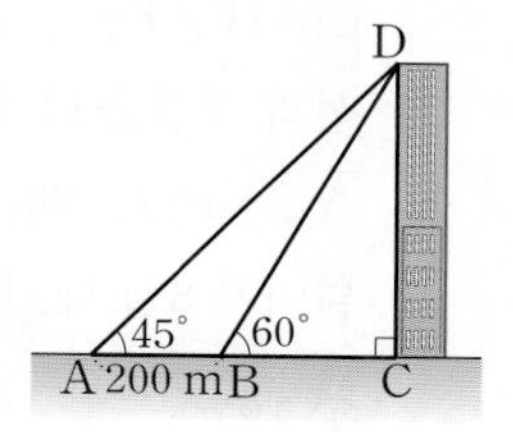

▶ 37쪽 유형 07

10 0251 오른쪽 그림과 같이 $\angle B=30°$, $\overline{BC}=6\sqrt{3}$ cm인 $\triangle ABC$의 넓이가 $12\sqrt{3}$ cm^{2}일 때, $\overline{AB}$의 길이는?

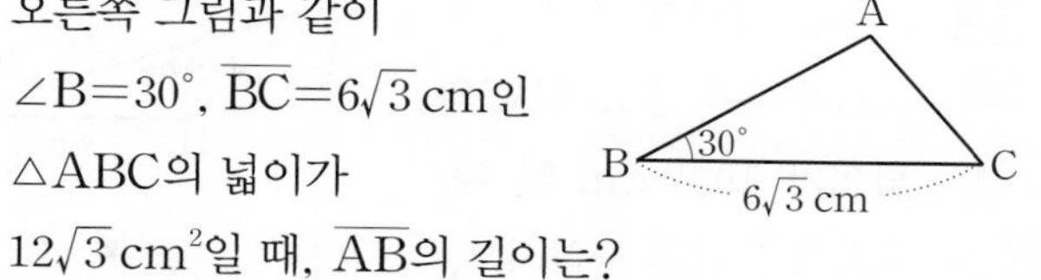

① 4 cm　② $4\sqrt{3}$ cm　③ 8 cm
④ $8\sqrt{3}$ cm　⑤ 16 cm

▶ 38쪽 유형 08

생각⊕

11 0252 오른쪽 그림에서 $\overline{AC} /\!/ \overline{DE}$일 때, □ABCD의 넓이를 구하시오.

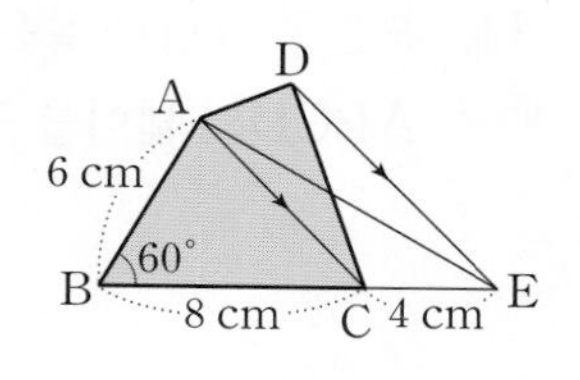

▶ 38쪽 유형 08

12 0253 오른쪽 그림과 같이 $\overline{AB}=9$, $\overline{AC}=10$인 예각삼각형 ABC의 넓이가 36일 때, $\tan B$의 값은?

① 2　② $\frac{7}{3}$
③ $\frac{8}{3}$　④ 3
⑤ $\frac{10}{3}$

▶ 38쪽 유형 08

13 0254 오른쪽 그림과 같이 ∠B가 둔각인 △ABC의 넓이가 $10\sqrt{2}\text{ cm}^2$일 때, ∠B의 크기를 구하시오.

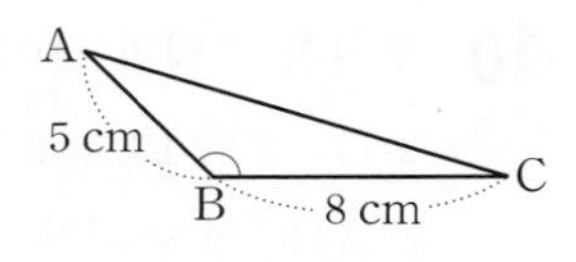

39쪽 유형 09

14 0255 오른쪽 그림과 같은 사각형 ABCD의 넓이를 구하시오.

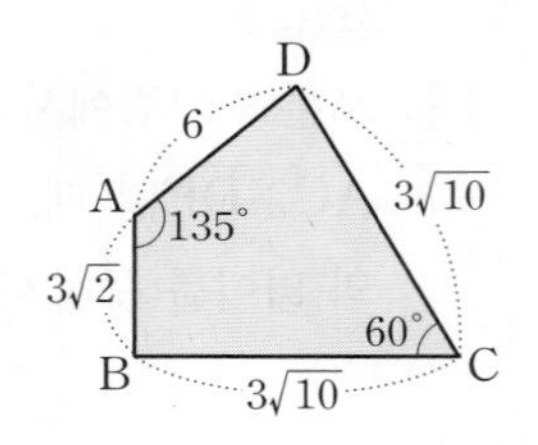

41쪽 유형 10

15 0256 오른쪽 그림과 같이 반지름의 길이가 3 cm인 원 O에 외접하는 정육각형의 넓이는?

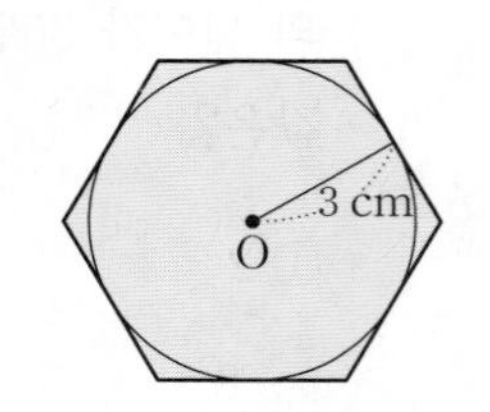

① 15 cm^2 ② $15\sqrt{3}\text{ cm}^2$
③ 18 cm^2 ④ $18\sqrt{3}\text{ cm}^2$
⑤ 21 cm^2

41쪽 유형 10

16 0257 오른쪽 그림과 같은 마름모 ABCD의 넓이가 $16\sqrt{3}\text{ cm}^2$일 때, 마름모 ABCD의 둘레의 길이를 구하시오.

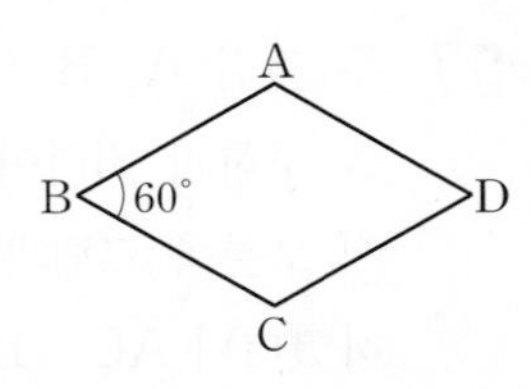

42쪽 유형 11

17 0258 오른쪽 그림과 같은 □ABCD의 넓이가 $12\sqrt{3}\text{ cm}^2$이고 $\overline{BD}=8\text{ cm}$, $\angle APB=60°$일 때, $\overline{AC}$의 길이를 구하시오.

(단, 점 P는 두 대각선의 교점이다.)

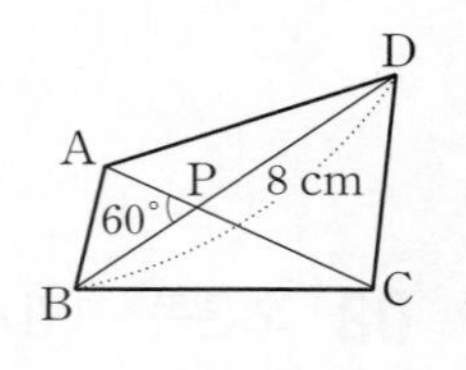

43쪽 유형 12

18 0259 오른쪽 그림과 같은 □ABCD에서 두 대각선의 교점을 O라 하자. $\overline{AC}+\overline{BD}=20\sqrt{2}$, $\overline{OA}=\overline{OD}=4\sqrt{2}$이고 △OAB의 넓이가 8일 때, □ABCD의 넓이는?

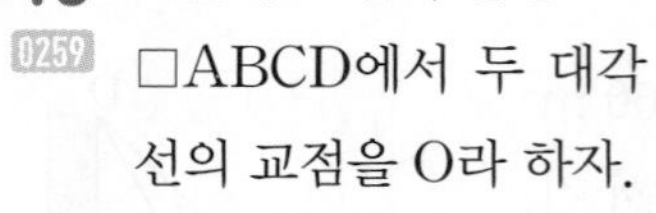

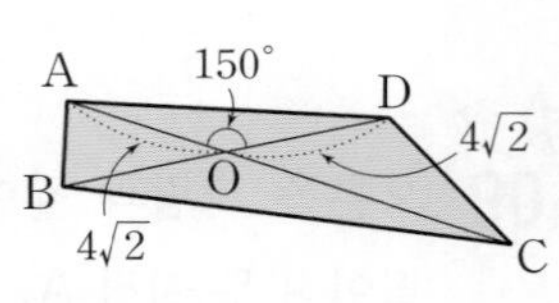

① $12\sqrt{2}$ ② 24 ③ $24\sqrt{2}$
④ 48 ⑤ $48\sqrt{2}$

43쪽 유형 12

서술형 문제

19 0260
오른쪽 그림과 같이 나무의 밑 A 지점에서 경사가 45°인 언덕을 6 m 올라간 C 지점에서 나무의 꼭대기 B 지점을 올려본각의 크기가 30°일 때, 나무의 높이 $\overline{AB}$의 길이를 구하시오.

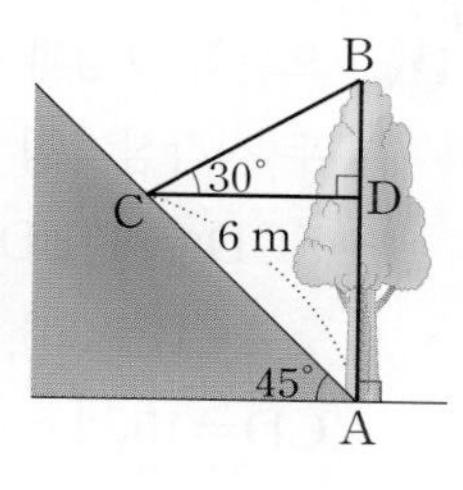

▶ 32쪽 유형 03

20 0261
오른쪽 그림의 삼각뿔에서 $\overline{OA}$, $\overline{OB}$, $\overline{OC}$가 서로 직교하고 $\angle ABO=60°$, $\angle BCO=45°$, $\overline{OB}=3\sqrt{2}$ cm일 때, 이 삼각뿔의 부피를 구하시오.

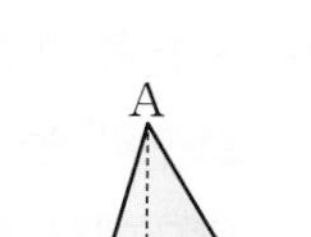
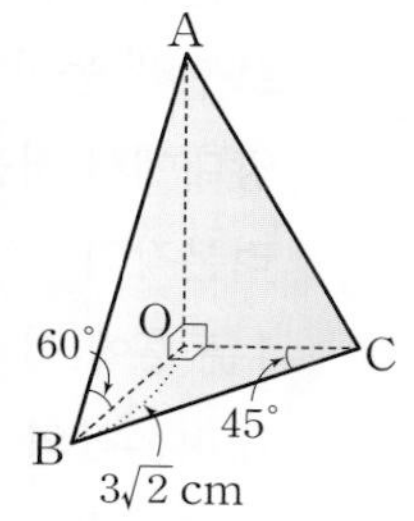

▶ 32쪽 유형 02

21 0262
오른쪽 그림과 같이 8 km 떨어진 해안가의 두 지점 B, C에서 A 지점에 있는 배를 바라본 각의 크기가 각각 75°, 60°일 때, 두 지점 A, B 사이의 거리를 구하시오.

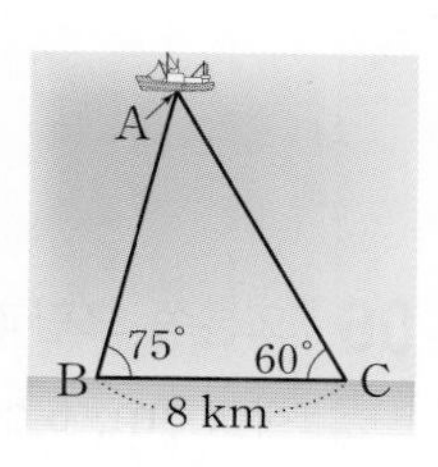

▶ 35쪽 유형 05

22 0263
오른쪽 그림과 같이 $\overline{AB}=15$ cm, $\overline{AC}=10$ cm이고 $\angle BAC=60°$인 삼각형 ABC에서 $\overline{AD}$는 $\angle BAC$의 이등분선일 때, $\overline{AD}$의 길이를 구하시오.

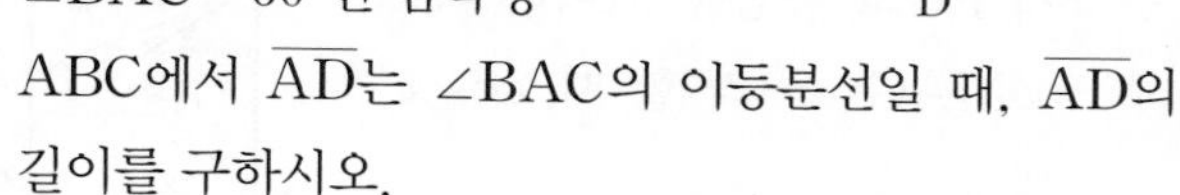

▶ 38쪽 유형 08

생각⊕

23 0264
오른쪽 그림과 같이 폭이 2 cm로 일정한 직사각형 모양의 종이 테이프를 $\overline{AC}$를 접는 선으로 하여 접었다. $\angle ABC=150°$일 때, 다음을 구하시오.

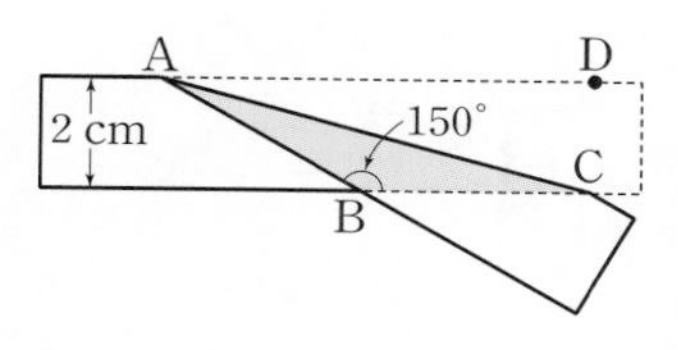

(1) $\overline{AB}$의 길이

(2) △ABC의 넓이

▶ 39쪽 유형 09

24 0265
오른쪽 그림과 같은 평행사변형 ABCD에서 $\overline{BC}=4$, $\overline{CD}=3$이고 $\angle BAD : \angle ADC=3 : 1$일 때, △OCD의 넓이를 구하시오. (단, 점 O는 두 대각선의 교점이다.)

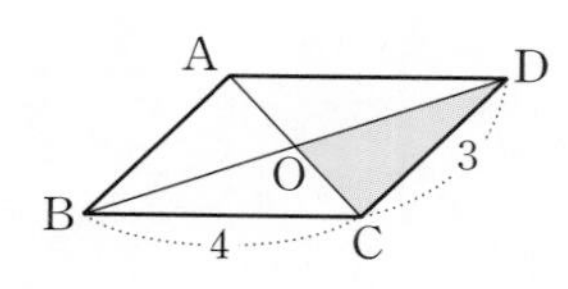

▶ 42쪽 유형 11

01 0266 오른쪽 그림과 같은 정육면체에서 $\overline{FG}$의 중점을 M이라 하고 $\angle MAG = x°$라 할 때, $\cos x°$의 값은?

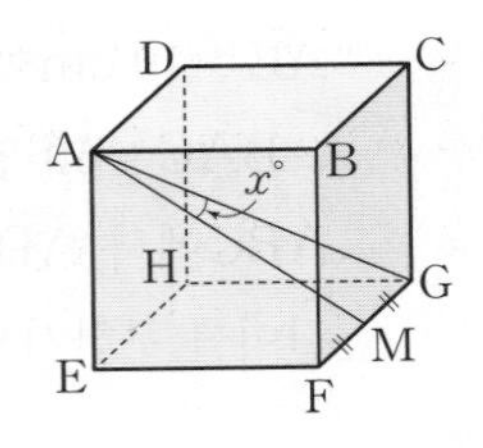

① $\frac{\sqrt{3}}{9}$ ② $\frac{2\sqrt{3}}{9}$

③ $\frac{\sqrt{3}}{3}$ ④ $\frac{4\sqrt{3}}{9}$

⑤ $\frac{5\sqrt{3}}{9}$

02 0267 오른쪽 그림과 같이 서로 다른 배 두 척이 지점 O에서 동시에 출발하여 서로 다른 방향으로 시속 6 km, 8 km로 이동하여 2시간 후 각각 P, Q 지점에 이르렀다. $\angle PON = 20°$, $\angle QON = 40°$일 때, 두 지점 P, Q 사이의 거리를 구하시오.

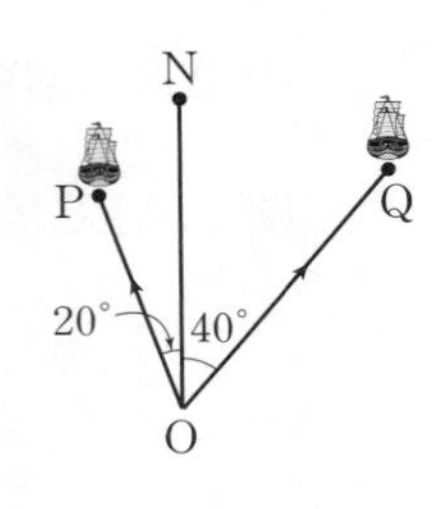

03 0268 오른쪽 그림의 △ABC에서 $\angle A = 75°$, $\angle C = 45°$이고 $\overline{BC} = 4$일 때, $\overline{AB}$의 길이를 구하시오.

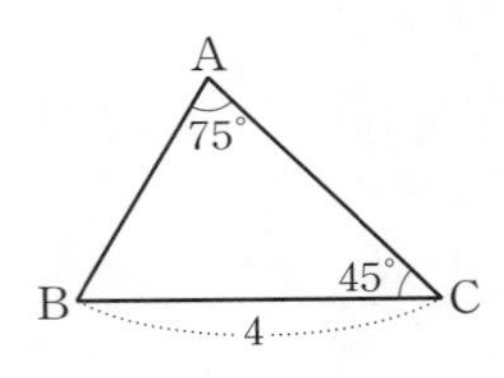

04 0269 오른쪽 그림과 같이 겹쳐진 두 직각삼각형 ABC와 BCD에서 $\angle DBC = 45°$, $\angle ACB = 30°$, $\overline{CD} = 15\sqrt{2}$ cm일 때, △BCE의 넓이를 구하시오.

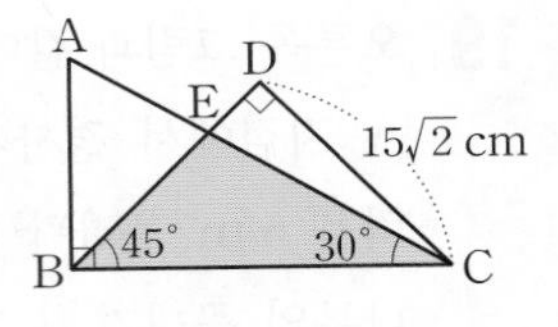

05 0270 오른쪽 그림과 같이 지면으로부터 높이가 18 m인 전망대에서 처음 자동차를 내려본각의 크기는 45°이고, 1분 후에 이 자동차를 다시 내려본각의 크기는 60°이었다. 이 자동차의 속력을 구하시오. (단, 자동차는 전망대를 향해 일직선으로 움직이고, 속력의 단위는 m/분이다.)

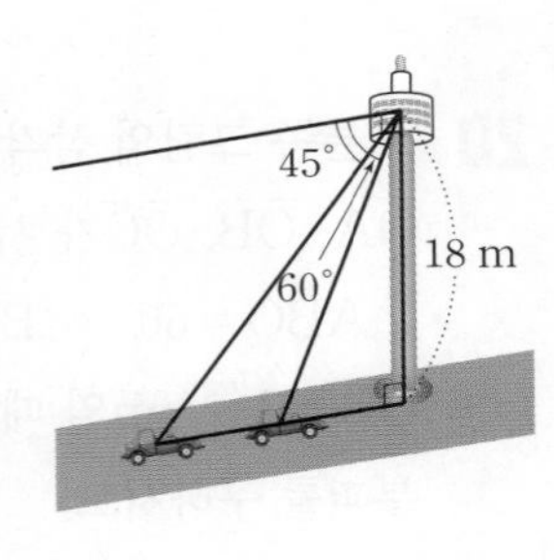

06 0271 오른쪽 그림과 같이 폭이 각각 4 cm, 6 cm로 일정한 종이 테이프를 겹쳐 놓았을 때, 겹쳐진 부분의 둘레의 길이는?

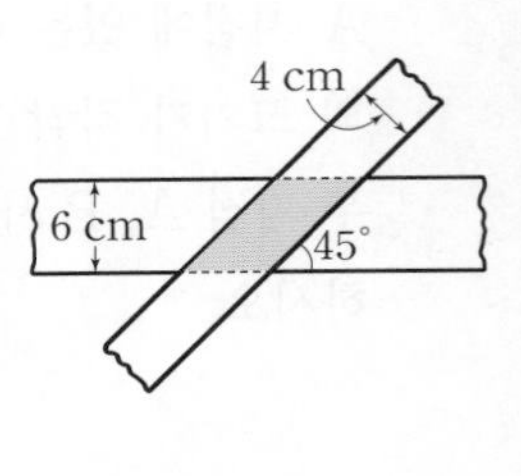

① $20\sqrt{2}$ cm ② $24\sqrt{2}$ cm ③ $28\sqrt{2}$ cm

④ $32\sqrt{2}$ cm ⑤ $36\sqrt{2}$ cm

07 0272 오른쪽 그림과 같이 반지름의 길이가 6 cm인 원 O에 내접하는 사각형 ABCD가 있다. $\angle B=30^\circ$, $\overline{AD}=\overline{CD}$일 때, □ABCD의 넓이는?

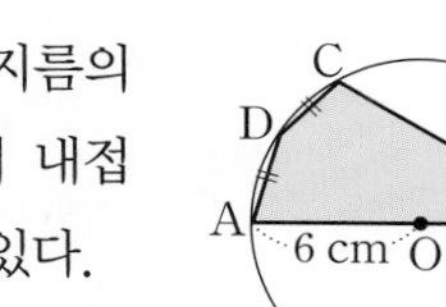

① 27 cm^2 ② $(9+9\sqrt{3})\text{ cm}^2$
③ $(9+18\sqrt{3})\text{ cm}^2$ ④ $(18+9\sqrt{3})\text{ cm}^2$
⑤ $(18+18\sqrt{3})\text{ cm}^2$

사각형 ABCD를 특수한 각을 한 내각으로 하는 3개의 삼각형으로 나눈다.

08 0273 오른쪽 그림과 같은 직각삼각형 ABC에서 $\overline{AB}=\overline{BD}=\overline{CD}$이고 $\overline{AD}=\sqrt{6}$이다. $\angle CAD=x^\circ$라 할 때, $\sin x^\circ$의 값은?

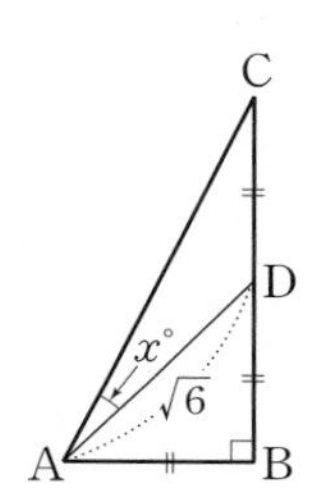

① 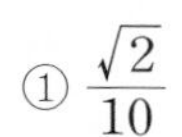 $\frac{\sqrt{2}}{10}$ ② 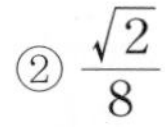 $\frac{\sqrt{2}}{8}$
③ 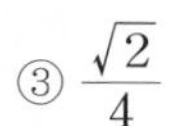 $\frac{\sqrt{2}}{4}$ ④ $\frac{\sqrt{10}}{10}$
⑤ 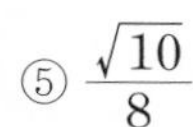 $\frac{\sqrt{10}}{8}$

09 0274 오른쪽 그림과 같은 평행사변형 ABCD에서 $\angle B=60^\circ$, $\overline{BC}=12\text{ cm}$, $\overline{CD}=8\text{ cm}$이고 점 M, N이 각각 $\overline{BC}$, $\overline{CD}$의 중점일 때, △AMN의 넓이는?

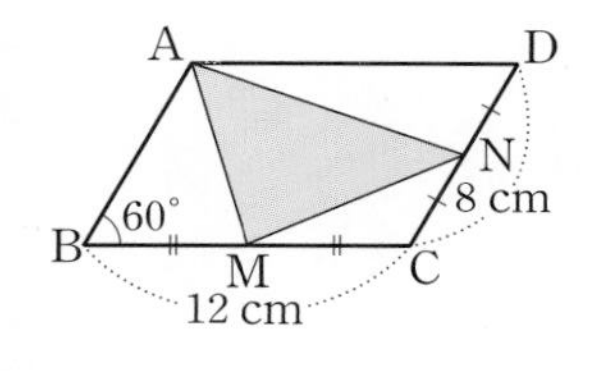

① $18\sqrt{3}\text{ cm}^2$ ② $20\sqrt{3}\text{ cm}^2$ ③ $22\sqrt{3}\text{ cm}^2$
④ $24\sqrt{3}\text{ cm}^2$ ⑤ $26\sqrt{3}\text{ cm}^2$

서술형 문제

생각⊕

10 0275 오른쪽 그림과 같이 B 지점에서 전망대의 꼭대기 A 지점을 올려본각의 크기가 53°이고, B 지점으로부터 전망대 쪽으로 47 m 걸어간 C 지점에서 전망대의 아래 끝 E 지점을 올려본각의 크기는 37°이다. $\overline{CE}=20\text{ m}$일 때, 다음을 구하시오.

(단, $\sin 37^\circ=0.6$으로 계산한다.)

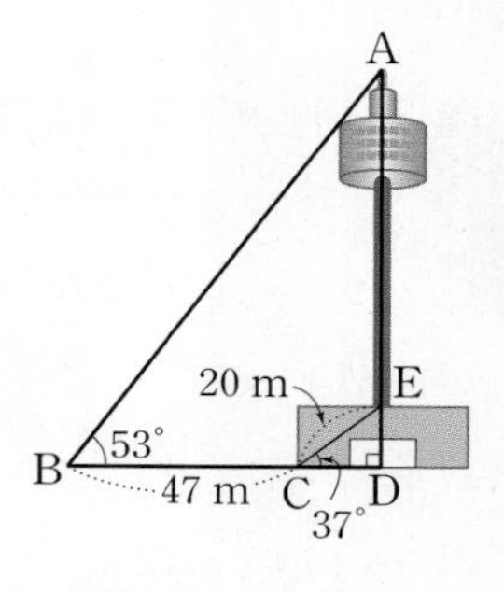

(1) $\overline{ED}$의 길이

(2) $\overline{AD}$의 길이

(3) $\overline{AE}$의 길이

11 0276 오른쪽 그림과 같이 한 변의 길이가 $2a$인 정사각형 ABCD에서 $\overline{AD}$, $\overline{DC}$의 중점을 각각 M, N이라 하고 $\angle MBN=x^\circ$라 할 때, $\sin x^\circ$의 값을 구하시오.

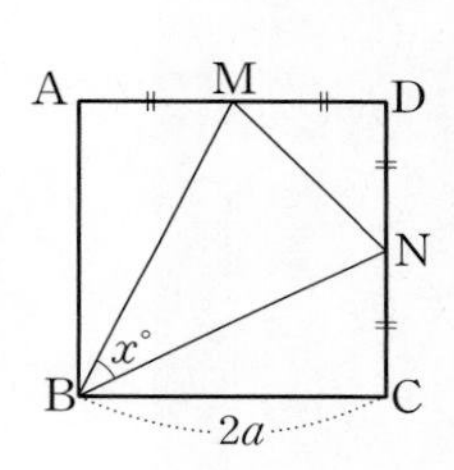

12 0277 오른쪽 그림과 같은 사각형 ABCD에서 $\overline{AD}=4\text{ cm}$, $\overline{CD}=8\text{ cm}$, $\angle B=90^\circ$, $\angle D=120^\circ$이고 $\overline{AB}:\overline{BC}=1:\sqrt{3}$일 때, □ABCD의 넓이를 구하시오.

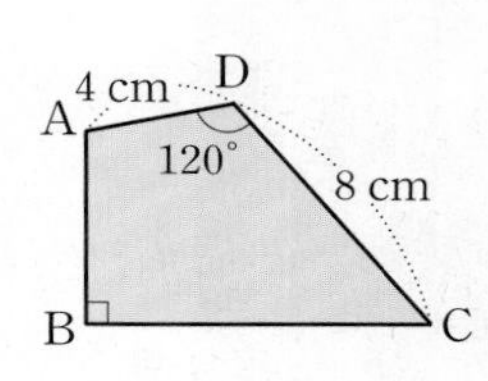

Ⅱ. 원의 성질

3 원과 직선

학습 계획 및 성취도 체크

- 학습 계획을 세우고 적어도 두 번 반복하여 공부합니다.
- 유형 이해도에 따라 ▢ 안에 ○, △, ×를 표시합니다.
- 시험 전에 [빈출] 유형과 × 표시한 유형은 반드시 한 번 더 풀어 봅니다.

			학습 계획	1차 학습	2차 학습
Lecture 07 원의 현	유형 01	원의 중심과 현의 수직이등분선 빈출	/	▢	▢
	유형 02	일부분이 주어진 원의 중심과 현의 수직이등분선	/	▢	▢
	유형 03	접힌 원의 중심과 현의 수직이등분선	/	▢	▢
	유형 04	중심이 같은 두 원에서의 현의 수직이등분선 빈출	/	▢	▢
	유형 05	원의 중심과 현의 길이(1)	/	▢	▢
	유형 06	원의 중심과 현의 길이(2); 길이가 같은 두 현이 만드는 삼각형 빈출	/	▢	▢
Lecture 08 원의 접선(1)	유형 07	두 접선이 이루는 각의 크기 빈출	/	▢	▢
	유형 08	원의 접선의 길이(1) 빈출	/	▢	▢
	유형 09	원의 접선의 길이(2); 삼각형의 합동 이용	/	▢	▢
	유형 10	원의 접선의 성질의 응용 빈출	/	▢	▢
	유형 11	반원에서의 접선	/	▢	▢
	유형 12	중심이 같은 두 원에서의 접선의 응용	/	▢	▢
Lecture 09 원의 접선(2)	유형 13	삼각형의 내접원 빈출	/	▢	▢
	유형 14	직각삼각형의 내접원	/	▢	▢
	유형 15	원에 외접하는 사각형의 성질(1) 빈출	/	▢	▢
	유형 16	원에 외접하는 사각형의 성질(2); 사각형의 한 각이 직각인 경우	/	▢	▢
	유형 17	원에 외접하는 사각형의 성질(3); 원이 직사각형의 세 변에 접하는 경우	/	▢	▢
	유형 18	여러 가지 도형에서의 원의 응용	/	▢	▢
단원 마무리	**Level B** 필수 유형 정복하기		/	▢	▢
	Level C 발전 유형 정복하기		/	▢	▢

원의 현

07-1 원의 중심과 현의 수직이등분선 | 유형 01~04

(1) 원에서 현의 수직이등분선은 그 원의 중심을 지난다.

(2) 원의 중심에서 현에 내린 수선은 그 현을 이등분한다.

➡ $\overline{AB}\perp\overline{OM}$이면 $\overline{AM}=\overline{BM}$

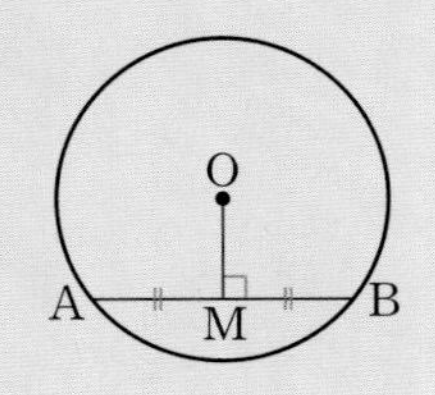

참고 (1) 오른쪽 그림에서 현 AB의 수직이등분선을 l이라 하면 두 점 A, B로부터 같은 거리에 있는 점들은 모두 직선 l 위에 있다.
따라서 원의 중심 O도 직선 l 위에 있다.
즉, 원에서 현의 수직이등분선은 그 원의 중심을 지난다.

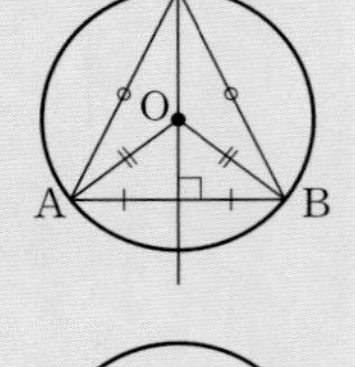

(2) 오른쪽 그림의 △OAM과 △OBM에서
$\angle OMA=\angle OMB=90°$,
$\overline{OA}=\overline{OB}$ (반지름),
$\overline{OM}$은 공통
이므로 △OAM≡△OBM (RHS 합동)
$\therefore \overline{AM}=\overline{BM}$

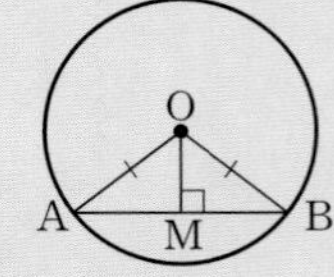

07-2 원의 중심에서 현까지의 거리와 현의 길이 | 유형 05, 06

(1) 한 원에서 중심으로부터 같은 거리에 있는 두 현의 길이는 같다.

➡ $\overline{OM}=\overline{ON}$이면 $\overline{AB}=\overline{CD}$

(2) 한 원에서 길이가 같은 두 현은 원의 중심으로부터 같은 거리에 있다.

➡ $\overline{AB}=\overline{CD}$이면 $\overline{OM}=\overline{ON}$

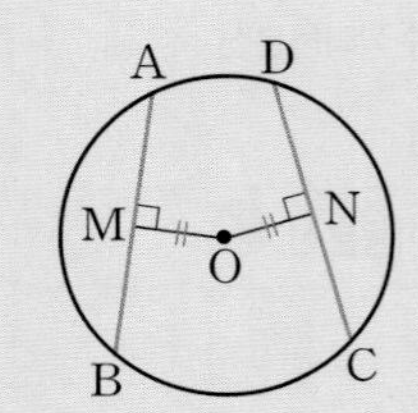

참고 (1) 오른쪽 그림의 △OAM과 △OCN에서
$\angle OMA=\angle ONC=90°$,
$\overline{OA}=\overline{OC}$ (반지름),
$\overline{OM}=\overline{ON}$
이므로 △OAM≡△OCN (RHS 합동)
$\therefore \overline{AM}=\overline{CN}$
그런데 $\overline{AB}=2\overline{AM}$, $\overline{CD}=2\overline{CN}$이므로 $\overline{AB}=\overline{CD}$

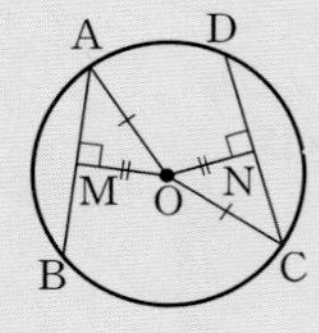

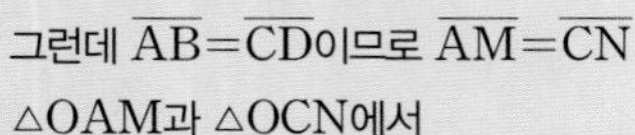

(2) 오른쪽 그림에서 $\overline{AB}\perp\overline{OM}$, $\overline{CD}\perp\overline{ON}$이므로
$\overline{AM}=\overline{BM}$, $\overline{CN}=\overline{DN}$
그런데 $\overline{AB}=\overline{CD}$이므로 $\overline{AM}=\overline{CN}$
△OAM과 △OCN에서
$\overline{AM}=\overline{CN}$,
$\overline{OA}=\overline{OC}$ (반지름),
$\angle OMA=\angle ONC=90°$
이므로 △OAM≡△OCN (RHS 합동)
$\therefore \overline{OM}=\overline{ON}$

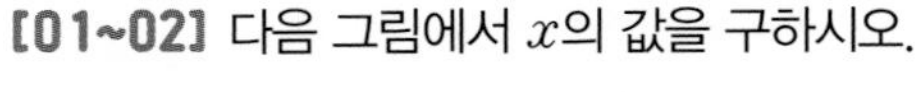

[01~02] 다음 그림에서 x의 값을 구하시오.

01 0278

02 0279

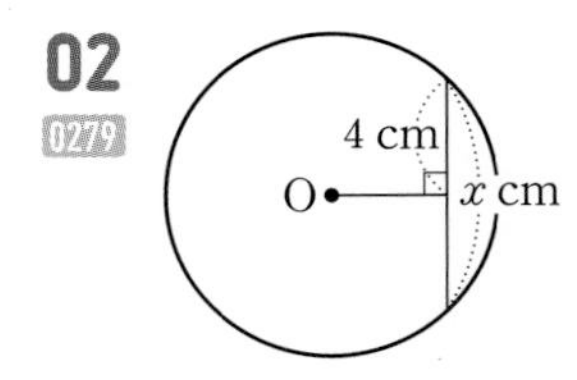

03 0280 다음은 오른쪽 그림과 같은 원 O에서 $\overline{OA}=5$ cm, $\overline{OM}=2$ cm일 때, $\overline{AB}$의 길이를 구하는 과정이다. □ 안에 알맞은 것을 써넣으시오.

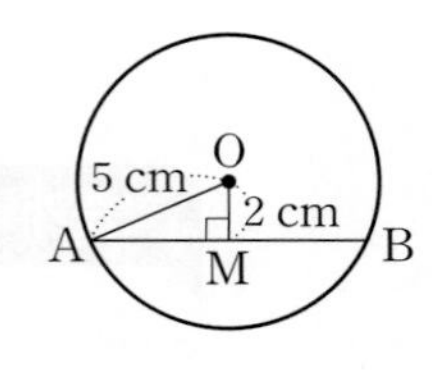

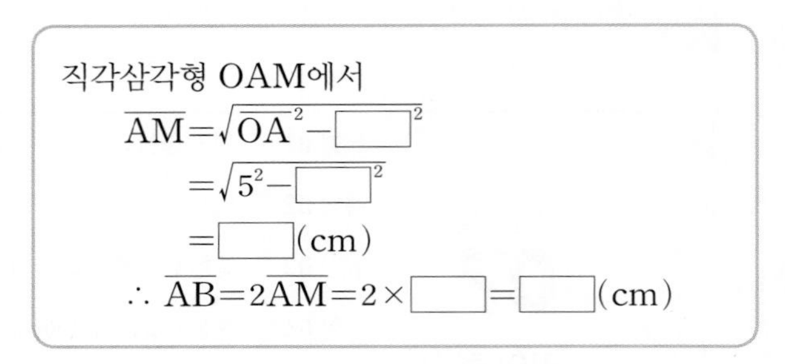

직각삼각형 OAM에서
$\overline{AM}=\sqrt{\overline{OA}^2-\square^2}$
$=\sqrt{5^2-\square^2}$
$=\square$(cm)
$\therefore \overline{AB}=2\overline{AM}=2\times\square=\square$(cm)

[04~07] 다음 그림에서 x의 값을 구하시오.

04 0281

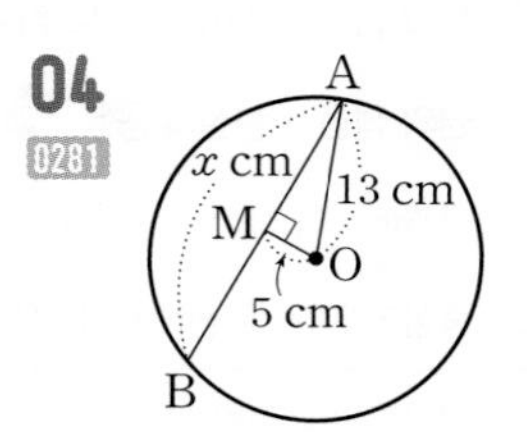

05 0282

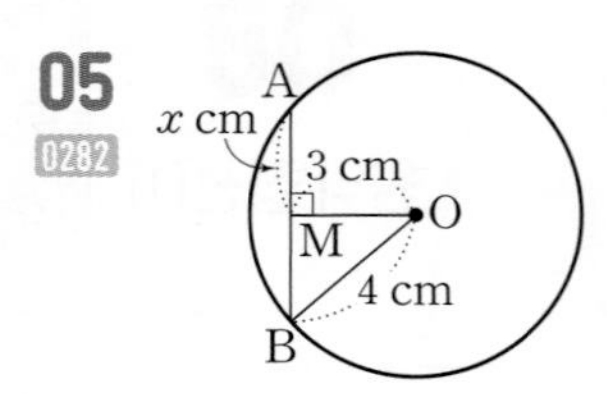

06 0283

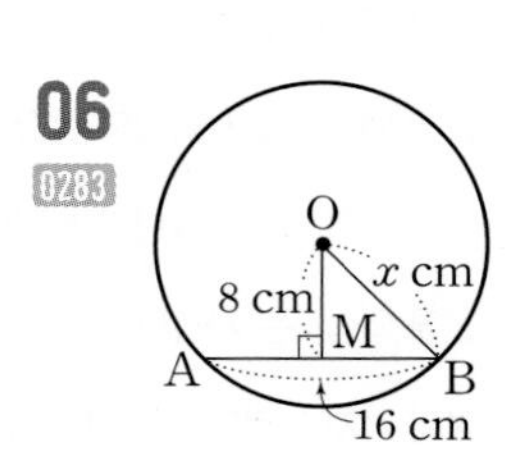

07 0284

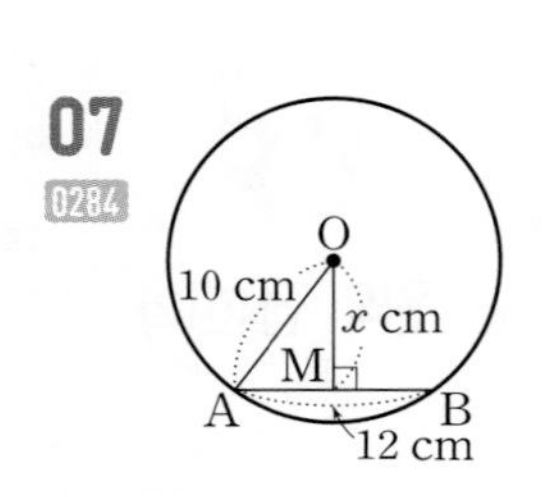

[08~09] 다음 그림에서 x의 값을 구하시오.

08 0285

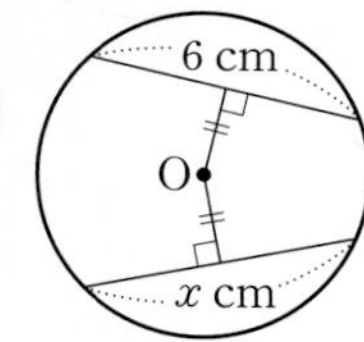

09 0286

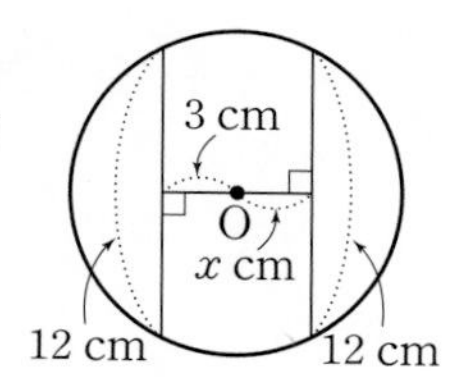

[10~13] 다음 그림에서 x의 값을 구하시오.

10 0287

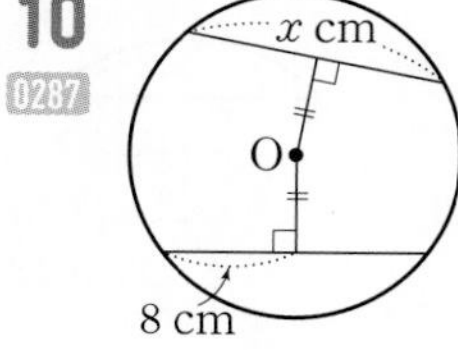

11 0288

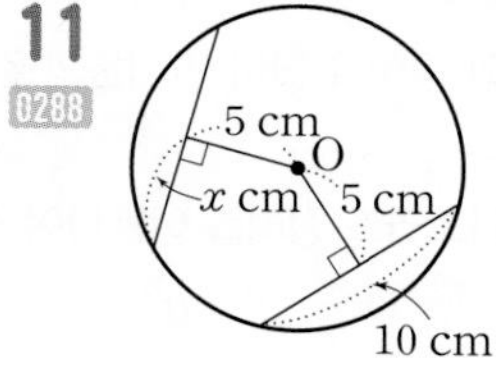

12 0289

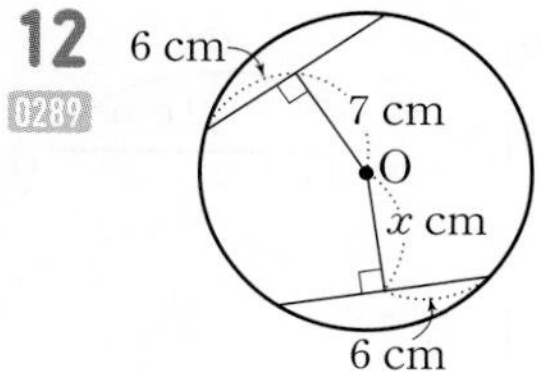

13 0290

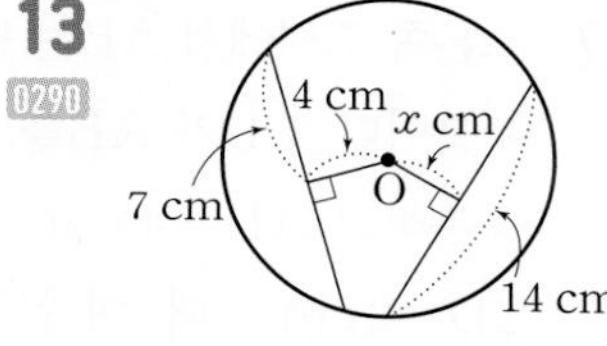

14 0291 다음은 오른쪽 그림과 같은 원 O에서 x의 값을 구하는 과정이다. □ 안에 알맞은 것을 써넣으시오.

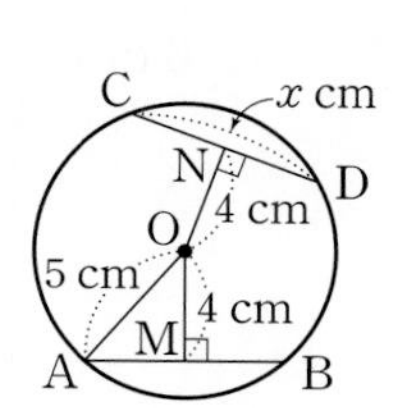

직각삼각형 OAM에서

$\overline{AM}=\sqrt{\square^2-\overline{OM}^2}$

$=\sqrt{\square^2-4^2}$

$=\square$(cm)

이므로

$\overline{AB}=2\overline{AM}=2\times\square=\square$(cm)

$\therefore x=\square$

유형 01 원의 중심과 현의 수직이등분선 | 개념 07-1

빈출

대표문제

15 0292 오른쪽 그림의 원 O에서 $\overline{AB}\perp\overline{OM}$이고 $\overline{AB}=8$ cm, $\overline{OM}=2$ cm일 때, $\overline{OA}$의 길이는?

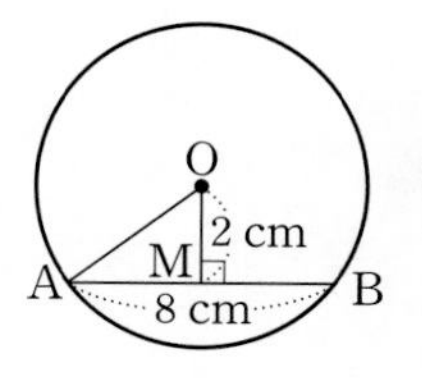

① 4 cm ② $3\sqrt{2}$ cm ③ $2\sqrt{5}$ cm
④ $\sqrt{22}$ cm ⑤ $2\sqrt{6}$ cm

16 0293 오른쪽 그림과 같이 반지름의 길이가 10 cm인 원 O에서 $\overline{AB}\perp\overline{OC}$, $\overline{OM}=\overline{CM}$일 때, $\overline{AB}$의 길이는?

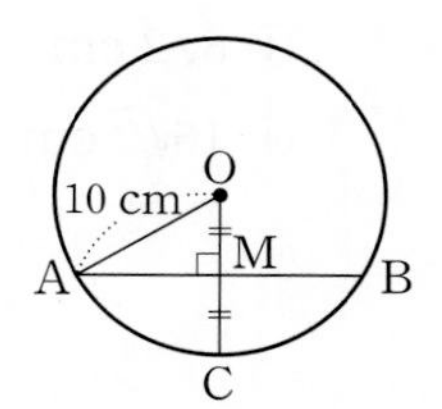

① $10\sqrt{2}$ cm ② $10\sqrt{3}$ cm ③ 20 cm
④ $20\sqrt{2}$ cm ⑤ $20\sqrt{3}$ cm

17 0294 반지름의 길이가 12 cm인 원의 중심에서 현까지의 거리가 8 cm일 때, 이 현의 길이는?

① $4\sqrt{5}$ cm ② 10 cm ③ 16 cm
④ $8\sqrt{5}$ cm ⑤ $10\sqrt{5}$ cm

3 원과 직선

18 오른쪽 그림의 원 O에서 $\overline{AB}\perp\overline{OC}$이고 $\overline{AM}=6$ cm, $\overline{CM}=2$ cm일 때, x의 값을 구하시오.
0295

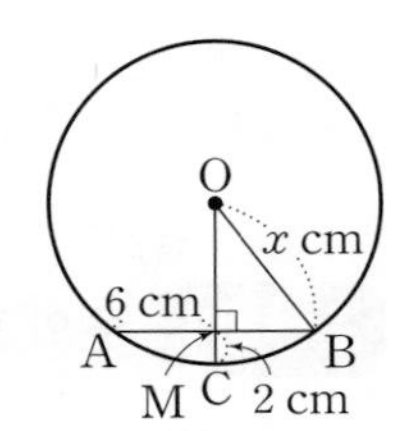

19 오른쪽 그림의 원 O에서 $\overline{AB}\perp\overline{CD}$이고 $\overline{CM}=16$ cm, $\overline{DM}=4$ cm일 때, $\overline{AB}$의 길이는?
0296

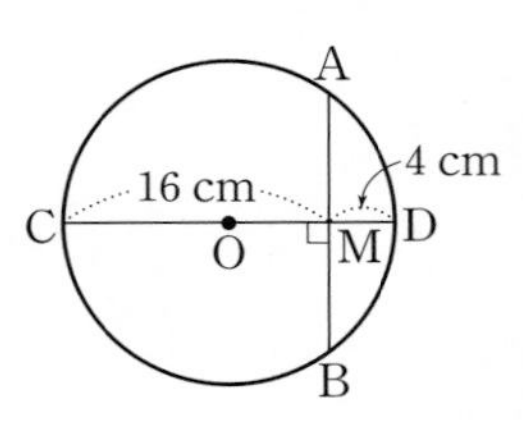

① $8\sqrt{2}$ cm ② $8\sqrt{3}$ cm ③ 16 cm
④ $16\sqrt{2}$ cm ⑤ $16\sqrt{3}$ cm

20 오른쪽 그림에서 $\overline{AB}$는 원 O의 지름이고, $\overline{AB}=8$ cm, $\overline{CD}=4$ cm일 때, △COD의 넓이는?
0297

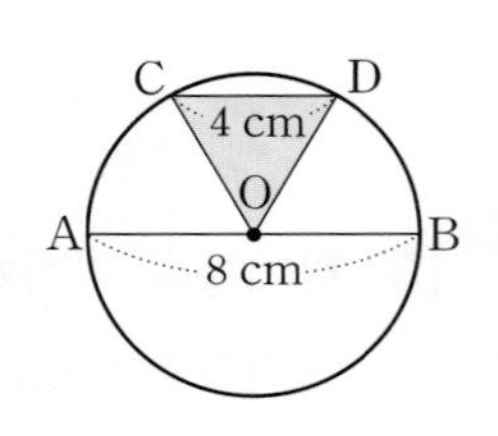

① $4\sqrt{2}$ cm^2 ② $4\sqrt{3}$ cm^2 ③ 8 cm^2
④ $8\sqrt{2}$ cm^2 ⑤ $8\sqrt{3}$ cm^2

서술형

21 오른쪽 그림의 원 O에서 $\overline{AB}\perp\overline{OC}$이고 $\overline{BC}=15$ cm, $\overline{CM}=9$ cm일 때, 원 O의 지름의 길이를 구하시오.
0298

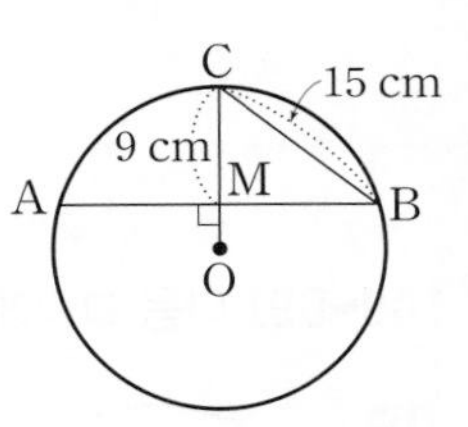

유형 02 일부분이 주어진 원의 중심과 현의 수직이등분선

| 개념 07-1

❶ 원의 중심을 찾아 반지름의 길이를 r로 놓는다.
❷ 피타고라스 정리를 이용하여 식을 세운다.
➡ $r^2=(r-a)^2+b^2$

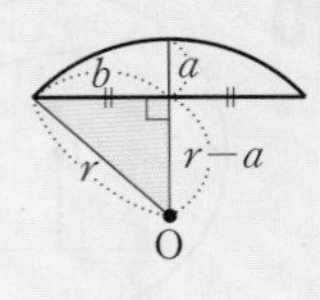

대표문제

22 오른쪽 그림에서 $\widehat{AB}$는 원의 일부분이다. $\overline{CD}$가 $\overline{AB}$를 수직이등분하고 $\overline{AD}=4$ cm, $\overline{CD}=2$ cm일 때, 이 원의 반지름의 길이는?
0299

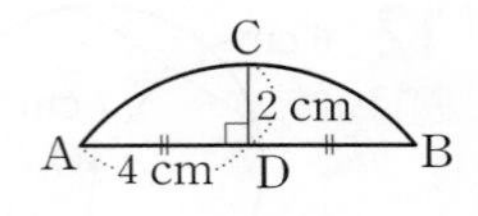

① $\frac{9}{2}$ cm ② 5 cm ③ $\frac{11}{2}$ cm
④ 6 cm ⑤ $\frac{13}{2}$ cm

23 오른쪽 그림에서 $\widehat{AB}$는 반지름의 길이가 13 cm인 원의 일부분이다. $\overline{AB}\perp\overline{CD}$, $\overline{AD}=\overline{BD}$이고 $\overline{AB}=10$ cm일 때, $\overline{CD}$의 길이를 구하시오.
0300

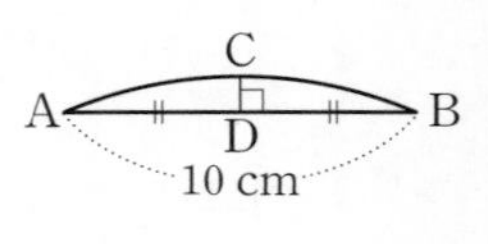

24 0301 오른쪽 그림에서 $\widehat{AB}$는 반지름의 길이가 6 cm인 원의 일부분이다. $\overline{HP}$가 $\overline{AB}$를 수직이등분하고 $\overline{HP}=2$ cm일 때, $\triangle APB$의 넓이를 구하시오.

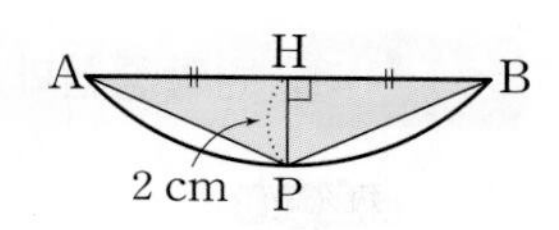

25 0302 어느 고분에서 출토된 원 모양의 접시의 파편을 측정하였더니 오른쪽 그림과 같았다. 원래 접시의 넓이를 구하시오.

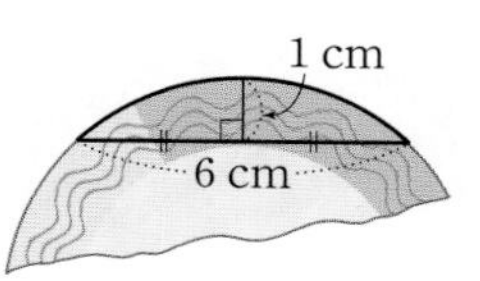

유형 03 접힌 원의 중심과 현의 수직이등분선 | 개념 07-1

원주 위의 한 점이 원의 중심에 겹쳐지도록 원의 일부분을 접은 경우
① $\overline{AM}=\overline{BM}$
② $\overline{OM}=\overline{CM}=\frac{1}{2}\overline{OA}$
③ $\overline{OA}^2=\overline{AM}^2+\overline{OM}^2$ ← 피타고라스 정리 이용

대표문제

26 0303 오른쪽 그림과 같이 반지름의 길이가 4 cm인 원 O의 원주 위의 한 점이 원의 중심 O에 겹쳐지도록 $\overline{AB}$를 접는 선으로 하여 접었을 때, $\overline{AB}$의 길이는?

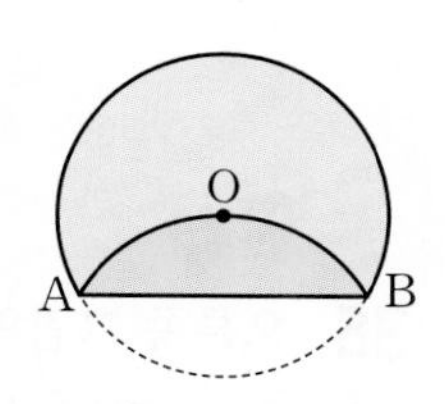

① $4\sqrt{2}$ cm ② $4\sqrt{3}$ cm ③ 7 cm
④ $5\sqrt{2}$ cm ⑤ $3\sqrt{6}$ cm

27 0304 오른쪽 그림과 같이 원 O의 원주 위의 한 점이 원의 중심 O에 겹쳐지도록 $\overline{AB}$를 접는 선으로 하여 접었다. $\overline{OM}=5$ cm일 때, $\overline{AB}$의 길이를 구하시오.

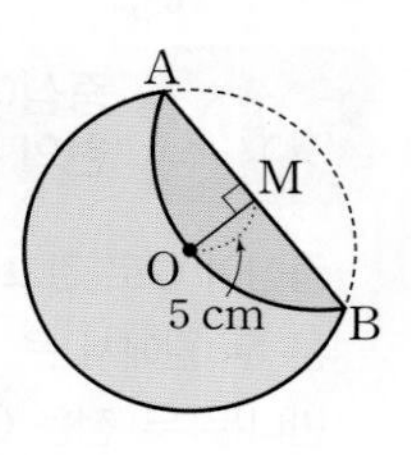

28 0305 오른쪽 그림과 같이 원 위의 점 P가 원의 중심 O에 겹쳐지도록 접었을 때, 접힌 현의 길이가 6 cm이었다. 이때 원 O의 반지름의 길이는?

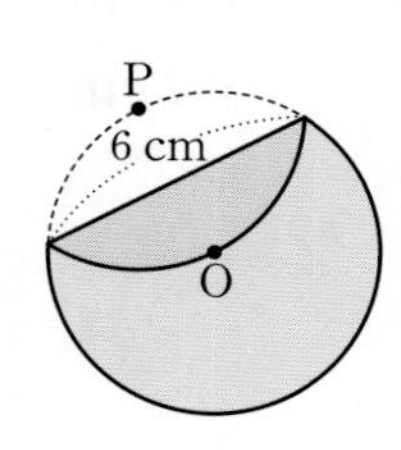

① $2\sqrt{3}$ cm ② 4 cm ③ $3\sqrt{2}$ cm
④ 5 cm ⑤ $4\sqrt{3}$ cm

생각⊕

29 0306 오른쪽 그림은 원 모양의 종이를 원주 위의 한 점이 원의 중심 O를 지나도록 $\overline{AB}$를 접는 선으로 하여 접은 것이다. $\overline{AB}$의 길이가 $12\sqrt{3}$ cm일 때, $\widehat{AB}$의 길이를 구하시오.

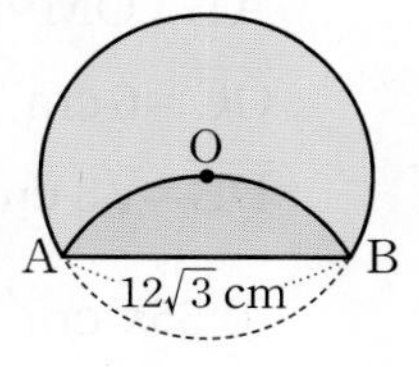

빈출

유형 04 중심이 같은 두 원에서의 현의 수직이등분선 | 개념 07-1

중심이 O로 같고 반지름의 길이가 서로 다른 두 원에서 큰 원의 현 AB가 작은 원과 만나는 두 점을 C, D라 하고 중심 O에서 현 AB에 내린 수선의 발을 M이라 하면

① $\overline{AM}=\overline{BM}$, $\overline{CM}=\overline{DM}$

② $\overline{AC}=\overline{BD}$

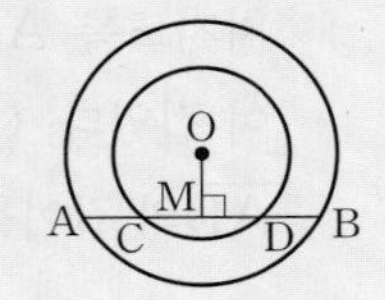

대표문제

30 0307 오른쪽 그림과 같이 중심이 같고 반지름의 길이가 서로 다른 두 원에서 $\overline{AB}=26$ cm, $\overline{CD}=16$ cm일 때, $\overline{BD}$의 길이는?

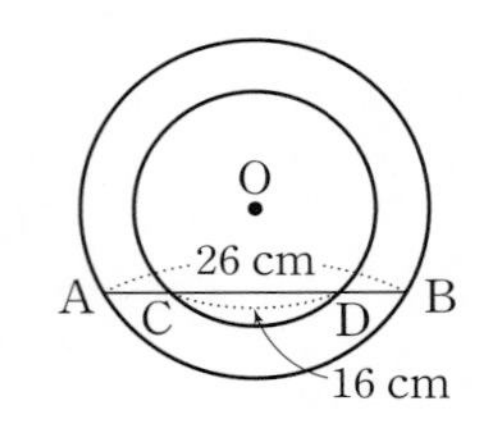

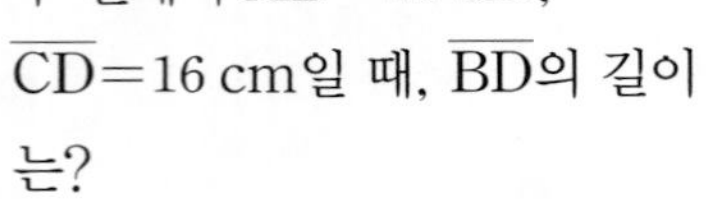

① 4 cm ② 5 cm ③ 6 cm
④ 7 cm ⑤ 8 cm

31 0308 오른쪽 그림과 같이 중심이 같고 반지름의 길이가 서로 다른 두 원에서 $\overline{BD}=2$ cm일 때, $\overline{AC}$의 길이를 구하시오.

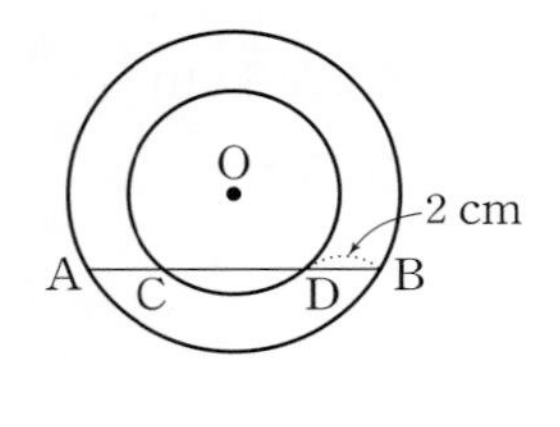

32 0309 오른쪽 그림과 같이 중심이 같고 반지름의 길이가 서로 다른 두 원에서 $\overline{AB}\perp\overline{OM}$이고 $\overline{OC}=6$ cm, $\overline{OM}=3$ cm, $\overline{DB}=\sqrt{3}$ cm일 때, 큰 원의 넓이는?

① 55π cm^2 ② 57π cm^2 ③ 59π cm^2
④ 61π cm^2 ⑤ 63π cm^2

유형 05 원의 중심과 현의 길이(1) | 개념 07-2

대표문제

33 0310 오른쪽 그림과 같이 원 O의 중심에서 $\overline{AB}$, $\overline{CD}$에 내린 수선의 발을 각각 M, N이라 하자. $\overline{OC}=10$ cm, $\overline{OM}=\overline{ON}=6$ cm일 때, $\overline{AB}$의 길이는?

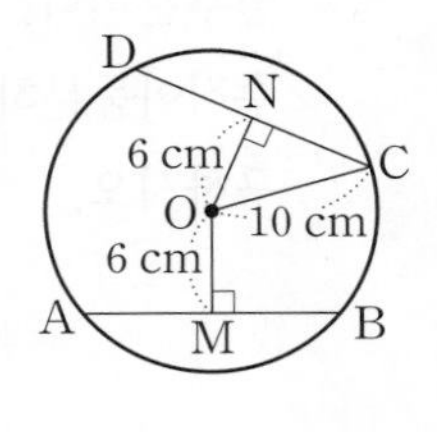

① 8 cm ② $8\sqrt{2}$ cm ③ $8\sqrt{3}$ cm
④ 16 cm ⑤ $16\sqrt{2}$ cm

34 0311 오른쪽 그림과 같이 반지름의 길이가 5 cm인 원 O에서 $\overline{AB}\perp\overline{OM}$, $\overline{CD}\perp\overline{ON}$이고 $\overline{BM}=4$ cm, $\overline{CD}=8$ cm일 때, $\overline{ON}$의 길이를 구하시오.

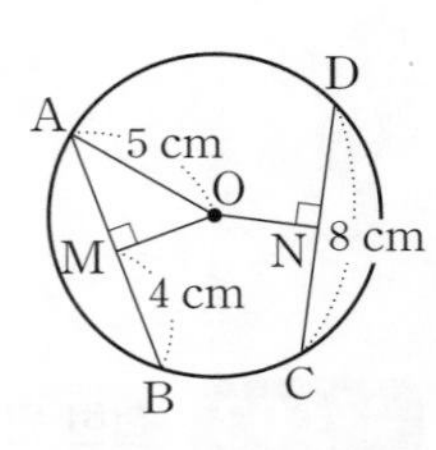

서술형

35 0312 오른쪽 그림의 원 O에서 $\overline{AB}\perp\overline{OM}$이고 $\overline{AB}=\overline{CD}$이다. $\overline{OM}=4$ cm, $\overline{OD}=4\sqrt{2}$ cm일 때, △OCD의 넓이를 구하시오.

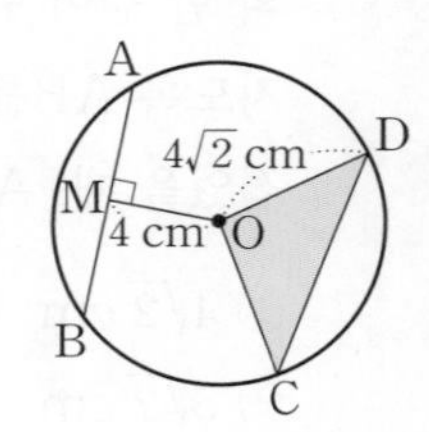

생각⊕

36 0313 오른쪽 그림과 같이 지름의 길이가 24 cm인 원 O에서 $\overline{AB} /\!/ \overline{CD}$이고 $\overline{AB}=\overline{CD}=16$ cm일 때, 두 현 AB, CD 사이의 거리를 구하시오.

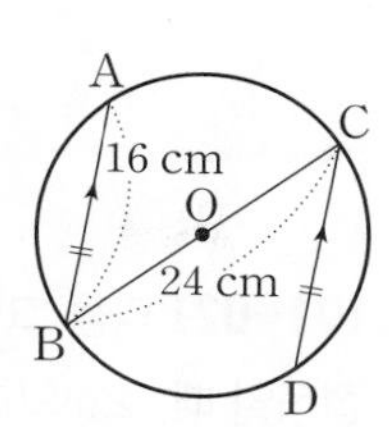

빈출

유형 06 원의 중심과 현의 길이(2); 길이가 같은 두 현이 만드는 삼각형

| 개념 07-2

원 O에서 $\overline{OM}=\overline{ON}$이면
① $\overline{AB}=\overline{AC}$
② △ABC는 이등변삼각형
③ ∠ABC=∠ACB

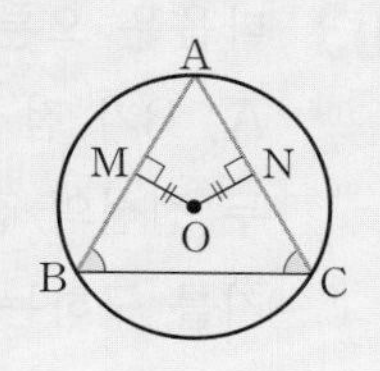

대표문제

37 0314 오른쪽 그림과 같이 원 O의 중심에서 $\overline{AB}$, $\overline{AC}$에 내린 수선의 발을 각각 M, N이라 하자. $\overline{OM}=\overline{ON}$이고 ∠BAC=54°일 때, ∠ABC의 크기를 구하시오.

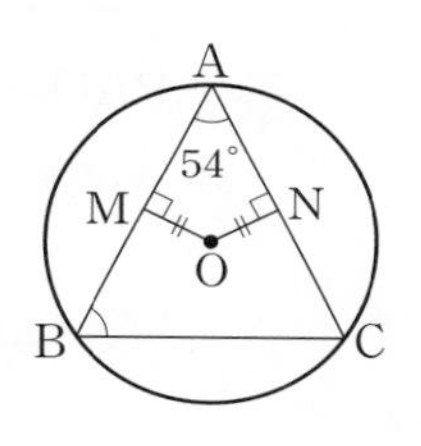

38 0315 오른쪽 그림과 같은 원 O에서 $\overline{AB}\perp\overline{OM}$, $\overline{AC}\perp\overline{ON}$, $\overline{BC}\perp\overline{OL}$이고 $\overline{OM}=\overline{ON}$이다. ∠LON=130°일 때, ∠A의 크기는?

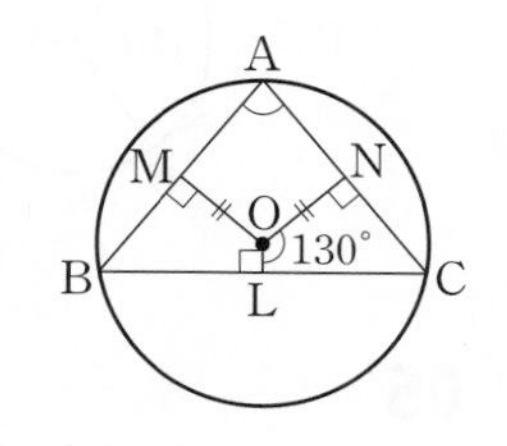

① 80° ② 90° ③ 100°
④ 110° ⑤ 120°

39 0316 오른쪽 그림과 같은 원 O에서 $\overline{AB}\perp\overline{OM}$, $\overline{AC}\perp\overline{ON}$이고 $\overline{OM}=\overline{ON}$이다. $\overline{AB}=6$ cm, ∠MON=120°일 때, 다음 중 옳지 않은 것은?

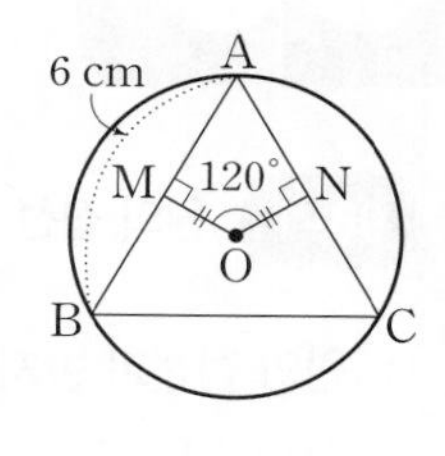

① ∠ABC=60° ② $\overline{BC}=6$ cm
③ $\overline{AN}=3$ cm ④ $\overline{OA}=3\sqrt{3}$ cm
⑤ $\triangle ABC=9\sqrt{3}\text{ cm}^2$

40 0317 오른쪽 그림의 원 O에서 $\overline{AB}\perp\overline{OM}$, $\overline{AC}\perp\overline{ON}$이고 $\overline{OM}=\overline{ON}$이다. $\overline{AM}=8$ cm, $\overline{MN}=9$ cm일 때, △ABC의 둘레의 길이는?

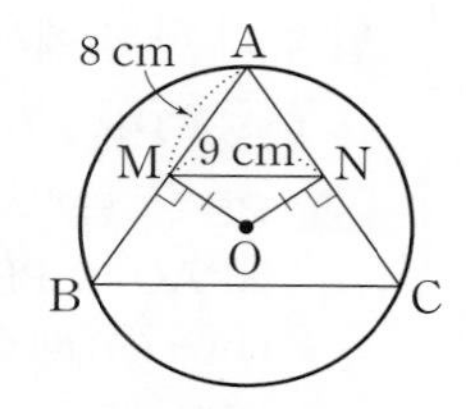

① 48 cm ② 50 cm ③ 52 cm
④ 54 cm ⑤ 56 cm

41 0318 오른쪽 그림과 같은 원 O에서 $\overline{AB}\perp\overline{OD}$, $\overline{BC}\perp\overline{OE}$, $\overline{AC}\perp\overline{OF}$이고 $\overline{OD}=\overline{OE}=\overline{OF}$이다. $\overline{AB}=4\sqrt{3}$ cm일 때, 원 O의 반지름의 길이를 구하시오.

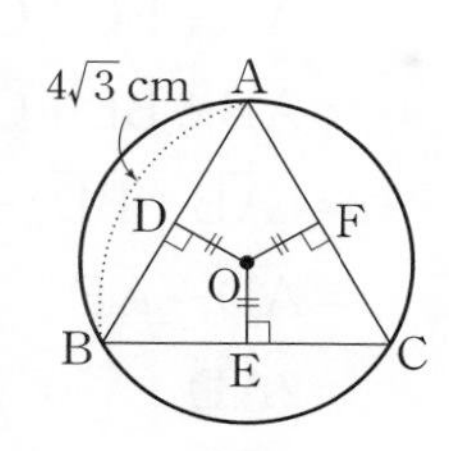

원의 접선 (1)

08-1 원의 접선

| 유형 07~09, 11, 12

(1) 원의 접선과 반지름

원의 접선은 그 접점을 지나는 원의 반지름과 수직이다.

➡ $\overline{OT} \perp l$

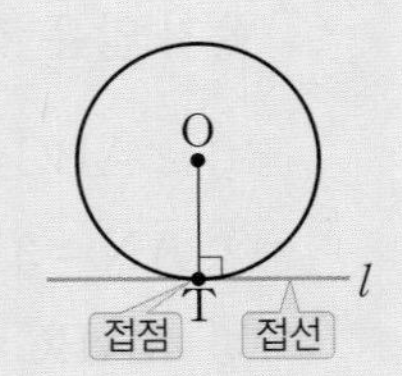

참고 원과 한 점에서 만나는 직선을 접선이라 한다.

(2) 원의 접선의 길이

원 O 밖의 한 점 P에서 이 원에 그을 수 있는 접선은 2개이다. 두 접선의 접점을 각각 A, B라 할 때, $\overline{PA}$ 또는 $\overline{PB}$의 길이를 점 P에서 원 O에 그은 '접선의 길이'라 한다.

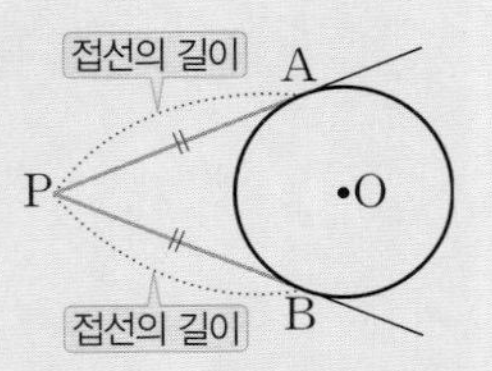

(3) 원의 접선의 성질

원 밖의 한 점에서 그 원에 그은 두 접선의 길이는 같다.

➡ $\overline{PA}=\overline{PB}$

참고 오른쪽 그림의 $\triangle PAO$와 $\triangle PBO$에서
$\angle PAO=\angle PBO=90^\circ$,
$\overline{OA}=\overline{OB}$ (반지름),
$\overline{OP}$는 공통
이므로 $\triangle PAO \equiv \triangle PBO$ (RHS 합동)
$\therefore \overline{PA}=\overline{PB}$

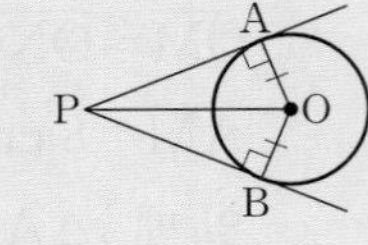

08-2 원의 접선의 성질의 응용

| 유형 10

두 점 D와 E는 점 A에서 원 O에 그은 두 접선의 접점이고 $\overline{BC}$가 점 F에서 원 O에 접할 때

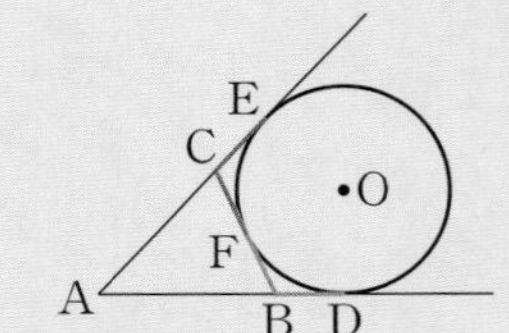

(1) $\overline{BD}=\overline{BF}$, $\overline{CE}=\overline{CF}$

(2) ($\triangle ABC$의 둘레의 길이)
$=\overline{AB}+\overline{BC}+\overline{CA}$
$=\overline{AB}+\overline{BF}+\overline{CF}+\overline{CA}$
$=(\overline{AB}+\overline{BD})+(\overline{CE}+\overline{CA})$
$=\overline{AD}+\overline{AE}$
$=2\overline{AD}$
$=2\overline{AE}$

[01~02] 다음 그림에서 점 A는 점 P에서 원 O에 그은 접선의 접점일 때, $\angle x$의 크기를 구하시오.

01 0319

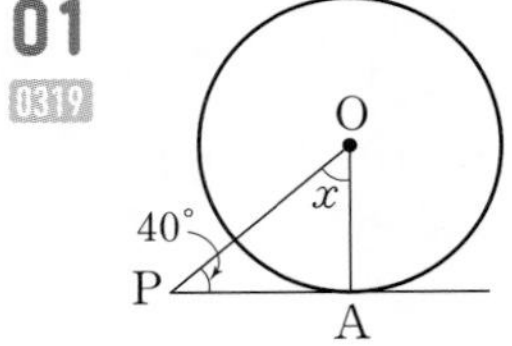

02 0320

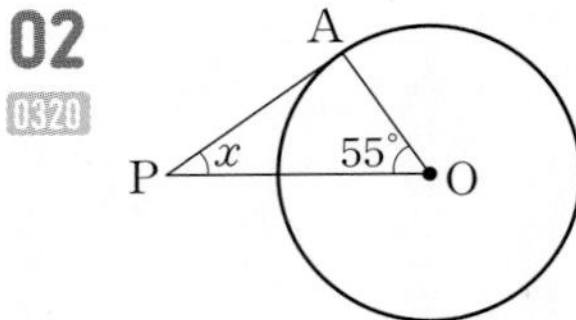

03 0321 다음은 오른쪽 그림에서 두 점 A, B가 점 P에서 원 O에 그은 두 접선의 접점일 때, $\angle x$의 크기를 구하는 과정이다. □ 안에 알맞은 수를 써넣으시오.

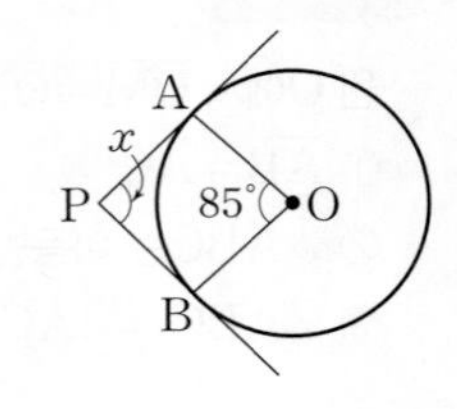

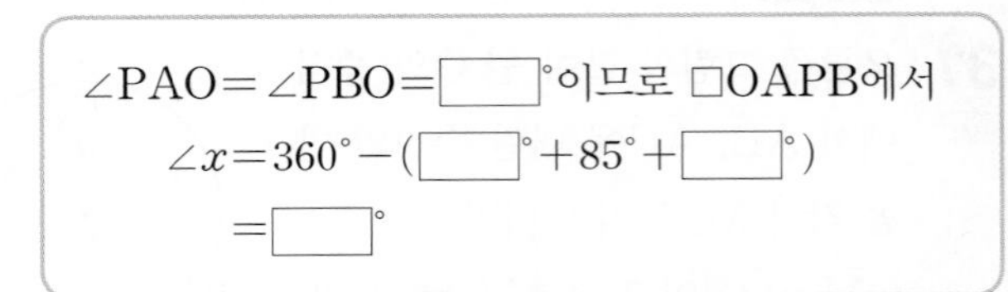

$\angle PAO=\angle PBO=$□$^\circ$이므로 □OAPB에서
$\angle x=360^\circ-($□$^\circ+85^\circ+$□$^\circ)$
$=$□$^\circ$

[04~05] 다음 그림에서 두 점 A, B는 점 P에서 원 O에 그은 두 접선의 접점일 때, $\angle x$의 크기를 구하시오.

04 0322

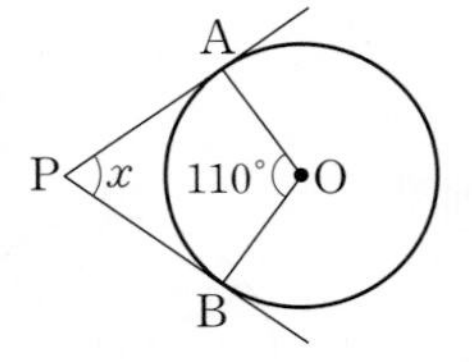

05 0323

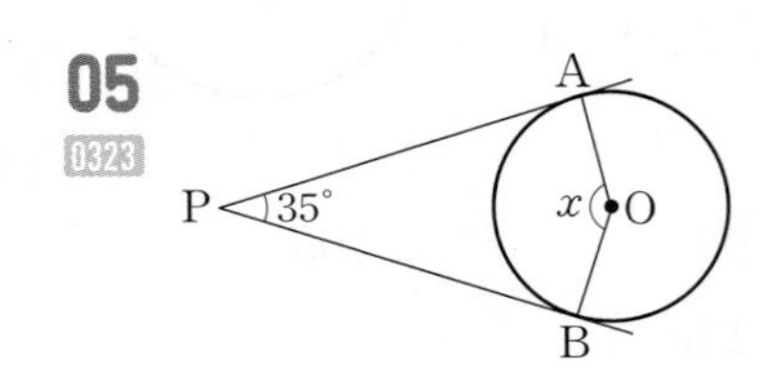

[06~07] 다음 그림에서 점 A는 점 P에서 원 O에 그은 접선의 접점일 때, x의 값을 구하시오.

06 0324

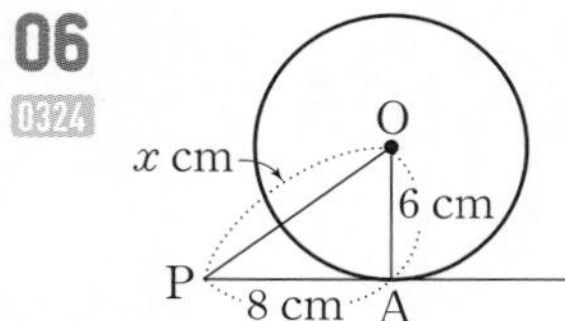

07 0325

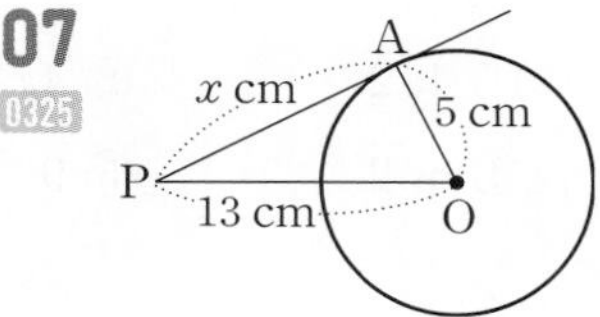

08 0326 다음은 오른쪽 그림에서 점 A가 점 P에서 원 O에 그은 접선의 접점이고 점 B가 원 O와 $\overline{OP}$의 교점일 때, x의 값을 구하는 과정이다. □ 안에 알맞은 것을 써넣으시오.

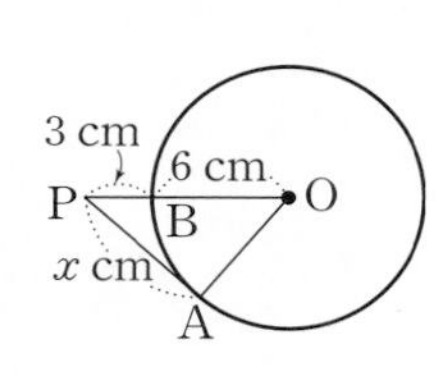

△OPA는 ∠PAO=□°인 □삼각형이고
$\overline{OA}=\overline{OB}=$□ cm이므로
$x=\sqrt{\overline{OP}^2-\square^2}$
$=\sqrt{(3+6)^2-\square^2}$
$=$□

[09~11] 오른쪽 그림에서 두 점 A, B는 점 P에서 원 O에 그은 두 접선의 접점일 때, 다음을 구하시오.

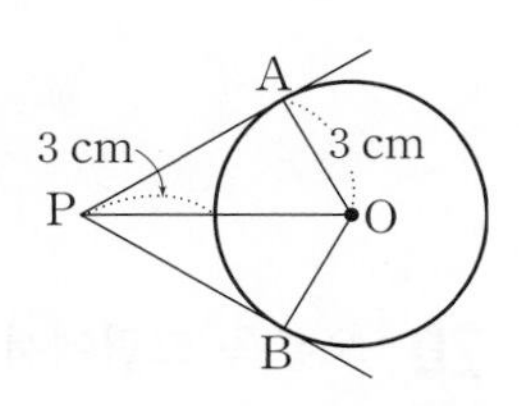

09 0327 ∠PAO의 크기

10 0328 $\overline{PO}$의 길이

11 0329 $\overline{PB}$의 길이

빈출

유형 07 두 접선이 이루는 각의 크기 | 개념 08-1

대표문제

12 0330 오른쪽 그림에서 두 점 A, B는 점 P에서 원 O에 그은 두 접선의 접점이다. ∠APB=42°일 때, ∠OAB의 크기는?

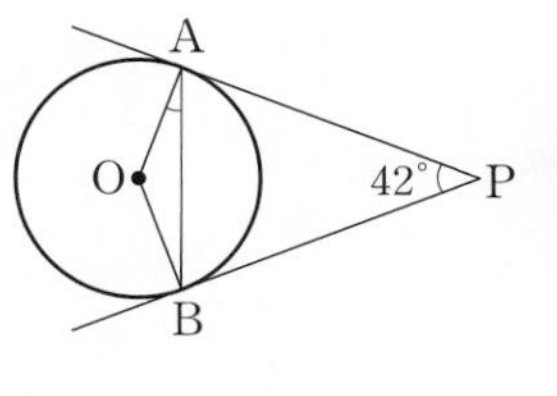

① 20° ② 21° ③ 22°
④ 23° ⑤ 24°

13 0331 오른쪽 그림에서 두 점 A, B는 점 P에서 원 O에 그은 두 접선의 접점이다. ∠APB=50°일 때, ∠PAB의 크기는?

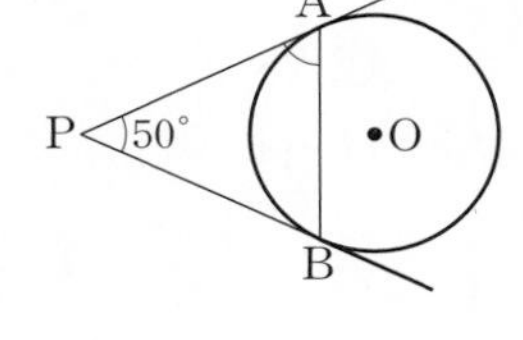

① 50° ② 55° ③ 60°
④ 65° ⑤ 70°

14 0332 오른쪽 그림에서 두 점 A, B는 점 P에서 원 O에 그은 두 접선의 접점이다. $\overline{OA}=2\sqrt{2}$ cm, ∠APB=45°일 때, 색칠한 부분의 넓이를 구하시오.

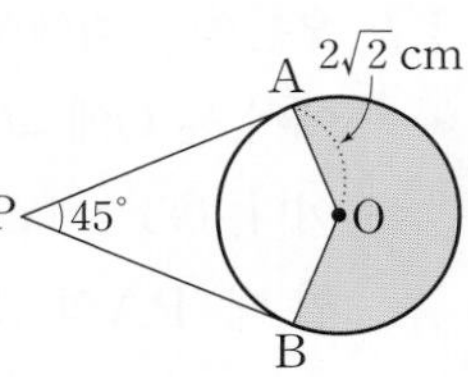
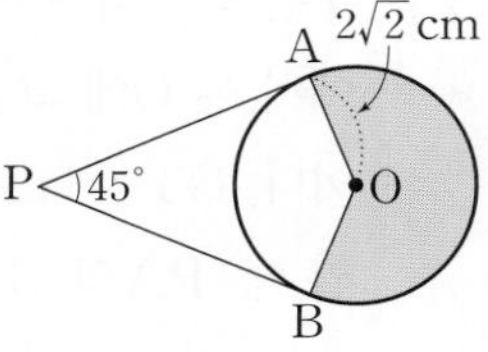

서술형

15 0333 오른쪽 그림에서 두 점 A, B는 점 P에서 원 O에 그은 두 접선의 접점이고 $\overline{BC}$는 원 O의 지름이다.
$\angle ABC=24^\circ$일 때, $\angle APB$의 크기를 구하시오.

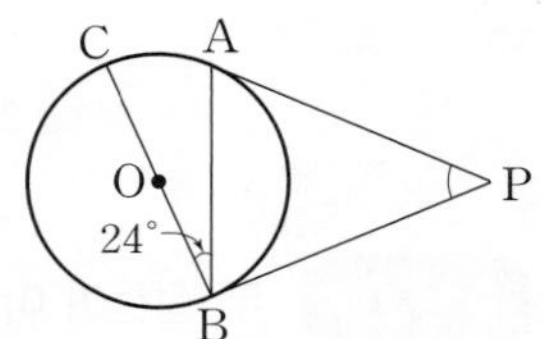

16 0334 오른쪽 그림에서 두 점 A, B는 점 P에서 원 O에 그은 두 접선의 접점이다. 원 위의 한 점 C에 대하여 $\overline{AC}=\overline{BC}$이고 $\angle PAC=37^\circ$, $\angle ACB=106^\circ$일 때, $\angle APB$의 크기는?

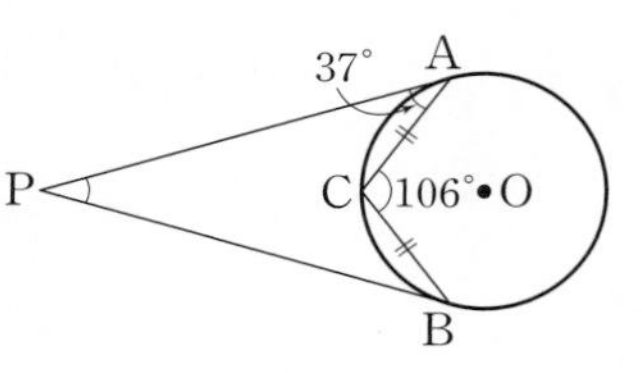

① 28° ② 30° ③ 32°
④ 34° ⑤ 36°

빈출
유형 08 원의 접선의 길이(1) | 개념 08-1

대표문제

17 0335 오른쪽 그림에서 점 A는 점 P에서 원 O에 그은 접선의 접점이다. $\overline{OT}=4$ cm, $\overline{PT}=2$ cm일 때, $\overline{PA}$의 길이는?

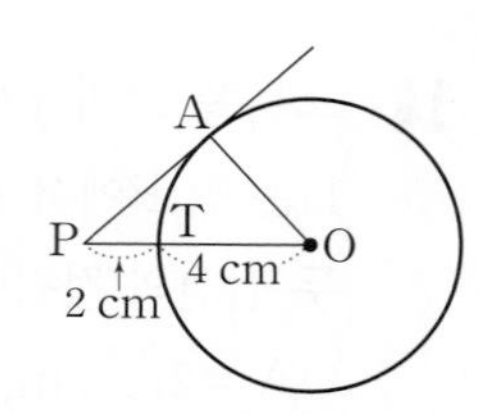

① $2\sqrt{3}$ cm ② 4 cm ③ $3\sqrt{2}$ cm
④ $2\sqrt{5}$ cm ⑤ 5 cm

18 0336 오른쪽 그림에서 두 점 A, B는 점 P에서 원 O에 그은 두 접선의 접점이다.
$\overline{BO}=6$ cm, $\overline{CP}=4$ cm일 때, x의 값은?

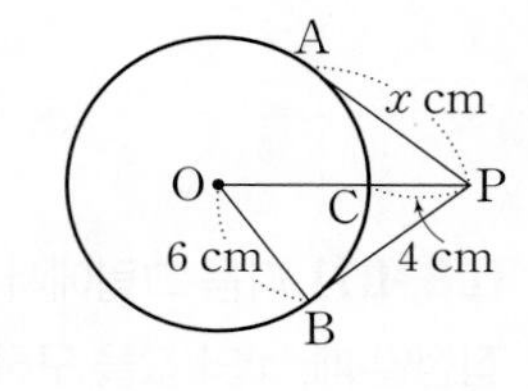

① $4\sqrt{2}$ ② $4\sqrt{3}$ ③ 8
④ $6\sqrt{2}$ ⑤ 9

19 0337 오른쪽 그림에서 두 점 A, B는 점 P에서 원 O에 그은 두 접선의 접점이다.
$\overline{PA}=2$ cm, $\angle APB=60^\circ$일 때, $\triangle APB$의 넓이를 구하시오.

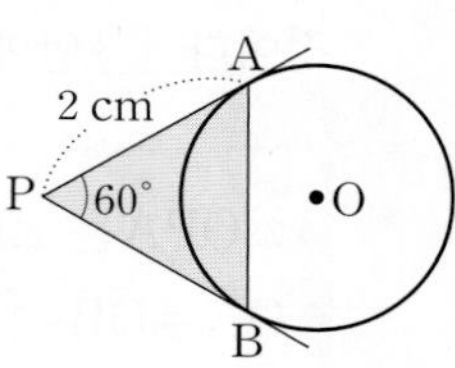

20 0338 오른쪽 그림에서 점 T는 점 P에서 원 O에 그은 접선의 접점이다.
$\overline{PA}=5$ cm, $\overline{PT}=3\sqrt{5}$ cm일 때, 원 O의 둘레의 길이는?

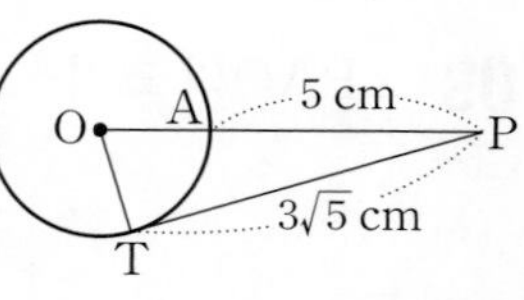

① 2π cm ② $2\sqrt{2}\pi$ cm ③ $2\sqrt{3}\pi$ cm
④ 4π cm ⑤ $4\sqrt{2}\pi$ cm

21 0339 오른쪽 그림에서 점 T는 점 P에서 원 O에 그은 접선의 접점이고 $\angle TPA=30°$, $\overline{PA}=4\,cm$일 때, $\triangle OTP$의 넓이는?

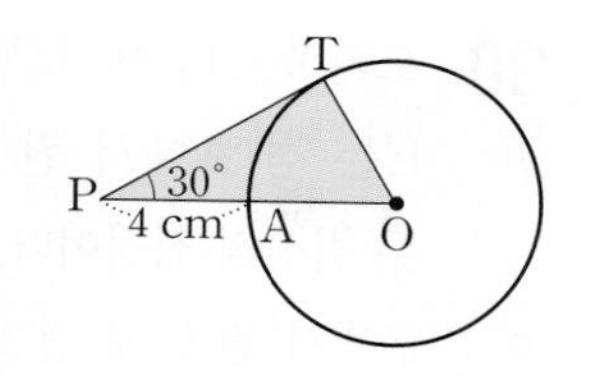

① $4\sqrt{3}\,cm^2$ ② $8\,cm^2$ ③ $8\sqrt{3}\,cm^2$
④ $16\,cm^2$ ⑤ $16\sqrt{3}\,cm^2$

생각⊕

22 0340 오른쪽 그림과 같이 점 P에서 지름의 길이가 6 cm인 원 O에 그은 접선의 접점을 T라 하자. $\angle PBT=30°$일 때, $\overline{PT}$의 길이를 구하시오.

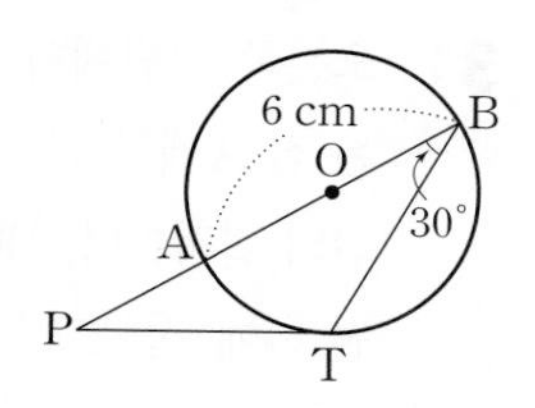

유형 09 원의 접선의 길이(2); 삼각형의 합동 이용

| 개념 08-1

두 점 A, B는 점 P에서 원 O에 그은 두 접선의 접점일 때,
① $\triangle APO \equiv \triangle BPO$ (RHS 합동)
② $\angle APO=\angle BPO$,
$\angle AOP=\angle BOP$

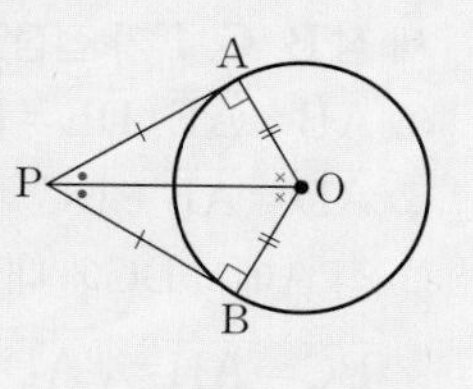

대표문제

23 0341 오른쪽 그림에서 두 점 A, B는 점 P에서 원 O에 그은 두 접선의 접점이다. $\angle APB=60°$, $\overline{AP}=3\sqrt{3}\,cm$일 때, 색칠한 부분의 넓이를 구하시오.

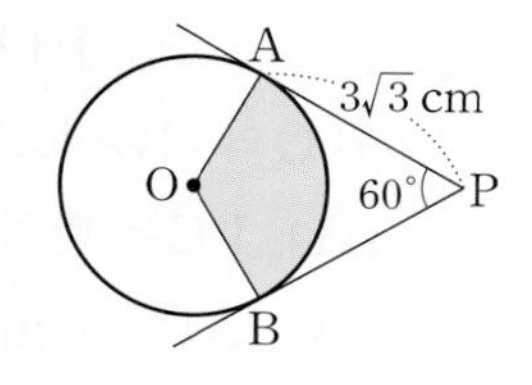

24 0342 오른쪽 그림에서 두 점 A, B는 점 P에서 원 O에 그은 두 접선의 접점이다. $\angle AOP=58°$일 때, $\angle APB$의 크기는?

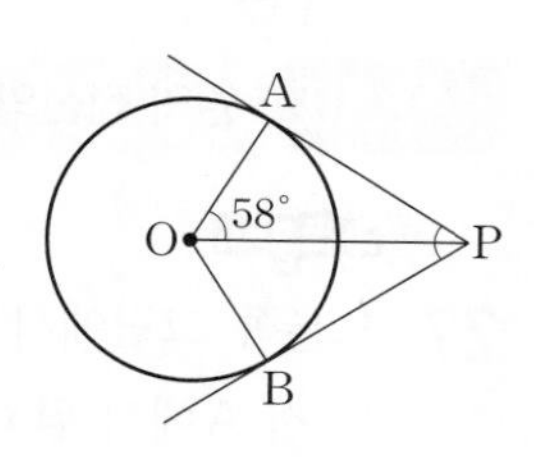

① 56° ② 58° ③ 60°
④ 62° ⑤ 64°

25 0343 오른쪽 그림에서 두 점 A, B는 점 P에서 원 O에 그은 두 접선의 접점이다. $\overline{AO}=6\,cm$, $\angle AOB=120°$일 때, 다음 중 옳지 않은 것은?

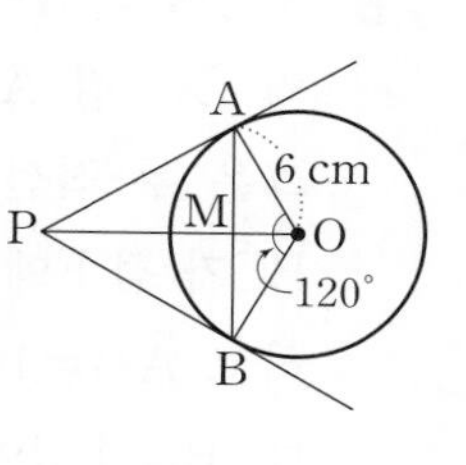

① $\angle APB=60°$ ② $\angle OAM=30°$
③ $\overline{PO}=12\,cm$ ④ $\overline{PA}=6\sqrt{3}\,cm$
⑤ $\overline{AB}=6\sqrt{2}\,cm$

서술형

26 0344 오른쪽 그림에서 두 점 A, B는 점 P에서 원 O에 그은 두 접선의 접점이다. $\overline{OP}=15\,cm$, $\overline{OA}=9\,cm$일 때, $\overline{AB}$의 길이를 구하시오.

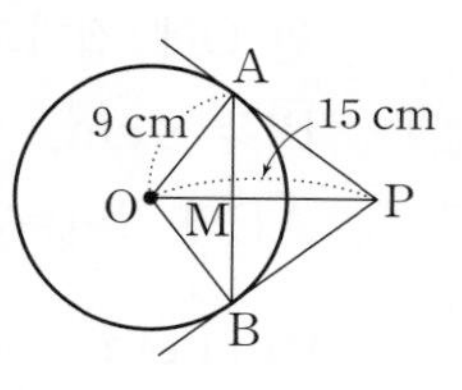

빈출

유형 10 원의 접선의 성질의 응용 | 개념 08-2

대표문제

27 0345 오른쪽 그림에서 두 점 D와 E는 점 A에서 원 O에 그은 두 접선의 접점이다. $\overline{BC}$가 점 F에서 원 O에 접하고 $\overline{AB}=5$ cm, $\overline{AC}=7$ cm, $\overline{BC}=8$ cm일 때, $\overline{BD}$의 길이를 구하시오.

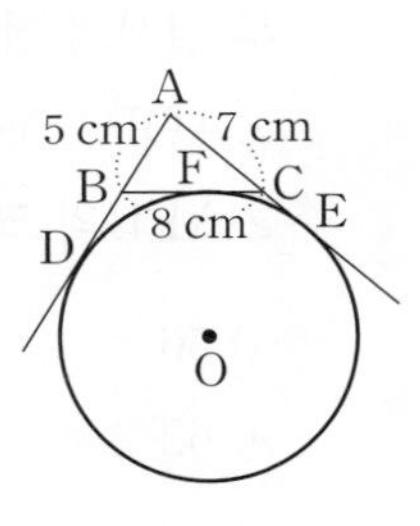

28 0346 오른쪽 그림에서 두 점 D와 E는 점 A에서 원 O에 그은 두 접선의 접점이다. $\overline{BC}$가 점 F에서 원 O에 접하고 $\overline{AB}=14$ cm, $\overline{AC}=10$ cm, $\overline{AD}=16$ cm일 때, $\overline{BC}$의 길이는?

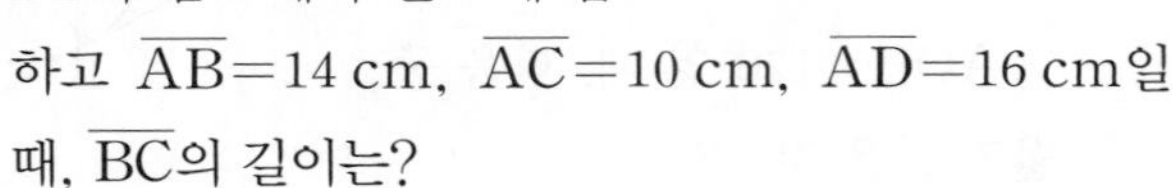

① 6 cm ② 7 cm ③ 8 cm
④ 9 cm ⑤ 10 cm

29 0347 오른쪽 그림에서 두 점 D와 E는 점 A에서 원 O에 그은 두 접선의 접점이다. $\overline{BC}$가 점 F에서 원 O에 접하고 $\angle BCE=90°$, $\overline{BC}=8$ cm, $\overline{AC}=6$ cm일 때, $\overline{AE}$의 길이는?

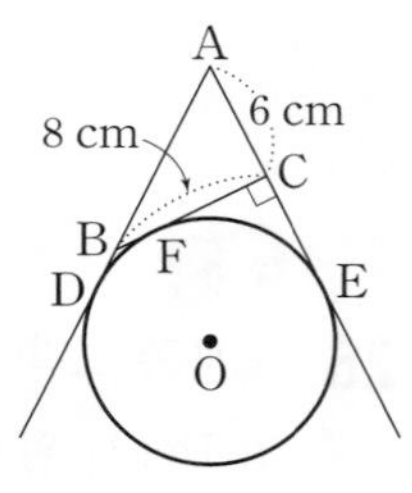

① 11 cm ② 12 cm ③ 13 cm
④ 14 cm ⑤ 15 cm

30 0348 오른쪽 그림에서 두 점 D와 E는 점 A에서 원 O에 그은 두 접선의 접점이다. $\overline{BC}$가 점 F에서 원 O에 접할 때, 다음 중 옳지 않은 것을 모두 고르면? (정답 2개)

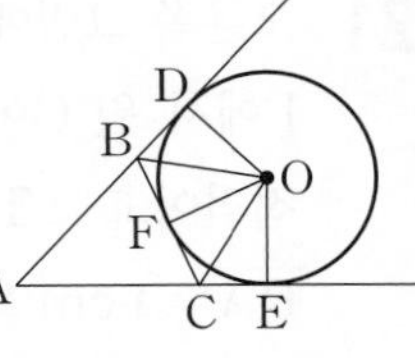

① $\overline{AD}=\overline{AE}$ ② $\overline{CE}=\overline{CF}$
③ $\overline{OB}=\overline{OC}$ ④ $\angle OBD=\angle OBF$
⑤ $\triangle OBD\equiv\triangle OCE$

서술형

31 0349 오른쪽 그림에서 두 점 D와 E는 점 A에서 원 O에 그은 두 접선의 접점이다. $\overline{BC}$가 점 F에서 원 O에 접하고 $\angle BAC=60°$, $\overline{OD}=6$ cm일 때, $\triangle ABC$의 둘레의 길이를 구하시오.

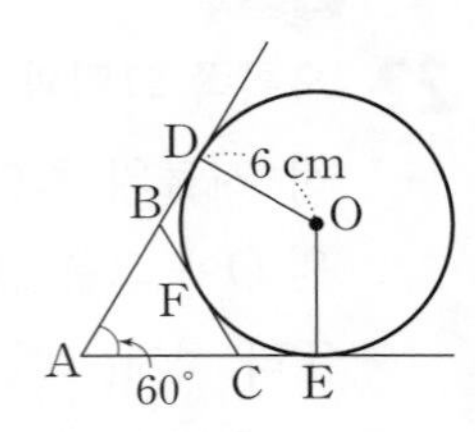

유형 11 반원에서의 접선 | 개념 08-1

$\overline{AB}$, $\overline{AD}$, $\overline{DC}$가 반원 O의 접선이고
세 점 B, C, E가 접점일 때
① $\overline{AB}=\overline{AE}$, $\overline{DE}=\overline{DC}$
② $\overline{AD}=\overline{AB}+\overline{DC}$
③ 점 A에서 $\overline{DC}$에 내린 수선의 발을 H라 하면
$\overline{BC}=\overline{AH}=\sqrt{\overline{AD}^2-\overline{DH}^2}$

대표문제

32 0350 오른쪽 그림에서 $\overline{BC}$는 반원 O의 지름이고 $\overline{AB}$, $\overline{AD}$, $\overline{DC}$는 반원 O에 접한다. $\overline{AB}=4$ cm, $\overline{DC}=9$ cm일 때, $\overline{BC}$의 길이를 구하시오.

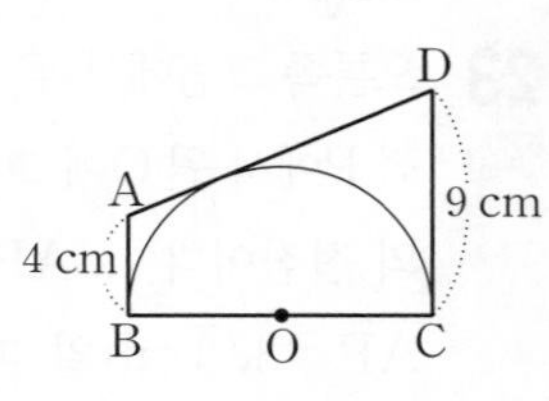

33 0351 오른쪽 그림에서 $\overline{AD}$, $\overline{BC}$, $\overline{CD}$는 반지름의 길이가 $2\sqrt{6}$ cm인 반원 O에 접하고 $\overline{AB}$는 반원 O의 지름이다. $\overline{CD}=10$ cm일 때, □ABCD의 넓이를 구하시오.
(단, 점 E는 접점이다.)

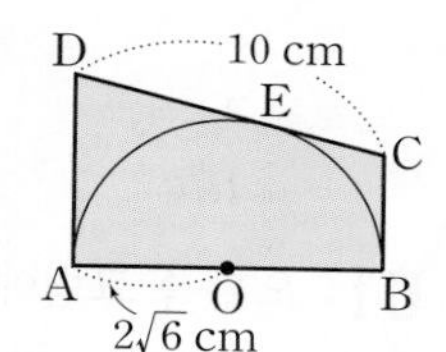

서술형

34 0352 오른쪽 그림에서 $\overline{AB}$는 반원 O의 지름이고 $\overline{AD}$, $\overline{BC}$, $\overline{CD}$는 반원 O의 접선이다. $\overline{AD}=2$ cm, $\overline{BC}=8$ cm일 때, $\overline{DB}$의 길이를 구하시오.

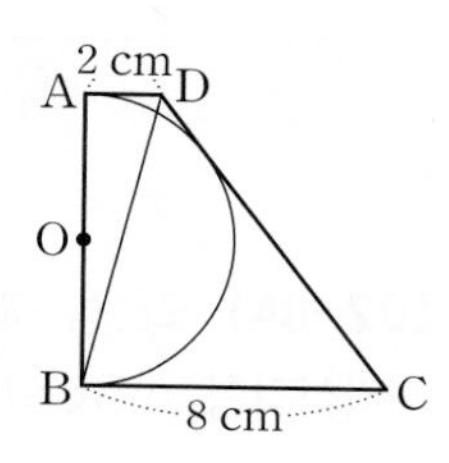

35 0353 오른쪽 그림은 한 변의 길이가 10 cm인 정사각형 ABCD에 $\overline{BC}$를 지름으로 하는 반원 O를 그린 것이다. $\overline{DE}$가 반원 O의 접선이고 점 P는 접점일 때, $\overline{EB}$의 길이는?

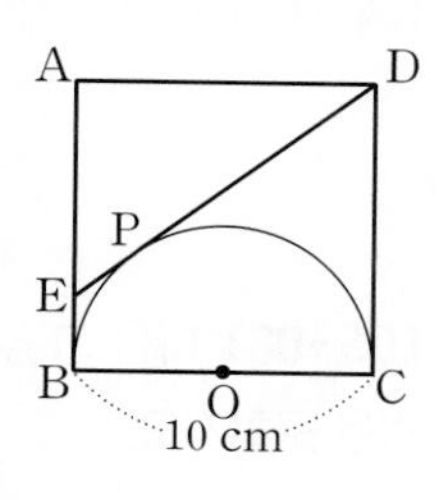

① 2 cm ② $\frac{5}{2}$ cm ③ 3 cm
④ $\frac{7}{2}$ cm ⑤ 4 cm

유형 12 중심이 같은 두 원에서의 접선의 응용 | 개념 08-1

중심이 O로 같고 반지름의 길이가 서로 다른 두 원에서 큰 원의 현 AB가 작은 원의 접선이고 점 H가 접점일 때
① $\overline{OH}\perp\overline{AB}$
② $\overline{AH}=\overline{BH}$
③ $\overline{OA}^2=\overline{OH}^2+\overline{AH}^2$ ← 피타고라스 정리 이용

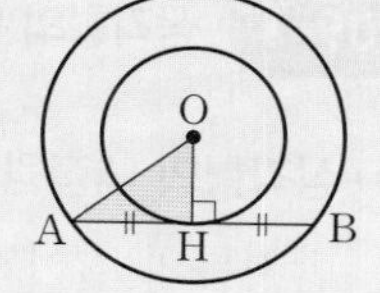

대표문제

36 0354 오른쪽 그림과 같이 점 O를 중심으로 하고 반지름의 길이가 각각 2 cm, 4 cm인 두 원이 있다. 작은 원에 접하는 큰 원의 현 AB의 길이를 구하시오.
(단, 점 T는 접점이다.)

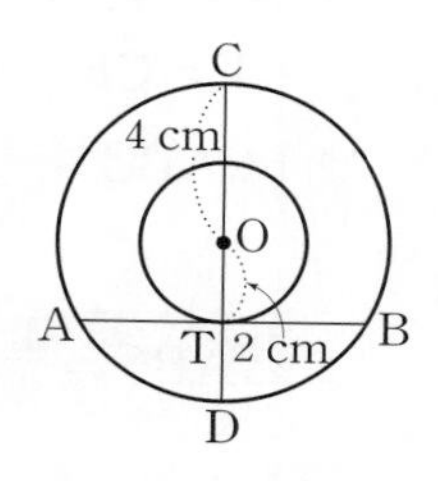

37 0355 오른쪽 그림과 같이 중심이 같은 두 원에서 큰 원의 현 AB는 작은 원의 접선이고 점 Q는 접점이다. $\overline{OQ}=3$ cm, $\overline{PQ}=6$ cm일 때, $\overline{AB}$의 길이를 구하시오.

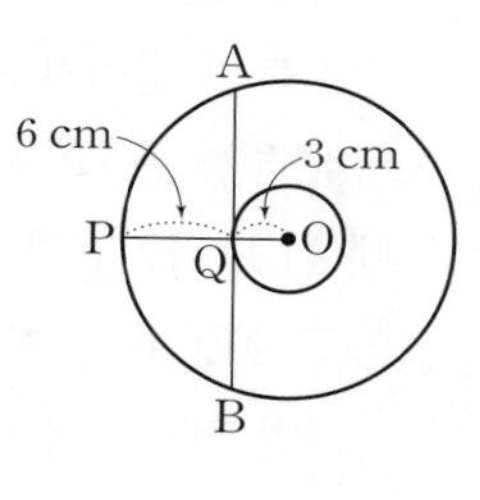

생각⊕

38 0356 오른쪽 그림과 같이 점 O를 중심으로 하는 두 원에서 작은 원의 접선과 큰 원의 교점을 각각 A, B라 하자. $\overline{AB}=8$ cm일 때, 색칠한 부분의 넓이는?

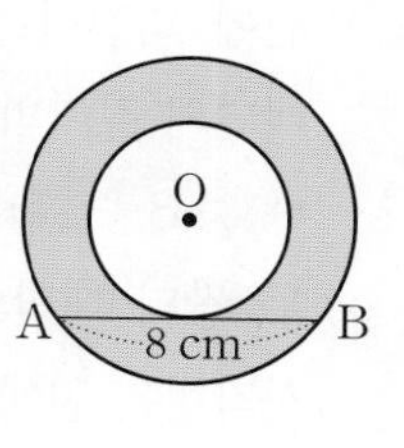

① 15π cm^2 ② 16π cm^2 ③ 17π cm^2
④ 18π cm^2 ⑤ 19π cm^2

원의 접선 (2)

09-1 삼각형의 내접원 | 유형 13, 14

(1) 삼각형의 내접원

반지름의 길이가 r인 원 O가 $\triangle ABC$의 내접원이고 세 점 D, E, F가 접점일 때

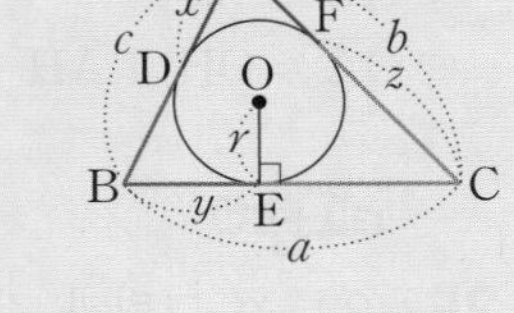

① $\overline{AD}=\overline{AF}$, $\overline{BD}=\overline{BE}$, $\overline{CE}=\overline{CF}$

② ($\triangle ABC$의 둘레의 길이)$=a+b+c$
$=2(x+y+z)$

③ $\triangle ABC=\frac{1}{2}r(a+b+c)$

참고 ② $\overline{AF}=\overline{AD}=x$, $\overline{BD}=\overline{BE}=y$, $\overline{CE}=\overline{CF}=z$이므로
$a+b+c=(y+z)+(z+x)+(x+y)=2(x+y+z)$
③ $\triangle ABC$
$=\triangle ABO+\triangle BCO+\triangle CAO$
$=\frac{1}{2}cr+\frac{1}{2}ar+\frac{1}{2}br$
$=\frac{1}{2}r(a+b+c)$

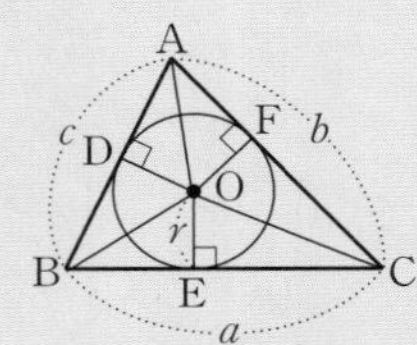

(2) 직각삼각형의 내접원

반지름의 길이가 r인 원 O가 직각삼각형 ABC의 내접원이고 세 점 D, E, F가 접점일 때

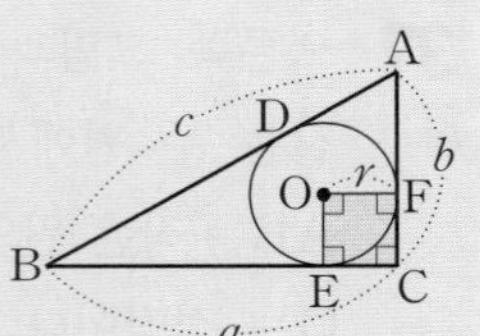
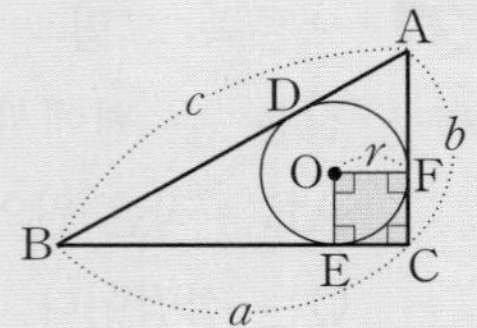

① □OECF는 한 변의 길이가 r인 정사각형이다.

② $\triangle ABC=\frac{1}{2}r(a+b+c)$
$=\frac{1}{2}ab$

09-2 원에 외접하는 사각형의 성질 | 유형 15~18

(1) 원에 외접하는 사각형의 두 쌍의 대변의 길이의 합은 서로 같다.
➡ $\overline{AB}+\overline{CD}=\overline{AD}+\overline{BC}$

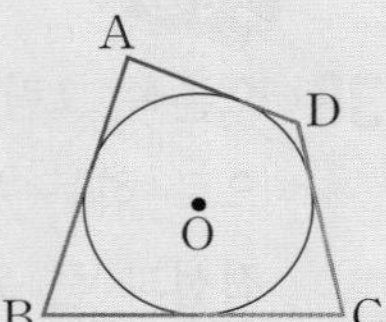

(2) 두 쌍의 대변의 길이의 합이 같은 사각형은 원에 외접한다.

참고 (1) $\overline{AB}+\overline{CD}=(\overline{AP}+\overline{BP})+(\overline{CR}+\overline{DR})$
$=(\overline{AS}+\overline{BQ})+(\overline{CQ}+\overline{DS})$
$=(\overline{AS}+\overline{DS})+(\overline{BQ}+\overline{CQ})$
$=\overline{AD}+\overline{BC}$

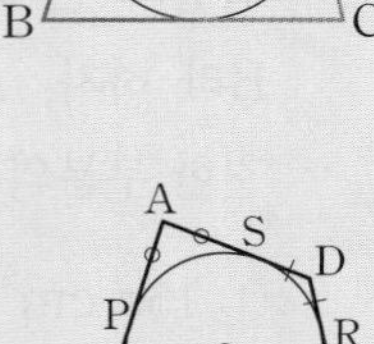
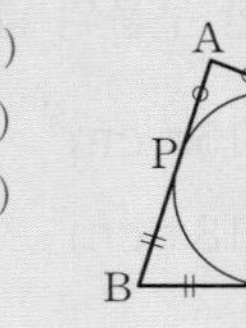

01 오른쪽 그림에서 원 O는 $\triangle ABC$의 내접원이고 세 점 D, E, F는 접점이다. 다음은 $\overline{AB}=7$, $\overline{BC}=11$, $\overline{CA}=8$일 때, $\overline{AF}$의 길이를 구하는 과정이다. (가)~(다)에 알맞은 것을 써넣으시오.
0357

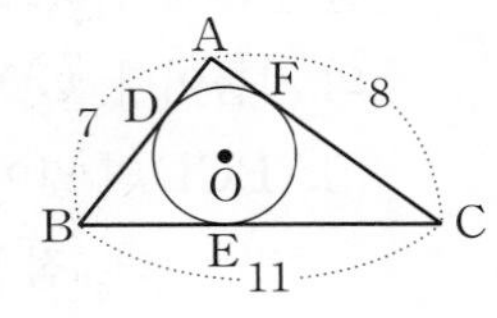

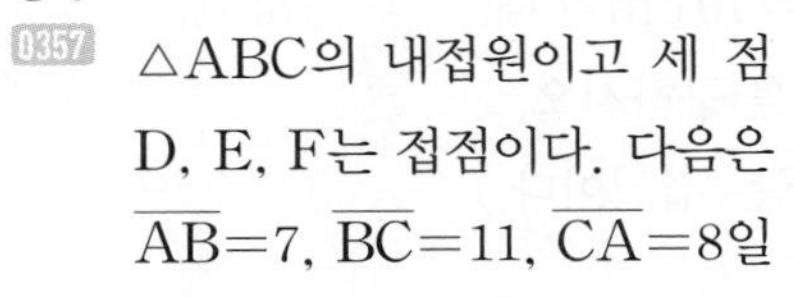

> $\overline{AF}=x$라 하면 $\overline{AD}=x$이므로
> $\overline{BD}=$ (가), $\overline{CF}=$ (나)
> $\overline{BE}=\overline{BD}$, $\overline{CE}=\overline{CF}$이므로
> $\overline{BC}=($(가)$)+($(나)$)=11$
> $\therefore x=$ (다)

[02~04] 오른쪽 그림에서 원 O는 직각삼각형 ABC의 내접원이고 세 점 D, E, F는 접점이다. 원 O의 반지름의 길이를 r cm라 할 때, 다음 물음에 답하시오.

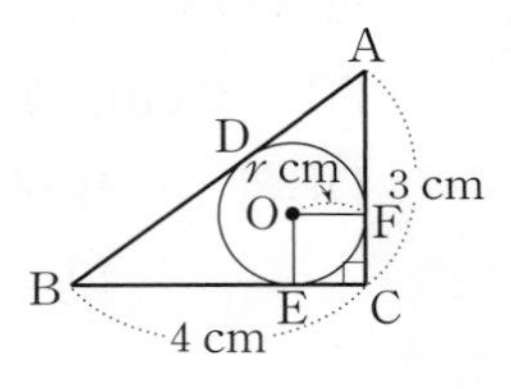

02 $\overline{AB}$의 길이를 구하시오.
0358

03 $\overline{AD}$, $\overline{BD}$의 길이를 r에 대한 식으로 나타내시오.
0359

04 r의 값을 구하시오.
0360

[05~06] 다음 그림에서 □ABCD가 원 O에 외접할 때, x의 값을 구하시오.

05 0361 **06** 0362

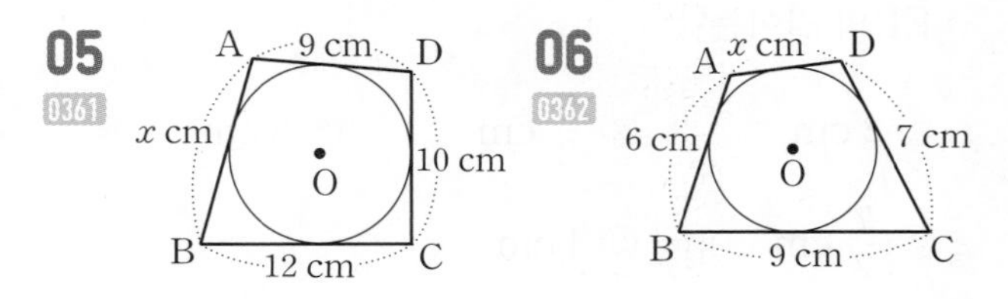

빈출 유형 13 삼각형의 내접원 | 개념 09-1

대표문제

07 0363 오른쪽 그림에서 원 O는 △ABC의 내접원이고 세 점 D, E, F는 접점이다. $\overline{AB}=14$ cm, $\overline{BC}=16$ cm, $\overline{CA}=10$ cm일 때, $\overline{BE}$의 길이를 구하시오.

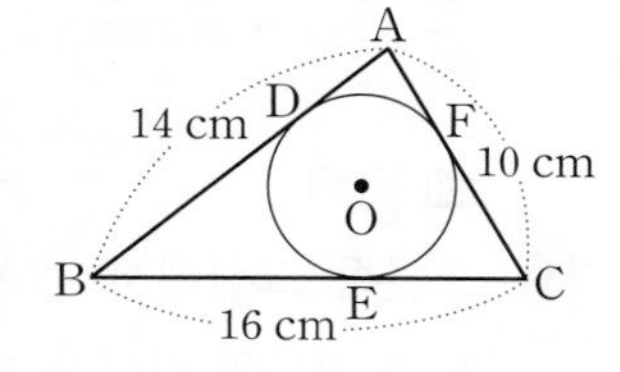

08 0364 오른쪽 그림과 같이 원 O가 △ABC에 내접하고 그 접점을 각각 D, E, F라 하자. $\overline{AB}=12$ cm, $\overline{AD}=5$ cm, $\overline{BC}=11$ cm일 때, $\overline{AC}$의 길이를 구하시오.

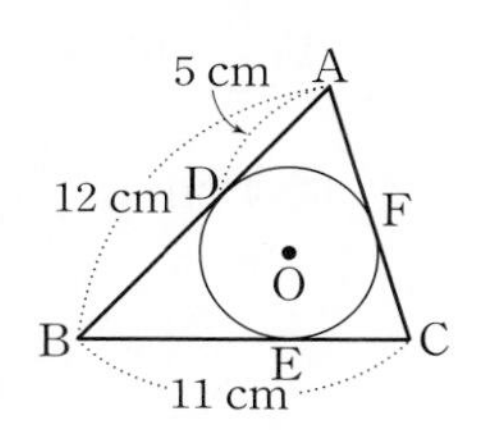

09 0365 오른쪽 그림에서 원 O는 △ABC의 내접원이고 세 점 D, E, F는 접점이다. $\overline{BD}=7$ cm, $\overline{CF}=3$ cm이고 △ABC의 둘레의 길이가 24 cm일 때, $\overline{AF}$의 길이를 구하시오.

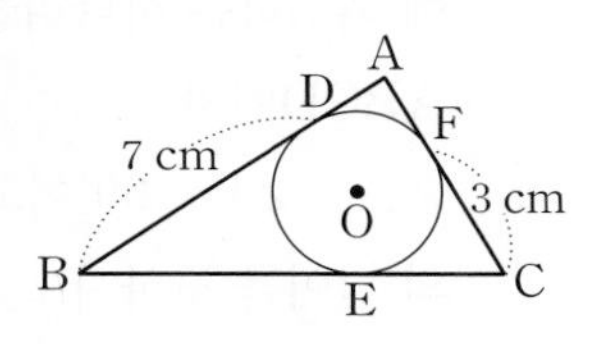

생각⊕

10 0366 오른쪽 그림에서 원 O는 △ABC의 내접원이고 $\overline{DE}$는 원 O에 접한다. $\overline{AB}=9$ cm, $\overline{BC}=8$ cm, $\overline{CA}=6$ cm일 때, △BED의 둘레의 길이를 구하시오.

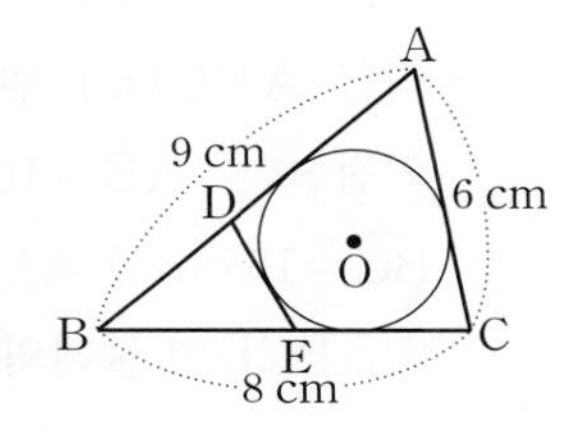

유형 14 직각삼각형의 내접원 | 개념 09-1

대표문제

11 0367 오른쪽 그림에서 원 O는 ∠C=90°인 직각삼각형 ABC의 내접원이고 세 점 D, E, F는 접점이다. $\overline{AC}=15$ cm, $\overline{BC}=8$ cm일 때, 원 O의 반지름의 길이는?

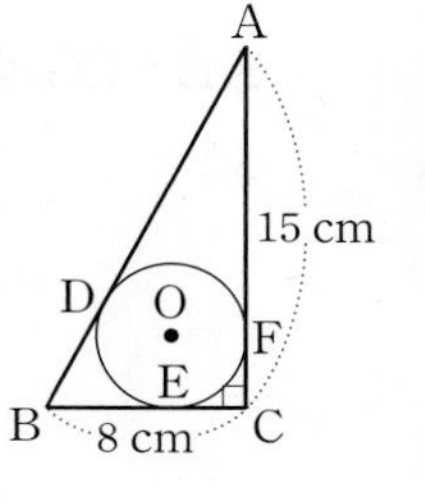

① $\frac{11}{4}$ cm ② 3 cm ③ $\frac{13}{4}$ cm
④ $\frac{7}{2}$ cm ⑤ $\frac{15}{4}$ cm

12 0368 오른쪽 그림에서 원 O는 ∠B=90°인 직각삼각형 ABC의 내접원이고 세 점 D, E, F는 접점이다. $\overline{BE}=3$ cm, $\overline{CE}=6$ cm일 때, $\overline{AB}$의 길이를 구하시오.

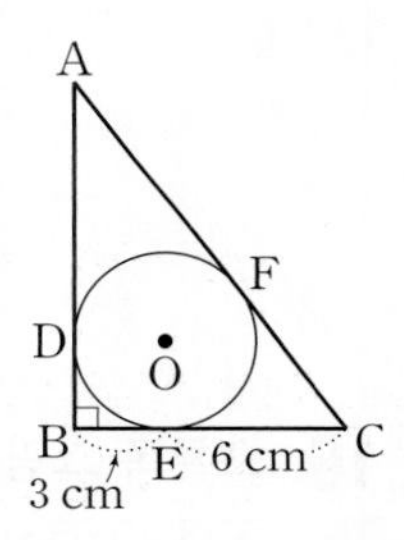

서술형

13 0369 오른쪽 그림에서 원 O는 ∠A=90°인 직각삼각형 ABC의 내접원이고 세 점 D, E, F는 접점이다. $\overline{BE}=6$ cm, $\overline{CE}=4$ cm일 때, 다음 물음에 답하시오.

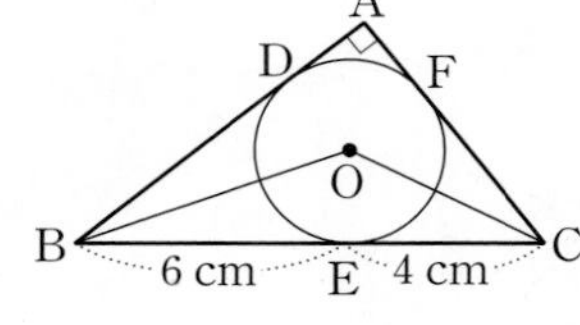

(1) 원 O의 반지름의 길이를 구하시오.

(2) △OBC의 둘레의 길이를 구하시오.

빈출 유형 15 원에 외접하는 사각형의 성질(1) | 개념 09-2

대표문제

14 0370 오른쪽 그림에서 □ABCD는 원 O에 외접하고 네 점 E, F, G, H는 접점일 때, $\overline{AE}+\overline{CG}$의 길이를 구하시오.

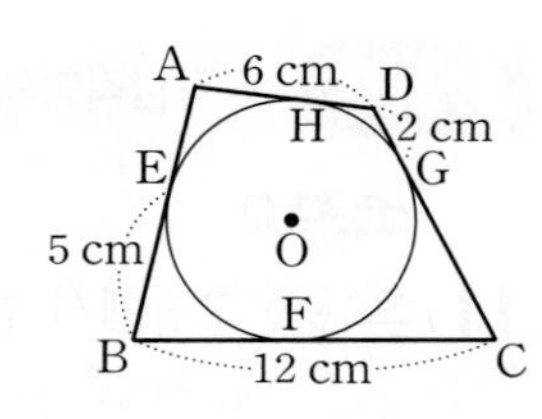

15 0371 오른쪽 그림의 □ABCD는 원 O에 외접하고 네 점 E, F, G, H는 접점이다. □ABCD의 둘레의 길이가 28 cm이고 $\overline{AB}=7$ cm, $\overline{CG}=4$ cm일 때, $\overline{DG}$의 길이를 구하시오.

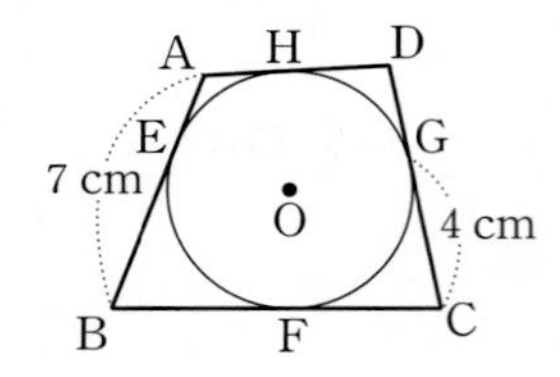

16 0372 오른쪽 그림과 같은 $\overline{AD}\,/\!/\,\overline{BC}$인 등변사다리꼴 ABCD가 원 O에 외접한다. $\overline{AD}=4$ cm, $\overline{BC}=10$ cm일 때, $\overline{AB}$의 길이를 구하시오.

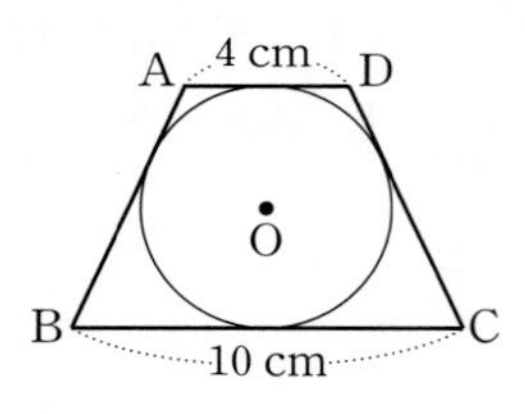

17 0373 오른쪽 그림과 같이 원 O에 외접하는 □ABCD에서 $\overline{AB}=7$ cm, $\overline{CD}=17$ cm이다. $\overline{AD}:\overline{BC}=3:5$일 때, $\overline{BC}$의 길이를 구하시오.

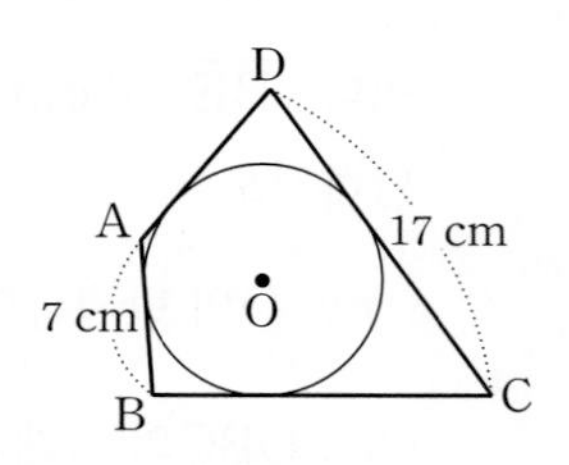

유형 16 원에 외접하는 사각형의 성질(2); 사각형의 한 각이 직각인 경우 | 개념 09-2

원 O에 외접하는 □ABCD에서 네 점 E, F, G, H가 접점일 때, $\angle C=90°$이면 □OFCG는 정사각형이다.

➡ $\overline{OF}=\overline{FC}=\overline{CG}=\overline{GO}$
└ 내접원의 반지름의 길이

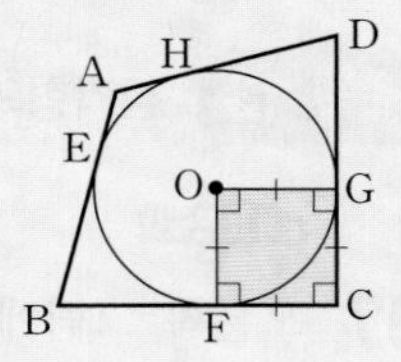

대표문제

18 0374 오른쪽 그림에서 □ABCD는 반지름의 길이가 4 cm인 원 O에 외접하고 네 점 E, F, G, H는 접점이다. $\angle B=90°$이고 $\overline{BC}=11$ cm, $\overline{CD}=10$ cm일 때, $\overline{DH}$의 길이는?

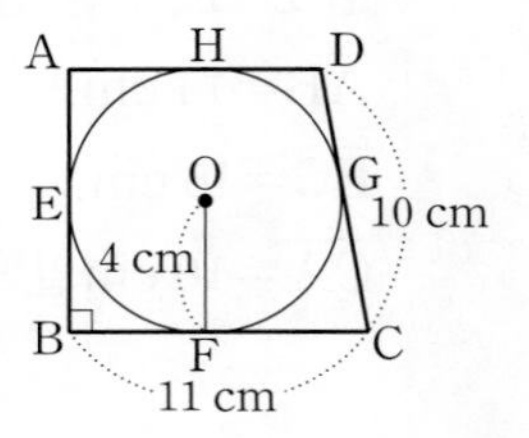

① $\frac{5}{2}$ cm ② 3 cm ③ $\frac{7}{2}$ cm
④ 4 cm ⑤ $\frac{9}{2}$ cm

19 0375 오른쪽 그림과 같이 반지름의 길이가 6 cm인 원 O에 외접하는 사다리꼴 ABCD에서 $\angle A=\angle B=90°$이고 $\overline{CD}=17$ cm일 때, □ABCD의 넓이를 구하시오.

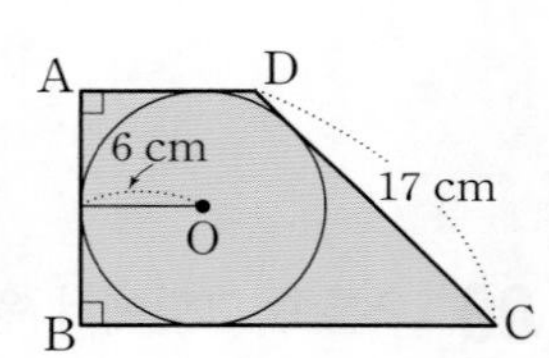

서술형

20 0376 오른쪽 그림과 같이 $\angle A=\angle B=90°$인 사다리꼴 ABCD가 원 O에 외접한다. $\overline{AB}=10$ cm, $\overline{BC}=15$ cm일 때, □ABCD의 둘레의 길이를 구하시오.

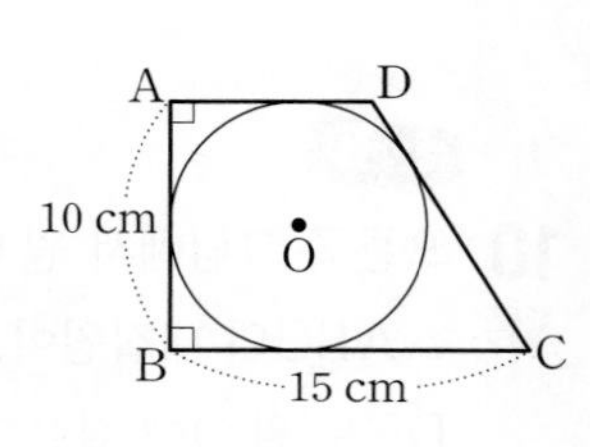

유형 17 원에 외접하는 사각형의 성질(3); 원이 직사각형의 세 변에 접하는 경우 | 개념 09-2

원 O가 직사각형 ABCD의 세 변과 $\overline{DE}$에 접하고 네 점 F, G, H, I는 접점일 때

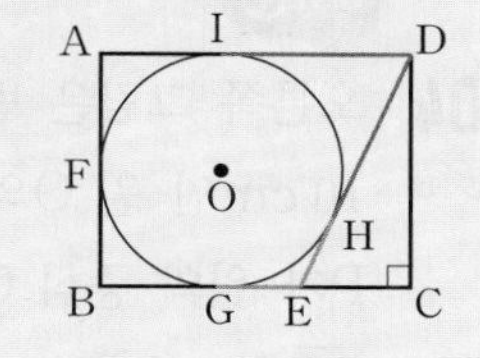

① $\overline{DI}=\overline{DH}$, $\overline{EG}=\overline{EH}$이므로
$\overline{DE}=\overline{DI}+\overline{EG}$

② □ABED는 원 O에 외접하는 사각형이므로
$\overline{AB}+\overline{DE}=\overline{AD}+\overline{BE}$

③ △DEC에서 $\overline{DE}^2=\overline{CE}^2+\overline{CD}^2$ ← 피타고라스 정리 이용

대표문제

21 0377 오른쪽 그림과 같이 원 O가 직사각형 ABCD의 세 변과 접하고 $\overline{DE}$는 원 O의 접선이다. $\overline{CD}=8$ cm, $\overline{DE}=10$ cm일 때, $\overline{BE}$의 길이는?

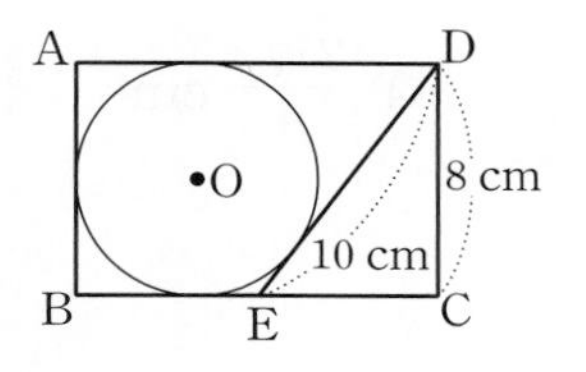

① 4 cm ② 5 cm ③ 6 cm
④ 7 cm ⑤ 8 cm

서술형

22 0378 오른쪽 그림과 같이 직사각형 ABCD의 세 변과 $\overline{DE}$에 접하는 원 O가 있다. 네 점 F, G, H, I가 접점이고 $\overline{AD}=6$ cm, $\overline{BG}=2$ cm일 때, $\overline{EG}$의 길이를 구하시오.

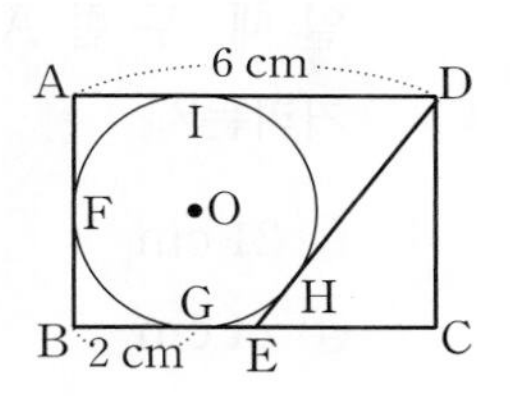

23 0379 오른쪽 그림과 같이 원 O는 직사각형 ABCD의 세 변과 $\overline{DE}$에 접하고 네 점 F, G, H, I는 접점이다. $\overline{AD}=20$ cm, $\overline{CD}=12$ cm일 때, △DEC의 둘레의 길이를 구하시오.

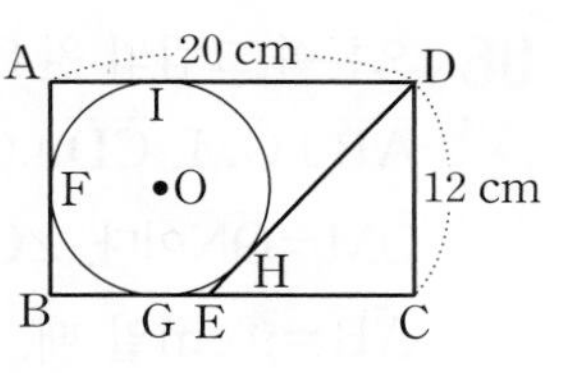

유형 18 여러 가지 도형에서의 원의 응용 | 개념 09-2

직사각형 ABCD 안에 꼭 맞게 들어 있는 두 원 O, O′의 반지름의 길이를 각각 r, $r'(r>r')$이라 하면

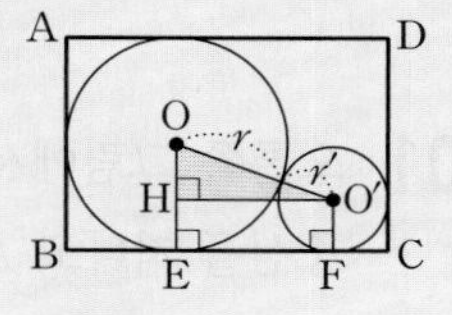

① $\overline{OO'}=r+r'$, $\overline{OH}=r-r'$,
$\overline{O'H}=\overline{EF}=\overline{BC}-(r+r')$

② △OHO′에서 $\overline{OO'}^2=\overline{OH}^2+\overline{O'H}^2$ ← 피타고라스 정리 이용

대표문제

24 0380 오른쪽 그림과 같이 $\overline{AD}=18$, $\overline{CD}=16$인 직사각형 ABCD 안에 두 원 O, O′이 꼭 맞게 들어 있다. 이때 원 O′의 반지름의 길이를 구하시오.

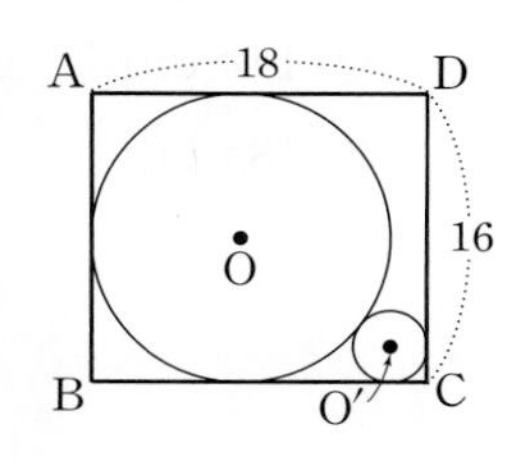

25 0381 오른쪽 그림과 같이 정사각형 ABCD 안에 반지름의 길이가 4 cm인 원 5개가 꼭 맞게 들어 있을 때, $\overline{BC}$의 길이를 구하시오.

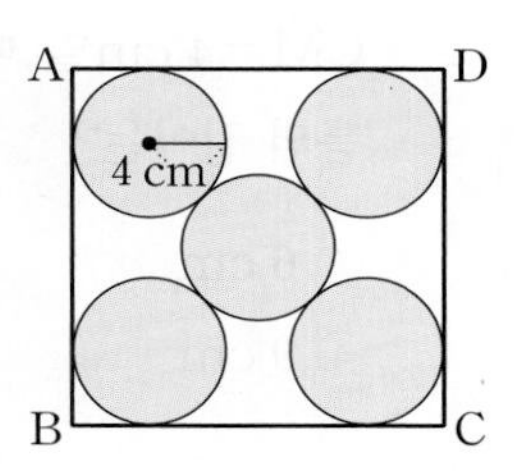

생각⊕

26 0382 오른쪽 그림과 같이 반지름의 길이가 12 cm인 부채꼴 AOB 안에 원 O′이 꼭 맞게 들어 있다. 부채꼴 AOB의 넓이가 24π cm^{2}일 때, 원 O′의 넓이를 구하시오.

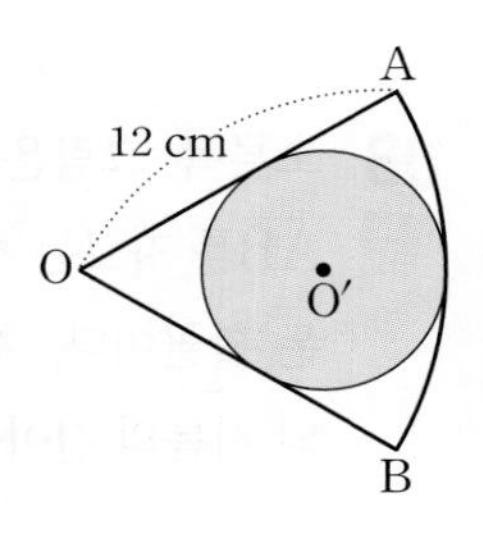

3 원과 직선

필수 유형 정복하기

01 0383 오른쪽 그림에서 $\overline{CM}$은 원 O의 중심을 지나고 $\overline{AB} \perp \overline{CM}$이다. $\angle BOC = 120^\circ$, $\overline{AB} = 6\sqrt{3}$ cm일 때, 원 O의 둘레의 길이는?

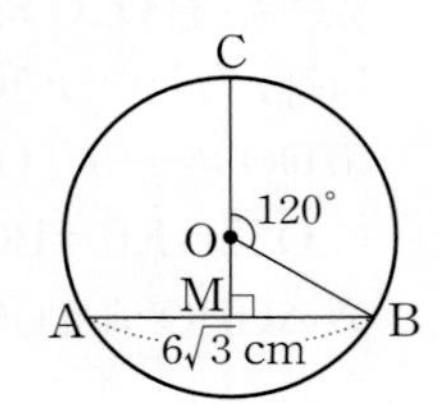

① 10π cm ② 12π cm ③ 14π cm ④ 16π cm ⑤ 18π cm

▶ 53쪽 유형 01

02 0384 오른쪽 그림의 원 O에서 $\overline{AB} \perp \overline{OC}$이고 $\overline{AB} = 16$ cm, $\overline{CM} = 4$ cm일 때, 원 O의 반지름의 길이는?

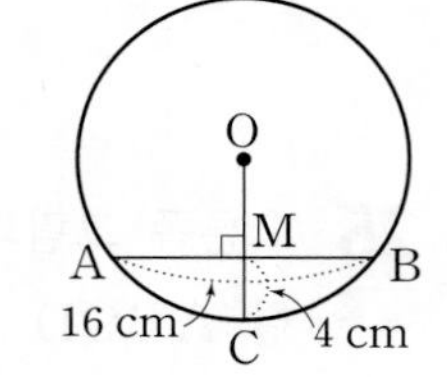

① 6 cm ② 7 cm ③ 8 cm ④ 9 cm ⑤ 10 cm

▶ 53쪽 유형 01

03 0385 오른쪽 그림은 원 모양의 종이를 $\overline{AB}$를 자르는 선으로 하여 잘라 만든 활꼴이다. 처음 원 모양의 종이의 지름의 길이를 구하시오.

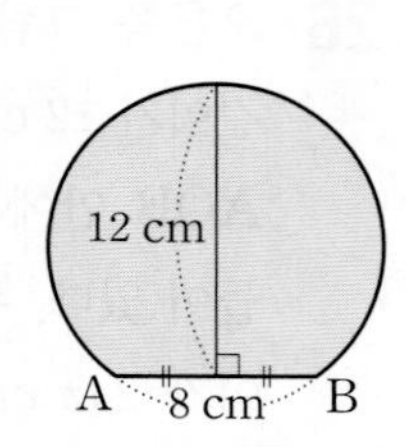

▶ 54쪽 유형 02

생각⊕

04 0386 오른쪽 그림은 반지름의 길이가 10 cm인 원 O의 원주 위의 점 P가 원의 중심 O에 겹쳐지도록 $\overline{AB}$를 접는 선으로 하여 접은 것이다. $\overline{MQ} = \overline{PQ}$일 때, $\triangle APQ$의 넓이는?

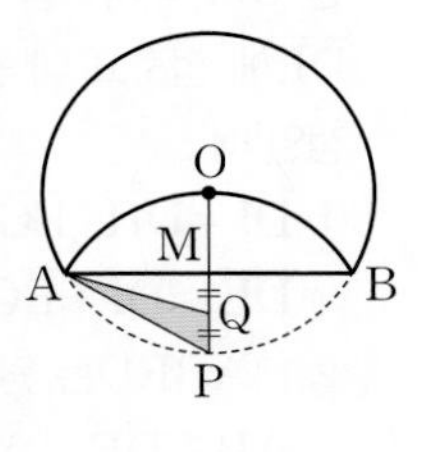

① $6\sqrt{3}$ cm² ② $\frac{25\sqrt{3}}{4}$ cm² ③ $\frac{13\sqrt{3}}{2}$ cm² ④ $\frac{27\sqrt{3}}{4}$ cm² ⑤ $\frac{14\sqrt{3}}{2}$ cm²

▶ 55쪽 유형 03

05 0387 오른쪽 그림과 같이 반지름의 길이가 13 cm인 원 O에서 $\overline{AB} /\!/ \overline{CD}$, $\overline{AB} = \overline{CD} = 10$ cm일 때, 두 현 AB, CD 사이의 거리는?

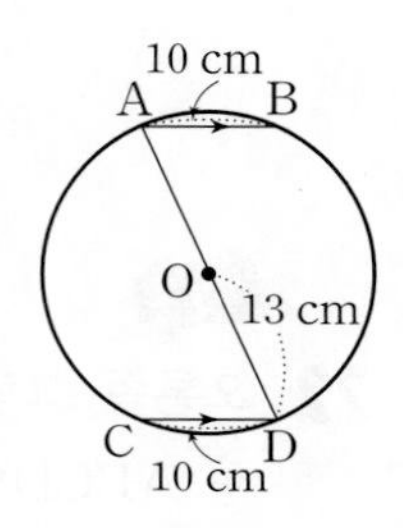

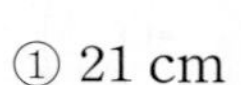

① 21 cm ② 22 cm ③ 23 cm ④ 24 cm ⑤ 25 cm

▶ 56쪽 유형 05

06 0388 오른쪽 그림의 원 O에서 $\overline{AB} \perp \overline{OM}$, $\overline{CD} \perp \overline{ON}$이고 $\overline{OM} = \overline{ON}$이다. $\angle CON = 60^\circ$, $\overline{AB} = 9$ cm일 때, 원 O의 넓이를 구하시오.

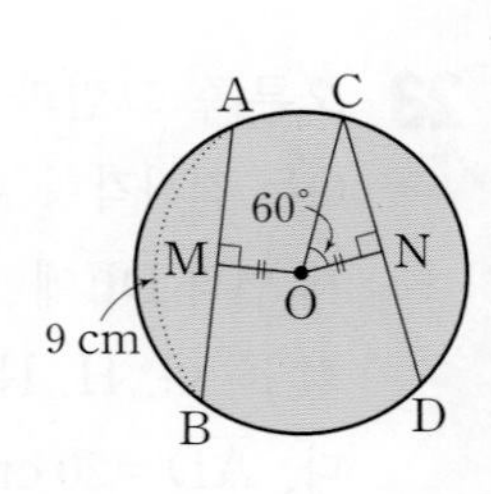

▶ 56쪽 유형 05

07 0389 오른쪽 그림과 같은 원 O에서 $\overline{AB}\perp\overline{OM}$, $\overline{AC}\perp\overline{ON}$이고 $\overline{OM}=\overline{ON}$이다. $\angle MON=100^\circ$일 때, $\angle ABC$의 크기를 구하시오.

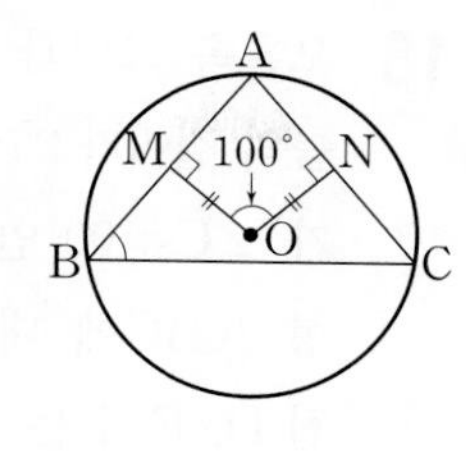

▶ 57쪽 유형 06

08 0390 오른쪽 그림과 같이 두 직선 AB, CD는 두 원 O, O′의 공통인 접선이고 세 점 A, B, C는 접점이다. $\angle CAD=50^\circ$일 때, $\angle BCD$의 크기는?

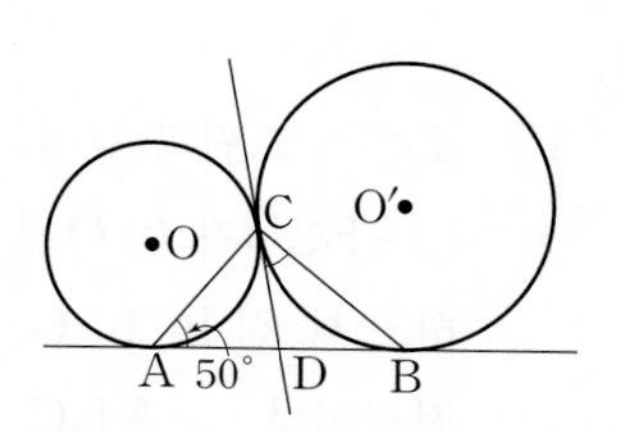

① 30° ② 35° ③ 40°
④ 45° ⑤ 50°

▶ 59쪽 유형 07

생각⊕

09 0391 오른쪽 그림에서 점 C는 원 O의 지름 AB의 연장선 위의 점 D에서 원 O에 그은 접선의 접점이다. $\overline{AB}=24$ cm, $\angle BAC=30^\circ$일 때, 색칠한 부분의 넓이를 구하시오.

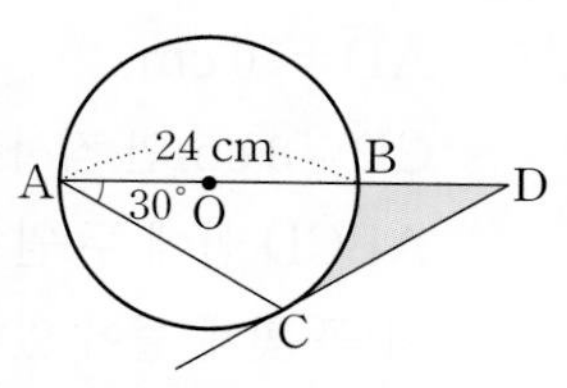

▶ 60쪽 유형 08

10 0392 오른쪽 그림에서 두 점 A, B는 점 P에서 원 O에 그은 두 접선의 접점이다. $\overline{AO}=3$ cm, $\overline{AP}=4$ cm일 때, $\overline{AB}$의 길이는?

① 4 cm ② $\frac{21}{5}$ cm ③ $\frac{22}{5}$ cm
④ $\frac{23}{5}$ cm ⑤ $\frac{24}{5}$ cm

▶ 61쪽 유형 09

11 0393 오른쪽 그림과 같이 점 A에서 원 O에 그은 두 접선의 접점을 각각 P, Q라 하자. $\overline{BC}$가 원 O와 접하고

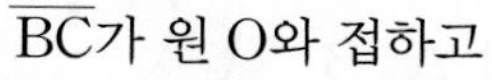

$\overline{OA}=15$ cm, $\overline{OP}=5$ cm일 때, $\triangle ABC$의 둘레의 길이를 구하시오.

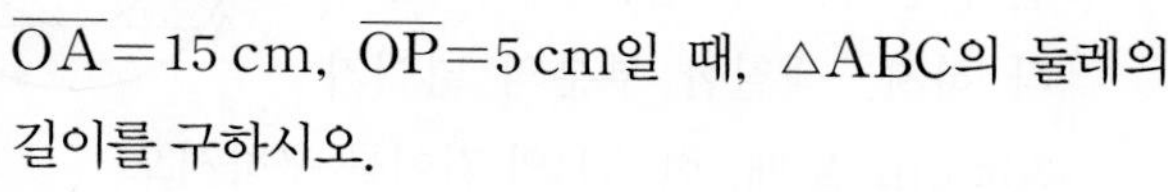

▶ 62쪽 유형 10

12 0394 오른쪽 그림과 같이 반원 O의 지름의 양 끝 점 A, B에서 그은 접선 l, m과 점 E에서 그은 접선의 교점을 각각 C, D라 하자. $\overline{BD}=4$ cm, $\overline{CD}=7$ cm일 때, 다음 **보기** 중 옳은 것을 모두 고르시오.

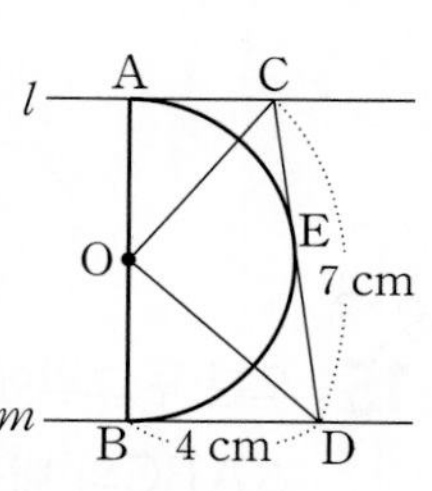

보기

ㄱ. $\overline{AC}=3$ cm
ㄴ. $\overline{AB}=2\sqrt{3}$ cm
ㄷ. $\angle COD=90^\circ$

▶ 62쪽 유형 11

3 원과 직선

생각⊕

13 0395 오른쪽 그림에서 $\overline{AB}$는 반원 O의 지름이고 $\overline{AD}$, $\overline{BC}$, $\overline{CD}$는 각각 점 A, B, P에서 반원 O에 접한다. $\overline{AD}=3$ cm, $\overline{BC}=7$ cm일 때, △DOC의 넓이를 구하시오.

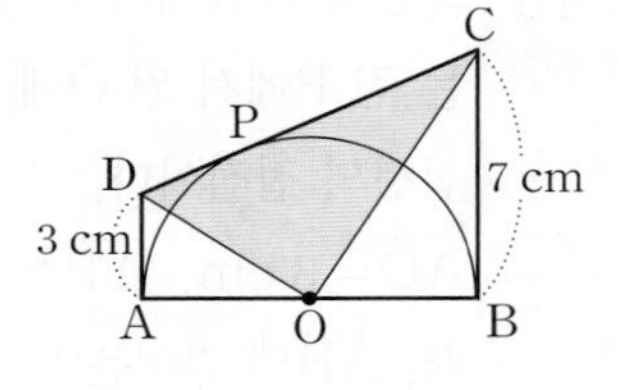

▶ 62쪽 유형 11

14 0396 오른쪽 그림과 같이 중심이 같은 두 원에서 작은 원의 접선이 큰 원과 만나는 두 점을 각각 A, B라 하자. 색칠한 부분의 넓이가 36π cm^2일 때, 현 AB의 길이를 구하시오.

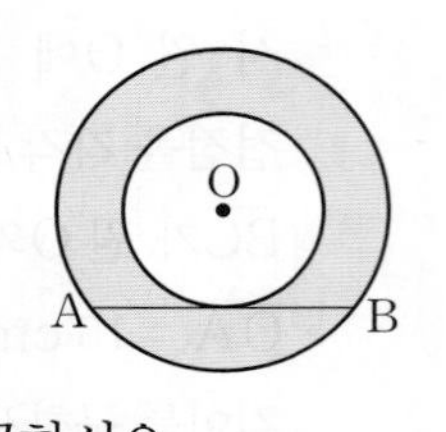

▶ 63쪽 유형 12

15 0397 오른쪽 그림에서 원 O는 △ABC의 내접원이고 세 점 D, E, F는 접점이다. $\overline{AB}=14$ cm, $\overline{BC}=15$ cm, $\overline{CA}=13$ cm이고 △ABC의 넓이가 84 cm^2일 때, $\overline{OC}$의 길이는?

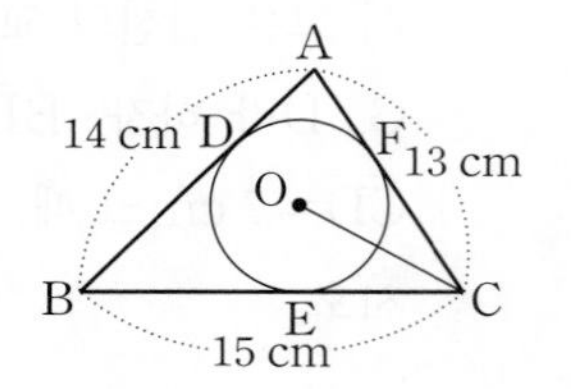

① $3\sqrt{5}$ cm ② $5\sqrt{2}$ cm ③ $\sqrt{55}$ cm
④ $2\sqrt{15}$ cm ⑤ $\sqrt{65}$ cm

▶ 65쪽 유형 13

16 0398 오른쪽 그림과 같이 반지름의 길이가 2 cm인 원 O가 ∠C=90°인 직각삼각형 ABC에 내접하고 세 점 D, E, F는 접점이다. $\overline{BC}=12$ cm일 때, △ABC의 넓이를 구하시오.

▶ 65쪽 유형 14

17 0399 오른쪽 그림과 같이 □ABCD가 원 O에 외접하고 네 점 E, F, G, H는 접점이다. ∠ABC=90°이고 $\overline{AC}=13$ cm, $\overline{AE}=1$ cm, $\overline{BC}=12$ cm일 때, 원 O의 둘레의 길이를 구하시오.

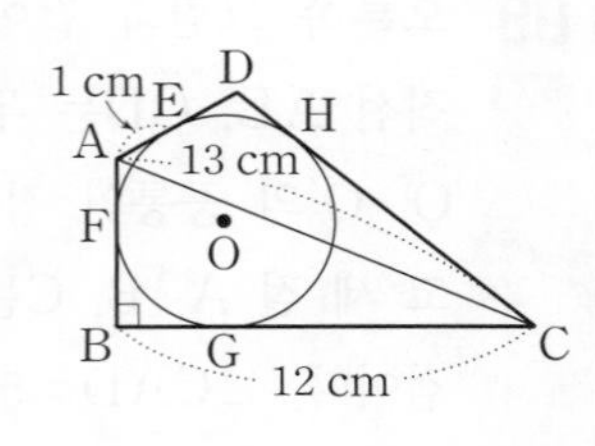

▶ 66쪽 유형 16

18 0400 오른쪽 그림과 같이 $\overline{AD}=10$ cm, $\overline{CD}=8$ cm인 직사각형 ABCD 안에 두 원 O, O′이 꼭 맞게 들어 있다. 원 O의 반지름의 길이가 3 cm일 때, 원 O′의 반지름의 길이를 구하시오.

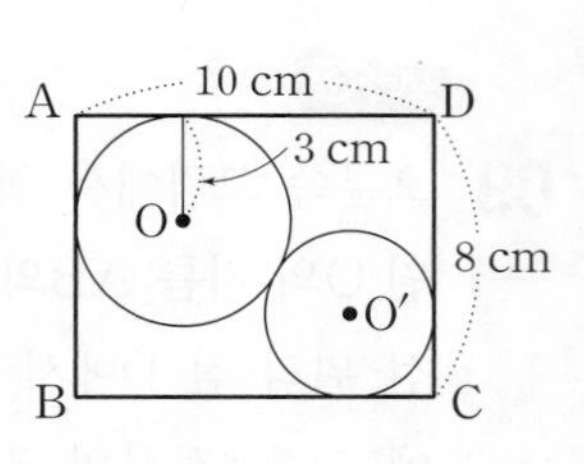

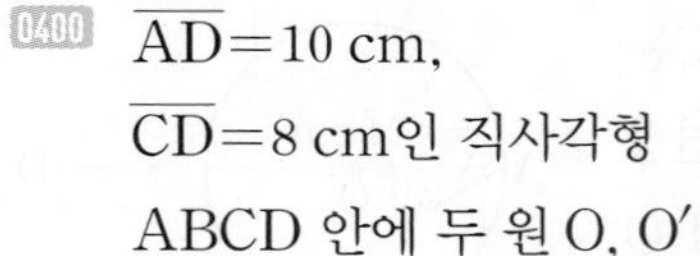

▶ 67쪽 유형 18

서술형 문제

19 0401 오른쪽 그림의 원 O에서 $\overline{AB}\perp\overline{OM}$, $\overline{CD}\perp\overline{ON}$이고 $\overline{OM}=4$, $\overline{ON}=3$, $\overline{AB}=10$일 때, 현 CD의 길이를 구하시오.

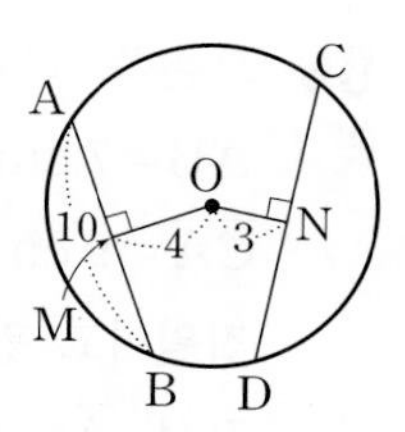

53쪽 유형 01

20 0402 오른쪽 그림과 같이 △ABC의 외접원의 중심 O에서 세 변 AB, BC, CA에 내린 수선의 발을 각각 D, E, F라 하자. $\overline{OD}=\overline{OE}=\overline{OF}=3\sqrt{3}$일 때, $\overline{BC}$의 길이를 구하시오.

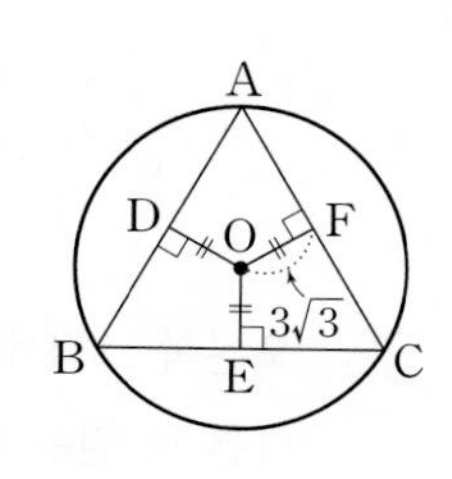

57쪽 유형 06

21 0403 오른쪽 그림에서 두 점 A, B는 점 P에서 원 O에 그은 두 접선의 접점이다. ∠APB=38°일 때, ∠x의 크기를 구하시오.

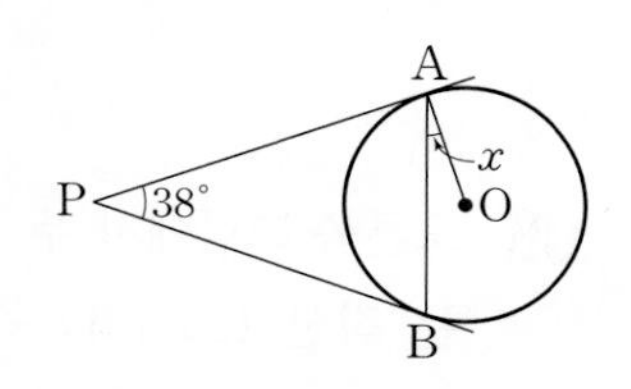

59쪽 유형 07

22 0404 오른쪽 그림에서 원 O는 ∠C=90°인 직각삼각형 ABC의 내접원이고 세 점 D, E, F는 접점이다. ∠B=60°, $\overline{BC}=6$ cm일 때, 원 O의 반지름의 길이를 구하시오.

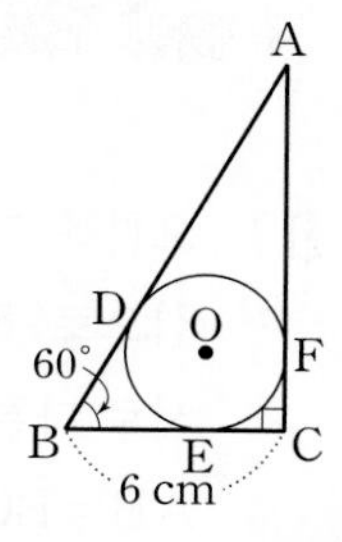

65쪽 유형 14

23 0405 오른쪽 그림의 □ABCD는 원 O에 외접하고 점 P, Q, R, S는 접점이다. $\overline{AD}=9$ cm, □ABCD의 둘레의 길이가 52 cm일 때, $\overline{BP}+\overline{CR}$의 길이를 구하시오.

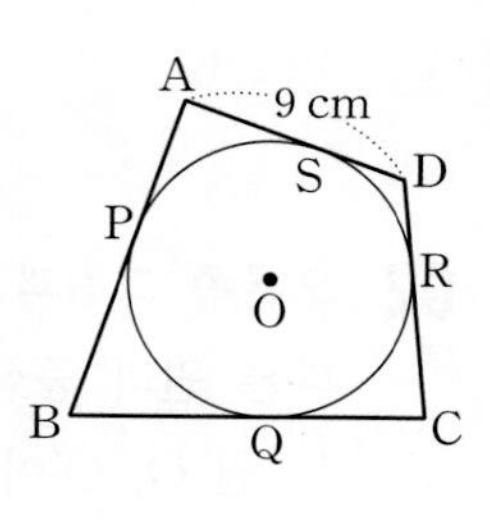

66쪽 유형 15

생각⊕

24 0406 오른쪽 그림과 같이 $\overline{AB}=12$ cm, $\overline{BC}=15$ cm인 직사각형 ABCD가 있다. 점 B를 중심으로 하고 반지름이 $\overline{AB}$인 사분원을 그린 후 점 C에서 이 사분원에 접선을 그어 원과의 접점을 E, $\overline{AD}$와 만나는 점을 F라 할 때, $\overline{AF}$의 길이를 구하시오.

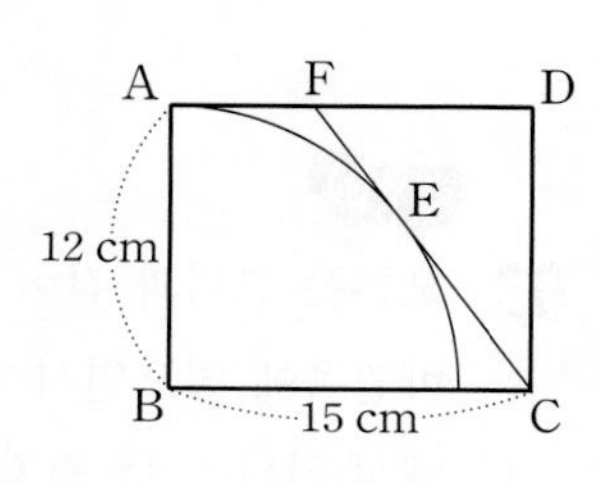

67쪽 유형 17

3 원과 직선

01 0407 오른쪽 그림과 같이 점 O를 중심으로 하고 반지름의 길이가 서로 다른 두 원이 있다. $\overline{AB}=\overline{BC}=\overline{CD}=4$이고 두 원의 반지름의 길이의 합이 16일 때, 두 원의 반지름의 길이의 차를 구하시오.

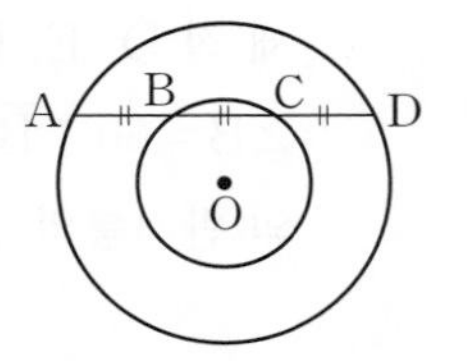

02 0408 오른쪽 그림과 같이 서로 다른 원의 중심을 지나는 두 원 O, O′이 만나는 두 점을 각각 A, B라 하자. $\overline{AB}=6\text{ cm}$일 때, 색칠한 부분의 넓이를 구하시오.

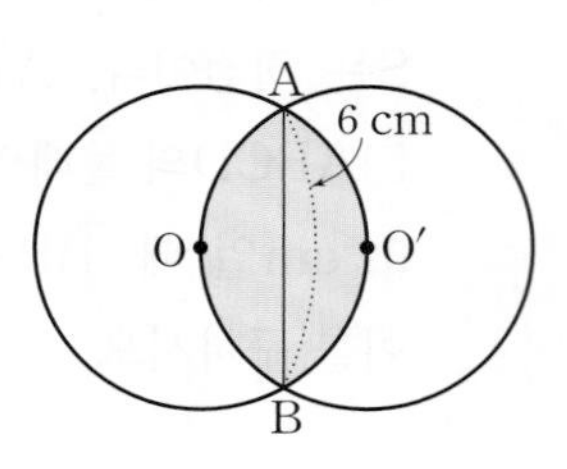

생각⊕

03 0409 오른쪽 그림과 같이 서로 바깥쪽에 있으면서 한 점에서 만나는 두 원 O, O′의 공통인 접선의 교점을 P라 하고, 한 접선과 두 원 O, O′의 접점을 각각 A, B라 하자. $\overline{PA}=\overline{AB}=10\text{ cm}$일 때, 원 O의 반지름의 길이를 구하시오.

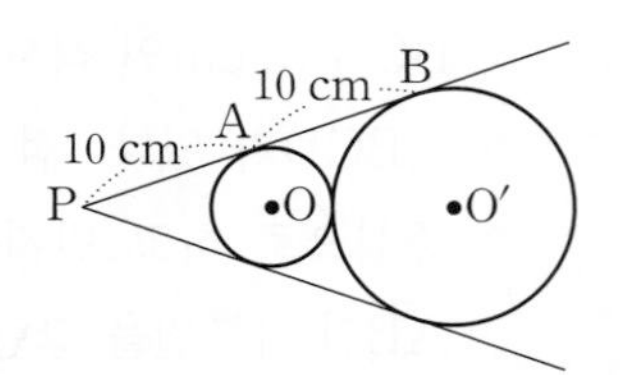

Tip
원의 중심과 반지름을 이용하여 보조선을 그은 후, 삼각형의 변의 길이의 비, 각의 크기를 비교하여 닮음인 삼각형을 찾는다.

04 0410 오른쪽 그림에서 원 O_1은 $\overline{AB}=7\text{ cm}$, $\overline{BC}=8\text{ cm}$, $\overline{CA}=9\text{ cm}$인 $\triangle ABC$의 내접원이고 원 O_2는 $\overline{AB}$의 연장선, $\overline{AC}$의 연장선과 $\overline{BC}$에 동시에 접한다. $\overline{BC}$가 원 O_1에 접하는 점을 D, 원 O_2에 접하는 점을 E라 할 때, $\overline{DE}$의 길이는?

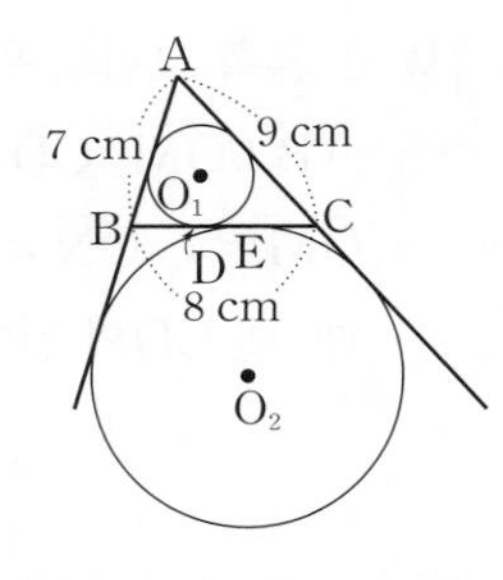

① 1 cm ② 2 cm ③ 3 cm
④ 4 cm ⑤ 5 cm

05 0411 오른쪽 그림에서 서로 다른 네 원은 각각 $\triangle PAB$, $\triangle PBC$, $\triangle PCD$, $\triangle PDE$의 내접원이다. 이웃한 두 원은 한 점에서 만나고 $\overline{AB}=12\text{ cm}$, $\overline{CD}=6\text{ cm}$, $\overline{DE}=3\text{ cm}$, $\overline{PA}=15\text{ cm}$, $\overline{PE}=9\text{ cm}$일 때, $\overline{BC}$의 길이를 구하시오.

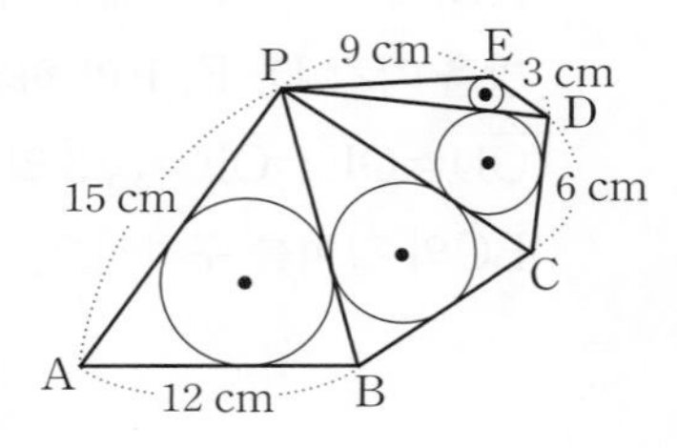

06 0412 오른쪽 그림에서 두 점 A, B는 직선 $12x+5y-60=0$이 각각 x축, y축과 만나는 점이다. 원 I는 $\triangle OAB$의 내접원이고 세 점 P, Q, R는 접점일 때, 원 I의 반지름의 길이를 구하시오.
(단, O는 원점이다.)

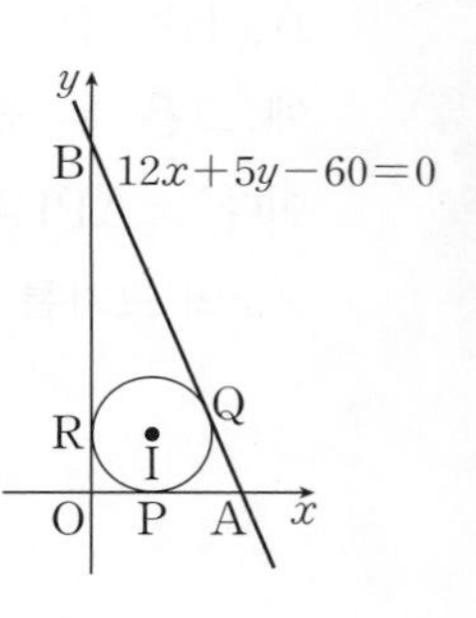

07 0413 오른쪽 그림과 같이 $\angle C=90°$인 직각삼각형 ABC의 외접원의 반지름의 길이는 10 cm, 내접원의 반지름의 길이는 4 cm이다. 이때 △ABC의 넓이를 구하시오.

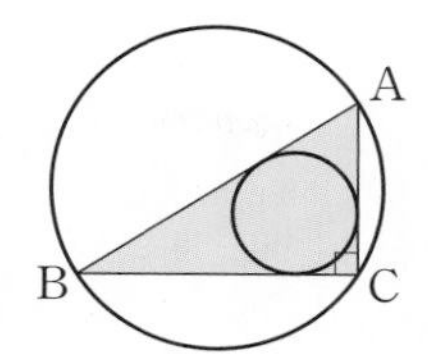

08 0414 오른쪽 그림에서 □ABCD가 원 O에 외접하고 두 대각선이 서로 직교한다. $\overline{BC}=8$ cm, $\overline{CD}=4$ cm일 때, $x+y$의 값은?

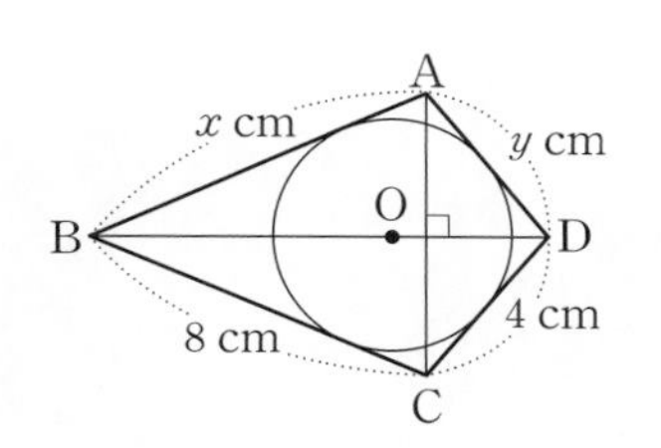

① 12 ② 14 ③ 16 ④ 18 ⑤ 20

생각⊕

09 0415 오른쪽 그림과 같은 직사각형 ABCD의 둘레의 길이는 14 cm이고, 두 원 O, O′은 각각 △ABC와 △ACD의 내접원이다. 두 원의 반지름의 길이가 1 cm로 같고 두 점 E, F는 접점일 때, □EOFO′의 넓이를 구하시오.

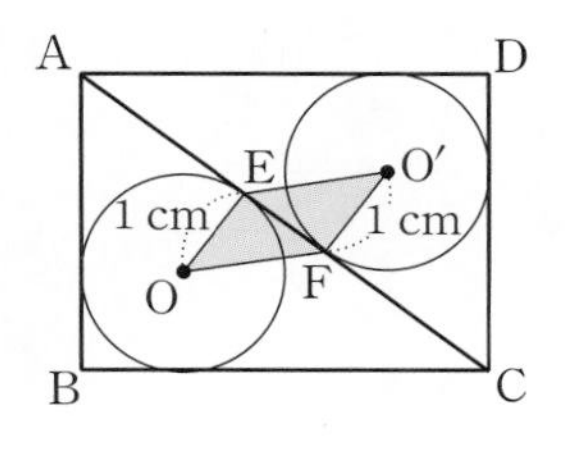

서술형 문제

10 0416 오른쪽 그림과 같은 원 O에서 $\overline{AB}\perp\overline{OM}$, $\overline{AC}\perp\overline{ON}$, $\overline{BC}\perp\overline{OH}$이고 $\overline{OM}=\overline{ON}$, $\overline{BC}=6$ cm, $\overline{OH}=4$ cm일 때, $\overline{OM}$의 길이를 구하시오.

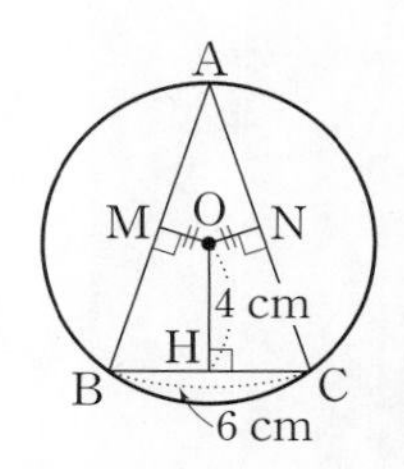

11 0417 오른쪽 그림에서 두 점 A와 B는 점 P에서 원 O에 그은 두 접선의 접점이다. $\overline{CE}$가 점 D에서 원 O에 접하고 $\overline{PC}=10$ cm, △PCE의 둘레의 길이가 32 cm일 때, 원 O의 반지름의 길이를 구하시오.

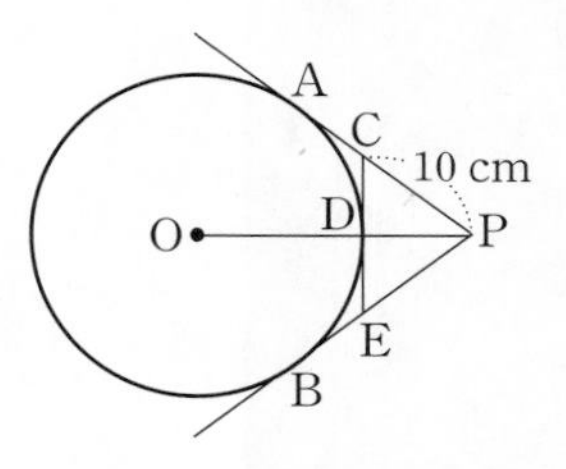

12 0418 오른쪽 그림에서 □ABCD는 반지름의 길이가 6 cm인 원 O에 외접한다. $\overline{AD}=11$ cm, $\overline{BC}=13$ cm일 때, 색칠한 부분의 넓이를 구하시오.

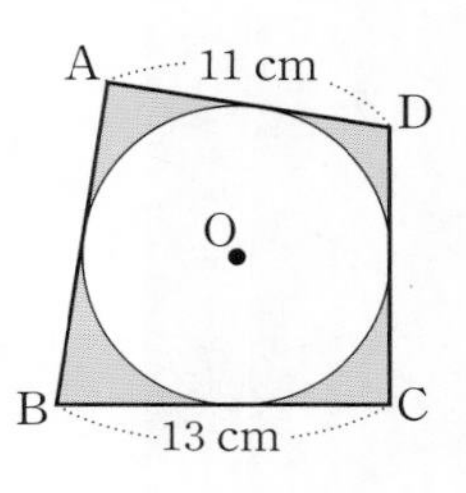

3 원과 직선

II. 원의 성질

4 원주각

학습 계획 및 성취도 체크

- 학습 계획을 세우고 적어도 두 번 반복하여 공부합니다.
- 유형 이해도에 따라 ▢ 안에 ○, △, ×를 표시합니다.
- 시험 전에 [빈출] 유형과 × 표시한 유형은 반드시 한 번 더 풀어 봅니다.

			학습 계획	1차 학습	2차 학습
Lecture 10 원주각 (1)	유형 01	원주각과 중심각의 크기(1) 빈출	/	▢	▢
	유형 02	원주각과 중심각의 크기(2)	/	▢	▢
	유형 03	원주각과 중심각의 크기(3)	/	▢	▢
	유형 04	한 호에 대한 원주각의 크기 빈출	/	▢	▢
	유형 05	반원에 대한 원주각의 크기 빈출	/	▢	▢
	유형 06	원주각의 성질과 삼각비의 값	/	▢	▢
Lecture 11 원주각 (2)	유형 07	원주각의 크기와 호의 길이(1)	/	▢	▢
	유형 08	원주각의 크기와 호의 길이(2) 빈출	/	▢	▢
	유형 09	원주각의 크기와 호의 길이(3)	/	▢	▢
	유형 10	네 점이 한 원 위에 있을 조건	/	▢	▢
Lecture 12 원과 사각형	유형 11	원에 내접하는 사각형의 성질(1) 빈출	/	▢	▢
	유형 12	원에 내접하는 사각형의 성질(2) 빈출	/	▢	▢
	유형 13	원에 내접하는 다각형	/	▢	▢
	유형 14	원에 내접하는 사각형과 외각의 성질	/	▢	▢
	유형 15	두 원에서 내접하는 사각형의 성질의 활용	/	▢	▢
	유형 16	사각형이 원에 내접할 조건 빈출	/	▢	▢
Lecture 13 원의 접선과 현이 이루는 각	유형 17	원의 접선과 현이 이루는 각 빈출	/	▢	▢
	유형 18	원의 접선과 현이 이루는 각의 활용; 내접하는 사각형 빈출	/	▢	▢
	유형 19	원의 접선과 현이 이루는 각의 활용; 할선이 원의 중심을 지날 때	/	▢	▢
	유형 20	원의 접선과 현이 이루는 각의 활용; 원 밖의 한 점에서 두 접선을 그었을 때	/	▢	▢
	유형 21	두 원에서 접선과 현이 이루는 각	/	▢	▢
단원 마무리	Level B	필수 유형 정복하기	/	▢	▢
	Level C	발전 유형 정복하기	/	▢	▢

원주각 (1)

Level A 개념 익히기

10-1 원주각과 중심각의 크기 | 유형 01 ~ 03

(1) **원주각:** 원 O에서 $\overset{\frown}{AB}$ 위에 있지 않은 원 위의 점 P에 대하여 ∠APB를 $\overset{\frown}{AB}$에 대한 **원주각**이라 하고, $\overset{\frown}{AB}$를 '원주각 ∠APB에 대한 호'라 한다.

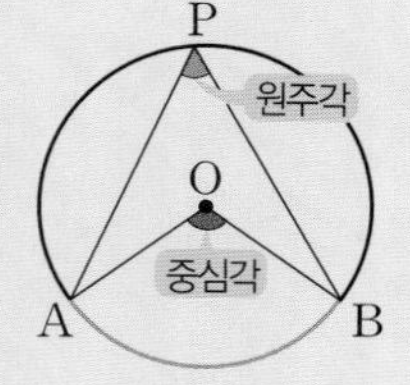

(2) 원 O에서 $\overset{\frown}{AB}$가 정해지면 그 호에 대한 중심각 ∠AOB는 하나로 정해지지만, 원주각 ∠APB는 점 P의 위치에 따라 무수히 많다.

(3) **원주각과 중심각의 크기**

한 원에서 한 호에 대한 원주각의 크기는 그 호에 대한 중심각의 크기의 $\frac{1}{2}$이다.

➡ $\angle APB=\frac{1}{2}\angle AOB$

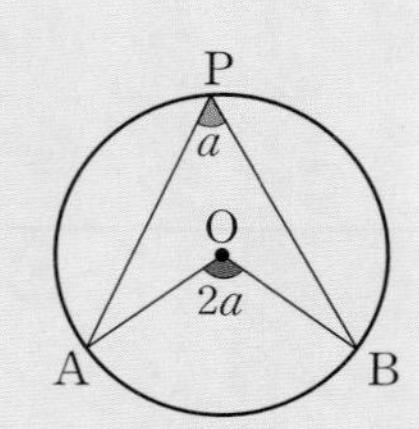

참고 (3) 오른쪽 그림과 같이 지름 PQ를 그으면

△OPA에서 ∠APO=∠PAO이므로

∠AOQ=2∠APO ...... ㉠

△OPB에서 ∠BPO=∠PBO이므로

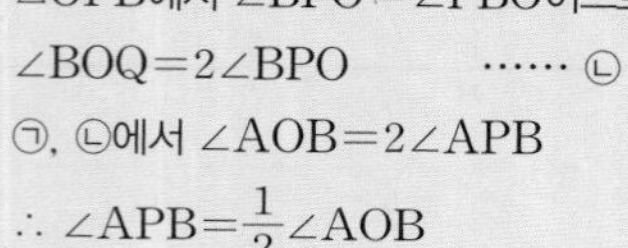

∠BOQ=2∠BPO ...... ㉡

㉠, ㉡에서 ∠AOB=2∠APB

$\therefore \angle APB=\frac{1}{2}\angle AOB$

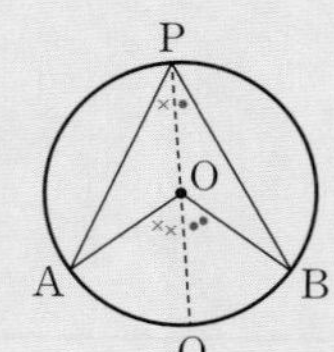

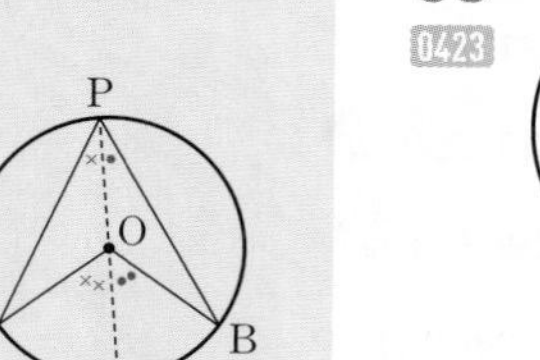

10-2 원주각의 성질 | 유형 04 ~ 06

(1) 한 원에서 한 호에 대한 원주각의 크기는 모두 같다.

➡ ∠APB=∠AQB=∠ARB

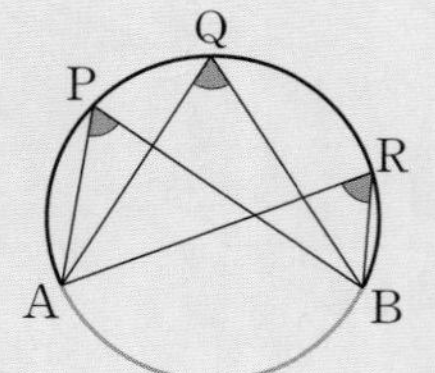

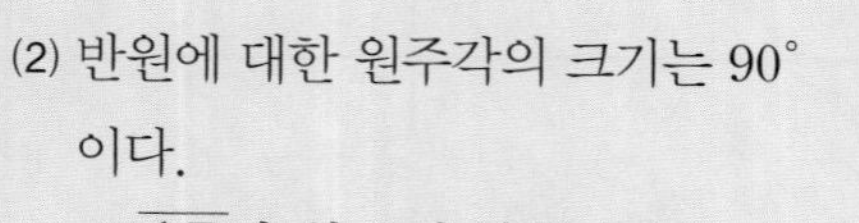

(2) 반원에 대한 원주각의 크기는 90° 이다.

➡ $\overline{AB}$가 원 O의 지름이면 ∠APB=90°

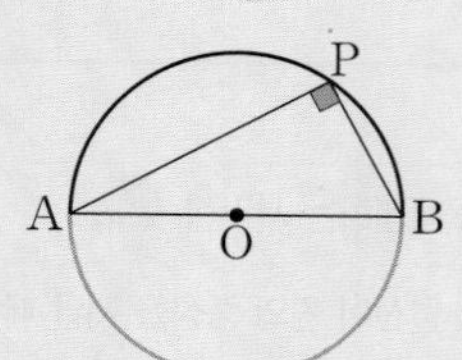
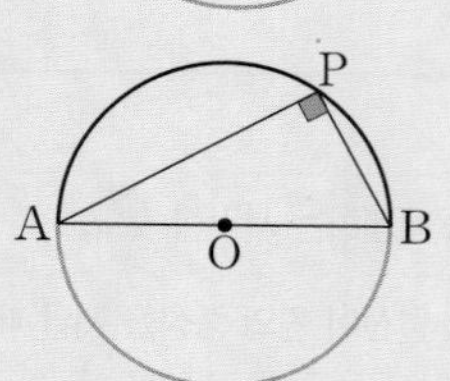

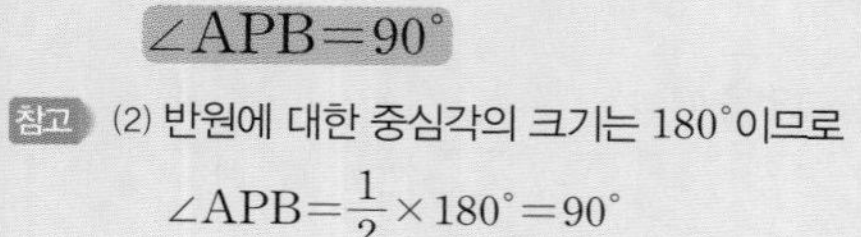

참고 (2) 반원에 대한 중심각의 크기는 180°이므로

$\angle APB=\frac{1}{2}\times 180^\circ=90^\circ$

[01~04] 다음 그림에서 $\angle x$의 크기를 구하시오.

01 0419

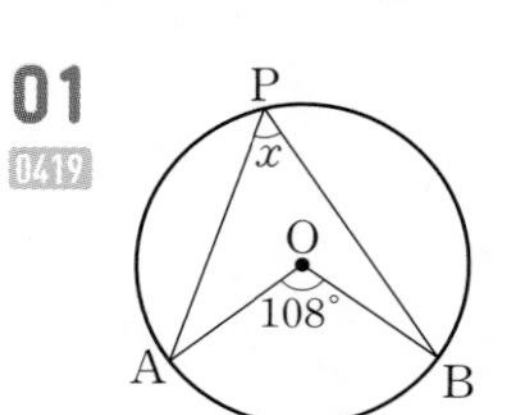

02 0420

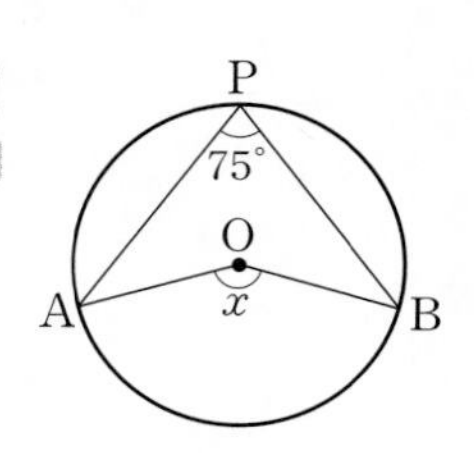

03 0421

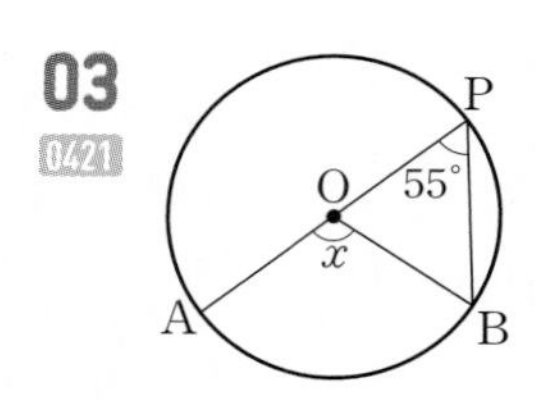

04 0422

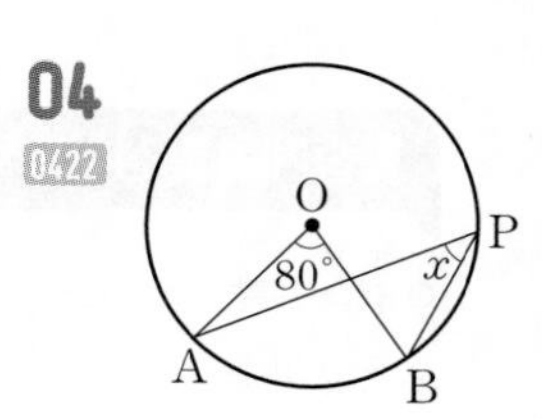

[05~08] 다음 그림에서 $\angle x$의 크기를 구하시오.

05 0423

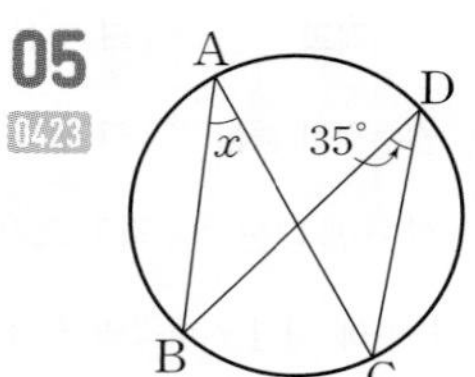

06 0424

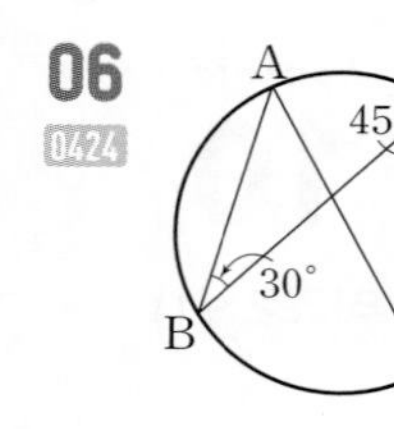

07 0425

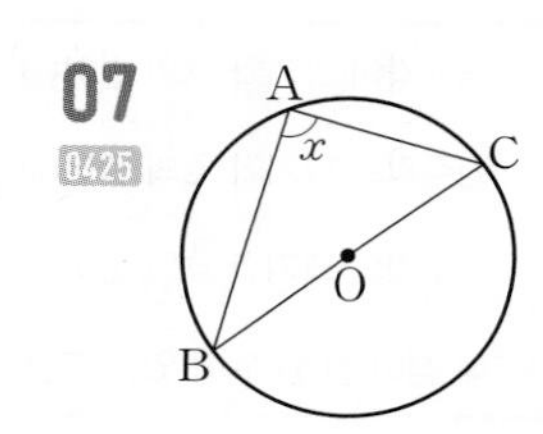

08 0426

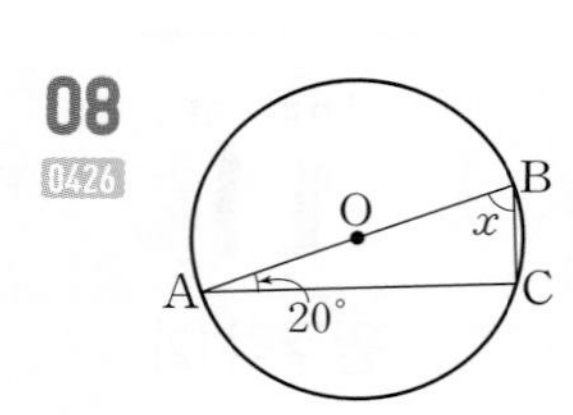

09 0427 다음은 오른쪽 그림의 원 O에서 ∠APB=36°일 때, $\angle x$의 크기를 구하는 과정이다. □ 안에 알맞은 것을 써넣으시오.

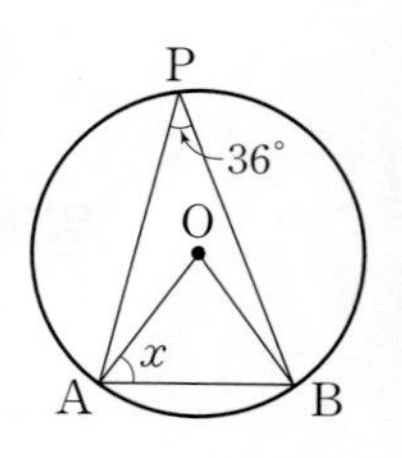

∠AOB=□∠APB=□×36°=□°

△OAB는 $\overline{OA}$=□인 이등변삼각형이므로

$\angle x=\frac{1}{2}\times(180^\circ-\square^\circ)=\square^\circ$

빈출

유형 01 원주각과 중심각의 크기(1) | 개념 10-1

대표문제

10 오른쪽 그림의 원 O에서 $\angle APB=40°$, $\angle BQC=25°$일 때, $\angle AOC$의 크기는?
0428

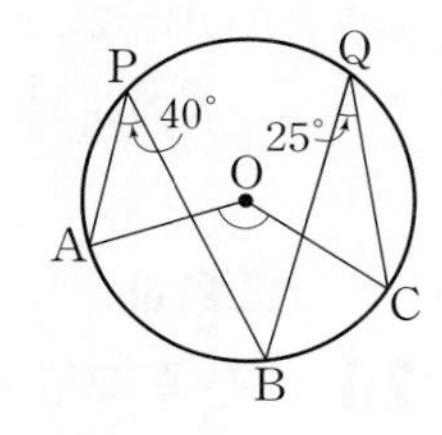

① 100° ② 110°
③ 120° ④ 130°
⑤ 140°

11 오른쪽 그림의 원 O에서 $\angle APB=48°$일 때, $\angle OAB$의 크기를 구하시오.
0429

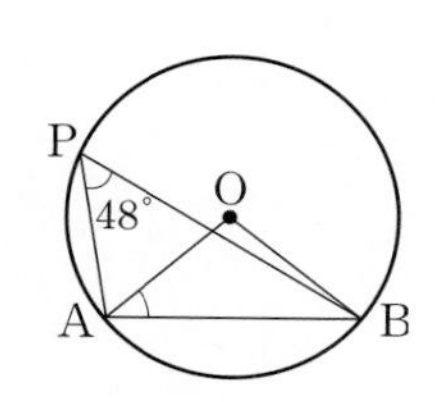

12 오른쪽 그림의 원 O에서 $\overline{OB}=5$ cm, $\angle BAC=72°$일 때, $\widehat{BC}$의 길이는?
0430

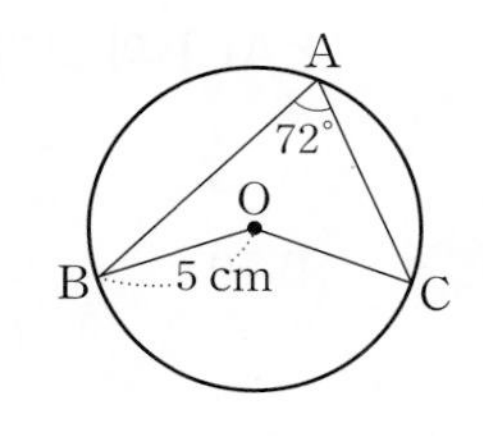

① 2π cm ② 3π cm
③ 4π cm ④ 5π cm
⑤ 6π cm

13 오른쪽 그림의 원 O에서 $\angle ABO=50°$, $\angle ACO=20°$일 때, $\angle x$의 크기를 구하시오.
0431

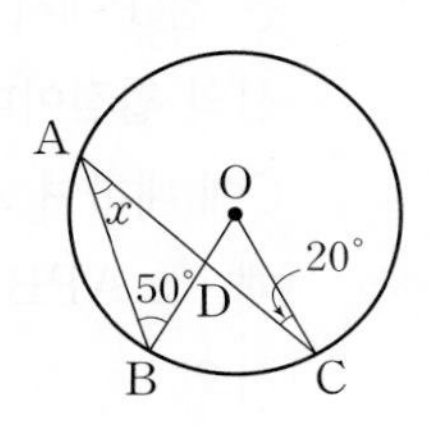

서술형

14 오른쪽 그림의 원 O에서 $\overline{OA}=6$ cm, $\angle ACB=60°$일 때, $\triangle OAB$의 넓이를 구하시오.
0432

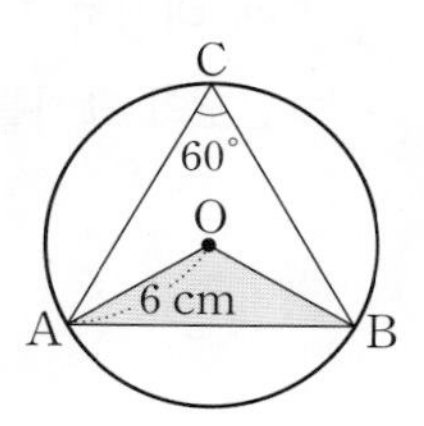

15 오른쪽 그림과 같이 원 O의 두 현 AB, CD의 교점을 E라 하자. $\widehat{AC}$, $\widehat{BD}$에 대한 중심각의 크기가 각각 68°, 84°일 때, $\angle x$의 크기는?
0433

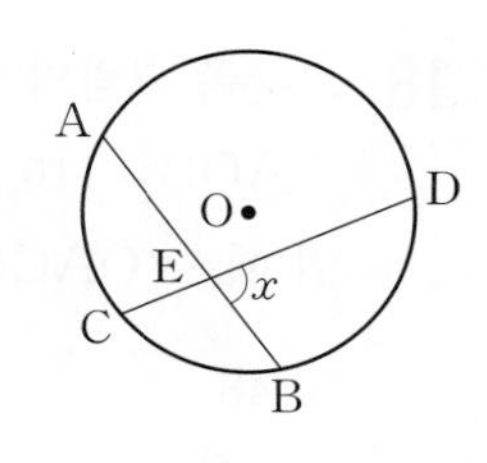

① 74° ② 76° ③ 78°
④ 80° ⑤ 82°

유형 02 원주각과 중심각의 크기(2) | 개념 10-1

대표문제

16 오른쪽 그림의 원 O에서 $\angle BOD=130°$일 때, $\angle y-\angle x$의 크기는?
0434

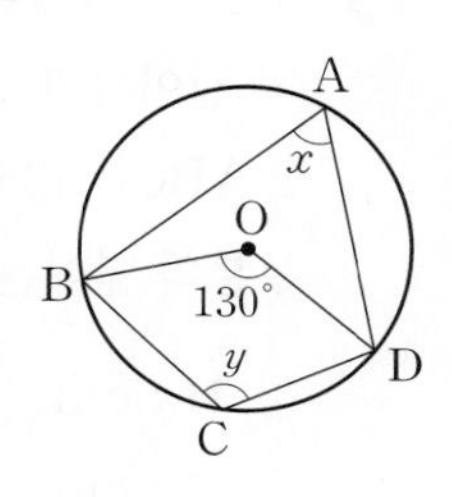

① 40° ② 45°
③ 50° ④ 55°
⑤ 60°

17 오른쪽 그림과 같이 $\overline{AB}=\overline{AC}$ 인 이등변삼각형 ABC가 원 O에 내접하고 $\angle ABC=32°$일 때, $\angle x$의 크기를 구하시오.

0435

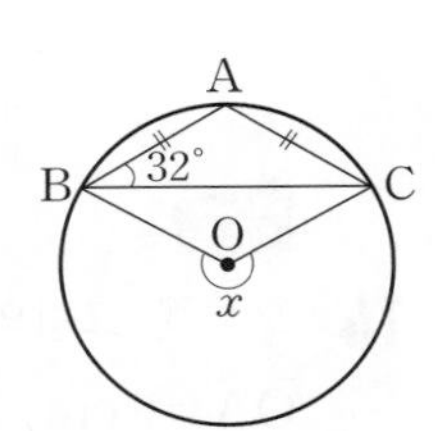

18 오른쪽 그림의 원 O에서 $\angle AOB=110°$, $\angle OBC=65°$ 일 때, $\angle OAC$의 크기는?

0436

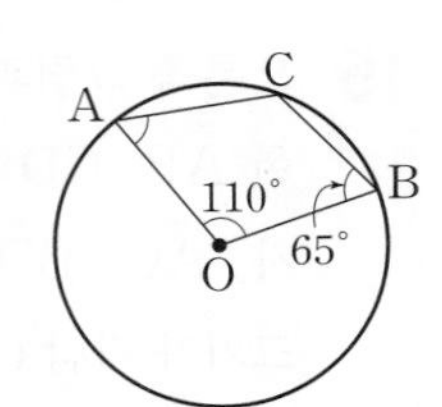

① 48° ② 52°
③ 56° ④ 60°
⑤ 64°

19 오른쪽 그림과 같이 반지름의 길이가 6 cm인 원 O에서 $\angle ABC=135°$일 때, 색칠한 부분의 넓이는?

0437

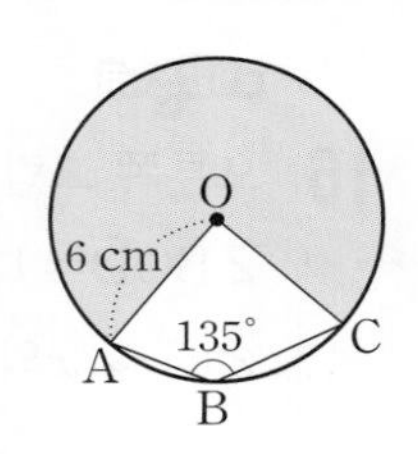

① 21π cm² ② 24π cm²
③ 27π cm² ④ 30π cm²
⑤ 33π cm²

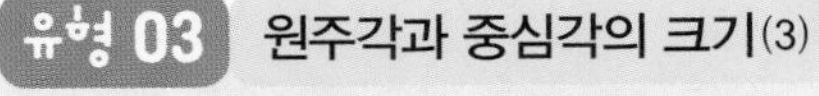

유형 03 원주각과 중심각의 크기(3) | 개념 10-1

두 점 A와 B는 점 P에서 원 O에 그은 접선의 접점일 때

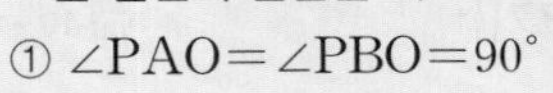

① $\angle PAO=\angle PBO=90°$
➡ $\angle P+\angle AOB=180°$
② $\angle AOB=2\angle ACB$
➡ $\angle ACB=\frac{1}{2}\angle AOB=\frac{1}{2}\times(180°-\angle P)$

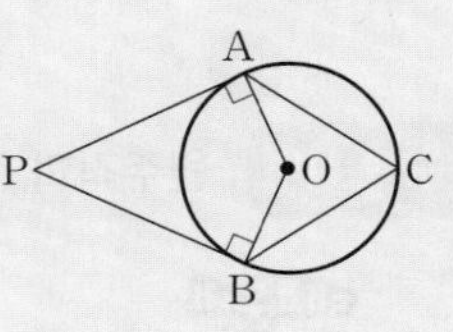

대표문제

20 오른쪽 그림에서 두 점 A와 B는 점 P에서 원 O에 그은 접선의 접점이다. $\angle AOB=134°$일 때, $\angle x+\angle y$의 크기를 구하시오.

0438

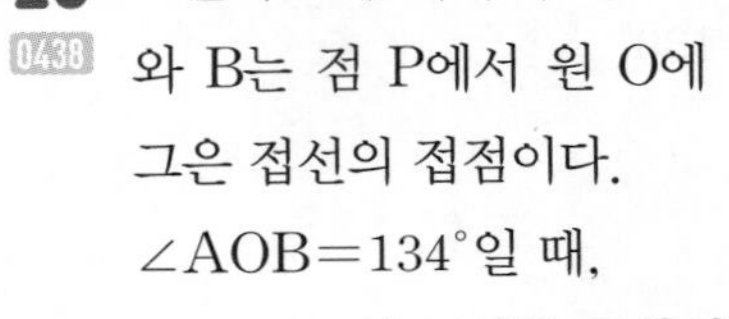

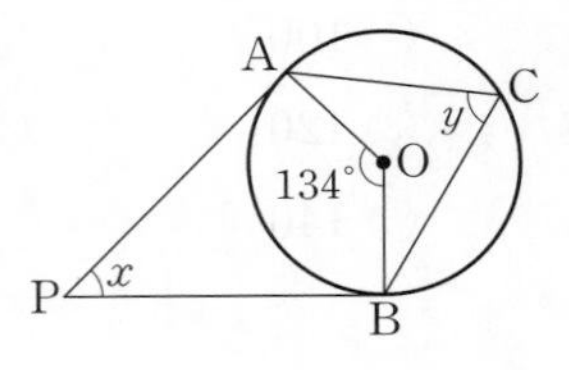

21 오른쪽 그림에서 두 점 A와 B는 점 P에서 원 O에 그은 접선의 접점이다. $\angle APB=50°$일 때, $\angle ACB$의 크기는?

0439

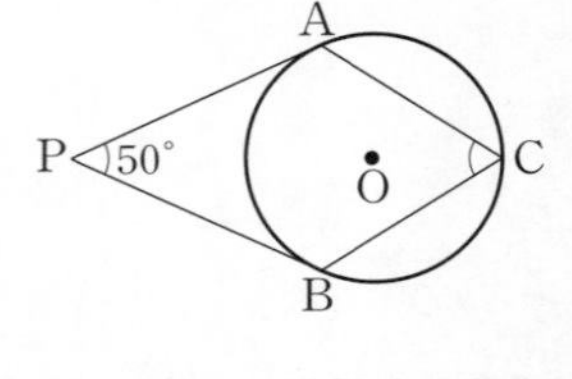

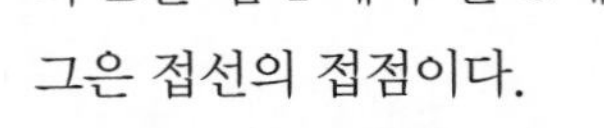

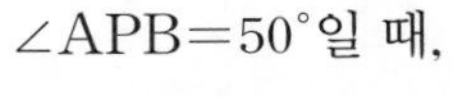

① 55° ② 60° ③ 65°
④ 70° ⑤ 75°

22 오른쪽 그림에서 두 점 A와 B는 점 P에서 원 O에 그은 접선의 접점이다. 원 O 위의 점 C에 대하여 $\angle ACB=118°$일 때, $\angle APB$의 크기를 구하시오.

0440

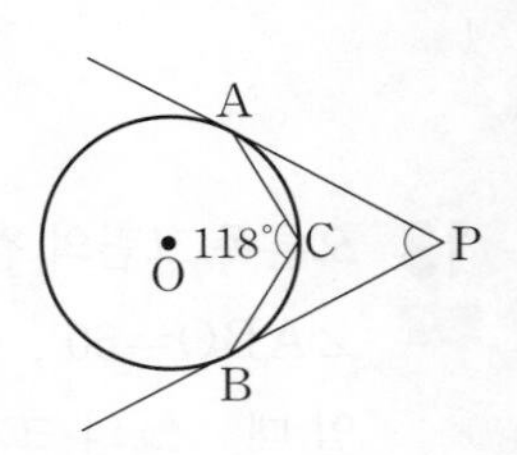

빈출

유형 04 한 호에 대한 원주각의 크기 | 개념 10-2

대표문제

23 0441 오른쪽 그림에서 $\angle APB=42^\circ$, $\angle BRC=28^\circ$일 때, $\angle AQC$의 크기를 구하시오.

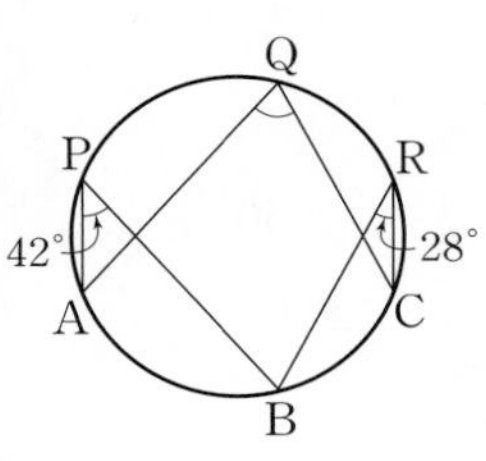

24 0442 오른쪽 그림에서 $\overline{PB}$는 원 O의 지름이고 $\angle AQB=35^\circ$일 때, $\angle x+\angle y$의 크기는?

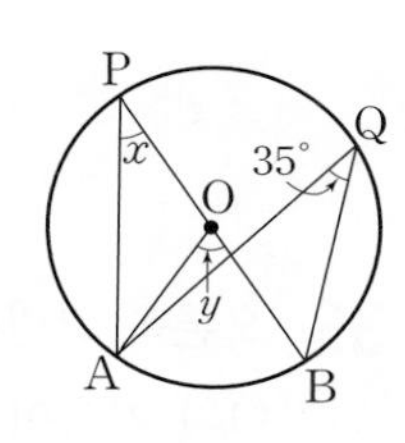

① 105° ② 110° ③ 115° ④ 120° ⑤ 125°

서술형

25 0443 오른쪽 그림에서 $\angle ADB=44^\circ$, $\angle APB=70^\circ$일 때, $\angle y-\angle x$의 크기를 구하시오.

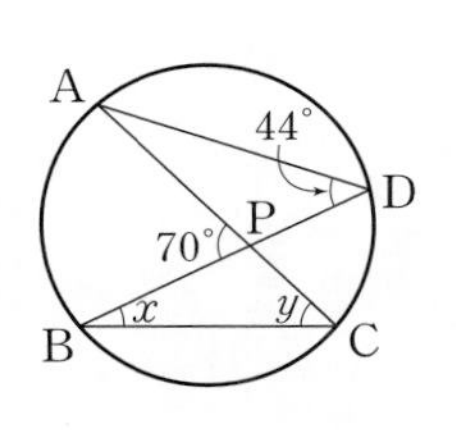

26 0444 오른쪽 그림의 원 O에서 $\angle AQC=60^\circ$, $\angle BOC=80^\circ$일 때, $\angle APB$의 크기는?

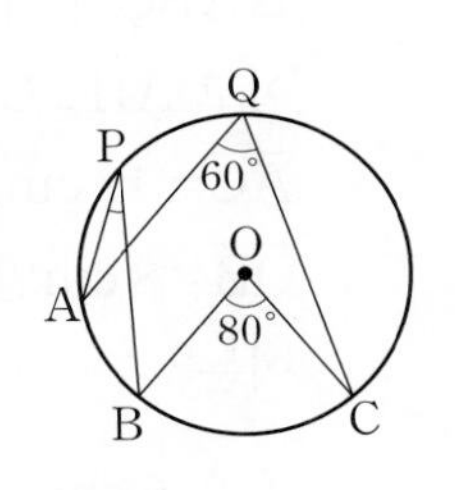

① 14° ② 16° ③ 18° ④ 20° ⑤ 22°

27 0445 오른쪽 그림과 같이 원에 내접하는 사각형 ABCD에 대하여 $\angle ADB=40^\circ$, $\angle ACD=30^\circ$, $\angle BAC=60^\circ$일 때, $\angle DBC$의 크기는?

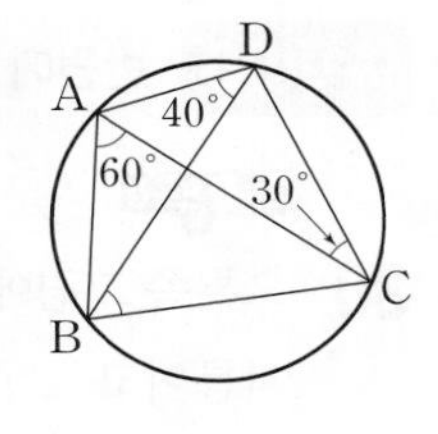

① 40° ② 45° ③ 50° ④ 55° ⑤ 60°

생각⊕

28 0446 오른쪽 그림에서 $\angle a+\angle b$의 크기는?

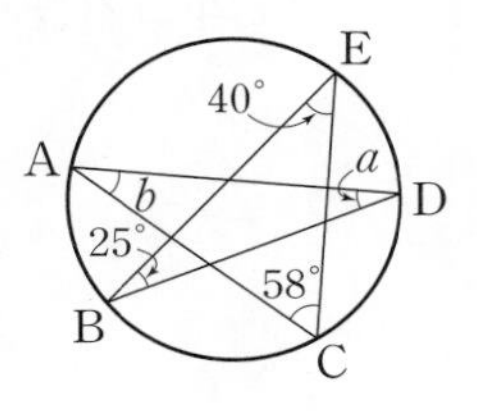

① 52° ② 55° ③ 57° ④ 60° ⑤ 62°

29 0447 오른쪽 그림에서 두 현 AD와 BC의 교점을 P라 하고 두 현 AB와 CD의 연장선의 교점을 Q라 하자. $\angle APC=80^\circ$, $\angle AQC=34^\circ$일 때, $\angle x$의 크기는?

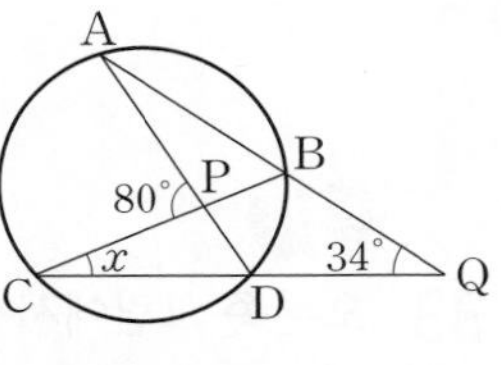

① 21° ② 22° ③ 23° ④ 24° ⑤ 25°

4 원주각

빈출

유형 05 반원에 대한 원주각의 크기 | 개념 10-2

대표문제

30 0448 오른쪽 그림에서 $\overline{AB}$는 원 O의 지름이고 $\angle ACD=58°$일 때, $\angle BAD$의 크기는?

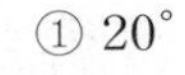

① 20° ② 24°
③ 28° ④ 32°
⑤ 36°

31 0449 오른쪽 그림에서 $\overline{AB}$는 원 O의 지름이고 $\angle OAP=62°$일 때, $\angle x$의 크기를 구하시오.

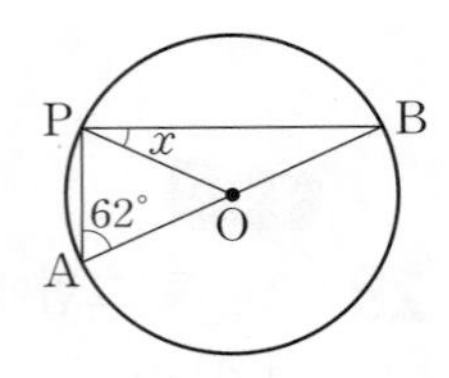

32 0450 오른쪽 그림에서 $\overline{AC}$는 원 O의 지름이고 $\overline{AC} /\!/ \overline{DE}$이다. $\angle APD=31°$일 때, $\angle ACB$의 크기는?

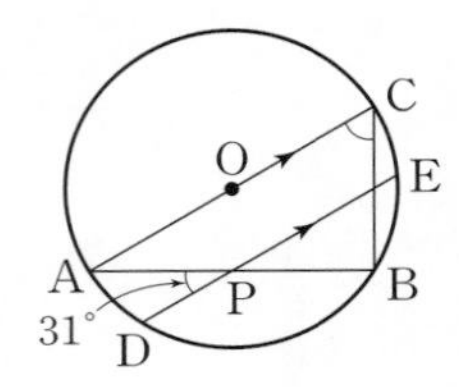

① 59° ② 60° ③ 61°
④ 62° ⑤ 63°

서술형

33 0451 오른쪽 그림에서 $\overline{BD}$는 원 O의 지름이고 $\angle ACD=35°$, $\angle BDC=20°$일 때, $2\angle x-\angle y$의 크기를 구하시오.

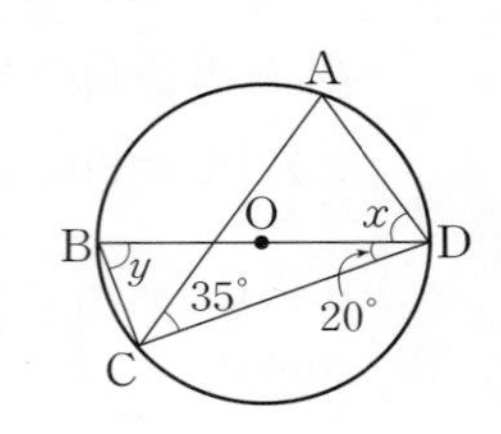

34 0452 오른쪽 그림에서 $\overline{AC}$는 원 O의 지름이고 $\angle BDC=40°$일 때, $\angle AEB$의 크기는?

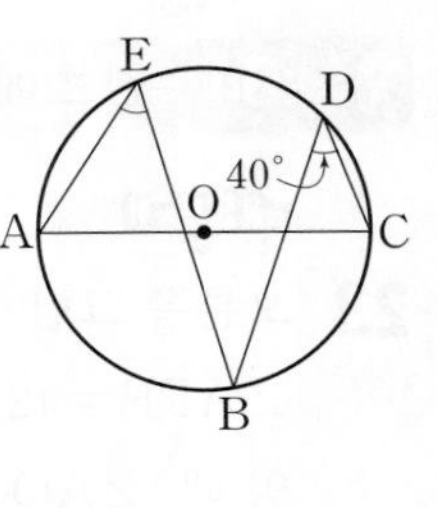

① 40° ② 45°
③ 50° ④ 55°
⑤ 60°

35 0453 오른쪽 그림에서 $\overline{AB}$는 반원 O의 지름이고 $\angle COD=24°$일 때, $\angle CPD$의 크기는?

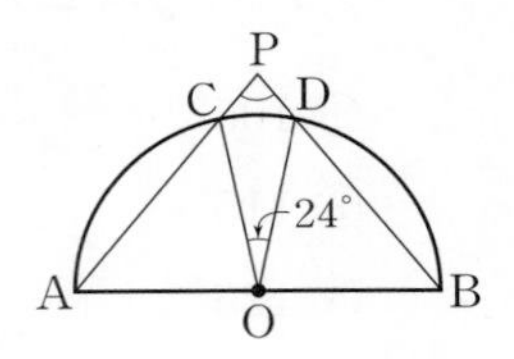

① 78° ② 80°
③ 82° ④ 84°
⑤ 86°

36 0454 오른쪽 그림에서 $\overline{AB}$는 $\triangle ABC$의 외접원 O의 지름이고 $\overline{AH}\perp\overline{CD}$이다. $\overline{AC}=12$ cm, $\overline{AD}=8$ cm, $\overline{OB}=8$ cm일 때, $\overline{DH}$의 길이는?

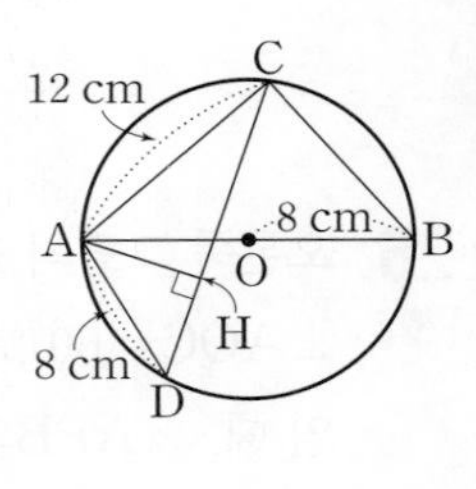

① $2\sqrt{6}$ cm ② 5 cm ③ $\sqrt{26}$ cm
④ $3\sqrt{3}$ cm ⑤ $2\sqrt{7}$ cm

유형 06 원주각의 성질과 삼각비의 값 | 개념 10-2

$\triangle$ABC가 원 O에 내접할 때, 원의 지름 A′B를 그어 원에 내접하는 직각삼각형 A′BC를 그리면 $\angle$BAC$=\angle$BA′C ($\overset{\frown}{\mathrm{BC}}$에 대한 원주각)

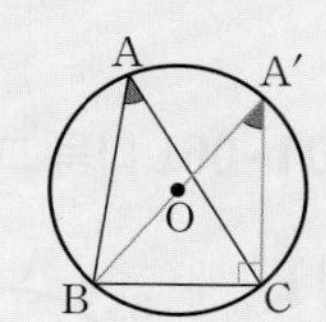

➡ $\sin A=\sin A'=\dfrac{\overline{\mathrm{BC}}}{\overline{\mathrm{A'B}}}$

$\cos A=\cos A'=\dfrac{\overline{\mathrm{A'C}}}{\overline{\mathrm{A'B}}}$

$\tan A=\tan A'=\dfrac{\overline{\mathrm{BC}}}{\overline{\mathrm{A'C}}}$

대표문제

37 0455 오른쪽 그림과 같이 반지름의 길이가 8인 원 O에 내접하는 $\triangle$ABC에서 $\overline{\mathrm{BC}}=10$일 때, $\cos A$의 값을 구하시오.

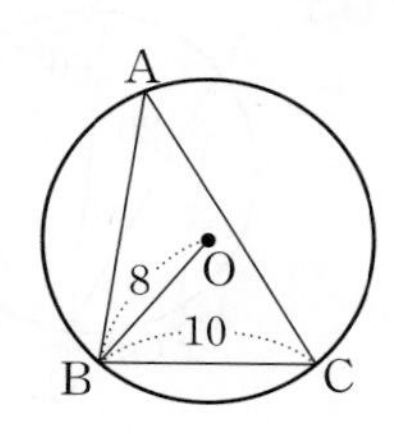

38 0456 오른쪽 그림과 같이 $\overline{\mathrm{AB}}$를 지름으로 하는 원 O에 내접하는 $\triangle$ABC에서 $\overline{\mathrm{AC}}=4$, $\tan A=\dfrac{3}{2}$일 때, 원 O의 지름의 길이를 구하시오.

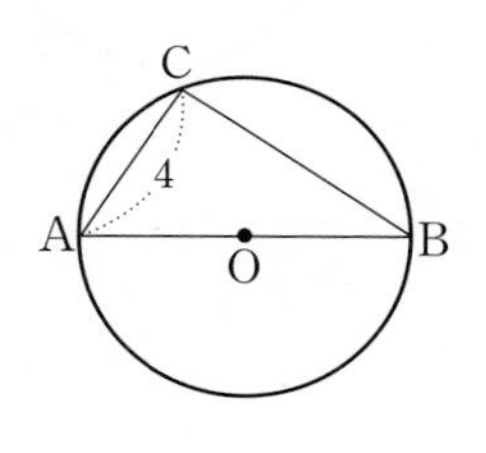

39 0457 오른쪽 그림과 같이 원 O에 내접하는 $\triangle$ABC에서 $\angle$A$=60^\circ$이고 $\overline{\mathrm{BC}}=9$ cm일 때, 원 O의 반지름의 길이는?

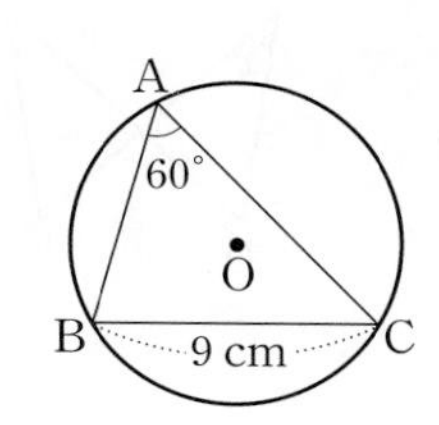

① $\dfrac{3\sqrt{3}}{2}$ cm ② $2\sqrt{3}$ cm ③ $\dfrac{5\sqrt{3}}{2}$ cm

④ $3\sqrt{3}$ cm ⑤ $\dfrac{7\sqrt{3}}{2}$ cm

40 0458 오른쪽 그림과 같이 $\overline{\mathrm{AB}}$를 지름으로 하는 반원 O 위의 점 C에서 $\overline{\mathrm{AB}}$에 내린 수선의 발을 D라 하자. $\overline{\mathrm{AB}}=15$, $\overline{\mathrm{BC}}=9$일 때, $\sin x^\circ\times\cos x^\circ$의 값을 구하시오.

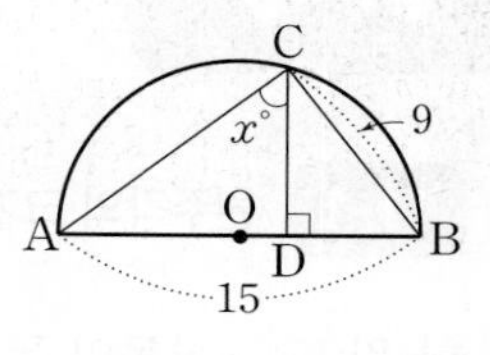

41 0459 오른쪽 그림과 같이 원 O에 내접하는 $\triangle$ABC에서 $\overline{\mathrm{BC}}=2\sqrt{7}$, $\tan A=\dfrac{2\sqrt{3}}{3}$일 때, 원 O의 둘레의 길이는?

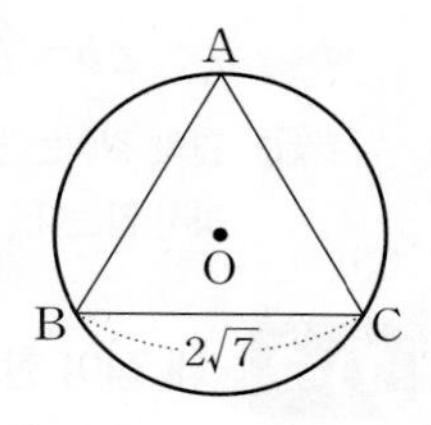

① 6π ② $2\sqrt{10}\pi$ ③ $3\sqrt{5}\pi$

④ $4\sqrt{3}\pi$ ⑤ 7π

42 0460 오른쪽 그림과 같이 반지름의 길이가 6인 원 O에 내접하는 $\triangle$ABC에서 $\angle$B$=45^\circ$, $\angle$C$=60^\circ$일 때, $\overline{\mathrm{BC}}$의 길이는?

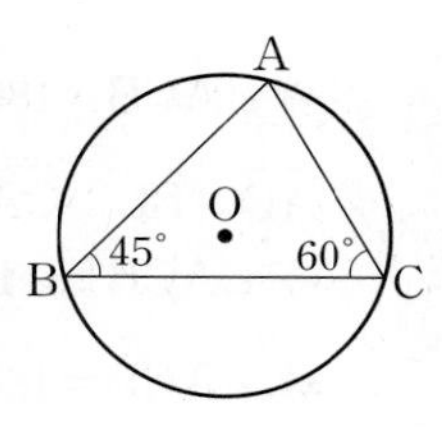

① $\sqrt{2}+\sqrt{3}$ ② $\sqrt{2}+\sqrt{6}$

③ $3(\sqrt{2}+\sqrt{3})$ ④ $3(\sqrt{2}+\sqrt{6})$

⑤ $6(\sqrt{2}+\sqrt{3})$

4 원주각

원주각 (2)

11-1 원주각의 크기와 호의 길이 | 유형 07~09

한 원 또는 합동인 두 원에서

(1) 길이가 같은 호에 대한 원주각의 크기는 같다.

➡ $\widehat{AB}=\widehat{CD}$이면 $\angle APB=\angle CQD$

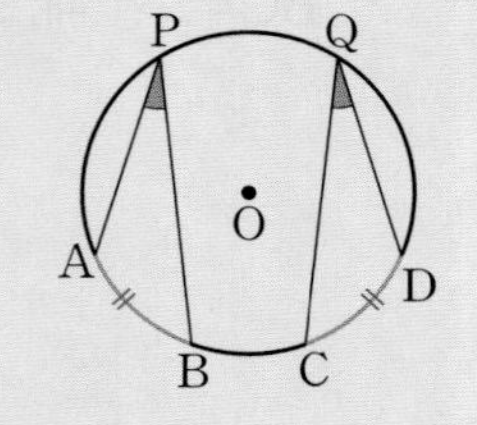

(2) 크기가 같은 원주각에 대한 호의 길이는 같다.

➡ $\angle APB=\angle CQD$이면 $\widehat{AB}=\widehat{CD}$

(3) 호의 길이는 그 호에 대한 중심각의 크기에 정비례하므로 그 호에 대한 원주각의 크기에도 정비례한다.

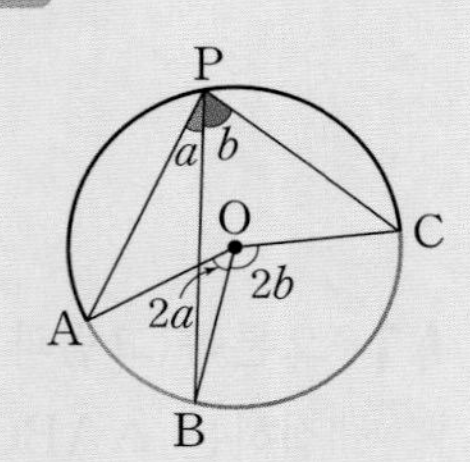

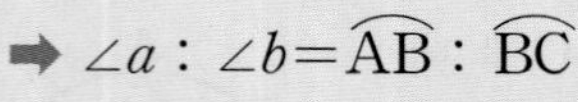

➡ $\angle a : \angle b=\widehat{AB} : \widehat{BC}$

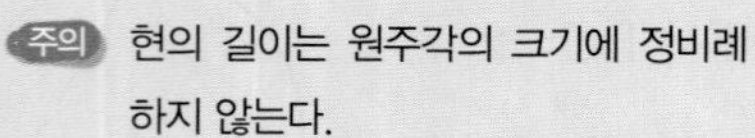

주의 현의 길이는 원주각의 크기에 정비례하지 않는다.

11-2 네 점이 한 원 위에 있을 조건 | 유형 10

두 점 C, D가 직선 AB에 대하여 같은 쪽에 있을 때, $\angle ACB=\angle ADB$이면

네 점 A, B, C, D는 한 원 위에 있다.

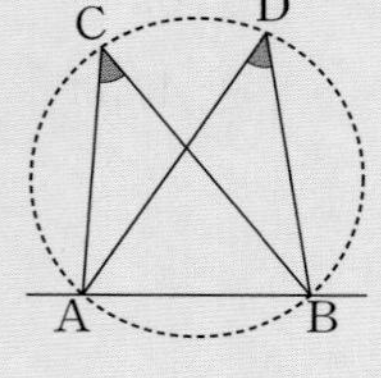
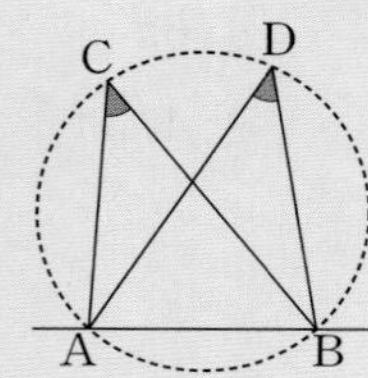

주의 직선 AB에 대하여 두 점 C, D가 다른 쪽에 있으면 네 점 A, B, C, D는 한 원 위에 있다고 할 수 없다.

참고 네 점 A, B, C, D가 한 원 위에 있으면 $\angle ACB=\angle ADB$

실전특강 원주각의 크기와 호의 길이 | 유형 09

오른쪽 그림의 원 O에서

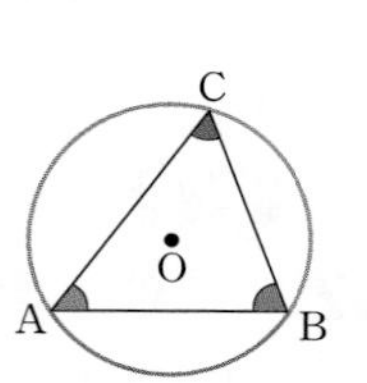

① $\widehat{AB}$의 길이가 원주의 $\frac{1}{k}$이면

➡ $\angle ACB=180^\circ\times\frac{1}{k}$

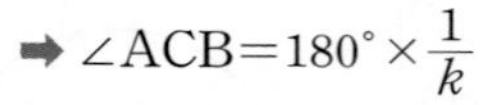

② $\widehat{AB} : \widehat{BC} : \widehat{CA}=l : m : n$이면

➡ $\angle ACB : \angle BAC : \angle CBA=l : m : n$

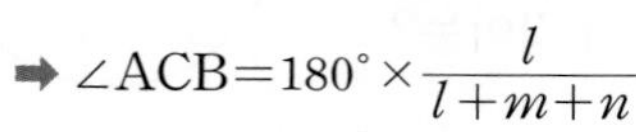

➡ $\angle ACB=180^\circ\times\frac{l}{l+m+n}$

$\angle BAC=180^\circ\times\frac{m}{l+m+n}$

$\angle CBA=180^\circ\times\frac{n}{l+m+n}$

[01~06] 다음 그림에서 x의 값을 구하시오.

01 0461

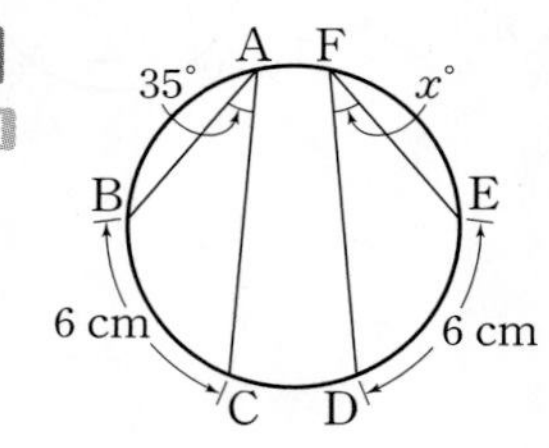

02 0462

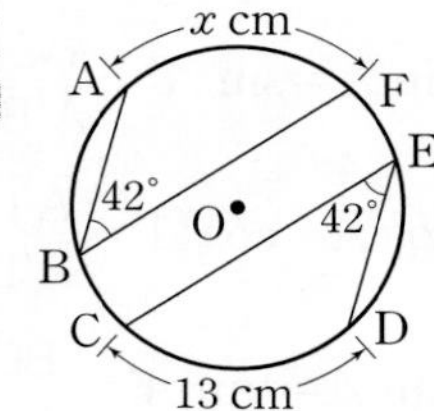

03 0463

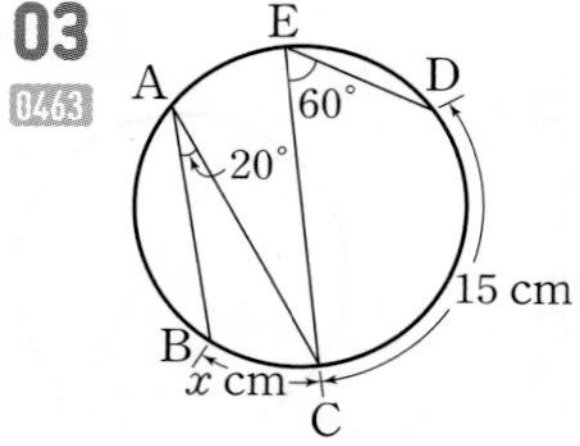

04 0464

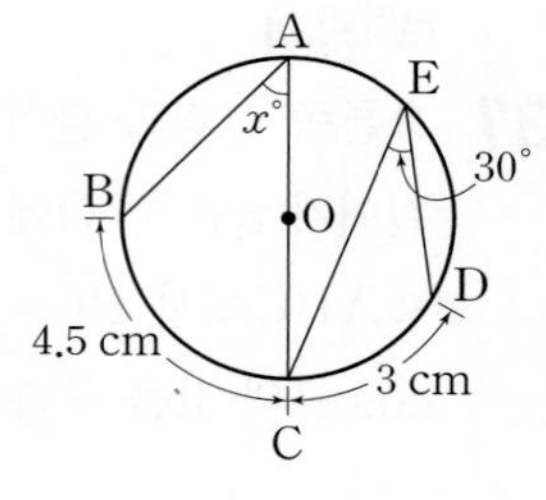

05 0465

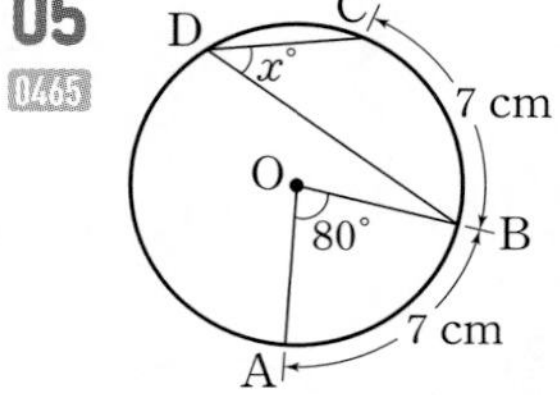

06 0466

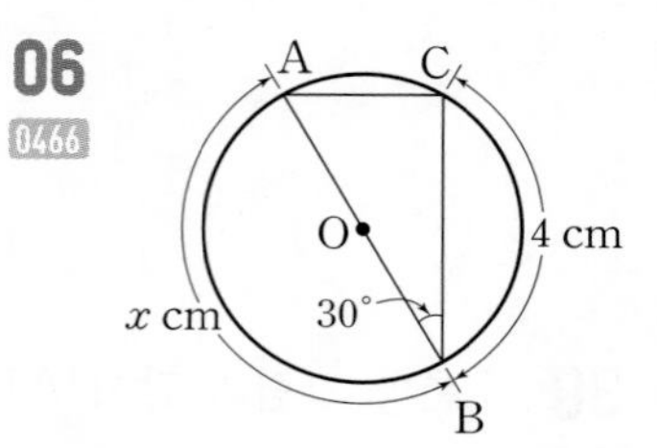

[07~10] 다음 그림에서 네 점 A, B, C, D가 한 원 위에 있도록 하는 $\angle x$의 크기를 구하시오.

07 0467

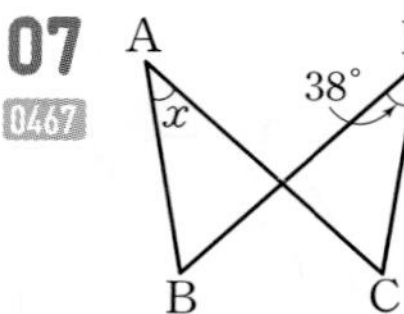

08 0468

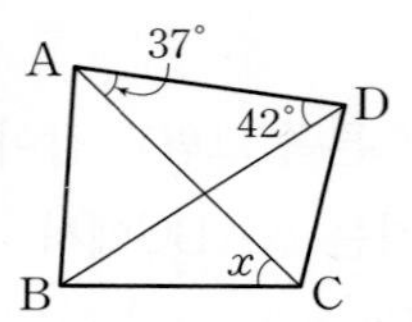

09 0469

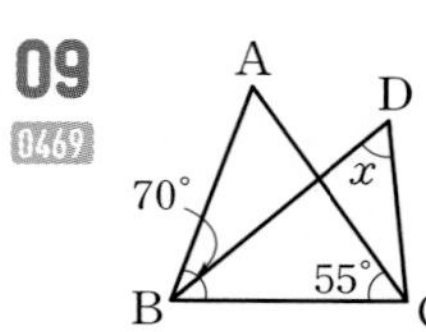

10 0470

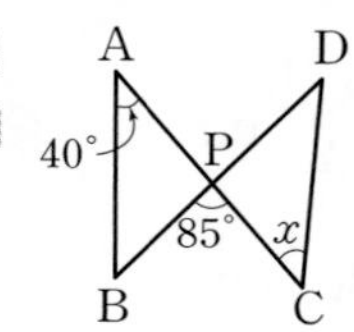

유형 07 원주각의 크기와 호의 길이(1) | 개념 11-1

대표문제

11 0471 오른쪽 그림에서 $\widehat{AB}=\widehat{CD}$이고 $\angle ACB=34^\circ$일 때, $\angle DPC$의 크기는?

① 60° ② 62° ③ 64° ④ 66° ⑤ 68°

12 0472 오른쪽 그림에서 $\widehat{AB}=\widehat{BC}$이고 $\angle ABD=58^\circ$, $\angle BDC=40^\circ$일 때, $\angle x$의 크기를 구하시오.

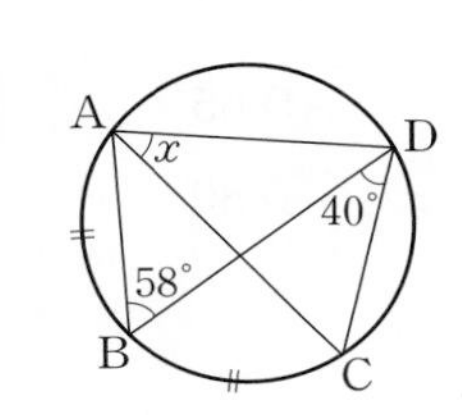

13 0473 오른쪽 그림에서 $\overline{AD}$는 원 O의 지름이고 $\widehat{AB}=\widehat{BC}=\widehat{CD}$일 때, $\angle BEC$의 크기는?

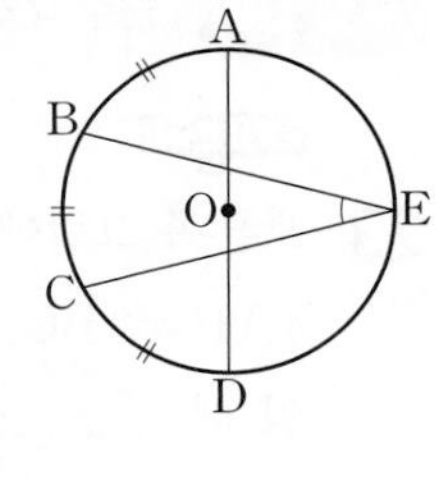

① 25° ② 30° ③ 35° ④ 40° ⑤ 45°

서술형

14 0474 오른쪽 그림과 같이 $\overline{AB}$를 지름으로 하는 반원 O에서 $\widehat{AD}=\widehat{CD}$이다. $\angle ABD=25^\circ$일 때, $\angle CAB$의 크기를 구하시오.

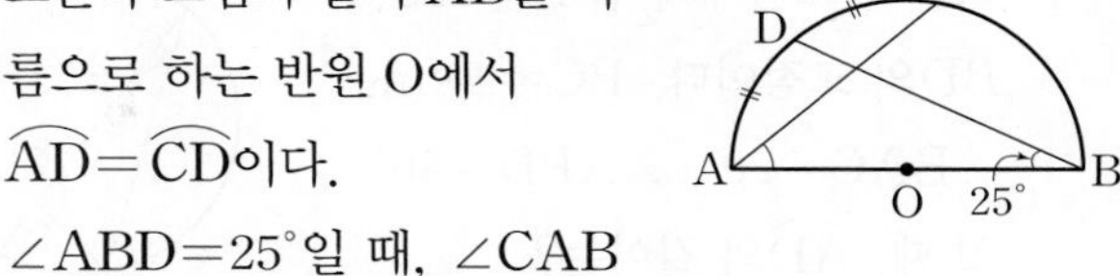

15 0475 오른쪽 그림에서 $\overline{AD}/\!/\overline{BE}$, $\widehat{AB}=\widehat{BC}$, $\angle ADC=56^\circ$일 때, $\angle DCE$의 크기는?

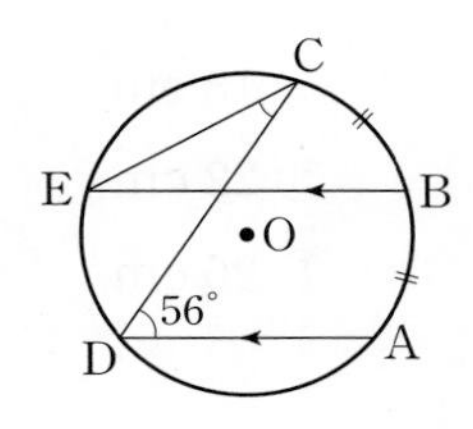

① 25° ② 26° ③ 27° ④ 28° ⑤ 29°

생각⊕

16 0476 오른쪽 그림과 같이 원 O에 내접하는 정오각형 ABCDE에서 $\angle EBD$의 크기는?

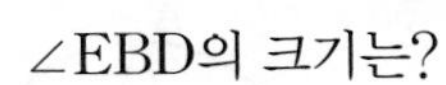

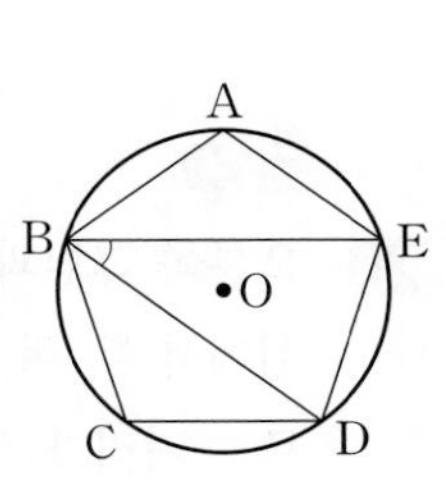

① 32° ② 34° ③ 36° ④ 38° ⑤ 40°

유형 08 원주각의 크기와 호의 길이(2) | 개념 11-1

빈출

대표문제

17 0477 오른쪽 그림에서 점 P는 $\overline{AC}$, $\overline{BD}$의 교점이다. $\widehat{BC}=4$ cm, $\angle BAC=20°$, $\angle APD=80°$ 일 때, $\widehat{AD}$의 길이는?

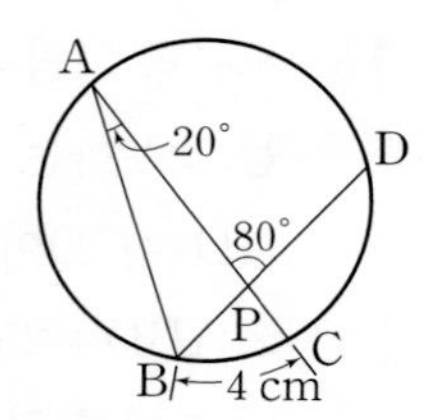

① 8 cm ② 10 cm ③ 12 cm
④ 14 cm ⑤ 16 cm

18 0478 오른쪽 그림에서 호 CD의 길이가 8 cm일 때, 호 AB의 길이는?

① 18 cm ② 20 cm
③ 22 cm ④ 24 cm
⑤ 26 cm

19 0479 오른쪽 그림에서 $\angle APB=21°$, $\angle AOC=112°$이고 $\widehat{AB}=6$ cm 일 때, $\widehat{BC}$의 길이를 구하시오.

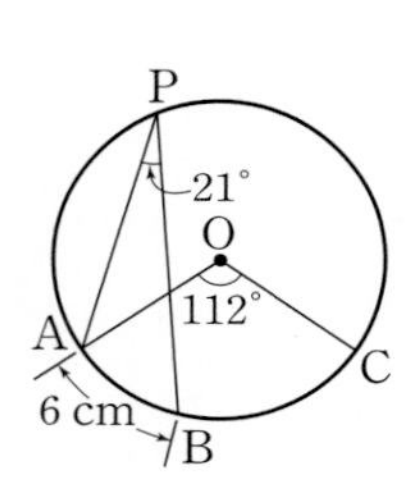

서술형

20 0480 오른쪽 그림과 같이 원 O의 중심에서 두 현 AB와 AC에 이르는 거리가 같을 때, $\widehat{BC}$의 길이를 구하시오.

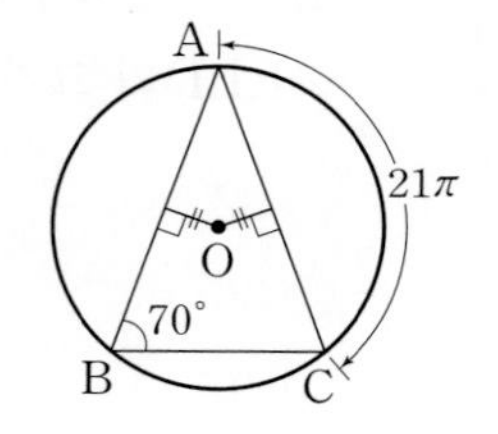

21 0481 오른쪽 그림에서 점 P는 두 현 AD, BC의 연장선의 교점이다. $2\widehat{AB}=5\widehat{CD}$이고 $\angle APB=39°$일 때, $\angle x$의 크기를 구하시오.

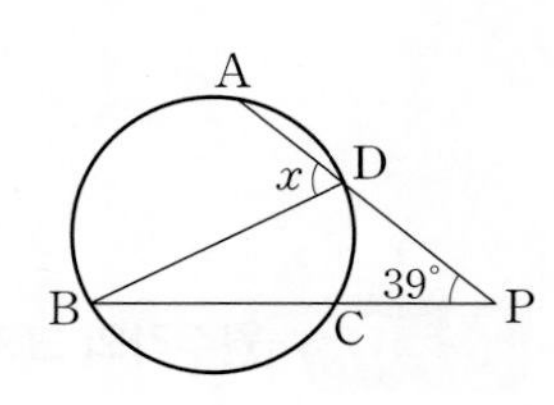

생각+

22 0482 오른쪽 그림과 같이 $\overline{AB}$, $\overline{CD}$의 교점을 P라 하자. $\widehat{AC}:\widehat{BD}=2:1$이고 $\angle DPB=120°$일 때, $\angle ABC$의 크기는?

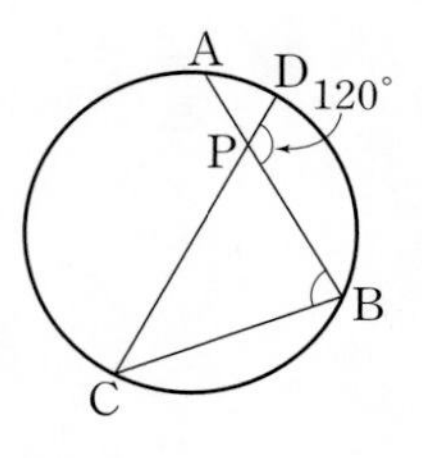

① 65° ② 70° ③ 75°
④ 80° ⑤ 85°

유형 09 원주각의 크기와 호의 길이(3) | 개념 11-1

대표문제

23 0483 오른쪽 그림에서 $4\widehat{AB}=3\widehat{BC}$, $5\widehat{AB}=3\widehat{CA}$ 일 때, $\angle x$, $\angle y$, $\angle z$의 크기를 각각 구하시오.

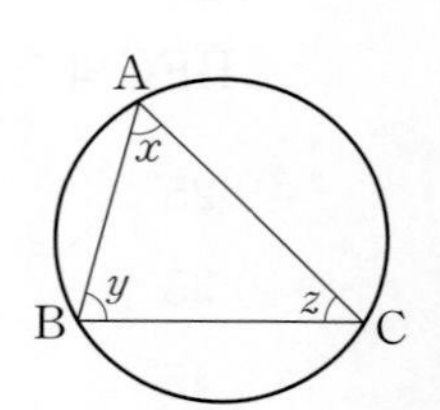

24 0484 오른쪽 그림에서 $\widehat{AB}:\widehat{BC}:\widehat{CA}=2:3:1$ 일 때, $\angle ACB$의 크기를 구하시오.

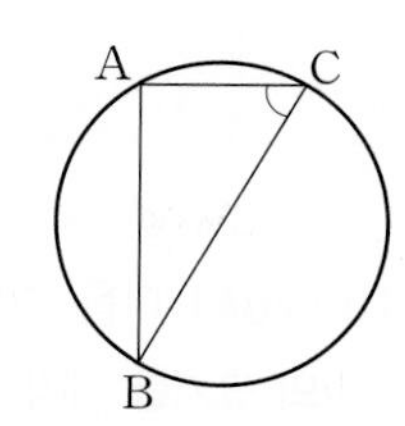

25 0485 오른쪽 그림에서 점 P는 $\overline{AB}$, $\overline{CD}$의 교점이다. $\widehat{AC}$, $\widehat{BD}$의 길이가 각각 원주의 $\frac{1}{5}$, $\frac{1}{3}$일 때, $\angle APD$의 크기는?

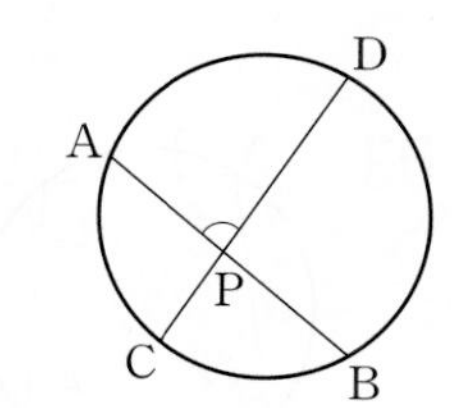

① 80° ② 81° ③ 82° ④ 83° ⑤ 84°

26 0486 오른쪽 그림에서 $\widehat{AB}:\widehat{BC}:\widehat{CD}:\widehat{DA}=2:3:3:4$ 일 때, $\angle ABC$의 크기는?

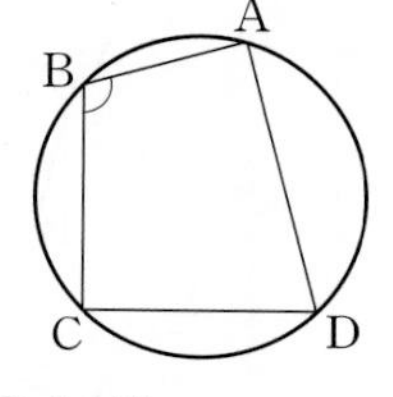

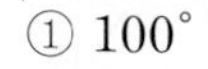

① 100° ② 105° ③ 110° ④ 115° ⑤ 120°

27 0487 오른쪽 그림에서 점 E는 두 현 AB와 CD의 교점이다. $\widehat{AC}$의 길이는 원주의 $\frac{1}{12}$이고 $\widehat{BD}=4\widehat{AC}$일 때, $\angle AEC$의 크기를 구하시오.

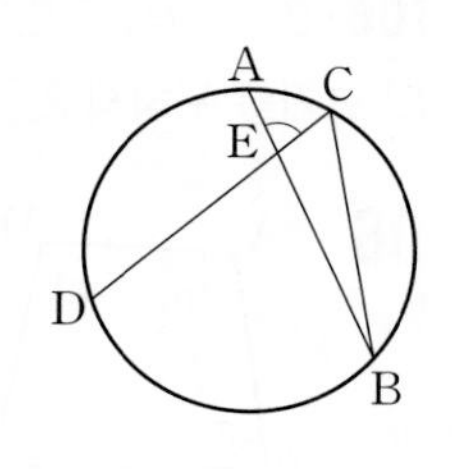

유형 10 네 점이 한 원 위에 있을 조건 | 개념 11-2

대표문제

28 0488 다음 중 네 점 A, B, C, D가 한 원 위에 있지 않은 것을 모두 고르면? (정답 2개)

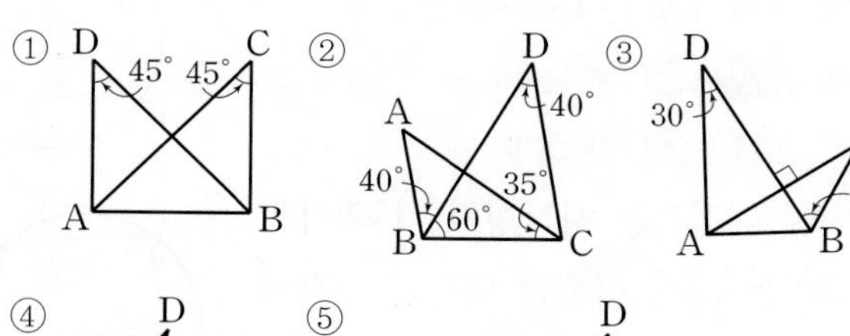

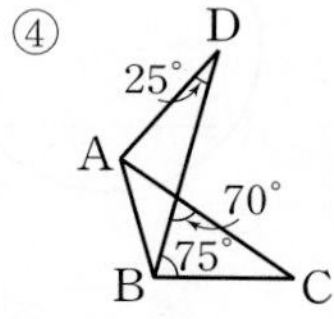

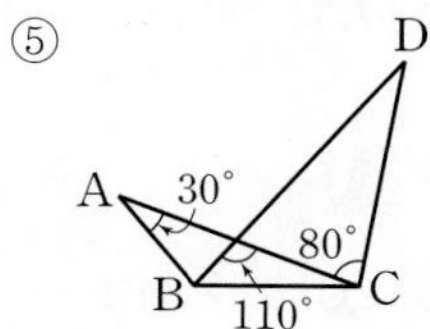

29 0489 오른쪽 그림의 네 점 A, B, C, D가 한 원 위에 있을 때, $\angle x$의 크기는?

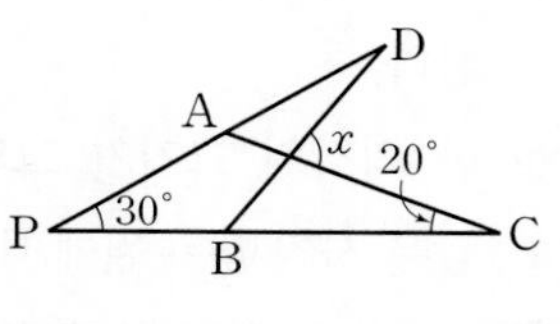

① 40° ② 50° ③ 60° ④ 70° ⑤ 80°

서술형

30 0490 오른쪽 그림의 네 점 A, B, C, D가 한 원 위에 있을 때, $\angle x-\angle y$의 크기를 구하시오.

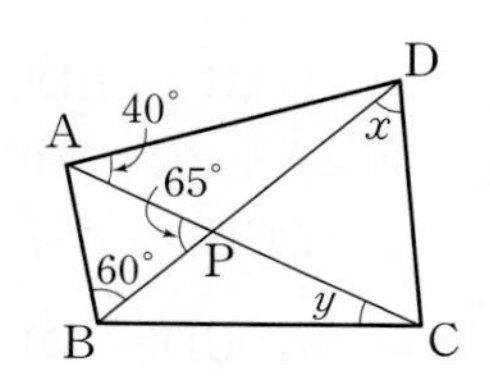

4 원주각

4. 원주각

Lecture 12 원과 사각형

12-1 원에 내접하는 사각형의 성질 | 유형 11~15

(1) 원에 내접하는 사각형의 한 쌍의 대각의 크기의 합은 180°이다.

➡ $\angle A+\angle C=180^\circ$

$\angle B+\angle D=180^\circ$

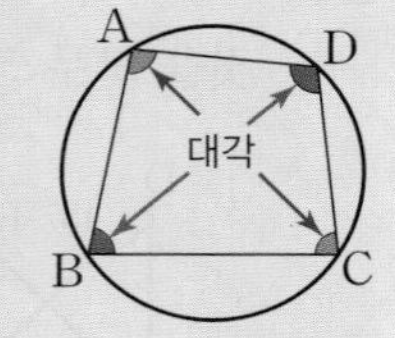

(2) 원에 내접하는 사각형의 한 외각의 크기는 그와 이웃한 내각의 대각의 크기와 같다.

➡ $\angle DCE=\angle A$

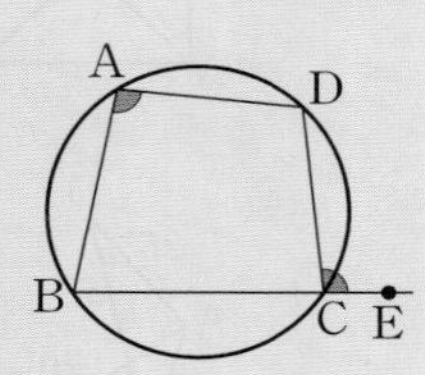

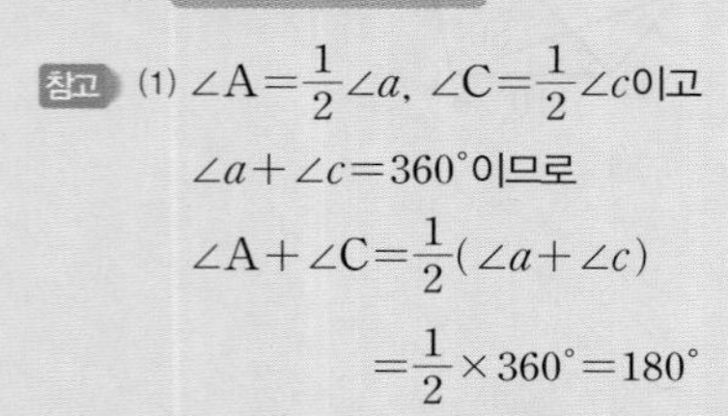

참고 (1) $\angle A=\frac{1}{2}\angle a$, $\angle C=\frac{1}{2}\angle c$이고

$\angle a+\angle c=360^\circ$이므로

$\angle A+\angle C=\frac{1}{2}(\angle a+\angle c)$

$=\frac{1}{2}\times 360^\circ=180^\circ$

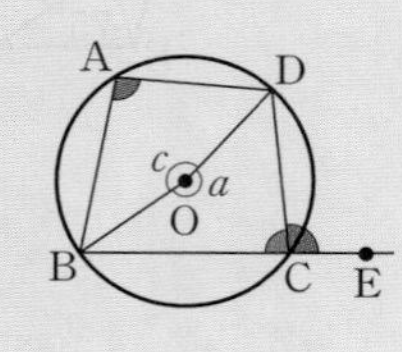

(2) $\angle A+\angle BCD=180^\circ$이고 $\angle BCD+\angle DCE=180^\circ$이므로

$\angle DCE=\angle A$

12-2 사각형이 원에 내접할 조건 | 유형 16

(1) 한 쌍의 대각의 크기의 합이 180°인 사각형은 원에 내접한다.

(2) 한 외각의 크기가 그와 이웃한 내각의 대각의 크기와 같은 사각형은 원에 내접한다.

참고 정사각형, 직사각형, 등변사다리꼴은 한 쌍의 대각의 크기의 합이 180°이므로 항상 원에 내접한다.

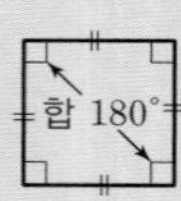

정사각형

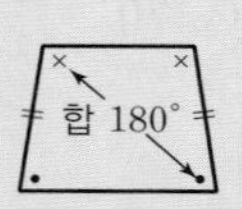

직사각형

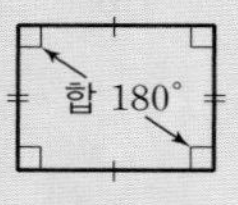

등변사다리꼴

실전특강 사각형이 원에 내접할 조건 | 유형 16

①
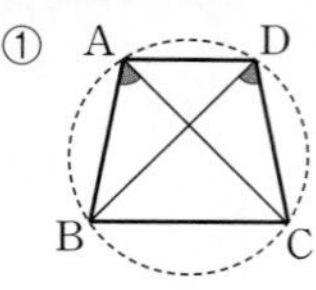

②
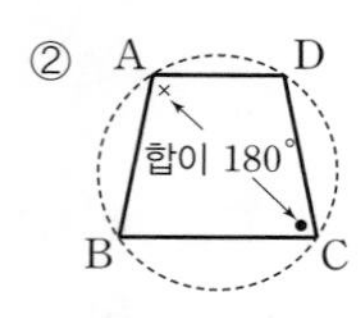

③
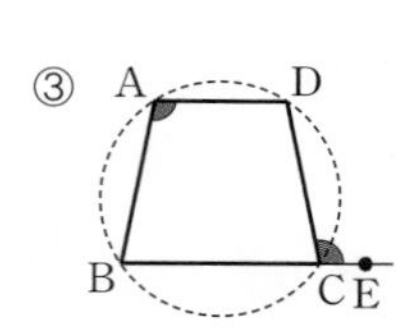

① $\angle BAC=\angle BDC$ ⟵ 한 호에 대한 원주각의 크기가 같다.

② $\angle A+\angle C=180^\circ$ ⟵ 한 쌍의 대각의 크기의 합이 180°이다.

③ $\angle DCE=\angle A$ ⟵ 한 외각의 크기가 그와 이웃한 내각의 대각의 크기와 같다.

➡ □ABCD는 원에 내접한다.

[01~04] 다음 그림에서 □ABCD가 원에 내접할 때, $\angle x$, $\angle y$의 크기를 각각 구하시오.

01 0491

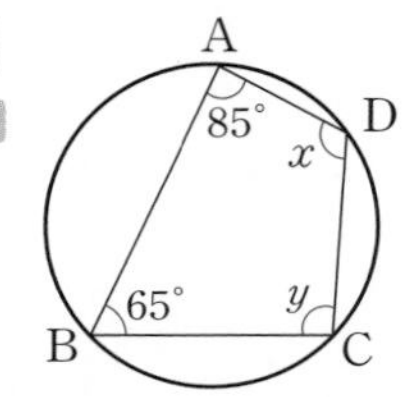

02 0492

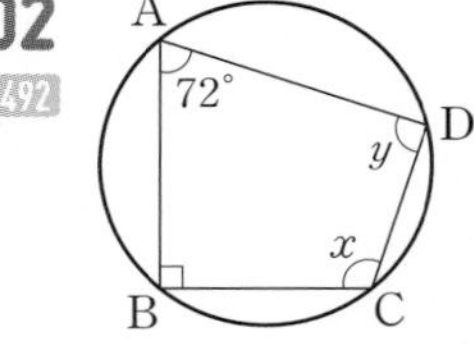

03 0493

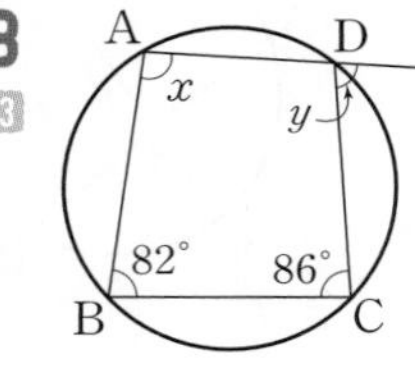

04 0494

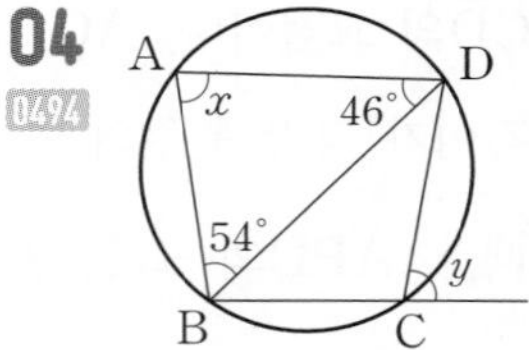

05 0495 다음 **보기**의 □ABCD 중 원에 내접하는 것을 모두 고르시오.

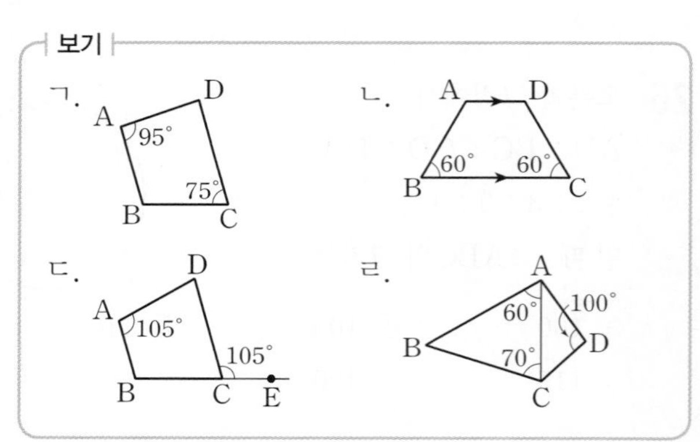

[06~07] 다음 그림의 □ABCD가 원에 내접하도록 하는 $\angle x$의 크기를 구하시오.

06 0496

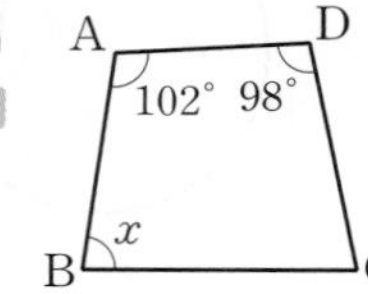

07 0497

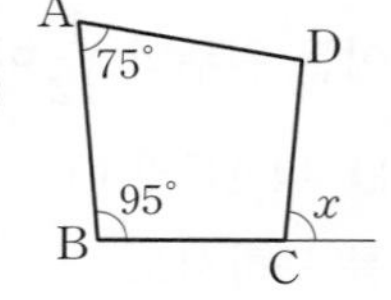

빈출

유형 11 원에 내접하는 사각형의 성질(1) | 개념 12-1

대표문제

08 0498 오른쪽 그림에서 □ABCD는 원 O에 내접한다. $\angle BAD=55°$일 때, $\angle x+\angle y$의 크기는?

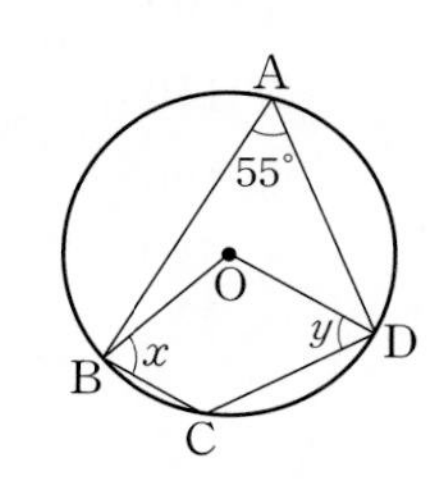

① 115° ② 120°
③ 125° ④ 130°
⑤ 135°

09 0499 오른쪽 그림에서 $\overline{BC}$는 원 O의 지름이고 $\angle DBC=32°$일 때, $\angle x$의 크기를 구하시오.

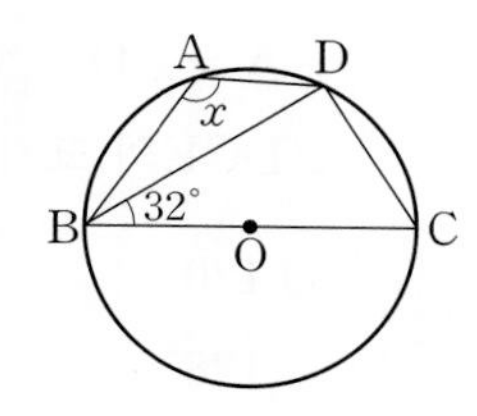

10 0500 오른쪽 그림에서 □ABCD는 원에 내접하고 $\overline{AB}=\overline{BD}$, $\angle ABD=52°$일 때, $\angle BCD$의 크기는?

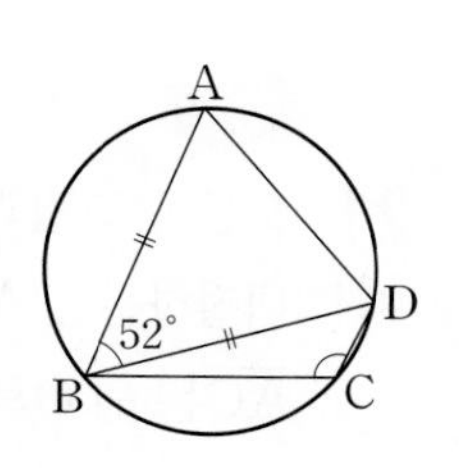

① 110° ② 112°
③ 114° ④ 116°
⑤ 118°

서술형

11 0501 오른쪽 그림에서 □ABCD와 □ABCE는 원에 내접하고 $\angle CDF=75°$, $\angle EAF=25°$일 때, $\angle x-\angle y$의 크기를 구하시오.

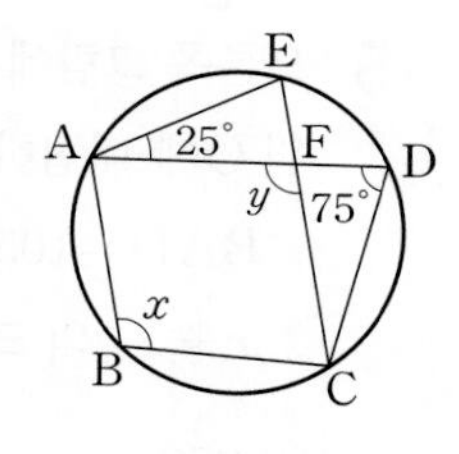

12 0502 오른쪽 그림에서 □ABCD는 원에 내접한다. $\widehat{AB}=\widehat{AD}$, $\overline{BD}=6\text{ cm}$, $\angle BCD=120°$일 때, △ABD의 넓이를 구하시오.

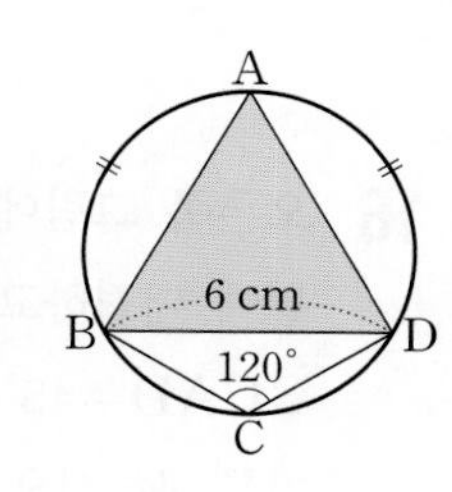

13 0503 오른쪽 그림의 원에서 $\angle BAC=40°$, $\angle CED=20°$, $\angle DCE=50°$일 때, $\angle BCE$의 크기를 구하시오.

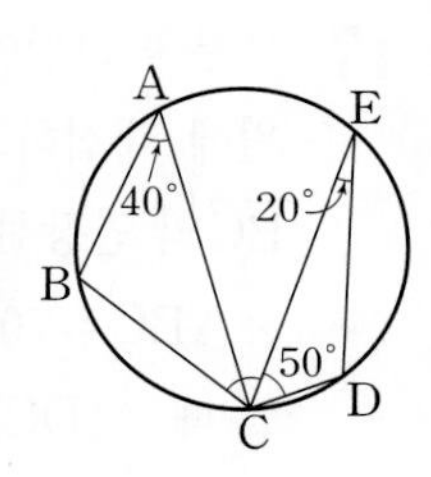

생각⊕

14 0504 오른쪽 그림에서 □ABCD는 원 O에 내접하고 $\angle BAO=58°$, $\angle BCO=22°$일 때, $\angle ADC$의 크기는?

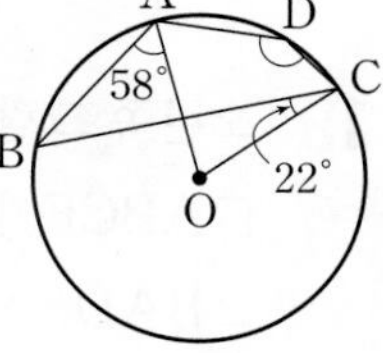

① 142° ② 144° ③ 146°
④ 148° ⑤ 150°

4 원주각

유형 12 빈출 원에 내접하는 사각형의 성질(2) | 개념 12-1

대표문제

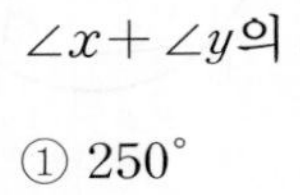

15 0505 오른쪽 그림에서 □ABCD가 원 O에 내접하고 ∠BAD=105°일 때, $\angle x+\angle y$의 크기는?

① 250° ② 255° ③ 260° ④ 265° ⑤ 270°

16 0506 오른쪽 그림에서 □ABCD가 원에 내접하고 ∠BDC=50°, ∠CAD=45°일 때, $\angle x$의 크기를 구하시오.

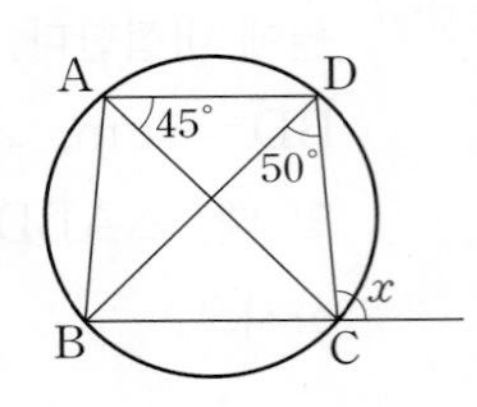

17 0507 오른쪽 그림에서 □ABCD가 원에 내접하고 점 E는 $\overline{AD}$, $\overline{BC}$의 연장선의 교점이다. ∠ABC=70°, ∠CED=40°일 때, ∠DCE의 크기는?

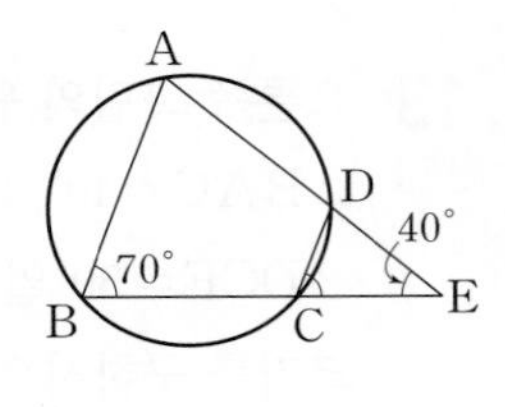

① 54° ② 58° ③ 62° ④ 66° ⑤ 70°

18 0508 오른쪽 그림에서 □ABCD, □ABCE가 원에 내접하고 ∠BAD=85°, ∠BCE=70°일 때, $\angle x-\angle y$의 크기를 구하시오.

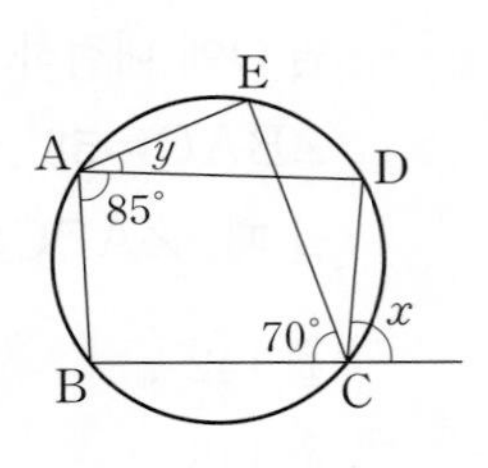

19 0509 오른쪽 그림에서 $\overline{BC}$는 원 O의 지름이고 ∠ACB=40°, ∠DAE=60°일 때, $\angle x-\angle y$의 크기는?

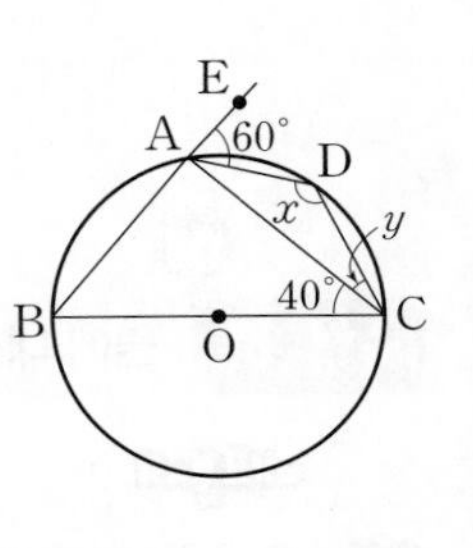

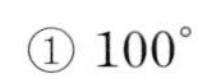

① 100° ② 105° ③ 110° ④ 115° ⑤ 120°

20 0510 오른쪽 그림에서 □ABCD는 원에 내접하고 ∠A : ∠B=5 : 3, ∠A=∠D+20°일 때, ∠DCE의 크기는?

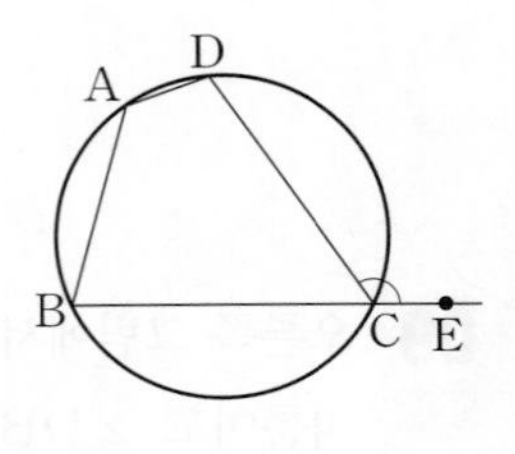

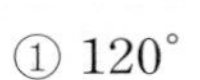

① 120° ② 122° ③ 125° ④ 128° ⑤ 130°

서술형

21 0511 오른쪽 그림과 같이 원 O에 내접하는 □ABCD에서 $\overline{AC}$는 원 O의 지름이다. ∠BAC=65°, ∠DCE=125°일 때, ∠ABD의 크기를 구하시오.

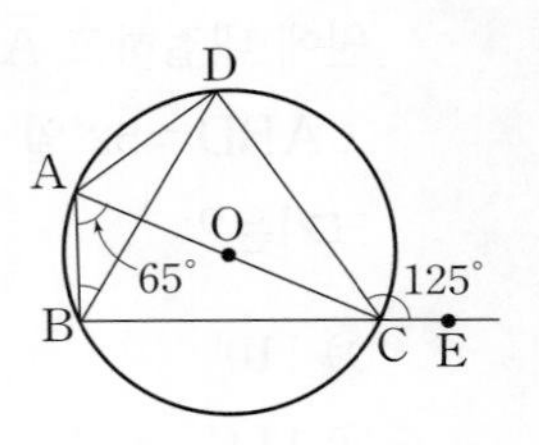

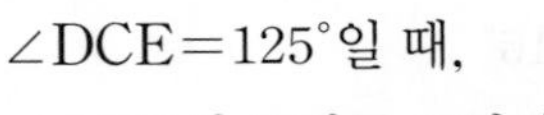

유형 13 원에 내접하는 다각형 | 개념 12-1

원에 내접하는 다각형에서 각의 크기를 구할 때는 보조선을 그어 원에 내접하는 사각형을 만든다.

➡ 원 O에 내접하는 오각형 ABCDE에서 $\overline{BD}$를 그으면

① $\angle ABD+\angle AED=180^\circ$
└→ □ABDE는 원 O에 내접한다.

② $\angle COD=2\angle CBD$

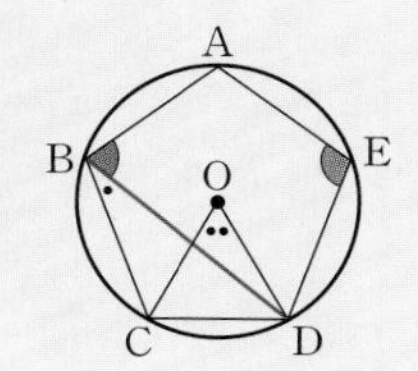

유형 14 원에 내접하는 사각형과 외각의 성질 | 개념 12-1

원에 내접하는 □ABCD에서 $\overline{AB}$와 $\overline{CD}$의 연장선의 교점을 P, $\overline{AD}$와 $\overline{BC}$의 연장선의 교점을 Q라 할 때

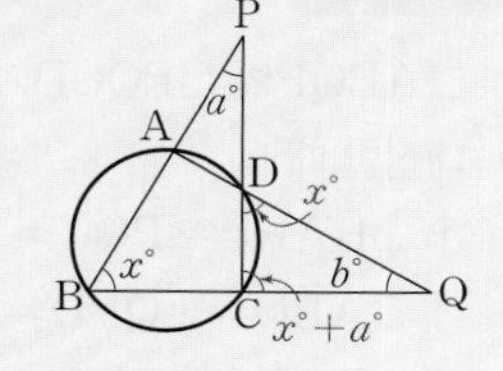

① $\angle CDQ=\angle ABC=x^\circ$

② △PBC에서
$\angle PCQ=\angle CBP+\angle CPB=x^\circ+a^\circ$

③ △DCQ에서 $x^\circ+(x^\circ+a^\circ)+b^\circ=180^\circ$
$\therefore 2x^\circ+a^\circ+b^\circ=180^\circ$

대표문제

22 0512 오른쪽 그림과 같이 원 O에 내접하는 오각형 ABCDE에서 $\angle E=100^\circ$, $\angle COD=60^\circ$일 때, $\angle B$의 크기를 구하시오.

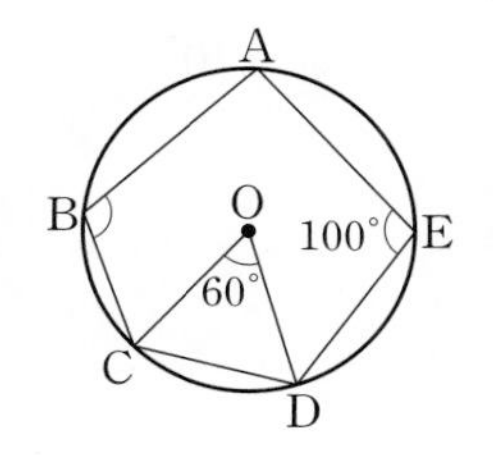

23 0513 오른쪽 그림과 같이 원 O에 내접하는 오각형 ABCDE에서 $\angle A=95^\circ$, $\angle D=125^\circ$일 때, $\angle BOC$의 크기는?

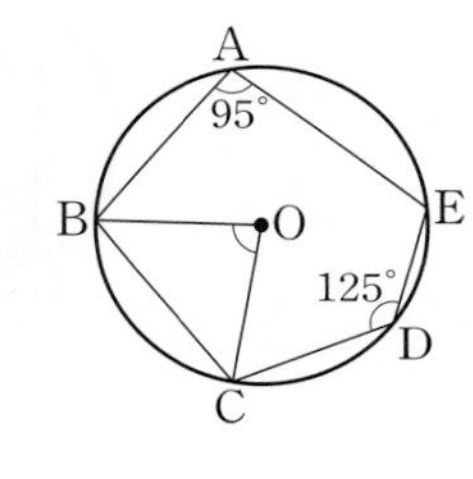

① 65°　② 70°　③ 75°　④ 80°　⑤ 85°

생각⊕

24 0514 오른쪽 그림과 같이 육각형 ABCDEF가 원에 내접할 때, $\angle B+\angle D+\angle F$의 크기를 구하시오.

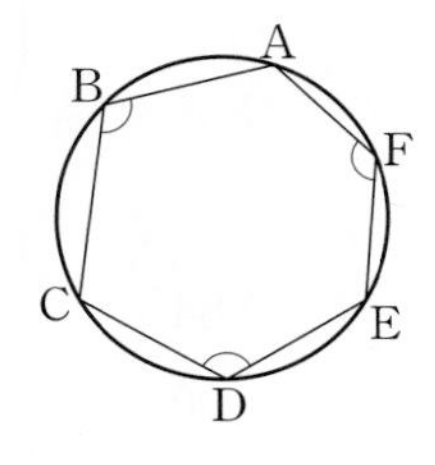

대표문제

25 0515 오른쪽 그림과 같이 원에 내접하는 □ABCD에서 $\overline{AB}$와 $\overline{CD}$의 연장선의 교점을 P, $\overline{AD}$와 $\overline{BC}$의 연장선의 교점을 Q라 하자. $\angle APD=26^\circ$, $\angle CQD=40^\circ$일 때, $\angle x$의 크기를 구하시오.

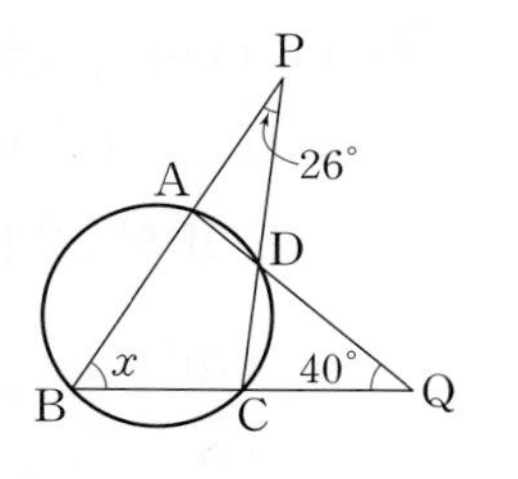

서술형

26 0516 오른쪽 그림에서 □ABCD가 원에 내접하고 $\angle ADC=55^\circ$, $\angle APB=32^\circ$일 때, $\angle x$의 크기를 구하시오.

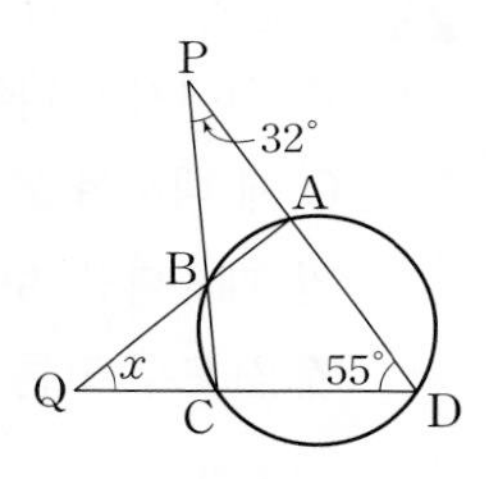

27 0517 오른쪽 그림에서 □ABCD가 원에 내접하고 $\angle APD=40^\circ$, $\angle CQD=48^\circ$일 때, $\angle BCD$의 크기를 구하시오.

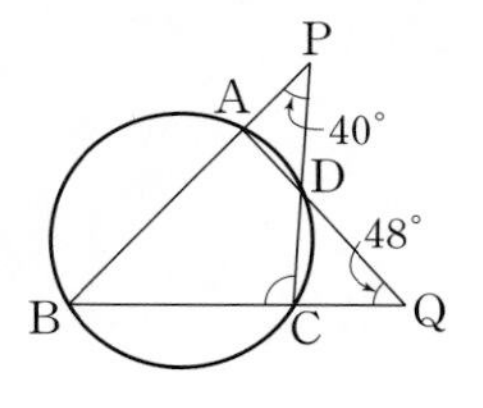

4 원주각

유형 15 두 원에서 내접하는 사각형의 성질의 활용

| 개념 12-1

□ABQP와 □PQCD가 각각 원에 내접할 때

① $\angle BAP = \angle PQC = \angle PDE$

$\angle ABQ = \angle QPD = \angle QCF$

② $\angle BAP + \angle PDC = 180°$

$\angle ABQ + \angle QCD = 180°$

③ $\overline{AB} /\!/ \overline{CD}$ ← 엇각의 크기가 같다.

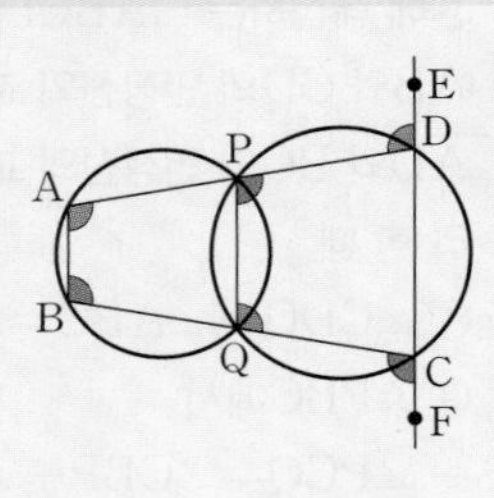

대표문제

28 0518 오른쪽 그림과 같이 두 원 O, O′이 두 점 P, Q에서 만나고 $\angle D = 95°$일 때, $\angle BOP$의 크기는?

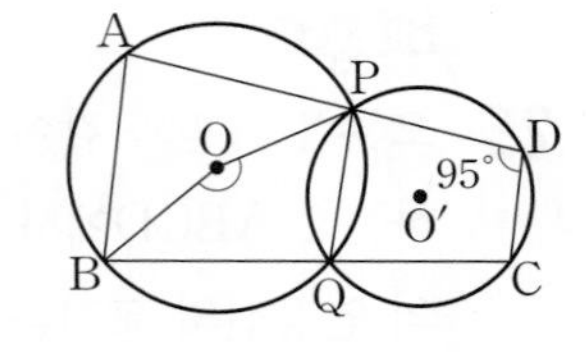

① 170° ② 172° ③ 174°
④ 176° ⑤ 178°

29 0519 오른쪽 그림과 같이 두 점 P, Q에서 만나는 두 원 O, O′에 대하여 $\angle ABQ = 85°$일 때, 다음 **보기** 중 옳은 것을 모두 고른 것은?

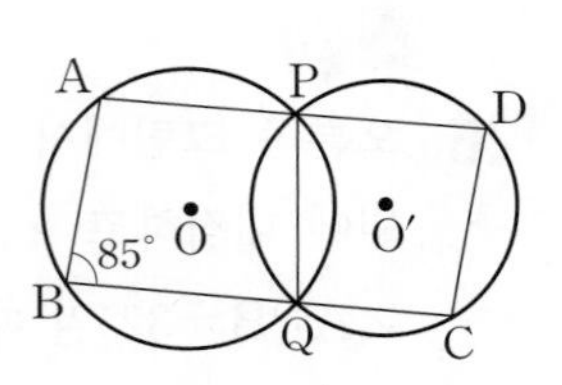

보기

ㄱ. $\overline{AB} /\!/ \overline{CD}$ ㄴ. $\overline{AB} /\!/ \overline{PQ}$
ㄷ. $\angle APQ = 105°$ ㄹ. $\angle BAP = 95°$
ㅁ. $\angle DCQ = 95°$

① ㄱ, ㅁ ② ㄴ, ㄹ ③ ㄱ, ㄴ, ㄹ
④ ㄱ, ㄷ, ㅁ ⑤ ㄴ, ㄷ, ㄹ

30 0520 다음 그림과 같이 두 원 O, O′이 두 점 P, Q에서 만나고 $\angle BAP = 80°$, $\angle ABQ = 110°$일 때, $\angle x + \angle y$의 크기는?

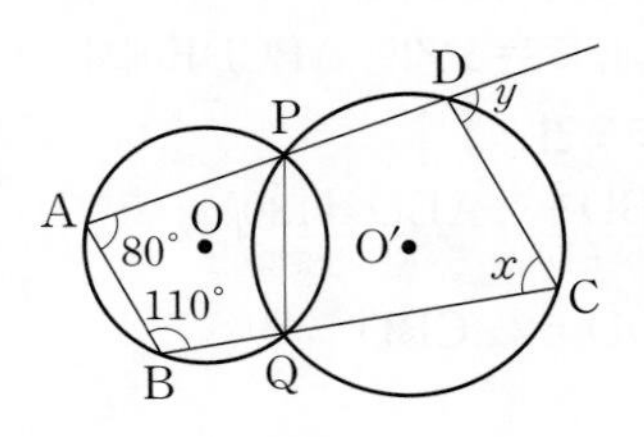

① 140° ② 150° ③ 160°
④ 170° ⑤ 180°

서술형

31 0521 다음 그림과 같이 두 원이 두 점 C, D에서 만나고 $\angle CDG = 80°$, $\angle AGB = 25°$일 때, $\angle x - \angle y$의 크기를 구하시오.

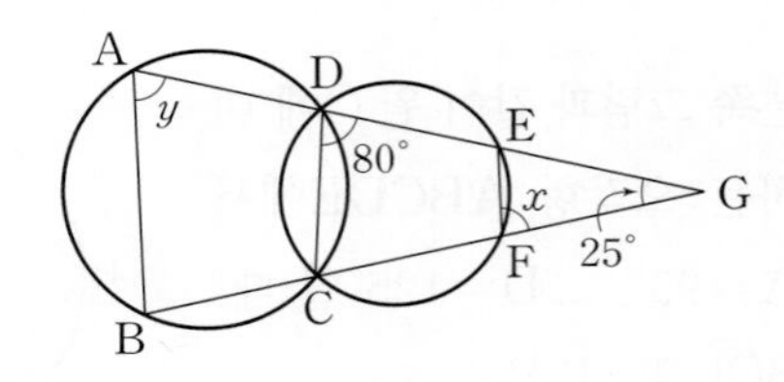

32 0522 다음 그림에서 $\angle EHG = 86°$, $\angle FGH = 92°$일 때, $\angle BAD$의 크기는?

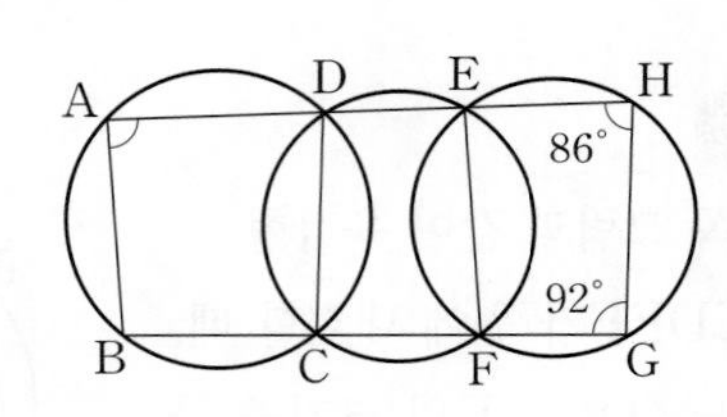

① 84° ② 86° ③ 88°
④ 90° ⑤ 92°

유형 16 사각형이 원에 내접할 조건 | 개념 12-2

대표문제

33 0523 다음 중 □ABCD가 원에 내접하는 것을 모두 고르면? (정답 2개)

① 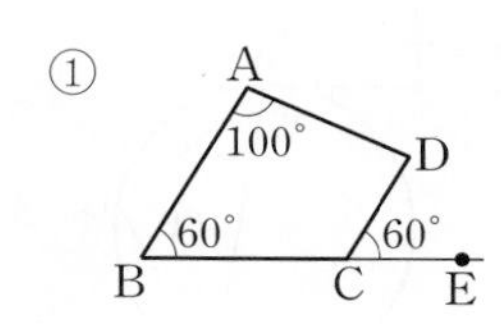

② 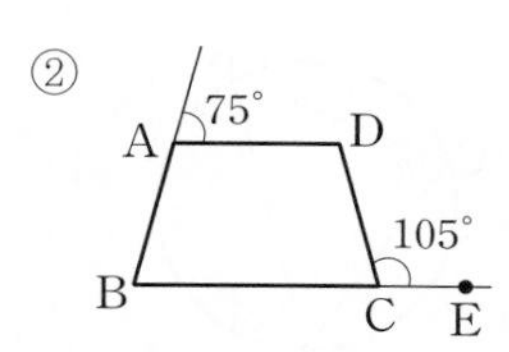

③ 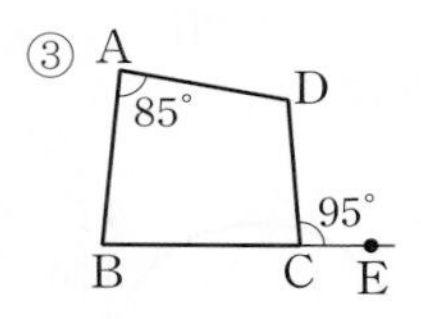

④ 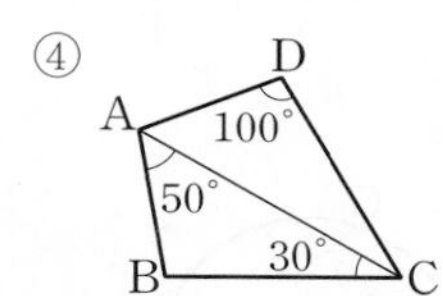

⑤ 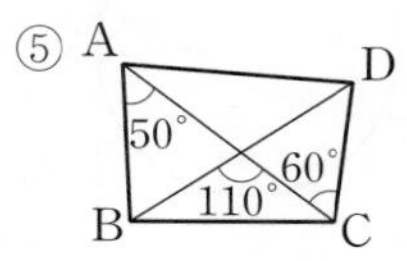

34 0524 오른쪽 그림에서 $\angle BAC=50^\circ$, $\angle DPC=95^\circ$일 때, □ABCD가 원에 내접하도록 하는 $\angle x$의 크기를 구하시오.

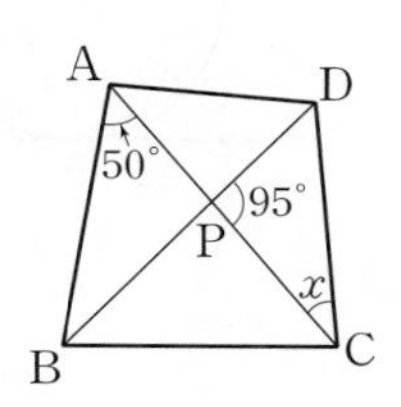

서술형

35 0525 오른쪽 그림에서 $\angle DCB=60^\circ$, $\angle BQC=20^\circ$일 때, □ABCD가 원에 내접하도록 하는 $\angle x$의 크기를 구하시오.

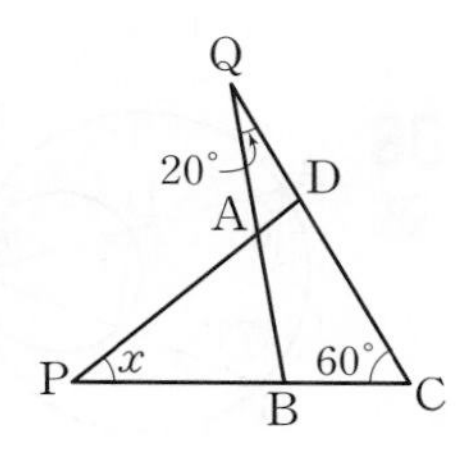

36 0526 다음 중 오른쪽 그림의 □ABCD가 원에 내접할 조건이 아닌 것은?

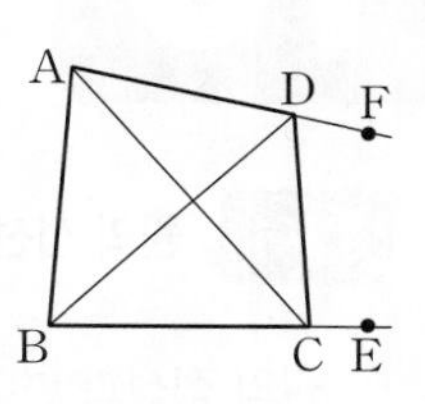

① $\angle BAD=\angle DCE$
② $\angle ABD=\angle ACD$
③ $\angle CAD=\angle CBD$
④ $\angle BAD+\angle BCD=180^\circ$
⑤ $\angle CDF+\angle DCE=180^\circ$

37 0527 다음 **보기**의 사각형 중 항상 원에 내접하는 것의 개수는?

보기

ㄱ. 사다리꼴	ㄴ. 등변사다리꼴
ㄷ. 평행사변형	ㄹ. 마름모
ㅁ. 직사각형	ㅂ. 정사각형

① 2개 ② 3개 ③ 4개
④ 5개 ⑤ 6개

생각⊕

38 0528 오른쪽 그림은 △ABC의 세 꼭짓점에서 각 대변에 수선을 그은 것이다. $\angle ABE=42^\circ$, $\angle CFE=35^\circ$일 때, $\angle BAD$의 크기는?

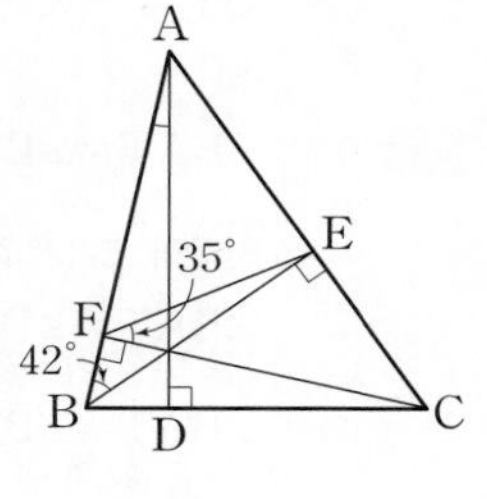

① 11° ② 13° ③ 15°
④ 17° ⑤ 19°

Lecture 13 4. 원주각

원의 접선과 현이 이루는 각

13-1 원의 접선과 현이 이루는 각 | 유형 17~20

(1) 원의 접선과 현이 이루는 각

원의 접선과 그 접점을 지나는 현이 이루는 각의 크기는 그 각의 내부에 있는 호에 대한 원주각의 크기와 같다.

➡ $\angle BAT=\angle BCA$

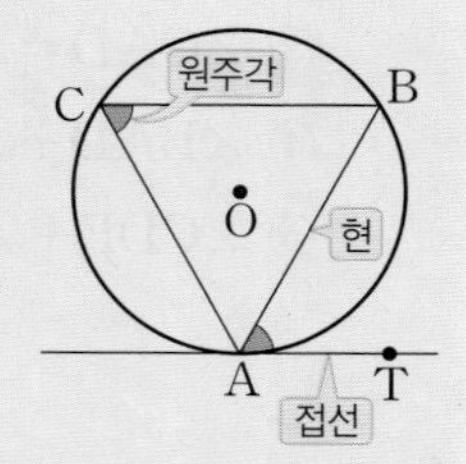

참고 오른쪽 그림과 같이 지름 AD와 선분 CD를 그으면

$\angle DAT=\angle DCA=90^\circ$

$\angle BAD=\angle BCD$ ($\overset{\frown}{BD}$에 대한 원주각)

이므로

$\angle BAT=90^\circ-\angle BAD$

$=90^\circ-\angle BCD$

$=\angle BCA$

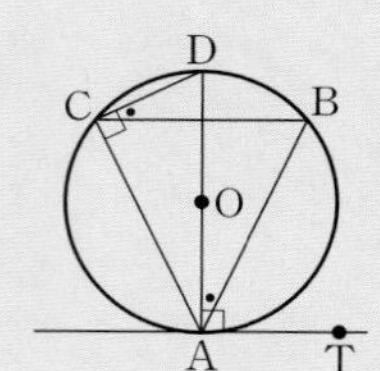

(2) 접선이 되기 위한 조건

원 O에서 $\angle BAT=\angle BCA$이면 직선 AT는 원 O의 접선이다.

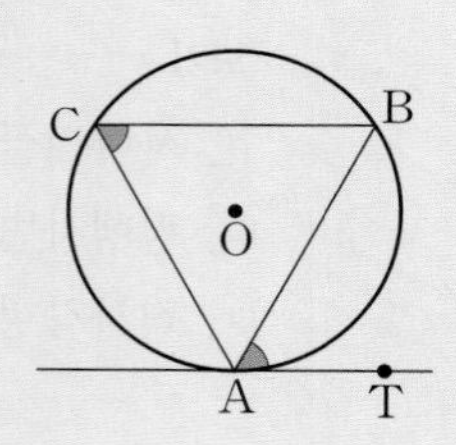

13-2 두 원에서 접선과 현이 이루는 각 | 유형 21

직선 PQ가 두 원의 공통인 접선이고 점 T가 그 접점일 때, 다음 각 경우에 대하여 $\overline{AB}/\!/\overline{CD}$가 성립한다.

(1)

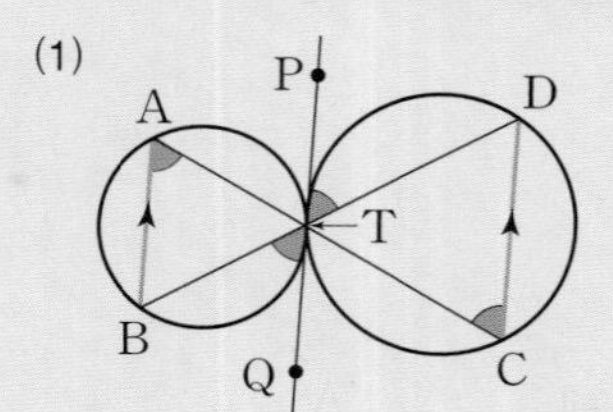

(2)

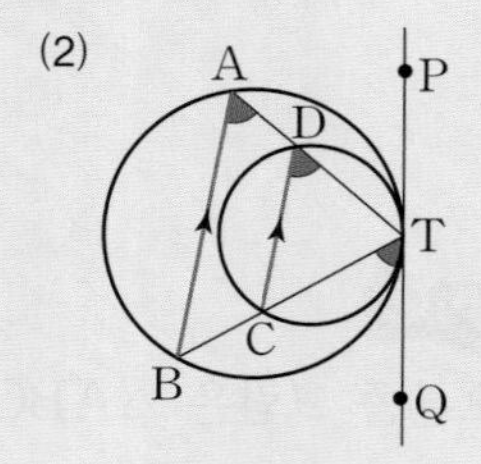

참고 (1) ① $\underbrace{\angle BAT=\angle BTQ}=\angle DTP=\angle DCT$ (맞꼭지각: $\angle BTQ=\angle DTP$)

② 엇각의 크기가 같으면 두 직선은 서로 평행하다. 즉, $\underbrace{\angle BAT=\angle DCT}_{\text{엇각}}$이므로 $\overline{AB}/\!/\overline{CD}$

(2) ① $\underbrace{\angle BAT=\angle BTQ=\angle CDT}_{\text{접선과 현이 이루는 각}}$

② 동위각의 크기가 같으면 두 직선은 서로 평행하다. 즉, $\underbrace{\angle BAT=\angle CDT}_{\text{동위각}}$이므로 $\overline{AB}/\!/\overline{CD}$

[01~04] 다음 그림에서 직선 AT는 원의 접선이고 점 A는 접점일 때, $\angle x$의 크기를 구하시오.

01 0529

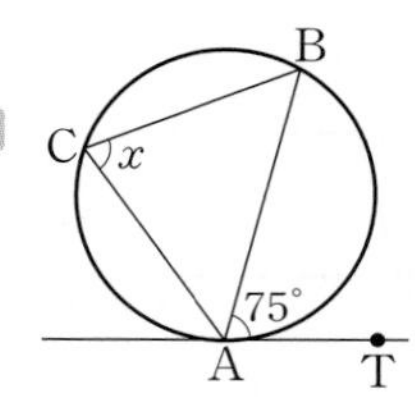

02 0530

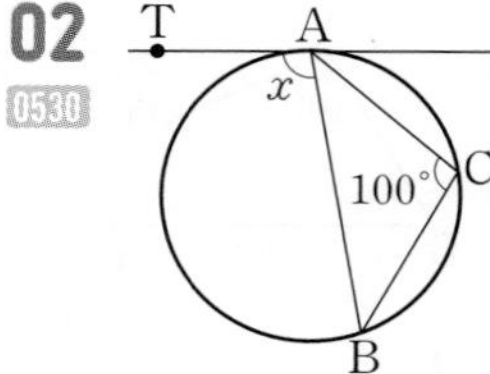

03 0531

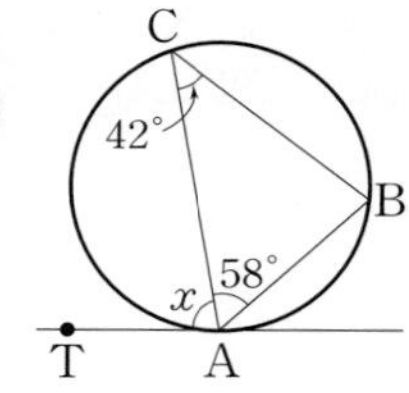

04 0532

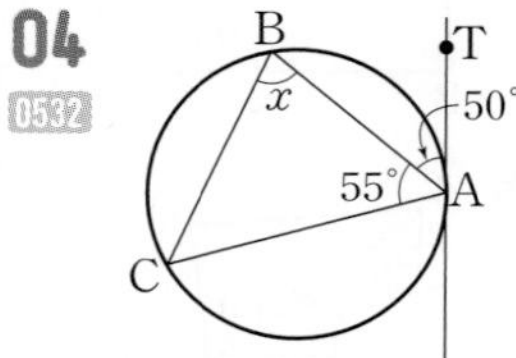

[05~06] 다음 그림에서 직선 AT는 원 O의 접선이고 점 A는 접점이다. $\overline{BC}$가 원 O의 지름일 때, $\angle x$의 크기를 구하시오.

05 0533

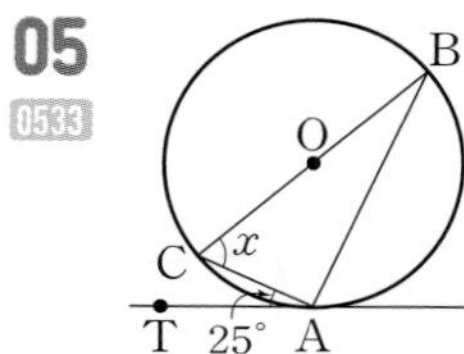

06 0534

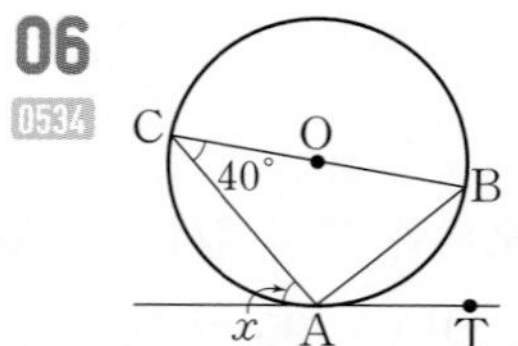

[07~08] 다음 그림에서 직선 PQ가 두 원의 공통인 접선이고 점 T는 접점일 때, $\angle x$, $\angle y$의 크기를 각각 구하시오.

07 0535

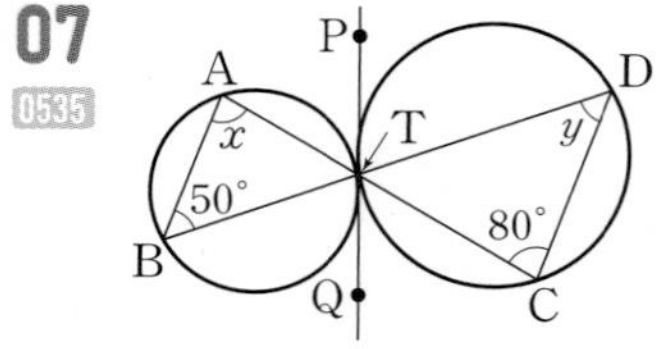

08 0536

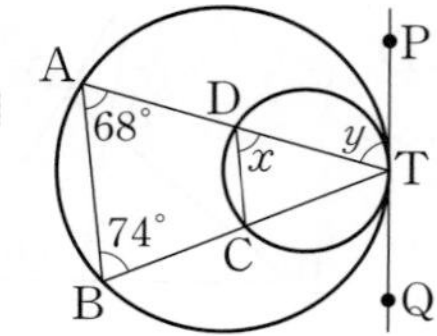

빈출

유형 17 원의 접선과 현이 이루는 각 | 개념 13-1

대표문제

09 0537 오른쪽 그림에서 직선 BT는 원 O의 접선이고 점 B는 접점이다. $\angle ABT=62^\circ$일 때, $\angle OAB$의 크기는?

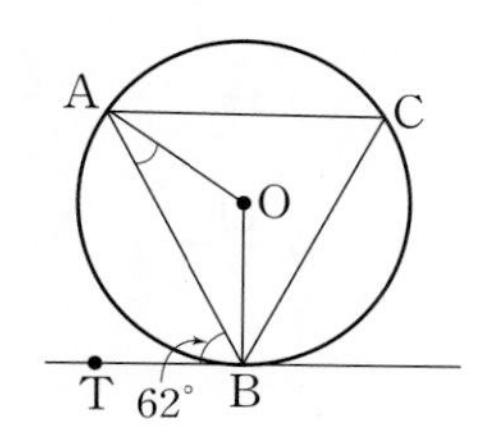

① 20° ② 22°
③ 24° ④ 26°
⑤ 28°

10 0538 다음 그림에서 두 직선 AT와 A′T′은 각각 두 원 O, O′의 접선이고 두 점 A, A′은 접점일 때, $\angle x+\angle y$의 크기를 구하시오.

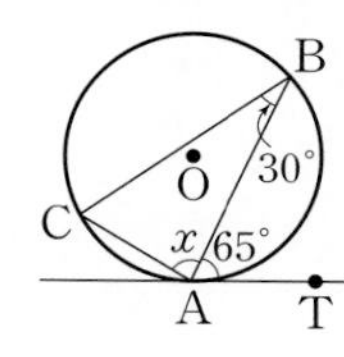

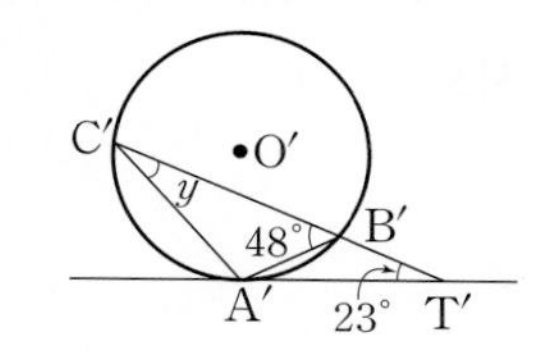

11 0539 오른쪽 그림에서 $\overline{PT}$는 원의 접선이고 점 T는 접점이다. $\overline{BT}=\overline{BP}$이고 $\angle APT=35^\circ$일 때, $\angle ATB$의 크기는?

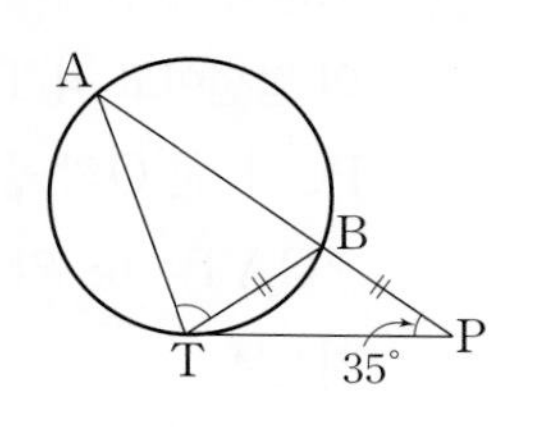

① 65° ② 70° ③ 75°
④ 80° ⑤ 85°

서술형

12 0540 오른쪽 그림에서 직선 CP는 원의 접선이고 점 C는 접점이다. $2\widehat{AB}=\widehat{CA}$, $4\widehat{BC}=3\widehat{CA}$일 때, $\angle x$의 크기를 구하시오.

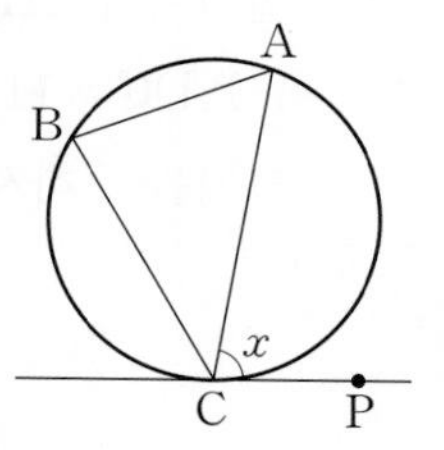

빈출

유형 18 원의 접선과 현이 이루는 각의 활용: 내접하는 사각형 | 개념 13-1

대표문제

13 0541 오른쪽 그림에서 □ABCD는 원에 내접하고 직선 BP는 원의 접선이다. $\angle ADC=80^\circ$, $\angle CBP=46^\circ$일 때, $\angle y-\angle x$의 크기를 구하시오.

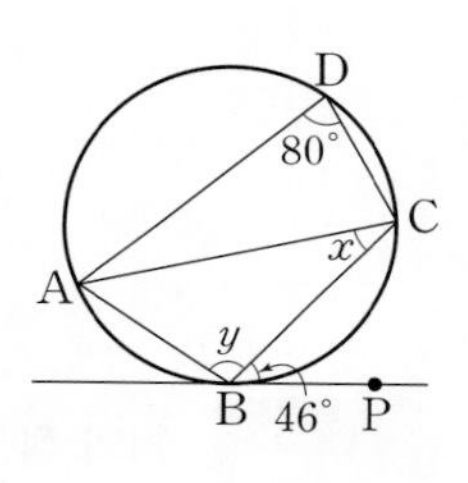

14 0542 오른쪽 그림에서 □ATCB는 원에 내접하고 $\overline{PT}$는 원의 접선이다. $\angle BCT=94^\circ$, $\angle BPT=50^\circ$일 때, $\angle ATB$의 크기는?

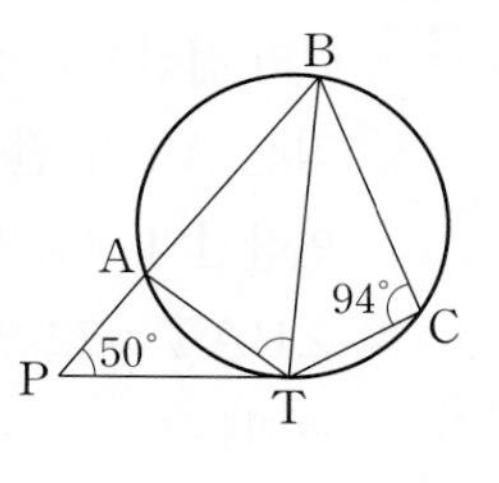

① 46° ② 50° ③ 54°
④ 58° ⑤ 62°

15 0543 오른쪽 그림에서 □ABCD는 원에 내접하고 직선 CT는 원의 접선이다. $\widehat{AD}=\widehat{DC}$이고 $\angle ADC=112°$일 때, $\angle DCT$의 크기를 구하시오.

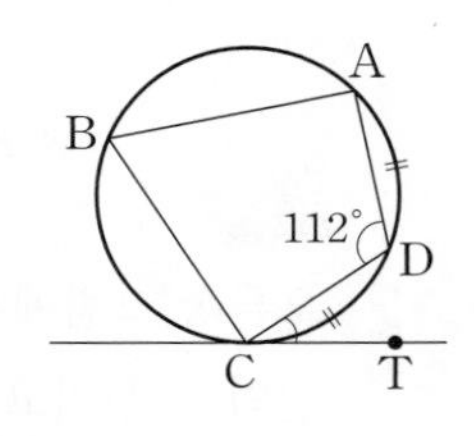

생각⊕

16 0544 오른쪽 그림에서 □ABCD는 원에 내접하고 $\overline{PC}$는 원의 접선이다. $\overline{AB}=\overline{AC}$이고 $\angle APC=33°$일 때, $\angle ADC$의 크기를 구하시오.

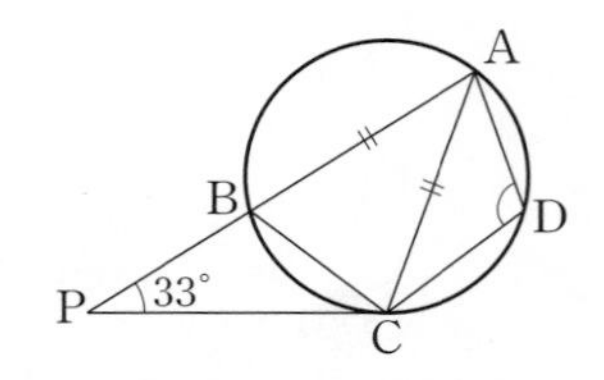

유형 19 원의 접선과 현이 이루는 각의 활용; 할선이 원의 중심을 지날 때 | 개념 13-1

할선이 원의 중심을 지날 때
① $\angle ACB=90°$
└→ 반원에 대한 원주각의 크기는 90°이다.
② $\angle ABC=\angle ACP$
$\angle BAC=\angle BCT$

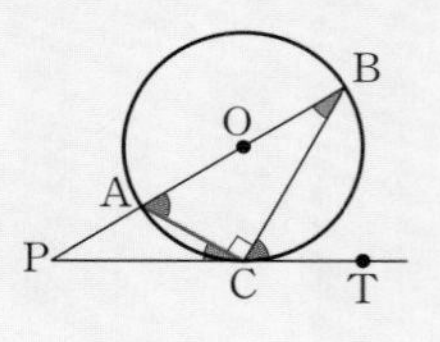

대표문제

17 0545 오른쪽 그림에서 직선 AT는 원 O의 접선이고 점 A는 접점이다. 직선 AT와 원 O의 지름 BC의 연장선의 교점을 P라 하자. $\angle BAT=72°$일 때, $\angle BPA$의 크기는?

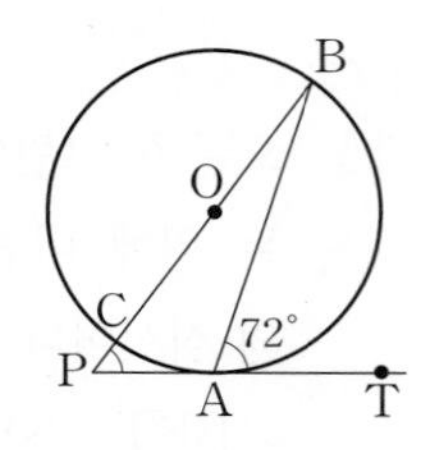

① 50° ② 52° ③ 54°
④ 56° ⑤ 58°

18 0546 오른쪽 그림에서 직선 PT는 원 O의 접선이고 점 T는 접점이다. $\overline{PB}$는 원 O의 중심을 지나고 $\angle ATP=36°$, $\widehat{BT}=9\pi$일 때, $\widehat{AT}$의 길이는?

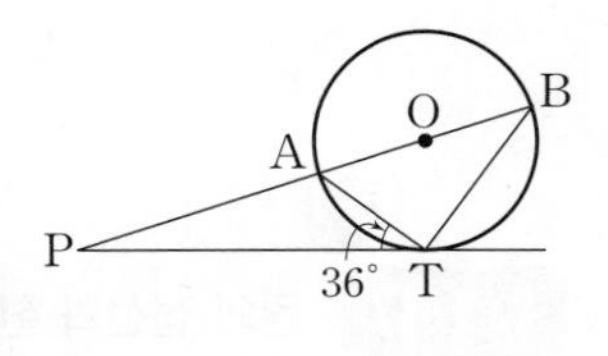

① 4π ② $\frac{9}{2}\pi$ ③ 5π
④ $\frac{11}{2}\pi$ ⑤ 6π

서술형

19 0547 오른쪽 그림에서 □ABCD는 원 O에 내접하고 직선 BT는 원 O의 접선이다. $\overline{AD}$는 원 O의 지름이고 $\angle BCD=124°$일 때, $\angle ABT$의 크기를 구하시오.

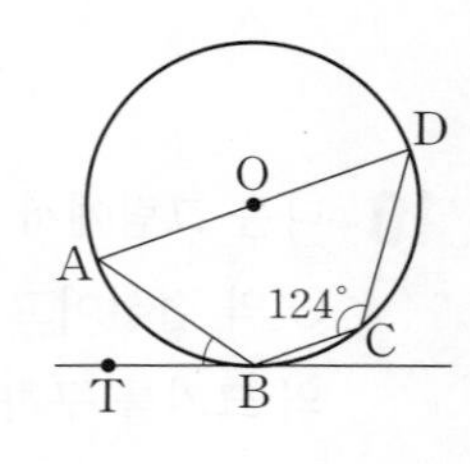

20 0548 오른쪽 그림에서 $\overline{PT}$는 원 O의 접선이고 점 T는 접점이다. $\overline{PC}$가 원 O의 중심을 지나고 $\angle CAT=68°$일 때, $\angle x$의 크기는?

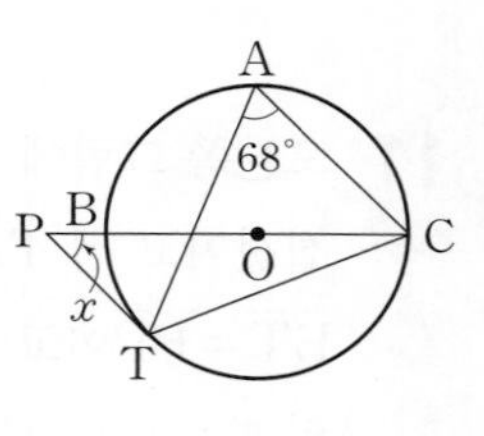

① 42° ② 44° ③ 46°
④ 48° ⑤ 50°

유형 20 원의 접선과 현이 이루는 각의 활용: 원 밖의 한 점에서 두 접선을 그었을 때 | 개념 13-1

두 점 A와 B는 점 P에서 원 O에 그은 두 접선의 접점일 때
① △APB는 $\overline{PA}=\overline{PB}$인 이등변삼각형
② ∠PAB=∠PBA=∠ACB

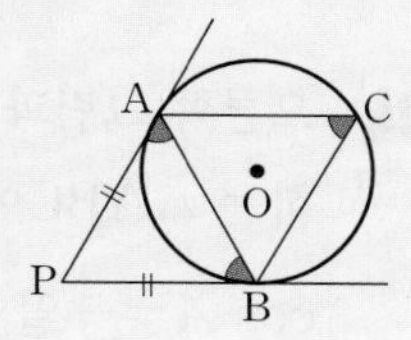

대표문제

21 0549 오른쪽 그림에서 두 점 A와 B는 점 P에서 원 O에 그은 두 접선의 접점이다. ∠DPE=50°, ∠CAD=70°일 때, ∠CBE의 크기는?

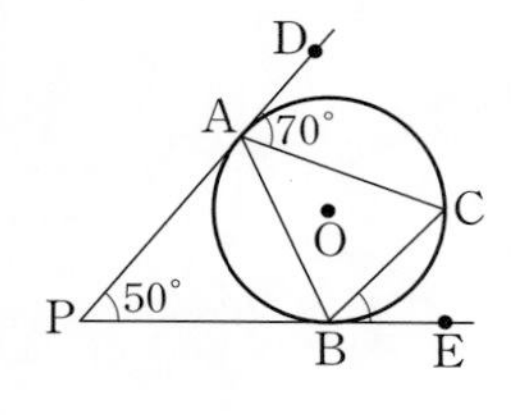

① 36° ② 39° ③ 42°
④ 45° ⑤ 48°

22 0550 오른쪽 그림에서 원 O는 △ABC의 내접원이고 세 점 D, E, F는 접점이다. ∠C=52°, ∠DEF=46°일 때, ∠DFE의 크기를 구하시오.

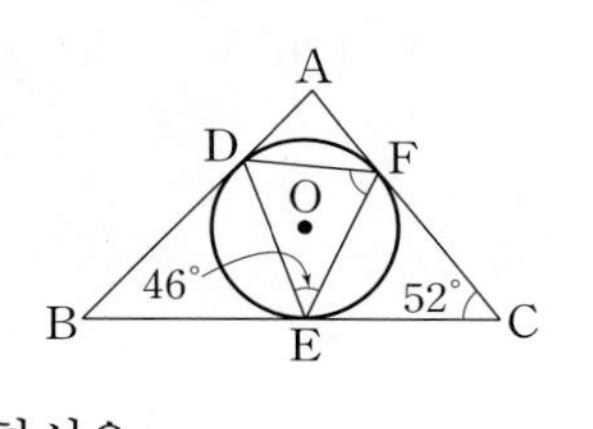

서술형

23 0551 오른쪽 그림에서 두 점 A와 B는 점 P에서 원 O에 그은 두 접선의 접점이다. $\widehat{AC}:\widehat{BC}=7:4$이고 ∠APB=40°일 때, ∠CAB의 크기를 구하시오.

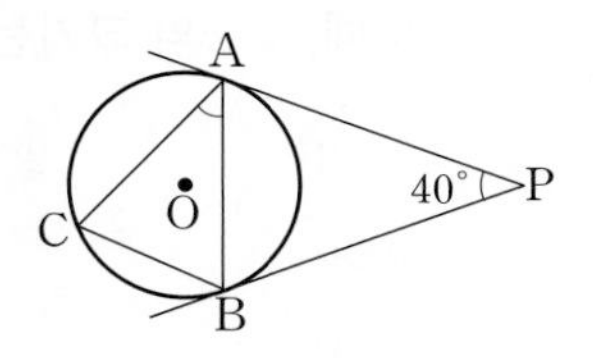

유형 21 두 원에서 접선과 현이 이루는 각 | 개념 13-2

대표문제

24 0552 오른쪽 그림에서 직선 ST는 두 원의 공통인 접선이고 접점 P를 지나는 두 직선이 두 원과 각각 점 A, B, C, D에서 만난다. ∠BAP=45°, ∠PDC=60°일 때, ∠CPD의 크기는?

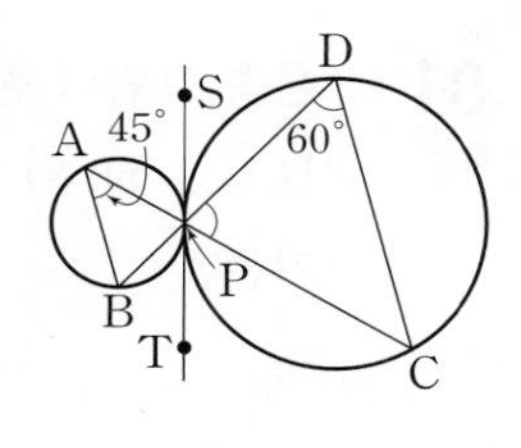

① 55° ② 60° ③ 65°
④ 70° ⑤ 75°

25 0553 오른쪽 그림에서 직선 TT′은 두 원의 공통인 접선이고 점 P는 접점이다. ∠BCD=104°, ∠DAB=34°일 때, ∠x의 크기를 구하시오.

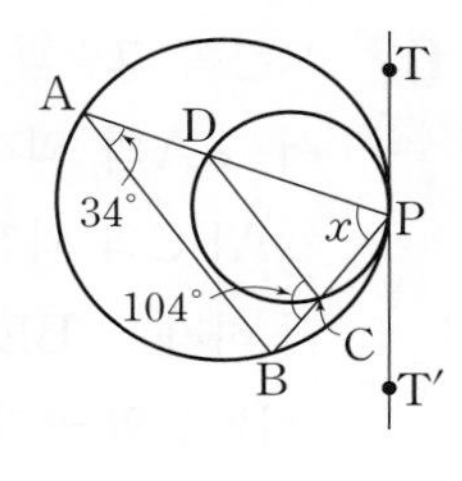

26 0554 오른쪽 그림에서 직선 PQ는 두 원의 공통인 접선이고 점 T는 접점일 때, 다음 중 옳지 않은 것은?

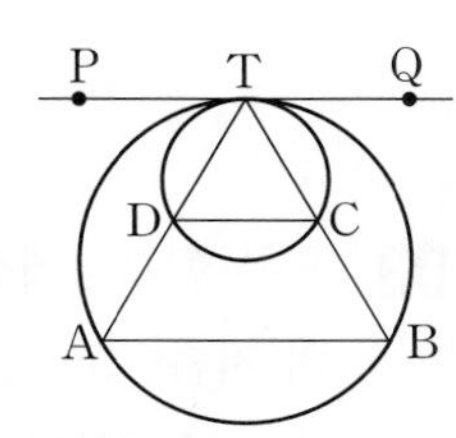

① $\overline{AB}\,/\!/\,\overline{CD}$
② ∠ABT=∠ATP
③ ∠ABT=∠CDT
④ △ABT∽△DCT
⑤ $\overline{TA}:\overline{TD}=\overline{AB}:\overline{CD}$

4 원주각

필수 유형 정복하기

01 0555 오른쪽 그림의 원 O에서 $\angle BAC=56^\circ$일 때, $\angle OBC$의 크기는?

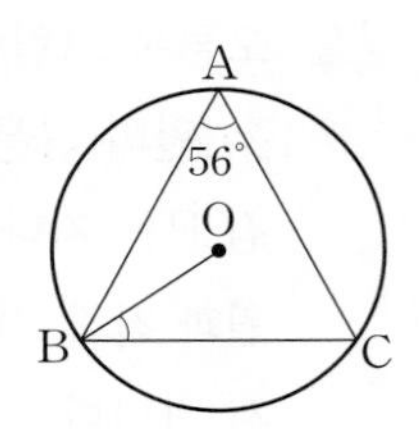

① 30° ② 31° ③ 32° ④ 33° ⑤ 34°

▶ 77쪽 유형 01

생각⊕

02 0556 오른쪽 그림과 같이 $\triangle ABC$에서 $\angle A$의 외각의 이등분선과 $\triangle ABC$의 외접원의 교점을 E라 하자. $\angle BEC=70^\circ$일 때, $\angle BCE$의 크기를 구하시오.

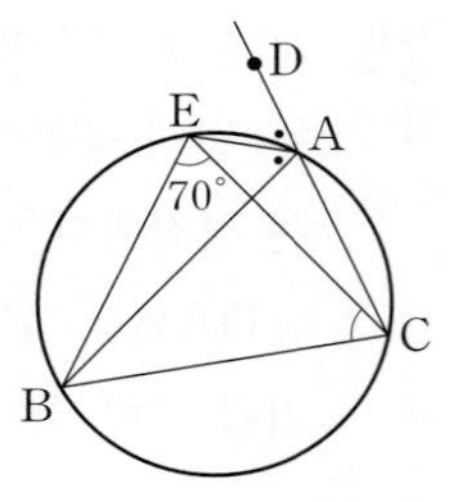

▶ 79쪽 유형 04

03 0557 오른쪽 그림에서 $\overline{AB}$는 원 O의 지름이고 $\angle ACB=64^\circ$일 때, $\angle DOE$의 크기는?

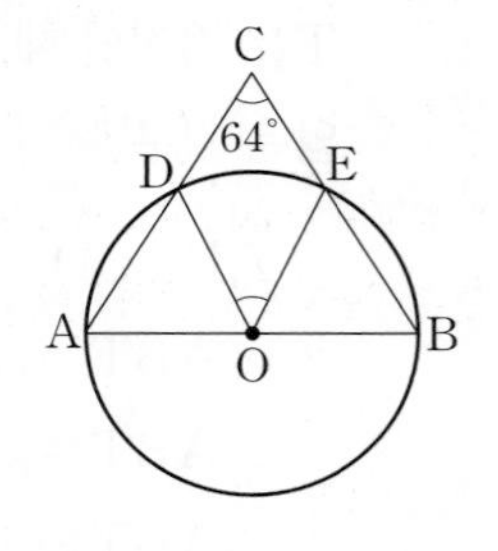

① 46° ② 48° ③ 50° ④ 52° ⑤ 54°

▶ 80쪽 유형 05

04 0558 오른쪽 그림과 같이 원 O에 내접하는 $\triangle ABC$에서 $\overline{BC}=5\text{ cm}$, $\cos A=\frac{2}{3}$일 때, 원 O의 반지름의 길이를 구하시오.

▶ 81쪽 유형 06

05 0559 오른쪽 그림에서 $\widehat{AM}=\widehat{BM}$, $\widehat{BN}=\widehat{CN}$이고 $\angle ABC=30^\circ$일 때, $\angle MPN$의 크기는?

① 100° ② 105° ③ 110° ④ 115° ⑤ 120°

▶ 83쪽 유형 07

06 0560 오른쪽 그림에서 $\overline{BP}$는 원 O의 지름이다. $\widehat{AP}=9\text{ cm}$, $\widehat{BC}=3\text{ cm}$이고 $\angle APB=24^\circ$일 때, $\angle x$의 크기는?

① 22° ② 24° ③ 26° ④ 28° ⑤ 30°

▶ 84쪽 유형 08

07 0561 오른쪽 그림에서 $\widehat{PB}=\frac{1}{2}\widehat{PA}$일 때, $\angle PAB$의 크기를 구하시오.

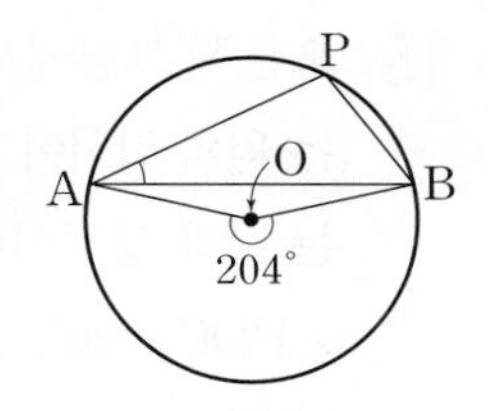

▶ 84쪽 유형 08

08 0562 오른쪽 그림에서 □AEDC는 원에 내접하고 $\widehat{AB}=\widehat{BC}$, $\angle BDE=83°$일 때, $\angle APE$의 크기는?

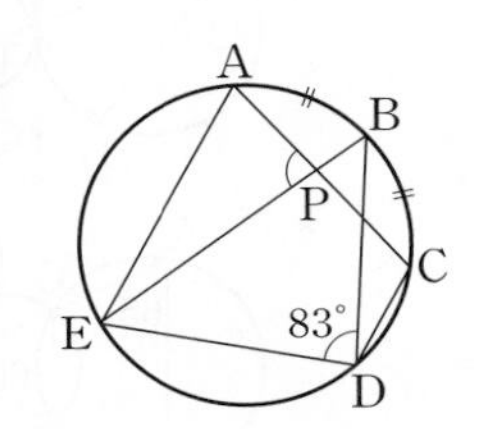

① 81° ② 82°
③ 83° ④ 84°
⑤ 85°

▶ 87쪽 유형 11

09 0563 오른쪽 그림에서 □ABCD는 원에 내접한다. $\widehat{ADC}$의 길이는 원주의 $\frac{5}{9}$이고 $\widehat{BCD}$의 길이는 원주의 $\frac{2}{3}$일 때, $\angle ADC+\angle DCE$의 크기를 구하시오.

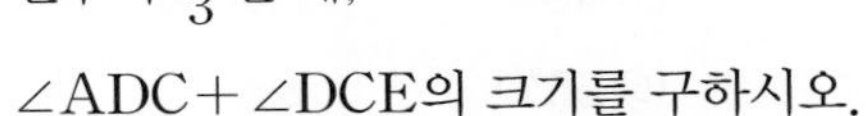

▶ 84쪽 유형 09 + 88쪽 유형 12

10 0564 오른쪽 그림에서 □ABCD는 원에 내접하고 $\overline{AB}$와 $\overline{CD}$의 연장선의 교점을 P, $\overline{AD}$와 $\overline{BC}$의 연장선의 교점을 Q라 하자. $\angle APD=30°$, $\angle CQD=48°$일 때, $\angle ADC$의 크기를 구하시오.

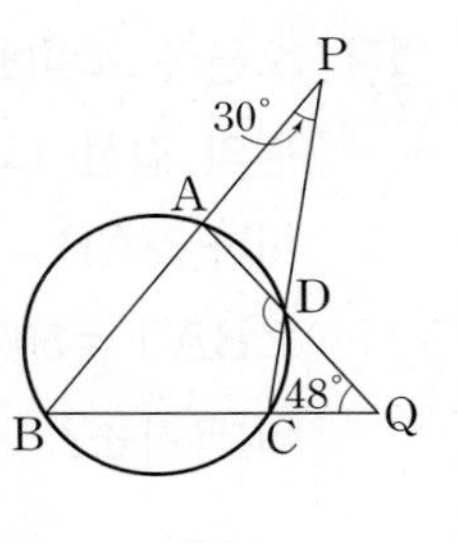

▶ 89쪽 유형 14

11 0565 오른쪽 그림과 같이 두 원 O, O′이 두 점 P, Q에서 만나고 $\angle BOP=140°$일 때, $\angle PDC$의 크기를 구하시오.

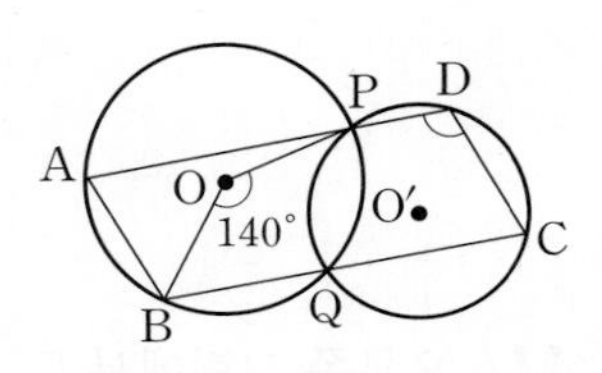

▶ 90쪽 유형 15

12 0566 다음 중 □ABCD가 원에 내접하는 것을 모두 고르면? (정답 2개)

①
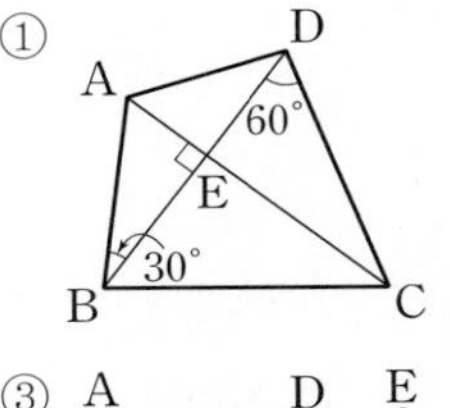

②
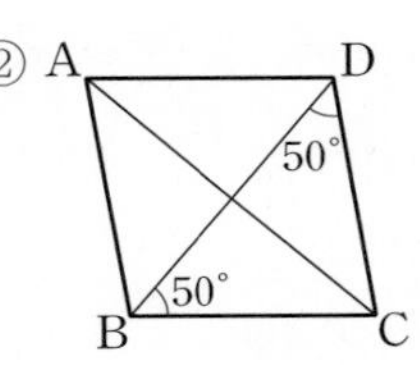

③
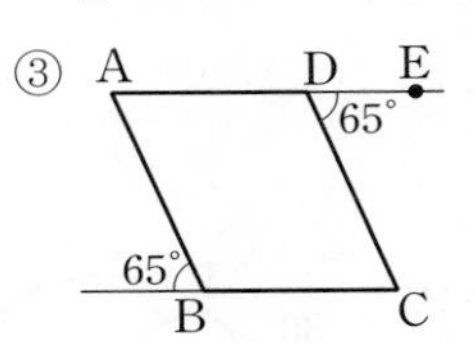

④
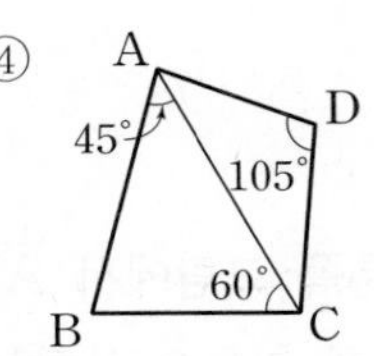

⑤
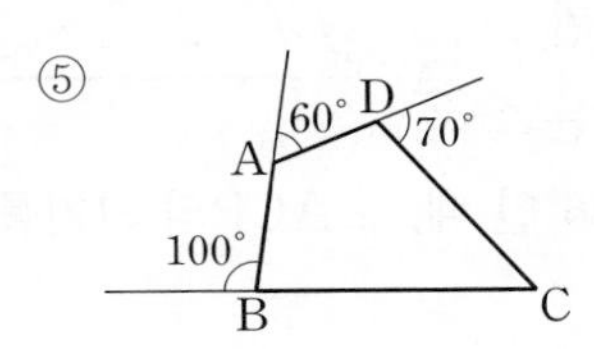

▶ 91쪽 유형 16

4 원주각

13 0567 오른쪽 그림에서 직선 AT는 원의 접선이고 점 A는 접점이다. $2\widehat{AB}=\widehat{APC}$이고 $\angle BAT=50°$일 때, $\angle BAC$의 크기는?

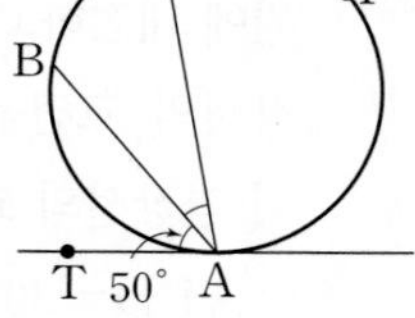
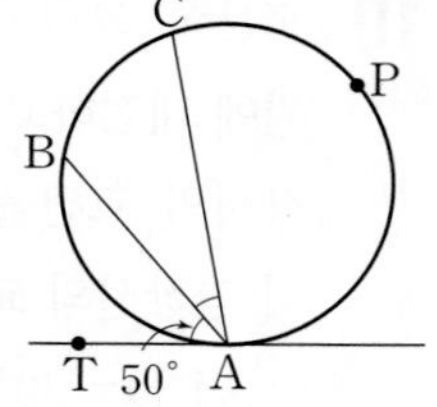

① 25° ② 30° ③ 35°
④ 40° ⑤ 45°

▶ 93쪽 유형 17

14 0568 오른쪽 그림에서 □ABCD는 원에 내접하고 두 직선 l, m은 각각 점 B, D에서 원에 접한다. $\angle BAD=68°$일 때, $\angle x+\angle y$의 크기는?

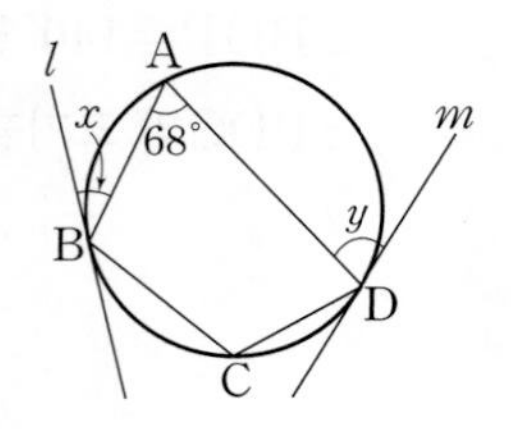

① 100° ② 104° ③ 108°
④ 112° ⑤ 116°

▶ 93쪽 유형 18

15 0569 오른쪽 그림에서 $\overline{AP}$는 $\overline{BC}$를 지름으로 하는 반원 O의 접선이고 점 P는 접점이다. $\angle PAC=36°$일 때, $\angle ACP$의 크기를 구하시오.

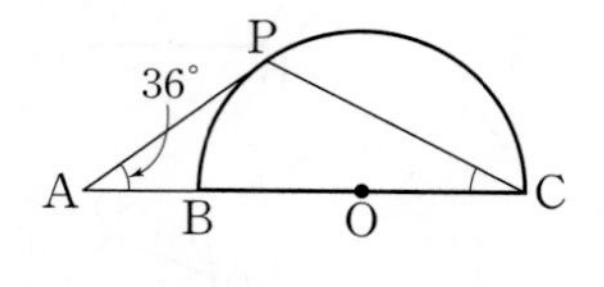

▶ 94쪽 유형 19

16 0570 오른쪽 그림에서 $\overline{PQ}$, $\overline{QD}$는 원의 접선이고 두 점 C, D는 각각 접점이다. $\angle PDC=26°$, $\angle DPC=32°$일 때, $\angle y-\angle x$의 크기를 구하시오.

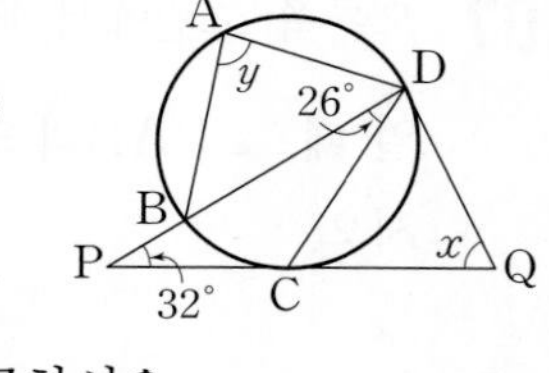

▶ 95쪽 유형 20

17 0571 다음 중 $\overline{AB}$와 $\overline{CD}$가 서로 평행하지 않은 것은?

①

②
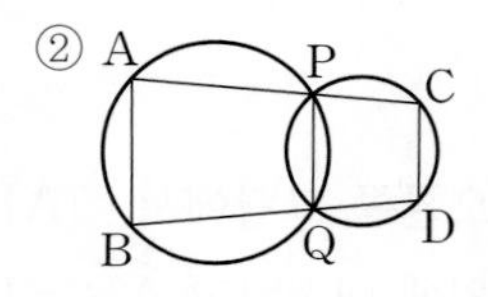

③
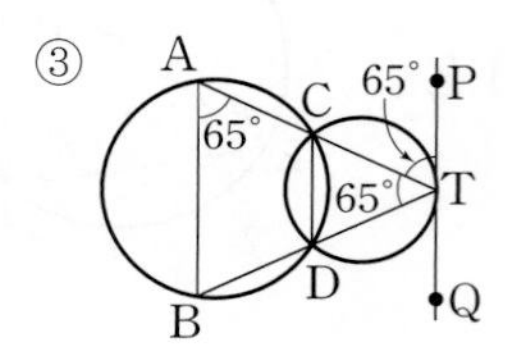

④
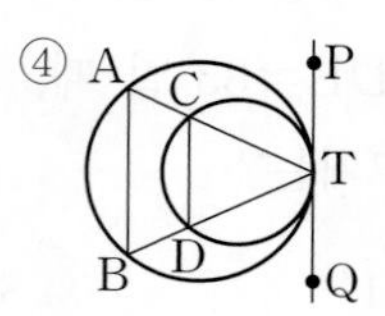

⑤
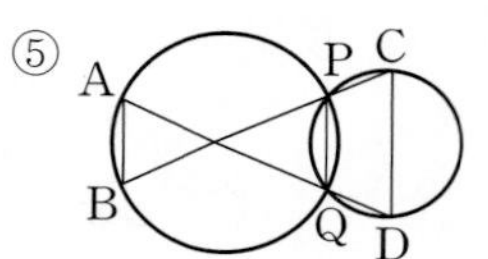

▶ 95쪽 유형 21

생각⊕

18 0572 오른쪽 그림에서 두 원 O, O′은 서로 바깥쪽에 있으면서 한 점 P에서 만나고 $\overline{AD}$는 원 O′과 점 D에서 접한다. $\angle ACD=50°$, $\angle DAC=25°$일 때, $\angle ABP$의 크기는?

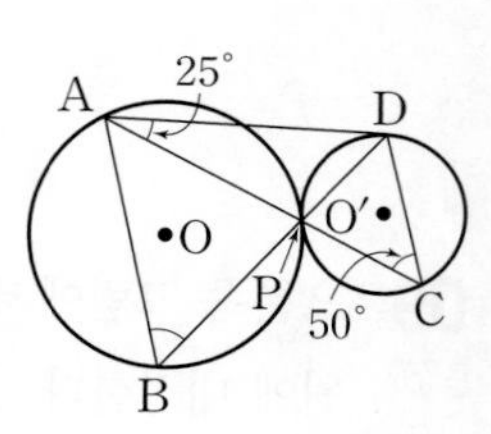

① 45° ② 48° ③ 50°
④ 52° ⑤ 55°

▶ 95쪽 유형 21

서술형 문제

19 0573 오른쪽 그림의 원 O에서 점 P는 두 현 AB, CD의 연장선의 교점이다. $\angle AOC=140°$, $\angle BOD=60°$일 때, $\angle APC$의 크기를 구하시오.

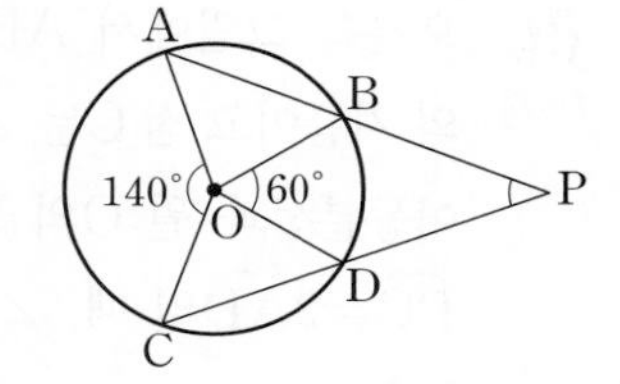

▶ 77쪽 유형 01

20 0574 오른쪽 그림과 같이 점 P에서 원 O에 그은 두 접선의 접점을 각각 A, B라 하고 $\widehat{AB}$ 위의 한 점을 Q라 하자. $\angle APB=40°$일 때, 다음 물음에 답하시오.

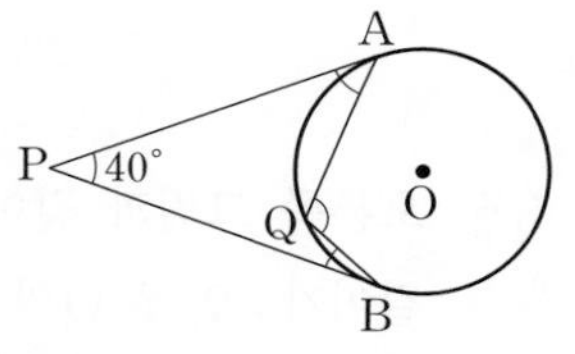

(1) $\angle AQB$의 크기를 구하시오.

(2) $\angle PAQ+\angle PBQ$의 크기를 구하시오.

▶ 77쪽 유형 02 + 78쪽 유형 03

21 0575 오른쪽 그림에서 $\widehat{AB}$의 길이는 원주의 $\frac{1}{5}$이고 $\widehat{AB}:\widehat{CD}=3:2$일 때, $\angle DPC$의 크기를 구하시오.

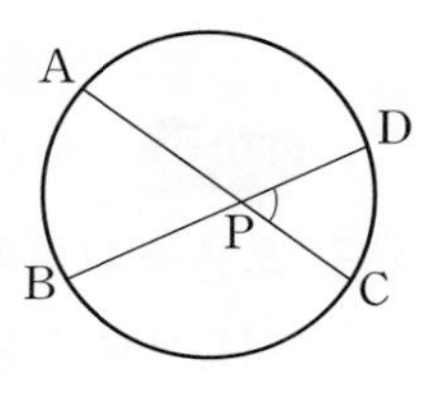

▶ 84쪽 유형 09

22 0576 오른쪽 그림과 같이 원 O에 내접하는 오각형 ABCDE에서 $\angle AOB=70°$일 때, $\angle x+\angle y$의 크기를 구하시오.

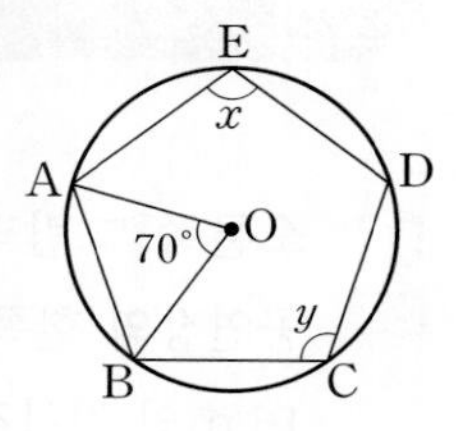

생각⊕

23 0577 오른쪽 그림에서 $\overline{PB}$는 원의 접선이고 점 B는 접점이다. $\angle CPB=45°$, $\overline{PA}=2$ cm, $\overline{AC}=6$ cm일 때, $\triangle APB$의 넓이를 구하시오.

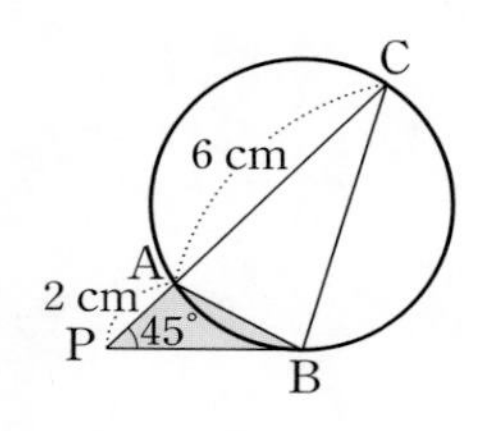

▶ 93쪽 유형 17

24 0578 오른쪽 그림에서 원 O는 $\triangle ABC$의 내접원인 동시에 $\triangle DEF$의 외접원이다. 세 점 D, E, F는 접점이고 $\angle C=46°$, $\angle DFE=58°$일 때, $\angle x+\angle y$의 크기를 구하시오.

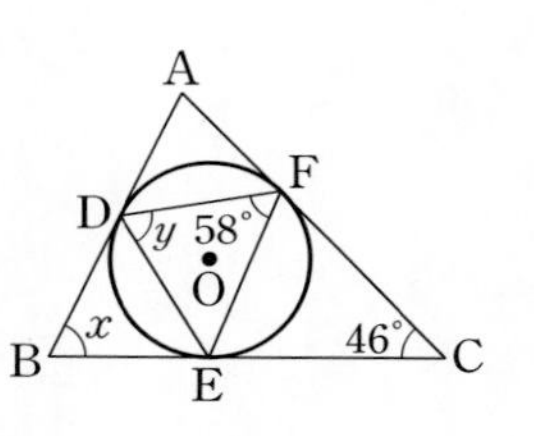

▶ 95쪽 유형 20

발전 유형 정복하기

01 0579 오른쪽 그림과 같이 원 모양의 공연장의 한쪽에 가로의 길이가 16 m인 직사각형 모양의 무대가 있다. 공연장 경계 위의 점 C에서 공연장 무대의 양 끝 A, B를 바라본 각의 크기가 30°일 때, 이 공연장의 지름의 길이는?

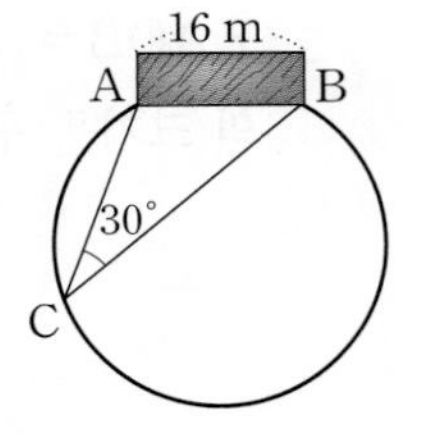

① 29 m　② 30 m　③ 31 m
④ 32 m　⑤ 33 m

02 0580 오른쪽 그림에서 □ABCD는 원 O에 내접하고 $\overline{AC}\perp\overline{BD}$이다. $\overline{AB}=12$, $\overline{AH}=8$, $\overline{DH}=6$일 때, 원 O의 둘레의 길이는?

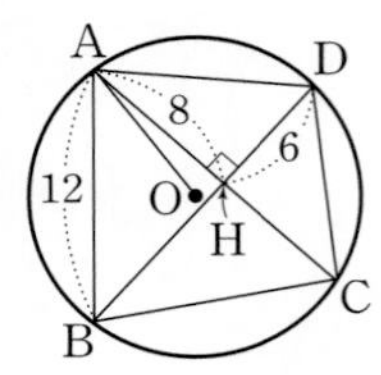

① $\frac{15}{2}\pi$　② 10π　③ 15π
④ 20π　⑤ 30π

03 0581 오른쪽 그림과 같은 원 O에서 점 P는 두 현 AD와 BC의 연장선의 교점이다. $\widehat{AB}=\widehat{BC}=\widehat{DA}$이고 $\angle APB=40^\circ$일 때, $\angle COD$의 크기를 구하시오.

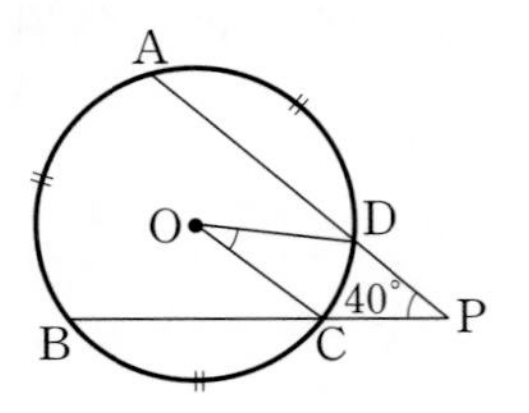

04 0582 오른쪽 그림에서 $\overline{AB}$는 원 O의 지름이고 점 C는 $\angle DAO$의 이등분선과 원 O의 교점이다. $\widehat{BC}=2\widehat{AD}$일 때, $\angle x$의 크기는?

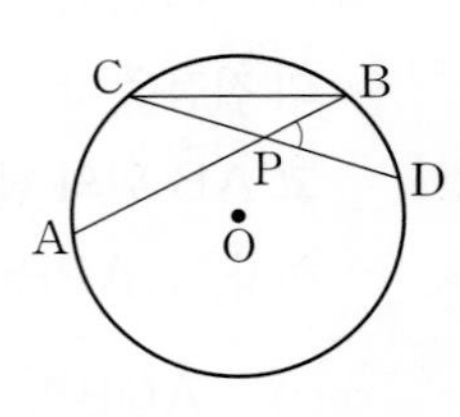

① 24°　② 28°　③ 32°
④ 36°　⑤ 40°

05 0583 오른쪽 그림과 같이 반지름의 길이가 8인 원 O의 두 현 AB, CD가 점 P에서 만나고 $\widehat{AC}+\widehat{BD}=4\pi$일 때, $\angle BPD$의 크기는?

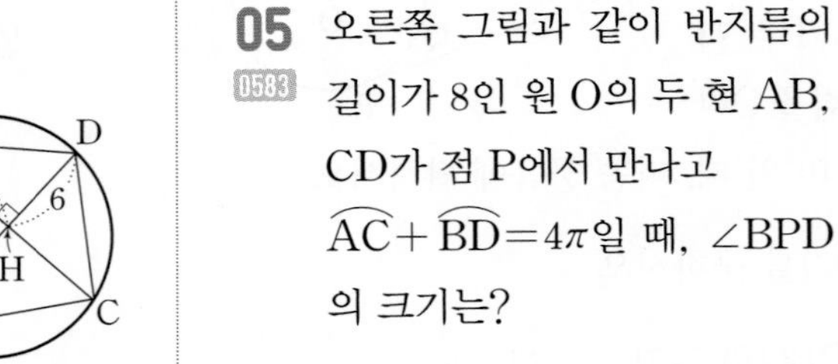

① 40°　② 45°　③ 50°
④ 55°　⑤ 60°

생각⊕

06 0584 오른쪽 그림과 같이 $\overline{AB}$를 지름으로 하는 반원 O에서 $\angle OCP=\angle ODP=15^\circ$, $\angle AOD=50^\circ$일 때, $\angle COP$의 크기를 구하시오.

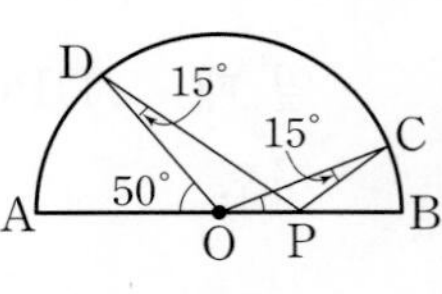

Tip
원주각의 성질을 이용하여 먼저 한 원 위에 있는 네 점을 찾는다.

07 0585 오른쪽 그림과 같이 원에 내접하는 오각형 ABCDE에서 $\overline{AD}$와 $\overline{BE}$의 교점을 P라 하자. $\widehat{AE}=\widehat{DE}$, $\angle APE=100°$일 때, $\angle BCE$의 크기는?

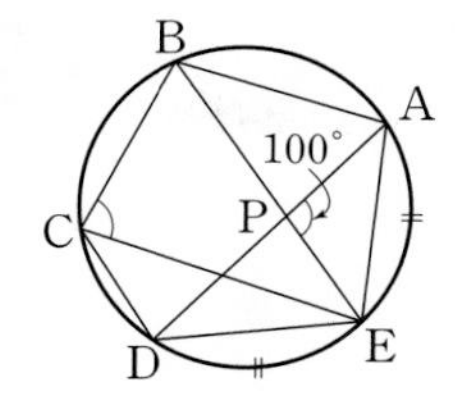

① 65° ② 70° ③ 75°
④ 80° ⑤ 85°

08 0586 오른쪽 그림과 같이 $\angle B=90°$인 직각삼각형 ABC에서 $\overline{AB}$는 원의 접선이고 점 A는 접점이다. $\widehat{AM}=\widehat{CM}$, $\overline{AC}=8$ cm일 때, $\triangle ABC$의 넓이는?

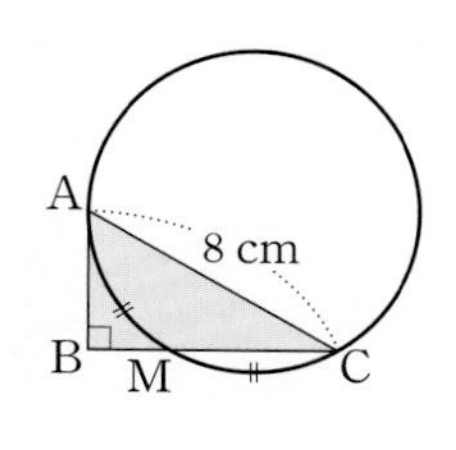

① 4 cm^2 ② $4\sqrt{3}\text{ cm}^2$ ③ 8 cm^2
④ $8\sqrt{3}\text{ cm}^2$ ⑤ $16\sqrt{3}\text{ cm}^2$

09 0587 오른쪽 그림에서 두 원은 서로 바깥쪽에 있으면서 한 점 P에서 만난다. $\overline{BP}=10$ cm, $\overline{CP}=4$ cm, $\overline{DP}=5$ cm일 때, $\overline{AP}$의 길이를 구하시오.

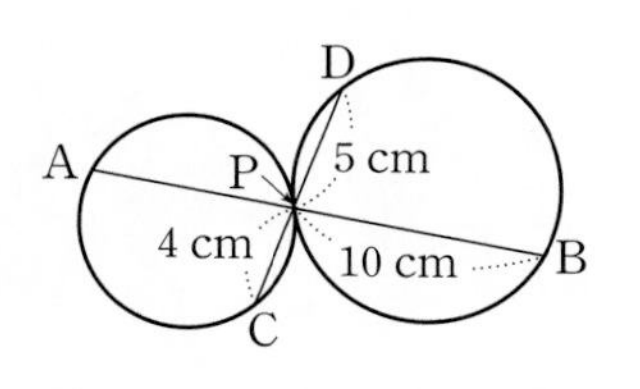

서술형 문제

10 0588 오른쪽 그림과 같이 좌표평면 위의 원점 O를 지나는 원 C가 x축과 점 A에서 만나고 y축과 점 B(0, 2)에서 만난다. 이 원 위의 점 P에 대하여 $\angle OPA=60°$일 때, 색칠한 부분의 넓이를 구하시오.

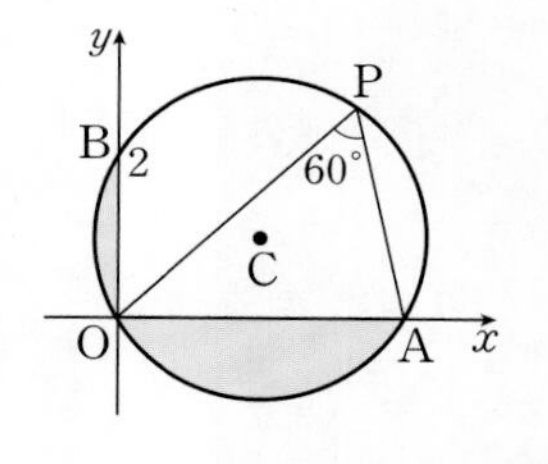

11 0589 오른쪽 그림에서 □ABCD는 원에 내접하고 $\widehat{ABC}$의 길이는 원주의 $\frac{1}{5}$, $\widehat{BCD}$의 길이는 원주의 $\frac{1}{4}$일 때, $\angle ABC-\angle DCE$의 크기를 구하시오.

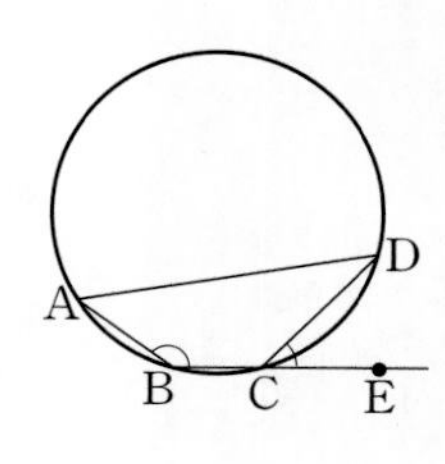

12 0590 오른쪽 그림과 같은 □ABCD에서 점 E는 $\overline{AC}$와 $\overline{BD}$의 교점이고 점 P는 $\overline{AD}$와 $\overline{BC}$의 연장선의 교점일 때, $\angle CED$의 크기를 구하시오.

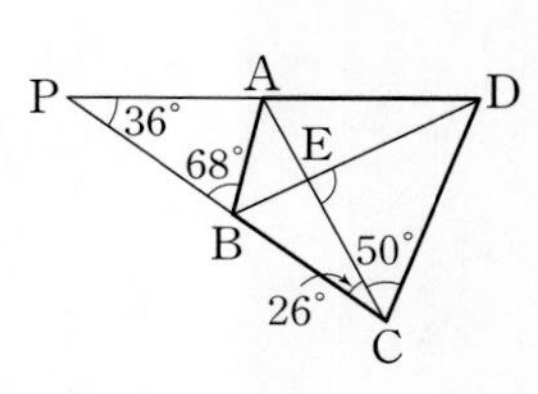

4 원주각

Ⅲ. 통계

5 통계

학습 계획 및 성취도 체크

- 학습 계획을 세우고 적어도 두 번 반복하여 공부합니다.
- 유형 이해도에 따라 ▢ 안에 ○, △, ×를 표시합니다.
- 시험 전에 [빈출] 유형과 × 표시한 유형은 반드시 한 번 더 풀어 봅니다.

			학습 계획	1차 학습	2차 학습
Lecture 14 대푯값	유형 01	평균	/	▢	▢
	유형 02	중앙값 빈출	/	▢	▢
	유형 03	최빈값	/	▢	▢
	유형 04	여러 가지 자료에서 대푯값 구하기	/	▢	▢
	유형 05	대푯값이 주어졌을 때 변량 구하기 빈출	/	▢	▢
Lecture 15 산포도	유형 06	편차를 이용하여 변량 구하기	/	▢	▢
	유형 07	분산과 표준편차 빈출	/	▢	▢
	유형 08	두 집단 전체의 평균과 표준편차	/	▢	▢
	유형 09	평균과 분산을 이용하여 식의 값 구하기	/	▢	▢
	유형 10	변화된 자료의 평균과 표준편차	/	▢	▢
	유형 11	여러 가지 자료에서 분산과 표준편차 구하기	/	▢	▢
	유형 12	표준편차의 직관적 비교	/	▢	▢
	유형 13	자료의 분석 빈출	/	▢	▢
Lecture 16 산점도와 상관관계	유형 14	산점도(1); 이상 또는 이하에 대한 조건이 주어질 때 빈출	/	▢	▢
	유형 15	산점도에서 평균 구하기	/	▢	▢
	유형 16	산점도(2); 두 자료를 비교할 때 빈출	/	▢	▢
	유형 17	두 변량 사이의 상관관계	/	▢	▢
	유형 18	산점도의 분석 빈출	/	▢	▢
단원 마무리	**Level B** 필수 유형 정복하기		/	▢	▢
	Level C 발전 유형 정복하기		/	▢	▢

Lecture 14

5. 통계

대푯값

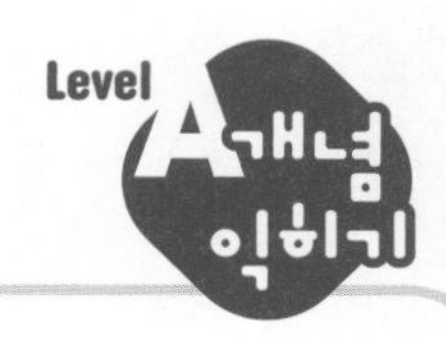

14-1 대푯값과 평균 | 유형 01, 04, 05

(1) **대푯값:** 자료의 중심적인 경향이나 특징을 대표적으로 나타내는 값

참고 대푯값에는 평균, 중앙값, 최빈값 등이 있고, 그중 가장 많이 쓰이는 것은 평균이다.

(2) **평균:** 변량의 총합을 변량의 개수로 나눈 값

$$(\text{평균})=\frac{(\text{변량의 총합})}{(\text{변량의 개수})}$$

예 자료 '1, 2, 3, 4, 5'의 평균은 $\frac{1+2+3+4+5}{5}=3$

14-2 중앙값 | 유형 02, 04, 05

(1) **중앙값:** 자료의 변량을 작은 값부터 순서대로 나열할 때, 중앙에 위치하는 값

(2) **중앙값 구하는 방법**

❶ 자료의 변량을 작은 값부터 순서대로 나열한다.

❷ 변량의 개수가

(i) 홀수이면 가운데 위치하는 값을 중앙값으로 한다.

(ii) 짝수이면 가운데 위치하는 두 값의 평균을 중앙값으로 한다.

예 ① 자료 '3, 4, 5, 6, 7'의 중앙값은 5

② 자료 '3, 4, 5, 6'의 중앙값은 $\frac{4+5}{2}=4.5$

참고 자료의 변량 중에서 매우 크거나 매우 작은 값이 포함되어 있는 경우에는 평균보다는 중앙값이 그 자료의 중심적인 경향을 더 잘 나타낼 수 있다.

14-3 최빈값 | 유형 03~05

(1) **최빈값:** 자료의 변량 중에서 가장 많이 나타나는 값

(2) **최빈값 구하는 방법**

자료의 변량 중에서 도수가 가장 큰 변량이 한 개 이상 있으면 그 값이 모두 최빈값이다.

➡ 최빈값은 자료에 따라 두 개 이상일 수도 있다.

예 ① 자료 '1, 2, 2, 3, 5'의 최빈값은 2

② 자료 '1, 1, 2, 3, 3, 5'의 최빈값은 1, 3

참고 최빈값은 변량이 중복되어 나타나는 자료나, 숫자로 나타낼 수 없는 자료의 대푯값으로 유용하다.

01 (0591) 다음 자료는 다원이가 지난주에 받은 전자 우편의 개수를 조사하여 나타낸 것이다. 전자 우편의 개수의 평균을 구하시오.

전자 우편의 개수 (단위: 개)

6, 4, 7, 5, 8, 7, 5

[02~03] 다음 자료의 중앙값을 구하시오.

02 (0592) 1, 11, 3, 9, 23

03 (0593) 22, 17, 13, 10, 12, 14

[04~06] 다음 자료의 최빈값을 구하시오.

04 (0594) 8, 6, 7, 3, 7, 4, 9

05 (0595) 12, 18, 19, 15, 18, 13, 12

06 (0596) 사과, 배, 귤, 사과, 바나나, 파인애플

07 (0597) 다음 줄기와 잎 그림은 유진이네 반 학생 13명의 1분 동안의 윗몸일으키기 횟수를 조사하여 나타낸 것이다. 이 자료의 중앙값과 최빈값을 각각 구하시오.

윗몸일으키기 횟수 (0|5는 5회)

줄기	잎				
0	5	7	9		
1	0	2	5	6	8
2	2	4	4	7	
3	1				

빠른답 5쪽 | 바른답 · 알찬풀이 64쪽

유형 01 평균 | 개념 14-1

대표문제

08 0598 자료 'x, y, z'의 평균이 12일 때, 자료 '3, x, y, z, 16'의 평균은?

① 9 ② 11 ③ 13
④ 15 ⑤ 17

09 0599 다음은 두 지하철역 A, B에서 각각 5명의 승객을 대상으로 지하철을 기다린 시간을 조사하여 나타낸 것이다. 두 역 중 지하철을 기다린 시간의 평균이 작은 역을 말하시오.

지하철을 기다린 시간 (단위: 분)

A역	5	4	6	5	4
B역	2	10	5	7	1

10 0600 자료 '$2a$, $2b-1$, $2c-2$, $2d-3$'의 평균이 6일 때, 자료 'a, b, c, d'의 평균을 구하시오.

생각⊕

11 0601 키가 서로 다른 농구 선수 5명이 시합에 출전하였다. 이 선수들 중 키가 176.1 cm인 선수가 182.6 cm인 선수로 교체되었을 때, 시합에 출전 중인 선수 5명의 키의 평균은 얼마나 커졌는가?

① 1.3 cm ② 1.32 cm ③ 1.34 cm
④ 1.36 cm ⑤ 1.38 cm

유형 02 중앙값 | 개념 14-2

빈출

대표문제

12 0602 다음 자료는 A, B 두 모둠 학생들의 주말 동안의 SNS 사용 시간을 조사하여 나타낸 것이다. A모둠의 자료의 중앙값을 a시간, B모둠의 자료의 중앙값을 b시간이라 할 때, $a+b$의 값을 구하시오.

SNS 사용 시간 (단위: 시간)

[A 모둠] 2, 3, 7, 4, 5, 8, 9, 4, 9
[B 모둠] 3, 8, 5, 6, 4, 8, 11, 9, 5, 12

13 0603 다음은 어느 반 학생 7명의 바둑 급수를 조사하여 나타낸 것이다. 이 자료의 중앙값을 구하시오.

14 0604 다음 자료 중에서 중앙값이 평균보다 자료의 중심적인 경향을 더 잘 나타내는 것은?

① 5, 7, 7, 8, 10, 11, 11, 12, 13
② 1, 2, 5, 10, 20, 26, 32, 38, 46
③ 0.4, 0.2, 1.7, 1, 0.6, 0.4, 0.2, 0.5, 1
④ 35, 2, 4, 1, 5, 2, 3, 4
⑤ −3, −1, 5, 8, −2, 0, 2, −10, 1

유형 03 최빈값 | 개념 14-3

대표문제

15 다음은 주사위를 9번 던져서 나온 눈의 수를 조사하여 나타낸 것이다. 이 자료의 중앙값을 a, 최빈값을 b라 할 때, $a+b$의 값을 구하시오.
0605

주사위의 눈의 수

5, 4, 3, 1, 6, 4, 1, 4, 2

16 오른쪽 표는 유라네 반 학생 20명이 연주할 수 있는 악기를 조사하여 나타낸 것이다. 이 자료의 최빈값은?
0606

악기	학생 수(명)
피아노	6
바이올린	4
플루트	7
기타	2
첼로	1

① 피아노 ② 바이올린
③ 플루트 ④ 기타
⑤ 첼로

17 다음은 지난 일주일 동안 두 팬클럽 A, B에 가입한 회원 수를 조사하여 나타낸 것이다. **보기** 중 옳은 것을 모두 고른 것은?
0607

가입한 회원 수 (단위: 명)

A 팬클럽	4	6	3	5	6	9	2
B 팬클럽	3	4	6	6	9	8	6

보기
ㄱ. A 팬클럽과 B 팬클럽의 자료의 평균은 같다.
ㄴ. A 팬클럽의 자료의 중앙값은 최빈값보다 작다.
ㄷ. B 팬클럽의 자료의 중앙값은 최빈값보다 크다.

① ㄱ ② ㄴ ③ ㄱ, ㄴ
④ ㄱ, ㄷ ⑤ ㄴ, ㄷ

유형 04 여러 가지 자료에서 대푯값 구하기 | 개념 14-1~3

대표문제

18 다음 줄기와 잎 그림은 어느 요리 동아리 회원 12명의 한 달 동안의 블로그 방문 횟수를 조사하여 나타낸 것이다. 이 자료의 평균을 a회, 중앙값을 b회라 할 때, $b-a$의 값은?
0608

블로그 방문 횟수 (0|3은 3회)

줄기	잎				
0	3	6	8		
1	2	5	5	7	9
2	0	0	1	4	

① 0 ② 1 ③ 2
④ 3 ⑤ 4

서술형

19 오른쪽 꺾은선그래프는 민호네 반 학생 21명의 수학 수행 평가 점수를 조사하여 나타낸 것이다. 이 자료의 중앙값을 a점, 최빈값을 b점이라 할 때, ab의 값을 구하시오.
0609

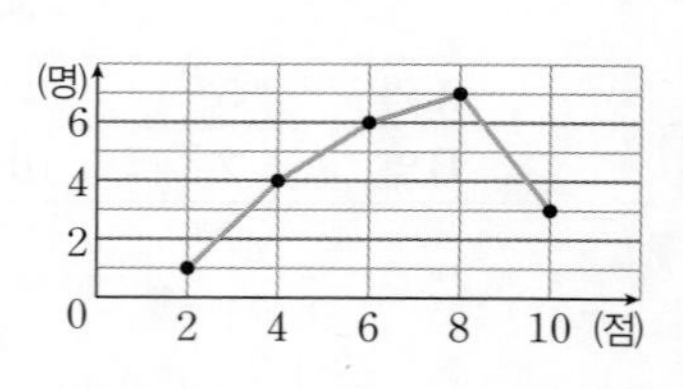

20 다음은 현지네 반 학생 20명이 여름 방학 동안 읽은 책의 수를 조사하여 나타낸 것이다. 이 자료의 평균을 a권, 중앙값을 b권, 최빈값을 c권이라 할 때, a, b, c의 대소 관계를 나타내시오.
0610

읽은 책의 수

책의 수(권)	1	3	5	7	9
학생 수(명)	4	7	5	3	1

빈출

유형 05 대푯값이 주어졌을 때 변량 구하기 | 개념 14-1~3

① 평균이 주어진 경우

➡ $(\text{평균})=\dfrac{(\text{변량의 총합})}{(\text{변량의 개수})}$임을 이용하여 식을 세운다.

② 중앙값이 주어진 경우

➡ 변량을 작은 값부터 순서대로 나열한 후, 자료의 개수가 홀수인지 또는 짝수인지를 확인하고 문제의 조건에 맞게 식을 세운다.

③ 최빈값이 주어진 경우

➡ 도수가 가장 큰 변량을 확인하고 문제의 조건에 맞게 식을 세운다.

대표문제

21 0611 다음은 학생 8명의 일주일 동안의 운동 시간을 조사하여 나타낸 것이다. 이 자료의 평균이 8시간일 때, 중앙값과 최빈값의 합은?

운동 시간 (단위: 시간)

5, 8, 14, x, 2, 5, 14, 11

① 10시간 ② 10.5시간 ③ 11시간
④ 11.5시간 ⑤ 12시간

22 0612 어떤 자료의 변량을 작은 값부터 순서대로 나열하면 '50, 58, 64, x'이다. 이 자료의 평균과 중앙값이 같을 때, x의 값은?

① 66 ② 68 ③ 70
④ 72 ⑤ 74

생각⊕

23 0613 선생님께서 어느 모둠에 속한 학생 6명의 통학 시간에 대한 단서를 다음과 같이 제시하였다.

[단서 1] 통학 시간을 작은 값부터 순서대로 나열하였더니 3번째 학생의 통학 시간은 24분이다.
[단서 2] 6명의 통학 시간의 중앙값은 26분이다.

이 모둠에 통학 시간이 30분인 학생 1명이 들어올 때, 이 모둠의 학생 7명의 통학 시간의 중앙값을 구하시오.

24 0614 다음은 어느 야구 팀 타자 9명이 지난 시즌에서 친 홈런의 개수를 조사하여 나타낸 것이다. 이 자료의 평균이 5개이고 최빈값이 7개일 때, 중앙값을 구하시오.

홈런의 개수 (단위: 개)

10, 3, 7, x, 0, y, 9, 6, 1

서술형

25 0615 오른쪽 막대그래프는 윤희네 반 학생들의 일주일 동안의 공부 시간을 조사하여 나타낸 것인데 일부가 찢어져 보이지 않는다. 이 자료의 평균이 14시간일 때, 중앙값과 최빈값을 각각 구하시오.

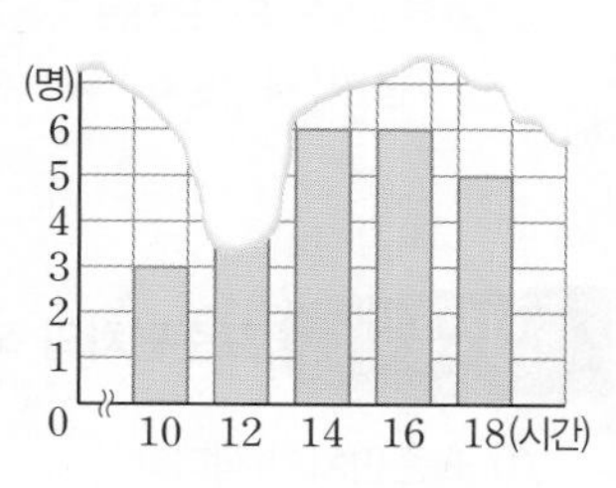

5 통계

5. 통계

산포도

15-1 산포도와 편차 | 유형 06

(1) **산포도:** 변량들이 대푯값을 중심으로 흩어져 있는 정도를 하나의 수로 나타낸 값

참고 ① 산포도에는 분산과 표준편차를 많이 사용한다.
② 일반적으로 평균을 대푯값으로 할 때, 자료의 변량이 평균에 모여 있을수록 산포도는 작아지고, 흩어져 있을수록 산포도는 커진다.

(2) **편차:** 어떤 자료에 대하여 각 변량에서 평균을 뺀 값

(편차)=(변량)−(평균)

① 편차의 총합은 항상 0이다.
② 편차는 변량이 평균보다 크면 양수이고, 변량이 평균보다 작으면 음수이다.
└ (변량)>(평균) ➡ (편차)>0
└ (변량)<(평균) ➡ (편차)<0
③ 편차의 절댓값이 클수록 그 변량은 평균에서 멀리 떨어져 있고, 편차의 절댓값이 작을수록 그 변량은 평균에 가까이 있다.

예 자료 '1, 2, 3, 4, 5'의 평균은 3이므로 각 변량의 편차는 순서대로 -2, -1, 0, 1, 2

15-2 분산과 표준편차 | 유형 07~13

(1) **분산:** 편차를 제곱한 값의 평균

$$(\text{분산})=\frac{\{(\text{편차})^2\text{의 총합}\}}{(\text{변량의 개수})}$$

(2) **표준편차:** 분산의 양의 제곱근

$$(\text{표준편차})=\sqrt{(\text{분산})}$$

예 각 변량의 편차가 각각 0, 3, -1, -3, 1일 때

$(\text{분산})=\frac{0^2+3^2+(-1)^2+(-3)^2+1^2}{5}=\frac{20}{5}=4$

$(\text{표준편차})=\sqrt{4}=2$

참고 ① 분산에는 단위를 붙이지 않으며, 표준편차의 단위는 변량의 단위와 같다.
② 분산 또는 표준편차는 다음과 같은 순서로 구한다.
평균 ➡ 편차 ➡ (편차)^{2}의 총합 ➡ 분산 ➡ 표준편차

실전특강 표준편차의 직관적 비교 | 유형 12

① 표준편차가 작다.
➡ 자료의 변량들이 평균을 중심으로 가까이 모여 있다.
② 표준편차가 크다.
➡ 자료의 변량들이 평균을 중심으로 멀리 흩어져 있다.

[01~02] 다음 자료는 어느 반 학생들이 조별로 단체 줄넘기를 한 횟수를 조사하여 나타낸 것이다. 물음에 답하시오.

단체 줄넘기 횟수 (단위: 회)

2, 6, 10, 8, 4

01 (0616) 평균을 구하시오.

02 (0617) 다음 표를 완성하시오.

(단위: 회)

횟수	2	6	10	8	4
편차					

[03~04] 다음 각 자료에 대한 편차를 구하시오.

03 (0618) 3, 7, 12, 15, 18

04 (0619) 4, 9, 8, 2, 11, 8

05 (0620) 다음은 어떤 자료에 대한 편차가 '8, -10, x, 4'일 때, x의 값을 구하는 과정이다. □ 안에 알맞은 수를 써넣으시오.

편차의 총합은 항상 □이므로
$8+(-10)+x+4=$□ $\therefore x=$□

[06~07] 어떤 자료의 편차가 다음과 같을 때, x의 값을 구하시오.

06 (0621) -5, -3, x, 2, -1

07 (0622) x, 10, -4, -3, 6

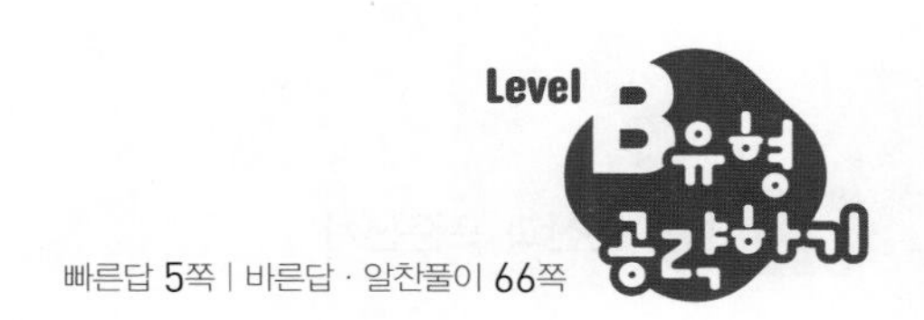

빠른답 5쪽 | 바른답 · 알찬풀이 66쪽

[08~11] 다음 자료에 대하여 물음에 답하시오.

24, 18, 20, 21, 17

08 평균을 구하시오.
0623

09 다음 표를 완성하시오.
0624

변량	24	18	20	21	17
편차					
(편차)^2					

10 분산을 구하시오.
0625

11 표준편차를 구하시오.
0626

[12~13] 다음 자료의 분산과 표준편차를 각각 구하시오.

12 7, 9, 14, 10
0627

13 19, 16, 15, 17, 14, 15
0628

[14~16] 다음 중 옳은 것은 ○표, 옳지 않은 것은 ×표를 하시오.

14 편차는 평균에서 변량을 뺀 값이다. ( )
0629

15 평균보다 작은 변량의 편차는 음수이다. ( )
0630

16 분산이 작을수록 자료의 변량은 평균을 중심으로 흩어져 있다. ( )
0631

유형 06 편차를 이용하여 변량 구하기 | 개념 15-1

대표문제

17 다음은 학생 5명의 수학 성적에 대한 편차를 조사하여 나타낸 것이다. 5명의 수학 성적의 평균이 71점일 때, 학생 C의 수학 성적을 구하시오.
0632

수학 성적 (단위: 점)

학생	A	B	C	D	E
편차	4	-2		1	-6

18 보미네 반 학생들의 키의 평균은 165 cm이다. 보미의 키의 편차가 4 cm일 때, 보미의 키를 구하시오.
0633

서술형

19 다음은 학생 6명의 한 달 동안의 도서관 방문 횟수에 대한 편차를 조사하여 나타낸 것이다. 학생 D의 방문 횟수가 16회일 때, 학생 6명의 도서관 방문 횟수의 평균을 구하시오.
0634

도서관 방문 횟수 (단위: 회)

학생	A	B	C	D	E	F
편차	-5	2	7	x	-3	1

20 다음은 지윤이네 동네에 있는 6가구의 자녀 수에 대한 편차를 조사하여 나타낸 것이다. **보기** 중 옳은 것을 모두 고르시오.
0635

자녀 수 (단위: 명)

가구	A	B	C	D	E	F
편차	-4	1	0	3		-2

보기
ㄱ. C 가구의 자녀 수는 평균과 같다.
ㄴ. D 가구와 F 가구의 자녀 수의 차는 1명이다.
ㄷ. 평균보다 자녀 수가 많은 가구는 2가구이다.

5 통계

빈출

유형 07 분산과 표준편차 | 개념 15-2

대표문제

21 0636 다음 자료는 어느 농장에서 기르는 송아지 5마리의 몸무게에 대한 편차를 조사하여 나타낸 것이다. 송아지의 몸무게의 표준편차를 구하시오.

송아지의 몸무게 (단위: kg)

$-2,\ 4,\ 1,\ -5,\ 2$

22 0637 다음 표는 학생 6명의 하루 동안의 통화 시간에 대한 편차를 조사하여 나타낸 것이다. 통화 시간의 분산은?

통화 시간 (단위: 분)

학생	A	B	C	D	E	F
편차	3	-2	1	x	1	-1

① 2 ② $\frac{8}{3}$ ③ 3
④ $\frac{10}{3}$ ⑤ 4

서술형

23 0638 자료 '3, 6, 12, 8, x, $x+1$'의 평균이 8일 때, 표준편차를 구하시오.

생각⊕

24 0639 다음 자료의 평균과 중앙값이 모두 1일 때, 분산을 구하시오. (단, $a<b$)

$2,\ -4,\ a,\ 3,\ 0,\ b,\ 6$

유형 08 두 집단 전체의 평균과 표준편차 | 개념 15-2

평균이 같은 두 집단 A, B의 도수와 표준편차가 오른쪽 표와 같을 때, 두 집단 전체의 표준편차는

	A	B
도수	a	b
표준편차	x	y

$$\sqrt{\frac{\{(\text{편차})^2\text{의 총합}\}}{(\text{도수의 총합})}}=\sqrt{\frac{ax^2+by^2}{a+b}}$$

대표문제

25 0640 오른쪽 표는 A, B 두 모둠의 학생 수와 수면 시간의 평균과 표준편차를 조사하여 나타낸 것이다. A, B 두 모둠 전체의 수면 시간의 표준편차를 구하시오.

모둠	A	B
학생 수 (명)	14	16
평균 (시간)	7	7
표준편차 (시간)	$\sqrt{6}$	3

26 0641 남학생 15명과 여학생 25명의 국어 성적은 평균이 같고 분산이 각각 4, 2이다. 전체 학생 40명의 국어 성적의 분산은?

① 1 ② $\frac{3}{2}$ ③ $\frac{9}{4}$
④ $\frac{5}{2}$ ⑤ $\frac{11}{4}$

27 0642 남학생 3명과 여학생 3명의 과학 수행 평가 점수는 평균이 같고 표준편차가 각각 2점, a점이다. 전체 학생 6명의 과학 수행 평가 점수의 분산이 $\frac{7}{2}$일 때, a의 값을 구하시오.

유형 09 평균과 분산을 이용하여 식의 값 구하기 | 개념 15-2

자료 'x_1, x_2, $\cdots$, x_n'의 평균이 m, 분산이 s^2일 때, 다음을 이용하여 식의 값을 구한다.

① $m=\dfrac{x_1+x_2+\cdots+x_n}{n}$ ← (변량의 총합) / (변량의 개수)

② $s^2=\dfrac{(x_1-m)^2+(x_2-m)^2+\cdots+(x_n-m)^2}{n}$ ← {(편차)^{2}의 총합} / (변량의 개수)

대표문제

28 0643 자료 '7, x, y, 9, 11'의 평균이 9이고 표준편차가 $\sqrt{5}$일 때, x^2+y^2의 값을 구하시오.

29 0644 자료 'x, y, z'의 평균이 5이고 분산이 4일 때, 자료 'x^2, y^2, z^2'의 평균은?

① 23 ② 26 ③ 29
④ 32 ⑤ 35

30 0645 자료 '10, 9, 6, a, b'의 평균이 8이고 분산이 10일 때, ab의 값을 구하시오.

서술형

31 0646 다음 표는 학생 5명의 운동화 크기에 대한 편차를 조사하여 나타낸 것이다. 표준편차가 $\sqrt{14}$ mm일 때, $a-b$의 값을 구하시오. (단, $a>b$)

운동화 크기 (단위: mm)

학생	A	B	C	D	E
편차	-2	a	-5	b	6

유형 10 변화된 자료의 평균과 표준편차 | 개념 15-2

자료 'x_1, x_2, $\cdots$, x_n'의 평균이 m, 표준편차가 s일 때, 자료 'ax_1+b, ax_2+b, $\cdots$, ax_n+b'에 대하여

① (평균)$=am+b$

② (분산)$=a^2s^2$

③ (표준편차)$=|a|s$

➡ 주어진 자료에 일정한 수를 더하거나 빼는 것은 분산과 표준편차에 영향을 주지 않는다.

대표문제

32 0647 자료 'a, b, c, d'의 평균이 6이고 표준편차가 3일 때, 자료 '$a-3$, $b-3$, $c-3$, $d-3$'의 평균과 분산을 차례대로 구하면?

① 2, 9 ② 3, 6 ③ 3, 9
④ 6, 6 ⑤ 6, 9

33 0648 자료 'x, y, z'의 평균이 10이고 표준편차가 8일 때, 자료 '$2x$, $2y$, $2z$'의 평균은 m, 표준편차는 s이다. 이때 $m+s$의 값은?

① 32 ② 34 ③ 36
④ 38 ⑤ 40

34 0649 자료 'a, b, c, d, e'의 평균이 9이고 분산이 4일 때, 자료 '$3a+1$, $3b+1$, $3c+1$, $3d+1$, $3e+1$'의 표준편차는?

① $2\sqrt{7}$ ② $4\sqrt{2}$ ③ 6
④ $2\sqrt{10}$ ⑤ $2\sqrt{11}$

유형 11 여러 가지 자료에서 분산과 표준편차 구하기 | 개념 15-2

대표문제

35 0650 다음은 어느 편의점에서 판매하는 10개의 음료수의 100 mL당 열량을 조사하여 나타낸 것이다. 음료수의 100 mL당 열량의 표준편차는?

음료수의 100 mL당 열량

열량(kcal)	5	15	25	35
개수(개)	1	5	3	1

① 2 kcal ② 4 kcal ③ 6 kcal
④ 8 kcal ⑤ 10 kcal

36 0651 오른쪽 꺾은선그래프는 어느 중학교 씨름부 학생 20명의 몸무게를 조사하여 나타낸 것이다. 몸무게의 표준편차는?

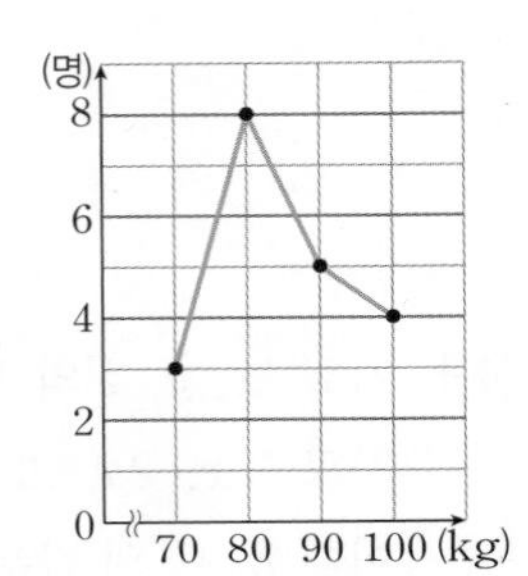

① $\sqrt{95}$ kg ② 10 kg
③ $\sqrt{105}$ kg ④ $\sqrt{115}$ kg
⑤ $2\sqrt{30}$ kg

37 0652 다음 표는 인성이네 반 학생들의 1학기 동안의 봉사 활동 시간에 대한 편차와 학생 수를 조사하여 나타낸 것이다. 봉사 활동 시간의 분산을 구하시오.

봉사 활동 시간

편차(시간)	−2	−1	0	1	2
학생 수(명)	3	6	5	x	2

38 0653 오른쪽 막대그래프는 주영이네 반 학생 20명의 턱걸이 횟수를 조사하여 나타낸 것인데 일부가 찢어져 보이지 않는다. 턱걸이 횟수의 평균이 5회일 때, 분산을 구하시오.

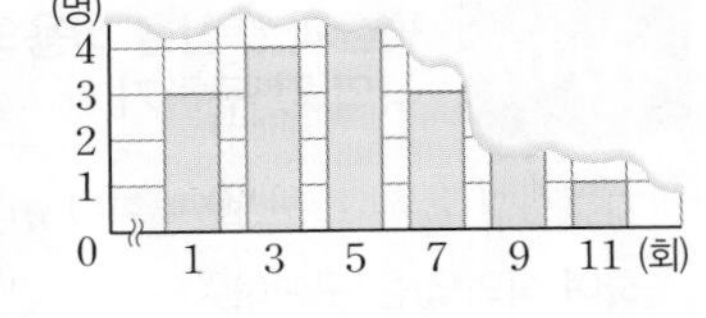

유형 12 표준편차의 직관적 비교 | 개념 15-2

대표문제

39 0654 다음 자료 중에서 표준편차가 가장 큰 것은?

① 1, 1, 1, 1, 1, 1 ② 1, 2, 3, 1, 2, 3
③ 2, 3, 2, 3, 2, 3 ④ 1, 3, 1, 3, 1, 3
⑤ 1, 2, 1, 2, 1, 2

생각⊕

40 0655 다음 그림은 1부터 9까지의 점수가 적힌 표적에 A, B, C, D 4명이 각각 10발씩 사격한 결과이다. 10발에 대한 사격 점수의 평균이 5점으로 모두 같을 때, 사격 점수의 표준편차가 가장 작은 사람을 말하시오.

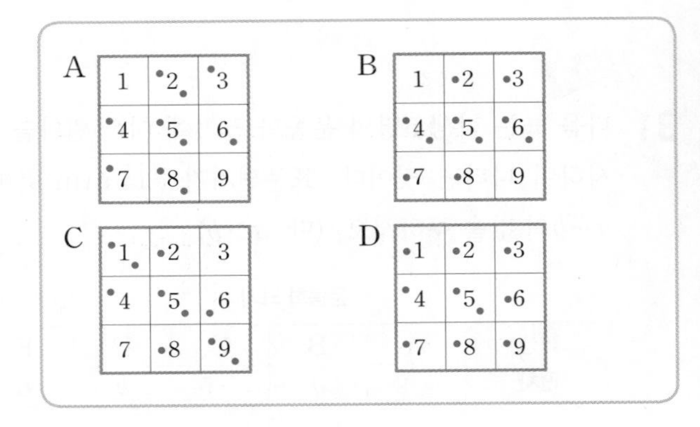

빈출

유형 13 자료의 분석 | 개념 15-2

① 표준편차가 작다.
➡ 자료의 분포 상태가 고르다.
② 표준편차가 크다.
➡ 자료의 분포 상태가 고르지 않다.

대표문제

41 0656 다음 표는 각 지역별 학생들의 수학 성적에 대한 평균과 표준편차를 조사하여 나타낸 것이다. **보기** 중 옳은 것을 모두 고른 것은?

지역	A	B	C	D	E
평균 (점)	70	85	68	82	82
표준편차 (점)	5.5	6	8.2	8.8	3

보기
ㄱ. 산포도가 가장 큰 지역은 D이다.
ㄴ. D 지역 학생들의 수학 성적이 다른 지역 학생들의 성적보다 대체로 우수하다.
ㄷ. 수학 성적이 고르게 분포된 지역을 순서대로 나열하면 E, A, B, C, D이다.

① ㄱ ② ㄴ ③ ㄱ, ㄷ
④ ㄴ, ㄷ ⑤ ㄱ, ㄴ, ㄷ

42 0657 다음 표는 학생 4명의 방학 한 달 동안의 하루 학습 시간의 평균과 표준편차를 조사하여 나타낸 것이다. 물음에 답하시오.

학생	은성	민주	지연	연우
평균 (시간)	3	6	4	5
표준편차 (시간)	1	1.2	0.5	2.1

(1) 학습 시간이 가장 짧은 학생을 말하시오.

(2) 학습 시간이 가장 고르지 않은 학생을 말하시오.

서술형

43 0658 다음은 A, B 두 학생의 10회에 걸친 탁구 경기 득점을 조사하여 나타낸 것이다. 두 학생 중에서 득점이 고른 학생을 교내 탁구 대회 선수로 선발하려고 할 때, A, B 두 학생 중 누구를 선발해야 하는지 말하시오.

탁구 경기 득점 (단위: 점)

회	1	2	3	4	5	6	7	8	9	10
A	9	10	10	9	9	7	10	9	10	7
B	10	10	9	8	9	10	9	7	9	9

44 0659 다음은 현경이네 반 학생 15명이 세 연극 A, B, C를 모두 관람한 후 참여한 선호도 조사에서 적어낸 평점을 막대그래프로 나타낸 것이다. 세 연극 중 어느 연극의 평점이 가장 고른지 말하시오.

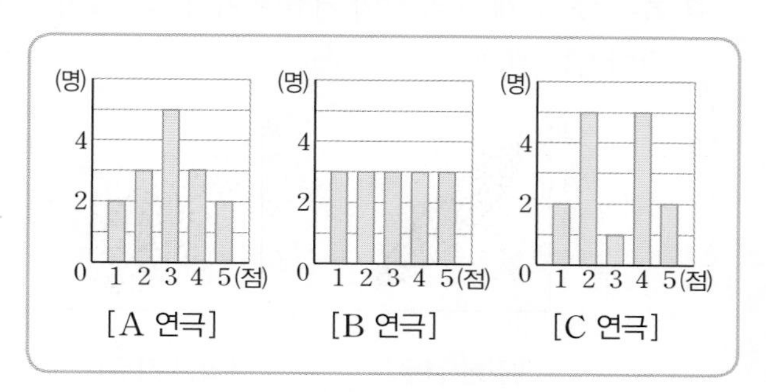

Lecture 16

5. 통계

산점도와 상관관계

16-1 산점도 | 유형 14~16, 18

어떤 자료에서 두 변량 x와 y에 대하여 순서쌍 (x, y)를 좌표평면 위에 점으로 나타낸 그래프를 x와 y의 **산점도**라 한다.

16-2 상관관계 | 유형 17, 18

(1) **상관관계:** 두 변량 x와 y 사이에 어떤 관계가 있을 때, 이 관계를 **상관관계**라 하고 두 변량 x와 y 사이에 상관관계가 있다고 한다.

(2) **상관관계의 종류**

두 변량 x와 y에 대하여

① **양의 상관관계:** x의 값이 커짐에 따라 y의 값도 대체로 커지는 관계

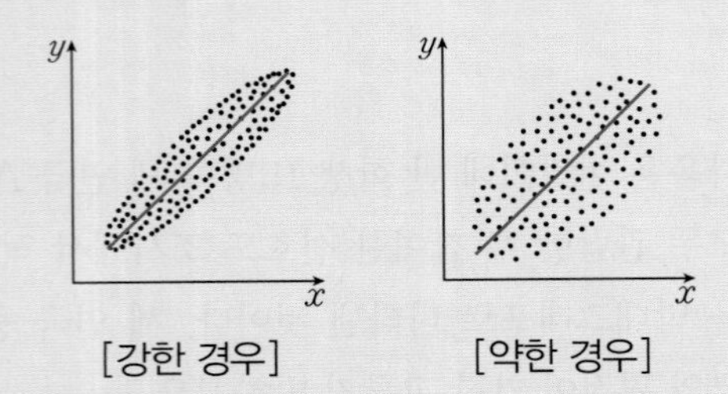

[강한 경우] [약한 경우]

② **음의 상관관계:** x의 값이 커짐에 따라 y의 값이 대체로 작아지는 관계

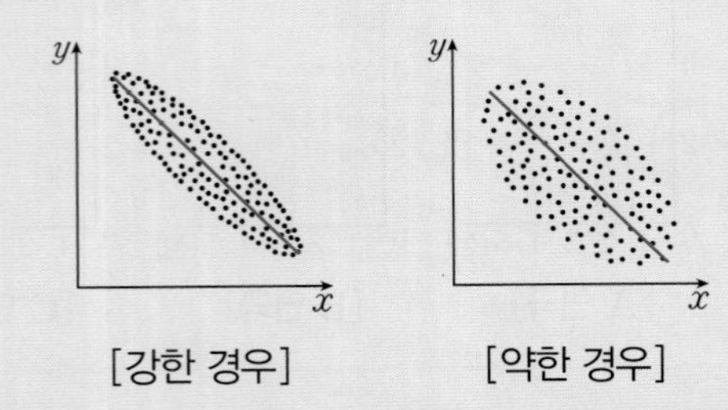

[강한 경우] [약한 경우]

③ **상관관계가 없다:** x의 값이 커짐에 따라 y의 값이 커지는지 또는 작아지는지 그 관계가 분명하지 않은 경우

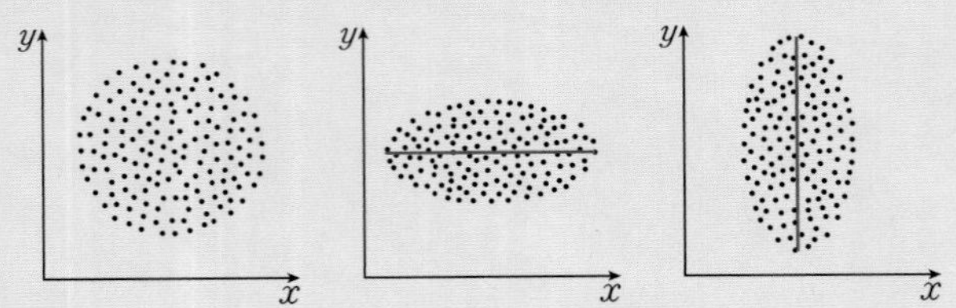

참고 양 또는 음의 상관관계가 있는 산점도에서 점들이 한 직선에 가까이 분포되어 있을수록 '상관관계가 강하다'고 하고, 흩어져 있을수록 '상관관계가 약하다'고 한다.

[01~03] 다음은 누리네 반 학생 8명의 하루 동안의 운동 시간과 소모 열량을 조사하여 나타낸 것이다. 물음에 답하시오.

운동 시간과 소모 열량

운동 시간 (분)	20	15	25	30
소모 열량 (kcal)	120	100	110	120

운동 시간 (분)	35	25	30	15
소모 열량 (kcal)	140	130	150	110

01 0660 하루 동안의 운동 시간을 x분, 소모 열량을 y kcal라 할 때, 순서쌍 (x, y)를 모두 구하시오.

02 0661 **01**을 이용하여 x, y의 산점도를 오른쪽 좌표평면 위에 그리시오.

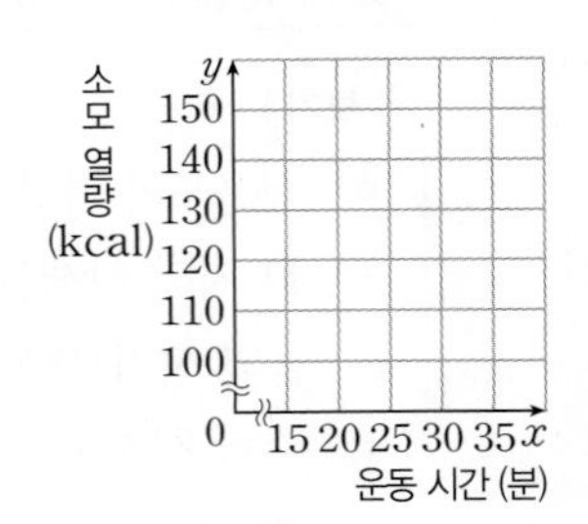

03 0662 운동 시간과 소모 열량 사이에 어떤 상관관계가 있는지 말하시오.

[04~06] 다음 **보기**를 보고 물음에 답하시오.

보기
ㄱ. 미술관의 하루 관람객 수와 입장료 총액
ㄴ. 물건의 가격과 소비량
ㄷ. 시력과 눈의 크기
ㄹ. 자동차가 움직인 거리와 사용한 연료의 양
ㅁ. 오징어 어획량과 1마리당 가격

04 0663 양의 상관관계가 있는 것을 모두 고르시오.

05 0664 음의 상관관계가 있는 것을 모두 고르시오.

06 0665 상관관계가 없는 것을 모두 고르시오.

빠른답 5쪽 | 바른답 · 알찬풀이 71쪽

빈출

유형 14 산점도(1); 이상 또는 이하에 대한 조건이 주어질 때 | 개념 16-1

다음과 같이 기준이 되는 보조선을 그린다.

① x가 a 이상 ➡ 기준선은 직선 $x=a$
➡ 기준선 위 또는 오른쪽

② x가 a 이하 ➡ 기준선은 직선 $x=a$
➡ 기준선 위 또는 왼쪽

③ y가 b 이상 ➡ 기준선은 직선 $y=b$
➡ 기준선 위 또는 위쪽

④ y가 b 이하 ➡ 기준선은 직선 $y=b$
➡ 기준선 위 또는 아래쪽

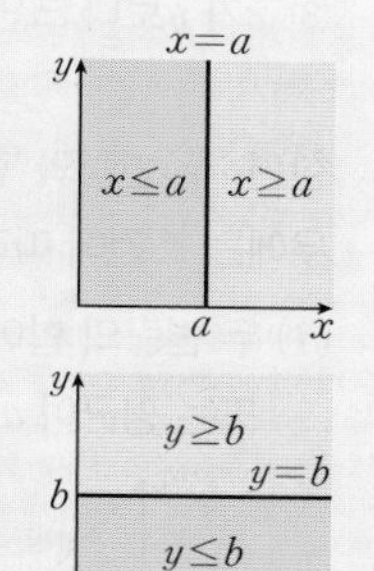

대표문제

[07~08] 오른쪽 산점도는 12개의 스마트폰의 사용 시간과 남은 배터리 양을 조사하여 나타낸 것이다. 다음 물음에 답하시오.

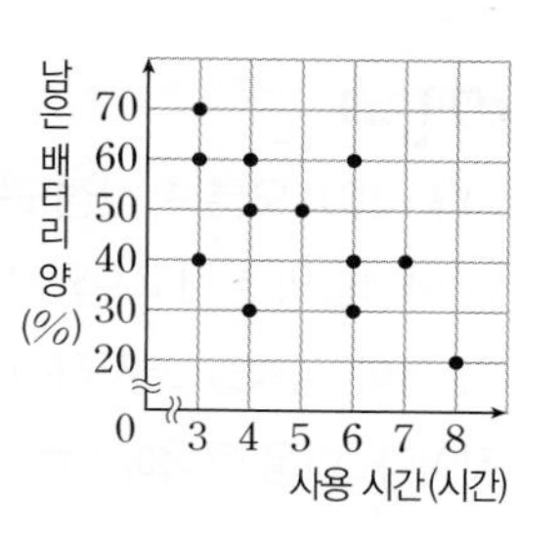

07 스마트폰의 남은 배터리 양이 30 % 이상 50 % 이하인 스마트폰의 개수는?
0666

① 5개 ② 6개 ③ 7개
④ 8개 ⑤ 9개

08 스마트폰의 사용 시간이 6시간 이상이고 남은 배터리 양이 40 % 미만인 스마트폰의 비율을 구하시오.
0667

[09~11] 오른쪽 산점도는 어느 중학교 3학년 학생 15명의 하루 동안의 컴퓨터 사용 시간과 수면 시간을 조사하여 나타낸 것이다. 다음 물음에 답하시오.

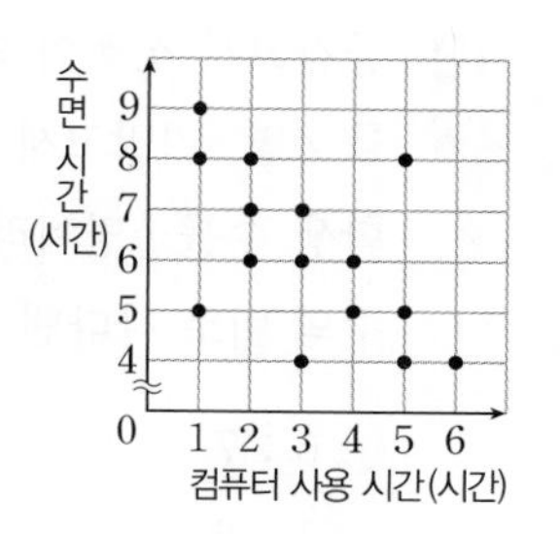

09 컴퓨터 사용 시간이 가장 많은 학생의 수면 시간을 구하시오.
0668

10 컴퓨터 사용 시간이 4시간 이상인 학생 수는?
0669

① 2명 ② 3명 ③ 4명
④ 5명 ⑤ 6명

11 컴퓨터 사용 시간이 3시간 미만인 학생 중에서 수면 시간이 8시간 이상인 학생의 비율은?
0670

① $\frac{1}{5}$ ② $\frac{1}{3}$ ③ $\frac{2}{5}$
④ $\frac{1}{2}$ ⑤ $\frac{3}{5}$

[12~13] 오른쪽 산점도는 어느 중학교 학생 16명의 좌우 시력을 조사하여 나타낸 것이다. 다음 물음에 답하시오.

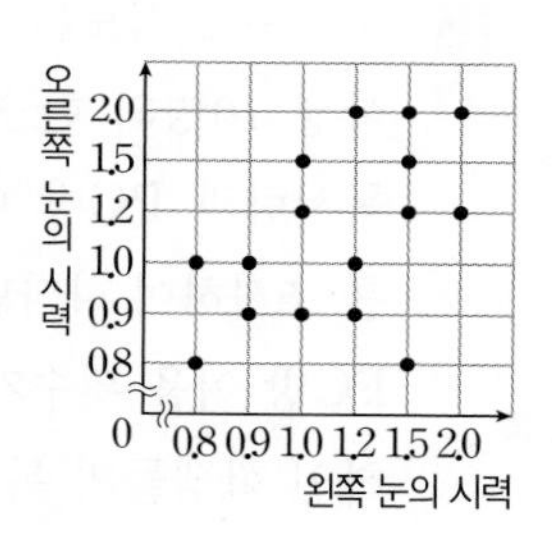

12 왼쪽 눈의 시력과 오른쪽 눈의 시력이 모두 1.5 초과인 학생 수는?
0671

① 1명 ② 2명 ③ 3명
④ 4명 ⑤ 5명

서술형

13 다음 조건을 모두 만족하는 학생은 전체의 몇 %인지 구하시오.
0672

> (가) 왼쪽 눈의 시력이 0.9 이상 1.5 미만이다.
> (나) 오른쪽 눈의 시력이 1.2 이하이다.

유형 15 산점도에서 평균 구하기 | 개념 16-1

❶ 주어진 조건을 만족하는 점들을 찾는다.
❷ 그 점의 순서쌍 중 평균을 구하고자 하는 값이 x의 값인지, y의 값인지 확인하여 그 변량의 평균을 구한다.

대표문제

14 0673 오른쪽 산점도는 지난 여름 15일 동안의 최고 기온과 습도를 조사하여 나타낸 것이다. 최고 기온이 36 °C 이상인 날들의 습도의 평균은?

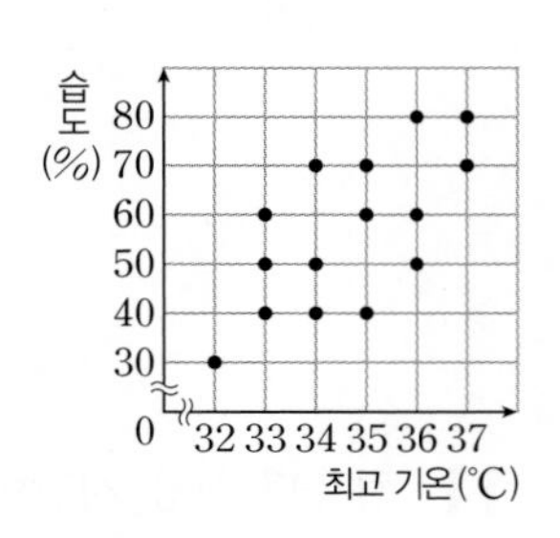

① 62 % ② 64 % ③ 66 %
④ 68 % ⑤ 70 %

서술형

15 0674 오른쪽 산점도는 선희네 반 학생 10명의 한 달 동안의 독서량과 PC방 이용 횟수를 조사하여 나타낸 것이다. PC방 이용 횟수가 10회 이하인 학생들의 독서량의 평균을 구하시오.

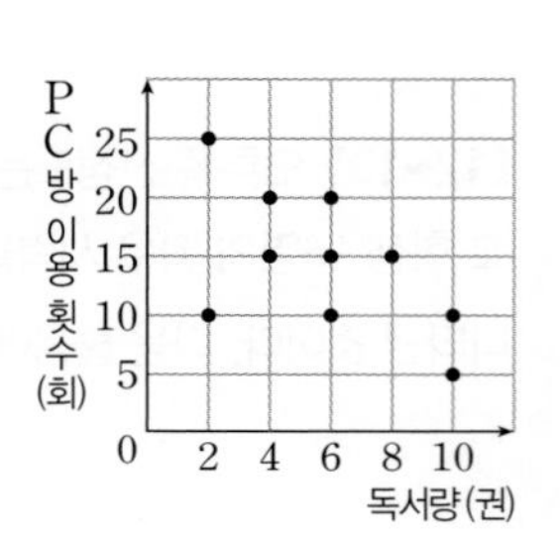

16 0675 오른쪽 산점도는 연희네 반 학생 14명의 몸무게와 키를 조사하여 나타낸 것이다. 몸무게가 55 kg 이상 65 kg 미만인 학생들의 키의 평균을 구하시오.

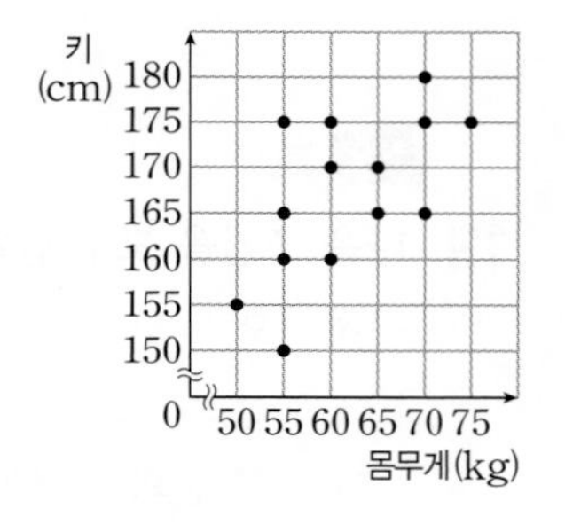

빈출

유형 16 산점도(2); 두 자료를 비교할 때 | 개념 16-1

산점도에서 '같은', '높은', '낮은'과 같이 두 변량을 비교하는 말이 나오면 먼저 기준이 되는 보조선을 그린다.

① x, y가 같으면 ➡ 기준선 $y=x$ 위
② y가 x보다 크면 ➡ 기준선 $y=x$의 위쪽
③ x가 y보다 크면 ➡ 기준선 $y=x$의 아래쪽

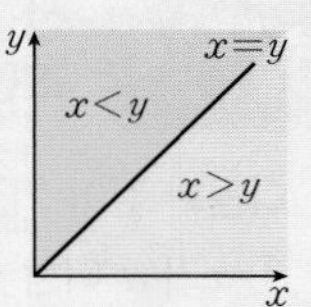

한편, 두 변량의 '합 또는 평균'이나 두 변량의 '차'가 주어지는 경우에는 조건에 따라 다음과 같이 보조선을 그린다.

(i) 두 변량의 합이 $2a$ 이상 또는 평균이 a 이상인 경우
(ii) 두 변량의 차가 a 이상인 경우

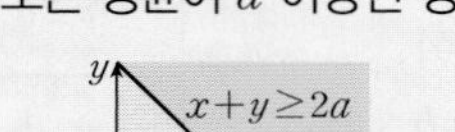

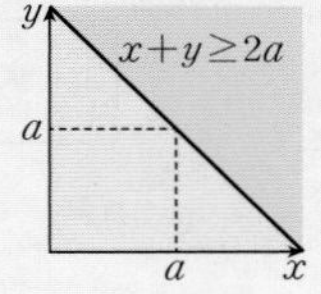

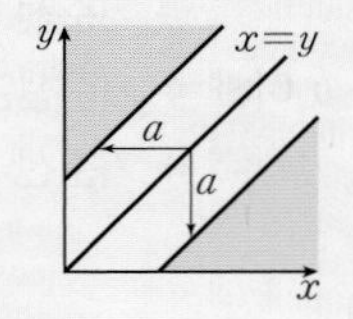

대표문제

[17~20] 오른쪽 산점도는 어느 반 학생들의 중간고사와 기말고사의 과학 성적을 조사하여 나타낸 것이다. 다음 물음에 답하시오.

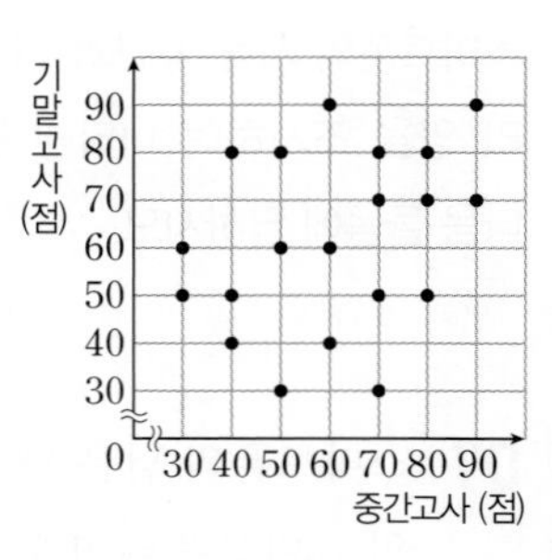

17 0676 전체 학생 수는? (단, 중복되는 점은 없다.)

① 18명 ② 19명 ③ 20명
④ 21명 ⑤ 22명

18 0677 중간고사 성적이 기말고사 성적보다 우수한 학생 수를 a명, 기말고사 성적이 중간고사 성적보다 우수한 학생 수를 b명이라 할 때, $a:b$를 가장 간단한 자연수의 비로 나타낸 것은?

① 6 : 7 ② 7 : 8 ③ 1 : 1
④ 7 : 6 ⑤ 8 : 7

19 0678 중간고사와 기말고사의 과학 성적의 합이 150점 이상인 학생은 전체의 몇 %인지 구하시오.

20 0679 중간고사와 기말고사의 과학 성적의 차가 20점 이상인 학생 수를 구하시오.

[21~24] 오른쪽 산점도는 기범이네 학교 야구팀에 속한 18명의 선수가 1학기와 2학기에 출전한 경기에서 친 홈런의 개수를 조사하여 나타낸 것이다. 다음 물음에 답하시오.

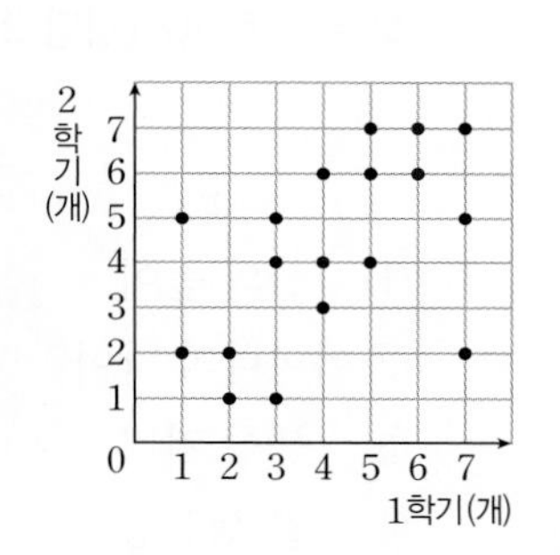

21 0680 1학기와 2학기에 친 홈런의 개수에 변화가 없는 선수의 비율을 구하시오.

22 0681 1학기와 2학기에 친 홈런의 개수의 평균이 3개 이하인 선수는 몇 명인가?

① 3명 ② 4명 ③ 5명
④ 6명 ⑤ 7명

23 0682 1학기와 2학기에 친 홈런의 개수의 합이 높은 순으로 등수를 정하려고 한다. 6등인 선수가 1학기와 2학기에 친 홈런의 개수의 합은?

① 14개 ② 13개 ③ 12개
④ 11개 ⑤ 10개

생각⊕

24 0683 1학기에 친 홈런의 개수를 x개, 2학기에 친 홈런의 개수를 y개라 할 때, $|x-y|$의 최댓값은?

① 2 ② 3 ③ 4
④ 5 ⑤ 6

25 0684 오른쪽 산점도는 어느 반 학생 16명의 영어 듣기와 말하기 성적을 조사하여 나타낸 것이다. □ 안에 알맞은 수의 합은?

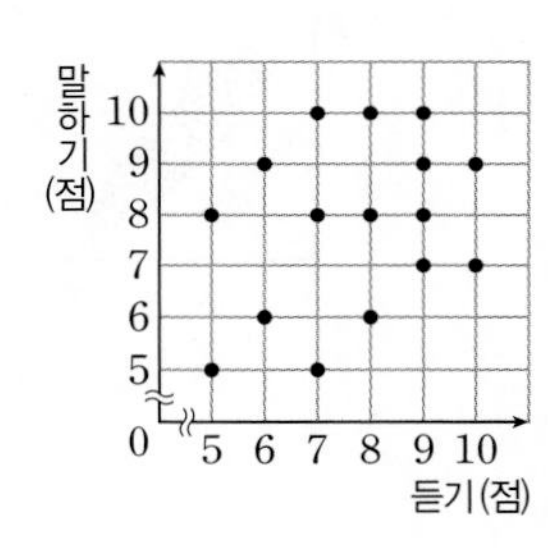

(가) 영어 듣기와 말하기 성적이 같은 학생은 전체의 □%이다.
(나) 영어 듣기와 말하기 성적 중 적어도 한 영역의 성적이 9점 이상인 학생은 □명이다.
(다) 영어 듣기 성적보다 말하기 성적이 좋은 학생들의 영어 듣기 성적의 평균은 □점이다.

① 41 ② 42 ③ 43
④ 44 ⑤ 45

5 통계

유형 17 두 변량 사이의 상관관계 | 개념 16-2

대표문제

26 다음 중 두 변량 사이의 산점도가 대체로 오른쪽 그림과 같은 모양이 되는 것을 모두 고르면? (정답 2개)
0685

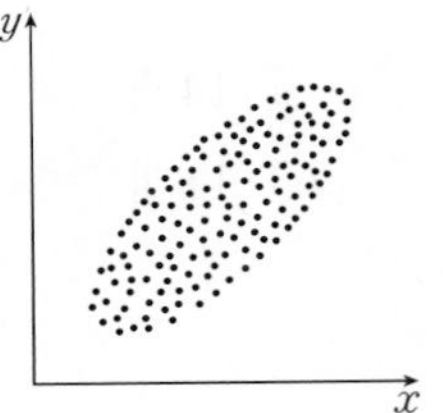

① 머리둘레와 IQ
② 카페인 섭취량과 수면 시간
③ 자동차 이용 대수과 미세 먼지의 양
④ 출생률과 인구 증가율
⑤ 서울 시내 자동차 수와 평균 주행 속도

27 다음 중 음의 상관관계가 가장 강하게 나타나는 것은?
0686

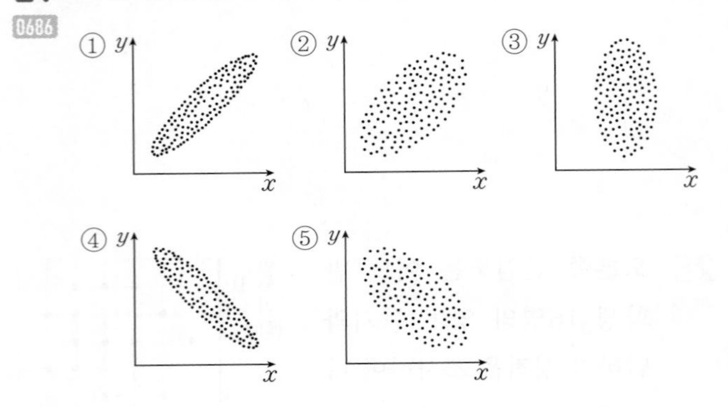

28 다음 중 상관관계가 없는 것은?
0687

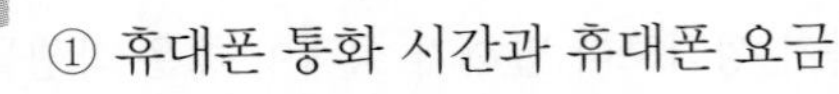

① 휴대폰 통화 시간과 휴대폰 요금
② 결석일수와 학습량
③ 가방의 무게와 성적
④ 체내 근육량과 높이뛰기 기록
⑤ 겨울철 기온과 난방비

29 컴퓨터 게임 시간을 x시간, 성적을 y점이라 할 때, 다음 중 두 변량 x, y 사이의 상관관계를 나타낸 산점도로 가장 알맞은 것은?
0688

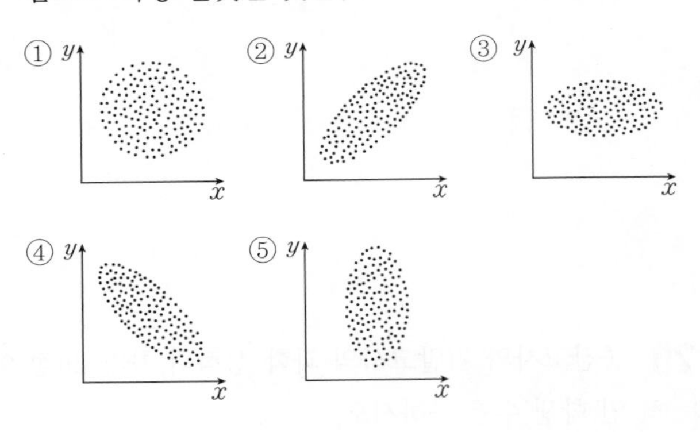

30 다음 중 두 변량 x, y 사이에 오른쪽 산점도와 같은 상관관계가 있다고 할 수 있는 것을 모두 고르면? (정답 2개)
0689

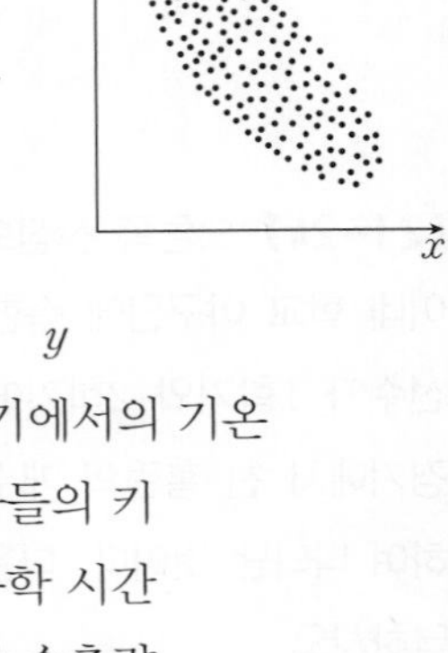

	x	y
①	산의 높이	산꼭대기에서의 기온
②	어머니의 나이	아들의 키
③	통학 거리	통학 시간
④	쌀 생산량	쌀 수출량
⑤	운동량	비만도

31 다음 **보기** 중 에어컨 사용 시간과 전기 요금 사이의 상관관계와 같은 상관관계를 갖는 것을 모두 고르시오.
0690

보기
ㄱ. 팔 길이와 다리 길이
ㄴ. 청바지의 사이즈와 가격
ㄷ. 소비와 저축
ㄹ. 청력과 음악 성적
ㅁ. 달리기 속도와 심장 박동수

빈출

유형 18 산점도의 분석

개념 16-1, 2

두 변량 x와 y 사이에 양의 상관관계가 있을 때

① A가 오른쪽 위로 향하는 대각선의 위쪽에 있다.
➡ A는 x의 값에 비하여 y의 값이 크다.

② B가 오른쪽 위로 향하는 대각선의 아래쪽에 있다.
➡ B는 x의 값에 비하여 y의 값이 작다.

대표문제

32 0691 오른쪽 산점도는 어느 학급 학생들의 학습 시간과 성적을 조사하여 나타낸 것이다. 다음 중 옳지 않은 것은?

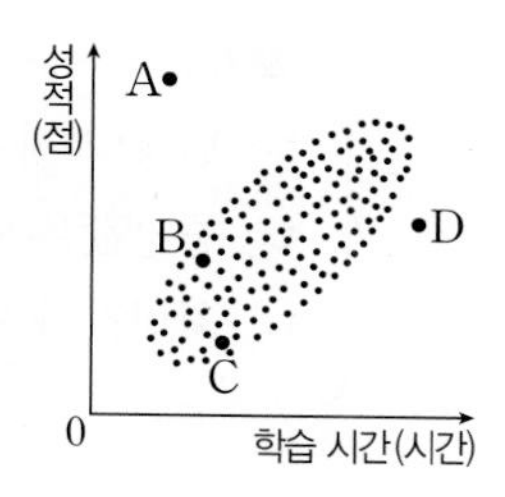

① 학습 시간이 긴 학생이 대체로 성적이 우수한 편이다.
② 학생 C는 학습 시간도 적고 성적이 낮다.
③ 학생 A는 학습 시간에 비해 성적이 우수한 편이다.
④ 학생 D는 학생 A에 비해 성적이 낮다.
⑤ 학습 시간에 비해 학생 C의 성적은 학생 B의 성적보다 우수하다.

33 0692 오른쪽 산점도는 어느 공장에서 일하는 인력과 생산량을 조사하여 나타낸 것이다. 공장 A, B, C, D, E 중 인력에 비하여 생산량이 가장 많은 공장은?

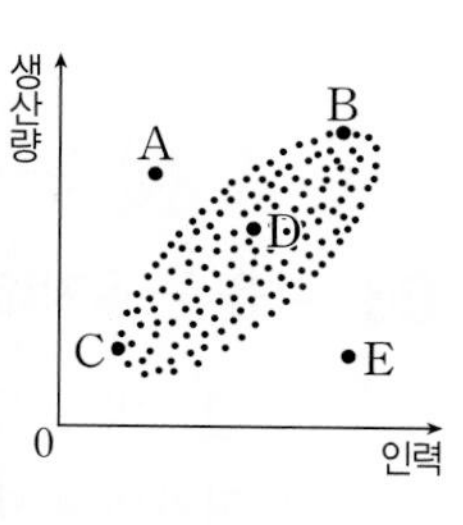

① A ② B ③ C
④ D ⑤ E

34 0693 오른쪽 그림은 5명의 학생 A, B, C, D, E가 받은 용돈과 지출액을 조사하여 나타낸 산점도이다. 다음 **보기** 중 옳은 것을 모두 고른 것은?

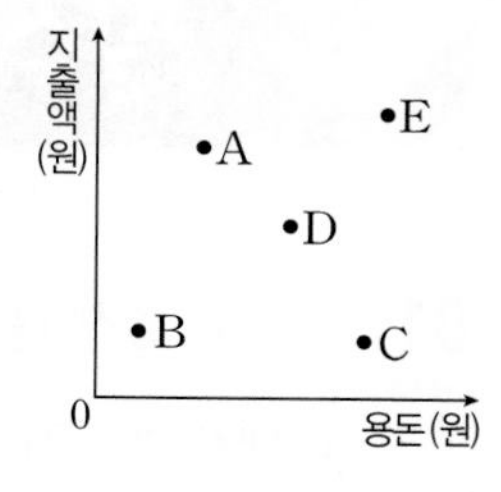

보기
ㄱ. 지출액이 가장 많은 학생은 B이다.
ㄴ. 용돈에 비하여 지출액이 가장 많은 학생은 D이다.
ㄷ. 용돈에 비하여 저축을 많이 한다고 생각할 수 있는 학생은 C이다.

① ㄱ ② ㄷ ③ ㄱ, ㄴ
④ ㄴ, ㄷ ⑤ ㄱ, ㄴ, ㄷ

35 0694 오른쪽 산점도는 재현이네 반 학생들의 왕복오래달리기와 윗몸말아올리기 횟수를 조사하여 나타낸 것이다. 학생 A, B, C, D, E 중 두 기록의 차가 가장 큰 학생을 말하시오.

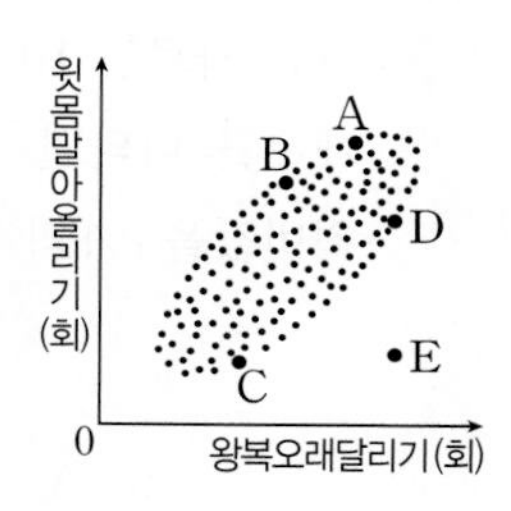

생각⊕

36 0695 다음은 어느 학급의 학생 10명의 수학 성적과 영어 성적을 조사하여 나타낸 것이다. 이 자료에서 수학 성적과 영어 성적의 산점도를 좌표평면 위에 그렸을 때, 오른쪽 위로 향하는 대각선으로부터 가장 멀리 떨어져 있는 학생은 몇 번 학생인지 말하시오.

번호(번)	수학(점)	영어(점)
1	94	97
2	85	82
3	71	76
4	62	89
5	90	84

번호(번)	수학(점)	영어(점)
6	84	89
7	82	78
8	75	64
9	79	72
10	87	91

5 통계

01 다음 중 옳지 않은 것을 모두 고르면? (정답 2개)
0696

① 대푯값은 자료의 특징을 대표적으로 나타내는 값으로 평균, 중앙값, 최빈값 등이 있다.
② 평균, 중앙값, 최빈값이 모두 같을 수도 있다.
③ 중앙값은 주어진 자료 안에 없을 수도 있다.
④ 자료의 최빈값은 항상 1개이다.
⑤ 자료의 개수가 적은 경우에는 대푯값으로 최빈값을 이용하는 것이 가장 좋다.

▶ 105쪽 유형 **01**, **02** + 106쪽 유형 **03**

02 다음 자료는 10회에 걸쳐 볼링공으로 쓰러뜨린 핀의 개수를 나타낸 것이다. 평균을 a개, 중앙값을 b개, 최빈값을 c개라 할 때, $a+b+c$의 값을 구하시오.
0697

핀의 개수 (단위: 개)

9, 3, 7, 5, 8, 7, 8, 9, 10, 8

▶ 105쪽 유형 **01**, **02** + 106쪽 유형 **03**

생각⊕

03 다음 중 아래 조건을 모두 만족하는 a의 값이 될 수 있는 것을 모두 고르면? (정답 2개)
0698

(가) 6, 7, 9, 10, a의 중앙값은 9이다.
(나) 11, 13, 15, 16, 17, a의 중앙값은 14이다.

① 6　② 9　③ 12
④ 15　⑤ 18

▶ 105쪽 유형 **02**

04 오른쪽 막대그래프는 어느 반 학생들의 일주일 동안의 인터넷 접속 시간을 조사하여 나타낸 것이다. 다음 **보기** 중 옳은 것을 모두 고른 것은?
0699

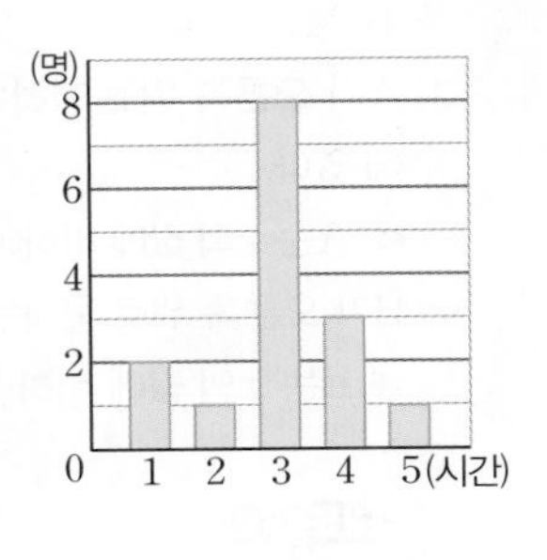

보기
ㄱ. 변량의 개수는 5개이다.
ㄴ. 중앙값은 8시간이다.
ㄷ. 최빈값과 평균은 같다.

① ㄴ　② ㄷ　③ ㄱ, ㄴ
④ ㄱ, ㄷ　⑤ ㄴ, ㄷ

▶ 106쪽 유형 **04**

05 다음 자료의 평균과 최빈값이 모두 0일 때, $a-b$의 값을 구하시오. (단, $a<b$)
0700

-5, 7, -2, a, 4, b, 0

▶ 107쪽 유형 **05**

06 다음 중 옳지 않은 것은?
0701

① 편차의 총합은 항상 0이다.
② 편차의 절댓값이 클수록 변량들은 평균에서 멀리 떨어져 있다.
③ 분산은 편차의 제곱의 평균이다.
④ 분산이 작을수록 변량들이 고르게 분포되어 있다.
⑤ 변량들이 평균에 가까이 밀집되어 있을수록 산포도는 커진다.

▶ 109쪽 유형 **06** + 110쪽 유형 **07**

07 0702 다음 표는 어느 식당의 5일 동안의 요일별 손님 수에 대한 편차를 조사하여 나타낸 것이다. 목요일에 온 손님 수가 62명일 때, 월요일에 온 손님 수는?

손님 수 (단위: 명)

요일	월	화	수	목	금
편차	-4	1	-2	x	3

① 56명 ② 58명 ③ 60명
④ 62명 ⑤ 64명

109쪽 유형 06

생각⊕

08 0703 자료 '2, 5, 10, $a-4$'의 중앙값이 4일 때, 다음 자료의 표준편차는?

$a-2$, 3, 7, 2, 8

① $\sqrt{4.7}$ ② $\sqrt{5}$ ③ $\sqrt{5.2}$
④ $\sqrt{5.6}$ ⑤ $\sqrt{6}$

110쪽 유형 07

09 0704 자료 '$15-x$, 15, $15+x$'의 표준편차가 $2\sqrt{6}$일 때, 양수 x의 값을 구하시오.

110쪽 유형 07

10 0705 오른쪽 표는 A, B 두 반 학생들의 사회 성적의 평균과 표준편차를 조사하여 나타낸 것이다. A, B 두 반 전체 학생의 사회 성적의 표준편차를 구하시오.

반	A	B
학생 수(명)	30	20
평균(점)	75	75
표준편차(점)	10	$2\sqrt{30}$

110쪽 유형 08

11 0706 다음 자료의 평균이 6, 분산이 12일 때, ab의 값은?

a, b, 5, 9, 11

① 6 ② 8 ③ 10
④ 12 ⑤ 14

111쪽 유형 09

12 0707 자료 'a, b, c, d'의 평균이 8, 분산이 4일 때, 자료 '$2a-10$, $2b-10$, $2c-10$, $2d-10$'의 평균은 x, 분산은 y이다. $x+y$의 값은?

① 22 ② 24 ③ 26
④ 28 ⑤ 30

111쪽 유형 10

13 0708 다음 **보기** 중 세 자료 A, B, C에 대한 설명으로 옳은 것을 모두 고른 것은?

[자료 A] -3, -3, -1, -1, 0, 1, 1, 3, 3
[자료 B] -3, -3, -2, -2, 0, 2, 2, 3, 3
[자료 C] -3, -3, -1, 0, 0, 0, 1, 3, 3

보기
ㄱ. 세 자료 A, B, C의 평균은 모두 같다.
ㄴ. 자료 A의 표준편차가 가장 크다.
ㄷ. 자료 C의 변량이 가장 고르게 분포되어 있다.

① ㄱ ② ㄴ ③ ㄱ, ㄴ
④ ㄱ, ㄷ ⑤ ㄴ, ㄷ

112쪽 유형 12 + 113쪽 유형 13

14 아래 표는 어느 학교 5개 반 학생들의 국어 성적의 평균과 표준편차를 조사하여 나타낸 것이다. 다음 중 옳은 것은?
0709

반	A	B	C	D	E
평균 (점)	69	72	74	72	71
표준편차 (점)	5	4	6	3	7

① A 반의 학생 수가 가장 적다.
② 반별로 국어 성적의 편차의 총합을 구하면 E 반이 제일 크다.
③ 국어 성적이 가장 높은 학생은 C 반에 있다.
④ 국어 성적이 90점 이상인 학생은 A 반보다 B 반이 더 많다.
⑤ 국어 성적이 가장 고른 반은 D 반이다.

▶ 113쪽 유형 13

15 다음 중 오른쪽 산점도에 대한 설명으로 옳지 않은 것을 모두 고르면? (정답 2개)
0710

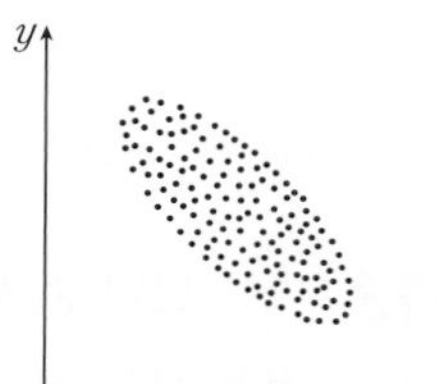

① 양의 상관관계를 나타낸다.
② 두 변량 x와 y 사이의 상관관계를 알 수 있다.
③ 순서쌍 (x, y)를 좌표로 하는 점을 좌표평면 위에 나타낸 것이다.
④ x의 값이 증가함에 따라 y의 값은 대체로 감소하는 경향이 있다.
⑤ 겨울철 눈이 내리는 횟수와 자동차 사고 건수 사이의 산점도가 대체로 위의 그림과 같은 모양으로 나타난다.

▶ 118쪽 유형 17

16 오른쪽 산점도는 어느 버스에 탄 10명의 승객이 청결도와 안전성에 준 평점을 조사하여 나타낸 것이다. 승객들이 안전성에 준 평점의 최빈값은?
0711

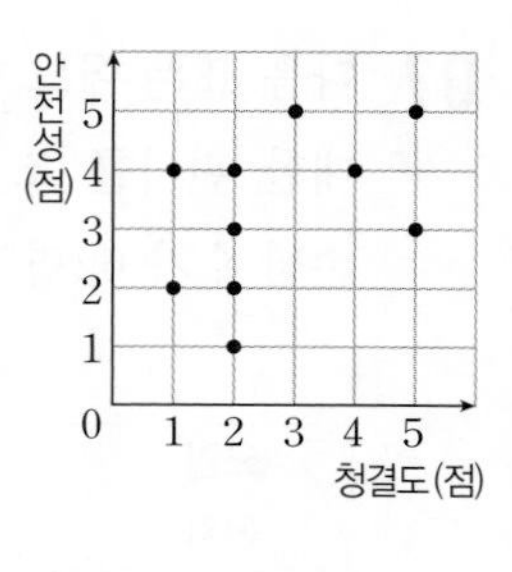

① 1점 ② 2점 ③ 3점
④ 4점 ⑤ 5점

▶ 106쪽 유형 03 + 115쪽 유형 14

생각⊕

17 오른쪽 산점도는 어느 핸드볼 선수 15명이 두 번의 경기에서 얻은 점수를 조사하여 나타낸 것이다. 다음 **보기** 중 옳은 것을 모두 고르시오.
0712

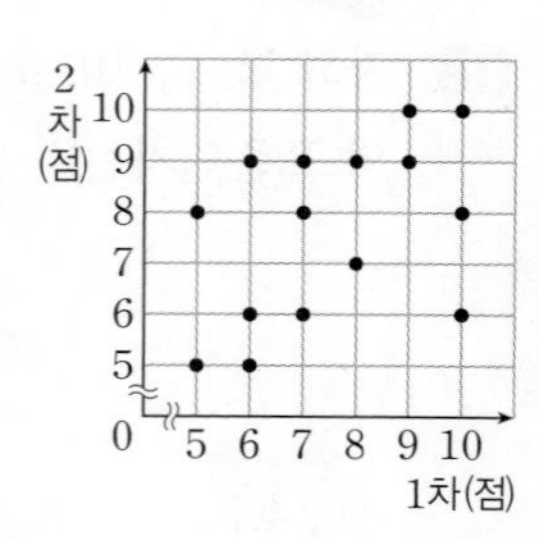

보기

ㄱ. 1차 경기보다 2차 경기에서 점수를 더 많이 얻은 선수는 5명이다.
ㄴ. 2차 경기에서 8점을 얻은 선수들의 1차 경기에서 얻은 점수의 평균은 7점이다.
ㄷ. 1차 경기와 2차 경기에서 얻은 점수가 모두 9점 이상인 선수의 비율은 $\frac{1}{5}$이다.

▶ 116쪽 유형 15 + 116쪽 유형 16

18 오른쪽 산점도는 키와 발의 크기를 조사하여 나타낸 것이다. 학생 A, B, C, D, E 중 발의 크기에 비해 키가 가장 작은 학생을 말하시오.
0713

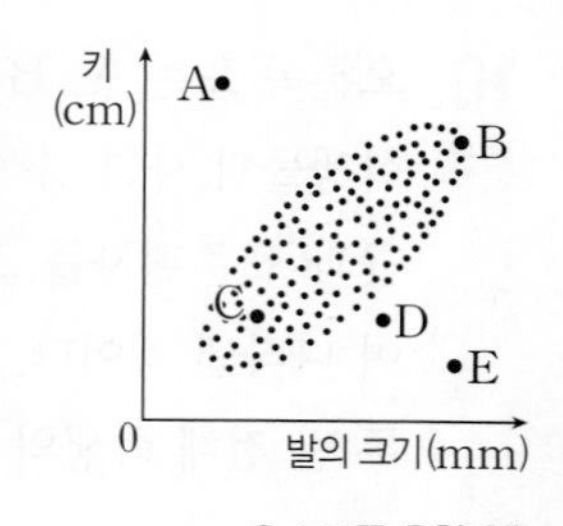

▶ 119쪽 유형 18

서술형 문제

19 다음 자료의 중앙값이 a, 최빈값이 $a+1$일 때, a의 값을 구하시오.
0714

14, 12, 8, 9, 12, 9, $a+1$, 10

▶ 105쪽 유형 02 + 106쪽 유형 03

20 다음 줄기와 잎 그림은 어느 반 학생 15명의 여름 방학 동안의 봉사 활동 시간을 조사하여 나타낸 것이다. 평균이 18시간일 때, 중앙값과 최빈값의 합을 구하시오.
0715

봉사 활동 시간 (0|6은 6시간)

줄기	잎
0	6 8
1	2 4 4 5 a a 6 8
2	0 3 6
3	3 3

▶ 107쪽 유형 05

생각⊕

21 3개의 변량 8, 10, 12에 2개의 변량을 추가하여 5개의 변량의 평균과 분산을 구하였더니 평균이 9이고 분산이 4이었다. 추가한 2개의 변량의 곱을 구하시오.
0716

▶ 111쪽 유형 09

22 다음 표는 윤호네 반 학생들의 자유투 성공 횟수를 나타낸 것이다. 자유투 성공 횟수의 평균이 8회이고 표준편차가 1회일 때, x^2+y^2의 값을 구하시오.
0717

자유투 성공 횟수

성공 횟수 (회)	6	7	8	9	10
학생 수 (명)	2	2	x	4	y

▶ 112쪽 유형 11

23 오른쪽 산점도는 어느 놀이 공원에서 지난 30일 동안의 미세 먼지 농도와 방문객 수를 조사하여 나타낸 것이다. 미세 먼지 농도가 40 $\mu g/m^3$ 초과인 날 중에서 방문객 수가 3만 명 이하인 날의 비율을 구하시오.
0718

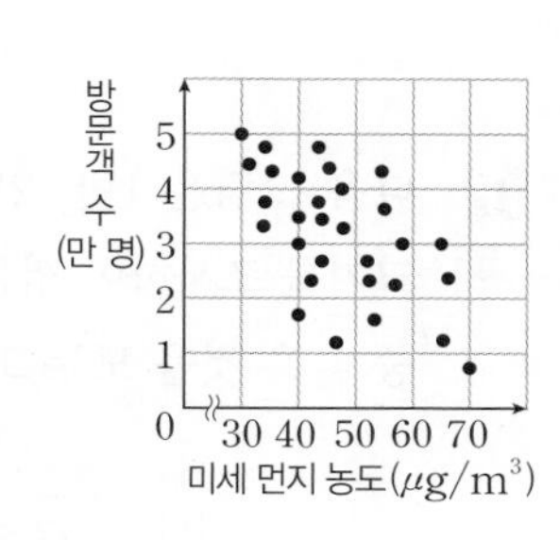

▶ 115쪽 유형 14

24 오른쪽 산점도는 어느 반 학생 15명이 지난 일주일 동안 먹은 과자와 음료수의 개수를 조사하여 나타낸 것이다. 과자와 음료수의 개수의 합이 12개 이상인 학생 수를 a명, 과자와 음료수의 개수의 차가 2개 이하인 학생 수를 b명이라 할 때, $a+b$의 값을 구하시오.
0719

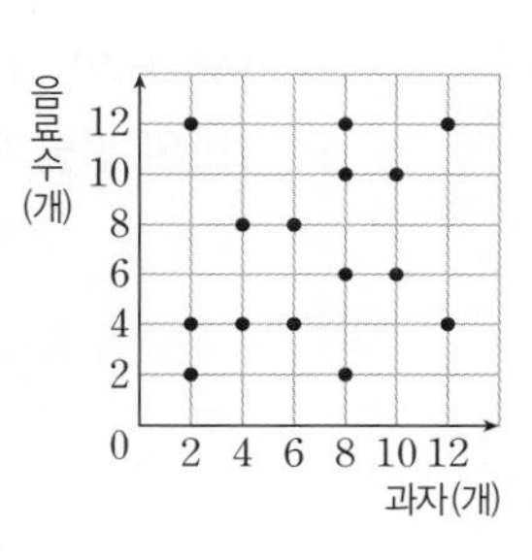

▶ 116쪽 유형 16

5 통계

01 0720 기말고사에서 A 반의 평균 점수는 69점, B반의 평균 점수는 76점이었고, A, B 두 반 전체의 평균 점수는 74점이었다. A 반의 학생 수를 a명, B 반의 학생 수를 b명이라 할 때, $a : b$를 가장 간단한 자연수의 비로 나타내시오.

02 0721 다음 그림은 1반, 2반 학생들이 신고 있는 운동화의 크기를 조사하여 꺾은선그래프로 나타낸 것이다. **보기** 중 옳은 것을 모두 고른 것은?

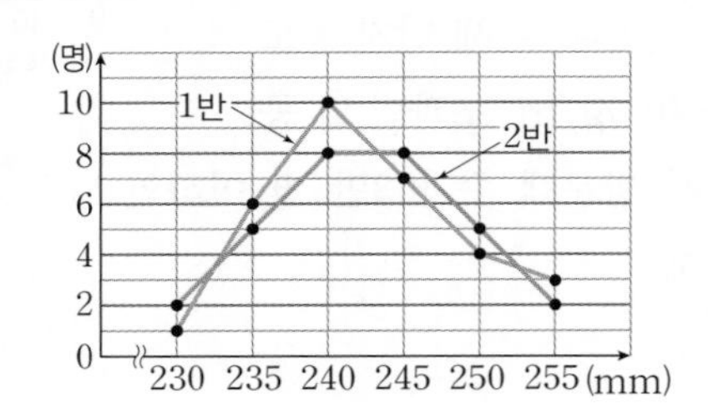

보기
ㄱ. 1반의 최빈값은 240 mm이다.
ㄴ. 2반의 최빈값은 2개이다.
ㄷ. 1반과 2반의 중앙값은 모두 240 mm이다.
ㄹ. 2반의 평균과 중앙값은 같다.

① ㄱ ② ㄴ ③ ㄱ, ㄴ
④ ㄱ, ㄷ ⑤ ㄱ, ㄴ, ㄹ

03 0722 100개의 변량의 총합이 300이고 각각의 변량의 제곱의 총합이 1500인 자료의 표준편차를 구하시오.

04 0723 학생 6명의 몸무게를 측정한 결과 평균이 50 kg, 분산이 4이었는데 나중에 조사해 보니 몸무게가 51 kg, 47 kg인 두 학생의 몸무게가 각각 48 kg, 50 kg으로 잘못 입력된 것이 발견되었다. 이때 6명의 실제 몸무게의 평균과 분산을 차례대로 구하면?

① 49 kg, 5 ② 49 kg, 25 ③ 50 kg, 5
④ 50 kg, 25 ⑤ 51 kg, 5

05 0724 오른쪽 그림과 같이 가로, 세로의 길이와 높이가 각각 a, b, c인 직육면체가 있다. 12개의 모서리의 길이의 평균이 6이고 표준편차가 $\sqrt{6}$일 때, 이 직육면체의 겉넓이를 구하시오.

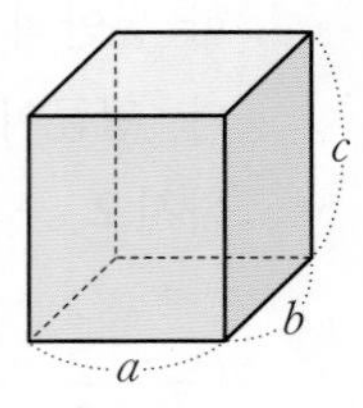

Tip
직육면체에는 길이가 같은 모서리가 4개씩 있음을 이용한다.

06 0725 다음 세 자료 A, B, C의 표준편차를 순서대로 a, b, c라 할 때, a, b, c의 대소 관계를 바르게 나타낸 것은?

[자료 A] 1부터 50까지의 자연수
[자료 B] 51부터 100까지의 자연수
[자료 C] 1부터 100까지의 짝수

① $a=b=c$ ② $a=b<c$ ③ $a<b=c$
④ $a<b<c$ ⑤ $a<c<b$

07 0726 오른쪽 산점도는 중학교 3학년 학생들의 사회 성적과 역사 성적을 조사하여 나타낸 것이다. 두 과목 성적의 합이 하위 25 %에 속하는 학생은 성적 불량으로 재시험을 보기로 할 때, 재시험을 봐야 하는 학생들의 사회와 역사 성적의 합의 평균을 구하시오. (단, 중복된 점은 없다.)

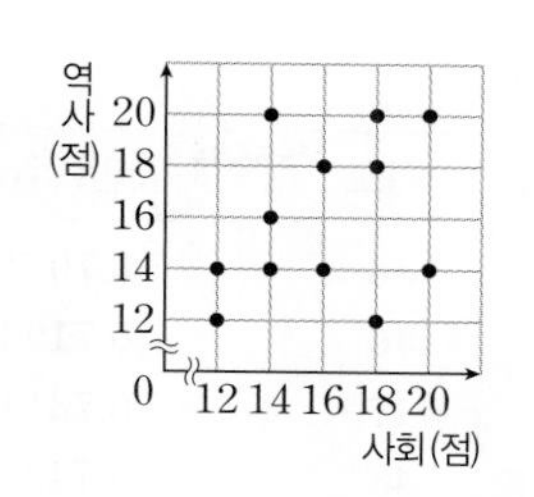

[08~09] 오른쪽 산점도는 윤기네 반 학생 25명이 양궁 시합에서 1차, 2차에 화살을 쏘아 얻은 점수를 조사하여 나타낸 것이다. 두 점수의 총점을 기준으로 하여 양궁 대회에 나갈 학생들을 선발하였더니 선발된 학생들의 총점의 평균이 17점이었다. 다음 물음에 답하시오.

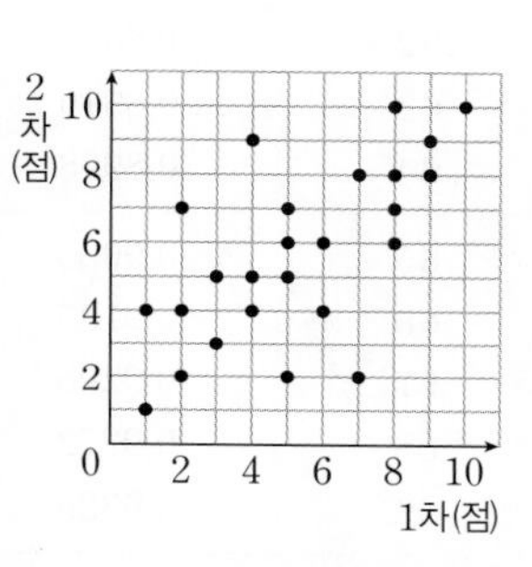

08 0727 선발된 학생들은 상위 몇 % 이내인가?

① 20 % ② 22 % ③ 24 %
④ 26 % ⑤ 28 %

09 0728 선발된 학생들의 총점에 대한 분산을 구하시오.

서술형 문제

10 0729 다음 표는 미경, 지연, 상민, 민철, 기수 5명의 학생의 과학 성적에서 상민이의 과학 성적을 뺀 값을 조사하여 나타낸 것이다. 이때 5명의 과학 성적의 표준편차를 구하시오.

(단위: 점)

미경	지연	상민	민철	기수
1	-9	0	-10	3

생각⊕

11 0730 다음 그림은 두 자료 A, B의 분포를 조사하여 나타낸 그래프이다. 자료 A와 자료 B의 분산이 서로 같을 때, $\frac{b}{a}$의 값을 구하시오. (단, a, b는 자연수)

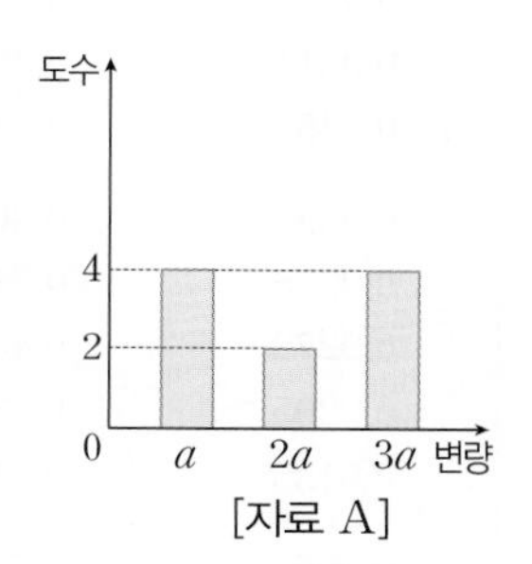

[자료 A]

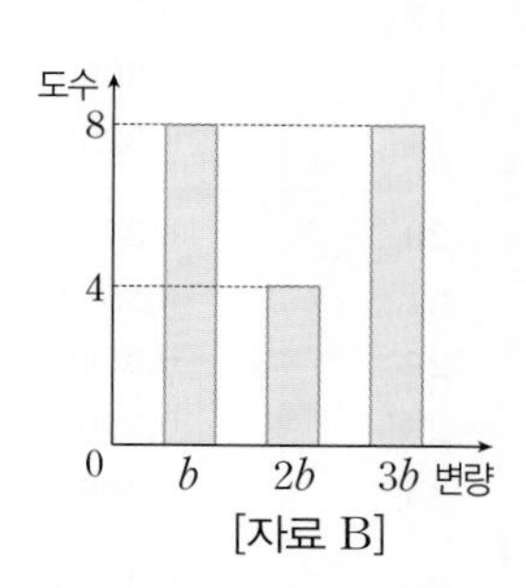

[자료 B]

12 0731 오른쪽 산점도는 논술과 면접 시험의 결과를 조사하여 나타낸 것이다. 다음 조건을 모두 만족하는 학생 수를 구하시오.
(단, 중복된 점은 없다.)

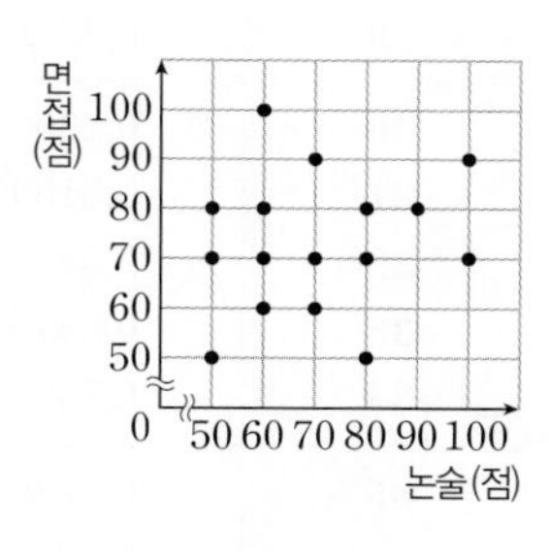

(가) 논술보다 면접 점수가 더 높다.
(나) 논술과 면접의 점수의 차가 20점 초과이다.
(다) 논술과 면접의 점수의 평균이 60점 이상이다.

5 통계

삼각비의 표

각도	사인(sin)	코사인(cos)	탄젠트(tan)
0°	0.0000	1.0000	0.0000
1°	0.0175	0.9998	0.0175
2°	0.0349	0.9994	0.0349
3°	0.0523	0.9986	0.0524
4°	0.0698	0.9976	0.0699
5°	0.0872	0.9962	0.0875
6°	0.1045	0.9945	0.1051
7°	0.1219	0.9925	0.1228
8°	0.1392	0.9903	0.1405
9°	0.1564	0.9877	0.1584
10°	0.1736	0.9848	0.1763
11°	0.1908	0.9816	0.1944
12°	0.2079	0.9781	0.2126
13°	0.2250	0.9744	0.2309
14°	0.2419	0.9703	0.2493
15°	0.2588	0.9659	0.2679
16°	0.2756	0.9613	0.2867
17°	0.2924	0.9563	0.3057
18°	0.3090	0.9511	0.3249
19°	0.3256	0.9455	0.3443
20°	0.3420	0.9397	0.3640
21°	0.3584	0.9336	0.3839
22°	0.3746	0.9272	0.4040
23°	0.3907	0.9205	0.4245
24°	0.4067	0.9135	0.4452
25°	0.4226	0.9063	0.4663
26°	0.4384	0.8988	0.4877
27°	0.4540	0.8910	0.5095
28°	0.4695	0.8829	0.5317
29°	0.4848	0.8746	0.5543
30°	0.5000	0.8660	0.5774
31°	0.5150	0.8572	0.6009
32°	0.5299	0.8480	0.6249
33°	0.5446	0.8387	0.6494
34°	0.5592	0.8290	0.6745
35°	0.5736	0.8192	0.7002
36°	0.5878	0.8090	0.7265
37°	0.6018	0.7986	0.7536
38°	0.6157	0.7880	0.7813
39°	0.6293	0.7771	0.8098
40°	0.6428	0.7660	0.8391
41°	0.6561	0.7547	0.8693
42°	0.6691	0.7431	0.9004
43°	0.6820	0.7314	0.9325
44°	0.6947	0.7193	0.9657
45°	0.7071	0.7071	1.0000

각도	사인(sin)	코사인(cos)	탄젠트(tan)
45°	0.7071	0.7071	1.0000
46°	0.7193	0.6947	1.0355
47°	0.7314	0.6820	1.0724
48°	0.7431	0.6691	1.1106
49°	0.7547	0.6561	1.1504
50°	0.7660	0.6428	1.1918
51°	0.7771	0.6293	1.2349
52°	0.7880	0.6157	1.2799
53°	0.7986	0.6018	1.3270
54°	0.8090	0.5878	1.3764
55°	0.8192	0.5736	1.4281
56°	0.8290	0.5592	1.4826
57°	0.8387	0.5446	1.5399
58°	0.8480	0.5299	1.6003
59°	0.8572	0.5150	1.6643
60°	0.8660	0.5000	1.7321
61°	0.8746	0.4848	1.8040
62°	0.8829	0.4695	1.8807
63°	0.8910	0.4540	1.9626
64°	0.8988	0.4384	2.0503
65°	0.9063	0.4226	2.1445
66°	0.9135	0.4067	2.2460
67°	0.9205	0.3907	2.3559
68°	0.9272	0.3746	2.4751
69°	0.9336	0.3584	2.6051
70°	0.9397	0.3420	2.7475
71°	0.9455	0.3256	2.9042
72°	0.9511	0.3090	3.0777
73°	0.9563	0.2924	3.2709
74°	0.9613	0.2756	3.4874
75°	0.9659	0.2588	3.7321
76°	0.9703	0.2419	4.0108
77°	0.9744	0.2250	4.3315
78°	0.9781	0.2079	4.7046
79°	0.9816	0.1908	5.1446
80°	0.9848	0.1736	5.6713
81°	0.9877	0.1564	6.3138
82°	0.9903	0.1392	7.1154
83°	0.9925	0.1219	8.1443
84°	0.9945	0.1045	9.5144
85°	0.9962	0.0872	11.4301
86°	0.9976	0.0698	14.3007
87°	0.9986	0.0523	19.0811
88°	0.9994	0.0349	28.6363
89°	0.9998	0.0175	57.2900
90°	1.0000	0.0000	

감 성 사 전

사각사각 네 컷 만 화

계획대로 되지 않음의 미학

글 / 그림 우쿠쥐

memo

중등 도서목록

비주얼 개념서

룩

이미지 연상으로 필수 개념을 쉽게 익히는 비주얼 개념서

국어 문학, 독서, 문법
영어 품사, 문법, 구문
수학 1(상), 1(하), 2(상), 2(하), 3(상), 3(하)
사회 ①, ②
역사 ①, ②
과학 1, 2, 3

필수 개념서

올리드

자세하고 쉬운 개념,
시험을 대비하는 특별한 비법이 한가득!

국어 1-1, 1-2, 2-1, 2-2, 3-1, 3-2
영어 1-1, 1-2, 2-1, 2-2, 3-1, 3-2
수학 1(상), 1(하), 2(상), 2(하), 3(상), 3(하)
사회 ①-1, ①-2, ②-1, ②-2
역사 ①-1, ①-2, ②-1, ②-2
과학 1-1, 1-2, 2-1, 2-2, 3-1, 3-2

* 국어, 영어는 미래엔 교과서 관련 도서입니다.

수학 필수 유형서

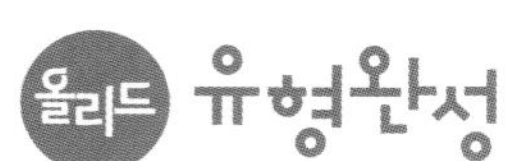

체계적인 유형별 학습으로 실전에서 더욱 강력하게!

수학 1(상), 1(하), 2(상), 2(하), 3(상), 3(하)

내신 대비 문제집

시험직보 문제집

내신 만점을 위한 시험 직전에 보는 문제집

국어 1-1, 1-2, 2-1, 2-2, 3-1, 3-2
영어 1-1, 1-2, 2-1, 2-2, 3-1, 3-2

* 미래엔 교과서 관련 도서입니다.

1학년 총정리

자유학년제 30일에 끝내기

자유학년제로 인한 학습 결손을 보충하는
중학교 1학년 전 과목 총정리

1학년(국어, 영어, 수학, 사회, 과학)

올리드

유형 완성

실전에서 강력한 필수 유형서

바른답·알찬풀이

중등 수학 3(하)

MiraeN 에듀

바른답·알찬풀이

STUDY POINT

알찬 풀이 정확하고 자세하며 논리적인 풀이로 이해하기 쉽습니다.

공략 비법 유형 공략 비법을 익혀 문제 해결 능력을 높일 수 있습니다.

개념 보충 중요 개념을 한 번 더 학습하여 개념을 확실히 다질 수 있습니다.

해결 전략 문제 해결의 방향을 잡는 전략을 세울 수 있습니다.

바른답
알찬풀이

1. 삼각비

Lecture 01 삼각비의 뜻 (8~13쪽)

01 $\frac{3}{5}$ 02 $\frac{4}{5}$ 03 $\frac{3}{4}$ 04 $\frac{4}{5}$ 05 $\frac{3}{5}$
06 $\frac{4}{3}$ 07 13
08 $\sin A=\frac{5}{13}$, $\cos A=\frac{12}{13}$, $\tan A=\frac{5}{12}$ 09 6
10 $2\sqrt{2}$ 11 $9\sqrt{3}$ 12 2, 2, $4\sqrt{2}$ 13 8
14 6 15 △ADB, △BDC 16 $\overline{BC}$, $\overline{AB}$, $\overline{CD}$
17 $\overline{AB}$, $\overline{AB}$, $\overline{BD}$ 18 $\overline{BC}$, $\overline{AD}$, $\overline{CD}$ 19 ③
20 $\frac{6}{5}$ 21 $\frac{2\sqrt{5}}{5}$ 22 $\frac{28}{15}$ 23 ③ 24 ⑤
25 $6\sqrt{3}$ 26 ⑤ 27 $9\sqrt{3}+9\sqrt{2}$ 28 ③
29 ② 30 ④ 31 -7 32 $\frac{5}{12}$ 33 $\frac{6}{13}$
34 $\frac{3}{4}$ 35 $\frac{3\sqrt{5}}{5}$ 36 $\frac{5}{13}$ 37 $\frac{17}{13}$ 38 ④
39 ⑤ 40 $\frac{\sqrt{5}}{5}$ 41 ⑤ 42 $\frac{2\sqrt{3}}{7}$ 43 $12-4\sqrt{5}$
44 ④ 45 ② 46 $\frac{\sqrt{2}}{2}$ 47 ①

Lecture 02 삼각비의 값 (1) (14~17쪽)

01 0 02 $\frac{\sqrt{6}}{6}$ 03 $\frac{1}{2}$ 04 $\frac{\sqrt{6}}{2}$ 05 $\frac{3\sqrt{3}}{4}$
06 60 07 45 08 45 09 $x=2\sqrt{6}$, $y=2\sqrt{3}$
10 $x=2$, $y=2\sqrt{3}$ 11 ③ 12 2 13 ⑤
14 $\frac{3}{4}$ 15 ⑤ 16 $\frac{\sqrt{3}}{6}$ 17 ④ 18 45°
19 ④ 20 1 21 ③ 22 $3\sqrt{7}$ cm 23 ④
24 ⑤ 25 $\sqrt{2}-1$ 26 ③ 27 (1) 36° (2) $\frac{a}{2b}$
28 $y=x+4$ 29 30° 30 $y=\sqrt{3}x+8$ 31 ③

Lecture 03 삼각비의 값 (2) (18~21쪽)

01 0.6428 02 0.7660 03 0.8391 04 0.7660 05 0
06 -1 07 1 08 0.8746 09 0.5299 10 1.6643
11 60 12 59 13 61 14 ⑤ 15 ③
16 ②, ④ 17 ③, ⑤ 18 ⑤ 19 $\frac{5}{2}$ 20 1
21 ④ 22 ㄹ, ㄴ, ㄷ, ㄱ, ㅁ 23 ⑤ 24 2
25 ⑤ 26 1 27 60 28 ③ 29 4.1579
30 ④ 31 18.126 32 ③ 33 0.6468

Level B 필수 유형 정복하기 (22~25쪽)

01 ① 02 $\frac{3}{5}$ 03 ④ 04 ③ 05 ③
06 ② 07 ② 08 $\frac{4}{5}$ 09 ③ 10 $\frac{2\sqrt{3}}{3}$
11 ③ 12 0 13 $4\sqrt{3}-4$ 14 ③ 15 $2-\sqrt{3}$
16 $y=\sqrt{3}x+\sqrt{3}$ 17 ④, ⑤ 18 ④ 19 5.7
20 $\frac{7}{9}$ 21 $\frac{7}{5}$ 22 $\frac{3}{2}$ 23 $\frac{8\sqrt{3}}{3}$ cm^2
24 $\frac{3\sqrt{3}}{8}$ 25 $\sqrt{2}$

Level C 발전 유형 정복하기 (26~27쪽)

01 ④ 02 ② 03 ④ 04 ② 05 ⑤
06 $\frac{\sqrt{2}+\sqrt{6}}{4}$ 07 ② 08 ② 09 $\frac{15}{4}$ 10 $\frac{\sqrt{10}}{10}$
11 $2+\sqrt{3}$ 12 $48\sqrt{3}-48$

2. 삼각비의 활용

Lecture 04 삼각비의 활용 (1) (30~35쪽)

01 12, $6\sqrt{3}$, 12, 6 02 8, 8, 8, $8\sqrt{2}$
03 $x=6\sqrt{3}$, $y=3\sqrt{3}$ 04 $3\sqrt{2}$, 3, $3\sqrt{2}$, 3, 2, 2, $\sqrt{13}$
05 $3\sqrt{3}$ 06 3 07 4 08 $\sqrt{43}$
09 6, 3, 30, 45, 45, $3\sqrt{2}$ 10 6 11 $4\sqrt{3}$ 12 2
13 ③ 14 ①, ④ 15 $2\sqrt{3}$ 16 ③
17 $(119+35\sqrt{2})$ cm^2 18 $\sqrt{6}$ cm 19 $72\sqrt{3}\pi$ cm^3
20 $\frac{\sqrt{15}}{3}$ 21 ② 22 $12\sqrt{3}$ m 23 ⑤
24 $(4\sqrt{3}-4)$ m 25 5분 26 $10-5\sqrt{3}$

27 136.96 m 28 $20\sqrt{3}$ m 29 $5\sqrt{7}$ cm 30 ③ 31 ②
32 ⑤ 33 $2\sqrt{37}$ cm 34 ③ 35 $8\sqrt{3}$ 36 ③
37 $20\sqrt{6}$ m 38 $4\sqrt{3}+4$ 39 ②

Lecture 05 삼각비의 활용 (2)

36~39쪽

01 $\angle BAH=45^\circ$, $\angle CAH=60^\circ$ 02 $\overline{BH}=h$, $\overline{CH}=\sqrt{3}h$
03 $4(\sqrt{3}-1)$ 04 $\angle BAH=60^\circ$, $\angle CAH=30^\circ$
05 $\overline{BH}=\sqrt{3}h$, $\overline{CH}=\frac{\sqrt{3}}{3}h$ 06 $3\sqrt{3}$ 07 $18\sqrt{3}$
08 $6\sqrt{2}$ 09 ② 10 ① 11 $60(\sqrt{3}-1)$ m
12 $25(3-\sqrt{3})$ m^2 13 $\sqrt{3}$ 14 ③ 15 ③
16 ④ 17 (1) $3(3+\sqrt{3})$ cm (2) $9(3+\sqrt{3})$ cm^2
18 25 cm^2 19 16 cm 20 ① 21 45° 22 $9\sqrt{2}$ cm^2
23 ③ 24 ④ 25 150° 26 ②
27 $(12\pi-9\sqrt{3})$ cm^2 28 $\frac{15}{4}$

Lecture 06 삼각비의 활용 (3)

40~43쪽

01 $\frac{1}{2}$, $2\sqrt{3}$, $\frac{\sqrt{3}}{2}$, $12\sqrt{3}$, $14\sqrt{3}$ 02 1 03 5
04 6 05 $12\sqrt{3}$ 06 40 07 $30\sqrt{3}$ 08 $25\sqrt{2}$
09 ① 10 $20\sqrt{2}+50$ 11 ⑤ 12 8 cm
13 ⑤ 14 ⑤ 15 ④ 16 ③ 17 18 cm^2
18 ④ 19 10 cm 20 ① 21 ③ 22 ⑤
23 30° 24 ⑤ 25 ② 26 36 cm^2

Level B 필수 유형 정복하기

44~47쪽

01 ⑤ 02 ② 03 17.9 m 04 $100\sqrt{3}$ m 05 ③
06 $\sqrt{7}$ cm 07 ② 08 $\frac{3(3-\sqrt{3})}{2}$ km
09 $100(3+\sqrt{3})$ m 10 ③ 11 $18\sqrt{3}$ cm^2
12 ③ 13 135° 14 $9+\frac{45\sqrt{3}}{2}$ 15 ④ 16 $16\sqrt{2}$ cm
17 6 cm 18 ④ 19 $(3\sqrt{2}+\sqrt{6})$ m 20 $9\sqrt{6}$ cm^3
21 $4\sqrt{6}$ km 22 $6\sqrt{3}$ cm 23 (1) 4 cm (2) 4 cm^2 24 $\frac{3\sqrt{2}}{2}$

Level C 발전 유형 정복하기

48~49쪽

01 ⑤ 02 $4\sqrt{13}$ km 03 $4(\sqrt{3}-1)$
04 $225(\sqrt{3}-1)$ cm^2 05 $(18-6\sqrt{3})$ m/분 06 ①
07 ④ 08 ④ 09 ①
10 (1) 12 m (2) 84 m (3) 72 m 11 $\frac{3}{5}$ 12 $22\sqrt{3}$ cm^2

3. 원과 직선

Lecture 07 원의 현

52~57쪽

01 6 02 8 03 $\overline{OM}$, 2, $\sqrt{21}$, $\sqrt{21}$, $2\sqrt{21}$
04 24 05 $\sqrt{7}$ 06 $8\sqrt{2}$ 07 8 08 6
09 3 10 16 11 5 12 7 13 4
14 $\overline{OA}$, 5, 3, 3, 6, 6 15 ③ 16 ② 17 ④
18 10 19 ③ 20 ② 21 25 cm 22 ②
23 1 cm 24 $4\sqrt{5}$ cm^2 25 25π cm^2 26 ② 27 $10\sqrt{3}$ cm
28 ① 29 8π cm 30 ② 31 2 cm 32 ②
33 ④ 34 3 cm 35 16 cm^2 36 $8\sqrt{5}$ cm 37 63°
38 ① 39 ④ 40 ② 41 4 cm

Lecture 08 원의 접선 (1)

58~63쪽

01 50° 02 35° 03 90, 90, 90, 95 04 70°
05 145° 06 10 07 12
08 90, 직각, 6, $\overline{OA}$, 6, $3\sqrt{5}$ 09 90° 10 6 cm
11 $3\sqrt{3}$ cm 12 ② 13 ④ 14 5π cm^2 15 48°
16 ③ 17 ④ 18 ③ 19 $\sqrt{3}$ cm^2 20 ④
21 ③ 22 $3\sqrt{3}$ cm 23 3π cm^2 24 ⑤ 25 ⑤
26 $\frac{72}{5}$ cm 27 5 cm 28 ③ 29 ② 30 ③, ⑤
31 $12\sqrt{3}$ cm 32 12 cm 33 $20\sqrt{6}$ cm^2 34 $2\sqrt{17}$ cm 35 ②
36 $4\sqrt{3}$ cm 37 $12\sqrt{2}$ cm 38 ②

Lecture 09 원의 접선 (2)

64~67쪽

01 (가) $7-x$ (나) $8-x$ (다) 2　02 5 cm
03 $\overline{AD}=(3-r)$ cm, $\overline{BD}=(4-r)$ cm　04 1
05 11　06 4　07 10 cm　08 9 cm　09 2 cm
10 11 cm　11 ②　12 12 cm
13 (1) 2 cm (2) $(10+2\sqrt{10}+2\sqrt{5})$ cm　14 11 cm　15 3 cm
16 7 cm　17 15 cm　18 ②　19 174 cm^2　20 45 cm
21 ③　22 1 cm　23 40 cm　24 2
25 $(8+8\sqrt{2})$ cm　26 16π cm^2

Level B 필수 유형 정복하기

68~71쪽

01 ②　02 ⑤　03 $\frac{40}{3}$ cm　04 ②　05 ④
06 27π cm^2　07 50°　08 ③　09 $(72\sqrt{3}-24\pi)$ cm^2
10 ⑤　11 $20\sqrt{2}$ cm　12 ㄱ, ㄷ　13 $5\sqrt{21}$ cm^2　14 12 cm
15 ⑤　16 30 cm^2　17 8π cm　18 $(15-4\sqrt{10})$ cm
19 $8\sqrt{2}$　20 18　21 19°　22 $(3\sqrt{3}-3)$ cm
23 17 cm　24 6 cm

Level C 발전 유형 정복하기

72~73쪽

01 2　02 $(8\pi-6\sqrt{3})$ cm^2　03 $\frac{5\sqrt{2}}{2}$ cm　04 ②
05 9 cm　06 2　07 96 cm^2　08 ①　09 1 cm^2
10 $\frac{\sqrt{10}}{2}$ cm　11 12 cm　12 $(144-36\pi)$ cm^2

4. 원주각

Lecture 10 원주각 (1)

76~81쪽

01 54°　02 150°　03 110°　04 40°　05 35°
06 30°　07 90°　08 70°　09 2, 2, 72, $\overline{OB}$, 72, 54
10 ④　11 42°　12 ③　13 30°　14 $9\sqrt{3}$ cm^2
15 ②　16 ③　17 232°　18 ④　19 ③
20 113°　21 ③　22 56°　23 70°　24 ①
25 18°　26 ④　27 ③　28 ③　29 ③
30 ④　31 28°　32 ①　33 40°　34 ③
35 ①　36 ⑤　37 $\frac{\sqrt{39}}{8}$　38 $2\sqrt{13}$　39 ④
40 $\frac{12}{25}$　41 ⑤　42 ④

Lecture 11 원주각 (2)

82~85쪽

01 35　02 13　03 5　04 45　05 40
06 6　07 38°　08 42°　09 55°　10 45°
11 ⑤　12 42°　13 ②　14 40°　15 ④
16 ③　17 ③　18 ④　19 10 cm　20 12π
21 65°　22 ④　23 $\angle x=60°$, $\angle y=75°$, $\angle z=45°$
24 60°　25 ⑤　26 ②　27 75°　28 ②, ④
29 ④　30 30°

Lecture 12 원과 사각형

86~91쪽

01 $\angle x=115°$, $\angle y=95°$　02 $\angle x=108°$, $\angle y=90°$
03 $\angle x=94°$, $\angle y=82°$　04 $\angle x=80°$, $\angle y=80°$
05 ㄴ, ㄷ　06 82°　07 75°　08 ③　09 122°
10 ④　11 5°　12 $9\sqrt{3}$ cm^2　13 70°　14 ②
15 ②　16 95°　17 ⑤　18 60°　19 ③
20 ③　21 30°　22 110°　23 ④　24 360°
25 57°　26 38°　27 94°　28 ①　29 ①
30 ②　31 5°　32 ③　33 ②, ⑤　34 35°
35 40°　36 ⑤　37 ②　38 ②

Lecture 13 원의 접선과 현이 이루는 각

92~95쪽

01 75°　02 100°　03 80°　04 75°　05 65°
06 50°　07 $\angle x=80°$, $\angle y=50°$　08 $\angle x=68°$, $\angle y=74°$
09 ⑤　10 110°　11 ③　12 80°　13 66°
14 ④　15 34°　16 109°　17 ③　18 ⑤
19 34°　20 ③　21 ④　22 70°　23 40°
24 ⑤　25 70°　26 ③

Level B 필수 유형 정복하기

96~99쪽

01 ⑤ 02 55° 03 ④ 04 $\frac{3\sqrt{5}}{2}$ cm 05 ②
06 ① 07 26° 08 ③ 09 200° 10 129°
11 110° 12 ①, ④ 13 ② 14 ④ 15 27°
16 20° 17 ③ 18 ⑤ 19 40°
20 (1) 110° (2) 70° 21 60° 22 215° 23 $2\sqrt{2}$ cm²
24 131°

Level C 발전 유형 정복하기

100~101쪽

01 ④ 02 ③ 03 30° 04 ④ 05 ②
06 20° 07 ④ 08 ④ 09 8 cm
10 $2\pi-2\sqrt{3}$ 11 99° 12 88°

5. 통계

Lecture 14 대푯값

104~107쪽

01 6개 02 9 03 13.5 04 7 05 12, 18
06 사과 07 중앙값: 16회, 최빈값: 24회 08 ②
09 A 역 10 3.75 11 ① 12 12 13 6급
14 ④ 15 8 16 ③ 17 ② 18 ②
19 48 20 $a>b=c$ 21 ④ 22 ④ 23 28분
24 6개 25 중앙값: 14시간, 최빈값: 12시간

Lecture 15 산포도

108~113쪽

01 6회 02 풀이 참조 03 −8, −4, 1, 4, 7
04 −3, 2, 1, −5, 4, 1 05 0, 0, −2 06 7 07 −9
08 20 09 풀이 참조 10 6 11 $\sqrt{6}$
12 분산: 6.5, 표준편차: $\sqrt{6.5}$ 13 분산: $\frac{8}{3}$, 표준편차: $\frac{2\sqrt{6}}{3}$
14 × 15 ○ 16 × 17 74점 18 169 cm
19 18회 20 ㄱ 21 $\sqrt{10}$ kg 22 ④ 23 $\frac{5\sqrt{3}}{3}$
24 $\frac{60}{7}$ 25 $\frac{\sqrt{190}}{5}$시간 26 ⑤ 27 $\sqrt{3}$
28 179 29 ③ 30 36 31 3 32 ③
33 ③ 34 ③ 35 ④ 36 ① 37 $\frac{17}{12}$
38 7.2 39 ④ 40 B 41 ③
42 (1) 은성 (2) 연우 43 B 학생 44 A 연극

Lecture 16 산점도와 상관관계

114~119쪽

01 (20, 120), (15, 100), (25, 110), (30, 120), (35, 140), (25, 130), (30, 150), (15, 110)

02 (그래프: 세로축 소모 열량(kcal) 100~150, 가로축 운동 시간(분) 15~35)

03 양의 상관관계

04 ㄱ, ㄹ 05 ㄴ, ㅁ 06 ㄷ 07 ③ 08 $\frac{1}{6}$
09 4시간 10 ⑤ 11 ④ 12 ① 13 37.5 %
14 ④ 15 7권 16 165 cm 17 ③ 18 ②
19 30 % 20 11명 21 $\frac{2}{9}$ 22 ③ 23 ④
24 ④ 25 ① 26 ③, ④ 27 ④ 28 ③
29 ④ 30 ①, ⑤ 31 ㄱ, ㅁ 32 ⑤ 33 ①
34 ② 35 E 36 4번

Level B 필수 유형 정복하기

120~123쪽

01 ④, ⑤ 02 23.4 03 ②, ③ 04 ② 05 −4
06 ⑤ 07 ① 08 ③ 09 6 10 $6\sqrt{3}$점
11 ① 12 ① 13 ④ 14 ⑤ 15 ①, ⑤
16 ④ 17 ㄷ 18 E 19 11 20 32시간
21 54 22 82 23 $\frac{3}{5}$ 24 19

Level C 발전 유형 정복하기

124~125쪽

01 2 : 5 02 ⑤ 03 $\sqrt{6}$ 04 ③ 05 198
06 ② 07 26점 08 ⑤ 09 $\frac{20}{7}$ 10 $\sqrt{29.2}$점
11 1 12 2명

1. 삼각비

Lecture 01 삼각비의 뜻

Level A 개념 익히기 8~9쪽

01 $\sin A=\dfrac{\overline{BC}}{\overline{AC}}=\dfrac{3}{5}$ 답 $\dfrac{3}{5}$

02 $\cos A=\dfrac{\overline{AB}}{\overline{AC}}=\dfrac{4}{5}$ 답 $\dfrac{4}{5}$

03 $\tan A=\dfrac{\overline{BC}}{\overline{AB}}=\dfrac{3}{4}$ 답 $\dfrac{3}{4}$

04 $\sin C=\dfrac{\overline{AB}}{\overline{AC}}=\dfrac{4}{5}$ 답 $\dfrac{4}{5}$

05 $\cos C=\dfrac{\overline{BC}}{\overline{AC}}=\dfrac{3}{5}$ 답 $\dfrac{3}{5}$

06 $\tan C=\dfrac{\overline{AB}}{\overline{BC}}=\dfrac{4}{3}$ 답 $\dfrac{4}{3}$

07 $\overline{AC}=\sqrt{12^2+5^2}=\sqrt{169}=13$ 답 13

개념 보충 학습

피타고라스 정리

직각삼각형에서 직각을 낀 두 변의 길이를 각각 a, b라 하고, 빗변의 길이를 c라 하면

$a^2+b^2=c^2$

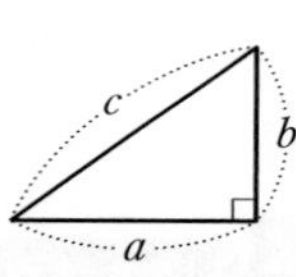

08 $\sin A=\dfrac{\overline{BC}}{\overline{AC}}=\dfrac{5}{13}$

$\cos A=\dfrac{\overline{AB}}{\overline{AC}}=\dfrac{12}{13}$

$\tan A=\dfrac{\overline{BC}}{\overline{AB}}=\dfrac{5}{12}$

답 $\sin A=\dfrac{5}{13}$, $\cos A=\dfrac{12}{13}$, $\tan A=\dfrac{5}{12}$

09 $\sin A=\dfrac{\overline{BC}}{\overline{AC}}$이므로 $\dfrac{x}{8}=\dfrac{3}{4}$

$\therefore x=6$ 답 6

10 $\cos A=\dfrac{\overline{AB}}{\overline{AC}}$이므로 $\dfrac{x}{10}=\dfrac{\sqrt{2}}{5}$

$\therefore x=2\sqrt{2}$ 답 $2\sqrt{2}$

11 $\tan A=\dfrac{\overline{BC}}{\overline{AC}}$이므로 $\dfrac{9}{x}=\dfrac{\sqrt{3}}{3}$

$\sqrt{3}x=27$ $\quad\therefore x=9\sqrt{3}$ 답 $9\sqrt{3}$

12 $\cos A=\dfrac{\overline{AB}}{\overline{AC}}=\dfrac{1}{3}$이므로 $\dfrac{\overline{AB}}{6}=\dfrac{1}{3}$에서

$\overline{AB}=\boxed{2}$

따라서 피타고라스 정리에 의하여

$\overline{BC}=\sqrt{6^2-\boxed{2}^2}=\sqrt{32}=\boxed{4\sqrt{2}}$

답 2, 2, $4\sqrt{2}$

13 $\sin B=\dfrac{\overline{AC}}{\overline{BC}}=\dfrac{4}{5}$이므로 $\dfrac{\overline{AC}}{10}=\dfrac{4}{5}$

$\therefore \overline{AC}=8$ 답 8

14 피타고라스 정리에 의하여

$\overline{AB}=\sqrt{10^2-8^2}=\sqrt{36}=6$ 답 6

15 (i) △ABC와 △ADB에서

∠A는 공통, ∠ABC=∠ADB=90°

∴ △ABC∽△ADB (AA 닮음)

(ii) △ABC와 △BDC에서

∠C는 공통, ∠ABC=∠BDC=90°

∴ △ABC∽△BDC (AA 닮음)

(i), (ii)에 의하여

△ABC∽$\boxed{\triangle ADB}$∽$\boxed{\triangle BDC}$

답 △ADB, △BDC

참고 직각삼각형의 닮음과 삼각비

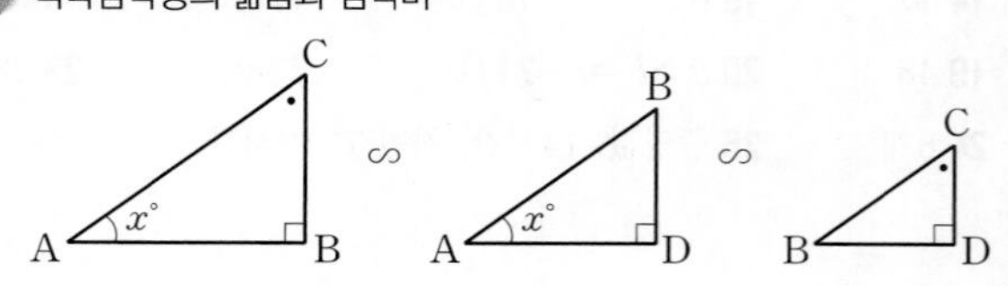

16 $\sin x°=\dfrac{\boxed{\overline{BC}}}{\overline{AC}}=\dfrac{\overline{BD}}{\boxed{\overline{AB}}}=\dfrac{\boxed{\overline{CD}}}{\overline{BC}}$

답 $\overline{BC}$, $\overline{AB}$, $\overline{CD}$

17 $\cos x°=\dfrac{\boxed{\overline{AB}}}{\overline{AC}}=\dfrac{\overline{AD}}{\boxed{\overline{AB}}}=\dfrac{\boxed{\overline{BD}}}{\overline{BC}}$

답 $\overline{AB}$, $\overline{AB}$, $\overline{BD}$

18 $\tan x°=\dfrac{\boxed{\overline{BC}}}{\overline{AB}}=\dfrac{\overline{BD}}{\boxed{\overline{AD}}}=\dfrac{\boxed{\overline{CD}}}{\overline{BD}}$

답 $\overline{BC}$, $\overline{AD}$, $\overline{CD}$

하 19 $\overline{AB}=\sqrt{3^2+(\sqrt{7})^2}=\sqrt{16}=4$

③ $\tan A=\frac{\overline{BC}}{\overline{AC}}=\frac{3}{\sqrt{7}}=\frac{3\sqrt{7}}{7}$ 답 ③

하 20 $\overline{AB}=\sqrt{15^2-12^2}=\sqrt{81}=9$이므로

$\sin C=\frac{\overline{AB}}{\overline{BC}}=\frac{9}{15}=\frac{3}{5}$, $\cos B=\frac{\overline{AB}}{\overline{BC}}=\frac{9}{15}=\frac{3}{5}$

$\therefore \sin C+\cos B=\frac{3}{5}+\frac{3}{5}=\frac{6}{5}$ 답 $\frac{6}{5}$

중 21 $\overline{AC}=2k$, $\overline{BC}=k\,(k>0)$라 하면

$\overline{AB}=\sqrt{k^2+(2k)^2}=\sqrt{5k^2}=\sqrt{5}k$

$\therefore \sin B=\frac{\overline{AC}}{\overline{AB}}=\frac{2k}{\sqrt{5}k}=\frac{2\sqrt{5}}{5}$ 답 $\frac{2\sqrt{5}}{5}$

중 22 △ABD에서 $\overline{AB}=\sqrt{10^2-6^2}=\sqrt{64}=8$이므로

$\tan x°=\frac{\overline{AB}}{\overline{BD}}=\frac{8}{6}=\frac{4}{3}$ …… ㉮

△ABC에서 $\overline{BC}=\sqrt{17^2-8^2}=\sqrt{225}=15$이므로

$\tan y°=\frac{\overline{AB}}{\overline{BC}}=\frac{8}{15}$ …… ㉯

$\therefore \tan x°+\tan y°=\frac{4}{3}+\frac{8}{15}=\frac{28}{15}$ …… ㉰

답 $\frac{28}{15}$

채점 기준

㉮ $\tan x°$의 값 구하기	40 %
㉯ $\tan y°$의 값 구하기	40 %
㉰ $\tan x°+\tan y°$의 값 구하기	20 %

중 23 $\sin A=\frac{\overline{BC}}{\overline{AB}}=\frac{\overline{BC}}{6}=\frac{2}{3}$이므로 $\overline{BC}=4$

$\therefore \overline{AC}=\sqrt{6^2-4^2}=\sqrt{20}=2\sqrt{5}$ 답 ③

중 24 $\tan A=\frac{\overline{BC}}{\overline{AB}}=\frac{\overline{BC}}{8}=\frac{3}{4}$이므로 $\overline{BC}=6$

$\therefore \overline{AC}=\sqrt{6^2+8^2}=\sqrt{100}=10$

$\therefore \sin C=\frac{\overline{AB}}{\overline{AC}}=\frac{8}{10}=\frac{4}{5}$ 답 ⑤

중 25 $\cos C=\frac{\overline{BC}}{\overline{AC}}=\frac{\overline{BC}}{4\sqrt{3}}=\frac{1}{2}$이므로 $\overline{BC}=2\sqrt{3}$ …… ㉮

$\therefore \overline{AB}=\sqrt{(4\sqrt{3})^2-(2\sqrt{3})^2}=\sqrt{36}=6$ …… ㉯

$\therefore △ABC=\frac{1}{2}\times 6\times 2\sqrt{3}=6\sqrt{3}$ …… ㉰

답 $6\sqrt{3}$

채점 기준

㉮ $\overline{BC}$의 길이 구하기	40 %
㉯ $\overline{AB}$의 길이 구하기	30 %
㉰ △ABC의 넓이 구하기	30 %

중 26 $\cos B=\frac{\overline{AB}}{\overline{BC}}=\frac{\overline{AB}}{9}=\frac{\sqrt{5}}{3}$이므로 $\overline{AB}=3\sqrt{5}$

$\therefore \overline{AC}=\sqrt{9^2-(3\sqrt{5})^2}=\sqrt{36}=6$

$\cos C=\frac{\overline{AC}}{\overline{BC}}=\frac{6}{9}=\frac{2}{3}$, $\tan C=\frac{\overline{AB}}{\overline{AC}}=\frac{3\sqrt{5}}{6}=\frac{\sqrt{5}}{2}$이므로

$\frac{\tan C}{\cos C}=\frac{\sqrt{5}}{2}\div\frac{2}{3}=\frac{3\sqrt{5}}{4}$ 답 ⑤

중 27 $\overline{AC}=3k$, $\overline{BC}=\sqrt{6}k\,(k>0)$라 하면

$(3k)^2=9^2+(\sqrt{6}k)^2$이므로

$9k^2=81+6k^2$, $3k^2=81$

$k^2=27$ $\therefore k=3\sqrt{3}\ (\because k>0)$

$\overline{AC}=3k=3\times 3\sqrt{3}=9\sqrt{3}$, $\overline{BC}=\sqrt{6}k=\sqrt{6}\times 3\sqrt{3}=9\sqrt{2}$이므로

$\overline{AC}+\overline{BC}=9\sqrt{3}+9\sqrt{2}$ 답 $9\sqrt{3}+9\sqrt{2}$

상 28 △ABH에서

$\cos B=\frac{\overline{BH}}{\overline{AB}}=\frac{\overline{BH}}{4}=\frac{1}{2}$이므로 $\overline{BH}=2$

$\therefore \overline{AH}=\sqrt{4^2-2^2}=\sqrt{12}=2\sqrt{3}$

△ACH에서 $\overline{CH}=\sqrt{6^2-(2\sqrt{3})^2}=\sqrt{24}=2\sqrt{6}$

$\therefore \tan C=\frac{\overline{AH}}{\overline{CH}}=\frac{2\sqrt{3}}{2\sqrt{6}}=\frac{\sqrt{2}}{2}$ 답 ③

중 29 $\sin A=\frac{2}{3}$이므로 오른쪽 그림과 같이 $\angle B=90°$, $\overline{AC}=3$, $\overline{BC}=2$인 직각삼각형 ABC를 생각할 수 있다.

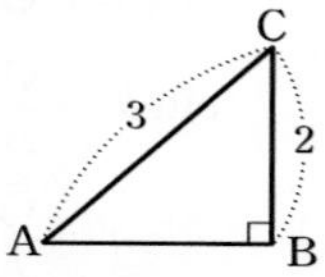

$\overline{AB}=\sqrt{3^2-2^2}=\sqrt{5}$이므로

$\cos A=\frac{\overline{AB}}{\overline{AC}}=\frac{\sqrt{5}}{3}$

$\tan A=\frac{\overline{BC}}{\overline{AB}}=\frac{2}{\sqrt{5}}=\frac{2\sqrt{5}}{5}$

$\therefore 6\cos A\times\tan A=6\times\frac{\sqrt{5}}{3}\times\frac{2\sqrt{5}}{5}=4$ 답 ②

중 30 $\angle C=90°$이고 $\cos B=\frac{8}{17}$이므로 오른쪽 그림과 같이 $\overline{AB}=17$, $\overline{BC}=8$인 직각삼각형 ABC를 생각할 수 있다.

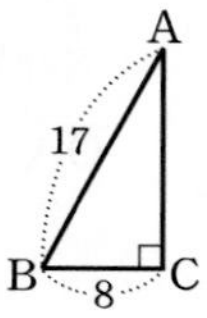

$\overline{AC}=\sqrt{17^2-8^2}=\sqrt{225}=15$

④ $\tan A=\frac{\overline{BC}}{\overline{AC}}=\frac{8}{15}$, $\tan B=\frac{\overline{AC}}{\overline{BC}}=\frac{15}{8}$이므로

$\tan A\neq\tan B$

⑤ $\sin A=\frac{\overline{BC}}{\overline{AB}}=\frac{8}{17}$이므로 $\sin A=\cos B$

따라서 옳지 않은 것은 ④이다. 답 ④

중 31 $4\tan A=3$에서 $\tan A=\frac{3}{4}$이므로

오른쪽 그림과 같이 $\angle B=90°$, $\overline{AB}=4$, $\overline{BC}=3$인 직각삼각형 ABC를 생각할 수 있다.

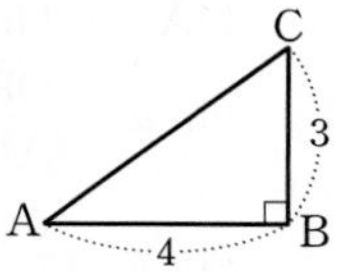

$\overline{AC}=\sqrt{4^2+3^2}=\sqrt{25}=5$이므로

$\sin A=\dfrac{\overline{BC}}{\overline{AC}}=\dfrac{3}{5}$

$\cos A=\dfrac{\overline{AB}}{\overline{AC}}=\dfrac{4}{5}$

$\therefore \dfrac{\sin A+\cos A}{\sin A-\cos A}=\left(\dfrac{3}{5}+\dfrac{4}{5}\right)\div\left(\dfrac{3}{5}-\dfrac{4}{5}\right)=-7$ 　답 -7

상 32 $\angle C=90^\circ$이므로 $\angle A+\angle B=90^\circ$에서

$90^\circ-\angle A=\angle B$

즉, $\sin(90^\circ-A)=\sin B=\dfrac{12}{13}$이므로 오른쪽 그림과 같이 $\overline{AB}=13$, $\overline{AC}=12$인 직각삼각형 ABC를 생각할 수 있다.

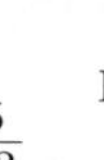

$\overline{BC}=\sqrt{13^2-12^2}=\sqrt{25}=5$이므로

$\tan A=\dfrac{\overline{BC}}{\overline{AC}}=\dfrac{5}{12}$ 　답 $\dfrac{5}{12}$

중 33 일차방정식 $2x-3y+6=0$의 그래프가 x축, y축과 만나는 점을 각각 A, B라 하면

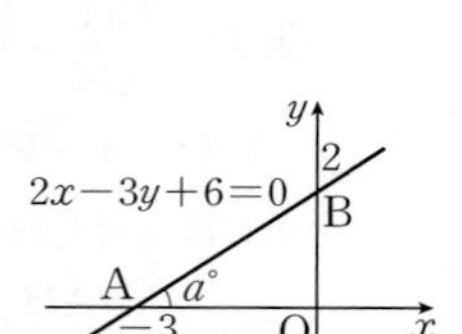

A$(-3, 0)$, B$(0, 2)$

직각삼각형 AOB에서

$\overline{OA}=3$, $\overline{OB}=2$, $\overline{AB}=\sqrt{3^2+2^2}=\sqrt{13}$이므로

$\sin a^\circ=\dfrac{\overline{OB}}{\overline{AB}}=\dfrac{2}{\sqrt{13}}=\dfrac{2\sqrt{13}}{13}$

$\cos a^\circ=\dfrac{\overline{OA}}{\overline{AB}}=\dfrac{3}{\sqrt{13}}=\dfrac{3\sqrt{13}}{13}$

$\therefore \sin a^\circ\times\cos a^\circ=\dfrac{2\sqrt{13}}{13}\times\dfrac{3\sqrt{13}}{13}=\dfrac{6}{13}$ 　답 $\dfrac{6}{13}$

하 34 일차함수 $y=\dfrac{3}{4}x+2$의 그래프가 x축, y축과 만나는 점을 각각 A, B라 하면

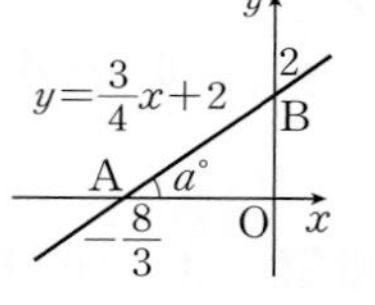

A$\left(-\dfrac{8}{3}, 0\right)$, B$(0, 2)$

직각삼각형 AOB에서

$\overline{OA}=\dfrac{8}{3}$, $\overline{OB}=2$이므로

$\tan a^\circ=\dfrac{\overline{OB}}{\overline{OA}}=2\div\dfrac{8}{3}=\dfrac{3}{4}$ 　답 $\dfrac{3}{4}$

중 35 일차방정식 $x+2y+4=0$의 그래프가 x축, y축과 만나는 점을 각각 A, B라 하면

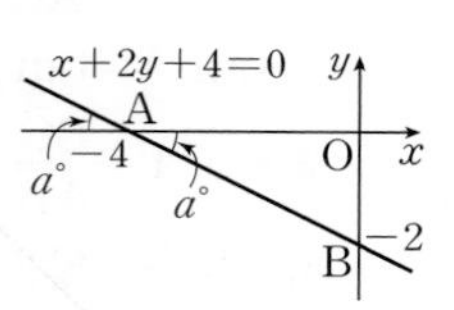

A$(-4, 0)$, B$(0, -2)$ 　…… ㉮

직각삼각형 AOB에서 $\angle BAO=a^\circ$ (맞꼭지각)이고

$\overline{OA}=4$, $\overline{OB}=2$, $\overline{AB}=\sqrt{4^2+2^2}=\sqrt{20}=2\sqrt{5}$이므로

$\sin a^\circ=\dfrac{\overline{OB}}{\overline{AB}}=\dfrac{2}{2\sqrt{5}}=\dfrac{\sqrt{5}}{5}$

$\cos a^\circ=\dfrac{\overline{OA}}{\overline{AB}}=\dfrac{4}{2\sqrt{5}}=\dfrac{2\sqrt{5}}{5}$ 　…… ㉯

$\therefore \sin a^\circ+\cos a^\circ=\dfrac{\sqrt{5}}{5}+\dfrac{2\sqrt{5}}{5}=\dfrac{3\sqrt{5}}{5}$ 　…… ㉰

답 $\dfrac{3\sqrt{5}}{5}$

채점 기준	
㉮ 일차방정식의 그래프가 x축, y축과 만나는 점의 좌표 각각 구하기	30 %
㉯ $\sin a^\circ$, $\cos a^\circ$의 값 각각 구하기	50 %
㉰ $\sin a^\circ+\cos a^\circ$의 값 구하기	20 %

상 36 직선 $2x+3y-12=0$이 x축, y축과 만나는 점을 각각 A, B라 하면

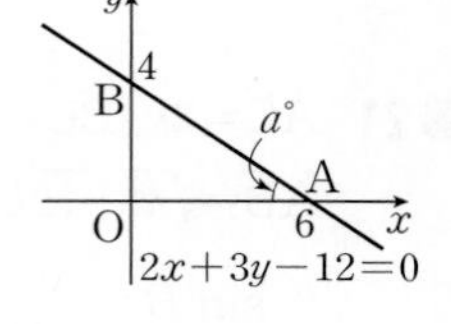

A$(6, 0)$, B$(0, 4)$

직각삼각형 AOB에서

$\overline{OA}=6$, $\overline{OB}=4$,

$\overline{AB}=\sqrt{6^2+4^2}=\sqrt{52}=2\sqrt{13}$이므로

$\cos a^\circ=\dfrac{\overline{OA}}{\overline{AB}}=\dfrac{6}{2\sqrt{13}}=\dfrac{3\sqrt{13}}{13}$

$\sin a^\circ=\dfrac{\overline{OB}}{\overline{AB}}=\dfrac{4}{2\sqrt{13}}=\dfrac{2\sqrt{13}}{13}$

$\therefore \cos^2 a^\circ-\sin^2 a^\circ=\left(\dfrac{3\sqrt{13}}{13}\right)^2-\left(\dfrac{2\sqrt{13}}{13}\right)^2$

$=\dfrac{9}{13}-\dfrac{4}{13}=\dfrac{5}{13}$ 　답 $\dfrac{5}{13}$

중 37 $\triangle ABC\backsim\triangle DBA$ (AA 닮음)이므로

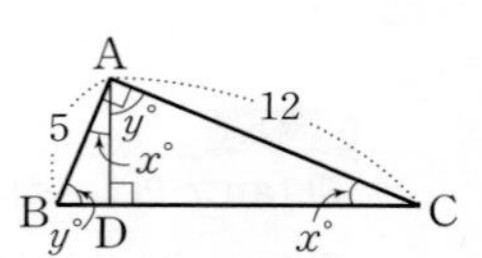

$\angle C=\angle BAD=x^\circ$

$\triangle ABC\backsim\triangle DAC$ (AA 닮음)이므로

$\angle B=\angle DAC=y^\circ$

$\triangle ABC$에서 $\overline{BC}=\sqrt{5^2+12^2}=\sqrt{169}=13$이므로

$\sin x^\circ=\sin C=\dfrac{\overline{AB}}{\overline{BC}}=\dfrac{5}{13}$

$\sin y^\circ=\sin B=\dfrac{\overline{AC}}{\overline{BC}}=\dfrac{12}{13}$

$\therefore \sin x^\circ+\sin y^\circ=\dfrac{5}{13}+\dfrac{12}{13}=\dfrac{17}{13}$ 　답 $\dfrac{17}{13}$

중 38 $\triangle ABC\backsim\triangle DBA$ (AA 닮음)이므로

$\angle C=\angle BAD=x^\circ$

$\triangle ABC$에서

$\tan x^\circ=\tan C=\dfrac{\overline{AB}}{\overline{AC}}=\dfrac{9}{\overline{AC}}=\dfrac{3}{4}$

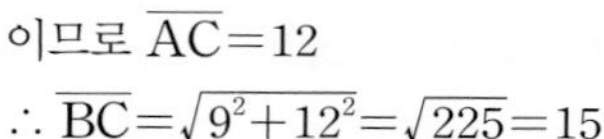

이므로 $\overline{AC}=12$

$\therefore \overline{BC}=\sqrt{9^2+12^2}=\sqrt{225}=15$

답 ④

중 39 $\triangle ABC\backsim\triangle ADB$ (AA 닮음)이므로

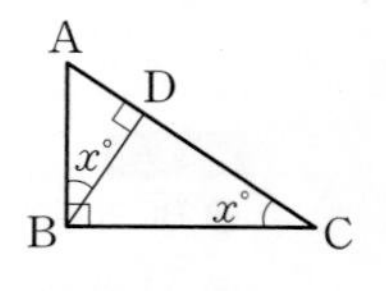

$\angle ACB=\angle ABD=x^\circ$

① $\triangle ABC$에서 $\sin x^\circ=\dfrac{\overline{AB}}{\overline{AC}}$

② $\triangle BDC$에서 $\sin x^\circ=\dfrac{\overline{BD}}{\overline{BC}}$

③ △ADB에서 $\cos x^\circ = \dfrac{\overline{BD}}{\overline{AB}}$

④ △ABC에서 $\cos x^\circ = \dfrac{\overline{BC}}{\overline{AC}}$

⑤ △ABC에서 $\tan x^\circ = \dfrac{\overline{AB}}{\overline{BC}}$

따라서 옳지 않은 것은 ⑤이다.

답 ⑤

중 40 △ABH∽△BDC (AA 닮음)이므로

$\angle DBC = \angle BAH = x^\circ$ …… ㉮

△DBC에서

$\overline{BD} = \sqrt{4^2+2^2} = \sqrt{20} = 2\sqrt{5}$ …… ㉯

$\therefore \sin x^\circ = \dfrac{\overline{CD}}{\overline{BD}} = \dfrac{2}{2\sqrt{5}} = \dfrac{\sqrt{5}}{5}$ …… ㉰

답 $\dfrac{\sqrt{5}}{5}$

채점 기준

채점 기준	배점
㉮ $\angle DBC = x^\circ$임을 알기	20 %
㉯ $\overline{BD}$의 길이 구하기	40 %
㉰ $\sin x^\circ$의 값 구하기	40 %

중 41 △ABC∽△EBD (AA 닮음)이므로

$\angle C = \angle BDE = x^\circ$

△ABC에서

$\overline{BC} = \sqrt{4^2+3^2} = \sqrt{25} = 5$이므로

$\cos x^\circ = \dfrac{\overline{AC}}{\overline{BC}} = \dfrac{3}{5}$

답 ⑤

중 42 △ABC∽△AED (AA 닮음)이므로

$\angle B = \angle AED$

△ADE에서

$\overline{DE} = \sqrt{(\sqrt{7})^2 - 2^2} = \sqrt{3}$이므로

$\sin B = \sin(\angle AED)$

$= \dfrac{\overline{AD}}{\overline{AE}} = \dfrac{2}{\sqrt{7}} = \dfrac{2\sqrt{7}}{7}$

$\cos B = \cos(\angle AED)$

$= \dfrac{\overline{DE}}{\overline{AE}} = \dfrac{\sqrt{3}}{\sqrt{7}} = \dfrac{\sqrt{21}}{7}$

$\therefore \sin B \times \cos B = \dfrac{2\sqrt{7}}{7} \times \dfrac{\sqrt{21}}{7} = \dfrac{2\sqrt{3}}{7}$

답 $\dfrac{2\sqrt{3}}{7}$

상 43 △ABC에서

$\tan B = \dfrac{\overline{AC}}{\overline{BC}} = \dfrac{\overline{AC}}{6} = 2$

$\therefore \overline{AC} = 12$

△ADE∽△ABC (AA 닮음)이므로

△ADE에서

$\tan(\angle ADE) = \tan B = 2$

즉, $\dfrac{\overline{AE}}{\overline{DE}} = \dfrac{\overline{AE}}{2\sqrt{5}} = 2$이므로 $\overline{AE} = 4\sqrt{5}$

$\therefore \overline{EC} = \overline{AC} - \overline{AE} = 12 - 4\sqrt{5}$

답 $12 - 4\sqrt{5}$

중 44 직각삼각형 EFG에서

$\overline{EG} = \sqrt{3^2+3^2} = \sqrt{18} = 3\sqrt{2}$

△CEG는 $\angle CGE = 90^\circ$인 직각삼각형이고

$\overline{CE} = \sqrt{(3\sqrt{2})^2 + 3^2} = \sqrt{27} = 3\sqrt{3}$

$\therefore \cos x^\circ = \dfrac{\overline{EG}}{\overline{CE}} = \dfrac{3\sqrt{2}}{3\sqrt{3}} = \dfrac{\sqrt{6}}{3}$

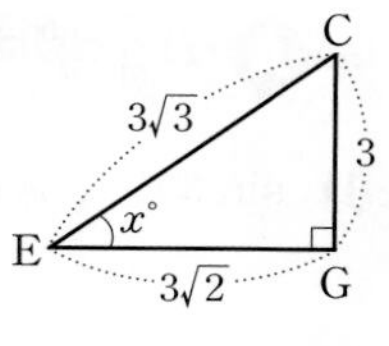

답 ④

중 45 직각삼각형 FGH에서

$\overline{FH} = \sqrt{3^2+4^2} = \sqrt{25} = 5$

△DFH는 $\angle DHF = 90^\circ$인 직각삼각형이고

$\overline{DF} = \sqrt{5^2+5^2} = \sqrt{50} = 5\sqrt{2}$이므로

$\sin x^\circ = \dfrac{\overline{DH}}{\overline{DF}} = \dfrac{5}{5\sqrt{2}} = \dfrac{\sqrt{2}}{2}$

$\cos x^\circ = \dfrac{\overline{FH}}{\overline{DF}} = \dfrac{5}{5\sqrt{2}} = \dfrac{\sqrt{2}}{2}$

$\tan x^\circ = \dfrac{\overline{DH}}{\overline{FH}} = \dfrac{5}{5} = 1$

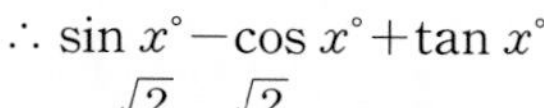
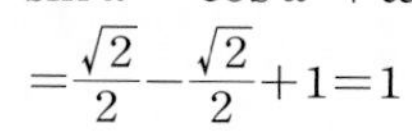

$\therefore \sin x^\circ - \cos x^\circ + \tan x^\circ$

$= \dfrac{\sqrt{2}}{2} - \dfrac{\sqrt{2}}{2} + 1 = 1$

답 ②

중 46 직각삼각형 ABC에서

$\overline{AC} = \sqrt{4^2+4^2} = \sqrt{32} = 4\sqrt{2}$ …… ㉮

△OAC는 $\overline{OA} = \overline{OC}$인 이등변삼각형이므로 꼭짓점 O에서 $\overline{AC}$에 내린 수선의 발을 H라 하면

$\overline{AH} = \dfrac{1}{2}\overline{AC}$

$= \dfrac{1}{2} \times 4\sqrt{2} = 2\sqrt{2}$ …… ㉯

$\therefore \cos x^\circ = \dfrac{\overline{AH}}{\overline{OA}} = \dfrac{2\sqrt{2}}{4} = \dfrac{\sqrt{2}}{2}$ …… ㉰

답 $\dfrac{\sqrt{2}}{2}$

채점 기준

채점 기준	배점
㉮ $\overline{AC}$의 길이 구하기	30 %
㉯ $\overline{AH}$의 길이 구하기	30 %
㉰ $\cos x^\circ$의 값 구하기	40 %

상 47 $\overline{OH}$를 그으면 △OHQ에서

$\overline{OQ} = \overline{OA} - \overline{AQ} = 5 - 2 = 3$,

$\overline{OH} = 5$이므로

$\overline{QH} = \sqrt{5^2 - 3^2} = \sqrt{16} = 4$

△PQH에서

$\tan x^\circ = \dfrac{\overline{PH}}{\overline{QH}} = \dfrac{12}{4} = 3$

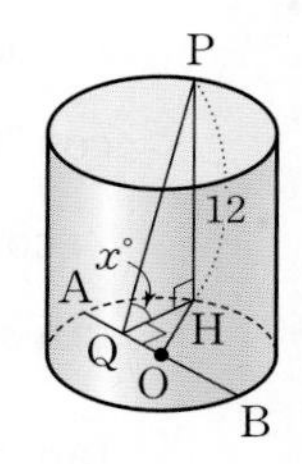

답 ①

Lecture 02 삼각비의 값 (1)

Level A 개념 익히기 14쪽

01 $\sin 30^\circ - \cos 60^\circ = \frac{1}{2} - \frac{1}{2} = 0$ 답 0

02 $\sin 45^\circ \times \tan 30^\circ = \frac{\sqrt{2}}{2} \times \frac{\sqrt{3}}{3} = \frac{\sqrt{6}}{6}$ 답 $\frac{\sqrt{6}}{6}$

03 $\cos 30^\circ \div \tan 60^\circ = \frac{\sqrt{3}}{2} \div \sqrt{3} = \frac{1}{2}$ 답 $\frac{1}{2}$

04 $\sin 60^\circ \div \cos 45^\circ \times \tan 45^\circ = \frac{\sqrt{3}}{2} \div \frac{\sqrt{2}}{2} \times 1 = \frac{\sqrt{6}}{2}$ 답 $\frac{\sqrt{6}}{2}$

05 $\tan 60^\circ - \sin 30^\circ \times \cos 30^\circ = \sqrt{3} - \frac{1}{2} \times \frac{\sqrt{3}}{2} = \frac{3\sqrt{3}}{4}$ 답 $\frac{3\sqrt{3}}{4}$

06 $\sin 60^\circ = \frac{\sqrt{3}}{2}$이므로 $x=60$ 답 60

07 $\cos 45^\circ = \frac{\sqrt{2}}{2}$이므로 $x=45$ 답 45

08 $\tan 45^\circ = 1$이므로 $x=45$ 답 45

09 $\sin 45^\circ = \frac{2\sqrt{3}}{x} = \frac{\sqrt{2}}{2}$에서 $\sqrt{2}x = 4\sqrt{3}$

$\therefore x = 2\sqrt{6}$

$\tan 45^\circ = \frac{2\sqrt{3}}{y} = 1$ $\quad \therefore y = 2\sqrt{3}$ 답 $x=2\sqrt{6}$, $y=2\sqrt{3}$

10 $\cos 60^\circ = \frac{x}{4} = \frac{1}{2}$ $\quad \therefore x=2$

$\sin 60^\circ = \frac{y}{4} = \frac{\sqrt{3}}{2}$ $\quad \therefore y = 2\sqrt{3}$ 답 $x=2$, $y=2\sqrt{3}$

Level B 유형 공략하기 15~17쪽

중 **11** ㄱ. $\sin 45^\circ + \cos 45^\circ = \frac{\sqrt{2}}{2} + \frac{\sqrt{2}}{2} = \sqrt{2}$

ㄴ. $\cos 60^\circ \times \tan 45^\circ = \frac{1}{2} \times 1 = \frac{1}{2}$, $\sin 30^\circ = \frac{1}{2}$

$\therefore \cos 60^\circ \times \tan 45^\circ = \sin 30^\circ$

ㄷ. $\cos 30^\circ + \cos 60^\circ = \frac{\sqrt{3}}{2} + \frac{1}{2}$, $\cos 45^\circ = \frac{\sqrt{2}}{2}$

$\therefore \cos 30^\circ + \cos 60^\circ \neq \cos 45^\circ$

ㄹ. $\tan 30^\circ = \frac{1}{\sqrt{3}}$, $\tan 60^\circ = \sqrt{3}$이므로

$\tan 30^\circ = \frac{1}{\tan 60^\circ}$

이상에서 옳은 것은 ㄴ, ㄹ이다. 답 ③

하 **12** $\tan 60^\circ \times \sin 60^\circ + \cos 30^\circ \times \tan 30^\circ$

$= \sqrt{3} \times \frac{\sqrt{3}}{2} + \frac{\sqrt{3}}{2} \times \frac{\sqrt{3}}{3} = \frac{3}{2} + \frac{1}{2} = 2$ 답 2

중 **13** $\sqrt{3}\cos 30^\circ - \frac{\tan 45^\circ}{\sin 60^\circ \times \tan 60^\circ}$

$= \sqrt{3} \times \frac{\sqrt{3}}{2} - 1 \div \left(\frac{\sqrt{3}}{2} \times \sqrt{3}\right) = \frac{3}{2} - \frac{2}{3} = \frac{5}{6}$ 답 ⑤

중 **14** $A = 180^\circ \times \frac{1}{1+2+3} = 30^\circ$ …… ㉮

$\therefore \sin A \times \cos A \div \tan A$

$= \sin 30^\circ \times \cos 30^\circ \div \tan 30^\circ$

$= \frac{1}{2} \times \frac{\sqrt{3}}{2} \div \frac{\sqrt{3}}{3} = \frac{3}{4}$ …… ㉯

답 $\frac{3}{4}$

채점 기준

㉮ A의 크기 구하기	40 %
㉯ $\sin A \times \cos A \div \tan A$의 값 구하기	60 %

중 **15** $5 < x < 50$에서 $0 < 2x - 10 < 90$

$\sin 60^\circ = \frac{\sqrt{3}}{2}$이므로 $2x - 10 = 60$

$2x = 70$ $\quad \therefore x = 35$ 답 ⑤

중 **16** $0 < x < 30$에서 $35 < x + 35 < 65$

$\cos 45^\circ = \frac{\sqrt{2}}{2}$이므로 $x + 35 = 45$ $\quad \therefore x = 10$

$\therefore \sin 3x^\circ \times \tan 3x^\circ = \sin 30^\circ \times \tan 30^\circ$

$= \frac{1}{2} \times \frac{\sqrt{3}}{3} = \frac{\sqrt{3}}{6}$ 답 $\frac{\sqrt{3}}{6}$

중 **17** $\cos 60^\circ = \frac{1}{2}$이므로 $\sin (x-15)^\circ = \frac{1}{2}$

$15 < x < 90$에서 $0 < x - 15 < 75$

$\sin 30^\circ = \frac{1}{2}$이므로 $x - 15 = 30$ $\quad \therefore x = 45$

$\therefore \sin x^\circ + \cos x^\circ = \sin 45^\circ + \cos 45^\circ$

$= \frac{\sqrt{2}}{2} + \frac{\sqrt{2}}{2} = \sqrt{2}$ 답 ④

중 **18** $x^2 - 2x + 1 = 0$에서 $(x-1)^2 = 0$

$\therefore x = 1$

따라서 $\tan A = 1$이고 $\tan 45^\circ = 1$이므로

$\angle A = 45^\circ$ 답 45°

중 **19** △ABD에서 $\tan 60^\circ = \frac{\overline{AD}}{\overline{BD}} = \frac{\overline{AD}}{6} = \sqrt{3}$

$\therefore \overline{AD} = 6\sqrt{3}$

△ABC에서 $\angle C = 180^\circ - (90^\circ + 60^\circ) = 30^\circ$

$\triangle$ADC에서 $\sin 30^\circ=\frac{\overline{AD}}{\overline{AC}}=\frac{6\sqrt{3}}{\overline{AC}}=\frac{1}{2}$

$\therefore \overline{AC}=12\sqrt{3}$

답 ④

중 20 $\triangle$DBC에서 $\tan 45^\circ=\frac{\overline{BC}}{\overline{CD}}=\frac{\overline{BC}}{\sqrt{3}}=1$

$\therefore \overline{BC}=\sqrt{3}$

$\triangle$ABC에서 $\tan 60^\circ=\frac{\overline{BC}}{\overline{AB}}=\frac{\sqrt{3}}{\overline{AB}}=\sqrt{3}$

$\therefore \overline{AB}=1$

답 1

중 21 $\triangle$ABC에서

$\cos 45^\circ=\frac{\overline{AC}}{\overline{AB}}=\frac{\overline{AC}}{6\sqrt{2}}=\frac{\sqrt{2}}{2}$ $\quad\therefore \overline{AC}=6$

$\therefore \overline{BC}=\overline{AC}=6$

$\triangle$DBC에서 $\tan 30^\circ=\frac{\overline{CD}}{\overline{BC}}=\frac{\overline{CD}}{6}=\frac{\sqrt{3}}{3}$

$\therefore \overline{CD}=2\sqrt{3}$

$\therefore \overline{AD}=\overline{AC}-\overline{CD}=6-2\sqrt{3}$

답 ③

중 22 $\triangle$ABC에서

$\sin 30^\circ=\frac{\overline{AC}}{\overline{AB}}=\frac{\overline{AC}}{12}=\frac{1}{2}$ $\quad\therefore \overline{AC}=6\,(\text{cm})$ …… ㉮

$\cos 30^\circ=\frac{\overline{BC}}{\overline{AB}}=\frac{\overline{BC}}{12}=\frac{\sqrt{3}}{2}$ $\quad\therefore \overline{BC}=6\sqrt{3}\,(\text{cm})$

…… ㉯

$\overline{DC}=\frac{1}{2}\overline{BC}=\frac{1}{2}\times 6\sqrt{3}=3\sqrt{3}\,(\text{cm})$이므로 $\triangle$ADC에서

$\overline{AD}=\sqrt{(3\sqrt{3})^2+6^2}=\sqrt{63}=3\sqrt{7}\,(\text{cm})$ …… ㉰

답 $3\sqrt{7}$ cm

채점 기준

㉮ $\overline{AC}$의 길이 구하기	30 %
㉯ $\overline{BC}$의 길이 구하기	30 %
㉰ $\overline{AD}$의 길이 구하기	40 %

중 23 $\triangle$ABC에서

$\sin 30^\circ=\frac{\overline{AB}}{\overline{AC}}=\frac{\overline{AB}}{8\sqrt{3}}=\frac{1}{2}$ $\quad\therefore \overline{AB}=4\sqrt{3}\,(\text{cm})$

$\cos 30^\circ=\frac{\overline{BC}}{\overline{AC}}=\frac{\overline{BC}}{8\sqrt{3}}=\frac{\sqrt{3}}{2}$ $\quad\therefore \overline{BC}=12\,(\text{cm})$

$\angle BAD=\frac{1}{2}\times(90^\circ-30^\circ)=30^\circ$이므로 $\triangle$ABD에서

$\tan 30^\circ=\frac{\overline{BD}}{\overline{AB}}=\frac{x}{4\sqrt{3}}=\frac{\sqrt{3}}{3}$ $\quad\therefore x=4$

$\therefore y=\overline{BC}-x=12-4=8$

$\therefore y-x=8-4=4$

답 ④

다른 풀이 $\triangle$ABC에서

$\cos 30^\circ=\frac{\overline{BC}}{\overline{AC}}=\frac{\overline{BC}}{8\sqrt{3}}=\frac{\sqrt{3}}{2}$ $\quad\therefore \overline{BC}=12\,(\text{cm})$

$\triangle$ABC에서 $\sin 30^\circ=\frac{\overline{AB}}{\overline{AC}}=\frac{1}{2}$이므로

$\overline{AB}:\overline{AC}=1:2$

이때 $\overline{AD}$는 $\angle$A의 이등분선이므로

$\overline{BD}:\overline{CD}=\overline{AB}:\overline{AC}=1:2$

$\therefore \overline{BD}=12\times\frac{1}{1+2}=4\,(\text{cm}),\ \overline{CD}=12\times\frac{2}{1+2}=8\,(\text{cm})$

따라서 $x=4$, $y=8$이므로 $y-x=4$

중 24 $\triangle$ABC에서

$\cos 60^\circ=\frac{\overline{AB}}{\overline{BC}}=\frac{10}{\overline{BC}}=\frac{1}{2}$ $\quad\therefore \overline{BC}=20$

$\tan 60^\circ=\frac{\overline{AC}}{\overline{AB}}=\frac{\overline{AC}}{10}=\sqrt{3}$ $\quad\therefore \overline{AC}=10\sqrt{3}$

$\triangle$ACD에서

$\cos 45^\circ=\frac{\overline{AD}}{\overline{AC}}=\frac{\overline{AD}}{10\sqrt{3}}=\frac{\sqrt{2}}{2}$ $\quad\therefore \overline{AD}=5\sqrt{6}$

$\overline{CD}=\overline{AD}$이므로 $\overline{CD}=5\sqrt{6}$

따라서 □ABCD의 둘레의 길이는

$\overline{AB}+\overline{BC}+\overline{CD}+\overline{AD}=10+20+5\sqrt{6}+5\sqrt{6}=30+10\sqrt{6}$

답 ⑤

상 25 $\angle ADC=180^\circ-135^\circ=45^\circ$이므로 $\triangle$ADC에서

$\sin 45^\circ=\frac{\overline{AC}}{\overline{AD}}=\frac{2\sqrt{3}}{\overline{AD}}=\frac{\sqrt{2}}{2}$ $\quad\therefore \overline{AD}=2\sqrt{6}$

$\cos 45^\circ=\frac{\overline{CD}}{\overline{AD}}=\frac{\overline{CD}}{2\sqrt{6}}=\frac{\sqrt{2}}{2}$ $\quad\therefore \overline{CD}=2\sqrt{3}$

$\overline{BD}=\overline{AD}=2\sqrt{6}$이므로 $\triangle$ABC에서

$\tan B=\frac{\overline{AC}}{\overline{BC}}=\frac{2\sqrt{3}}{2\sqrt{6}+2\sqrt{3}}=\sqrt{2}-1$

답 $\sqrt{2}-1$

상 26 $\triangle$ABD에서

$\angle BAD=30^\circ-15^\circ=15^\circ$이므로

$\triangle$ABD는 이등변삼각형이다.

$\therefore \overline{AD}=\overline{BD}=2$

$\triangle$ADC에서

$\sin 30^\circ=\frac{\overline{AC}}{\overline{AD}}=\frac{\overline{AC}}{2}=\frac{1}{2}$ $\quad\therefore \overline{AC}=1$

$\cos 30^\circ=\frac{\overline{CD}}{\overline{AD}}=\frac{\overline{CD}}{2}=\frac{\sqrt{3}}{2}$ $\quad\therefore \overline{CD}=\sqrt{3}$

이때 $\angle BAC=15^\circ+60^\circ=75^\circ$이므로

$\tan 75^\circ=\frac{\overline{BC}}{\overline{AC}}=\frac{2+\sqrt{3}}{1}=2+\sqrt{3}$

답 ③

상 27 (1) $\triangle$ABC에서 $\angle A=36^\circ$이므로

$\angle B=\angle C=\frac{1}{2}\times(180^\circ-36^\circ)=72^\circ$

$\therefore \angle ABD=\angle CBD=\frac{1}{2}\angle B=\frac{1}{2}\times 72^\circ=36^\circ$

(2) $\triangle$DAB는 $\angle DAB=\angle DBA=36^\circ$인 이등변삼각형이므로 점 D에서 $\overline{AB}$에 내린 수선의 발을 H라 하면

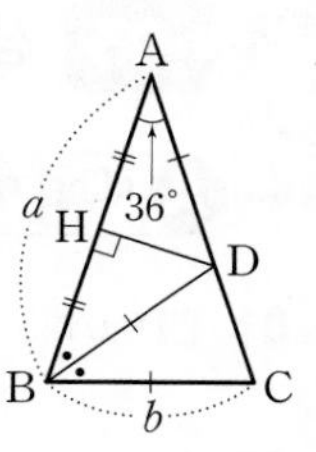

$\overline{AH}=\overline{BH}=\frac{1}{2}\overline{AB}=\frac{a}{2}$

$\triangle$BCD에서

$\angle BDC=180^\circ-(36^\circ+72^\circ)=72^\circ$

즉, $\triangle$BCD는 $\angle BDC=\angle C=72^\circ$인 이등변삼각형이므로
$\overline{DA}=\overline{DB}=\overline{BC}=b$
$\triangle$DAH에서
$\cos 36^\circ=\frac{\overline{AH}}{\overline{AD}}=\frac{a}{2}\div b=\frac{a}{2b}$ 답 (1) 36° (2) $\frac{a}{2b}$

하 **28** 직선의 방정식을 $y=ax+b$라 하면
$a=\tan 45^\circ=1$
직선 $y=x+b$의 y절편이 4이므로 $b=4$
따라서 구하는 직선의 방정식은 $y=x+4$ 답 $y=x+4$

중 **29** $\sqrt{3}x-3y+9=0$에서 $y=\frac{\sqrt{3}}{3}x+3$
이 그래프가 x축의 양의 방향과 이루는 예각의 크기를 a°라 하면
$\tan a^\circ=\frac{\sqrt{3}}{3}$
$\tan 30^\circ=\frac{\sqrt{3}}{3}$이므로 $a=30$
따라서 그래프가 x축의 양의 방향과 이루는 예각의 크기는 30°이다. 답 30°

중 **30** 직선의 방정식을 $y=ax+b$라 하면
$a=\tan 60^\circ=\sqrt{3}$ …… ㉮
직선 $y=\sqrt{3}x+b$가 점 $(-\sqrt{3}, 5)$를 지나므로
$5=-3+b$ $\therefore b=8$ …… ㉯
따라서 구하는 직선의 방정식은 $y=\sqrt{3}x+8$ …… ㉰
답 $y=\sqrt{3}x+8$

채점 기준

㉮ 직선의 기울기 구하기	40 %
㉯ 직선의 y절편 구하기	40 %
㉰ 직선의 방정식 구하기	20 %

중 **31** 직선의 방정식을 $y=ax+b$라 하면
$a=\tan 30^\circ=\frac{\sqrt{3}}{3}$
직선 $y=\frac{\sqrt{3}}{3}x+b$의 x절편이 -6이므로
$0=\frac{\sqrt{3}}{3}\times(-6)+b$ $\therefore b=2\sqrt{3}$
따라서 주어진 직선과 x축, y축으로 둘러싸인 도형의 넓이는
$\frac{1}{2}\times 6\times 2\sqrt{3}=6\sqrt{3}$ 답 ③

Lecture 03 삼각비의 값 (2)

Level A 개념 익히기 18쪽

01 답 0.6428 **02** 답 0.7660

03 답 0.8391 **04** 답 0.7660

05 $\sin 0^\circ+\cos 90^\circ=0+0=0$ 답 0

06 $\tan 0^\circ-\cos 0^\circ=0-1=-1$ 답 -1

07 $\sin 90^\circ\times\cos 0^\circ-\tan 45^\circ\times\tan 0^\circ$
$=1\times1-1\times0=1$ 답 1

08 답 0.8746 **09** 답 0.5299

10 답 1.6643 **11** 답 60

12 답 59 **13** 답 61

Level B 유형 공략하기 19~21쪽

중 **14** ① $\triangle$ABC에서 $\sin x^\circ=\frac{\overline{BC}}{\overline{AC}}=\frac{\overline{BC}}{1}=\overline{BC}$
② $\triangle$ABC에서 $\sin y^\circ=\frac{\overline{AB}}{\overline{AC}}=\frac{\overline{AB}}{1}=\overline{AB}$
③ $\triangle$ABC에서 $\cos x^\circ=\frac{\overline{AB}}{\overline{AC}}=\frac{\overline{AB}}{1}=\overline{AB}$
④ $\triangle$ADE에서 $\tan x^\circ=\frac{\overline{DE}}{\overline{AD}}=\frac{\overline{DE}}{1}=\overline{DE}$
⑤ $\cos z^\circ=\cos y^\circ=\frac{\overline{BC}}{\overline{AC}}=\frac{\overline{BC}}{1}=\overline{BC}$ 답 ⑤

중 **15** ① $\sin 55^\circ=\overline{AB}=0.8192$
② $\cos 55^\circ=\overline{OB}=0.5736$
③ $\tan 55^\circ=\overline{CD}=1.4281$
④ $\sin 35^\circ=\overline{OB}=0.5736$
⑤ $\tan 35^\circ=\frac{1}{\overline{CD}}=\frac{1}{1.4281}$ 답 ③

상 **16** $\overline{AB}\,/\!/\,\overline{CD}$이므로 $\angle OAB=\angle OCD=y^\circ$ (동위각)
점 A의 좌표는 $(\overline{OB}, \overline{AB})$이고
$\sin x^\circ=\frac{\overline{AB}}{\overline{OA}}=\frac{\overline{AB}}{1}=\overline{AB}$, $\cos x^\circ=\frac{\overline{OB}}{\overline{OA}}=\frac{\overline{OB}}{1}=\overline{OB}$,
$\sin y^\circ=\frac{\overline{OB}}{\overline{OA}}=\frac{\overline{OB}}{1}=\overline{OB}$, $\cos y^\circ=\frac{\overline{AB}}{\overline{OA}}=\frac{\overline{AB}}{1}=\overline{AB}$
따라서 점 A의 좌표로 가능한 것은
$(\cos x^\circ, \sin x^\circ)$, $(\cos x^\circ, \cos y^\circ)$, $(\sin y^\circ, \sin x^\circ)$,
$(\sin y^\circ, \cos y^\circ)$이다. 답 ②, ④

중 **17** ① $\sin 0^\circ-\cos 0^\circ=0-1=-1$
② $\sin 30^\circ+\cos 60^\circ-\sin 90^\circ=\frac{1}{2}+\frac{1}{2}-1=0$
③ $\sin 90^\circ\times\tan 45^\circ-\cos 0^\circ=1\times1-1=0$
④ $\sin 30^\circ+\cos 90^\circ+\tan 0^\circ\times\tan 30^\circ$
$=\frac{1}{2}+0+0\times\frac{\sqrt{3}}{3}=\frac{1}{2}$

⑤ $(\cos 0^\circ+\cos 45^\circ)\times(\sin 90^\circ-\sin 45^\circ)$

$=\left(1+\frac{\sqrt{2}}{2}\right)\times\left(1-\frac{\sqrt{2}}{2}\right)=1-\frac{1}{2}=\frac{1}{2}$

따라서 옳지 않은 것은 ③, ⑤이다. 답 ③, ⑤

중 18 ① $\sin 0^\circ=\tan 0^\circ=0$, $\cos 0^\circ=1$

② $\sin 45^\circ=\cos 45^\circ=\frac{\sqrt{2}}{2}$, $\tan 45^\circ=1$

③ $\sin 90^\circ=1$, $\cos 90^\circ=0$, $\tan 90^\circ$의 값은 정할 수 없다.

④ $\sin 0^\circ=\cos 90^\circ=0$, $\tan 90^\circ$의 값은 정할 수 없다.

⑤ $\sin 90^\circ=\cos 0^\circ=\tan 45^\circ=1$

따라서 옳은 것은 ⑤이다. 답 ⑤

중 19 $\frac{(\tan 60^\circ+\sin 45^\circ)(3\tan 30^\circ-\cos 45^\circ)}{\sin 90^\circ\times\cos 0^\circ}$

$=\frac{\left(\sqrt{3}+\frac{\sqrt{2}}{2}\right)\left(3\times\frac{\sqrt{3}}{3}-\frac{\sqrt{2}}{2}\right)}{1\times 1}$

$=3-\frac{1}{2}=\frac{5}{2}$ 답 $\frac{5}{2}$

중 20 $\sin 30^\circ+\tan x^\circ=\cos 60^\circ\times\tan 45^\circ$에서

$\frac{1}{2}+\tan x^\circ=\frac{1}{2}\times 1$ $\therefore \tan x^\circ=0$

$\tan 0^\circ=0$이므로 $x=0$ …… ㉮

$\therefore \sin x^\circ+\cos x^\circ=\sin 0^\circ+\cos 0^\circ$

$=0+1=1$ …… ㉯

답 1

채점 기준

㉮ x의 값 구하기	50 %
㉯ $\sin x^\circ+\cos x^\circ$의 값 구하기	50 %

중 21 ① $0\le x\le 90$일 때, x의 값이 증가하면 $\sin x^\circ$의 값도 증가하므로 $\sin 40^\circ<\sin 50^\circ$

② $0\le x\le 90$일 때, x의 값이 증가하면 $\cos x^\circ$의 값은 감소하므로 $\cos 15^\circ>\cos 18^\circ$

③ $0\le x<45$일 때, $\sin x^\circ<\cos x^\circ$이므로 $\sin 35^\circ<\cos 35^\circ$

④ $\cos 60^\circ=\frac{1}{2}$, $\tan 50^\circ>\tan 45^\circ=1$

$\therefore \cos 60^\circ<\tan 50^\circ$

⑤ $0\le x<90$일 때, x의 값이 증가하면 $\tan x^\circ$의 값도 증가하므로 $\tan 55^\circ<\tan 65^\circ$

따라서 옳지 않은 것은 ④이다. 답 ④

중 22 ㄱ. $\cos 0^\circ=1$

ㄴ. $\sin 30^\circ=\frac{1}{2}$

ㄷ. $\tan 30^\circ<\tan 40^\circ<\tan 45^\circ$이므로

$\frac{\sqrt{3}}{3}<\tan 40^\circ<1$

ㄹ. $\cos 70^\circ<\cos 60^\circ$이므로 $\cos 70^\circ<\frac{1}{2}$

ㅁ. $\tan 45^\circ<\tan 80^\circ$이므로 $1<\tan 80^\circ$

$\therefore \cos 70^\circ<\sin 30^\circ<\tan 40^\circ<\cos 0^\circ<\tan 80^\circ$

이상에서 크기가 작은 것부터 차례대로 나열하면 ㄹ, ㄴ, ㄷ, ㄱ, ㅁ이다. 답 ㄹ, ㄴ, ㄷ, ㄱ, ㅁ

상 23 ⑤ $45^\circ<A<90^\circ$일 때, $\cos A<\sin A<1$이고

$\tan A>\tan 45^\circ=1$

$\therefore \cos A<\sin A<\tan A$

따라서 옳지 않은 것은 ⑤이다. 답 ⑤

중 24 $0^\circ<A<45^\circ$일 때, $\frac{\sqrt{2}}{2}<\cos A<1$이므로

$\cos A-1<0$, $\cos A+1>0$

$\therefore \sqrt{(\cos A-1)^2}+\sqrt{(\cos A+1)^2}$

$=-(\cos A-1)+(\cos A+1)=2$ 답 2

중 25 $45<x<90$일 때, $\tan x^\circ>1$이므로

$1-\tan x^\circ<0$

$\therefore \sqrt{(1-\tan x^\circ)^2}=-(1-\tan x^\circ)$

$=\tan x^\circ-1$ 답 ⑤

중 26 $0^\circ<A<90^\circ$일 때, $0<\sin A<1$이므로

$1-\sin A>0$, $\sin A>0$ …… ㉮

$\therefore \sqrt{(1-\sin A)^2}+\sqrt{\sin^2 A}$

$=(1-\sin A)+\sin A=1$ …… ㉯

답 1

채점 기준

㉮ $1-\sin A$, $\sin A$의 값의 부호 알기	40 %
㉯ 주어진 식 간단히 하기	60 %

상 27 $45<x<90$일 때, $0<\cos x^\circ<\sin x^\circ$이므로

$\cos x^\circ-\sin x^\circ<0$, $\sin x^\circ+\cos x^\circ>0$

$\therefore \sqrt{(\cos x^\circ-\sin x^\circ)^2}+\sqrt{(\sin x^\circ+\cos x^\circ)^2}$

$=-(\cos x^\circ-\sin x^\circ)+(\sin x^\circ+\cos x^\circ)$

$=2\sin x^\circ$

$2\sin x^\circ=\sqrt{3}$에서 $\sin x^\circ=\frac{\sqrt{3}}{2}$

$\sin 60^\circ=\frac{\sqrt{3}}{2}$이므로 $x=60$ 답 60

하 28 $\sin 78^\circ=0.9781$이므로 $x=78$

$\cos 79^\circ=0.1908$이므로 $y=79$

$\therefore x+y=78+79=157$ 답 ③

하 29 $\tan 77^\circ-\cos 80^\circ=4.3315-0.1736=4.1579$

답 4.1579

중 30 ① $\cos 33^\circ=0.8387$

② $\tan 32^\circ=0.6249$

③ $\sin 32^\circ=0.5299$이므로 $x=32$

④ $\cos 33°=0.8387$이므로 $x=33$

⑤ $\tan 31°=0.6009$이므로 $x=31$

따라서 삼각비의 표를 이용하여 구한 값으로 옳은 것은 ④이다.

답 ④

하 **31** $\angle C=180°-(90°+65°)=25°$이므로

$\cos 25°=\dfrac{\overline{AC}}{\overline{BC}}=\dfrac{\overline{AC}}{20}=0.9063$

$\therefore \overline{AC}=18.126$ 답 18.126

하 **32** $\angle A=180°-(90°+66°)=24°$이므로

$\tan 24°=\dfrac{\overline{BC}}{\overline{AC}}=\dfrac{\overline{BC}}{10}=0.4452$

$\therefore \overline{BC}=4.452$ 답 ③

중 **33** $\overline{OA}=1$이므로 $\triangle AOB$에서

$\sin 37°=\dfrac{\overline{AB}}{\overline{OA}}=\dfrac{\overline{AB}}{1}=\overline{AB}$ …… ㉮

$\cos 37°=\dfrac{\overline{OB}}{\overline{OA}}=\dfrac{\overline{OB}}{1}=\overline{OB}$ …… ㉯

$\overline{OD}=1$이므로 $\triangle COD$에서

$\tan 37°=\dfrac{\overline{CD}}{\overline{OD}}=\dfrac{\overline{CD}}{1}=\overline{CD}$ …… ㉰

$\therefore \overline{AB}+\overline{OB}-\overline{CD}=\sin 37°+\cos 37°-\tan 37°$

$=0.6018+0.7986-0.7536$

$=0.6468$ …… ㉱

답 0.6468

채점 기준

㉮ $\sin 37°=\overline{AB}$임을 알기	30 %
㉯ $\cos 37°=\overline{OB}$임을 알기	30 %
㉰ $\tan 37°=\overline{CD}$임을 알기	30 %
㉱ $\overline{AB}+\overline{OB}-\overline{CD}$의 값 구하기	10 %

단원 마무리 22~25쪽

Level B 필수 유형 정복하기

01 ①	02 $\frac{3}{5}$	03 ④	04 ③	05 ③
06 ②	07 ②	08 $\frac{4}{5}$	09 ③	10 $\frac{2\sqrt{3}}{3}$
11 ③	12 0	13 $4\sqrt{3}-4$	14 ③	15 $2-\sqrt{3}$
16 $y=\sqrt{3}x+\sqrt{3}$		17 ④, ⑤	18 ④	19 5.7
20 $\frac{7}{9}$	21 $\frac{7}{5}$	22 $\frac{3}{2}$	23 $\frac{8\sqrt{3}}{3}$ cm^2	
24 $\frac{3\sqrt{3}}{8}$	25 $\sqrt{2}$			

01 전략 피타고라스 정리를 이용하여 $\overline{AC}$의 길이를 구한다.

$\overline{AC}=\sqrt{(\sqrt{6})^2-2^2}=\sqrt{2}$이므로

$\tan B=\dfrac{\overline{AC}}{\overline{AB}}=\dfrac{\sqrt{2}}{2}$, $\cos C=\dfrac{\overline{AC}}{\overline{BC}}=\dfrac{\sqrt{2}}{\sqrt{6}}=\dfrac{\sqrt{3}}{3}$

$\therefore \tan B\times\cos C=\dfrac{\sqrt{2}}{2}\times\dfrac{\sqrt{3}}{3}=\dfrac{\sqrt{6}}{6}$

02 전략 $\overline{OA}=\overline{OB}$임을 이용하여 $\angle OAB$와 크기가 같은 각을 찾는다.

$\triangle ABC$는 $\angle BAC=90°$인 직각삼각형이고

$\overline{BC}=5+5=10$이므로 $\overline{AC}=\sqrt{10^2-8^2}=\sqrt{36}=6$

$\triangle ABO$에서 $\overline{OA}=\overline{OB}$이므로

$\angle OBA=\angle OAB=x°$

$\triangle ABC$에서

$\sin x°=\dfrac{\overline{AC}}{\overline{BC}}=\dfrac{6}{10}=\dfrac{3}{5}$

03 전략 $\cos A$의 값을 이용하여 $\overline{AB}$의 길이를 구한다.

$\cos A=\dfrac{\overline{AB}}{\overline{AC}}=\dfrac{\overline{AB}}{15}=\dfrac{4}{5}$이므로 $\overline{AB}=12$

$\therefore \overline{BC}=\sqrt{15^2-12^2}=\sqrt{81}=9$

따라서 $\triangle ABC$의 둘레의 길이는

$\overline{AB}+\overline{BC}+\overline{AC}=12+9+15=36$

04 전략 $\cos B$의 값과 피타고라스 정리를 이용하여 $\overline{AH}$의 길이를 구한다.

$\triangle ABH$에서 $\cos B=\dfrac{\overline{BH}}{\overline{AB}}=\dfrac{\overline{BH}}{6}=\dfrac{2}{3}$이므로 $\overline{BH}=4$

$\therefore \overline{AH}=\sqrt{6^2-4^2}=\sqrt{20}=2\sqrt{5}$

$\therefore \triangle ABC=\dfrac{1}{2}\times10\times2\sqrt{5}=10\sqrt{5}$

05 전략 주어진 삼각비의 값을 갖는 직각삼각형을 그려 본다.

$4\cos A-3=0$에서 $\cos A=\dfrac{3}{4}$이므로

오른쪽 그림과 같이 $\angle B=90°$, $\overline{AB}=3$, $\overline{AC}=4$인 직각삼각형 ABC를 생각할 수 있다.

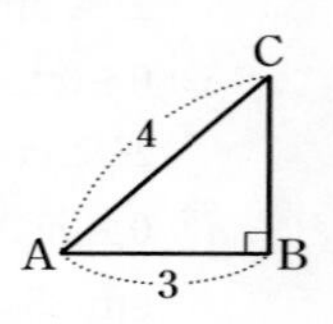

$\overline{BC}=\sqrt{4^2-3^2}=\sqrt{7}$이므로

$\sin A=\dfrac{\overline{BC}}{\overline{AC}}=\dfrac{\sqrt{7}}{4}$, $\tan A=\dfrac{\overline{BC}}{\overline{AB}}=\dfrac{\sqrt{7}}{3}$

$\therefore \sin A\times\tan A=\dfrac{\sqrt{7}}{4}\times\dfrac{\sqrt{7}}{3}=\dfrac{7}{12}$

06 전략 한 내각의 크기가 35°인 직각삼각형을 그려 본다.

$\sin 35°=a$이므로 오른쪽 그림과 같이 $\angle B=90°$, $\overline{AC}=1$, $\overline{BC}=a$인 직각삼각형 ABC를 생각할 수 있다.

$\overline{AB}=\sqrt{1-a^2}$이고

$\angle ACB=180°-(90°+35°)=55°$이므로

$\sin 55°=\dfrac{\overline{AB}}{\overline{AC}}=\dfrac{\sqrt{1-a^2}}{1}=\sqrt{1-a^2}$

07 전략 일차방정식의 그래프가 x축, y축과 만나는 점의 좌표를 구한다.

일차방정식 $4x-3y-12=0$의 그래프가 x축, y축과 만나는 점을 각각 A, B라 하면

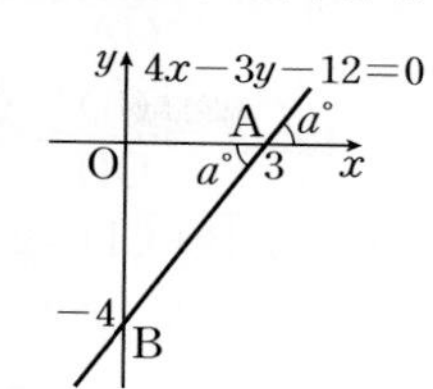

A(3, 0), B(0, −4)

직각삼각형 AOB에서

$\overline{OA}=3$, $\overline{OB}=4$,

$\overline{AB}=\sqrt{3^2+4^2}=\sqrt{25}=5$이므로

$\sin a°=\dfrac{\overline{OB}}{\overline{AB}}=\dfrac{4}{5}$, $\cos a°=\dfrac{\overline{OA}}{\overline{AB}}=\dfrac{3}{5}$

$\therefore \sin^2 a°-\cos^2 a°=\left(\dfrac{4}{5}\right)^2-\left(\dfrac{3}{5}\right)^2=\dfrac{7}{25}$

08 전략 삼각형의 닮음을 이용하여 ∠DAC와 크기가 같은 각을 찾는다.

△ABC∽△DAC (AA 닮음)이므로

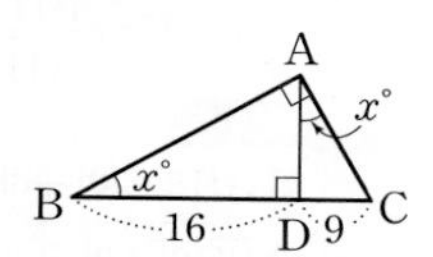

$\angle ABC=\angle DAC=x°$

$\overline{AB}^2=\overline{BD}\times\overline{BC}$

$=16\times(16+9)=400$

$\therefore \overline{AB}=20$ ($\because \overline{AB}>0$)

△ABC에서 $\cos x°=\dfrac{\overline{AB}}{\overline{BC}}=\dfrac{20}{25}=\dfrac{4}{5}$

공략 비법

∠A=90°인 직각삼각형 ABC에서 $\overline{AD}\perp\overline{BC}$이면

△ABC∽△DBA∽△DAC

➡ ①²=②×③

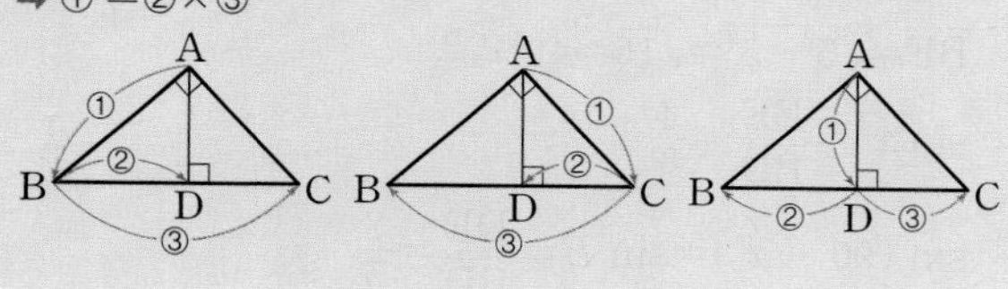

09 전략 삼각형의 닮음을 이용하여 ∠A와 크기가 같은 각을 찾는다.

$\angle CBD=\angle BDE=\angle DEF=\angle A$

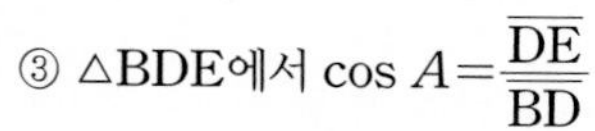

① △AEF에서 $\cos A=\dfrac{\overline{AF}}{\overline{AE}}$

② △ABC에서 $\cos A=\dfrac{\overline{AB}}{\overline{AC}}$

③ △BDE에서 $\cos A=\dfrac{\overline{DE}}{\overline{BD}}$

④ △DEF에서 $\cos A=\dfrac{\overline{EF}}{\overline{DE}}$

⑤ △AED에서 $\cos A=\dfrac{\overline{AE}}{\overline{AD}}$

따라서 $\cos A$를 나타낸 것이 아닌 것은 ③이다.

10 전략 △AEG에서 $\overline{AG}$, $\overline{EG}$의 길이를 구한다.

직각삼각형 EFG에서

$\overline{EG}=\sqrt{4^2+4^2}=\sqrt{32}=4\sqrt{2}$

△AEG는 ∠AEG=90°인 직각삼각형이고

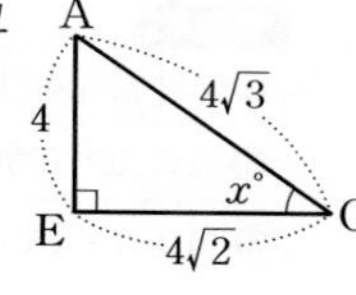

$\overline{AG}=\sqrt{(4\sqrt{2})^2+4^2}=\sqrt{48}=4\sqrt{3}$이므로

$\cos x°=\dfrac{\overline{EG}}{\overline{AG}}=\dfrac{4\sqrt{2}}{4\sqrt{3}}=\dfrac{\sqrt{6}}{3}$

$\tan(90°-x°)=\tan(\angle GAE)=\dfrac{\overline{EG}}{\overline{AE}}=\dfrac{4\sqrt{2}}{4}=\sqrt{2}$

$\therefore \cos x°\times\tan(90°-x°)=\dfrac{\sqrt{6}}{3}\times\sqrt{2}=\dfrac{2\sqrt{3}}{3}$

11 전략 0°, 30°, 45°, 60°, 90°의 삼각비의 값을 이용한다.

① $\sin 0°\times\cos 90°+\sin 90°\times\cos 0°=0\times0+1\times1=1$

② $\sin 60°\times\tan 30°-\sin 45°\times\cos 45°$

$=\dfrac{\sqrt{3}}{2}\times\dfrac{\sqrt{3}}{3}-\dfrac{\sqrt{2}}{2}\times\dfrac{\sqrt{2}}{2}=\dfrac{1}{2}-\dfrac{1}{2}=0$

③ $\sin 45°\times\sin 30°-\sin 45°\times\cos 30°$

$=\dfrac{\sqrt{2}}{2}\times\dfrac{1}{2}-\dfrac{\sqrt{2}}{2}\times\dfrac{\sqrt{3}}{2}=\dfrac{\sqrt{2}}{4}-\dfrac{\sqrt{6}}{4}$

④ $\sin 30°\times\cos 60°-\tan 45°=\dfrac{1}{2}\times\dfrac{1}{2}-1=-\dfrac{3}{4}$

⑤ $\sin 45°\div\cos 45°-\cos 60°=\dfrac{\sqrt{2}}{2}\div\dfrac{\sqrt{2}}{2}-\dfrac{1}{2}=\dfrac{1}{2}$

따라서 옳지 않은 것은 ③이다.

12 전략 특수한 각의 삼각비의 값을 이용하여 각의 크기를 구한다.

$0<x<45$에서 $15<x+15<60$

$\tan 45°=1$이므로 $x+15=45$ $\quad\therefore x=30$

$\therefore \sin x°-\cos 2x°=\sin 30°-\cos 60°=\dfrac{1}{2}-\dfrac{1}{2}=0$

13 전략 △ABC, △ADC에서 각각 특수한 각의 삼각비의 값을 이용하여 변의 길이를 구한다.

△ABC에서 $\tan 30°=\dfrac{\overline{AC}}{\overline{BC}}=\dfrac{4}{\overline{BC}}=\dfrac{\sqrt{3}}{3}$ $\quad\therefore \overline{BC}=4\sqrt{3}$

△ADC에서 $\tan 45°=\dfrac{\overline{AC}}{\overline{CD}}=\dfrac{4}{\overline{CD}}=1$ $\quad\therefore \overline{CD}=4$

$\therefore \overline{BD}=\overline{BC}-\overline{CD}=4\sqrt{3}-4$

14 전략 두 점 A, D에서 $\overline{BC}$에 각각 수선을 그어 등변사다리꼴의 높이를 구한다.

두 점 A, D에서 $\overline{BC}$에 내린 수선의 발을 각각 H, H′이라 하면

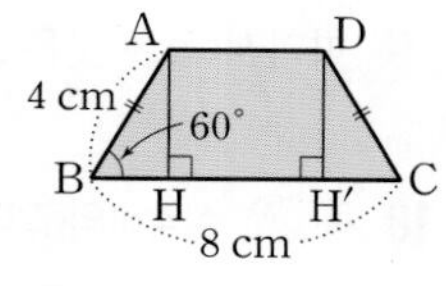

△ABH에서

$\sin 60°=\dfrac{\overline{AH}}{\overline{AB}}=\dfrac{\overline{AH}}{4}=\dfrac{\sqrt{3}}{2}$

$\therefore \overline{AH}=2\sqrt{3}$(cm)

$\cos 60°=\dfrac{\overline{BH}}{\overline{AB}}=\dfrac{\overline{BH}}{4}=\dfrac{1}{2}$ $\quad\therefore \overline{BH}=2$(cm)

$\overline{CH'}=\overline{BH}=2$ cm이므로

$\overline{AD}=\overline{HH'}=8-(2+2)=4$(cm)

$\therefore \square ABCD=\dfrac{1}{2}\times(4+8)\times2\sqrt{3}=12\sqrt{3}$(cm²)

15 전략 ∠ADC의 크기를 구한 후, 특수한 각의 삼각비의 값을 이용하여 $\overline{AD}$, $\overline{CD}$의 길이를 구한다.

$\overline{AD}=\overline{BD}$이므로 $\angle BAD=\angle B=15°$

△ABD에서 $\angle ADC=15°+15°=30°$

$\triangle$ADC에서

$\sin 30^\circ=\dfrac{\overline{AC}}{\overline{AD}}=\dfrac{2}{\overline{AD}}=\dfrac{1}{2}$ $\quad\therefore \overline{AD}=4$

$\tan 30^\circ=\dfrac{\overline{AC}}{\overline{CD}}=\dfrac{2}{\overline{CD}}=\dfrac{\sqrt{3}}{3}$ $\quad\therefore \overline{CD}=2\sqrt{3}$

$\overline{BD}=\overline{AD}=4$에서

$\overline{BC}=\overline{BD}+\overline{CD}=4+2\sqrt{3}$이므로

$\tan 15^\circ=\dfrac{\overline{AC}}{\overline{BC}}=\dfrac{2}{4+2\sqrt{3}}=2-\sqrt{3}$

16 전략 직선 $y=ax+b$가 x축의 양의 방향과 이루는 예각의 크기를 a°라 하면 (직선의 기울기)$=a=\tan a^\circ$임을 이용한다.

직선의 방정식을 $y=ax+b$라 하면

$a=\tan 60^\circ=\sqrt{3}$

직선 $y=\sqrt{3}x+b$의 x절편이 -1이므로

$0=-\sqrt{3}+b$ $\quad\therefore b=\sqrt{3}$

따라서 구하는 직선의 방정식은 $y=\sqrt{3}x+\sqrt{3}$

17 전략 $\overline{AB}/\!/\overline{CD}$이므로 $\angle OAB=\angle OCD$임을 이용하여 삼각비의 값을 선분의 길이의 비로 나타낸다.

① $\triangle$COD에서 $\tan x^\circ=\dfrac{\overline{CD}}{\overline{OD}}=\dfrac{\overline{CD}}{1}=\overline{CD}$

② $\angle OAB=\angle OCD=y^\circ$ (동위각)이므로 $\triangle$AOB에서

$\cos y^\circ=\dfrac{\overline{AB}}{\overline{OA}}=\dfrac{\overline{AB}}{1}=\overline{AB}$

③ $\triangle$AOB에서 $\sin y^\circ=\dfrac{\overline{OB}}{\overline{OA}}=\dfrac{\overline{OB}}{1}=\overline{OB}$

④ $\triangle$COD에서 $\cos x^\circ=\dfrac{\overline{OD}}{\overline{OC}}=\dfrac{1}{\overline{OC}}$

$\therefore \overline{OC}=\dfrac{1}{\cos x^\circ}$

⑤ $\triangle$AOB에서

$\cos x^\circ=\dfrac{\overline{OB}}{\overline{OA}}=\overline{OB}$, $\cos y^\circ=\dfrac{\overline{AB}}{\overline{OA}}=\overline{AB}$

$\therefore \cos^2 x^\circ+\cos^2 y^\circ=\overline{OB}^2+\overline{AB}^2$

$=\overline{OA}^2=1$

따라서 옳은 것은 ④, ⑤이다.

18 전략 삼각비의 값의 대소를 비교해 본다.

① $\sin 45^\circ=\dfrac{\sqrt{2}}{2}$

② $\cos 90^\circ=0$

③ $\cos 45^\circ<\cos 20^\circ<\cos 0^\circ$이므로 $\dfrac{\sqrt{2}}{2}<\cos 20^\circ<1$

④ $\tan 50^\circ>\tan 45^\circ$이므로 $\tan 50^\circ>1$

⑤ $\sin 0^\circ<\sin 20^\circ<\sin 45^\circ$이므로 $0<\sin 20^\circ<\dfrac{\sqrt{2}}{2}$

$\therefore \tan 50^\circ>\cos 20^\circ>\sin 45^\circ>\sin 20^\circ>\cos 90^\circ$

따라서 가장 큰 것은 ④이다.

19 전략 주어진 삼각비의 표를 이용하여 변의 길이를 구한다.

$\cos 49^\circ=0.66$이므로 $a=49$

$\sin a^\circ=\dfrac{\overline{AB}}{\overline{OA}}=\dfrac{\overline{AB}}{3}=0.75$ $\quad\therefore \overline{AB}=2.25$

$\tan a^\circ=\dfrac{\overline{CD}}{\overline{OD}}=\dfrac{\overline{CD}}{3}=1.15$ $\quad\therefore \overline{CD}=3.45$

$\therefore \overline{AB}+\overline{CD}=2.25+3.45=5.7$

20 전략 점 A에서 $\overline{BC}$에 수선을 그어 직각삼각형을 만든다.

점 A에서 $\overline{BC}$에 내린 수선의 발을 H라 하면 $\triangle$AHC에서

$\sin C=\dfrac{\overline{AH}}{\overline{AC}}=\dfrac{\overline{AH}}{6}=\dfrac{2\sqrt{2}}{3}$

$\therefore \overline{AH}=4\sqrt{2}$ …… ㉮

$\triangle$ABH에서 $\overline{BH}=\sqrt{9^2-(4\sqrt{2})^2}=\sqrt{49}=7$ …… ㉯

$\therefore \cos B=\dfrac{\overline{BH}}{\overline{AB}}=\dfrac{7}{9}$ …… ㉰

채점 기준

㉮ $\overline{AH}$의 길이 구하기	40 %
㉯ $\overline{BH}$의 길이 구하기	30 %
㉰ $\cos B$의 값 구하기	30 %

21 전략 삼각형의 닮음을 이용하여 $\angle C$와 크기가 같은 각을 찾는다.

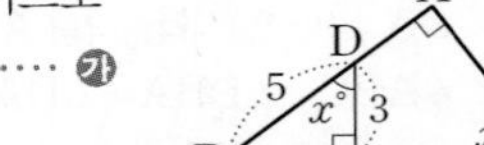

$\triangle ABC\backsim\triangle EBD$ (AA 닮음)이므로

$\angle EDB=\angle C=x^\circ$ …… ㉮

$\triangle$BED에서

$\overline{BE}=\sqrt{5^2-3^2}=\sqrt{16}=4$이므로

$\sin x^\circ=\dfrac{\overline{BE}}{\overline{BD}}=\dfrac{4}{5}$ …… ㉯

$\sin(90^\circ-x^\circ)=\sin B=\dfrac{\overline{DE}}{\overline{BD}}=\dfrac{3}{5}$ …… ㉰

$\therefore \sin x^\circ+\sin(90^\circ-x^\circ)=\dfrac{4}{5}+\dfrac{3}{5}=\dfrac{7}{5}$ …… ㉱

채점 기준

㉮ $\angle C$와 크기가 같은 각 찾기	20 %
㉯ $\sin x^\circ$의 값 구하기	30 %
㉰ $\sin(90^\circ-x^\circ)$의 값 구하기	40 %
㉱ $\sin x^\circ+\sin(90^\circ-x^\circ)$의 값 구하기	10 %

22 전략 인수분해를 이용하여 주어진 이차방정식을 푼다.

$4x^2-4x+1=0$에서 $(2x-1)^2=0$

$\therefore x=\dfrac{1}{2}$ …… ㉮

따라서 $\cos A=\dfrac{1}{2}$이고 $\cos 60^\circ=\dfrac{1}{2}$이므로

$A=60^\circ$ …… ㉯

$\therefore \sin A\times\tan A=\sin 60^\circ\times\tan 60^\circ$

$=\dfrac{\sqrt{3}}{2}\times\sqrt{3}=\dfrac{3}{2}$ …… ㉰

채점 기준

㉮ x의 값 구하기	30 %
㉯ A의 크기 구하기	40 %
㉰ $\sin A\times\tan A$의 값 구하기	30 %

23 전략 세 삼각형에서 각각 한 변의 길이와 특수한 각의 삼각비의 값을 이용하여 변의 길이를 구한다.

$\triangle$CAB에서 $\cos 30^\circ=\dfrac{\overline{AB}}{\overline{AC}}=\dfrac{3}{\overline{AC}}=\dfrac{\sqrt{3}}{2}$

$\therefore\ \overline{AC}=2\sqrt{3}\,(\text{cm})$ …… ㉮

$\triangle$DAC에서 $\cos 30^\circ=\dfrac{\overline{AC}}{\overline{AD}}=\dfrac{2\sqrt{3}}{\overline{AD}}=\dfrac{\sqrt{3}}{2}$

$\therefore\ \overline{AD}=4\,(\text{cm})$ …… ㉯

$\triangle$EAD에서 $\tan 30^\circ=\dfrac{\overline{DE}}{\overline{AD}}=\dfrac{\overline{DE}}{4}=\dfrac{\sqrt{3}}{3}$

$\therefore\ \overline{DE}=\dfrac{4\sqrt{3}}{3}\,(\text{cm})$ …… ㉰

$\therefore\ \triangle ADE=\dfrac{1}{2}\times4\times\dfrac{4\sqrt{3}}{3}=\dfrac{8\sqrt{3}}{3}\,(\text{cm}^2)$ …… ㉱

채점 기준

채점 기준	배점
㉮ $\overline{AC}$의 길이 구하기	30 %
㉯ $\overline{AD}$의 길이 구하기	30 %
㉰ $\overline{DE}$의 길이 구하기	30 %
㉱ $\triangle$ADE의 넓이 구하기	10 %

24 전략 $\triangle$AOB, $\triangle$DOC에서 각각 특수한 각의 삼각비의 값을 이용하여 변의 길이를 구한다.

$\triangle$AOB에서

$\sin 60^\circ=\dfrac{\overline{AB}}{\overline{OA}}=\dfrac{\overline{AB}}{1}=\dfrac{\sqrt{3}}{2}$　　$\therefore\ \overline{AB}=\dfrac{\sqrt{3}}{2}$ …… ㉮

$\cos 60^\circ=\dfrac{\overline{OB}}{\overline{OA}}=\dfrac{\overline{OB}}{1}=\dfrac{1}{2}$　　$\therefore\ \overline{OB}=\dfrac{1}{2}$

$\therefore\ \overline{BC}=\overline{OC}-\overline{OB}=1-\dfrac{1}{2}=\dfrac{1}{2}$ …… ㉯

$\triangle$DOC에서 $\tan 60^\circ=\dfrac{\overline{CD}}{\overline{OC}}=\dfrac{\overline{CD}}{1}=\sqrt{3}$

$\therefore\ \overline{CD}=\sqrt{3}$ …… ㉰

$\overline{AB}\,/\!/\,\overline{CD}$이므로 $\square$ABCD는 사다리꼴이다.

$\therefore\ \square ABCD=\dfrac{1}{2}\times(\overline{AB}+\overline{CD})\times\overline{BC}$

$=\dfrac{1}{2}\times\left(\dfrac{\sqrt{3}}{2}+\sqrt{3}\right)\times\dfrac{1}{2}=\dfrac{3\sqrt{3}}{8}$ …… ㉱

채점 기준

채점 기준	배점
㉮ $\overline{AB}$의 길이 구하기	20 %
㉯ $\overline{BC}$의 길이 구하기	30 %
㉰ $\overline{CD}$의 길이 구하기	20 %
㉱ $\square$ABCD의 넓이 구하기	30 %

25 전략 근호 안의 삼각비의 값의 부호를 조사한 후, 제곱근의 성질을 이용하여 주어진 식을 정리한다.

$45^\circ<A<90^\circ$일 때, $0<\cos A<\cos 45^\circ$이므로

$\cos A-\cos 45^\circ<0$, $\cos A+\cos 45^\circ>0$ …… ㉮

$\therefore\ \sqrt{(\cos A-\cos 45^\circ)^2}+\sqrt{(\cos A+\cos 45^\circ)^2}$

$=-(\cos A-\cos 45^\circ)+(\cos A+\cos 45^\circ)$

$=2\cos 45^\circ$

$=2\times\dfrac{\sqrt{2}}{2}=\sqrt{2}$ …… ㉯

채점 기준

채점 기준	배점
㉮ $\cos A-\cos 45^\circ$, $\cos A+\cos 45^\circ$의 값의 부호 알기	40 %
㉯ 주어진 식 간단히 하기	60 %

단원 마무리　　26~27쪽

Level C 발전 유형 정복하기

01 ④　02 ②　03 ④　04 ②　05 ⑤

06 $\dfrac{\sqrt{2}+\sqrt{6}}{4}$　07 ②　08 ②　09 $\dfrac{15}{4}$

10 $\dfrac{\sqrt{10}}{10}$　11 $2+\sqrt{3}$　12 $48\sqrt{3}-48$

01 전략 주어진 조건을 만족하는 직각삼각형을 그려 본다.

$\angle B=90^\circ$인 직각삼각형 ABC에서

$\sin A:\cos A=\dfrac{\overline{BC}}{\overline{AC}}:\dfrac{\overline{AB}}{\overline{AC}}$

$=\overline{BC}:\overline{AB}=12:5$

이므로 오른쪽 그림과 같이 $\overline{AB}=5$, $\overline{BC}=12$인 직각삼각형 ABC를 생각할 수 있다.

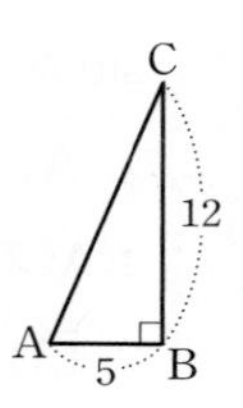

$\overline{AC}=\sqrt{5^2+12^2}=\sqrt{169}=13$이므로

$\sin A+\cos A=\dfrac{12}{13}+\dfrac{5}{13}=\dfrac{17}{13}$

02 전략 점 Q에서 $\overline{AD}$에 내린 수선의 발을 H라 할 때, $\angle APQ=\angle CPQ$임을 이용한다.

점 Q에서 $\overline{AD}$에 내린 수선의 발을 H라 하면

$\angle APQ=\angle CPQ=x^\circ$ (접은 각),

$\angle PQC=\angle APQ=x^\circ$ (엇각)

즉, $\triangle$CPQ는 이등변삼각형이므로

$\overline{QC}=\overline{PC}=\overline{AP}=2$ cm

$\overline{CR}=\overline{AB}=1$ cm이므로 $\triangle$QRC에서

$\overline{QR}=\sqrt{2^2-1^2}=\sqrt{3}\,(\text{cm})$

$\overline{AH}=\overline{BQ}=\overline{QR}=\sqrt{3}$ cm이므로

$\overline{PH}=\overline{AP}-\overline{AH}=2-\sqrt{3}\,(\text{cm})$

$\therefore\ \tan x^\circ=\dfrac{\overline{QH}}{\overline{PH}}=\dfrac{1}{2-\sqrt{3}}=2+\sqrt{3}$

03 전략 점 A에서 $\overline{BC}$에 수선을 그었을 때 생기는 두 직각삼각형에서 피타고라스 정리를 이용하여 변의 길이를 구한다.

점 A에서 $\overline{BC}$에 내린 수선의 발을 H라 하고

$\overline{BH}=x$라 하면 $\overline{CH}=5-x$이므로

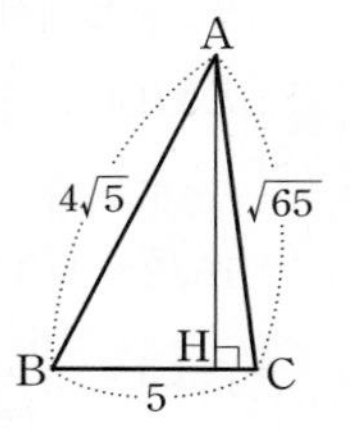

$\triangle$ABH에서

$\overline{AH}^2=(4\sqrt{5})^2-x^2$

$=-x^2+80$ …… ㉠

$\triangle$AHC에서

$\overline{AH}^2=(\sqrt{65})^2-(5-x)^2$

$=-x^2+10x+40$ ...... ㉡

㉠, ㉡에서

$-x^2+80=-x^2+10x+40$

$10x=40$ $\therefore x=4$

$x=4$를 ㉠에 대입하면

$\overline{AH}^2=-4^2+80=64$

$\therefore \overline{AH}=8(\because \overline{AH}>0)$

△ABH에서

$\sin B=\dfrac{\overline{AH}}{\overline{AB}}=\dfrac{8}{4\sqrt{5}}=\dfrac{2\sqrt{5}}{5}$,

$\cos B=\dfrac{\overline{BH}}{\overline{AB}}=\dfrac{4}{4\sqrt{5}}=\dfrac{\sqrt{5}}{5}$

이므로

$\sin B+\cos B=\dfrac{2\sqrt{5}}{5}+\dfrac{\sqrt{5}}{5}=\dfrac{3\sqrt{5}}{5}$

04 전략 직각삼각형의 닮음을 이용하여 크기가 30°인 각을 찾고 30°의 삼각비의 값을 이용하여 $\overline{AC}$, $\overline{CD}$, $\overline{DE}$의 길이를 순서대로 구한다.

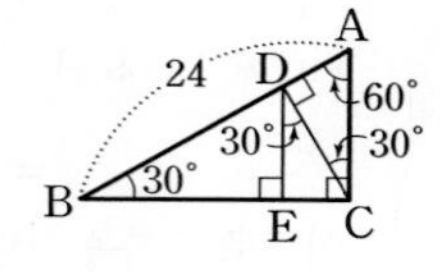

$\angle ACD=\angle CDE=\angle B=30°$

△ABC에서

$\sin 30°=\dfrac{\overline{AC}}{\overline{AB}}=\dfrac{\overline{AC}}{24}=\dfrac{1}{2}$

$\therefore \overline{AC}=12$

△ACD에서 $\cos 30°=\dfrac{\overline{CD}}{\overline{AC}}=\dfrac{\overline{CD}}{12}=\dfrac{\sqrt{3}}{2}$

$\therefore \overline{CD}=6\sqrt{3}$

△CDE에서 $\cos 30°=\dfrac{\overline{DE}}{\overline{CD}}=\dfrac{\overline{DE}}{6\sqrt{3}}=\dfrac{\sqrt{3}}{2}$

$\therefore \overline{DE}=9$

05 전략 직각삼각형을 찾아 피타고라스 정리를 이용하여 변의 길이를 구하고 삼각비의 값을 구한다.

점 M에서 $\overline{BC}$에 내린 수선의 발을 H라 하면

$\overline{BH}=\overline{CH}=\dfrac{1}{2}\overline{BC}=\dfrac{1}{2}\times 8=4$

△ABM에서

$\overline{AB}=8$, $\overline{AM}=4$, $\angle AMB=90°$

이므로

$\overline{MB}=\overline{MC}=\sqrt{8^2-4^2}=\sqrt{48}=4\sqrt{3}$

△MBH에서

$\overline{MH}=\sqrt{(4\sqrt{3})^2-4^2}=\sqrt{32}=4\sqrt{2}$

$\therefore \triangle MBC=\dfrac{1}{2}\times 8\times 4\sqrt{2}=16\sqrt{2}$ ...... ㉠

또, 점 C에서 $\overline{BM}$에 내린 수선의 발을 I라 하면

$\triangle MBC=\dfrac{1}{2}\times 4\sqrt{3}\times \overline{CI}=2\sqrt{3}\times \overline{CI}$ ...... ㉡

㉠, ㉡에서

$16\sqrt{2}=2\sqrt{3}\times \overline{CI}$

$\therefore \overline{CI}=\dfrac{16\sqrt{2}}{2\sqrt{3}}=\dfrac{8\sqrt{6}}{3}$

△CMI에서

$\sin x°=\dfrac{\overline{CI}}{\overline{MC}}=\dfrac{8\sqrt{6}}{3}\div 4\sqrt{3}=\dfrac{2\sqrt{2}}{3}$

06 전략 점 A에서 $\overline{BC}$에, 점 C에서 $\overline{AB}$에 각각 수선을 그어 특수한 각을 한 내각으로 하는 직각삼각형을 만든다.

점 A에서 $\overline{BC}$에 내린 수선의 발을 H라 하면 △AHC에서

$\cos 60°=\dfrac{\overline{CH}}{\overline{AC}}=\dfrac{\overline{CH}}{4}=\dfrac{1}{2}$

$\therefore \overline{CH}=2$

$\sin 60°=\dfrac{\overline{AH}}{\overline{AC}}=\dfrac{\overline{AH}}{4}=\dfrac{\sqrt{3}}{2}$

$\therefore \overline{AH}=2\sqrt{3}$

△ABH에서 $\tan 45°=\dfrac{\overline{AH}}{\overline{BH}}=\dfrac{2\sqrt{3}}{\overline{BH}}=1$

$\therefore \overline{BH}=2\sqrt{3}$

점 C에서 $\overline{AB}$에 내린 수선의 발을 I라 하면 △BCI에서

$\sin 45°=\dfrac{\overline{CI}}{\overline{BC}}=\dfrac{\overline{CI}}{2\sqrt{3}+2}=\dfrac{\sqrt{2}}{2}$

$2\overline{CI}=2\sqrt{6}+2\sqrt{2}$ $\therefore \overline{CI}=\sqrt{2}+\sqrt{6}$

△AIC에서

$\sin A=\dfrac{\overline{CI}}{\overline{AC}}=\dfrac{\sqrt{2}+\sqrt{6}}{4}$

07 전략 직선 $y=mx+n$이 x축의 양의 방향과 이루는 예각의 크기를 $a°$라 하면 (직선의 기울기)$=m=\tan a°$이다.

두 직선이 이루는 예각의 크기를 $a°$라 하고 오른쪽 그림과 같이 $\angle ABO=b°$, $\angle AOC=c°$라 하면

$\tan b°=\dfrac{\sqrt{3}}{3}$ $\therefore b=30$

$\tan c°=1$ $\therefore c=45$

△ABO에서 $a°+30°=45°$

$\therefore a°=45°-30°=15°$

08 전략 삼각비의 값을 선분의 길이의 비로 나타내 본다.

ㄱ. $\sin z°=\sin y°=\dfrac{\overline{OB}}{\overline{OA}}=\dfrac{\overline{OB}}{1}=\overline{OB}$

$\cos y°=\dfrac{\overline{AB}}{\overline{OA}}=\dfrac{\overline{AB}}{1}=\overline{AB}$

$\therefore \sin z°\times\cos y°=\overline{OB}\times\overline{AB}$

$=2\times\dfrac{1}{2}\times\overline{OB}\times\overline{AB}$

$=2\times\triangle AOB$

ㄴ. $\tan x°=\dfrac{\overline{CD}}{\overline{OD}}=\dfrac{\overline{CD}}{1}=\overline{CD}$

$\tan y°=\tan z°=\dfrac{\overline{OD}}{\overline{CD}}=\dfrac{1}{\overline{CD}}$

$\therefore \tan x°+\tan y°+\tan z°=\overline{CD}+\dfrac{1}{\overline{CD}}+\dfrac{1}{\overline{CD}}$

$=\overline{CD}+\dfrac{2}{\overline{CD}}$

ㄷ. y의 값이 커지면 x의 값이 작아지므로 $\sin x°$의 값은 작아진다.

ㄹ. x의 값이 커지면 y의 값이 작아지므로 $\tan y°$의 값은 작아진다.

이상에서 옳은 것은 ㄱ, ㄹ이다.

09 전략 근호 안의 삼각비의 값의 부호를 조사한 후, 제곱근의 성질을 이용하여 주어진 식을 정리한다.

$45° < A < 90°$일 때, $0 < \cos A < \sin A$이므로

$\sin A + \cos A > 0$, $\cos A - \sin A < 0$

$\therefore \sqrt{(\sin A+\cos A)^2} - \sqrt{(\cos A - \sin A)^2}$

$= (\sin A + \cos A) - \{-(\cos A - \sin A)\}$

$= 2\cos A$

$2\cos A = \frac{1}{2}$에서 $\cos A = \frac{1}{4}$이므로 오른쪽 그림과 같이 $\angle B = 90°$, $\overline{AC}=4$, $\overline{AB}=1$인 직각삼각형 ABC를 생각할 수 있다.

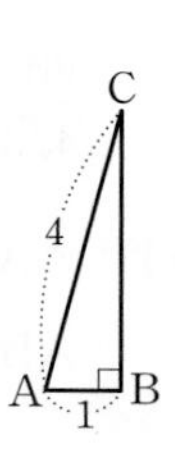

$\overline{BC} = \sqrt{4^2-1^2} = \sqrt{15}$이므로

$\sin A \times \tan A = \frac{\sqrt{15}}{4} \times \sqrt{15} = \frac{15}{4}$

10 전략 삼각형의 닮음을 이용하여 크기가 같은 각을 찾는다.

△ADH에서

$\overline{AD} = \sqrt{1^2+3^2} = \sqrt{10}$

△ABD와 △CAD에서

$\overline{BD} : \overline{AD} = \overline{AD} : \overline{CD}$, ∠BDA는 공통이므로

△ABD∽△CAD (SAS 닮음) ...... ㉮

즉, $\angle CAD = \angle B = x°$이므로 △ACD에서

$\angle ADH = x° + y°$ ...... ㉯

$\therefore \cos(x°+y°) = \frac{\overline{DH}}{\overline{AD}} = \frac{1}{\sqrt{10}} = \frac{\sqrt{10}}{10}$ ...... ㉰

채점 기준

㉮ △ABD∽△CAD임을 알기	60 %
㉯ $\angle ADH = x°+y°$임을 알기	30 %
㉰ $\cos(x°+y°)$의 값 구하기	10 %

11 전략 한 내각의 크기가 75°인 직각삼각형을 찾는다.

△ABC에서

$\angle BAC = 180° - (90° + 60°) = 30°$

$\therefore \angle ABD = \angle FAB$

$= 30° + 45° = 75°$ (엇각) ...... ㉮

△ABC에서

$\sin 60° = \frac{\overline{AC}}{\overline{AB}} = \frac{\overline{AC}}{2} = \frac{\sqrt{3}}{2}$ $\therefore \overline{AC} = \sqrt{3}$

$\cos 60° = \frac{\overline{BC}}{\overline{AB}} = \frac{\overline{BC}}{2} = \frac{1}{2}$ $\therefore \overline{BC} = 1$

△ACF에서

$\sin 45° = \frac{\overline{CF}}{\overline{AC}} = \frac{\overline{CF}}{\sqrt{3}} = \frac{\sqrt{2}}{2}$ $\therefore \overline{CF} = \frac{\sqrt{6}}{2}$

$\therefore \overline{AF} = \overline{CF} = \frac{\sqrt{6}}{2}$ ...... ㉯

$\angle CBE = 180° - (75° + 60°) = 45°$이므로

△BEC에서

$\sin 45° = \frac{\overline{CE}}{\overline{BC}} = \frac{\overline{CE}}{1} = \frac{\sqrt{2}}{2}$ $\therefore \overline{CE} = \frac{\sqrt{2}}{2}$

$\therefore \overline{BE} = \overline{CE} = \frac{\sqrt{2}}{2}$ ...... ㉰

△ADB에서

$\overline{AD} = \overline{EF} = \overline{CF} + \overline{CE} = \frac{\sqrt{6}+\sqrt{2}}{2}$,

$\overline{BD} = \overline{DE} - \overline{BE} = \overline{AF} - \overline{BE} = \frac{\sqrt{6}-\sqrt{2}}{2}$

이므로

$\tan 75° = \frac{\overline{AD}}{\overline{BD}} = \frac{\sqrt{6}+\sqrt{2}}{2} \div \frac{\sqrt{6}-\sqrt{2}}{2}$

$= \frac{\sqrt{6}+\sqrt{2}}{\sqrt{6}-\sqrt{2}} = 2 + \sqrt{3}$ ...... ㉱

채점 기준

㉮ 크기가 75°인 각 찾기	20 %
㉯ $\overline{AF}$, $\overline{CF}$의 길이 각각 구하기	30 %
㉰ $\overline{BE}$, $\overline{CE}$의 길이 각각 구하기	30 %
㉱ tan 75°의 값 구하기	20 %

12 전략 점 E에서 $\overline{BC}$에 그은 수선의 길이를 구한다.

△BCD에서 $\tan 60° = \frac{\overline{BC}}{\overline{DC}} = \frac{\overline{BC}}{8} = \sqrt{3}$

$\therefore \overline{BC} = 8\sqrt{3}$ ...... ㉠ ...... ㉮

점 E에서 $\overline{BC}$에 내린 수선의 발을 H라 하고 $\overline{EH} = x$라 하면 △EHC에서

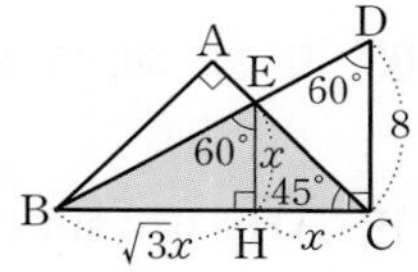

$\tan 45° = \frac{\overline{EH}}{\overline{CH}} = \frac{x}{\overline{CH}} = 1$

$\therefore \overline{CH} = x$

$\overline{EH} /\!/ \overline{DC}$이므로

$\angle BEH = \angle D = 60°$ (동위각)

△EBH에서 $\tan 60° = \frac{\overline{BH}}{\overline{EH}} = \frac{\overline{BH}}{x} = \sqrt{3}$

$\therefore \overline{BH} = \sqrt{3}x$

$\overline{BC} = \overline{BH} + \overline{CH}$

$= \sqrt{3}x + x = (\sqrt{3}+1)x$ ...... ㉡

㉠, ㉡에서

$8\sqrt{3} = (\sqrt{3}+1)x$ $\therefore x = \frac{8\sqrt{3}}{\sqrt{3}+1} = 12 - 4\sqrt{3}$

$\therefore \overline{EH} = 12 - 4\sqrt{3}$ ...... ㉯

$\therefore \triangle EBC = \frac{1}{2} \times \overline{BC} \times \overline{EH}$

$= \frac{1}{2} \times 8\sqrt{3} \times (12 - 4\sqrt{3})$

$= 48\sqrt{3} - 48$ ...... ㉰

채점 기준

㉮ $\overline{BC}$의 길이 구하기	20 %
㉯ $\overline{EH}$의 길이 구하기	60 %
㉰ △EBC의 넓이 구하기	20 %

2. 삼각비의 활용

Lecture 04 삼각비의 활용(1)

Level A 개념 익히기 30~31쪽

01 답 12, $6\sqrt{3}$, 12, 6

02 답 8, 8, 8, $8\sqrt{2}$

03 $x=\frac{9}{\cos 30^\circ}=9\div\frac{\sqrt{3}}{2}=6\sqrt{3}$

$y=9\tan 30^\circ=9\times\frac{\sqrt{3}}{3}=3\sqrt{3}$ 답 $x=6\sqrt{3}$, $y=3\sqrt{3}$

04 답 $3\sqrt{2}$, 3, $3\sqrt{2}$, 3, 2, 2, $\sqrt{13}$

05 $\overline{AH}=6\sin 60^\circ=6\times\frac{\sqrt{3}}{2}=3\sqrt{3}$ 답 $3\sqrt{3}$

06 $\overline{BH}=6\cos 60^\circ=6\times\frac{1}{2}=3$ 답 3

07 $\overline{CH}=\overline{BC}-\overline{BH}=7-3=4$ 답 4

08 $\triangle$AHC에서

$\overline{AC}=\sqrt{4^2+(3\sqrt{3})^2}=\sqrt{43}$ 답 $\sqrt{43}$

09 답 6, 3, 30, 45, 45, $3\sqrt{2}$

10 $\overline{AH}=6\sqrt{2}\sin 45^\circ=6\sqrt{2}\times\frac{\sqrt{2}}{2}=6$ 답 6

11 $\angle C=180^\circ-(75^\circ+45^\circ)=60^\circ$이므로

$\overline{AC}=\frac{\overline{AH}}{\sin 60^\circ}=6\div\frac{\sqrt{3}}{2}=4\sqrt{3}$ 답 $4\sqrt{3}$

Level B 유형 공략하기 31~35쪽

중 **12** $x=10\cos 37^\circ=10\times 0.8=8$

$y=10\sin 37^\circ=10\times 0.6=6$

$\therefore x-y=8-6=2$ 답 2

하 **13** ③ $c\sin A=\overline{BC}=a$ 답 ③

하 **14** $\overline{BC}=\overline{AC}\sin A=7\sin 35^\circ$

또, $\angle C=180^\circ-(35^\circ+90^\circ)=55^\circ$이므로

$\overline{BC}=\overline{AC}\cos C=7\cos 55^\circ$ 답 ①, ④

중 **15** $\triangle$DBC에서

$\overline{BC}=3\tan 45^\circ=3\times 1=3$ …… ㉮

$\triangle$ABC에서

$\overline{AC}=\frac{\overline{BC}}{\cos 30^\circ}=3\div\frac{\sqrt{3}}{2}=2\sqrt{3}$ …… ㉯

답 $2\sqrt{3}$

채점 기준

㉮ $\overline{BC}$의 길이 구하기	40 %
㉯ $\overline{AC}$의 길이 구하기	60 %

중 **16** $\triangle$CFG에서

$\overline{FG}=8\cos 30^\circ=8\times\frac{\sqrt{3}}{2}=4\sqrt{3}$(cm)

$\overline{CG}=8\sin 30^\circ=8\times\frac{1}{2}=4$(cm)

따라서 직육면체의 부피는

$4\sqrt{3}\times 6\times 4=96\sqrt{3}$(cm^3) 답 ③

중 **17** $\triangle$ABC에서

$\overline{AB}=7\sqrt{2}\cos 45^\circ=7\sqrt{2}\times\frac{\sqrt{2}}{2}=7$(cm)

$\overline{AC}=7\sqrt{2}\sin 45^\circ=7\sqrt{2}\times\frac{\sqrt{2}}{2}=7$(cm)

따라서 삼각기둥의 겉넓이는

$\left(\frac{1}{2}\times 7\times 7\right)\times 2+(7+7+7\sqrt{2})\times 5=119+35\sqrt{2}$(cm^2)

답 $(119+35\sqrt{2})$ cm^2

중 **18** $\triangle$BCD에서 $\overline{BD}=\sqrt{6^2+6^2}=\sqrt{72}=6\sqrt{2}$(cm)

$\therefore \overline{BH}=\frac{1}{2}\overline{BD}=\frac{1}{2}\times 6\sqrt{2}=3\sqrt{2}$(cm)

$\triangle$OBH에서

$\overline{OH}=\overline{BH}\tan 30^\circ=3\sqrt{2}\times\frac{\sqrt{3}}{3}=\sqrt{6}$(cm) 답 $\sqrt{6}$ cm

중 **19** $\triangle$ABH에서

$\overline{AH}=12\sin 60^\circ=12\times\frac{\sqrt{3}}{2}=6\sqrt{3}$(cm) …… ㉮

$\overline{BH}=12\cos 60^\circ=12\times\frac{1}{2}=6$(cm) …… ㉯

따라서 원뿔의 부피는

$\frac{1}{3}\times\pi\times 6^2\times 6\sqrt{3}=72\sqrt{3}\pi$(cm^3) …… ㉰

답 $72\sqrt{3}\pi$ cm^3

채점 기준

㉮ $\overline{AH}$의 길이 구하기	40 %
㉯ $\overline{BH}$의 길이 구하기	40 %
㉰ 원뿔의 부피 구하기	20 %

개념 보충 학습

뿔의 부피

(1) 밑넓이가 S이고 높이가 h인 각뿔의 부피 V는

$V=\frac{1}{3}Sh$

(2) 밑면의 반지름의 길이가 r이고 높이가 h인 원뿔의 부피 V는

$V=\frac{1}{3}\pi r^2h$

상 20 △DGH에서

$\overline{DH}=6\tan 60^\circ=6\times\sqrt{3}=6\sqrt{3}$

$\overline{DG}=\dfrac{6}{\cos 60^\circ}=6\div\dfrac{1}{2}=12$

$\overline{CG}=\overline{DH}=6\sqrt{3}$이므로

△CFG에서

$\overline{FC}=\dfrac{\overline{CG}}{\sin 45^\circ}=6\sqrt{3}\div\dfrac{\sqrt{2}}{2}=6\sqrt{6}$

$\overline{AB}=\overline{GH}=6$, $\overline{BC}=\overline{FG}=\overline{CG}=6\sqrt{3}$이므로

$\overline{AC}$를 그으면 △ABC에서

$\overline{AC}=\sqrt{6^2+(6\sqrt{3})^2}=\sqrt{144}=12$

즉, $\overline{AF}=\overline{DG}=12$이므로 △AFC는 $\overline{AC}=\overline{AF}$인 이등변삼각형이다.

△AFC의 꼭짓점 A에서 $\overline{FC}$에 내린 수선의 발을 M이라 하면

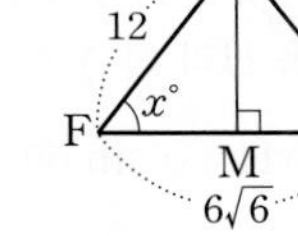

$\overline{FM}=\overline{CM}=\dfrac{1}{2}\overline{FC}$

$=\dfrac{1}{2}\times 6\sqrt{6}=3\sqrt{6}$

△AFM에서

$\overline{AM}=\sqrt{12^2-(3\sqrt{6})^2}=\sqrt{90}=3\sqrt{10}$

$\therefore \tan x^\circ=\dfrac{\overline{AM}}{\overline{FM}}=\dfrac{3\sqrt{10}}{3\sqrt{6}}=\dfrac{\sqrt{15}}{3}$

답 $\dfrac{\sqrt{15}}{3}$

중 21 $\overline{BC}=10\tan 25^\circ=10\times 0.47=4.7(\text{m})$

$\therefore$ (나무의 높이)$=1.5+\overline{BC}=1.5+4.7$

$=6.2(\text{m})$

답 ②

중 22 오른쪽 그림에서

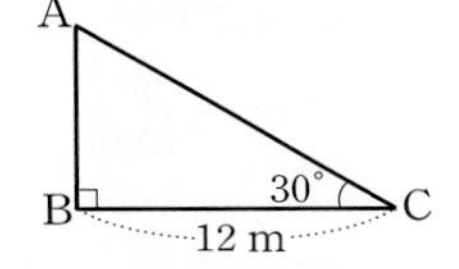

$\overline{AB}=12\tan 30^\circ$

$=12\times\dfrac{\sqrt{3}}{3}=4\sqrt{3}(\text{m})$

$\overline{AC}=\dfrac{12}{\cos 30^\circ}=12\div\dfrac{\sqrt{3}}{2}=8\sqrt{3}(\text{m})$

따라서 부러지기 전의 막대의 높이는

$\overline{AB}+\overline{AC}=4\sqrt{3}+8\sqrt{3}=12\sqrt{3}(\text{m})$

답 $12\sqrt{3}$ m

중 23 오른쪽 그림에서 $\overline{CF}=6$ m이므로

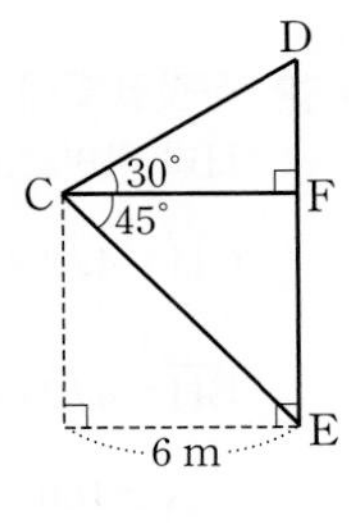

△CFD에서

$\overline{DF}=6\tan 30^\circ=6\times\dfrac{\sqrt{3}}{3}=2\sqrt{3}(\text{m})$

△CEF에서

$\overline{EF}=6\tan 45^\circ=6\times 1=6(\text{m})$

$\therefore$ (B 건물의 높이)$=\overline{DE}$

$=\overline{DF}+\overline{FE}$

$=2\sqrt{3}+6(\text{m})$

답 ⑤

중 24 △ABC에서

$\overline{BC}=4\tan 45^\circ=4\times 1=4(\text{m})$ …… ㉮

△ABD에서

$\overline{BD}=4\tan 60^\circ=4\times\sqrt{3}=4\sqrt{3}(\text{m})$ …… ㉯

$\therefore \overline{CD}=\overline{BD}-\overline{BC}=4\sqrt{3}-4(\text{m})$ …… ㉰

답 $(4\sqrt{3}-4)$ m

채점 기준

㉮ $\overline{BC}$의 길이 구하기	40 %
㉯ $\overline{BD}$의 길이 구하기	40 %
㉰ $\overline{CD}$의 길이 구하기	20 %

중 25 △ABC에서

$\overline{AC}=\dfrac{60}{\sin 23^\circ}=60\div 0.4=150(\text{m})$

따라서 A 지점에서 C 지점까지 가는 데 걸리는 시간은

$\dfrac{150}{30}=5$(분)

답 5분

중 26 점 B에서 $\overline{OA}$에 내린 수선의 발을 H라 하면 $\overline{OB}=10$ cm이므로

△OHB에서

$\overline{OH}=10\cos 30^\circ=10\times\dfrac{\sqrt{3}}{2}$

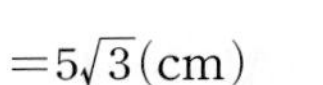

$=5\sqrt{3}(\text{cm})$

$\therefore \overline{AH}=\overline{OA}-\overline{OH}=10-5\sqrt{3}(\text{cm})$

$\therefore x=10-5\sqrt{3}$

답 $10-5\sqrt{3}$

상 27 △BCH에서

$\overline{BH}=100\sin 40^\circ=100\times 0.64=64(\text{m})$

△ABH에서

$\overline{AH}=64\tan 65^\circ=64\times 2.14=136.96(\text{m})$

답 136.96 m

상 28 $\overline{AB}$가 지면과 평행한 때로부터 2분 후의 A 칸, B 칸의 위치를 각각 A′, B′이라 하고, 점 A′, B′에서 $\overline{AB}$에 내린 수선의 발을 각각 H, H′이라 하자.

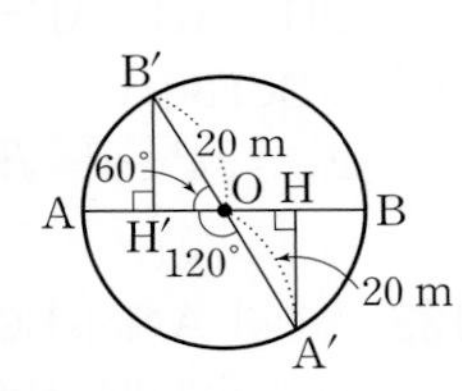

놀이 기구가 6분에 360°씩 회전하므로 1분에 60°씩 회전한다. 즉, 2분 후에는 120° 회전한 위치이므로

$\angle A'OH=\angle B'OH'=180^\circ-120^\circ=60^\circ$

△A′OH에서

$\overline{A'H}=20\sin 60^\circ=20\times\dfrac{\sqrt{3}}{2}=10\sqrt{3}(\text{m})$

△B′OH′에서

$\overline{B'H'}=20\sin 60^\circ=20\times\dfrac{\sqrt{3}}{2}=10\sqrt{3}(\text{m})$

$\therefore \overline{A'H}+\overline{B'H'}=10\sqrt{3}+10\sqrt{3}=20\sqrt{3}(\text{m})$

따라서 2분 후에 소정이는 성민이보다 $20\sqrt{3}$ m 더 높은 곳에 있다.

답 $20\sqrt{3}$ m

중 29 꼭짓점 A에서 $\overline{BC}$에 내린 수선의 발을 H라 하면 △ABH에서

$\overline{AH}=10\sin 60^\circ=10\times\dfrac{\sqrt{3}}{2}$

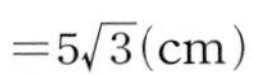

$=5\sqrt{3}(\text{cm})$

$\overline{BH}=10\cos 60^\circ=10\times\dfrac{1}{2}=5(\text{cm})$

$\overline{CH}=\overline{BC}-\overline{BH}=15-5=10(\text{cm})$이므로

△AHC에서

$\overline{AC}=\sqrt{10^2+(5\sqrt{3})^2}=\sqrt{175}=5\sqrt{7}$ (cm) 답 $5\sqrt{7}$ cm

중 30 꼭짓점 A에서 $\overline{BC}$에 내린 수선의 발을 H라 하면 △AHC에서

$\overline{AH}=6\sin 30^\circ=6\times\frac{1}{2}=3$

$\overline{CH}=6\cos 30^\circ=6\times\frac{\sqrt{3}}{2}=3\sqrt{3}$

$\overline{BH}=\overline{BC}-\overline{CH}=4\sqrt{3}-3\sqrt{3}=\sqrt{3}$이므로 △ABH에서

$\overline{AB}=\sqrt{(\sqrt{3})^2+3^2}=\sqrt{12}=2\sqrt{3}$ 답 ③

중 31 꼭짓점 A에서 $\overline{BC}$에 내린 수선의 발을 H라 하면 △ABH에서

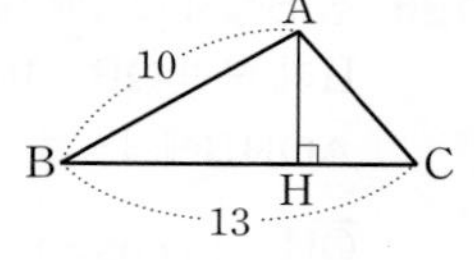

$\overline{AH}=10\sin B=10\times\frac{3}{5}=6$

$\therefore \overline{BH}=\sqrt{10^2-6^2}=\sqrt{64}=8$

$\overline{CH}=\overline{BC}-\overline{BH}=13-8=5$이므로 △AHC에서

$\overline{AC}=\sqrt{5^2+6^2}=\sqrt{61}$ 답 ②

중 32 꼭짓점 C에서 $\overline{AB}$에 내린 수선의 발을 H라 하면 △AHC에서

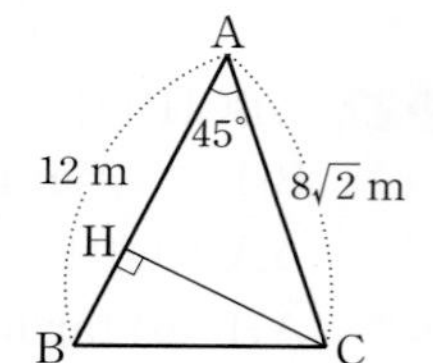

$\overline{CH}=8\sqrt{2}\sin 45^\circ=8\sqrt{2}\times\frac{\sqrt{2}}{2}=8$ (m)

$\overline{AH}=8\sqrt{2}\cos 45^\circ=8\sqrt{2}\times\frac{\sqrt{2}}{2}=8$ (m)

$\overline{BH}=\overline{AB}-\overline{AH}=12-8=4$ (m)이므로

△BCH에서

$\overline{BC}=\sqrt{4^2+8^2}=\sqrt{80}=4\sqrt{5}$ (m) 답 ⑤

상 33 꼭짓점 A에서 $\overline{BC}$의 연장선에 내린 수선의 발을 H라 하면

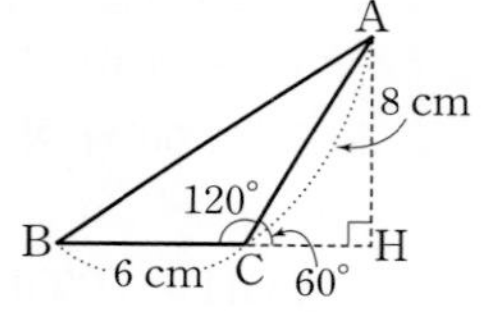

$\angle ACH=180^\circ-120^\circ$

$=60^\circ$ ⋯⋯ ㉮

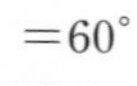

△ACH에서

$\overline{CH}=8\cos 60^\circ=8\times\frac{1}{2}=4$ (cm)

$\overline{AH}=8\sin 60^\circ=8\times\frac{\sqrt{3}}{2}=4\sqrt{3}$ (cm) ⋯⋯ ㉯

$\overline{BH}=\overline{BC}+\overline{CH}=6+4=10$ (cm)이므로 △ABH에서

$\overline{AB}=\sqrt{10^2+(4\sqrt{3})^2}=\sqrt{148}=2\sqrt{37}$ (cm) ⋯⋯ ㉰

답 $2\sqrt{37}$ cm

채점 기준

㉮ ∠ACH의 크기 구하기	20 %
㉯ $\overline{CH}$, $\overline{AH}$의 길이 각각 구하기	50 %
㉰ $\overline{AB}$의 길이 구하기	30 %

중 34 꼭짓점 C에서 $\overline{AB}$에 내린 수선의 발을 H라 하면 △BCH에서

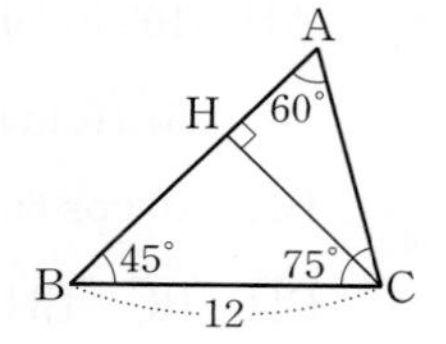

$\overline{CH}=12\sin 45^\circ=12\times\frac{\sqrt{2}}{2}=6\sqrt{2}$

$\angle A=180^\circ-(75^\circ+45^\circ)=60^\circ$이므로

△AHC에서

$\overline{AC}=\frac{\overline{CH}}{\sin 60^\circ}=6\sqrt{2}\div\frac{\sqrt{3}}{2}=4\sqrt{6}$ 답 ③

주의 특수한 각의 크기와 변의 길이를 이용하려면 꼭짓점 A에서 수선을 긋는 것이 아니라 꼭짓점 C에서 수선을 그어야 함에 유의한다.

중 35 꼭짓점 A에서 $\overline{BC}$에 내린 수선의 발을 H라 하면 △ABH에서

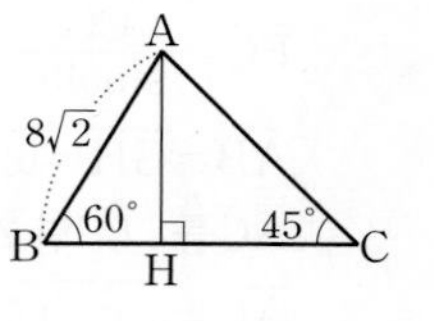

$\overline{AH}=8\sqrt{2}\sin 60^\circ=8\sqrt{2}\times\frac{\sqrt{3}}{2}=4\sqrt{6}$

△AHC에서

$\overline{AC}=\frac{\overline{AH}}{\sin 45^\circ}=4\sqrt{6}\div\frac{\sqrt{2}}{2}=8\sqrt{3}$ 답 $8\sqrt{3}$

중 36 꼭짓점 A에서 $\overline{BC}$에 내린 수선의 발을 H라 하면 △AHC에서

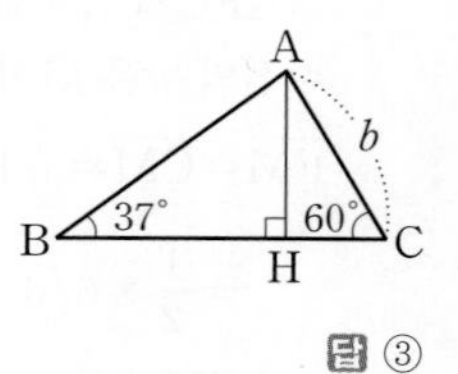

$\overline{AH}=b\sin 60^\circ=b\times\frac{\sqrt{3}}{2}=\frac{\sqrt{3}}{2}b$

$\therefore \overline{AB}=\frac{\overline{AH}}{\sin 37^\circ}=\frac{\sqrt{3}}{2}b\div 0.6=\frac{5\sqrt{3}}{6}b$ 답 ③

중 37 $\angle C=180^\circ-(60^\circ+75^\circ)=45^\circ$

⋯⋯ ㉮

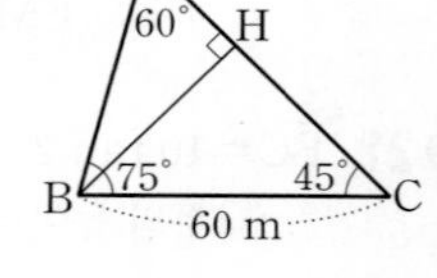

꼭짓점 B에서 $\overline{AC}$에 내린 수선의 발을 H라 하면 △HBC에서

$\overline{BH}=60\sin 45^\circ=60\times\frac{\sqrt{2}}{2}$

$=30\sqrt{2}$ (m) ⋯⋯ ㉯

△ABH에서

$\overline{AB}=\frac{\overline{BH}}{\sin 60^\circ}=30\sqrt{2}\div\frac{\sqrt{3}}{2}=20\sqrt{6}$ (m) ⋯⋯ ㉰

답 $20\sqrt{6}$ m

채점 기준

㉮ ∠C의 크기 구하기	20 %
㉯ $\overline{BH}$의 길이 구하기	40 %
㉰ $\overline{AB}$의 길이 구하기	40 %

중 38 꼭짓점 C에서 $\overline{AB}$에 내린 수선의 발을 H라 하면 △HBC에서

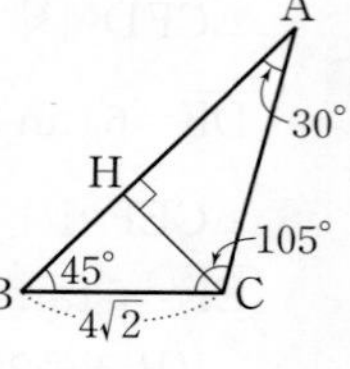

$\overline{CH}=4\sqrt{2}\sin 45^\circ=4\sqrt{2}\times\frac{\sqrt{2}}{2}=4$

$\overline{BH}=4\sqrt{2}\cos 45^\circ=4\sqrt{2}\times\frac{\sqrt{2}}{2}=4$

$\angle A=180^\circ-(45^\circ+105^\circ)=30^\circ$이므로 △AHC에서

$\overline{AH}=\frac{\overline{CH}}{\tan 30^\circ}=4\div\frac{\sqrt{3}}{3}=4\sqrt{3}$

$\therefore \overline{AB}=\overline{AH}+\overline{BH}=4\sqrt{3}+4$ 답 $4\sqrt{3}+4$

상 39 $\overline{AB}=\overline{AC}$이므로

$\angle B=\angle C=\frac{1}{2}\times(180^\circ-30^\circ)=75^\circ$

또, $\overline{BC}=\overline{BD}$이므로

$\angle DBC=180^\circ-2\times 75^\circ=30^\circ$

$\therefore \angle ABD = \angle B - \angle DBC = 75° - 30° = 45°$

점 D에서 $\overline{AB}$에 내린 수선의 발을 H라 하면 △HBD에서

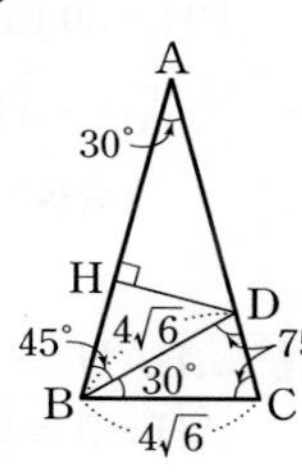

$\overline{DH} = 4\sqrt{6}\sin 45° = 4\sqrt{6} \times \frac{\sqrt{2}}{2} = 4\sqrt{3}$

$\overline{BH} = 4\sqrt{6}\cos 45° = 4\sqrt{6} \times \frac{\sqrt{2}}{2} = 4\sqrt{3}$

△AHD에서

$\overline{AH} = \frac{\overline{DH}}{\tan 30°} = 4\sqrt{3} \div \frac{\sqrt{3}}{3} = 12$

$\therefore \overline{AB} = \overline{AH} + \overline{BH} = 12 + 4\sqrt{3}$

답 ②

Lecture 05 삼각비의 활용(2)

Level A 개념 익히기 36쪽

01 △ABH에서 $\angle BAH = 180° - (45° + 90°) = 45°$

△AHC에서 $\angle CAH = 180° - (90° + 30°) = 60°$

답 $\angle BAH = 45°$, $\angle CAH = 60°$

02 △ABH에서

$\overline{BH} = h\tan 45° = h \times 1 = h$

△AHC에서

$\overline{CH} = h\tan 60° = h \times \sqrt{3} = \sqrt{3}h$

답 $\overline{BH} = h$, $\overline{CH} = \sqrt{3}h$

03 $\overline{BH} + \overline{CH} = 8$이므로

$h + \sqrt{3}h = 8$, $h(1+\sqrt{3}) = 8$

$\therefore h = \frac{8}{1+\sqrt{3}} = 4(\sqrt{3}-1)$

답 $4(\sqrt{3}-1)$

04 △ABH에서 $\angle BAH = 180° - (30° + 90°) = 60°$

$\angle ACH = 180° - 120° = 60°$이므로 △ACH에서

$\angle CAH = 180° - (60° + 90°) = 30°$

답 $\angle BAH = 60°$, $\angle CAH = 30°$

05 △ABH에서

$\overline{BH} = h\tan 60° = h \times \sqrt{3} = \sqrt{3}h$

△ACH에서

$\overline{CH} = h\tan 30° = h \times \frac{\sqrt{3}}{3} = \frac{\sqrt{3}}{3}h$

답 $\overline{BH} = \sqrt{3}h$, $\overline{CH} = \frac{\sqrt{3}}{3}h$

06 $\overline{BH} - \overline{CH} = 6$이므로

$\sqrt{3}h - \frac{\sqrt{3}}{3}h = 6$, $h\left(\sqrt{3} - \frac{\sqrt{3}}{3}\right) = 6$

$\frac{2\sqrt{3}}{3}h = 6$ $\quad \therefore h = 3\sqrt{3}$

답 $3\sqrt{3}$

07 $\triangle ABC = \frac{1}{2} \times \overline{AB} \times \overline{AC} \times \sin 60°$

$= \frac{1}{2} \times 8 \times 9 \times \frac{\sqrt{3}}{2} = 18\sqrt{3}$

답 $18\sqrt{3}$

08 $\triangle ABC = \frac{1}{2} \times \overline{AB} \times \overline{BC} \times \sin(180° - 135°)$

$= \frac{1}{2} \times 6 \times 4 \times \sin 45°$

$= \frac{1}{2} \times 6 \times 4 \times \frac{\sqrt{2}}{2} = 6\sqrt{2}$

답 $6\sqrt{2}$

Level B 유형 공략하기 37~39쪽

중 09 $\angle BAH = 60°$, $\angle CAH = 45°$

$\overline{AH} = h$라 하면 △ABH에서

$\overline{BH} = h\tan 60° = h \times \sqrt{3}$

$= \sqrt{3}h$

△AHC에서

$\overline{CH} = h\tan 45° = h \times 1 = h$

$\overline{BC} = \overline{BH} + \overline{CH}$이므로

$6 = \sqrt{3}h + h$, $h(\sqrt{3}+1) = 6$

$\therefore h = \frac{6}{\sqrt{3}+1} = 3(\sqrt{3}-1)$

따라서 $\overline{AH}$의 길이는 $3(\sqrt{3}-1)$이다.

답 ②

중 10 $\angle ACH = 50°$, $\angle BCH = 20°$

$\overline{CH} = h$라 하면 △CAH에서

$\overline{AH} = h\tan 50°$

△CHB에서

$\overline{BH} = h\tan 20°$

$\overline{AB} = \overline{AH} + \overline{BH}$이므로

$60 = h\tan 50° + h\tan 20°$

$h(\tan 50° + \tan 20°) = 60$

$\therefore h = \frac{60}{\tan 50° + \tan 20°}$

따라서 $\overline{CH}$의 길이를 구하는 식은 ①이다.

답 ①

중 11 점 P에서 $\overline{AB}$에 내린 수선의 발을 H라 하면

$\angle APH = 45°$, $\angle BPH = 60°$

$\overline{PH} = h$ m라 하면 △PAH에서

$\overline{AH} = h\tan 45° = h \times 1 = h$(m)

△PHB에서

$\overline{BH} = h\tan 60° = h \times \sqrt{3} = \sqrt{3}h$(m)

$\overline{AB} = \overline{AH} + \overline{BH}$이므로

$120 = h + \sqrt{3}h$, $h(1+\sqrt{3}) = 120$

$\therefore h = \frac{120}{1+\sqrt{3}} = 60(\sqrt{3}-1)$

따라서 열기구의 높이는 $60(\sqrt{3}-1)$ m이다.

답 $60(\sqrt{3}-1)$ m

상 12 오른쪽 그림과 같이 세 점 A, B, C를 정하고 꼭짓점 C에서 $\overline{AB}$에 내린 수선의 발을 H라 하면

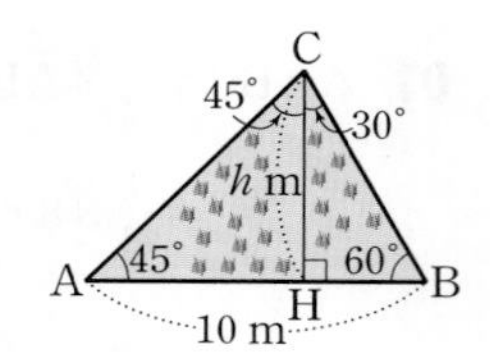

$\angle ACH=45°$, $\angle BCH=30°$

$\overline{CH}=h$ m라 하면 $\triangle CAH$에서

$\overline{AH}=h\tan 45°=h\times 1=h(\text{m})$

$\triangle CHB$에서

$\overline{BH}=h\tan 30°=h\times\frac{\sqrt{3}}{3}=\frac{\sqrt{3}}{3}h(\text{m})$

$\overline{AB}=\overline{AH}+\overline{BH}$이므로

$10=h+\frac{\sqrt{3}}{3}h$, $h\left(1+\frac{\sqrt{3}}{3}\right)=10$

$\therefore h=10\times\frac{3}{3+\sqrt{3}}=5(3-\sqrt{3})$

$\therefore \triangle ABC=\frac{1}{2}\times 10\times 5(3-\sqrt{3})$

$=25(3-\sqrt{3})(\text{m}^2)$

따라서 잔디밭의 넓이는 $25(3-\sqrt{3})\ \text{m}^2$이다.

답 $25(3-\sqrt{3})\ \text{m}^2$

중 13 $\angle BAH=60°$, $\angle CAH=30°$

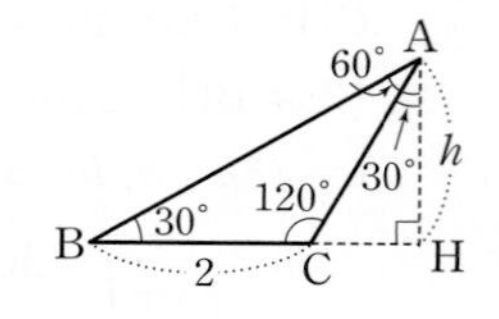

$\overline{AH}=h$라 하면 $\triangle ABH$에서

$\overline{BH}=h\tan 60°=h\times\sqrt{3}=\sqrt{3}h$

$\triangle ACH$에서

$\overline{CH}=h\tan 30°=h\times\frac{\sqrt{3}}{3}=\frac{\sqrt{3}}{3}h$

$\overline{BC}=\overline{BH}-\overline{CH}$이므로

$2=\sqrt{3}h-\frac{\sqrt{3}}{3}h$, $\frac{2\sqrt{3}}{3}h=2$

$\therefore h=\sqrt{3}$

따라서 $\overline{AH}$의 길이는 $\sqrt{3}$이다.

답 $\sqrt{3}$

중 14 $\angle BAH=62°$, $\angle CAH=38°$

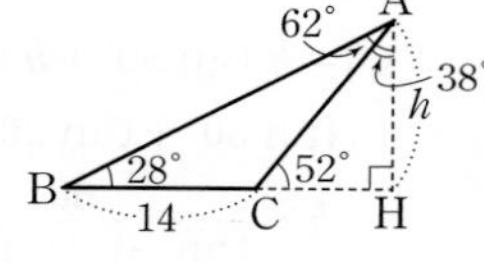

$\overline{AH}=h$라 하면 $\triangle ABH$에서

$\overline{BH}=h\tan 62°$

$\triangle ACH$에서

$\overline{CH}=h\tan 38°$

$\overline{BC}=\overline{BH}-\overline{CH}$이므로

$14=h\tan 62°-h\tan 38°$

$h(\tan 62°-\tan 38°)=14$

$\therefore h=\frac{14}{\tan 62°-\tan 38°}$

따라서 $\overline{AH}$의 길이를 구하는 식은 ③이다.

답 ③

중 15 연을 C, 연에서 지면에 내린 수선의 발을 H라 하면

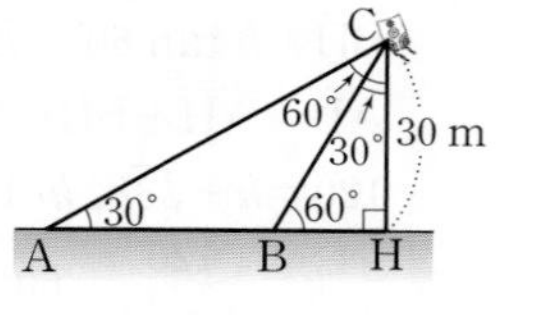

$\angle ACH=60°$, $\angle BCH=30°$

$\triangle CAH$에서

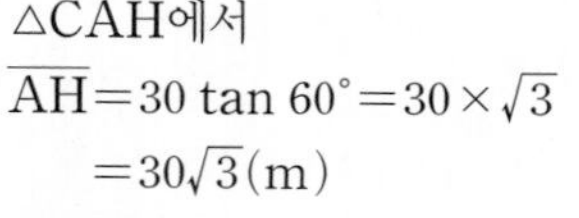

$\overline{AH}=30\tan 60°=30\times\sqrt{3}$

$=30\sqrt{3}(\text{m})$

$\triangle CBH$에서

$\overline{BH}=30\tan 30°=30\times\frac{\sqrt{3}}{3}=10\sqrt{3}(\text{m})$

$\therefore \overline{AB}=\overline{AH}-\overline{BH}=30\sqrt{3}-10\sqrt{3}$

$=20\sqrt{3}(\text{m})$

답 ③

중 16 $\angle BAH=60°$, $\angle CAH=45°$

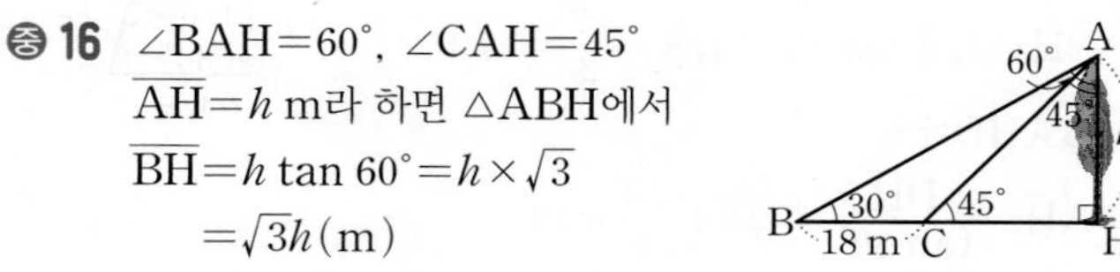

$\overline{AH}=h$ m라 하면 $\triangle ABH$에서

$\overline{BH}=h\tan 60°=h\times\sqrt{3}$

$=\sqrt{3}h(\text{m})$

$\triangle ACH$에서

$\overline{CH}=h\tan 45°=h\times 1=h(\text{m})$

$\overline{BC}=\overline{BH}-\overline{CH}$이므로

$18=\sqrt{3}h-h$, $h(\sqrt{3}-1)=18$

$\therefore h=\frac{18}{\sqrt{3}-1}=9(\sqrt{3}+1)$

따라서 나무의 높이는 $9(\sqrt{3}+1)$ m이다.

답 ④

중 17 (1) $\angle BAH=45°$, $\angle CAH=30°$

$\overline{AH}=h$ cm라 하면 $\triangle ABH$에서

$\overline{BH}=h\tan 45°=h\times 1$

$=h(\text{cm})$

$\triangle ACH$에서

$\overline{CH}=h\tan 30°=h\times\frac{\sqrt{3}}{3}$

$=\frac{\sqrt{3}}{3}h(\text{cm})$

$\overline{BC}=\overline{BH}-\overline{CH}$이므로

$6=h-\frac{\sqrt{3}}{3}h$, $h\left(1-\frac{\sqrt{3}}{3}\right)=6$

$\therefore h=6\times\frac{3}{3-\sqrt{3}}=3(3+\sqrt{3})$

$\therefore \overline{AH}=3(3+\sqrt{3})$ cm ······ ㉮

(2) $\triangle ABC=\frac{1}{2}\times 6\times 3(3+\sqrt{3})$

$=9(3+\sqrt{3})(\text{cm}^2)$ ······ ㉯

답 (1) $3(3+\sqrt{3})$ cm (2) $9(3+\sqrt{3})\ \text{cm}^2$

채점 기준

(1)	㉮ $\overline{AH}$의 길이 구하기	70 %
(2)	㉯ $\triangle ABC$의 넓이 구하기	30 %

중 18 $\angle A=\angle B=75°$이므로

$\angle C=180°-(75°+75°)=30°$

$\therefore \triangle ABC=\frac{1}{2}\times 10\times 10\times\sin 30°$

$=\frac{1}{2}\times 10\times 10\times\frac{1}{2}=25(\text{cm}^2)$

답 $25\ \text{cm}^2$

중 19 $\frac{1}{2}\times 4\sqrt{3}\times\overline{BC}\times\sin 60°=48$에서

$\frac{1}{2}\times 4\sqrt{3}\times\overline{BC}\times\frac{\sqrt{3}}{2}=48$

$3\overline{BC}=48$

$\therefore \overline{BC}=16(\text{cm})$

답 16 cm

중 20 $\tan A=\sqrt{3}$이고 $\tan 60^\circ=\sqrt{3}$이므로
$\angle A=60^\circ$

$\therefore \triangle ABC=\frac{1}{2}\times 4\times 6\times \sin 60^\circ$
$=\frac{1}{2}\times 4\times 6\times \frac{\sqrt{3}}{2}=6\sqrt{3}$

답 ①

중 21 $\frac{1}{2}\times 6\times 8\times \sin B=12\sqrt{2}$에서
$24\sin B=12\sqrt{2}$
$\therefore \sin B=\frac{\sqrt{2}}{2}$
$\sin 45^\circ=\frac{\sqrt{2}}{2}$이므로 $\angle B=45^\circ$

답 45°

중 22 $\triangle ABC=\frac{1}{2}\times 9\times 12\times \sin 45^\circ$
$=\frac{1}{2}\times 9\times 12\times \frac{\sqrt{2}}{2}=27\sqrt{2}(\text{cm}^2)$
$\therefore \triangle AGC=\frac{1}{3}\triangle ABC=\frac{1}{3}\times 27\sqrt{2}$
$=9\sqrt{2}(\text{cm}^2)$

답 $9\sqrt{2}\text{ cm}^2$

개념 보충 학습

삼각형의 무게중심과 넓이

삼각형의 무게중심과 세 꼭짓점을 이어서 만든 세 삼각형의 넓이는 모두 같다.
➡ $\triangle GAB=\triangle GBC=\triangle GCA$
$=\frac{1}{3}\triangle ABC$

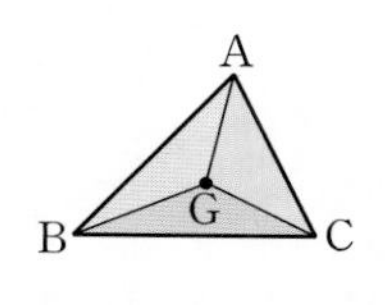

중 23 $\angle B=180^\circ-(22^\circ+38^\circ)=120^\circ$이므로
$\triangle ABC=\frac{1}{2}\times 12\times 5\times \sin(180^\circ-120^\circ)$
$=\frac{1}{2}\times 12\times 5\times \sin 60^\circ$
$=\frac{1}{2}\times 12\times 5\times \frac{\sqrt{3}}{2}=15\sqrt{3}(\text{cm}^2)$

답 ③

중 24 $\frac{1}{2}\times 10\times \overline{AC}\times \sin(180^\circ-135^\circ)=100$에서
$\frac{1}{2}\times 10\times \overline{AC}\times \sin 45^\circ=100$
$\frac{1}{2}\times 10\times \overline{AC}\times \frac{\sqrt{2}}{2}=100$
$\frac{5\sqrt{2}}{2}\overline{AC}=100$
$\therefore \overline{AC}=100\times \frac{2}{5\sqrt{2}}=20\sqrt{2}(\text{cm})$

답 ④

중 25 $\frac{1}{2}\times 4\times 5\times \sin(180^\circ-\angle C)=5$에서
$10\sin(180^\circ-\angle C)=5$
$\sin(180^\circ-\angle C)=\frac{1}{2}$
$\sin 30^\circ=\frac{1}{2}$이므로 $180^\circ-\angle C=30^\circ$
$\therefore \angle C=150^\circ$

답 150°

중 26 $\triangle ABC$에서 $\overline{BC}=12$, $\angle CBA=60^\circ$이므로
$\overline{AB}=12\cos 60^\circ=12\times\frac{1}{2}=6$
$\angle ABD=60^\circ+90^\circ=150^\circ$이므로
$\triangle ABD=\frac{1}{2}\times 6\times 12\times \sin(180^\circ-150^\circ)$
$=\frac{1}{2}\times 6\times 12\times \sin 30^\circ$
$=\frac{1}{2}\times 6\times 12\times \frac{1}{2}=18$

답 ②

중 27 $\angle OCA=\angle OAC=30^\circ$에서
$\angle AOC=180^\circ-(30^\circ+30^\circ)=120^\circ$
이므로 부채꼴 AOC의 넓이는
$\pi\times 6^2\times\frac{120}{360}=12\pi(\text{cm}^2)$ …… ㉮
$\triangle AOC=\frac{1}{2}\times 6\times 6\times \sin(180^\circ-120^\circ)$
$=\frac{1}{2}\times 6\times 6\times \sin 60^\circ$
$=\frac{1}{2}\times 6\times 6\times \frac{\sqrt{3}}{2}=9\sqrt{3}(\text{cm}^2)$ …… ㉯
따라서 색칠한 부분의 넓이는 $(12\pi-9\sqrt{3})\text{ cm}^2$이다. …… ㉰

답 $(12\pi-9\sqrt{3})\text{ cm}^2$

채점 기준

㉮ 부채꼴 AOC의 넓이 구하기	40 %
㉯ △AOC의 넓이 구하기	40 %
㉰ 색칠한 부분의 넓이 구하기	20 %

상 28 $\triangle ABC=\frac{1}{2}\times 10\times 6\times \sin(180^\circ-120^\circ)$
$=\frac{1}{2}\times 10\times 6\times \sin 60^\circ$
$=\frac{1}{2}\times 10\times 6\times \frac{\sqrt{3}}{2}=15\sqrt{3}$ …… ㉠
$\overline{AD}=x$라 하면
$\triangle ABC=\triangle ABD+\triangle ADC$
$=\frac{1}{2}\times 10\times x\times \sin 60^\circ+\frac{1}{2}\times x\times 6\times \sin 60^\circ$
$=\frac{1}{2}\times 10\times x\times \frac{\sqrt{3}}{2}+\frac{1}{2}\times x\times 6\times \frac{\sqrt{3}}{2}$
$=\frac{5\sqrt{3}}{2}x+\frac{3\sqrt{3}}{2}x$
$=4\sqrt{3}x$ …… ㉡
㉠, ㉡에서
$15\sqrt{3}=4\sqrt{3}x \quad \therefore x=\frac{15}{4}$
$\therefore \overline{AD}=\frac{15}{4}$

답 $\frac{15}{4}$

Level A 개념 익히기 40쪽

01 $\triangle ABC=\frac{1}{2}\times 4\times 2\sqrt{3}\times \sin(180^\circ-150^\circ)$

$=\frac{1}{2}\times 4\times 2\sqrt{3}\times \sin 30^\circ$

$=\frac{1}{2}\times 4\times 2\sqrt{3}\times \boxed{\frac{1}{2}}=\boxed{2\sqrt{3}}$

$\triangle ACD=\frac{1}{2}\times 8\times 6\times \sin 60^\circ$

$=\frac{1}{2}\times 8\times 6\times \boxed{\frac{\sqrt{3}}{2}}=\boxed{12\sqrt{3}}$

$\therefore \square ABCD=\triangle ABC+\triangle ACD$

$=2\sqrt{3}+12\sqrt{3}=\boxed{14\sqrt{3}}$

답 $\frac{1}{2}$, $2\sqrt{3}$, $\frac{\sqrt{3}}{2}$, $12\sqrt{3}$, $14\sqrt{3}$

02 $\triangle ABC=\frac{1}{2}\times 2\sqrt{2}\times 1\times \sin(180^\circ-135^\circ)$

$=\frac{1}{2}\times 2\sqrt{2}\times 1\times \sin 45^\circ$

$=\frac{1}{2}\times 2\sqrt{2}\times 1\times \frac{\sqrt{2}}{2}=1$

답 1

03 $\triangle ACD=\frac{1}{2}\times 2\sqrt{2}\times 5\times \sin 45^\circ$

$=\frac{1}{2}\times 2\sqrt{2}\times 5\times \frac{\sqrt{2}}{2}=5$

답 5

04 $\square ABCD=\triangle ABC+\triangle ACD$

$=1+5=6$

답 6

05 $\square ABCD=4\times 6\times \sin 60^\circ$

$=4\times 6\times \frac{\sqrt{3}}{2}=12\sqrt{3}$

답 $12\sqrt{3}$

06 $\square ABCD=8\times 10\times \sin(180^\circ-150^\circ)$

$=8\times 10\times \sin 30^\circ$

$=8\times 10\times \frac{1}{2}=40$

답 40

07 $\square ABCD=\frac{1}{2}\times 10\times 12\times \sin 60^\circ$

$=\frac{1}{2}\times 10\times 12\times \frac{\sqrt{3}}{2}=30\sqrt{3}$

답 $30\sqrt{3}$

08 $\square ABCD=\frac{1}{2}\times 10\times 10\times \sin(180^\circ-135^\circ)$

$=\frac{1}{2}\times 10\times 10\times \sin 45^\circ$

$=\frac{1}{2}\times 10\times 10\times \frac{\sqrt{2}}{2}=25\sqrt{2}$

답 $25\sqrt{2}$

Level B 유형 공략하기 41~43쪽

중 **09** $\overline{BD}$를 그으면

$\square ABCD$

$=\triangle ABD+\triangle BCD$

$=\frac{1}{2}\times\sqrt{7}\times\sqrt{7}\times \sin(180^\circ-120^\circ)$

$+\frac{1}{2}\times 5\times 4\times \sin 60^\circ$

$=\frac{1}{2}\times\sqrt{7}\times\sqrt{7}\times \sin 60^\circ+\frac{1}{2}\times 5\times 4\times \sin 60^\circ$

$=\frac{1}{2}\times\sqrt{7}\times\sqrt{7}\times\frac{\sqrt{3}}{2}+\frac{1}{2}\times 5\times 4\times\frac{\sqrt{3}}{2}$

$=\frac{7\sqrt{3}}{4}+5\sqrt{3}=\frac{27\sqrt{3}}{4}(cm^2)$

답 ①

중 **10** $\triangle BCD$에서

$\overline{BC}=\frac{10}{\tan 45^\circ}=10\div 1=10$

$\overline{BD}=\frac{10}{\sin 45^\circ}=10\div\frac{\sqrt{2}}{2}=10\sqrt{2}$

$\therefore \square ABCD=\triangle ABD+\triangle BCD$

$=\frac{1}{2}\times 8\times 10\sqrt{2}\times \sin 30^\circ+\frac{1}{2}\times 10\times 10$

$=\frac{1}{2}\times 8\times 10\sqrt{2}\times\frac{1}{2}+50$

$=20\sqrt{2}+50$

답 $20\sqrt{2}+50$

중 **11** 오른쪽 그림과 같이 정육각형은 6개의 합동인 정삼각형으로 나누어진다.

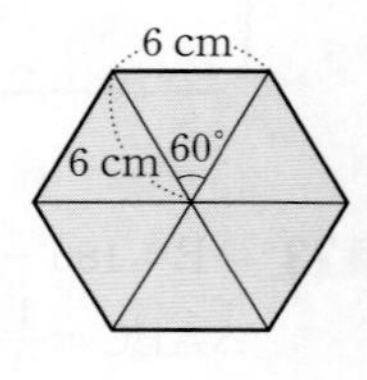

∴ (정육각형의 넓이)

$=6\times\left(\frac{1}{2}\times 6\times 6\times \sin 60^\circ\right)$

$=6\times\left(\frac{1}{2}\times 6\times 6\times\frac{\sqrt{3}}{2}\right)$

$=54\sqrt{3}(cm^2)$

답 ⑤

중 **12** 오른쪽 그림과 같이 정팔각형은 8개의 합동인 이등변삼각형으로 나누어진다.

원의 반지름의 길이를 x cm라 하면

(정팔각형의 넓이)

$=8\times\left(\frac{1}{2}\times x\times x\times \sin 45^\circ\right)$

$=8\times\left(\frac{1}{2}\times x\times x\times\frac{\sqrt{2}}{2}\right)$

$=2\sqrt{2}x^2(cm^2)$ …… ㉮

즉, $2\sqrt{2}x^2=128\sqrt{2}$에서

$x^2=64$ $\quad\therefore x=8\ (\because x>0)$

따라서 원의 반지름의 길이는 8 cm이다. …… ㉯

답 8 cm

채점 기준

㉮ 정팔각형의 넓이를 나타내는 식 구하기	60 %
㉯ 원의 반지름의 길이 구하기	40 %

중 13 △ABC에서

$\overline{AC}=6\tan 60°=6\times\sqrt{3}=6\sqrt{3}$

$\overline{CD}=x$라 하면

$\square ABCD=\triangle ABC+\triangle ACD$

$=\frac{1}{2}\times6\times6\sqrt{3}+\frac{1}{2}\times6\sqrt{3}\times x\times\sin 30°$

$=\frac{1}{2}\times6\times6\sqrt{3}+\frac{1}{2}\times6\sqrt{3}\times x\times\frac{1}{2}$

$=18\sqrt{3}+\frac{3\sqrt{3}}{2}x$

즉, $18\sqrt{3}+\frac{3\sqrt{3}}{2}x=24\sqrt{3}$에서

$\frac{3\sqrt{3}}{2}x=6\sqrt{3}$ $\quad\therefore x=4$

따라서 $\overline{CD}$의 길이는 4이다.

답 ⑤

상 14 $\overline{AE}$를 그으면

△AB′E≡△ADE (RHS 합동)

이므로

$\angle B'AE=\angle DAE=60°\times\frac{1}{2}=30°$

△AB′E에서

$\overline{B'E}=2\sqrt{3}\tan 30°=2\sqrt{3}\times\frac{\sqrt{3}}{3}=2$(cm)

$\therefore \square AB'ED=2\triangle AB'E$

$=2\times\left(\frac{1}{2}\times2\sqrt{3}\times2\right)$

$=4\sqrt{3}$(cm²)

답 ⑤

상 15 꼭짓점 A에서 $\overline{BC}$에 내린 수선의 발을 H라 하면 △ABH에서

$\overline{AH}=8\sin 45°=8\times\frac{\sqrt{2}}{2}=4\sqrt{2}$

$\overline{BH}=8\cos 45°=8\times\frac{\sqrt{2}}{2}=4\sqrt{2}$

$\overline{CH}=\overline{BC}-\overline{BH}=10\sqrt{2}-4\sqrt{2}=6\sqrt{2}$이므로

△AHC에서

$\overline{AC}=\sqrt{(6\sqrt{2})^2+(4\sqrt{2})^2}=\sqrt{104}=2\sqrt{26}$

$\therefore \square ABCD$

$=\triangle ABC+\triangle ACD$

$=\frac{1}{2}\times10\sqrt{2}\times4\sqrt{2}+\frac{1}{2}\times2\sqrt{26}\times6\times\sin 60°$

$=\frac{1}{2}\times10\sqrt{2}\times4\sqrt{2}+\frac{1}{2}\times2\sqrt{26}\times6\times\frac{\sqrt{3}}{2}$

$=40+3\sqrt{78}$

답 ④

중 16 $\overline{AB}\times8\times\sin 60°=20\sqrt{3}$에서

$\overline{AB}\times8\times\frac{\sqrt{3}}{2}=20\sqrt{3}$

$4\sqrt{3}\times\overline{AB}=20\sqrt{3}$

$\therefore \overline{AB}=5$(cm)

답 ③

하 17 마름모 ABCD는 $\overline{AB}=\overline{AD}=6$ cm인 평행사변형이므로

$\square ABCD=6\times6\times\sin(180°-150°)$

$=6\times6\times\sin 30°$

$=6\times6\times\frac{1}{2}=18$(cm²)

답 18 cm²

중 18 $12\times10\times\sin(180°-\angle B)=60\sqrt{2}$에서

$120\sin(180°-\angle B)=60\sqrt{2}$

$\sin(180°-\angle B)=\frac{\sqrt{2}}{2}$

$\sin 45°=\frac{\sqrt{2}}{2}$이므로

$180°-\angle B=45°$

$\therefore \angle B=135°$

답 ④

중 19 마름모의 내각 중 예각의 크기는

$\frac{360°}{6}=60°$ …… ㉮

마름모의 한 변의 길이를 a cm라 하면

(도형의 넓이)$=6\times(a\times a\times\sin 60°)$

$=6\times\left(a\times a\times\frac{\sqrt{3}}{2}\right)$

$=3\sqrt{3}a^2$(cm²) …… ㉯

즉, $3\sqrt{3}a^2=300\sqrt{3}$에서

$a^2=100$ $\quad\therefore a=10$ ($\because a>0$)

따라서 마름모의 한 변의 길이는 10 cm이다. …… ㉰

답 10 cm

채점 기준

㉮ 마름모의 내각 중 예각의 크기 구하기	30 %
㉯ 도형의 넓이를 나타내는 식 구하기	30 %
㉰ 마름모의 한 변의 길이 구하기	40 %

중 20 $\square ABCD=4\times6\times\sin(180°-150°)$

$=4\times6\times\sin 30°$

$=4\times6\times\frac{1}{2}=12$(cm²)

$\therefore \triangle ABP=\frac{1}{4}\square ABCD$

$=\frac{1}{4}\times12=3$(cm²)

답 ①

중 21 $\square ABCD=8\times12\times\sin 60°$

$=8\times12\times\frac{\sqrt{3}}{2}=48\sqrt{3}$(cm²)

$\therefore \triangle AMC=\frac{1}{2}\triangle ABC$

$=\frac{1}{2}\times\frac{1}{2}\square ABCD$

$=\frac{1}{4}\times48\sqrt{3}=12\sqrt{3}$(cm²)

답 ③

중 22 두 대각선의 교점을 O라 하면

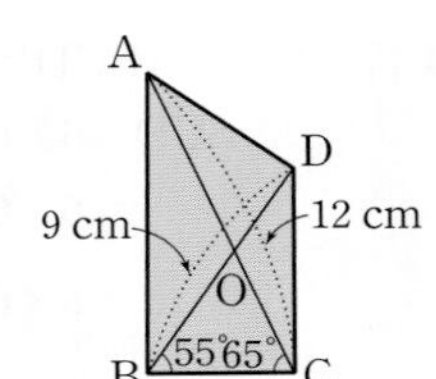

△OBC에서

$\angle BOC = 180^\circ - (55^\circ + 65^\circ)$
$= 60^\circ$

$\therefore \square ABCD = \frac{1}{2} \times 12 \times 9 \times \sin 60^\circ$
$= \frac{1}{2} \times 12 \times 9 \times \frac{\sqrt{3}}{2}$
$= 27\sqrt{3}(\text{cm}^2)$

답 ⑤

중 23 $\frac{1}{2} \times 8 \times 6 \times \sin x = 12$에서

$24 \sin x = 12$

$\therefore \sin x = \frac{1}{2}$

$\sin 30^\circ = \frac{1}{2}$이므로 $\angle x = 30^\circ$

답 30°

중 24 △ABC에서

$\overline{AC} = \sqrt{12^2 + 9^2} = \sqrt{225} = 15(\text{cm})$

$\therefore \square ABCD = \frac{1}{2} \times 15 \times 24 \times \sin(180^\circ - 120^\circ)$
$= \frac{1}{2} \times 15 \times 24 \times \sin 60^\circ$
$= \frac{1}{2} \times 15 \times 24 \times \frac{\sqrt{3}}{2}$
$= 90\sqrt{3}(\text{cm}^2)$

답 ⑤

중 25 등변사다리꼴의 두 대각선의 길이는 같으므로

$\overline{AC} = \overline{BD} = x$ cm라 하면

$\frac{1}{2} \times x \times x \times \sin(180^\circ - 135^\circ) = 18\sqrt{2}$

$\frac{1}{2} \times x \times x \times \sin 45^\circ = 18\sqrt{2}$

$\frac{1}{2} \times x \times x \times \frac{\sqrt{2}}{2} = 18\sqrt{2}$

$\frac{\sqrt{2}}{4}x^2 = 18\sqrt{2}$

$x^2 = 72$ $\quad \therefore x = 6\sqrt{2}\ (\because x > 0)$

따라서 $\overline{BD}$의 길이는 $6\sqrt{2}$ cm이다.

답 ②

상 26 두 대각선이 이루는 각의 크기를 $x^\circ(0 < x \leq 90)$라 하면

$\square ABCD = \frac{1}{2} \times 8 \times 9 \times \sin x^\circ$
$= 36 \sin x^\circ(\text{cm}^2)$ ⋯⋯ ㉮

$0 < x \leq 90$에서 $\sin x^\circ$의 값은 $x = 90$일 때,
최댓값 1을 갖는다.

따라서 □ABCD의 넓이의 최댓값은 36 cm²이다. ⋯⋯ ㉯

답 36 cm^2

채점 기준	
㉮ □ABCD의 넓이를 나타내는 식 구하기	50 %
㉯ □ABCD의 넓이의 최댓값 구하기	50 %

Level B 단원 마무리 필수 유형 정복하기

01 ⑤ 02 ② 03 17.9 m 04 $100\sqrt{3}$ m 05 ③
06 $\sqrt{7}$ cm 07 ② 08 $\frac{3(3-\sqrt{3})}{2}$ km
09 $100(3+\sqrt{3})$ m 10 ③ 11 $18\sqrt{3}\text{ cm}^2$
12 ③ 13 135° 14 $9+\frac{45\sqrt{3}}{2}$ 15 ④
16 $16\sqrt{2}$ cm 17 6 cm 18 ④ 19 $(3\sqrt{2}+\sqrt{6})$ m
20 $9\sqrt{6}\text{ cm}^3$ 21 $4\sqrt{6}$ km 22 $6\sqrt{3}$ cm 23 (1) 4 cm (2) 4 cm^2
24 $\frac{3\sqrt{2}}{2}$

01 전략 직각삼각형에서 한 변의 길이와 한 예각의 크기가 주어졌으므로 삼각비를 이용하여 다른 한 변의 길이를 구한다.

△ABC에서 $\overline{AB} = \frac{12}{\cos 43^\circ}$

02 전략 피타고라스 정리를 이용하여 $\overline{EG}$의 길이를 구한 후, 삼각비를 이용하여 $\overline{CG}$의 길이를 구한다.

△EFG에서

$\overline{EG} = \sqrt{3^2 + 3^2} = \sqrt{18} = 3\sqrt{2}(\text{cm})$

$\angle CGE = 90^\circ$이므로 △CEG에서

$\overline{CG} = 3\sqrt{2} \tan 60^\circ = 3\sqrt{2} \times \sqrt{3} = 3\sqrt{6}(\text{cm})$

따라서 직육면체의 부피는

$3 \times 3 \times 3\sqrt{6} = 27\sqrt{6}(\text{cm}^3)$

03 전략 직각삼각형 ABD와 BCD에서 한 변의 길이가 주어졌으므로 삼각비를 이용하여 $\overline{AD}$와 $\overline{CD}$의 길이를 구한다.

△ABD에서

$\overline{AD} = 10 \tan 55^\circ = 10 \times 1.43 = 14.3(\text{m})$

△BCD에서

$\overline{CD} = 10 \tan 20^\circ = 10 \times 0.36 = 3.6(\text{m})$

$\therefore \overline{AC} = \overline{AD} + \overline{CD} = 14.3 + 3.6 = 17.9(\text{m})$

04 전략 삼각비를 이용하여 $\overline{AH}$, $\overline{CH}$의 길이를 순서대로 구한다.

△ABH에서

$\overline{AH} = 200 \sin 60^\circ = 200 \times \frac{\sqrt{3}}{2} = 100\sqrt{3}(\text{m})$

△AHC에서

$\overline{CH} = 100\sqrt{3} \tan 45^\circ = 100\sqrt{3} \times 1 = 100\sqrt{3}(\text{m})$

05 전략 보조선을 그어 직각삼각형을 만든다.

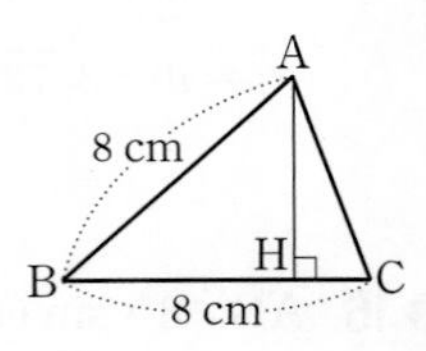

꼭짓점 A에서 $\overline{BC}$에 내린 수선의 발을 H라 하면 △ABH에서

$\overline{BH} = 8 \cos B = 8 \times \frac{3}{4} = 6(\text{cm})$

$\therefore \overline{AH} = \sqrt{8^2 - 6^2} = \sqrt{28} = 2\sqrt{7}(\text{cm})$

$\overline{CH} = \overline{BC} - \overline{BH} = 8 - 6 = 2(\text{cm})$이므로

△AHC에서

$\overline{AC} = \sqrt{2^2 + (2\sqrt{7})^2} = \sqrt{32} = 4\sqrt{2}(\text{cm})$

06 전략 평행사변형의 성질을 이용하여 ∠B의 크기를 구한다.

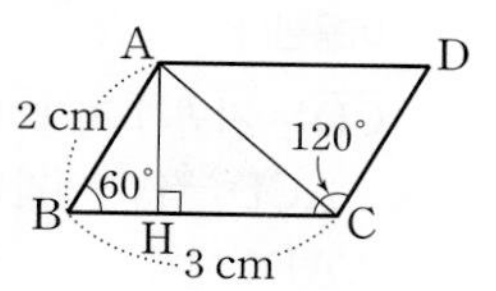

□ABCD가 평행사변형이므로

$\angle B=180^\circ-120^\circ=60^\circ$

꼭짓점 A에서 $\overline{BC}$에 내린 수선의 발을 H라 하면 △ABH에서

$\overline{AH}=2\sin 60^\circ=2\times\frac{\sqrt{3}}{2}=\sqrt{3}$(cm)

$\overline{BH}=2\cos 60^\circ=2\times\frac{1}{2}=1$(cm)

$\overline{CH}=\overline{BC}-\overline{BH}=3-1=2$(cm)이므로

△AHC에서

$\overline{AC}=\sqrt{2^2+(\sqrt{3})^2}=\sqrt{7}$(cm)

07 전략 보조선을 그어 직각삼각형을 만든다.

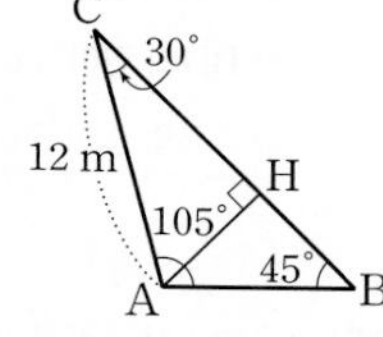

△ABC에서

$\angle B=180^\circ-(30^\circ+105^\circ)=45^\circ$

꼭짓점 A에서 $\overline{BC}$에 내린 수선의 발을 H라 하면 △CAH에서

$\overline{AH}=12\sin 30^\circ=12\times\frac{1}{2}=6$(m)

△ABH에서

$\overline{AB}=\frac{\overline{AH}}{\sin 45^\circ}=6\div\frac{\sqrt{2}}{2}=6\sqrt{2}$(m)

08 전략 점 C에서 $\overline{AB}$에 수선을 그어 생긴 두 직각삼각형에서 삼각비를 이용하여 높이를 구한다.

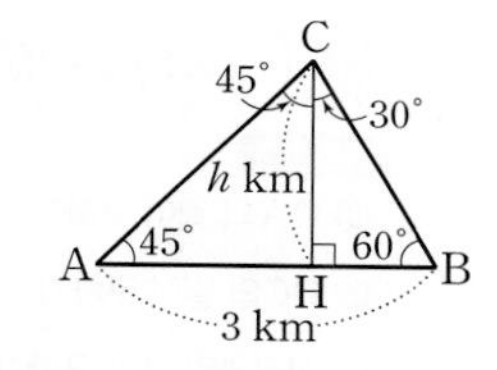

꼭짓점 C에서 $\overline{AB}$에 내린 수선의 발을 H라 하면

$\angle ACH=45^\circ$, $\angle BCH=30^\circ$

$\overline{CH}=h$ km라 하면 △CAH에서

$\overline{AH}=h\tan 45^\circ=h\times 1=h$(km)

△CHB에서

$\overline{BH}=h\tan 30^\circ=h\times\frac{\sqrt{3}}{3}=\frac{\sqrt{3}}{3}h$(km)

$\overline{AB}=\overline{AH}+\overline{BH}$이므로

$3=h+\frac{\sqrt{3}}{3}h$, $h\left(1+\frac{\sqrt{3}}{3}\right)=3$

$\therefore h=3\times\frac{3}{3+\sqrt{3}}=\frac{3(3-\sqrt{3})}{2}$

따라서 비행기의 높이는 $\frac{3(3-\sqrt{3})}{2}$ km이다.

09 전략 건물의 높이를 h m로 놓고 $\overline{AC}$, $\overline{BC}$를 h에 대한 식으로 나타낸다.

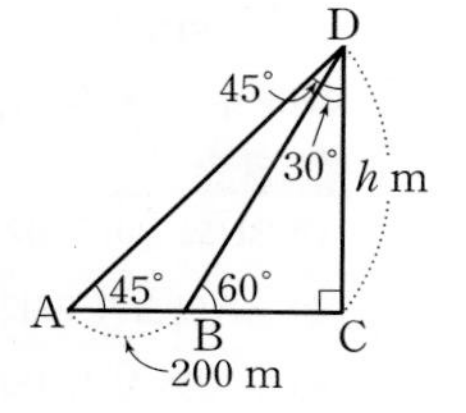

$\angle ADC=45^\circ$, $\angle BDC=30^\circ$

$\overline{CD}=h$ m라 하면 △ACD에서

$\overline{AC}=h\tan 45^\circ=h\times 1=h$(m)

△BCD에서

$\overline{BC}=h\tan 30^\circ=h\times\frac{\sqrt{3}}{3}=\frac{\sqrt{3}}{3}h$(m)

$\overline{AB}=\overline{AC}-\overline{BC}$이므로

$200=h-\frac{\sqrt{3}}{3}h$, $h\left(1-\frac{\sqrt{3}}{3}\right)=200$

$\therefore h=200\times\frac{3}{3-\sqrt{3}}=100(3+\sqrt{3})$

따라서 건물의 높이 $\overline{CD}$의 길이는 $100(3+\sqrt{3})$ m이다.

10 전략 삼각형의 넓이 공식을 이용하여 $\overline{AB}$의 길이를 구한다.

$\frac{1}{2}\times\overline{AB}\times 6\sqrt{3}\times\sin 30^\circ=12\sqrt{3}$에서

$\frac{1}{2}\times\overline{AB}\times 6\sqrt{3}\times\frac{1}{2}=12\sqrt{3}$

$\frac{3\sqrt{3}}{2}\overline{AB}=12\sqrt{3}$

$\therefore \overline{AB}=12\sqrt{3}\times\frac{2}{3\sqrt{3}}=8$(cm)

11 전략 $\overline{AC}\,/\!/\,\overline{DE}$이므로 △ACD=△ACE임을 이용한다.

$\overline{AC}\,/\!/\,\overline{DE}$이므로 △ACD=△ACE

∴ □ABCD=△ABC+△ACD

=△ABC+△ACE

=△ABE

$=\frac{1}{2}\times 6\times(8+4)\times\sin 60^\circ$

$=\frac{1}{2}\times 6\times 12\times\frac{\sqrt{3}}{2}$

$=18\sqrt{3}$(cm^2)

12 전략 △ABC의 넓이를 이용하여 $\sin A$의 값을 구한다.

$\frac{1}{2}\times 10\times 9\times\sin A=36$에서

$45\sin A=36$ $\therefore \sin A=\frac{4}{5}$

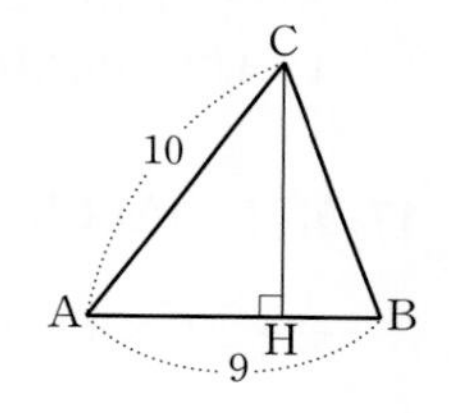

꼭짓점 C에서 $\overline{AB}$에 내린 수선의 발을 H라 하면 △CAH에서

$\overline{CH}=10\sin A=10\times\frac{4}{5}=8$

$\overline{AH}=\sqrt{10^2-8^2}=\sqrt{36}=6$이므로

$\overline{BH}=\overline{AB}-\overline{AH}=9-6=3$

$\therefore \tan B=\frac{8}{3}$

13 전략 삼각형의 넓이 공식을 이용하여 ∠B의 크기를 구한다.

$\frac{1}{2}\times 5\times 8\times\sin(180^\circ-\angle B)=10\sqrt{2}$에서

$20\sin(180^\circ-\angle B)=10\sqrt{2}$

$\therefore \sin(180^\circ-\angle B)=\frac{\sqrt{2}}{2}$

$\sin 45^\circ=\frac{\sqrt{2}}{2}$이므로 $180^\circ-\angle B=45^\circ$

$\therefore \angle B=135^\circ$

14 전략 $\overline{BD}$를 그은 후, △ABD와 △BCD의 넓이를 각각 구하여 더한다.

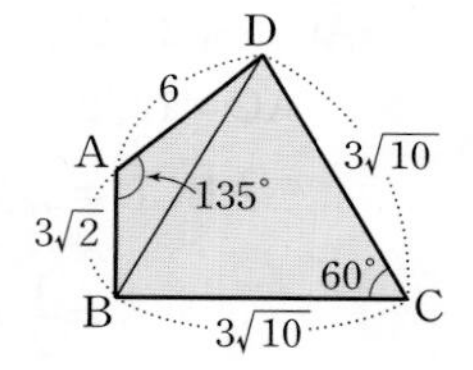

$\overline{BD}$를 그으면

□ABCD

=△ABD+△BCD

$=\frac{1}{2}\times 3\sqrt{2}\times 6\times\sin(180^\circ-135^\circ)$

$+\frac{1}{2}\times 3\sqrt{10}\times 3\sqrt{10}\times \sin 60°$

$=\frac{1}{2}\times 3\sqrt{2}\times 6\times \sin 45°+\frac{1}{2}\times 3\sqrt{10}\times 3\sqrt{10}\times \sin 60°$

$=\frac{1}{2}\times 3\sqrt{2}\times 6\times \frac{\sqrt{2}}{2}+\frac{1}{2}\times 3\sqrt{10}\times 3\sqrt{10}\times \frac{\sqrt{3}}{2}$

$=9+\frac{45\sqrt{3}}{2}$

15 전략 정육각형은 6개의 합동인 정삼각형으로 나누어짐을 이용한다.

오른쪽 그림과 같이 정육각형을 6개의 합동인 정삼각형으로 나누고 두 점 A, B를 정하면

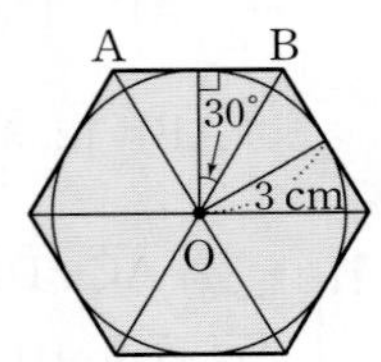

$\overline{OB}=\frac{3}{\cos 30°}=3\div\frac{\sqrt{3}}{2}=2\sqrt{3}\,(\text{cm})$

∴ (정육각형의 넓이)$=6\triangle AOB$

$=6\times\left(\frac{1}{2}\times 2\sqrt{3}\times 2\sqrt{3}\times \sin 60°\right)$

$=6\times\left(\frac{1}{2}\times 2\sqrt{3}\times 2\sqrt{3}\times \frac{\sqrt{3}}{2}\right)$

$=18\sqrt{3}\,(\text{cm}^2)$

16 전략 마름모는 평행사변형임을 이용한다.

마름모 ABCD의 한 변의 길이를 x cm라 하면

$x\times x\times \sin 60°=16\sqrt{3}$에서

$x\times x\times\frac{\sqrt{3}}{2}=16\sqrt{3}$, $\frac{\sqrt{3}}{2}x^2=16\sqrt{3}$

$x^2=32$ $\quad$ ∴ $x=4\sqrt{2}$ ($\because x>0$)

따라서 마름모 ABCD의 둘레의 길이는

$4\times 4\sqrt{2}=16\sqrt{2}\,(\text{cm})$

17 전략 □ABCD의 넓이를 이용하여 $\overline{AC}$의 길이를 구한다.

$\frac{1}{2}\times\overline{AC}\times 8\times\sin 60°=12\sqrt{3}$에서

$\frac{1}{2}\times\overline{AC}\times 8\times\frac{\sqrt{3}}{2}=12\sqrt{3}$, $2\sqrt{3}\times\overline{AC}=12\sqrt{3}$

∴ $\overline{AC}=6\,(\text{cm})$

18 전략 △OAB의 넓이를 이용하여 $\overline{OB}$의 길이를 구한다.

$\angle AOB=180°-150°=30°$이므로

$\triangle OAB=\frac{1}{2}\times\overline{OA}\times\overline{OB}\times\sin 30°$

$=\frac{1}{2}\times 4\sqrt{2}\times\overline{OB}\times\frac{1}{2}$

$=\sqrt{2}\times\overline{OB}$

즉, $\sqrt{2}\times\overline{OB}=8$이므로 $\overline{OB}=4\sqrt{2}$

∴ $\overline{BD}=\overline{BO}+\overline{OD}=4\sqrt{2}+4\sqrt{2}=8\sqrt{2}$

$\overline{AC}+\overline{BD}=20\sqrt{2}$이므로

$\overline{AC}+8\sqrt{2}=20\sqrt{2}$

∴ $\overline{AC}=12\sqrt{2}$

∴ $\square ABCD=\frac{1}{2}\times 12\sqrt{2}\times 8\sqrt{2}\times\sin 30°$

$=\frac{1}{2}\times 12\sqrt{2}\times 8\sqrt{2}\times\frac{1}{2}=48$

19 전략 엇각의 크기를 이용하여 ∠ACD의 크기를 구한 후, 삼각비를 이용한다.

$\overline{CD}$는 지면과 평행하므로

$\angle ACD=45°$ (엇각)

△ADC에서

$\overline{AD}=6\sin 45°=6\times\frac{\sqrt{2}}{2}=3\sqrt{2}\,(\text{m})$ ······ ㉮

$\overline{CD}=6\cos 45°=6\times\frac{\sqrt{2}}{2}=3\sqrt{2}\,(\text{m})$

△BCD에서

$\overline{BD}=3\sqrt{2}\tan 30°=3\sqrt{2}\times\frac{\sqrt{3}}{3}=\sqrt{6}\,(\text{m})$ ······ ㉯

∴ $\overline{AB}=\overline{AD}+\overline{BD}=3\sqrt{2}+\sqrt{6}\,(\text{m})$ ······ ㉰

채점 기준

㉮ $\overline{AD}$의 길이 구하기	30 %
㉯ $\overline{BD}$의 길이 구하기	50 %
㉰ $\overline{AB}$의 길이 구하기	20 %

20 전략 삼각비를 이용하여 $\overline{OA}$, $\overline{OC}$의 길이를 구한다.

△OAB에서

$\overline{OA}=3\sqrt{2}\tan 60°=3\sqrt{2}\times\sqrt{3}=3\sqrt{6}\,(\text{cm})$ ······ ㉮

△OBC에서

$\overline{OC}=\frac{3\sqrt{2}}{\tan 45°}=3\sqrt{2}\div 1=3\sqrt{2}\,(\text{cm})$ ······ ㉯

따라서 삼각뿔의 부피는

$\frac{1}{3}\times\left(\frac{1}{2}\times 3\sqrt{2}\times 3\sqrt{2}\right)\times 3\sqrt{6}=9\sqrt{6}\,(\text{cm}^3)$ ······ ㉰

채점 기준

㉮ $\overline{OA}$의 길이 구하기	40 %
㉯ $\overline{OC}$의 길이 구하기	40 %
㉰ 삼각뿔의 부피 구하기	20 %

21 전략 보조선을 그어 직각삼각형을 만든다.

꼭짓점 B에서 $\overline{AC}$에 내린 수선의 발을 H라 하면 △BCH에서

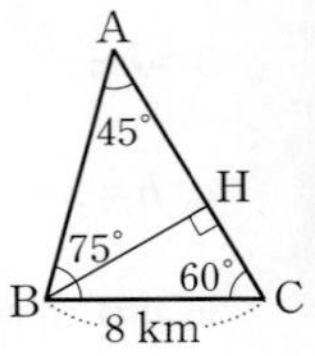

$\overline{BH}=8\sin 60°=8\times\frac{\sqrt{3}}{2}$

$=4\sqrt{3}\,(\text{km})$ ······ ㉮

△ABC에서

$\angle A=180°-(75°+60°)=45°$ ······ ㉯

△ABH에서

$\overline{AB}=\frac{\overline{BH}}{\sin 45°}=4\sqrt{3}\div\frac{\sqrt{2}}{2}=4\sqrt{6}\,(\text{km})$

따라서 두 지점 A, B 사이의 거리는 $4\sqrt{6}$ km이다. ······ ㉰

채점 기준

㉮ $\overline{BH}$의 길이 구하기	40 %
㉯ ∠A의 크기 구하기	20 %
㉰ 두 지점 A, B 사이의 거리 구하기	40 %

22 전략 △ABC=△ABD+△ADC임을 이용한다.

$\triangle ABC=\frac{1}{2}\times 15\times 10\times \sin 60^\circ$

$=\frac{1}{2}\times 15\times 10\times \frac{\sqrt{3}}{2}=\frac{75\sqrt{3}}{2}(\text{cm}^2)$ …… ㉮

$\triangle ABD=\frac{1}{2}\times 15\times \overline{AD}\times \sin 30^\circ$

$=\frac{1}{2}\times 15\times \overline{AD}\times \frac{1}{2}=\frac{15}{4}\overline{AD}(\text{cm}^2)$ …… ㉯

$\triangle ADC=\frac{1}{2}\times \overline{AD}\times 10\times \sin 30^\circ$

$=\frac{1}{2}\times \overline{AD}\times 10\times \frac{1}{2}=\frac{5}{2}\overline{AD}(\text{cm}^2)$ …… ㉰

$\triangle ABC=\triangle ABD+\triangle ADC$에서

$\frac{75\sqrt{3}}{2}=\frac{15}{4}\overline{AD}+\frac{5}{2}\overline{AD}$, $25\overline{AD}=150\sqrt{3}$

$\therefore \overline{AD}=6\sqrt{3}(\text{cm})$ …… ㉱

채점 기준

㉮ △ABC의 넓이 구하기	20 %
㉯ △ABD의 넓이 구하기	20 %
㉰ △ADC의 넓이 구하기	20 %
㉱ $\overline{AD}$의 길이 구하기	40 %

23 전략 삼각비를 이용하여 $\overline{AB}$의 길이를 구한다.

(1) 점 A에서 $\overline{BC}$의 연장선에 내린 수선의 발을 H라 하면

$\overline{AH}=2$ cm, $\angle ABH=30^\circ$

이므로 △AHB에서

$\overline{AB}=\frac{2}{\sin 30^\circ}=2\div\frac{1}{2}=4(\text{cm})$ …… ㉮

(2) $\angle BAC=\angle DAC$ (접은 각),

$\angle BCA=\angle DAC$ (엇각)이므로

$\angle BAC=\angle BCA$

즉, △ABC는 $\overline{AB}=\overline{BC}$인 이등변삼각형이다. …… ㉯

$\therefore \triangle ABC=\frac{1}{2}\times \overline{AB}\times \overline{BC}\times \sin(180^\circ-150^\circ)$

$=\frac{1}{2}\times 4\times 4\times \sin 30^\circ$

$=\frac{1}{2}\times 4\times 4\times \frac{1}{2}=4(\text{cm}^2)$ …… ㉰

채점 기준

(1)	㉮ $\overline{AB}$의 길이 구하기	30 %
(2)	㉯ △ABC가 이등변삼각형임을 알기	30 %
	㉰ △ABC의 넓이 구하기	40 %

24 전략 □ABCD의 넓이를 구한 후, $\triangle OCD=\frac{1}{4}\square ABCD$임을 이용한다.

$\angle BAD+\angle ADC=180^\circ$이므로

$\angle BAD=180^\circ\times\frac{3}{3+1}=135^\circ$

$\angle BCD=\angle BAD=135^\circ$이므로 …… ㉮

$\square ABCD=4\times 3\times \sin(180^\circ-135^\circ)$

$=4\times 3\times \sin 45^\circ$

$=4\times 3\times \frac{\sqrt{2}}{2}=6\sqrt{2}$ …… ㉯

$\therefore \triangle OCD=\frac{1}{4}\square ABCD$

$=\frac{1}{4}\times 6\sqrt{2}=\frac{3\sqrt{2}}{2}$ …… ㉰

채점 기준

㉮ ∠BCD의 크기 구하기	30 %
㉯ □ABCD의 넓이 구하기	40 %
㉰ △OCD의 넓이 구하기	30 %

Level C 단원 마무리 발전 유형 정복하기

48~49쪽

01 ⑤ 02 $4\sqrt{13}$ km 03 $4(\sqrt{3}-1)$
04 $225(\sqrt{3}-1)$ cm² 05 $(18-6\sqrt{3})$ m/분 06 ①
07 ④ 08 ④ 09 ①
10 (1) 12 m (2) 84 m (3) 72 m 11 $\frac{3}{5}$ 12 $22\sqrt{3}$ cm²

01 전략 피타고라스 정리를 이용하여 각 변의 길이를 구한다.

정육면체의 한 모서리의 길이를 a라 하고 $\overline{AF}$를 그으면

△AEF에서

$\overline{AF}=\sqrt{a^2+a^2}=\sqrt{2}a$ ($\because a>0$)

△AFG에서

$\overline{AG}=\sqrt{(\sqrt{2}a)^2+a^2}=\sqrt{3}a$ ($\because a>0$)

△AFM에서 $\overline{FM}=\frac{a}{2}$이므로

$\overline{AM}=\sqrt{(\sqrt{2}a)^2+\left(\frac{a}{2}\right)^2}=\frac{3}{2}a$ ($\because a>0$)

△AMG의 꼭짓점 M에서 $\overline{AG}$에 내린 수선의 발을 N이라 하고 $\overline{AN}=k$라 하면

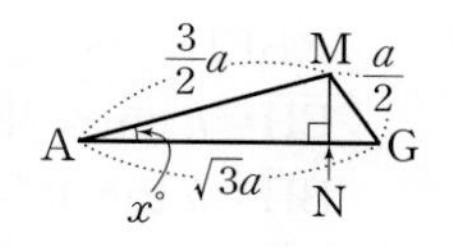

△MAN에서 $\overline{MN}^2=\left(\frac{3}{2}a\right)^2-k^2$,

△MNG에서 $\overline{MN}^2=\left(\frac{a}{2}\right)^2-(\sqrt{3}a-k)^2$이므로

$\left(\frac{3}{2}a\right)^2-k^2=\left(\frac{a}{2}\right)^2-(\sqrt{3}a-k)^2$

$\frac{9}{4}a^2-k^2=\frac{a^2}{4}-3a^2+2\sqrt{3}ak-k^2$, $5a^2=2\sqrt{3}ak$

$\therefore k=\frac{5}{2\sqrt{3}}a=\frac{5\sqrt{3}}{6}a$ ($\because a>0$)

△MAN에서

$\cos x^\circ=\frac{\overline{AN}}{\overline{AM}}=\frac{5\sqrt{3}}{6}a\div\frac{3}{2}a=\frac{5\sqrt{3}}{9}$

02 전략 (거리)=(속력)×(시간)임을 이용하여 $\overline{OP}$, $\overline{OQ}$의 길이를 구한 후, 보조선을 그어 직각삼각형을 만든다.

서로 다른 두 척의 배가 이동한 거리를 각각 구하면

$\overline{OP}=6\times 2=12(\text{km})$

$\overline{OQ}=8\times 2=16(\text{km})$

점 P에서 $\overline{OQ}$에 내린 수선의 발을 H라 하면 △POH에서

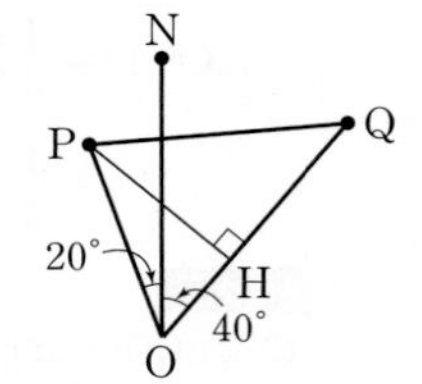

$\overline{PH}=\overline{OP}\sin 60^\circ=12\times\frac{\sqrt{3}}{2}$

$=6\sqrt{3}\,(\text{km})$

$\overline{OH}=\overline{OP}\cos 60^\circ=12\times\frac{1}{2}=6\,(\text{km})$

이때 $\overline{QH}=\overline{OQ}-\overline{OH}=16-6=10\,(\text{km})$이므로 △PHQ에서

$\overline{PQ}=\sqrt{(6\sqrt{3})^2+10^2}=\sqrt{208}=4\sqrt{13}\,(\text{km})$

03 전략 꼭짓점 A에서 $\overline{BC}$에 수선을 그어 수선의 길이를 구한다.

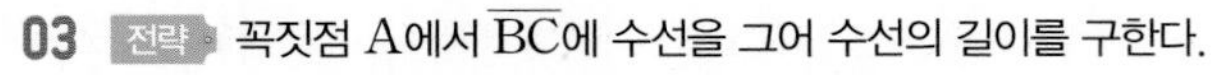

꼭짓점 A에서 $\overline{BC}$에 내린 수선의 발을 H라 하면 ∠CAH=45°이므로

∠BAH=75°−45°=30°

$\overline{AH}=h$라 하면 △ABH에서

$\overline{BH}=h\tan 30^\circ=h\times\frac{\sqrt{3}}{3}=\frac{\sqrt{3}}{3}h$

△AHC에서

$\overline{CH}=h\tan 45^\circ=h\times 1=h$

$\overline{BC}=\overline{BH}+\overline{CH}$이므로

$4=\frac{\sqrt{3}}{3}h+h,\ h\left(\frac{\sqrt{3}}{3}+1\right)=4$

$\therefore h=4\times\frac{3}{\sqrt{3}+3}=2(3-\sqrt{3})$

△ABH에서

$\overline{AB}=\frac{\overline{AH}}{\cos 30^\circ}=2(3-\sqrt{3})\div\frac{\sqrt{3}}{2}=4(\sqrt{3}-1)$

04 전략 $\overline{BC}$의 길이를 구한 후, 점 E에서 $\overline{BC}$에 수선을 그어 △EBC의 높이를 구한다.

점 E에서 $\overline{BC}$에 내린 수선의 발을 H라 하면

∠BEH=45°, ∠CEH=60°

$\overline{EH}=h$ cm라 하면

$\overline{BH}=h\tan 45^\circ=h\times 1=h\,(\text{cm})$

$\overline{CH}=h\tan 60^\circ=h\times\sqrt{3}=\sqrt{3}h\,(\text{cm})$

△BCD에서

$\overline{BC}=\frac{15\sqrt{2}}{\sin 45^\circ}=15\sqrt{2}\div\frac{\sqrt{2}}{2}=30\,(\text{cm})$

$\overline{BC}=\overline{BH}+\overline{CH}$이므로

$30=h+\sqrt{3}h,\ h(1+\sqrt{3})=30$

$\therefore h=\frac{30}{1+\sqrt{3}}=15(\sqrt{3}-1)$

$\therefore \triangle BCE=\frac{1}{2}\times 30\times 15(\sqrt{3}-1)=225(\sqrt{3}-1)\,(\text{cm}^2)$

05 전략 두 직각삼각형에서 각각 삼각비를 이용하여 1분 동안 자동차가 이동한 거리를 구한다.

오른쪽 그림과 같이 자동차의 처음 위치를 A, 1분 후의 위치를 B라 하면

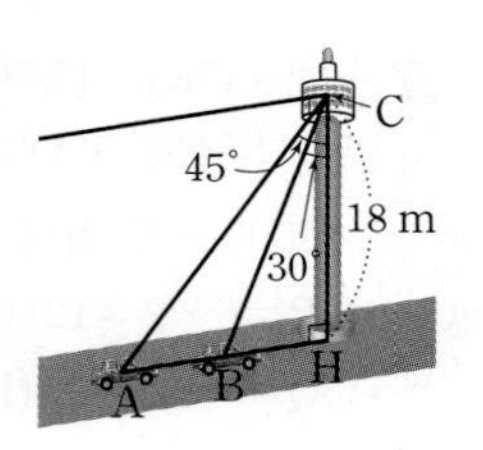

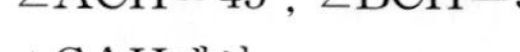

∠ACH=45°, ∠BCH=30°

△CAH에서

$\overline{AH}=18\tan 45^\circ=18\times 1=18\,(\text{m})$

△CBH에서

$\overline{BH}=18\tan 30^\circ=18\times\frac{\sqrt{3}}{3}=6\sqrt{3}\,(\text{m})$

이때 자동차가 1분 동안 이동한 거리는

$\overline{AB}=\overline{AH}-\overline{BH}=18-6\sqrt{3}\,(\text{m})$

따라서 이 자동차의 속력은 $(18-6\sqrt{3})$ m/분이다.

06 전략 □ABCD는 평행사변형임을 이용한다.

오른쪽 그림과 같이 네 점 A, B, C, D를 정하면 $\overline{AD}/\!/\overline{BC}$, $\overline{AB}/\!/\overline{DC}$이므로 □ABCD는 평행사변형이다.

점 C에서 $\overline{AB}$에 내린 수선의 발을 H, 점 D에서 $\overline{BC}$의 연장선에 내린 수선의 발을 H′이라 하면

∠CBH=∠DCH′=45° (동위각)

△CBH에서

$\overline{BC}=\frac{4}{\sin 45^\circ}=4\div\frac{\sqrt{2}}{2}=4\sqrt{2}\,(\text{cm})$

△DCH′에서

$\overline{CD}=\frac{6}{\sin 45^\circ}=6\div\frac{\sqrt{2}}{2}=6\sqrt{2}\,(\text{cm})$

따라서 □ABCD의 둘레의 길이는

$2(\overline{BC}+\overline{CD})=2(4\sqrt{2}+6\sqrt{2})=20\sqrt{2}\,(\text{cm})$

07 전략 $\overline{OC}$, $\overline{OD}$를 그어 나누어진 삼각형의 넓이의 합을 구한다.

$\overline{OC}$를 그으면 △OBC는 이등변삼각형이므로

∠OCB=∠OBC=30°

∴ ∠COB=180°−(30°+30°)

=120°

△AOD≡△COD (SSS 합동)이므로

∠AOD=∠COD

$=\frac{1}{2}\times(180^\circ-120^\circ)=30^\circ$

∴ □ABCD

=△AOD+△COD+△BOC

$=\left(\frac{1}{2}\times 6\times 6\times\sin 30^\circ\right)\times 2+\frac{1}{2}\times 6\times 6\times\sin(180^\circ-120^\circ)$

$=\left(\frac{1}{2}\times 6\times 6\times\sin 30^\circ\right)\times 2+\frac{1}{2}\times 6\times 6\times\sin 60^\circ$

$=\left(\frac{1}{2}\times 6\times 6\times\frac{1}{2}\right)\times 2+\frac{1}{2}\times 6\times 6\times\frac{\sqrt{3}}{2}$

$=18+9\sqrt{3}\,(\text{cm}^2)$

08 전략 보조선을 그어 직각삼각형을 만든다.

△ABD는 직각이등변삼각형이므로

∠DAB=45°이고

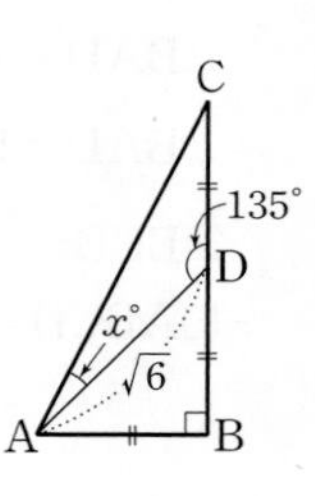

$\overline{AB}=\sqrt{6}\cos 45^\circ=\sqrt{6}\times\frac{\sqrt{2}}{2}=\sqrt{3}$

$\therefore \overline{AB}=\overline{BD}=\overline{CD}=\sqrt{3}$

또, △ABC에서

$\overline{AC}=\sqrt{(\sqrt{3})^2+(2\sqrt{3})^2}=\sqrt{15}$

$\triangle ADC=\frac{1}{2}\times\overline{AD}\times\overline{CD}\times\sin(180^\circ-135^\circ)$

$=\frac{1}{2}\times\sqrt{6}\times\sqrt{3}\times\sin 45^\circ$

$=\frac{1}{2}\times\sqrt{6}\times\sqrt{3}\times\frac{\sqrt{2}}{2}=\frac{3}{2}$ …… ㉠

$\triangle ADC=\frac{1}{2}\times\overline{AC}\times\overline{AD}\times\sin x^\circ$

$=\frac{1}{2}\times\sqrt{15}\times\sqrt{6}\times\sin x^\circ$

$=\frac{3\sqrt{10}}{2}\sin x^\circ$ …… ㉡

㉠, ㉡에서

$\frac{3}{2}=\frac{3\sqrt{10}}{2}\sin x^\circ$ $\therefore \sin x^\circ=\frac{1}{\sqrt{10}}=\frac{\sqrt{10}}{10}$

09 전략 $\triangle AMN=\square ABCD-(\triangle ABM+\triangle AND+\triangle NMC)$임을 이용한다.

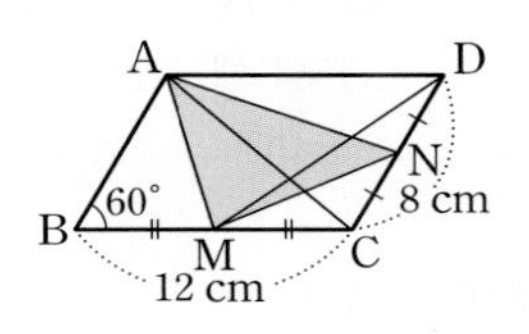

$\overline{AC}$를 그으면

$\triangle ABM=\frac{1}{2}\triangle ABC$

$=\frac{1}{4}\square ABCD$

$\triangle AND=\frac{1}{2}\triangle ACD=\frac{1}{4}\square ABCD$

$\overline{DM}$을 그으면

$\triangle NMC=\frac{1}{2}\triangle DMC=\frac{1}{2}\times\frac{1}{4}\square ABCD=\frac{1}{8}\square ABCD$

$\therefore \triangle AMN$

$=\square ABCD-(\triangle ABM+\triangle AND+\triangle NMC)$

$=\square ABCD-\left(\frac{1}{4}\square ABCD+\frac{1}{4}\square ABCD+\frac{1}{8}\square ABCD\right)$

$=\frac{3}{8}\square ABCD$

$=\frac{3}{8}\times(12\times8\times\sin 60^\circ)$

$=\frac{3}{8}\times\left(12\times8\times\frac{\sqrt{3}}{2}\right)=18\sqrt{3}(\text{cm}^2)$

10 전략 $\triangle ABD$와 $\triangle CED$의 닮음을 이용한다.

(1) $\triangle ECD$에서

$\overline{ED}=20\sin 37^\circ=20\times0.6=12(\text{m})$ …… ㉮

(2) $\overline{CD}=\sqrt{20^2-12^2}=\sqrt{256}=16(\text{m})$

$\angle ABD=\angle CED$, $\angle D$는 공통이므로

$\triangle ABD\backsim\triangle CED$ (AA 닮음) …… ㉯

$\overline{AD}:\overline{CD}=\overline{BD}:\overline{ED}$에서

$\overline{AD}:16=(47+16):12$, $12\overline{AD}=1008$

$\therefore \overline{AD}=84(\text{m})$ …… ㉰

(3) $\overline{AE}=\overline{AD}-\overline{ED}=84-12=72(\text{m})$ …… ㉱

채점 기준

(1)	㉮ $\overline{ED}$의 길이 구하기	20 %
(2)	㉯ $\triangle ABD\backsim\triangle CED$임을 알기	40 %
	㉰ $\overline{AD}$의 길이 구하기	30 %
(3)	㉱ $\overline{AE}$의 길이 구하기	10 %

11 전략 정사각형의 넓이를 삼각형의 넓이의 합으로 나타낸다.

$\overline{BM}=\overline{BN}=\sqrt{(2a)^2+a^2}=\sqrt{5a^2}=\sqrt{5}a$ ($\because a>0$) …… ㉮

$\square ABCD$

$=\triangle ABM+\triangle MBN+\triangle NBC+\triangle MND$

$=\frac{1}{2}\times a\times 2a+\frac{1}{2}\times\sqrt{5}a\times\sqrt{5}a\times\sin x^\circ$

$+\frac{1}{2}\times 2a\times a+\frac{1}{2}\times a\times a$

$=\frac{5}{2}a^2+\frac{5}{2}a^2\sin x^\circ$

이때 한 변의 길이가 $2a$인 정사각형 ABCD의 넓이는 $(2a)^2=4a^2$이므로

$\frac{5}{2}a^2+\frac{5}{2}a^2\sin x^\circ=4a^2$ …… ㉯

$\frac{5}{2}+\frac{5}{2}\sin x^\circ=4$ ($\because a^2>0$)

$\therefore \sin x^\circ=\frac{3}{5}$ …… ㉰

채점 기준

㉮ $\overline{BM}$, $\overline{BN}$의 길이 각각 구하기	20 %
㉯ $\square ABCD$의 넓이를 구하는 식 세우기	50 %
㉰ $\sin x^\circ$의 값 구하기	30 %

12 전략 둔각삼각형 ACD의 높이를 구한 후, $\overline{AC}$의 길이를 구한다.

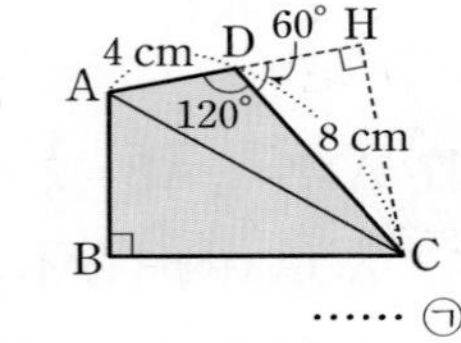

$\overline{AB}:\overline{BC}=1:\sqrt{3}$이므로

$\overline{AB}=a$ cm, $\overline{BC}=\sqrt{3}a$ cm로 놓고

$\overline{AC}$를 그으면 $\triangle ABC$에서

$\overline{AC}=\sqrt{(\sqrt{3}a)^2+a^2}$

$=\sqrt{4a^2}=2a(\text{cm})$ ($\because a>0$) …… ㉠

위의 그림과 같이 꼭짓점 C에서 $\overline{AD}$의 연장선에 내린 수선의 발을 H라 하면

$\angle CDH=180^\circ-120^\circ=60^\circ$이므로 $\triangle CHD$에서

$\overline{CH}=8\sin 60^\circ=8\times\frac{\sqrt{3}}{2}=4\sqrt{3}(\text{cm})$

$\overline{DH}=8\cos 60^\circ=8\times\frac{1}{2}=4(\text{cm})$

$\triangle ACH$에서

$\overline{AC}=\sqrt{(4+4)^2+(4\sqrt{3})^2}=\sqrt{112}=4\sqrt{7}(\text{cm})$ …… ㉡

㉠, ㉡에서

$2a=4\sqrt{7}$ $\therefore a=2\sqrt{7}$

즉, $\overline{AB}=2\sqrt{7}$ cm, $\overline{BC}=2\sqrt{21}$ cm이므로 …… ㉮

$\square ABCD$

$=\triangle ABC+\triangle ACD$

$=\frac{1}{2}\times2\sqrt{7}\times2\sqrt{21}+\frac{1}{2}\times4\times8\times\sin(180^\circ-120^\circ)$

$=\frac{1}{2}\times2\sqrt{7}\times2\sqrt{21}+\frac{1}{2}\times4\times8\times\sin 60^\circ$

$=14\sqrt{3}+\frac{1}{2}\times4\times8\times\frac{\sqrt{3}}{2}$

$=14\sqrt{3}+8\sqrt{3}=22\sqrt{3}(\text{cm}^2)$ …… ㉯

채점 기준

㉮ $\overline{AB}$, $\overline{BC}$의 길이 각각 구하기	60 %
㉯ $\square ABCD$의 넓이 구하기	40 %

3. 원과 직선

Lecture 07 원의 현

Level A 개념 익히기 52~53쪽

01 답 6

02 답 8

03 답 $\overline{OM}$, 2, $\sqrt{21}$, $\sqrt{21}$, $2\sqrt{21}$

04 △OAM에서 $\overline{AM}=\sqrt{13^2-5^2}=\sqrt{144}=12(\text{cm})$
이므로 $\overline{AB}=2\overline{AM}=2\times12=24(\text{cm})$
$\therefore x=24$ 답 24

05 △OBM에서 $\overline{BM}=\sqrt{4^2-3^2}=\sqrt{7}(\text{cm})$
$\overline{AM}=\overline{BM}$이므로 $x=\sqrt{7}$ 답 $\sqrt{7}$

06 $\overline{BM}=\frac{1}{2}\overline{AB}=\frac{1}{2}\times16=8(\text{cm})$
△OBM에서 $\overline{OB}=\sqrt{8^2+8^2}=\sqrt{128}=8\sqrt{2}(\text{cm})$
$\therefore x=8\sqrt{2}$ 답 $8\sqrt{2}$

07 $\overline{AM}=\frac{1}{2}\overline{AB}=\frac{1}{2}\times12=6(\text{cm})$
△OAM에서 $\overline{OM}=\sqrt{10^2-6^2}=\sqrt{64}=8(\text{cm})$
$\therefore x=8$ 답 8

08 답 6

09 답 3

10 $x=2\times8=16$ 답 16

11 $2x=10$이므로 $x=5$ 답 5

12 답 7

13 답 4

14 답 $\overline{OA}$, 5, 3, 3, 6, 6

Level B 유형 공략하기 53~57쪽

하 **15** $\overline{AM}=\frac{1}{2}\overline{AB}=\frac{1}{2}\times8=4(\text{cm})$
△OAM에서
$\overline{OA}=\sqrt{4^2+2^2}=\sqrt{20}=2\sqrt{5}(\text{cm})$ 답 ③

중 **16** $\overline{OM}=\frac{1}{2}\overline{OC}=\frac{1}{2}\times10=5(\text{cm})$
△OAM에서 $\overline{AM}=\sqrt{10^2-5^2}=\sqrt{75}=5\sqrt{3}(\text{cm})$
$\therefore \overline{AB}=2\overline{AM}=2\times5\sqrt{3}=10\sqrt{3}(\text{cm})$ 답 ②

중 **17** 원의 중심을 O라 하고 점 O에서 현 AB에 내린 수선의 발을 H라 하면

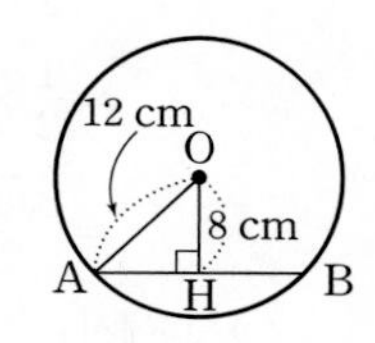

$\overline{OA}=12$ cm, $\overline{OH}=8$ cm
△OAH에서
$\overline{AH}=\sqrt{12^2-8^2}=\sqrt{80}=4\sqrt{5}(\text{cm})$이므로
$\overline{AB}=2\overline{AH}=2\times4\sqrt{5}=8\sqrt{5}(\text{cm})$
따라서 구하는 현의 길이는 $8\sqrt{5}$ cm이다. 답 ④

중 **18** $\overline{BM}=\overline{AM}=6$ cm
$\overline{OC}=\overline{OB}=x$ cm이므로 $\overline{OM}=\overline{OC}-\overline{CM}=x-2(\text{cm})$
△OMB에서 $x^2=6^2+(x-2)^2$
$4x=40$ $\therefore x=10$ 답 10

중 **19** $\overline{OA}$를 그으면
$\overline{OA}=\overline{OD}=\frac{1}{2}\overline{CD}=\frac{1}{2}\times(16+4)$
$=10(\text{cm})$
$\overline{OM}=\overline{OD}-\overline{DM}=10-4=6(\text{cm})$
△OMA에서 $\overline{AM}=\sqrt{10^2-6^2}=\sqrt{64}=8(\text{cm})$
$\therefore \overline{AB}=2\overline{AM}=2\times8=16(\text{cm})$ 답 ③

상 **20** 원의 중심 O에서 $\overline{CD}$에 내린 수선의 발을 E라 하면
$\overline{OC}=\frac{1}{2}\overline{AB}=\frac{1}{2}\times8=4(\text{cm})$
$\overline{CE}=\frac{1}{2}\overline{CD}=\frac{1}{2}\times4=2(\text{cm})$
△COE에서 $\overline{OE}=\sqrt{4^2-2^2}=\sqrt{12}=2\sqrt{3}(\text{cm})$
$\therefore$ △COD$=\frac{1}{2}\times4\times2\sqrt{3}=4\sqrt{3}(\text{cm}^2)$ 답 ②

상 **21** △BCM에서 $\overline{BM}=\sqrt{15^2-9^2}=\sqrt{144}=12(\text{cm})$ …… ㉮
$\overline{OB}$를 긋고 원 O의 반지름의 길이를 r cm라 하면
$\overline{OC}=\overline{OB}=r$ cm이므로
$\overline{OM}=\overline{OC}-\overline{CM}=r-9(\text{cm})$
△OBM에서 $r^2=12^2+(r-9)^2$
$18r=225$ $\therefore r=\frac{25}{2}$ …… ㉯
따라서 원 O의 지름의 길이는
$2r=2\times\frac{25}{2}=25(\text{cm})$ …… ㉰
답 25 cm

채점 기준

㉮ $\overline{BM}$의 길이 구하기	30 %
㉯ 원 O의 반지름의 길이 구하기	50 %
㉰ 원 O의 지름의 길이 구하기	20 %

중 **22** 원의 중심을 O, 반지름의 길이를 r cm라 하면 $\overline{CD}$의 연장선은 점 O를 지나므로 △AOD에서

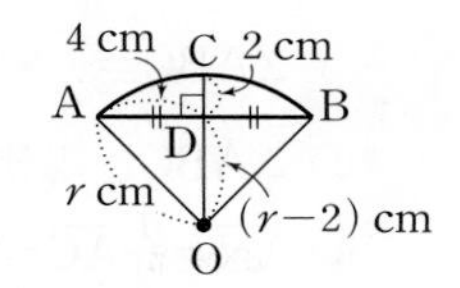

$r^2=(r-2)^2+4^2$

$4r=20$ $\quad\therefore r=5$

따라서 이 원의 반지름의 길이는 5 cm이다.

답 ②

중 **23** 원의 중심을 O라 하면 $\overline{CD}$의 연장선은 점 O를 지나므로

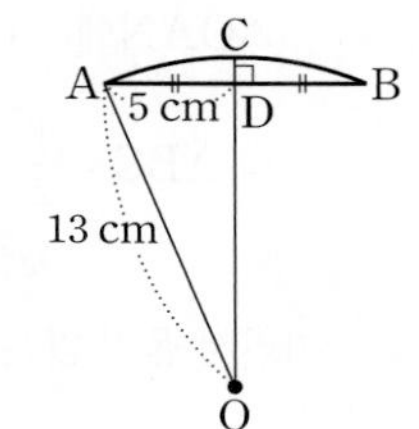

$\overline{OA}=13$ cm

$\overline{AD}=\frac{1}{2}\overline{AB}=\frac{1}{2}\times10=5$(cm)

△AOD에서

$\overline{OD}=\sqrt{13^2-5^2}=\sqrt{144}=12$(cm)

$\therefore \overline{CD}=\overline{OC}-\overline{OD}=13-12=1$(cm)

답 1 cm

중 **24** 원의 중심을 O라 하면 $\overline{HP}$의 연장선은 점 O를 지나므로

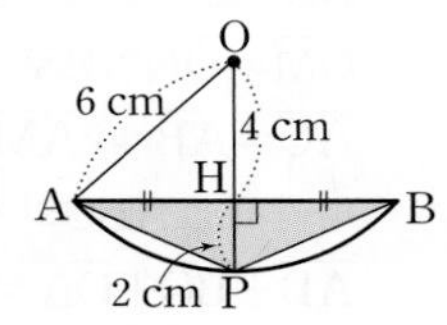

$\overline{OA}=6$ cm

$\overline{OH}=\overline{OP}-\overline{PH}=6-2=4$(cm)

△OAH에서

$\overline{AH}=\sqrt{6^2-4^2}=\sqrt{20}=2\sqrt{5}$(cm)

따라서 $\overline{AB}=2\overline{AH}=2\times2\sqrt{5}=4\sqrt{5}$(cm)이므로

$\triangle APB=\frac{1}{2}\times4\sqrt{5}\times2=4\sqrt{5}$(cm^2)

답 $4\sqrt{5}$ cm^2

중 **25** 원의 중심을 O, 반지름의 길이를 r cm라 하면

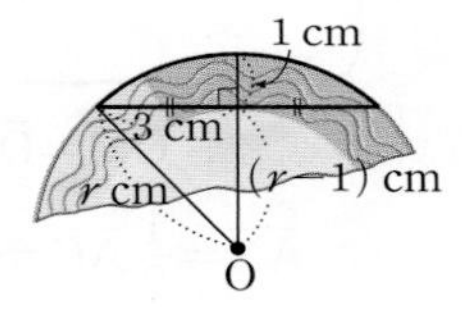

$r^2=(r-1)^2+3^2$

$2r=10$ $\quad\therefore r=5$

따라서 원래 접시의 넓이는

$\pi\times5^2=25\pi$(cm^2)

답 25π cm^2

중 **26** 원의 중심 O에서 $\overline{AB}$에 내린 수선의 발을 M이라 하면

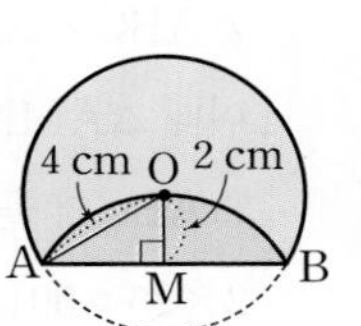

$\overline{OA}=4$ cm

$\overline{OM}=\frac{1}{2}\overline{OA}=\frac{1}{2}\times4=2$(cm)

△OAM에서 $\overline{AM}=\sqrt{4^2-2^2}=\sqrt{12}=2\sqrt{3}$(cm)

$\therefore \overline{AB}=2\overline{AM}=2\times2\sqrt{3}=4\sqrt{3}$(cm)

답 ②

중 **27** $\overline{OA}$를 그으면

$\overline{OA}=2\overline{OM}=2\times5=10$(cm) …… ㉮

△AOM에서 $\overline{AM}=\sqrt{10^2-5^2}=\sqrt{75}=5\sqrt{3}$(cm) …… ㉯

$\therefore \overline{AB}=2\overline{AM}=2\times5\sqrt{3}=10\sqrt{3}$(cm) …… ㉰

답 $10\sqrt{3}$ cm

채점 기준

㉮ $\overline{OA}$의 길이 구하기	30 %
㉯ $\overline{AM}$의 길이 구하기	30 %
㉰ $\overline{AB}$의 길이 구하기	40 %

중 **28** 접힌 현을 $\overline{AB}$, $\overline{AB}$와 $\overline{OP}$의 교점을 M, 원 O의 반지름의 길이를 r cm라 하면

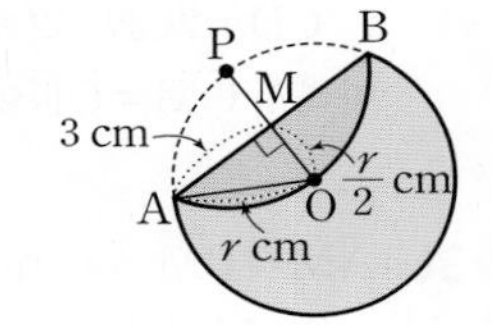

$\overline{AM}=\frac{1}{2}\overline{AB}=\frac{1}{2}\times6=3$(cm)

$\overline{OM}=\frac{1}{2}\overline{OA}=\frac{r}{2}$(cm)

△OAM에서

$r^2=3^2+\left(\frac{r}{2}\right)^2$, $\frac{3}{4}r^2=9$

$r^2=12$ $\quad\therefore r=2\sqrt{3}$ ($\because r>0$)

따라서 원 O의 반지름의 길이는 $2\sqrt{3}$ cm이다.

답 ①

상 **29** 원의 중심 O에서 $\overline{AB}$에 내린 수선의 발을 H라 하고, 반지름의 길이를 r cm라 하면

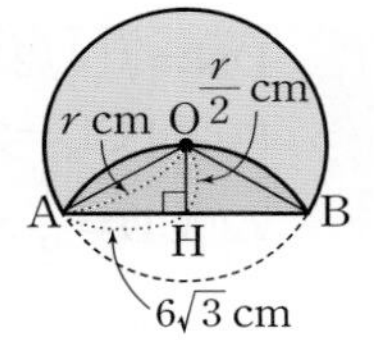

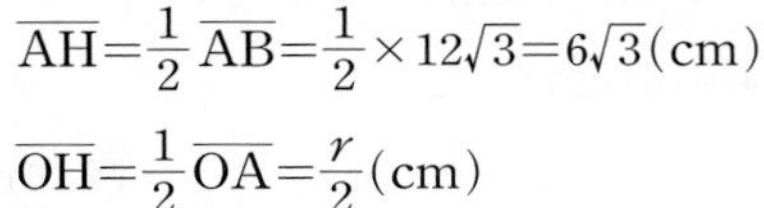

$\overline{AH}=\frac{1}{2}\overline{AB}=\frac{1}{2}\times12\sqrt{3}=6\sqrt{3}$(cm)

$\overline{OH}=\frac{1}{2}\overline{OA}=\frac{r}{2}$(cm)

△OAH에서

$r^2=(6\sqrt{3})^2+\left(\frac{r}{2}\right)^2$, $\frac{3}{4}r^2=108$

$r^2=144$ $\quad\therefore r=12$ ($\because r>0$)

$\overline{OA}:\overline{AH}=12:6\sqrt{3}=2:\sqrt{3}$에서 $\angle AOH=60°$

$\therefore \angle AOB=2\times60°=120°$

$\therefore \widehat{AB}=2\pi\times12\times\frac{120}{360}=8\pi$(cm)

답 8π cm

중 **30** 원의 중심 O에서 $\overline{AB}$에 내린 수선의 발을 M이라 하면

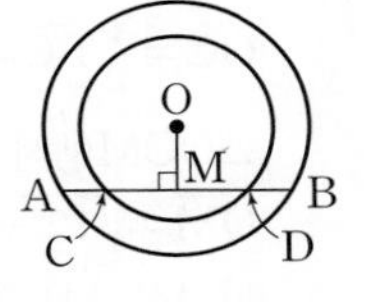

$\overline{BM}=\frac{1}{2}\overline{AB}=\frac{1}{2}\times26=13$(cm)

$\overline{DM}=\frac{1}{2}\overline{CD}=\frac{1}{2}\times16=8$(cm)

$\therefore \overline{BD}=\overline{BM}-\overline{DM}=13-8=5$(cm)

답 ②

하 **31** 원의 중심 O에서 $\overline{AB}$에 내린 수선의 발을 M이라 하면

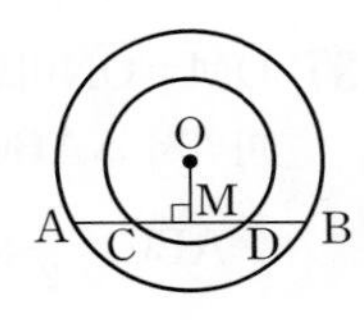

$\overline{AM}=\overline{BM}$, $\overline{CM}=\overline{DM}$

$\therefore \overline{AC}=\overline{AM}-\overline{CM}$

$=\overline{BM}-\overline{DM}$

$=\overline{BD}=2$ cm

답 2 cm

중 **32** △OCM에서 $\overline{CM}=\sqrt{6^2-3^2}=\sqrt{27}=3\sqrt{3}$(cm)

$\overline{DM}=\overline{CM}=3\sqrt{3}$ cm이므로

$\overline{BM}=\overline{DM}+\overline{DB}=3\sqrt{3}+\sqrt{3}=4\sqrt{3}$(cm)

$\overline{OB}$를 그으면 △OMB에서

$\overline{OB}=\sqrt{(4\sqrt{3})^2+3^2}=\sqrt{57}$(cm)

따라서 큰 원의 넓이는

$\pi\times(\sqrt{57})^2=57\pi$(cm^2)

답 ②

하 **33** △OCN에서 $\overline{CN}=\sqrt{10^2-6^2}=\sqrt{64}=8$(cm)

$\therefore\ \overline{CD}=2\overline{CN}=2\times8=16(\text{cm})$
따라서 $\overline{OM}=\overline{ON}$이므로 $\overline{AB}=\overline{CD}=16\text{ cm}$ 답 ④

하 34 $\overline{AM}=\overline{BM}=4\text{ cm}$이므로 $\overline{AB}=2\times4=8(\text{cm})$
$\triangle OAM$에서
$\overline{OM}=\sqrt{5^2-4^2}=\sqrt{9}=3(\text{cm})$
따라서 $\overline{AB}=\overline{CD}$이므로 $\overline{ON}=\overline{OM}=3\text{ cm}$ 답 3 cm

중 35 원의 중심 O에서 $\overline{CD}$에 내린 수선의 발을 N이라 하면 $\overline{AB}=\overline{CD}$이므로
$\overline{ON}=\overline{OM}=4\text{ cm}$ ⋯⋯ ㉮

$\triangle ODN$에서
$\overline{DN}=\sqrt{(4\sqrt{2})^2-4^2}=\sqrt{16}=4(\text{cm})$
따라서 $\overline{CD}=2\overline{DN}=2\times4=8(\text{cm})$이므로 ⋯⋯ ㉯
$\triangle OCD=\frac{1}{2}\times8\times4=16(\text{cm}^2)$ ⋯⋯ ㉰

답 16 cm²

채점 기준

㉮ $\overline{ON}$의 길이 구하기	40 %
㉯ $\overline{CD}$의 길이 구하기	40 %
㉰ $\triangle OCD$의 넓이 구하기	20 %

상 36 원의 중심 O에서 $\overline{CD}$에 내린 수선의 발을 M이라 하면

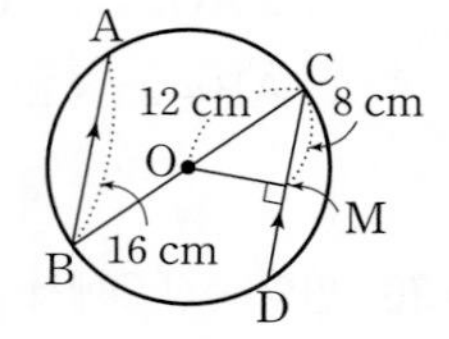

$\overline{CM}=\frac{1}{2}\overline{CD}=\frac{1}{2}\times16=8(\text{cm})$
$\overline{OC}=\frac{1}{2}\overline{BC}=\frac{1}{2}\times24=12(\text{cm})$
$\triangle OCM$에서
$\overline{OM}=\sqrt{12^2-8^2}=\sqrt{80}=4\sqrt{5}(\text{cm})$
따라서 $\overline{AB}\,/\!/\,\overline{CD}$이고 $\overline{AB}=\overline{CD}$이므로 두 현 AB, CD 사이의 거리는
$2\overline{OM}=2\times4\sqrt{5}=8\sqrt{5}(\text{cm})$ 답 $8\sqrt{5}$ cm

중 37 $\overline{OM}=\overline{ON}$이므로 $\overline{AB}=\overline{AC}$
따라서 $\triangle ABC$는 이등변삼각형이므로
$\angle ABC=\frac{1}{2}\times(180^\circ-54^\circ)=63^\circ$ 답 63°

중 38 □OLCN에서
$\angle C=360^\circ-(90^\circ+130^\circ+90^\circ)=50^\circ$
$\overline{OM}=\overline{ON}$이므로 $\overline{AB}=\overline{AC}$
따라서 $\triangle ABC$는 이등변삼각형이므로
$\angle B=\angle C=50^\circ$
$\therefore\ \angle A=180^\circ-(50^\circ+50^\circ)=80^\circ$ 답 ①

중 39 ① □AMON에서
$\angle MAN=360^\circ-(90^\circ+120^\circ+90^\circ)=60^\circ$
$\overline{OM}=\overline{ON}$이므로 $\overline{AB}=\overline{AC}$
따라서 $\triangle ABC$는 이등변삼각형이므로
$\angle ABC=\frac{1}{2}\times(180^\circ-60^\circ)=60^\circ$
② $\triangle ABC$는 정삼각형이므로 $\overline{BC}=\overline{AB}=6\text{ cm}$
③ $\overline{AN}=\frac{1}{2}\overline{AC}=\frac{1}{2}\times6=3(\text{cm})$
④ $\overline{OA}$를 그으면 $\triangle AMO\equiv\triangle ANO$ (RHS 합동)이므로
$\angle OAN=\frac{1}{2}\angle MAN=\frac{1}{2}\times60^\circ=30^\circ$
$\triangle OAN$에서 $\overline{OA}=\frac{\overline{AN}}{\cos30^\circ}=3\div\frac{\sqrt{3}}{2}=2\sqrt{3}(\text{cm})$
⑤ $\triangle ABC=\frac{1}{2}\times\overline{AB}\times\overline{AC}\times\sin60^\circ=\frac{1}{2}\times6\times6\times\frac{\sqrt{3}}{2}$
$=9\sqrt{3}(\text{cm}^2)$
따라서 옳지 않은 것은 ④이다. 답 ④

중 40 $\triangle ABC$에서 $\overline{AM}=\overline{BM}$, $\overline{AN}=\overline{CN}$이므로 삼각형의 두 변의 중점을 연결한 선분의 성질에 의하여
$\overline{BC}=2\overline{MN}=2\times9=18(\text{cm})$
$\overline{OM}=\overline{ON}$이므로
$\overline{AC}=\overline{AB}=2\overline{AM}=2\times8=16(\text{cm})$
따라서 $\triangle ABC$의 둘레의 길이는
$\overline{AB}+\overline{BC}+\overline{CA}=16+18+16=50(\text{cm})$ 답 ②

개념 보충 학습

삼각형의 두 변의 중점을 연결한 선분의 성질
$\triangle ABC$에서 $\overline{AM}=\overline{MB}$, $\overline{AN}=\overline{NC}$이면
$\overline{MN}\,/\!/\,\overline{BC}$, $\overline{MN}=\frac{1}{2}\overline{BC}$

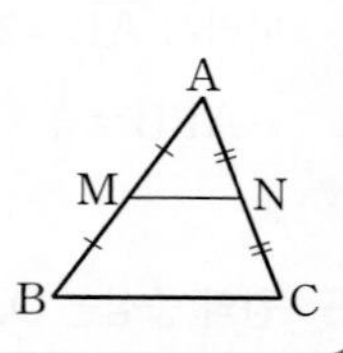

다른 풀이 $\overline{OM}=\overline{ON}$이므로 $\overline{AB}=\overline{AC}$
$\therefore\ \overline{AN}=\frac{1}{2}\overline{AC}=\frac{1}{2}\overline{AB}=\overline{AM}=8\text{ cm}$
$\triangle ABC$와 $\triangle AMN$에서
$\overline{AB}:\overline{AM}=\overline{AC}:\overline{AN}=2:1$, $\angle BAC$는 공통이므로
$\triangle ABC\backsim\triangle AMN$ (SAS 닮음)
이때 $\triangle AMN$의 둘레의 길이는 $8+9+8=25(\text{cm})$이므로
$\triangle ABC$의 둘레의 길이는
$2\times25=50(\text{cm})$

상 41 $\overline{OD}=\overline{OE}=\overline{OF}$이므로 $\overline{AB}=\overline{BC}=\overline{CA}$
즉, $\triangle ABC$는 정삼각형이므로 $\angle BAC=60^\circ$
$\overline{OA}$를 그으면 $\triangle OAD$와 $\triangle OAF$에서
$\overline{OD}=\overline{OF}$, $\angle ODA=\angle OFA=90^\circ$, $\overline{OA}$는 공통이므로
$\triangle OAD\equiv\triangle OAF$ (RHS 합동)
$\therefore\ \angle OAD=\frac{1}{2}\angle BAC=\frac{1}{2}\times60^\circ=30^\circ$ ⋯⋯ ㉮
$\overline{AD}=\frac{1}{2}\overline{AB}=\frac{1}{2}\times4\sqrt{3}=2\sqrt{3}(\text{cm})$ ⋯⋯ ㉯
$\triangle ADO$에서 $\overline{OA}=\frac{\overline{AD}}{\cos30^\circ}=2\sqrt{3}\div\frac{\sqrt{3}}{2}=4(\text{cm})$
따라서 원 O의 반지름의 길이는 4 cm이다. ⋯⋯ ㉰
답 4 cm

채점 기준	
㉮ ∠OAD의 크기 구하기	40 %
㉯ $\overline{AD}$의 길이 구하기	20 %
㉰ 원 O의 반지름의 길이 구하기	40 %

다른 풀이 $\overline{OD}=\overline{OE}=\overline{OF}$이므로 $\overline{AB}=\overline{BC}=\overline{CA}$
즉, 정삼각형 ABC의 꼭짓점 A는 $\overline{OE}$의 연장선 위의 점이고 점 O는 정삼각형 ABC의 무게중심이다.
이때 ∠ABE=60°이므로 직각삼각형 ABE에서
$\overline{AE}=\overline{AB}\sin 60°=4\sqrt{3}\times\frac{\sqrt{3}}{2}=6(\text{cm})$
$\therefore \overline{AO}=\frac{2}{3}\times\overline{AE}=\frac{2}{3}\times 6=4(\text{cm})$
따라서 원 O의 반지름의 길이는 4 cm이다.

Lecture 08 원의 접선(1)

Level A 개념 익히기 58~59쪽

01 ∠PAO=90°이므로 △PAO에서
$\angle x=180°-(90°+40°)=50°$ 답 50°

02 ∠PAO=90°이므로 △PAO에서
$\angle x=180°-(90°+55°)=35°$ 답 35°

03 답 90, 90, 90, 95

04 ∠PAO=∠PBO=90°이므로 □APBO에서
$\angle x=360°-(90°+110°+90°)=70°$ 답 70°

05 ∠PAO=∠PBO=90°이므로 □APBO에서
$\angle x=360°-(90°+35°+90°)=145°$ 답 145°

06 ∠PAO=90°이므로 △PAO에서
$x=\sqrt{8^2+6^2}=\sqrt{100}=10$ 답 10

07 ∠PAO=90°이므로 △PAO에서
$x=\sqrt{13^2-5^2}=\sqrt{144}=12$ 답 12

08 답 90, 직각, 6, $\overline{OA}$, 6, $3\sqrt{5}$

09 답 90°

10 $\overline{PO}=3+3=6(\text{cm})$ 답 6 cm

11 △PAO에서 $\overline{PA}=\sqrt{6^2-3^2}=\sqrt{27}=3\sqrt{3}(\text{cm})$
$\therefore \overline{PB}=\overline{PA}=3\sqrt{3}$ cm 답 $3\sqrt{3}$ cm

Level B 유형 공략하기 59~63쪽

중 12 ∠PAO=∠PBO=90°이므로 □AOBP에서
∠AOB=360°−(90°+42°+90°)=138°
△OAB에서 $\overline{OA}=\overline{OB}$이므로
$\angle OAB=\frac{1}{2}\times(180°-138°)=21°$ 답 ②

하 13 △PAB에서 $\overline{PA}=\overline{PB}$이므로
$\angle PAB=\frac{1}{2}\times(180°-50°)=65°$ 답 ④

중 14 ∠PAO=∠PBO=90°이므로 □APBO에서
∠AOB=360°−(90°+45°+90°)=135°
따라서 색칠한 부분은 중심각의 크기가
360°−135°=225°
인 부채꼴이므로 구하는 넓이는
$\pi\times(2\sqrt{2})^2\times\frac{225}{360}=5\pi(\text{cm}^2)$ 답 5π cm²

중 15 ∠PBO=90°이므로
∠PBA=90°−24°=66° …… ㉮
이때 △PAB에서 $\overline{PA}=\overline{PB}$이므로
∠PAB=∠PBA=66° …… ㉯
∴ ∠APB=180°−(66°+66°)=48° …… ㉰
답 48°

채점 기준	
㉮ ∠PBA의 크기 구하기	40 %
㉯ ∠PAB의 크기 구하기	30 %
㉰ ∠APB의 크기 구하기	30 %

중 16 $\overline{AB}$를 그으면 △ACB는 $\overline{AC}=\overline{BC}$인 이등변삼각형이므로

37°, A, P, C, O, 106°, B

$\angle CAB=\frac{1}{2}\times(180°-106°)$
$=37°$
∠PAB=37°+37°=74°
△PAB에서 $\overline{PA}=\overline{PB}$이므로 ∠PBA=∠PAB=74°
∴ ∠APB=180°−(74°+74°)=32° 답 ③

중 17 ∠OAP=90°이고 $\overline{OA}=\overline{OT}$=4 cm이므로
△OAP에서
$\overline{PA}=\sqrt{(2+4)^2-4^2}=\sqrt{20}=2\sqrt{5}(\text{cm})$ 답 ④

하 18 ∠OBP=90°이고 $\overline{OC}=\overline{OB}$=6 cm이므로
△OBP에서
$\overline{PB}=\sqrt{(6+4)^2-6^2}=\sqrt{64}=8(\text{cm})$
따라서 $\overline{PA}=\overline{PB}$=8 cm이므로
$x=8$ 답 ③

중 19 $\overline{PB}=\overline{PA}$=2 cm이므로

$\triangle APB=\frac{1}{2}\times\overline{PA}\times\overline{PB}\times\sin 60^\circ$

$=\frac{1}{2}\times2\times2\times\frac{\sqrt{3}}{2}=\sqrt{3}(cm^2)$ 답 $\sqrt{3}$ cm²

중 20 원 O의 반지름의 길이를 r cm라 하면

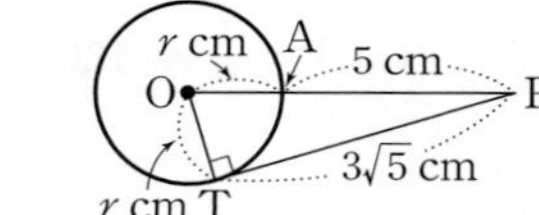

$\overline{OA}=\overline{OT}=r$ cm

$\overline{OP}=(r+5)$ cm

$\angle OTP=90^\circ$이므로 $\triangle OTP$에서

$r^2+(3\sqrt{5})^2=(r+5)^2$, $10r=20$ $\therefore r=2$

$\therefore$ (원 O의 둘레의 길이)$=2\pi\times2=4\pi$(cm) 답 ④

중 21 원 O의 반지름의 길이를 r cm라 하면

$\overline{OA}=\overline{OT}=r$ cm

$\overline{OP}=(r+4)$ cm

$\angle OTP=90^\circ$이므로 $\triangle OTP$에서

$\sin 30^\circ=\frac{\overline{OT}}{\overline{OP}}=\frac{r}{r+4}=\frac{1}{2}$

$2r=r+4$ $\therefore r=4$

즉, $\overline{OT}=4$ cm, $\overline{OP}=8$ cm이므로 $\triangle OTP$에서

$\overline{PT}=\sqrt{8^2-4^2}=\sqrt{48}=4\sqrt{3}$(cm)

$\therefore \triangle OTP=\frac{1}{2}\times4\sqrt{3}\times4=8\sqrt{3}(cm^2)$ 답 ③

상 22 $\overline{OT}$를 그으면 $\overline{OB}=\overline{OT}$이므로

$\triangle OBT$는 이등변삼각형이다.

즉, $\angle OTB=\angle OBT=30^\circ$이므로

$\triangle OBT$에서

$\angle POT=30^\circ+30^\circ=60^\circ$

이때 $\overline{OT}=\frac{1}{2}\overline{AB}=\frac{1}{2}\times6=3$(cm)이고 $\angle OTP=90^\circ$이므로

$\triangle OPT$에서

$\overline{PT}=\overline{OT}\tan 60^\circ=3\times\sqrt{3}=3\sqrt{3}$(cm) 답 $3\sqrt{3}$ cm

중 23 $\overline{OP}$를 그으면 $\triangle APO\equiv\triangle BPO$ (RHS 합동)이므로

$\angle APO=\frac{1}{2}\angle APB=\frac{1}{2}\times60^\circ=30^\circ$

$\triangle APO$에서 $\overline{OA}=\overline{PA}\tan 30^\circ=3\sqrt{3}\times\frac{\sqrt{3}}{3}=3$(cm)

□AOBP에서 $\angle PAO=\angle PBO=90^\circ$이므로

$\angle AOB=360^\circ-(90^\circ+60^\circ+90^\circ)=120^\circ$

$\therefore$ (색칠한 부분의 넓이)$=\pi\times3^2\times\frac{120}{360}=3\pi(cm^2)$

답 3π cm²

하 24 $\angle PAO=90^\circ$이므로 $\triangle AOP$에서

$\angle APO=90^\circ-58^\circ=32^\circ$

$\triangle PAO\equiv\triangle PBO$ (RHS 합동)이므로 $\angle APO=\angle BPO$

$\therefore \angle APB=2\angle APO=2\times32^\circ=64^\circ$ 답 ⑤

중 25 ① $\angle PAO=\angle PBO=90^\circ$이므로 □APBO에서

$\angle APB=360^\circ-(90^\circ+120^\circ+90^\circ)=60^\circ$

② $\triangle ABO$에서 $\overline{AO}=\overline{BO}$이므로

$\angle OAB=\frac{1}{2}\times(180^\circ-120^\circ)=30^\circ$, 즉 $\angle OAM=30^\circ$

③ $\triangle PAO\equiv\triangle PBO$ (RHS 합동)이므로

$\angle AOP=\angle BOP=\frac{1}{2}\times120^\circ=60^\circ$

$\triangle OAP$에서 $\overline{PO}=\frac{\overline{OA}}{\cos 60^\circ}=6\div\frac{1}{2}=12$(cm)

④ $\triangle OAP$에서 $\overline{PA}=\overline{PO}\sin 60^\circ=12\times\frac{\sqrt{3}}{2}=6\sqrt{3}$(cm)

⑤ $\angle APB=60^\circ$이고 $\overline{PA}=\overline{PB}$이므로 $\triangle APB$는 정삼각형이다.

$\therefore \overline{AB}=\overline{PA}=6\sqrt{3}$ cm

따라서 옳지 않은 것은 ⑤이다. 답 ⑤

중 26 $\angle PAO=90^\circ$이므로 $\triangle AOP$에서

$\overline{AP}=\sqrt{15^2-9^2}=\sqrt{144}=12$(cm) …… ㉮

$\overline{OP}\perp\overline{AM}$이므로 $\overline{AO}\times\overline{AP}=\overline{OP}\times\overline{AM}$

$9\times12=15\times\overline{AM}$ $\therefore \overline{AM}=\frac{36}{5}$(cm) …… ㉯

$\therefore \overline{AB}=2\overline{AM}=2\times\frac{36}{5}=\frac{72}{5}$(cm) …… ㉰

답 $\frac{72}{5}$ cm

채점 기준

㉮ $\overline{AP}$의 길이 구하기	30 %
㉯ $\overline{AM}$의 길이 구하기	50 %
㉰ $\overline{AB}$의 길이 구하기	20 %

중 27 $\overline{BD}=\overline{BF}$, $\overline{CE}=\overline{CF}$이므로

$\overline{AD}+\overline{AE}=\overline{AB}+\overline{BC}+\overline{CA}=5+8+7=20$(cm)

$\overline{AD}=\overline{AE}$이므로 $\overline{AD}=\frac{1}{2}\times20=10$(cm)

$\therefore \overline{BD}=\overline{AD}-\overline{AB}=10-5=5$(cm) 답 5 cm

하 28 $\overline{AB}+\overline{BC}+\overline{CA}=\overline{AD}+\overline{AE}$에서

$14+\overline{BC}+10=16+16$ $\therefore \overline{BC}=8$(cm) 답 ③

중 29 $\triangle ABC$에서

$\overline{AB}=\sqrt{8^2+6^2}=\sqrt{100}=10$(cm)

$\overline{BD}=\overline{BF}$, $\overline{CE}=\overline{CF}$이므로

$\overline{AD}+\overline{AE}=\overline{AB}+\overline{BC}+\overline{CA}=10+8+6=24$(cm)

$\overline{AD}=\overline{AE}$이므로 $\overline{AE}=\frac{1}{2}\times24=12$(cm) 답 ②

중 30 ①, ② 원 밖의 한 점에서 그은 두 접선의 길이는 같으므로

$\overline{AD}=\overline{AE}$, $\overline{BD}=\overline{BF}$, $\overline{CE}=\overline{CF}$

④ $\triangle OBD\equiv\triangle OBF$ (RHS 합동)이므로 $\angle OBD=\angle OBF$

⑤ $\triangle OBD\equiv\triangle OBF$, $\triangle OCE\equiv\triangle OCF$ (RHS 합동)

따라서 옳지 않은 것은 ③, ⑤이다. 답 ③, ⑤

상 31 $\overline{OA}$를 그으면 $\triangle OAD\equiv\triangle OAE$ (RHS 합동)이므로

$\angle OAD = \angle OAE = \frac{1}{2} \times 60° = 30°$

$\angle ADO = 90°$이므로 $\triangle OAD$에서

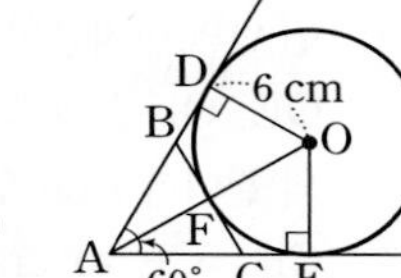

$\overline{AD} = \frac{\overline{OD}}{\tan 30°}$

$= 6 \div \frac{\sqrt{3}}{3} = 6\sqrt{3}\,(cm)$ …… ㉮

$\overline{BD} = \overline{BF}$, $\overline{CE} = \overline{CF}$, $\overline{AD} = \overline{AE}$이므로

($\triangle ABC$의 둘레의 길이)

$= \overline{AB} + \overline{BC} + \overline{AC} = \overline{AD} + \overline{AE}$

$= 2\overline{AD} = 2 \times 6\sqrt{3} = 12\sqrt{3}\,(cm)$  …… ㉯

답 $12\sqrt{3}$ cm

채점 기준

㉮ $\overline{AD}$의 길이 구하기	50 %
㉯ $\triangle ABC$의 둘레의 길이 구하기	50 %

중 32 점 A에서 $\overline{DC}$에 내린 수선의 발을 H라 하면

$\overline{CH} = \overline{AB} = 4$ cm

$\therefore \overline{DH} = \overline{DC} - \overline{CH}$

$= 9 - 4 = 5\,(cm)$

반원 O와 $\overline{AD}$의 접점을 E라 하면

$\overline{AE} = \overline{AB} = 4$ cm, $\overline{DE} = \overline{DC} = 9$ cm이므로

$\overline{AD} = \overline{AE} + \overline{DE} = 4 + 9 = 13\,(cm)$

$\triangle ADH$에서

$\overline{AH} = \sqrt{13^2 - 5^2} = \sqrt{144} = 12\,(cm)$

$\therefore \overline{BC} = \overline{AH} = 12$ cm 답 12 cm

중 33 $\overline{CB} = \overline{CE}$, $\overline{DA} = \overline{DE}$이므로

$\overline{DA} + \overline{CB} = \overline{DE} + \overline{CE} = \overline{CD} = 10$ cm

또, $\overline{AB} = 2\overline{AO} = 2 \times 2\sqrt{6} = 4\sqrt{6}\,(cm)$

$\therefore \square ABCD = \frac{1}{2} \times (\overline{DA} + \overline{CB}) \times \overline{AB}$

$= \frac{1}{2} \times 10 \times 4\sqrt{6} = 20\sqrt{6}\,(cm^2)$ 답 $20\sqrt{6}$ cm²

중 34 점 D에서 $\overline{BC}$에 내린 수선의 발을 H라 하면

$\overline{BH} = \overline{AD} = 2$ cm

$\therefore \overline{CH} = \overline{BC} - \overline{BH} = 8 - 2 = 6\,(cm)$

반원 O와 $\overline{CD}$의 접점을 E라 하면

$\overline{DE} = \overline{DA} = 2$ cm, $\overline{CE} = \overline{CB} = 8$ cm

이므로 $\overline{CD} = \overline{DE} + \overline{CE} = 2 + 8 = 10\,(cm)$ …… ㉮

$\triangle DHC$에서

$\overline{DH} = \sqrt{10^2 - 6^2} = \sqrt{64} = 8\,(cm)$ …… ㉯

$\triangle DBH$에서

$\overline{DB} = \sqrt{8^2 + 2^2} = \sqrt{68} = 2\sqrt{17}\,(cm)$ …… ㉰

답 $2\sqrt{17}$ cm

채점 기준

㉮ $\overline{CD}$의 길이 구하기	40 %
㉯ $\overline{DH}$의 길이 구하기	30 %
㉰ $\overline{DB}$의 길이 구하기	30 %

상 35 점 E에서 $\overline{CD}$에 내린 수선의 발을 H라 하고 $\overline{EB} = \overline{EP} = x$ cm라 하면

$\overline{HC} = \overline{EB} = x$ cm이므로

$\overline{DH} = (10 - x)$ cm

$\overline{DP} = \overline{DC} = 10$ cm이므로

$\overline{DE} = (10 + x)$ cm

$\triangle DEH$에서

$(10 + x)^2 = 10^2 + (10 - x)^2$

$40x = 100 \qquad \therefore x = \frac{5}{2}$

$\therefore \overline{EB} = \frac{5}{2}$ cm 답 ②

중 36 $\overline{AB}$는 작은 원의 접선이면서 큰 원의 현이므로

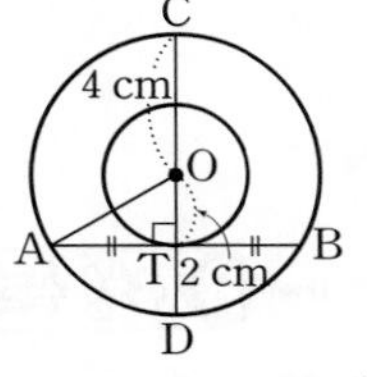

$\overline{AB} \perp \overline{CD}$, $\overline{AT} = \overline{BT}$

$\overline{OA}$를 그으면

$\overline{OA} = \overline{OC} = 4$ cm이므로 $\triangle OAT$에서

$\overline{AT} = \sqrt{4^2 - 2^2} = \sqrt{12} = 2\sqrt{3}\,(cm)$

$\therefore \overline{AB} = 2\overline{AT} = 2 \times 2\sqrt{3} = 4\sqrt{3}\,(cm)$ 답 $4\sqrt{3}$ cm

중 37 $\overline{AB}$는 작은 원의 접선이면서 큰 원의 현이므로

$\overline{AB} \perp \overline{OP}$, $\overline{AQ} = \overline{BQ}$

$\overline{OA}$를 그으면

$\overline{OA} = \overline{OP} = 3 + 6 = 9\,(cm)$

$\triangle OAQ$에서

$\overline{AQ} = \sqrt{9^2 - 3^2} = \sqrt{72} = 6\sqrt{2}\,(cm)$

$\therefore \overline{AB} = 2\overline{AQ} = 2 \times 6\sqrt{2} = 12\sqrt{2}\,(cm)$ 답 $12\sqrt{2}$ cm

중 38 $\overline{AB}$는 작은 원의 접선이면서 큰 원의 현이므로 접점을 H라 하고 $\overline{OH}$를 그으면

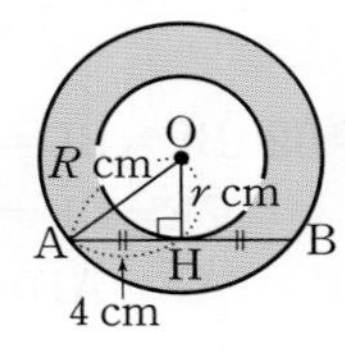

$\overline{AB} \perp \overline{OH}$, $\overline{AH} = \overline{BH}$

$\therefore \overline{AH} = \frac{1}{2}\overline{AB} = \frac{1}{2} \times 8 = 4\,(cm)$

$\overline{OA}$를 긋고 큰 원의 반지름의 길이를 R cm, 작은 원의 반지름의 길이를 r cm라 하면 $\triangle OAH$에서

$R^2 = r^2 + 4^2 \qquad \therefore R^2 - r^2 = 16$

$\therefore$ (색칠한 부분의 넓이)$= \pi R^2 - \pi r^2 = \pi(R^2 - r^2)$

$= 16\pi\,(cm^2)$ 답 ②

Lecture 09 원의 접선 (2)

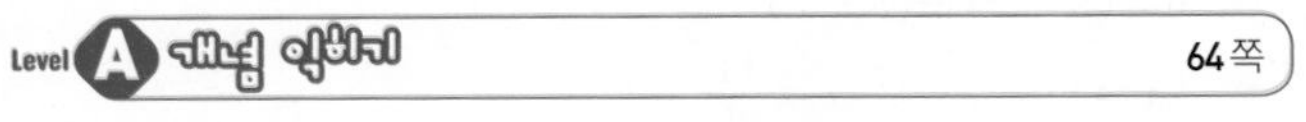

01 답 (가) $7 - x$ (나) $8 - x$ (다) 2

02 $\triangle ABC$에서 $\overline{AB} = \sqrt{3^2 + 4^2} = \sqrt{25} = 5\,(cm)$ 답 5 cm

03 $\overline{AD}=\overline{AF}=(3-r)$ cm

$\overline{BD}=\overline{BE}=(4-r)$ cm

답 $\overline{AD}=(3-r)$ cm, $\overline{BD}=(4-r)$ cm

04 $\overline{AB}=\overline{AD}+\overline{BD}$이므로

$5=(3-r)+(4-r)$, $2r=2$ $\quad\therefore r=1$

답 1

05 $\overline{AB}+\overline{CD}=\overline{AD}+\overline{BC}$이므로

$x+10=9+12$ $\quad\therefore x=11$

답 11

06 $\overline{AB}+\overline{CD}=\overline{AD}+\overline{BC}$이므로

$6+7=x+9$ $\quad\therefore x=4$

답 4

Level B 유형 공략하기 65~67쪽

중 07 $\overline{BE}=\overline{BD}=x$ cm라 하면

$\overline{AF}=\overline{AD}=(14-x)$ cm

$\overline{CF}=\overline{CE}=(16-x)$ cm

$\overline{AC}=\overline{AF}+\overline{CF}$이므로

$10=(14-x)+(16-x)$

$2x=20$ $\quad\therefore x=10$

$\therefore \overline{BE}=10$ cm

답 10 cm

하 08 $\overline{AF}=\overline{AD}=5$ cm

$\overline{BE}=\overline{BD}=12-5=7$(cm)

$\overline{CF}=\overline{CE}=11-7=4$(cm)

$\therefore \overline{AC}=\overline{AF}+\overline{CF}=5+4=9$(cm)

답 9 cm

중 09 $\overline{BE}=\overline{BD}=7$ cm

$\overline{CE}=\overline{CF}=3$ cm

$\overline{AF}=\overline{AD}=x$ cm라 하면 $\triangle$ABC의 둘레의 길이가 24 cm이므로

$2(7+3+x)=24$

$2x=4$ $\quad\therefore x=2$

$\therefore \overline{AF}=2$ cm

답 2 cm

상 10 원 O가 $\triangle$ABC의 세 변 AB, BC, CA와 만나는 세 점을 각각 P, Q, R라 하고 $\overline{BP}=\overline{BQ}=x$ cm라 하면

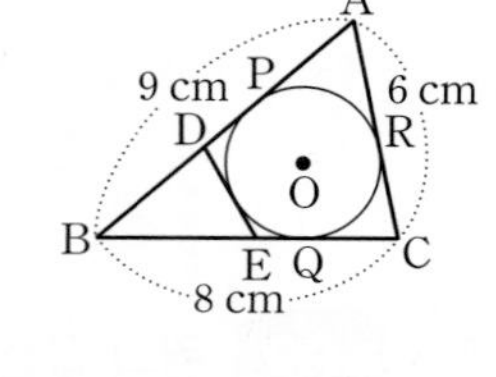

$\overline{AR}=\overline{AP}=(9-x)$ cm

$\overline{CR}=\overline{CQ}=(8-x)$ cm

$\overline{AC}=\overline{AR}+\overline{CR}$이므로

$6=(9-x)+(8-x)$

$2x=11$ $\quad\therefore x=\frac{11}{2}$

$\therefore$ ($\triangle$BED의 둘레의 길이)$=2\overline{BP}=2\times\frac{11}{2}=11$(cm)

답 11 cm

중 11 $\triangle$ABC에서

$\overline{AB}=\sqrt{8^2+15^2}=\sqrt{289}=17$(cm)

원 O의 반지름의 길이를 r cm라 하고 $\overline{OE}$, $\overline{OF}$를 그으면 □OECF는 한 변의 길이가 r cm인 정사각형이므로

$\overline{CF}=\overline{CE}=r$ cm

$\overline{AD}=\overline{AF}=(15-r)$ cm

$\overline{BD}=\overline{BE}=(8-r)$ cm

$\overline{AB}=\overline{AD}+\overline{BD}$이므로

$17=(15-r)+(8-r)$

$2r=6$ $\quad\therefore r=3$

따라서 원 O의 반지름의 길이는 3 cm이다.

답 ②

다른 풀이 $\triangle ABC=\frac{1}{2}\times8\times15=60$(cm^2)

원 O의 반지름의 길이를 r cm라 하면

$\frac{1}{2}\times r\times(17+8+15)=60$

$20r=60$ $\quad\therefore r=3$

중 12 $\overline{AD}=\overline{AF}=x$ cm라 하면

$\overline{BD}=\overline{BE}=3$ cm, $\overline{CF}=\overline{CE}=6$ cm이므로

$\overline{AB}=(x+3)$ cm, $\overline{AC}=(x+6)$ cm

$\triangle$ABC에서

$(x+6)^2=(x+3)^2+9^2$

$6x=54$ $\quad\therefore x=9$

$\therefore \overline{AB}=x+3=9+3=12$(cm)

답 12 cm

상 13 (1) 원 O의 반지름의 길이를 r cm라 하고 $\overline{OD}$, $\overline{OF}$를 그으면 □ADOF는 한 변의 길이가 r cm인 정사각형이므로

$\overline{AD}=\overline{AF}=r$ cm

$\overline{BD}=\overline{BE}=6$ cm

$\overline{CF}=\overline{CE}=4$ cm

$\therefore \overline{AB}=(r+6)$ cm, $\overline{AC}=(r+4)$ cm

$\triangle$ABC에서

$10^2=(r+6)^2+(r+4)^2$

$r^2+10r-24=0$, $(r+12)(r-2)=0$

$\therefore r=2$ ($\because r>0$)

따라서 원 O의 반지름의 길이는 2 cm이다. …… ㉮

(2) $\triangle$ODB에서

$\overline{OB}=\sqrt{6^2+2^2}=\sqrt{40}=2\sqrt{10}$(cm)

$\triangle$OFC에서

$\overline{OC}=\sqrt{4^2+2^2}=\sqrt{20}=2\sqrt{5}$(cm) …… ㉯

따라서 $\triangle$OBC의 둘레의 길이는

$10+2\sqrt{10}+2\sqrt{5}$(cm) …… ㉰

답 (1) 2 cm (2) $(10+2\sqrt{10}+2\sqrt{5})$ cm

채점 기준

(1)	㉮ 원 O의 반지름의 길이 구하기	50 %
(2)	㉯ $\overline{OB}$, $\overline{OC}$의 길이 각각 구하기	40 %
	㉰ $\triangle$OBC의 둘레의 길이 구하기	10 %

중 14 $\overline{AB}+\overline{CD}=\overline{AD}+\overline{BC}$이고

$\overline{AD}+\overline{BC}=6+12=18(cm)$

$\overline{AB}+\overline{CD}=(\overline{AE}+\overline{BE})+(\overline{CG}+\overline{DG})$

$=(\overline{AE}+5)+(\overline{CG}+2)$

$=\overline{AE}+\overline{CG}+7$

따라서 $\overline{AE}+\overline{CG}+7=18$이므로

$\overline{AE}+\overline{CG}=11(cm)$ 답 11 cm

중 15 $\overline{AB}+\overline{CD}=\overline{AD}+\overline{BC}$이고 □ABCD의 둘레의 길이가 28 cm이므로

$\overline{AB}+\overline{CD}=\frac{1}{2}\times 28=14(cm)$

이때 $\overline{AB}=7$ cm이므로

$\overline{CD}=14-\overline{AB}=14-7=7(cm)$

$\therefore \overline{DG}=\overline{CD}-\overline{CG}=7-4=3(cm)$ 답 3 cm

개념 보충 학습

(□ABCD의 둘레의 길이)

$=\overline{AB}+\overline{BC}+\overline{CD}+\overline{AD}$

$=(\overline{AB}+\overline{CD})+(\overline{BC}+\overline{AD})$

$=2(\overline{AB}+\overline{CD})$

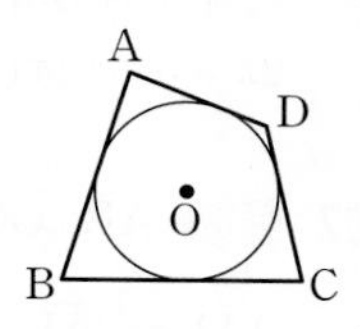

중 16 $\overline{AB}+\overline{CD}=\overline{AD}+\overline{BC}$이고 $\overline{AD}+\overline{BC}=4+10=14(cm)$이므로 $\overline{AB}+\overline{CD}=14$ cm

등변사다리꼴 ABCD에서 $\overline{AB}=\overline{CD}$이므로

$\overline{AB}=\frac{1}{2}\times 14=7(cm)$ 답 7 cm

중 17 $\overline{AB}+\overline{CD}=\overline{AD}+\overline{BC}$이고 $\overline{AB}+\overline{CD}=7+17=24(cm)$이므로 $\overline{AD}+\overline{BC}=24$ cm

$\therefore \overline{BC}=24\times\frac{5}{3+5}=15(cm)$ 답 15 cm

다른 풀이 $\overline{AD}:\overline{BC}=3:5$에서

$\overline{AD}=3x$ cm, $\overline{BC}=5x$ cm $(x>0)$라 하면

$\overline{AB}+\overline{CD}=\overline{AD}+\overline{BC}$이므로

$7+17=3x+5x$

$8x=24 \quad \therefore x=3$

$\therefore \overline{BC}=5x=5\times 3=15(cm)$

중 18 $\overline{OE}$를 그으면 □OEBF는 정사각형이므로

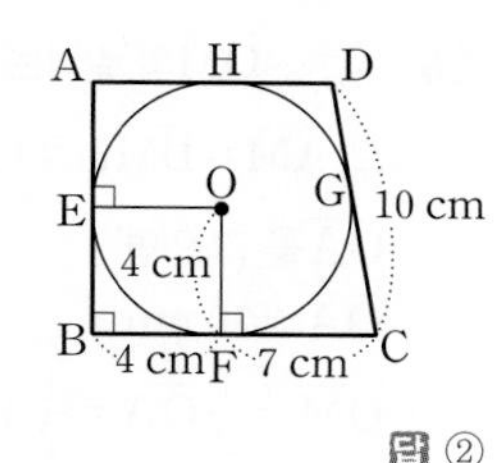

$\overline{BF}=\overline{OF}=4$ cm

$\overline{CG}=\overline{CF}=11-4=7(cm)$

$\therefore \overline{DH}=\overline{DG}=\overline{CD}-\overline{CG}$

$=10-7=3(cm)$ 답 ②

중 19 $\overline{AB}$의 길이는 원 O의 지름의 길이와 같으므로

$\overline{AB}=2\times 6=12(cm)$

$\overline{AB}+\overline{CD}=\overline{AD}+\overline{BC}$이고 $\overline{AB}+\overline{CD}=12+17=29(cm)$이므로 $\overline{AD}+\overline{BC}=29$ cm

$\therefore$ □ABCD$=\frac{1}{2}\times(\overline{AD}+\overline{BC})\times\overline{AB}$

$=\frac{1}{2}\times 29\times 12=174(cm^2)$ 답 174 cm²

상 20 □ABCD와 원 O의 접점을 각각 P, Q, R, S라 하고 $\overline{OP}$, $\overline{OQ}$, $\overline{OS}$를 그으면

$\overline{AP}=\overline{BP}=\frac{1}{2}\overline{AB}$

$=\frac{1}{2}\times 10=5(cm)$

이므로 $\overline{AS}=\overline{BQ}=\overline{BP}=5$ cm

즉, 원 O의 반지름의 길이는 5 cm이다. …… ㉮

$\overline{DS}=\overline{DR}=x$ cm라 하고 점 D에서 $\overline{BC}$에 내린 수선의 발을 H라 하면 $\overline{CR}=\overline{CQ}=10$ cm이므로 $\overline{CD}=(10+x)$ cm

또, $\overline{QH}=\overline{DS}=x$ cm이므로 $\overline{CH}=(10-x)$ cm

△CDH에서 $(10+x)^2=(10-x)^2+10^2$

$40x=100 \quad \therefore x=\frac{5}{2}$ …… ㉯

따라서 □ABCD의 둘레의 길이는

$\overline{AB}+\overline{BC}+\overline{CD}+\overline{DA}=2(\overline{AD}+\overline{BC})$

$=2\times\left(\frac{15}{2}+15\right)=45(cm)$ …… ㉰

답 45 cm

채점 기준

㉮ 원 O의 반지름의 길이 구하기	30 %
㉯ $\overline{DS}$의 길이 구하기	40 %
㉰ □ABCD의 둘레의 길이 구하기	30 %

중 21 △DEC에서 $\overline{CE}=\sqrt{10^2-8^2}=\sqrt{36}=6(cm)$

$\overline{BE}=x$ cm라 하면

$\overline{AD}=\overline{BC}=(x+6)$ cm, $\overline{AB}=\overline{CD}=8$ cm

$\overline{AB}+\overline{DE}=\overline{AD}+\overline{BE}$이므로

$8+10=(x+6)+x,\ 2x=12 \quad \therefore x=6$ 답 ③

중 22 $\overline{AI}=\overline{AF}=\overline{BF}=\overline{BG}=2$ cm 이므로

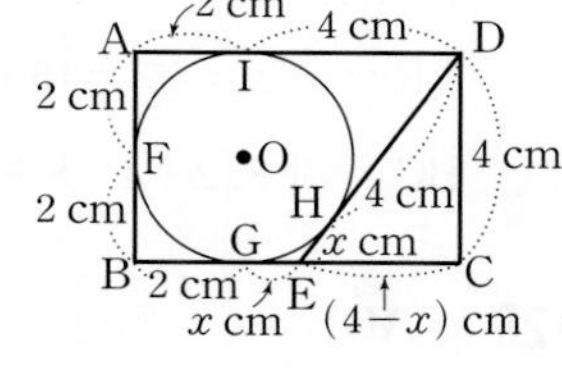

$\overline{DH}=\overline{DI}=\overline{AD}-\overline{AI}$

$=6-2=4(cm)$ …… ㉮

$\overline{EG}=\overline{EH}=x$ cm라 하면

$\overline{DE}=(4+x)$ cm

$\overline{CE}=\overline{BC}-\overline{BE}=6-(2+x)=4-x(cm)$ …… ㉯

$\overline{CD}=\overline{AB}=2+2=4(cm)$

△DEC에서 $(4+x)^2=(4-x)^2+4^2$

$16x=16 \quad \therefore x=1$ …… ㉰

답 1 cm

채점 기준

㉮ $\overline{DH}$의 길이 구하기	30 %
㉯ $\overline{EG}=x$ cm로 놓고 $\overline{DE}$, $\overline{CE}$의 길이를 x에 대한 식으로 나타내기	30 %
㉰ $\overline{EG}$의 길이 구하기	40 %

중 23 $\overline{AF}=\overline{BF}$

$=\frac{1}{2}\overline{AB}=\frac{1}{2}\overline{CD}$

$=\frac{1}{2}\times 12=6\text{(cm)}$

이므로 $\overline{AI}=\overline{AF}=6$ cm

$\overline{DH}=\overline{DI}=\overline{AD}-\overline{AI}=20-6=14\text{(cm)}$

$\overline{EG}=\overline{EH}=x$ cm라 하면 $\overline{DE}=(14+x)$ cm

$\overline{BG}=\overline{BF}=6$ cm이므로

$\overline{CE}=\overline{BC}-\overline{BE}=20-(6+x)=14-x\text{(cm)}$

$\therefore$ (△DEC의 둘레의 길이)$=\overline{DE}+\overline{EC}+\overline{CD}$

$=(14+x)+(14-x)+12$

$=40\text{(cm)}$ 답 40 cm

중 24 두 원 O, O'과 $\overline{BC}$의 접점을 각각 E, F, 원의 중심 O'에서 $\overline{OE}$에 내린 수선의 발을 H라 하고, 원 O'의 반지름의 길이를 r라 하자.

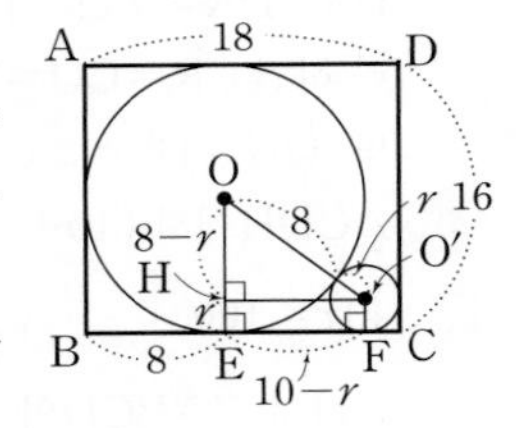

원 O의 지름의 길이는 $\overline{CD}$의 길이와 같으므로

$\overline{OE}=\frac{1}{2}\overline{CD}=\frac{1}{2}\times 16=8$

$\overline{OO'}=8+r$

$\overline{OH}=\overline{OE}-\overline{HE}=\overline{OE}-\overline{O'F}=8-r$

$\overline{O'H}=\overline{FE}=\overline{BC}-\overline{BE}-\overline{FC}=18-8-r=10-r$

△OHO'에서

$(8+r)^2=(8-r)^2+(10-r)^2$

$r^2-52r+100=0,\ (r-2)(r-50)=0$

$\therefore r=2\ (\because 0<r<8)$

따라서 원 O'의 반지름의 길이는 2이다. 답 2

중 25 네 개의 원의 중심을 각각 P, Q, R, S라 하면 □PQRS는 각 변이 정사각형 ABCD의 변과 평행한 정사각형이므로

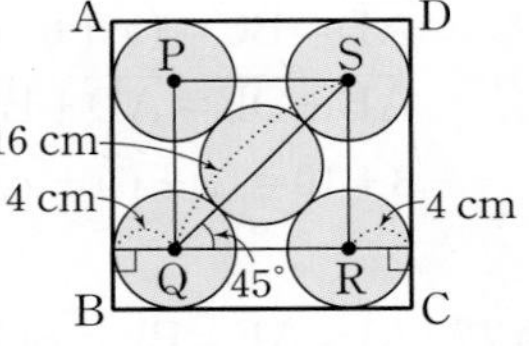

△SQR에서 ∠SQR$=45°$

$\overline{QR}=16\cos 45°=16\times\frac{\sqrt{2}}{2}=8\sqrt{2}\text{(cm)}$이므로

$\overline{BC}=4+8\sqrt{2}+4=8+8\sqrt{2}\text{(cm)}$ 답 $(8+8\sqrt{2})$ cm

상 26 ∠AOB$=x°$라 하면

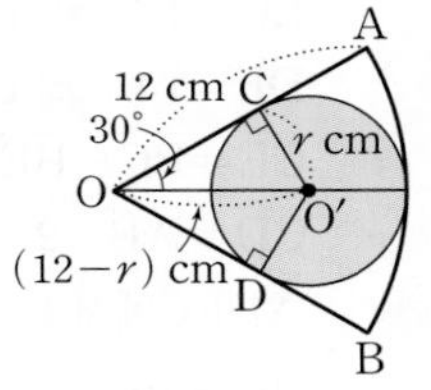

$\pi\times 12^2\times\frac{x}{360}=24\pi \qquad \therefore x=60$

$\overline{O'C}$, $\overline{O'D}$를 그으면

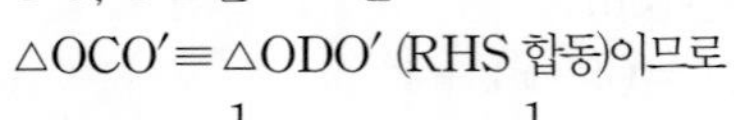

△OCO'≡△ODO' (RHS 합동)이므로

∠COO'$=\frac{1}{2}\times$∠AOB$=\frac{1}{2}\times 60°=30°$

원 O'의 반지름의 길이를 r cm라 하면 $\overline{OO'}=(12-r)$ cm

△COO'에서 $\sin 30°=\frac{r}{12-r}=\frac{1}{2}$

$2r=12-r,\ 3r=12 \qquad \therefore r=4$

따라서 원 O'의 넓이는 $\pi\times 4^2=16\pi(\text{cm}^2)$이다.

답 16π cm²

Level B 단원 마무리 **필수 유형 정복하기** 68~71쪽

01 ②	02 ⑤	03 $\frac{40}{3}$ cm	04 ②	05 ④
06 27π cm²	07 50°	08 ③	09 $(72\sqrt{3}-24\pi)$ cm²	
10 ⑤	11 $20\sqrt{2}$ cm	12 ㄱ, ㄷ	13 $5\sqrt{21}$ cm²	14 12 cm
15 ⑤	16 30 cm²	17 8π cm	18 $(15-4\sqrt{10})$ cm	
19 $8\sqrt{2}$	20 18	21 19°	22 $(3\sqrt{3}-3)$ cm	
23 17 cm	24 6 cm			

01 전략 $\overline{AB}\perp\overline{CM}$이므로 $\overline{AM}=\overline{BM}$임을 이용한다.

$\overline{BM}=\frac{1}{2}\overline{AB}=\frac{1}{2}\times 6\sqrt{3}=3\sqrt{3}\text{(cm)}$

∠BOM$=180°-120°=60°$

△OMB에서 $\overline{OB}=\frac{\overline{BM}}{\sin 60°}=3\sqrt{3}\div\frac{\sqrt{3}}{2}=6\text{(cm)}$

따라서 원 O의 둘레의 길이는

$2\pi\times 6=12\pi\text{(cm)}$

02 전략 $\overline{AB}\perp\overline{OC}$이므로 $\overline{AM}=\overline{BM}$임을 이용한다.

$\overline{AM}=\frac{1}{2}\overline{AB}=\frac{1}{2}\times 16=8\text{(cm)}$

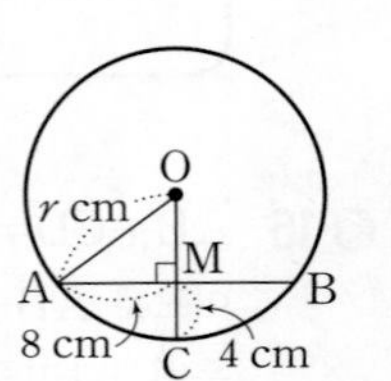

원 O의 반지름의 길이를 r cm라 하면

$\overline{OM}=\overline{OC}-\overline{CM}=r-4\text{(cm)}$

$\overline{OA}$를 그으면 △OAM에서

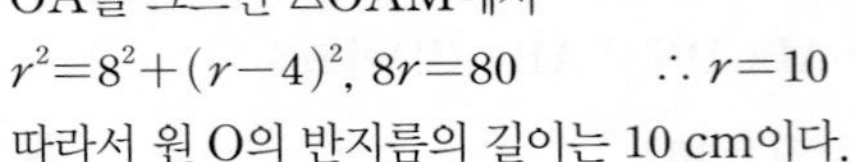

$r^2=8^2+(r-4)^2,\ 8r=80 \qquad \therefore r=10$

따라서 원 O의 반지름의 길이는 10 cm이다.

03 전략 원에서 현의 수직이등분선은 그 원의 중심을 지남을 이용한다.

원 모양의 종이의 중심을 O, $\overline{AB}$의 중점을 H, 반지름의 길이를 r cm라 하자.

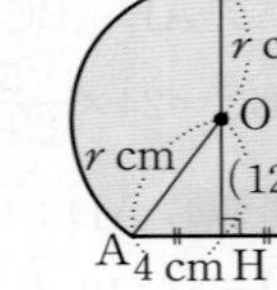

$\overline{OA}$를 그으면 $\overline{AB}$의 수직이등분선은 점 O를 지나므로 △OAH에서

$r^2=(12-r)^2+4^2$

$24r=160 \qquad \therefore r=\frac{20}{3}$

따라서 처음 원 모양의 종이의 지름의 길이는

$2r=2\times\frac{20}{3}=\frac{40}{3}\text{(cm)}$

04 전략 $\overline{OM}$의 길이는 원의 반지름의 길이의 $\frac{1}{2}$이고 $\overline{AB}\perp\overline{OM}$이므로 $\overline{AM}=\overline{BM}$임을 이용한다.

$\overline{OA}$를 그으면

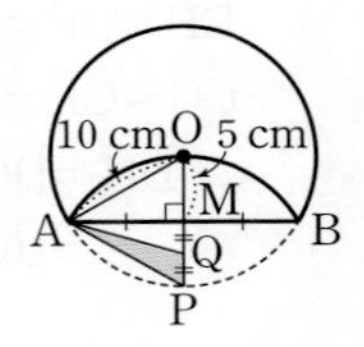

$\overline{OA}=10$ cm

$\overline{OM}=\frac{1}{2}\overline{OA}=\frac{1}{2}\times 10=5\text{(cm)}$

△OAM에서

$\overline{AM}=\sqrt{10^2-5^2}=\sqrt{75}=5\sqrt{3}\text{(cm)}$

$\overline{PQ}=\frac{1}{2}\overline{MP}=\frac{1}{2}\overline{OM}=\frac{1}{2}\times 5=\frac{5}{2}\text{(cm)}$이므로

△APQ$=\frac{1}{2}\times\frac{5}{2}\times 5\sqrt{3}=\frac{25\sqrt{3}}{4}(\text{cm}^2)$

05 전략 원의 중심 O에서 $\overline{CD}$에 수선을 긋고 피타고라스 정리를 이용하여 원의 중심에서 현까지의 거리를 구한다.

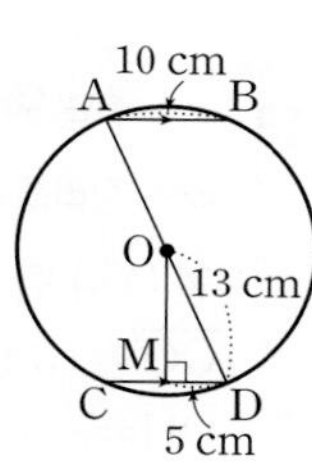

원의 중심 O에서 $\overline{CD}$에 내린 수선의 발을 M이라 하면

$\overline{DM}=\frac{1}{2}\overline{CD}=\frac{1}{2}\times10=5(\text{cm})$

△OMD에서

$\overline{OM}=\sqrt{13^2-5^2}=\sqrt{144}=12(\text{cm})$

따라서 $\overline{AB}/\!/\overline{CD}$, $\overline{AB}=\overline{CD}$이므로 두 현 AB, CD 사이의 거리는

$2\overline{OM}=2\times12=24(\text{cm})$

06 전략 원의 중심으로부터 같은 거리에 있는 두 현의 길이는 서로 같음을 이용한다.

$\overline{OM}=\overline{ON}$이므로 $\overline{CD}=\overline{AB}=9\text{ cm}$

$\overline{CN}=\frac{1}{2}\overline{CD}=\frac{1}{2}\times9=\frac{9}{2}(\text{cm})$

△CON에서 $\overline{CO}=\frac{\overline{CN}}{\sin 60^\circ}=\frac{9}{2}\div\frac{\sqrt{3}}{2}=3\sqrt{3}(\text{cm})$

따라서 원 O의 넓이는

$\pi\times(3\sqrt{3})^2=27\pi(\text{cm}^2)$

07 전략 원의 중심으로부터 같은 거리에 있는 두 현의 길이는 서로 같음을 이용한다.

□AMON에서

$\angle A=360^\circ-(90^\circ+100^\circ+90^\circ)=80^\circ$

$\overline{OM}=\overline{ON}$이므로 $\overline{AB}=\overline{AC}$

따라서 △ABC는 이등변삼각형이므로

$\angle ABC=\frac{1}{2}\times(180^\circ-80^\circ)=50^\circ$

08 전략 $\overline{DA}=\overline{DC}$임을 이용하여 ∠ADC의 크기를 먼저 구한다.

△ADC에서 $\overline{DA}=\overline{DC}$이므로

$\angle ACD=\angle CAD=50^\circ$

$\therefore \angle ADC=180^\circ-(50^\circ+50^\circ)=80^\circ$

△CDB에서 $\overline{DB}=\overline{DC}$이므로 $\angle BCD=\angle CBD$

$\therefore \angle BCD=\frac{1}{2}\angle ADC=\frac{1}{2}\times80^\circ=40^\circ$

09 전략 (색칠한 부분의 넓이)=△OCD−(부채꼴 BOC의 넓이)임을 이용한다.

$\overline{OC}$를 그으면 $\overline{OA}=\overline{OC}$이므로

△OAC는 이등변삼각형이다.

즉, $\angle OCA=\angle OAC=30^\circ$

이므로 △OAC에서

$\angle BOC=30^\circ+30^\circ=60^\circ$

이때 $\overline{OB}=\overline{OC}=\frac{1}{2}\overline{AB}=\frac{1}{2}\times24=12(\text{cm})$이므로

(부채꼴 BOC의 넓이)$=\pi\times12^2\times\frac{60}{360}=24\pi(\text{cm}^2)$

또, ∠OCD=90°이므로 △OCD에서

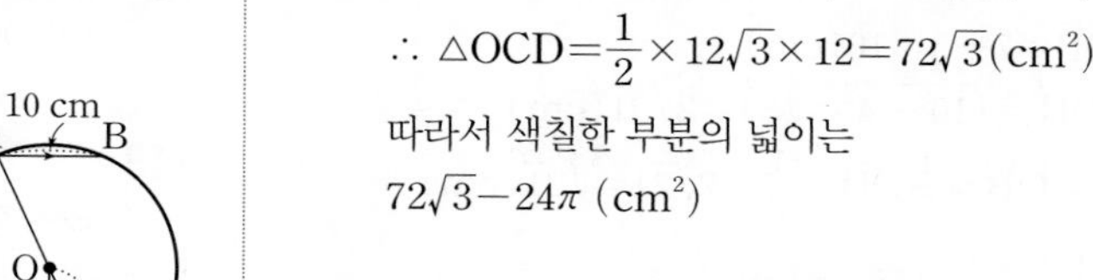

$\overline{CD}=\overline{OC}\tan 60^\circ=12\times\sqrt{3}=12\sqrt{3}(\text{cm})$

$\therefore \triangle OCD=\frac{1}{2}\times12\sqrt{3}\times12=72\sqrt{3}(\text{cm}^2)$

따라서 색칠한 부분의 넓이는

$72\sqrt{3}-24\pi\ (\text{cm}^2)$

10 전략 △APO가 직각삼각형임을 알고 직각삼각형의 넓이를 이용하여 $\overline{AB}$의 길이를 구한다.

$\overline{PO}$를 그으면 ∠PAO=90°이므로

△PAO에서

$\overline{PO}=\sqrt{3^2+4^2}=\sqrt{25}=5(\text{cm})$

$\overline{PO}$와 $\overline{AB}$의 교점을 H라 하면

$\overline{PO}\perp\overline{AH}$이므로

$\overline{AP}\times\overline{AO}=\overline{PO}\times\overline{AH}$

$4\times3=5\times\overline{AH}$ $\quad\therefore \overline{AH}=\frac{12}{5}(\text{cm})$

$\therefore \overline{AB}=2\overline{AH}=2\times\frac{12}{5}=\frac{24}{5}(\text{cm})$

11 전략 피타고라스 정리를 이용하여 $\overline{AP}$의 길이를 구한다.

∠APO=90°이므로 △APO에서

$\overline{AP}=\sqrt{15^2-5^2}=\sqrt{200}=10\sqrt{2}(\text{cm})$

∴ (△ABC의 둘레의 길이)$=\overline{AB}+\overline{BC}+\overline{CA}$

$=2\overline{AP}$

$=2\times10\sqrt{2}=20\sqrt{2}(\text{cm})$

12 전략 원 밖의 한 점에서 원에 그은 두 접선의 길이는 같음을 이용하여 보기의 참, 거짓을 판별한다.

ㄱ. $\overline{DE}=\overline{BD}=4\text{ cm}$이므로

$\overline{AC}=\overline{CE}=\overline{CD}-\overline{DE}=7-4=3(\text{cm})$

ㄴ. 꼭짓점 C에서 $\overline{BD}$에 내린 수선의 발을 H라 하면

$\overline{BH}=\overline{AC}=3\text{ cm}$이므로

$\overline{DH}=\overline{BD}-\overline{BH}=4-3=1(\text{cm})$

△CHD에서

$\overline{CH}=\sqrt{7^2-1^2}=\sqrt{48}=4\sqrt{3}(\text{cm})$

$\therefore \overline{AB}=\overline{CH}=4\sqrt{3}\text{ cm}$

ㄷ. $\overline{OE}$를 그으면

$\angle AOC+\angle COE+\angle EOD+\angle DOB=180^\circ$에서

$\angle AOC=\angle COE$, $\angle EOD=\angle DOB$이므로

$2\angle COE+2\angle EOD=180^\circ$

$\therefore \angle COE+\angle EOD=90^\circ$

$\therefore \angle COD=\angle COE+\angle EOD=90^\circ$

이상에서 옳은 것은 ㄱ, ㄷ이다.

13 전략 원 밖의 한 점에서 원에 그은 두 접선의 길이는 같음을 이용하여 반원의 반지름의 길이를 구한다.

점 D에서 $\overline{BC}$에 내린 수선의 발을 H라 하면

$\overline{BH}=\overline{AD}=3\text{ cm}$

$\overline{CH}=\overline{BC}-\overline{BH}=7-3=4(\text{cm})$

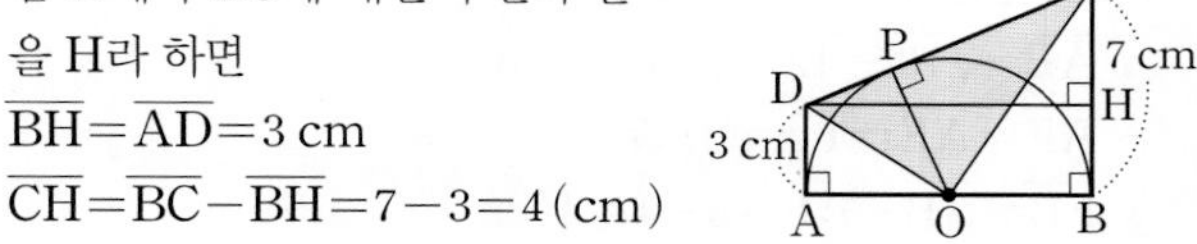

또, $\overline{CP}=\overline{CB}=7$ cm, $\overline{DP}=\overline{DA}=3$ cm이므로

$\overline{CD}=\overline{CP}+\overline{DP}=7+3=10(\text{cm})$

$\triangle CDH$에서 $\overline{DH}=\sqrt{10^2-4^2}=\sqrt{84}=2\sqrt{21}(\text{cm})$

즉, $\overline{OP}=\overline{OA}=\overline{OB}=\frac{1}{2}\overline{DH}=\frac{1}{2}\times 2\sqrt{21}=\sqrt{21}(\text{cm})$

$\therefore \triangle DOC=\frac{1}{2}\times 10\times\sqrt{21}=5\sqrt{21}(\text{cm}^2)$

14 전략 원의 접선은 그 접점을 지나는 반지름과 수직임을 이용한다.

$\overline{AB}$와 작은 원의 접점을 H라 하고 $\overline{OA}$, $\overline{OH}$를 그으면

$\overline{OH}\perp\overline{AB}$, $\overline{AH}=\overline{BH}$

큰 원의 반지름의 길이를 R cm, 작은 원의 반지름의 길이를 r cm라 하면

색칠한 부분의 넓이는

$\pi R^2-\pi r^2=36\pi \qquad \therefore R^2-r^2=36$

$\triangle OAH$에서 $\overline{AH}=\sqrt{R^2-r^2}=\sqrt{36}=6(\text{cm})$

$\therefore \overline{AB}=2\overline{AH}=2\times 6=12(\text{cm})$

15 전략 원 밖의 한 점에서 원에 그은 두 접선의 길이는 같음을 이용하여 $\overline{CE}$의 길이를 구한다.

$\overline{OE}$를 긋고 내접원 O의 반지름의 길이를 r cm라 하면

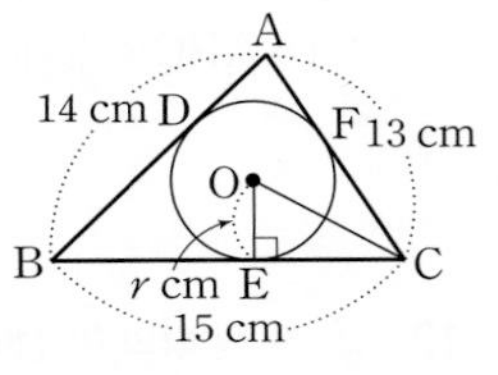

$\frac{1}{2}r(14+15+13)=84$, $21r=84$

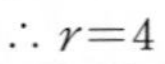

$\therefore r=4$

$\overline{CF}=\overline{CE}=x$ cm라 하면

$\overline{BD}=\overline{BE}=(15-x)$ cm, $\overline{AD}=\overline{AF}=(13-x)$ cm

$\overline{AB}=\overline{AD}+\overline{BD}$이므로

$14=(13-x)+(15-x)$

$2x=14 \qquad \therefore x=7$

$\triangle OEC$에서 $\overline{OC}=\sqrt{7^2+4^2}=\sqrt{65}(\text{cm})$

16 전략 $\overline{AD}=\overline{AF}=x$ cm라 하고 $\overline{AB}$, $\overline{AC}$의 길이를 x에 대한 식으로 나타낸 후, 피타고라스 정리를 이용한다.

$\overline{OF}$를 그으면 □OECF는 정사각형이므로

$\overline{EC}=\overline{FC}=\overline{OE}=2$ cm

$\overline{BD}=\overline{BE}=12-2=10(\text{cm})$

$\overline{AD}=\overline{AF}=x$ cm라 하면

$\overline{AB}=(x+10)$ cm, $\overline{AC}=(x+2)$ cm

$\triangle ABC$에서 $(x+10)^2=12^2+(x+2)^2$

$16x=48 \qquad \therefore x=3$

따라서 $\overline{AC}=x+2=3+2=5(\text{cm})$이므로

$\triangle ABC=\frac{1}{2}\times 12\times 5=30(\text{cm}^2)$

17 전략 피타고라스 정리를 이용하여 먼저 $\overline{AB}$의 길이를 구한다.

$\triangle ABC$에서

$\overline{AB}=\sqrt{13^2-12^2}=\sqrt{25}=5(\text{cm})$

$\overline{AF}=\overline{AE}=1$ cm이므로

$\overline{FB}=\overline{AB}-\overline{AF}=5-1=4(\text{cm})$

원 O의 반지름의 길이는 $\overline{FB}$의 길이와 같으므로

(원 O의 둘레의 길이)$=2\pi\times 4=8\pi(\text{cm})$

18 전략 두 점 O, O′에서 보조선을 그어 직각삼각형을 만든 후, 피타고라스 정리를 이용한다.

원 O′의 반지름의 길이를 r cm라 하면

$\overline{OO'}=(3+r)$ cm

$\overline{OH}=8-3-r=5-r(\text{cm})$

$\overline{O'H}=10-3-r=7-r(\text{cm})$

$\triangle OHO'$에서

$(3+r)^2=(5-r)^2+(7-r)^2$

$r^2-30r+65=0 \qquad \therefore r=15-4\sqrt{10}\ (\because 0<r<3)$

따라서 원 O′의 반지름의 길이는 $(15-4\sqrt{10})$ cm이다.

19 전략 $\overline{AO}$, $\overline{CO}$를 긋고, 피타고라스 정리를 이용한다.

$\overline{AM}=\frac{1}{2}\overline{AB}=\frac{1}{2}\times 10=5$

$\overline{AO}$를 그으면 $\triangle AMO$에서

$\overline{AO}=\sqrt{5^2+4^2}=\sqrt{41}$ …… ㉮

$\overline{CO}$를 그으면 $\triangle ONC$에서 $\overline{CO}=\overline{AO}=\sqrt{41}$이므로

$\overline{CN}=\sqrt{(\sqrt{41})^2-3^2}=\sqrt{32}=4\sqrt{2}$ …… ㉯

$\therefore \overline{CD}=2\overline{CN}=2\times 4\sqrt{2}=8\sqrt{2}$ …… ㉰

채점 기준

채점 기준	배점
㉮ $\overline{AO}$의 길이 구하기	30 %
㉯ $\overline{CN}$의 길이 구하기	40 %
㉰ $\overline{CD}$의 길이 구하기	30 %

20 전략 원의 중심으로부터 같은 거리에 있는 두 현의 길이는 서로 같음을 이용한다.

$\overline{OD}=\overline{OE}=\overline{OF}$이므로

$\overline{AB}=\overline{BC}=\overline{CA}$

즉, $\triangle ABC$는 정삼각형이므로

$\angle BAC=60°$

$\overline{AO}$를 그으면 $\triangle ADO$와 $\triangle AFO$에서

$\overline{DO}=\overline{FO}$, $\angle ODA=\angle OFA=90°$, $\overline{OA}$는 공통이므로

$\triangle ADO\equiv\triangle AFO$ (RHS 합동)

$\therefore \angle OAF=\frac{1}{2}\angle BAC=\frac{1}{2}\times 60°=30°$ …… ㉮

$\triangle OAF$에서

$\overline{AF}=\frac{3\sqrt{3}}{\tan 30°}=3\sqrt{3}\div\frac{\sqrt{3}}{3}=9$ …… ㉯

$\therefore \overline{BC}=\overline{AC}=2\overline{AF}=2\times 9=18$ …… ㉰

채점 기준

채점 기준	배점
㉮ $\angle OAF$의 크기 구하기	30 %
㉯ $\overline{AF}$의 길이 구하기	40 %
㉰ $\overline{BC}$의 길이 구하기	30 %

21 전략 $\overline{PA}=\overline{PB}$임을 이용하여 $\angle PAB$의 크기를 구한다.

$\triangle APB$에서 $\overline{PA}=\overline{PB}$이므로

$\angle PAB=\frac{1}{2}\times(180°-38°)=71°$ …… ㉮

$\angle OAP=90^\circ$이므로

$\angle x=90^\circ-71^\circ=19^\circ$ …… ㉯

채점 기준

㉮ $\angle PAB$의 크기 구하기	50 %
㉯ $\angle x$의 크기 구하기	50 %

22 전략 원 밖의 한 점에서 원에 그은 두 접선의 길이는 같음을 이용하여 내접원의 반지름의 길이를 구한다.

$\triangle ABC$에서

$\overline{AC}=\overline{BC}\tan 60^\circ=6\times\sqrt{3}=6\sqrt{3}\,(\text{cm})$ …… ㉮

$\overline{AB}=\dfrac{\overline{BC}}{\cos 60^\circ}=6\div\dfrac{1}{2}=12\,(\text{cm})$ …… ㉯

원 O의 반지름의 길이를 r cm라 하고 $\overline{OE}$, $\overline{OF}$를 그으면 □OECF는 한 변의 길이가 r cm인 정사각형이므로

$\overline{CE}=\overline{CF}=r$ cm

$\overline{AD}=\overline{AF}=(6\sqrt{3}-r)$ cm

$\overline{BD}=\overline{BE}=(6-r)$ cm

$\overline{AB}=\overline{AD}+\overline{BD}$이므로

$12=(6\sqrt{3}-r)+(6-r)$

$2r=6\sqrt{3}-6$ $\qquad\therefore r=3\sqrt{3}-3$

따라서 원 O의 반지름의 길이는 $(3\sqrt{3}-3)$ cm이다. …… ㉰

채점 기준

㉮ $\overline{AC}$의 길이 구하기	20 %
㉯ $\overline{AB}$의 길이 구하기	20 %
㉰ 원 O의 반지름의 길이 구하기	60 %

23 전략 □ABCD가 원 O에 외접하므로 두 쌍의 대변의 길이의 합이 같음을 이용한다.

$\overline{AB}+\overline{CD}=\overline{AD}+\overline{BC}$이고 □ABCD의 둘레의 길이가 52 cm이므로

$\overline{AD}+\overline{BC}=\dfrac{1}{2}\times 52=26\,(\text{cm})$

이때 $\overline{AD}=9$ cm이므로

$9+\overline{BC}=26$ $\qquad\therefore \overline{BC}=17\,(\text{cm})$ …… ㉮

$\overline{BP}=\overline{BQ}$, $\overline{CR}=\overline{CQ}$이므로

$\overline{BP}+\overline{CR}=\overline{BQ}+\overline{CQ}=\overline{BC}=17$ cm …… ㉯

채점 기준

㉮ $\overline{BC}$의 길이 구하기	50 %
㉯ $\overline{BP}+\overline{CR}$의 길이 구하기	50 %

24 전략 $\overline{BE}$를 긋고 원의 접선의 성질과 피타고라스 정리를 이용한다.

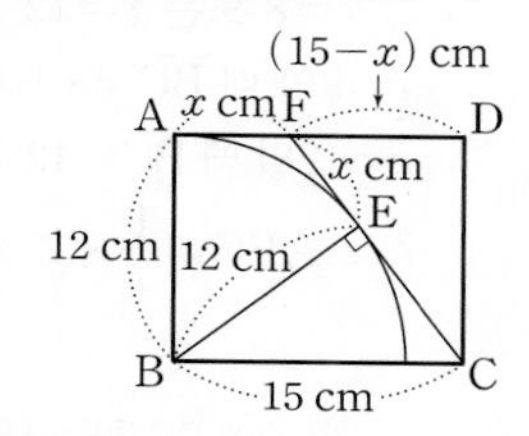

$\overline{BE}$를 그으면 $\overline{BE}=12$ cm이므로

$\triangle EBC$에서

$\overline{CE}=\sqrt{15^2-12^2}=\sqrt{81}=9\,(\text{cm})$ …… ㉮

$\overline{AF}=\overline{EF}=x$ cm라 하면

$\overline{DF}=\overline{AD}-\overline{AF}=15-x\,(\text{cm})$

$\overline{CF}=\overline{CE}+\overline{EF}=9+x\,(\text{cm})$

$\triangle FCD$에서 $(9+x)^2=(15-x)^2+12^2$

$48x=288$ $\qquad\therefore x=6$

$\therefore \overline{AF}=6$ cm …… ㉯

채점 기준

㉮ $\overline{CE}$의 길이 구하기	40 %
㉯ $\overline{AF}$의 길이 구하기	60 %

단원 마무리 72~73쪽

Level C 발전 유형 정복하기

01 2 02 $(8\pi-6\sqrt{3})$ cm² 03 $\dfrac{5\sqrt{2}}{2}$ cm 04 ② 05 9 cm 06 2 07 96 cm² 08 ① 09 1 cm² 10 $\dfrac{\sqrt{10}}{2}$ cm 11 12 cm 12 $(144-36\pi)$ cm²

01 전략 원의 중심 O에서 $\overline{AD}$에 수선을 긋고 피타고라스 정리를 이용한다.

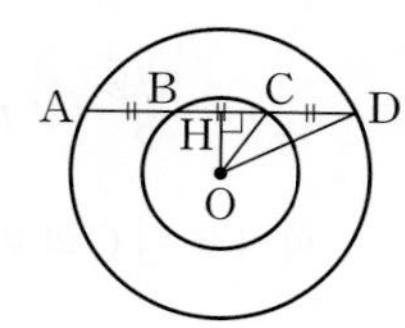

큰 원의 반지름의 길이를 R, 작은 원의 반지름의 길이를 r라 하자.

원의 중심 O에서 $\overline{AD}$에 내린 수선의 발을 H라 하고 $\overline{OC}$, $\overline{OD}$를 그으면

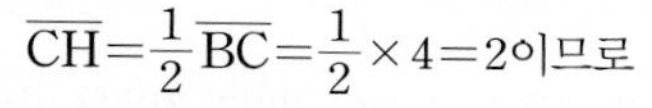

$\overline{CH}=\dfrac{1}{2}\overline{BC}=\dfrac{1}{2}\times 4=2$이므로

$\triangle OCH$에서

$\overline{OH}^2=\overline{OC}^2-\overline{CH}^2=r^2-2^2=r^2-4$ …… ㉠

$\overline{DH}=\dfrac{1}{2}\overline{AD}=\dfrac{1}{2}\times(4+4+4)=6$이므로

$\triangle ODH$에서

$\overline{OH}^2=\overline{OD}^2-\overline{DH}^2=R^2-6^2=R^2-36$ …… ㉡

㉠, ㉡에서 $r^2-4=R^2-36$, $R^2-r^2=32$

$(R+r)(R-r)=32$

이때 $R+r=16$이므로 $16(R-r)=32$

$\therefore R-r=2$

02 전략 (색칠한 부분의 넓이)$=2\times$($\widehat{AO'B}$와 $\overline{AB}$로 둘러싸인 도형의 넓이)임을 이용한다.

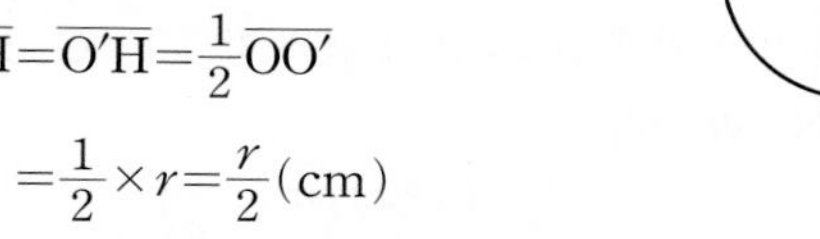

$\overline{OO'}$과 $\overline{AB}$의 교점을 H라 하고 원 O의 반지름의 길이를 r cm라 하면

$\overline{OA}=r$ cm

$\overline{OH}=\overline{O'H}=\dfrac{1}{2}\overline{OO'}$

$=\dfrac{1}{2}\times r=\dfrac{r}{2}\,(\text{cm})$

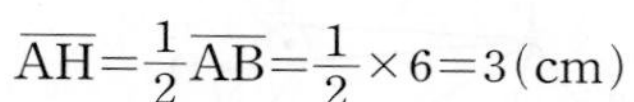

$\overline{AH}=\dfrac{1}{2}\overline{AB}=\dfrac{1}{2}\times 6=3\,(\text{cm})$

$\triangle OAH$에서 $r^2=\left(\dfrac{r}{2}\right)^2+3^2$, $\dfrac{3}{4}r^2=9$

$r^2=12$ $\qquad\therefore r=2\sqrt{3}\ (\because r>0)$

또, $\overline{OA}:\overline{AH}=2\sqrt{3}:3=2:\sqrt{3}$이므로 $\angle AOH=60^\circ$

$\therefore \angle AOB=2\angle AOH=2\times 60^\circ=120^\circ$

∴ (색칠한 부분의 넓이)

$=2\times\{(\text{부채꼴 AOB의 넓이})-\triangle OAB\}$

$=2\times\left\{\pi\times(2\sqrt{3})^2\times\frac{120}{360}-\frac{1}{2}\times6\times\sqrt{3}\right\}$

$=2(4\pi-3\sqrt{3})=8\pi-6\sqrt{3}(\text{cm}^2)$

03 전략 서로 닮음인 삼각형을 찾은 후, 피타고라스 정리를 이용한다.

$\overline{AO}$, $\overline{BO'}$, $\overline{PO'}$을 그으면

$\triangle APO \backsim \triangle BPO'$

(AA 닮음)

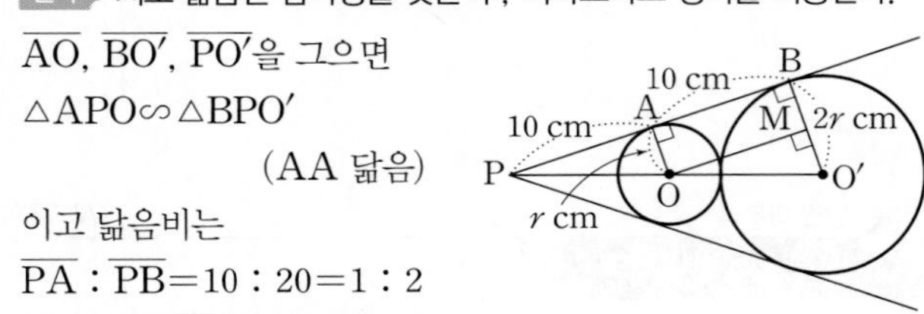

이고 닮음비는

$\overline{PA}:\overline{PB}=10:20=1:2$

점 O에서 $\overline{BO'}$에 내린 수선의 발을 M이라 하고 원 O의 반지름의 길이를 r cm라 하면

$\overline{OA}:\overline{O'B}=1:2$에서 $\overline{O'B}=2\overline{OA}=2r(\text{cm})$

$\triangle OO'M$에서

$\overline{OO'}=r+2r=3r(\text{cm})$, $\overline{O'M}=2r-r=r(\text{cm})$

$\overline{OM}=\overline{AB}=10$ cm이므로

$(3r)^2=r^2+10^2$, $8r^2=100$, $r^2=\frac{25}{2}$

$\therefore r=\frac{5\sqrt{2}}{2}$ ($\because r>0$)

따라서 원 O의 반지름의 길이는 $\frac{5\sqrt{2}}{2}$ cm이다.

04 전략 원 밖의 한 점에서 원에 그은 두 접선의 길이가 같음을 이용하여 $\overline{BD}$, $\overline{CE}$의 길이를 구한다.

두 직선 AB, AC가 두 원 O_1, O_2와 만나는 점을 각각 P, Q, R, S라 하자.

$\overline{BD}=\overline{BP}=x$ cm라 하면

$\overline{AQ}=\overline{AP}=(7-x)$ cm

$\overline{CQ}=\overline{CD}=(8-x)$ cm

$\overline{AC}=\overline{AQ}+\overline{CQ}$이므로

$9=(7-x)+(8-x)$, $2x=6$ $\qquad\therefore x=3$

또, $\overline{AS}=\overline{AR}$이고 (△ABC의 둘레의 길이)$=\overline{AS}+\overline{AR}$이므로

$7+8+9=2\overline{AR}$, $2\overline{AR}=24$ $\qquad\therefore \overline{AR}=12(\text{cm})$

$\overline{BE}=\overline{BR}=\overline{AR}-\overline{AB}=12-7=5(\text{cm})$

$\therefore \overline{DE}=\overline{BE}-\overline{BD}=5-3=2(\text{cm})$

05 전략 원 밖의 한 점에서 원에 그은 두 접선의 길이는 같음을 이용한다.

다음 그림과 같이 원과 삼각형의 접점을 각각 F, G, H, I, J, K, L, M, N이라 하자.

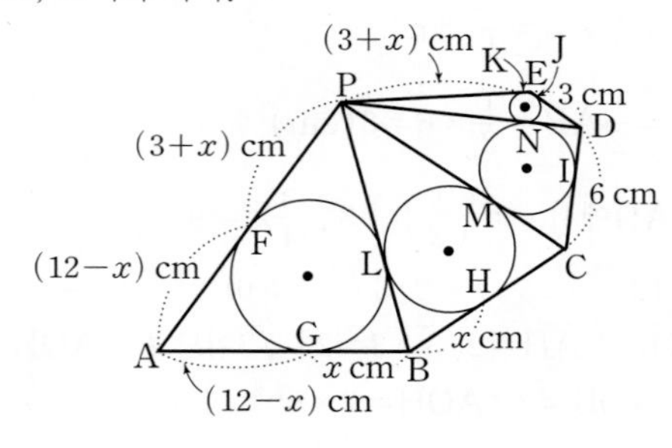

$\overline{BG}=\overline{BH}=x$ cm라 하면

$\overline{AF}=\overline{AG}=(12-x)$ cm

$\overline{PF}=\overline{PL}=\overline{PM}=\overline{PN}=\overline{PK}$이므로

$\overline{PK}=\overline{PF}=15-(12-x)=3+x(\text{cm})$

$\overline{EJ}=\overline{EK}=9-(3+x)=6-x(\text{cm})$

$\overline{DI}=\overline{DJ}=3-(6-x)=x-3(\text{cm})$

$\overline{CH}=\overline{CI}=6-(x-3)=9-x(\text{cm})$

$\therefore \overline{BC}=\overline{BH}+\overline{CH}=x+(9-x)=9(\text{cm})$

06 전략 주어진 직선의 x절편과 y절편을 이용하여 $\overline{OA}$, $\overline{OB}$의 길이를 구한다.

$12x+5y-60=0$에 $y=0$을 대입하면

$12x=60$ $\qquad\therefore x=5$

또, $x=0$을 대입하면

$5y=60$ $\qquad\therefore y=12$

$\therefore \overline{OA}=5$, $\overline{OB}=12$

$\triangle OAB$에서

$\overline{AB}=\sqrt{5^2+12^2}=\sqrt{169}=13$

원 I의 반지름의 길이를 r라 하고 $\overline{IP}$, $\overline{IR}$를 그으면 □OPIR는 한 변의 길이가 r인 정사각형이므로

$\overline{OP}=\overline{OR}=r$, $\overline{AQ}=\overline{AP}=5-r$,

$\overline{BQ}=\overline{BR}=12-r$

$\overline{AB}=\overline{AQ}+\overline{BQ}$이므로

$13=(5-r)+(12-r)$, $2r=4$ $\qquad\therefore r=2$

따라서 원 I의 반지름의 길이는 2이다.

07 전략 내심과 □OECF가 정사각형임을 이용하여 $\overline{CE}$의 길이를 구한 후, 외심과 직각삼각형 ABC를 이용하여 $\overline{AB}$의 길이를 구한다.

△ABC의 내접원의 중심을 O, 접점을 D, E, F라 하고 $\overline{OE}$, $\overline{OF}$를 그으면 □OECF는 정사각형이므로

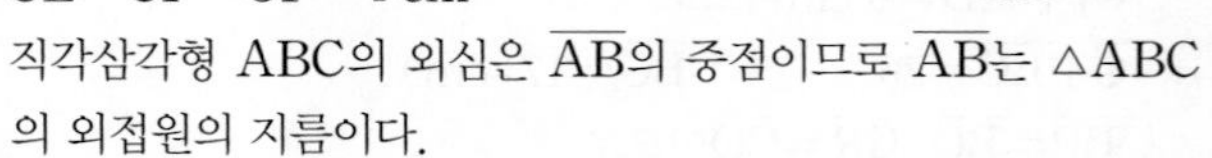

$\overline{CE}=\overline{CF}=\overline{OF}=4$ cm

직각삼각형 ABC의 외심은 $\overline{AB}$의 중점이므로 $\overline{AB}$는 △ABC의 외접원의 지름이다.

$\therefore \overline{AB}=2\times10=20(\text{cm})$

$\overline{BD}=\overline{BE}=x$ cm라 하면 $\overline{BC}=x+4(\text{cm})$

$\overline{AF}=\overline{AD}=(20-x)$ cm이므로

$\overline{AC}=(20-x)+4=24-x(\text{cm})$

△ABC에서 $20^2=(x+4)^2+(24-x)^2$

$x^2-20x+96=0$, $(x-8)(x-12)=0$

$\therefore x=8$ 또는 $x=12$

$x=8$일 때 $\overline{BC}=8+4=12(\text{cm})$, $\overline{AC}=24-8=16(\text{cm})$

$x=12$일 때 $\overline{BC}=12+4=16(\text{cm})$, $\overline{AC}=24-12=12(\text{cm})$

$\therefore \triangle ABC=\frac{1}{2}\times12\times16=96(\text{cm}^2)$

08 전략 원에 외접하는 사각형의 두 쌍의 대변의 길이의 합은 서로 같음을 이용한다.

□ABCD가 원 O에 외접하므로 $\overline{AB}+\overline{CD}=\overline{AD}+\overline{BC}$에서

$x+4=y+8$ $\therefore x-y=4$ …… ㉠

$\overline{AC}\perp\overline{BD}$이므로 $\overline{AB}^2+\overline{CD}^2=\overline{AD}^2+\overline{BC}^2$에서

$x^2+4^2=y^2+8^2$, $x^2-y^2=48$

$(x+y)(x-y)=48$ …… ㉡

㉠을 ㉡에 대입하면

$4(x+y)=48$ $\therefore x+y=12$

09 전략 원 밖의 한 점에서 원에 그은 두 접선의 길이는 같음을 이용한다.

$\overline{AB}+\overline{BC}=\frac{1}{2}\times 14=7(\text{cm})$

$\overline{AB}$, $\overline{BC}$가 원 O와 만나는 점을 각각 P, Q라 하고

$\overline{AP}=\overline{AE}=x$ cm라 하면

$\overline{BP}=\overline{BQ}=1$ cm이므로

$\overline{CE}=\overline{CQ}$

$=\overline{AB}+\overline{BC}-(x+1+1)$

$=7-(x+2)=5-x(\text{cm})$

$\overline{AC}=\overline{AE}+\overline{CE}$

$=x+(5-x)=5(\text{cm})$

△ABC에서

$5^2=(x+1)^2+(6-x)^2$

$x^2-5x+6=0$, $(x-2)(x-3)=0$

$\therefore x=2$ 또는 $x=3$

이때 $\overline{CF}=\overline{AE}$, $\overline{AE}+\overline{CF}<\overline{AC}$이므로 $x=2$

$\overline{EF}=\overline{AC}-2\overline{AE}=5-2\times 2=1(\text{cm})$

$\therefore$ □EOFO$'=2\times\left(\frac{1}{2}\times 1\times 1\right)=1(\text{cm}^2)$

10 전략 원의 중심으로부터 같은 거리에 있는 두 현의 길이는 같음을 이용한다.

$\overline{BH}=\frac{1}{2}\overline{BC}=\frac{1}{2}\times 6=3(\text{cm})$

$\overline{OB}$를 그으면 △OBH에서

$\overline{OB}=\sqrt{3^2+4^2}=\sqrt{25}=5(\text{cm})$ …… ㉮

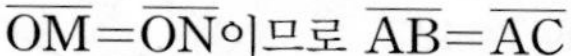

$\overline{OM}=\overline{ON}$이므로 $\overline{AB}=\overline{AC}$

즉, △ABC는 이등변삼각형이고 이등변삼각형의 외심은 꼭지각의 이등분선 위에 위치하므로 $\overline{OA}$를 그으면

$\overline{AH}=\overline{AO}+\overline{OH}=5+4=9(\text{cm})$

△ABH에서

$\overline{AB}=\sqrt{3^2+9^2}=\sqrt{90}=3\sqrt{10}(\text{cm})$ …… ㉯

따라서 $\overline{AM}=\overline{BM}=\frac{1}{2}\overline{AB}=\frac{3\sqrt{10}}{2}(\text{cm})$이므로

△OAM에서

$\overline{OM}=\sqrt{5^2-\left(\frac{3\sqrt{10}}{2}\right)^2}=\sqrt{\frac{5}{2}}=\frac{\sqrt{10}}{2}(\text{cm})$ …… ㉰

채점 기준

㉮ 원 O의 반지름의 길이 구하기	30 %
㉯ $\overline{AB}$의 길이 구하기	40 %
㉰ $\overline{OM}$의 길이 구하기	30 %

11 전략 원 밖의 한 점에서 원에 그은 두 접선의 길이는 같음을 이용한다.

$\overline{PA}=\overline{PB}$이고

$\overline{CA}=\overline{CD}$, $\overline{EB}=\overline{ED}$이므로

$\overline{PA}=\frac{1}{2}\times$(△PCE의 둘레의 길이)

$=\frac{1}{2}\times 32=16(\text{cm})$ …… ㉮

$\therefore \overline{CA}=\overline{PA}-\overline{PC}$

$=16-10=6(\text{cm})$

$\overline{CE}$는 원 O의 접선이므로

$\overline{CE}\perp\overline{OP}$

$\overline{CD}=\overline{CA}=6$ cm이므로 △CDP에서

$\overline{PD}=\sqrt{10^2-6^2}=\sqrt{64}=8(\text{cm})$ …… ㉯

$\overline{OA}$를 그으면 △CDP와 △OAP에서

∠CPD는 공통, ∠CDP=∠OAP=90°이므로

△CDP∽△OAP(AA 닮음)

따라서 $\overline{CD}:\overline{DP}=\overline{OA}:\overline{AP}$이므로

$6:8=\overline{OA}:16$, $8\overline{OA}=96$

$\therefore \overline{OA}=12(\text{cm})$

따라서 원 O의 반지름의 길이는 12 cm이다. …… ㉰

채점 기준

㉮ $\overline{PA}$의 길이 구하기	30 %
㉯ $\overline{PD}$의 길이 구하기	30 %
㉰ 원 O의 반지름의 길이 구하기	40 %

12 전략 (색칠한 부분의 넓이)=(□ABCD의 넓이)−(원 O의 넓이)임을 이용한다.

□ABCD가 원 O에 외접하므로

$\overline{AB}+\overline{CD}=\overline{AD}+\overline{BC}$에서

$\overline{AB}+\overline{CD}=11+13$

$=24(\text{cm})$ …… ㉮

원 O와 □ABCD의 접점을 각각 P, Q, R, S라 하면 원 O의 반지름의 길이가 6 cm이므로

$\overline{OP}=\overline{OQ}=\overline{OR}=\overline{OS}=6$ cm

□ABCD=△OAB+△OBC+△OCD+△ODA

$=\left(\frac{1}{2}\times\overline{AB}\times 6\right)+\left(\frac{1}{2}\times 13\times 6\right)$

$+\left(\frac{1}{2}\times\overline{CD}\times 6\right)+\left(\frac{1}{2}\times 11\times 6\right)$

$=3\times(\overline{AB}+13+\overline{CD}+11)$

$=3\times\{(\overline{AB}+\overline{CD})+24\}$

$=3\times(24+24)$

$=144(\text{cm}^2)$ …… ㉯

(원 O의 넓이)$=\pi\times 6^2=36\pi(\text{cm}^2)$ …… ㉰

따라서 색칠한 부분의 넓이는 $(144-36\pi)$ cm²이다. …… ㉱

채점 기준

㉮ $\overline{AB}+\overline{CD}$의 길이 구하기	30 %
㉯ □ABCD의 넓이 구하기	40 %
㉰ 원 O의 넓이 구하기	20 %
㉱ 색칠한 부분의 넓이 구하기	10 %

4. 원주각

Lecture 10 원주각 (1)

Level A 개념 익히기 76쪽

01 $\angle x=\frac{1}{2}\angle AOB=\frac{1}{2}\times 108^\circ=54^\circ$ 답 54°

02 $\angle x=2\angle APB=2\times 75^\circ=150^\circ$ 답 150°

03 $\angle x=2\angle APB=2\times 55^\circ=110^\circ$ 답 110°

04 $\angle x=\frac{1}{2}\angle AOB=\frac{1}{2}\times 80^\circ=40^\circ$ 답 40°

05 $\angle x=\angle BDC=35^\circ$ ($\overset{\frown}{BC}$에 대한 원주각) 답 35°

06 $\angle x=\angle ABD=30^\circ$ ($\overset{\frown}{AD}$에 대한 원주각) 답 30°

07 $\overline{BC}$는 원 O의 지름이므로 $\angle x=90^\circ$ 답 90°

08 $\overline{AB}$는 원 O의 지름이므로
$\angle ACB=90^\circ$
$\therefore \angle x=180^\circ-(90^\circ+20^\circ)=70^\circ$ 답 70°

09 답 2, 2, 72, $\overline{OB}$, 72, 54

Level B 유형 공략하기 77~81쪽

중 10 $\overline{OB}$를 그으면

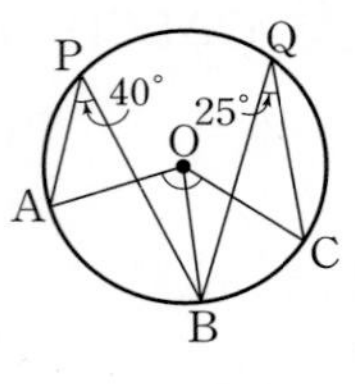

$\angle AOB=2\angle APB=2\times 40^\circ=80^\circ$
$\angle BOC=2\angle BQC=2\times 25^\circ=50^\circ$

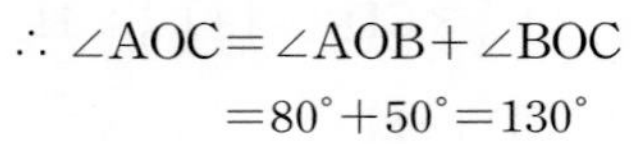

$\therefore \angle AOC=\angle AOB+\angle BOC$
$=80^\circ+50^\circ=130^\circ$

답 ④

하 11 $\angle AOB=2\angle APB=2\times 48^\circ=96^\circ$
$\triangle OAB$에서 $\overline{OA}=\overline{OB}$이므로
$\angle OAB=\frac{1}{2}\times(180^\circ-96^\circ)=42^\circ$ 답 42°

중 12 $\angle BOC=2\angle BAC=2\times 72^\circ=144^\circ$
$\overline{OB}=5$ cm이므로
$\overset{\frown}{BC}=2\pi\times 5\times\frac{144}{360}=4\pi$ (cm) 답 ③

중 13 $\angle BOC=2\angle BAC=2\angle x$
$\triangle ABD$에서
$\angle BDC=\angle x+50^\circ$ …… ㉠
$\triangle ODC$에서
$\angle BDC=2\angle x+20^\circ$ …… ㉡
㉠, ㉡에서 $\angle x+50^\circ=2\angle x+20^\circ$
$\therefore \angle x=30^\circ$ 답 30°

개념 보충 학습
삼각형의 한 외각의 크기는 그와 이웃하지 않는 두 내각의 크기의 합과 같다.

중 14 $\angle AOB=2\angle ACB=2\times 60^\circ=120^\circ$ …… ㉮
$\overline{OB}=\overline{OA}=6$ cm이므로
$\triangle OAB=\frac{1}{2}\times 6\times 6\times\sin(180^\circ-120^\circ)$
$=\frac{1}{2}\times 6\times 6\times\sin 60^\circ$
$=\frac{1}{2}\times 6\times 6\times\frac{\sqrt{3}}{2}=9\sqrt{3}\,(\text{cm}^2)$ …… ㉯

답 $9\sqrt{3}$ cm²

채점 기준

㉮ $\angle AOB$의 크기 구하기	30 %
㉯ $\triangle OAB$의 넓이 구하기	70 %

개념 보충 학습
$\triangle ABC$에서 두 변의 길이 a, c와 그 끼인각 $\angle B$의 크기를 알 때, 넓이 S는
(1) $0^\circ<B\le 90^\circ$일 때, $S=\frac{1}{2}ac\sin B$
(2) $90^\circ<B<180^\circ$일 때, $S=\frac{1}{2}ac\sin(180^\circ-B)$

중 15 $\overline{AD}$를 그으면

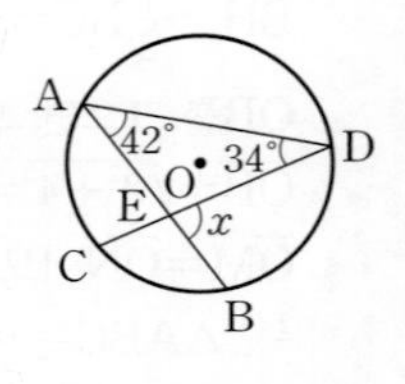

$\angle ADC=\frac{1}{2}\angle AOC=\frac{1}{2}\times 68^\circ=34^\circ$
$\angle BAD=\frac{1}{2}\angle BOD=\frac{1}{2}\times 84^\circ=42^\circ$
$\triangle AED$에서
$\angle x=42^\circ+34^\circ=76^\circ$

답 ②

중 16 $\angle x=\frac{1}{2}\angle BOD=\frac{1}{2}\times 130^\circ=65^\circ$
$\angle y=\frac{1}{2}\times(360^\circ-130^\circ)=115^\circ$
$\therefore \angle y-\angle x=115^\circ-65^\circ=50^\circ$ 답 ③

공략 비법
오른쪽 그림과 같이 두 반지름과 두 현으로 이루어진 □OAPB에서
$\angle APB=\frac{1}{2}\times(360^\circ-\angle AOB)$
→ $\overset{\frown}{ACB}$에 대한 중심각의 크기

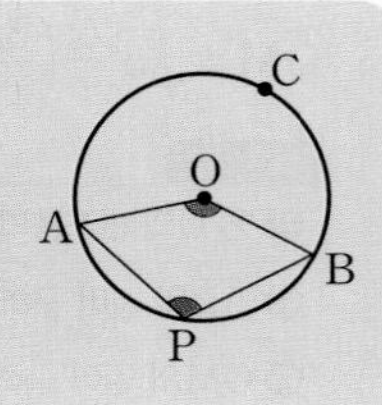

중 **17** $\triangle ABC$에서 $\angle ACB=\angle ABC=32°$이므로

$\angle BAC=180°-(32°+32°)=116°$ …… ㉮

$\therefore \angle x=2\angle BAC=2\times116°=232°$ …… ㉯

답 $232°$

채점 기준

㉮ $\angle BAC$의 크기 구하기	40 %
㉯ $\angle x$의 크기 구하기	60 %

중 **18** $\angle ACB=\frac{1}{2}\times(360°-110°)=125°$

$\square AOBC$에서

$\angle OAC=360°-(110°+65°+125°)=60°$ 답 ④

중 **19** 색칠한 부분에 해당하는 부채꼴의 중심각의 크기는

$2\angle ABC=2\times135°=270°$

따라서 구하는 넓이는

$\pi\times6^2\times\frac{270}{360}=27\pi\,(cm^2)$ 답 ③

중 **20** $\angle PAO=\angle PBO=90°$이므로 $\square APBO$에서

$\angle x=360°-(90°+134°+90°)=46°$

$\angle y=\frac{1}{2}\angle AOB=\frac{1}{2}\times134°=67°$

$\therefore \angle x+\angle y=46°+67°=113°$ 답 $113°$

중 **21** $\overline{OA}$, $\overline{OB}$를 그으면

$\angle PAO=\angle PBO=90°$

이므로 $\square APBO$에서

$\angle AOB=360°-(90°+50°+90°)$

$=130°$

$\therefore \angle ACB=\frac{1}{2}\angle AOB=\frac{1}{2}\times130°=65°$ 답 ③

중 **22** $\overline{OA}$, $\overline{OB}$를 그으면

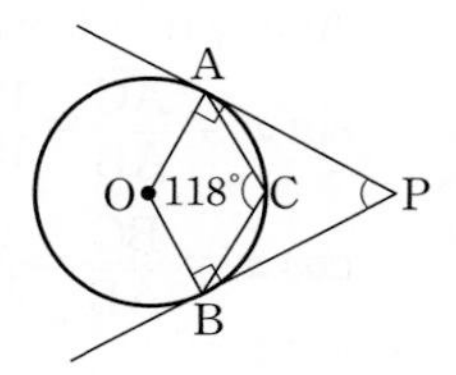

$\angle AOB=360°-2\times118°$

$=124°$

$\angle PAO=\angle PBO=90°$

$\square AOBP$에서

$\angle APB=360°-(90°+124°+90°)=56°$ 답 $56°$

중 **23** $\overline{BQ}$를 그으면

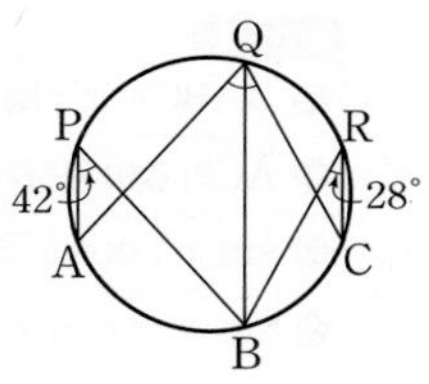

$\angle AQB=\angle APB=42°$

($\overset{\frown}{AB}$에 대한 원주각)

$\angle BQC=\angle BRC=28°$

($\overset{\frown}{BC}$에 대한 원주각)

$\therefore \angle AQC=\angle AQB+\angle BQC$

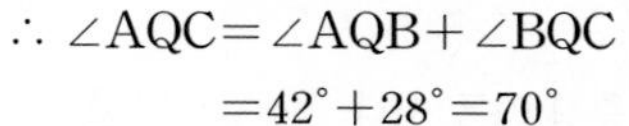

$=42°+28°=70°$ 답 $70°$

하 **24** $\angle x=\angle AQB=35°$ ($\overset{\frown}{AB}$에 대한 원주각)

$\angle y=2\angle AQB=2\times35°=70°$

$\therefore \angle x+\angle y=35°+70°=105°$ 답 ①

하 **25** $\angle y=\angle ADB=44°$ ($\overset{\frown}{AB}$에 대한 원주각) …… ㉮

$\triangle PBC$에서

$\angle x+\angle y=70°$, $\angle x+44°=70°$

$\therefore \angle x=26°$ …… ㉯

$\therefore \angle y-\angle x=44°-26°=18°$ …… ㉰

답 $18°$

채점 기준

㉮ $\angle y$의 크기 구하기	40 %
㉯ $\angle x$의 크기 구하기	40 %
㉰ $\angle y-\angle x$의 크기 구하기	20 %

중 **26** $\overline{BQ}$를 그으면

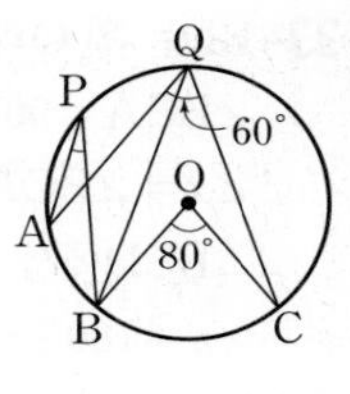

$\angle BQC=\frac{1}{2}\angle BOC=\frac{1}{2}\times80°=40°$

$\angle AQB=60°-40°=20°$

$\therefore \angle APB=\angle AQB=20°$

($\overset{\frown}{AB}$에 대한 원주각)

답 ④

중 **27** $\angle BDC=\angle BAC=60°$ ($\overset{\frown}{BC}$에 대한 원주각)

$\angle ACB=\angle ADB=40°$ ($\overset{\frown}{AB}$에 대한 원주각)

$\triangle DBC$에서

$\angle DBC=180°-(60°+30°+40°)=50°$ 답 ③

중 **28** $\overline{BC}$를 그으면

$\angle ACB=\angle ADB=\angle a$

($\overset{\frown}{AB}$에 대한 원주각)

$\angle DBC=\angle DAC=\angle b$

($\overset{\frown}{CD}$에 대한 원주각)

$\triangle BCE$에서

$25°+\angle b+\angle a+58°+40°=180°$

$\therefore \angle a+\angle b=57°$ 답 ③

상 **29** $\triangle BCQ$에서 $\angle ABC=\angle x+34°$이므로

$\angle ADC=\angle ABC=\angle x+34°$ ($\overset{\frown}{AC}$에 대한 원주각)

$\triangle PCD$에서

$\angle x+(\angle x+34°)=80°$, $2\angle x=46°$

$\therefore \angle x=23°$ 답 ③

중 **30** $\overline{BD}$를 그으면

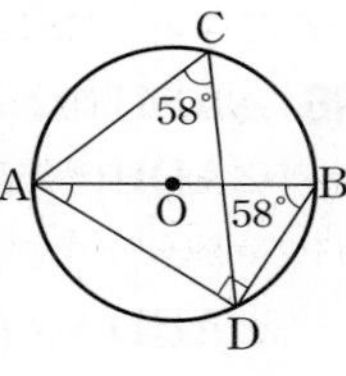

$\angle ABD=\angle ACD=58°$

($\overset{\frown}{AD}$에 대한 원주각)

$\overline{AB}$는 원 O의 지름이므로 $\angle ADB=90°$

$\triangle ADB$에서

$\angle BAD=180°-(90°+58°)=32°$ 답 ④

하 **31** $\overline{AB}$는 원 O의 지름이므로 $\angle APB=90°$

$\triangle OPA$는 $\overline{OP}=\overline{OA}$인 이등변삼각형이므로

$\angle OPA=\angle OAP=62°$

$\therefore \angle x=90°-62°=28°$ 답 $28°$

다른 풀이 $\triangle$OPA에서
$\angle POB=2\angle OAP=2\times62^\circ=124^\circ$
$\triangle$OBP는 $\overline{OB}=\overline{OP}$인 이등변삼각형이므로
$\angle x=\frac{1}{2}\times(180^\circ-124^\circ)=28^\circ$

중 32 $\overline{AC}$는 원 O의 지름이므로 $\angle ABC=90^\circ$
$\overline{AC}/\!/\overline{DE}$이므로
$\angle CAB=\angle APD=31^\circ$ (엇각)
$\triangle$ABC에서
$\angle ACB=180^\circ-(90^\circ+31^\circ)=59^\circ$
답 ①

중 33 $\overline{BD}$는 원 O의 지름이므로 $\angle BCD=90^\circ$
$\angle BCA=90^\circ-35^\circ=55^\circ$이므로
$\angle x=\angle BCA=55^\circ$ ($\widehat{AB}$에 대한 원주각) ······ ㉮
$\triangle$BCD에서
$\angle y=180^\circ-(90^\circ+20^\circ)=70^\circ$ ······ ㉯
$\therefore 2\angle x-\angle y=2\times55^\circ-70^\circ=40^\circ$ ······ ㉰
답 40°

채점 기준

㉮ $\angle x$의 크기 구하기	40 %
㉯ $\angle y$의 크기 구하기	40 %
㉰ $2\angle x-\angle y$의 크기 구하기	20 %

중 34 $\overline{CE}$를 그으면 $\overline{AC}$는 원 O의 지름이므로
$\angle AEC=90^\circ$
$\angle BEC=\angle BDC=40^\circ$
($\widehat{BC}$에 대한 원주각)
$\therefore \angle AEB=90^\circ-40^\circ=50^\circ$
답 ③

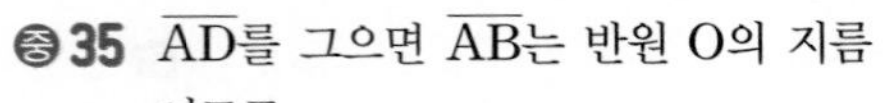

중 35 $\overline{AD}$를 그으면 $\overline{AB}$는 반원 O의 지름
이므로
$\angle ADB=90^\circ$
$\angle CAD=\frac{1}{2}\angle COD$
$=\frac{1}{2}\times24^\circ=12^\circ$
$\triangle$PAD에서
$\angle CPD=180^\circ-(90^\circ+12^\circ)=78^\circ$
답 ①

상 36 $\triangle$ADH와 $\triangle$ABC에서
$\angle ADH=\angle ABC$
($\widehat{AC}$에 대한 원주각)
$\angle AHD=\angle ACB=90^\circ$
$\therefore \triangle ADH \backsim \triangle ABC$ (AA 닮음)
따라서 $\overline{AD}:\overline{AB}=\overline{AH}:\overline{AC}$이므로
$8:16=\overline{AH}:12$, $1:2=\overline{AH}:12$
$2\overline{AH}=12$ $\therefore \overline{AH}=6$(cm)
$\triangle$ADH에서
$\overline{DH}=\sqrt{8^2-6^2}=\sqrt{28}=2\sqrt{7}$(cm)
답 ⑤

중 37 오른쪽 그림과 같이 $\overline{BO}$의 연장선이 원 O와 만나는 점을 A′이라 하면
$\angle BA'C=\angle BAC$ ($\widehat{BC}$에 대한 원주각)
$\overline{A'B}$는 원 O의 지름이므로 $\angle A'CB=90^\circ$
$\triangle$A′BC에서
$\overline{A'B}=16$, $\overline{A'C}=\sqrt{16^2-10^2}=\sqrt{156}=2\sqrt{39}$
$\therefore \cos A=\cos A'=\frac{\overline{A'C}}{\overline{A'B}}=\frac{2\sqrt{39}}{16}=\frac{\sqrt{39}}{8}$
답 $\frac{\sqrt{39}}{8}$

하 38 $\overline{AB}$는 원 O의 지름이므로 $\angle ACB=90^\circ$
$\triangle$ABC에서
$\overline{BC}=\overline{AC}\tan A=4\times\frac{3}{2}=6$
$\therefore \overline{AB}=\sqrt{4^2+6^2}=\sqrt{52}=2\sqrt{13}$
따라서 원 O의 지름의 길이는 $2\sqrt{13}$이다.
답 $2\sqrt{13}$

중 39 오른쪽 그림과 같이 원의 중심 O를 지나는 $\overline{A'B}$를 그으면
$\angle BA'C=\angle BAC=60^\circ$
($\widehat{BC}$에 대한 원주각)
$\overline{A'B}$는 원 O의 지름이므로 $\angle A'CB=90^\circ$
$\triangle$A′BC에서
$\overline{A'B}=\frac{\overline{BC}}{\sin 60^\circ}=9\div\frac{\sqrt{3}}{2}=6\sqrt{3}$(cm)
따라서 원 O의 반지름의 길이는
$\frac{1}{2}\times6\sqrt{3}=3\sqrt{3}$(cm)
답 ④

중 40 $\overline{AB}$는 반원 O의 지름이므로

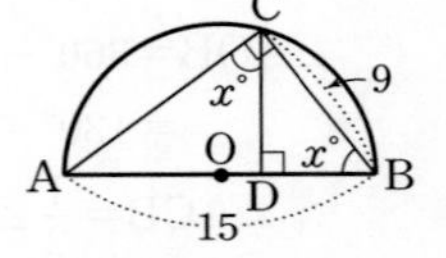

$\angle ACB=90^\circ$
$\angle ABC=90^\circ-\angle DCB$
$=\angle ACD=x^\circ$ ······ ㉮
$\triangle$ABC에서
$\overline{AC}=\sqrt{15^2-9^2}=\sqrt{144}=12$ ······ ㉯
$\sin x^\circ=\frac{\overline{AC}}{\overline{AB}}=\frac{12}{15}=\frac{4}{5}$
$\cos x^\circ=\frac{\overline{BC}}{\overline{AB}}=\frac{9}{15}=\frac{3}{5}$ ······ ㉰
$\therefore \sin x^\circ\times\cos x^\circ=\frac{4}{5}\times\frac{3}{5}=\frac{12}{25}$ ······ ㉱
답 $\frac{12}{25}$

채점 기준

㉮ $\angle ABC=x^\circ$임을 알기	30 %
㉯ $\overline{AC}$의 길이 구하기	20 %
㉰ $\sin x^\circ$, $\cos x^\circ$의 값 각각 구하기	40 %
㉱ $\sin x^\circ\times\cos x^\circ$의 값 구하기	10 %

중 41 오른쪽 그림과 같이 원의 중심 O를 지나는 $\overline{A'B}$를 그으면

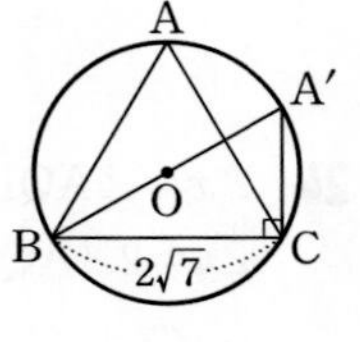

$\angle BA'C=\angle BAC$ ($\widehat{BC}$에 대한 원주각)
$\overline{A'B}$는 원 O의 지름이므로
$\angle A'CB=90^\circ$

$\triangle A'BC$에서

$\overline{A'C}=\dfrac{\overline{BC}}{\tan A'}=\dfrac{\overline{BC}}{\tan A}=2\sqrt{7}\div\dfrac{2\sqrt{3}}{3}=\sqrt{21}$

$\therefore\ \overline{A'B}=\sqrt{(2\sqrt{7})^2+(\sqrt{21})^2}=\sqrt{49}=7$

따라서 원 O의 반지름의 길이는 $\dfrac{7}{2}$이므로 원 O의 둘레의 길이는

$2\pi\times\dfrac{7}{2}=7\pi$ 답 ⑤

상 42 오른쪽 그림과 같이 $\overline{AO}$의 연장선이 원 O와 만나는 점을 C′이라 하면

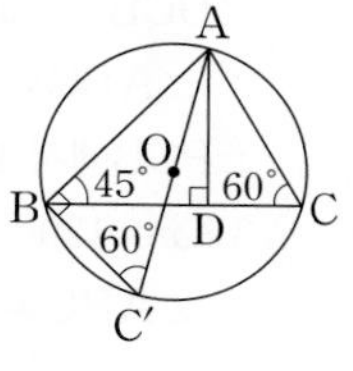

$\angle AC'B=\angle ACB=60°$

($\widehat{AB}$에 대한 원주각)

$\overline{AB}=\overline{AC'}\sin 60°=12\times\dfrac{\sqrt{3}}{2}=6\sqrt{3}$

점 A에서 $\overline{BC}$에 내린 수선의 발을 D라 하면 $\triangle ABD$에서

$\overline{BD}=\overline{AB}\cos 45°=6\sqrt{3}\times\dfrac{\sqrt{2}}{2}=3\sqrt{6}$

$\therefore\ \overline{AD}=\overline{BD}=3\sqrt{6}$

$\triangle ACD$에서

$\overline{CD}=\dfrac{\overline{AD}}{\tan 60°}=3\sqrt{6}\div\sqrt{3}=3\sqrt{2}$

$\therefore\ \overline{BC}=\overline{BD}+\overline{CD}=3\sqrt{6}+3\sqrt{2}=3(\sqrt{2}+\sqrt{6})$ 답 ④

Lecture 11 원주각 (2)

Level A 개념 익히기 82쪽

01 $\widehat{DE}=\widehat{BC}$이므로

$\angle DFE=\angle BAC=35°$ $\therefore\ x=35$ 답 35

02 $\angle ABF=\angle CED$이므로

$\widehat{AF}=\widehat{CD}=13$ cm $\therefore\ x=13$ 답 13

03 $\angle BAC:\angle CED=\widehat{BC}:\widehat{CD}$이므로

$20:60=x:15,\ 1:3=x:15$

$3x=15$ $\therefore\ x=5$ 답 5

04 $\angle BAC:\angle CED=\widehat{BC}:\widehat{CD}$이므로

$x:30=4.5:3,\ x:30=3:2$

$2x=90$ $\therefore\ x=45$ 답 45

05 $\overline{AD}$를 그으면 $\widehat{AB}=\widehat{BC}$이므로

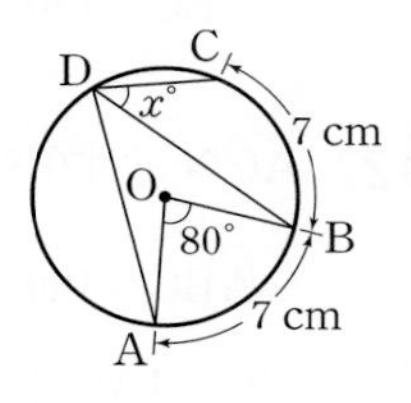

$\angle BDC=\angle ADB$

$=\dfrac{1}{2}\angle AOB=\dfrac{1}{2}\times 80°$

$=40°$

$\therefore\ x=40$ 답 40

06 $\overline{AB}$는 원 O의 지름이므로

$\angle ACB=90°,\ \angle CAB=180°-(90°+30°)=60°$

$\angle ACB:\angle BAC=\widehat{AB}:\widehat{BC}$이므로

$90:60=x:4,\ 3:2=x:4$

$2x=12$ $\therefore\ x=6$ 답 6

07 $\angle x=\angle BDC=38°$ 답 38°

08 $\angle x=\angle ADB=42°$ 답 42°

09 $\angle BAC=\angle x$이므로

$\angle x+70°+55°=180°$ $\therefore\ \angle x=55°$ 답 55°

10 $\triangle ABP$에서 $\angle ABP=85°-40°=45°$이므로

$\angle x=\angle ABD=45°$ 답 45°

Level B 유형 공략하기 83~85쪽

하 11 $\widehat{AB}=\widehat{CD}$이므로 $\angle DBC=\angle ACB=34°$

따라서 $\triangle PBC$에서

$\angle DPC=34°+34°=68°$ 답 ⑤

하 12 $\widehat{AB}=\widehat{BC}$이므로 $\angle ADB=\angle BDC=40°$

또, $\angle BAC=\angle BDC=40°$ ($\widehat{BC}$에 대한 원주각)

$\triangle ABD$에서

$\angle x=180°-(40°+58°+40°)=42°$ 답 42°

중 13 $\overline{AE}$, $\overline{DE}$를 그으면 $\overline{AD}$는 원 O의 지름이므로 $\angle AED=90°$

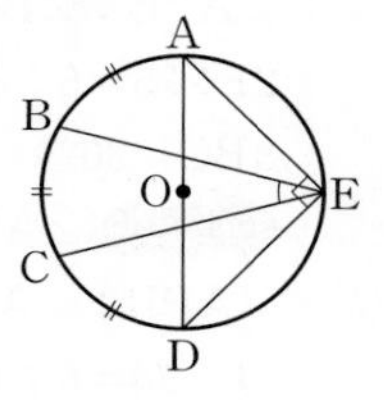

$\widehat{AB}=\widehat{BC}=\widehat{CD}$이므로

$\angle AEB=\angle BEC=\angle CED$

$\therefore\ \angle BEC=\dfrac{1}{3}\angle AED$

$=\dfrac{1}{3}\times 90°=30°$ 답 ②

중 14 $\overline{BC}$를 그으면 $\overline{AB}$는 반원 O의 지름이므로 $\angle ACB=90°$ …… ㉮

$\widehat{AD}=\widehat{CD}$이므로

$\angle CBD=\angle ABD=25°$ …… ㉯

$\triangle ABC$에서

$\angle CAB=180°-(90°+25°+25°)=40°$ …… ㉰

답 40°

채점 기준

㉮ $\angle ACB$의 크기 구하기	30 %
㉯ $\angle CBD$의 크기 구하기	40 %
㉰ $\angle CAB$의 크기 구하기	30 %

중 15 $\overline{DB}$를 그으면 $\overset{\frown}{AB}=\overset{\frown}{BC}$이므로

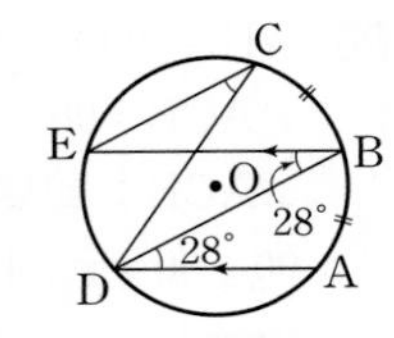

$\angle ADB=\angle BDC=\frac{1}{2}\angle ADC$

$=\frac{1}{2}\times 56°=28°$

$\overline{AD}/\!/\overline{BE}$에서

$\angle DBE=\angle ADB=28°$ (엇각)이므로

$\angle DCE=\angle DBE=28°$ ($\overset{\frown}{ED}$에 대한 원주각) 답 ④

중 16 $\angle ABC=\frac{180°\times(5-2)}{5}=108°$

$\overline{CD}=\overline{DE}=\overline{EA}$이므로 $\overset{\frown}{CD}=\overset{\frown}{DE}=\overset{\frown}{EA}$

따라서 $\angle CBD=\angle DBE=\angle EBA$이므로

$\angle EBD=\frac{1}{3}\angle ABC=\frac{1}{3}\times 108°=36°$ 답 ③

중 17 $\triangle ABP$에서

$\angle ABP=80°-20°=60°$

$\angle BAC:\angle ABD=\overset{\frown}{BC}:\overset{\frown}{AD}$이므로

$20:60=4:\overset{\frown}{AD}$, $1:3=4:\overset{\frown}{AD}$

$\therefore \overset{\frown}{AD}=12(\text{cm})$ 답 ③

하 18 $\overset{\frown}{AB}$에 대한 원주각의 크기는

$\frac{1}{2}\angle AOB=\frac{1}{2}\times 90°=45°$

$\overset{\frown}{AB}:\overset{\frown}{CD}=45:15$이므로

$\overset{\frown}{AB}:8=3:1$ $\therefore \overset{\frown}{AB}=24(\text{cm})$ 답 ④

중 19 $\overline{PC}$를 그으면

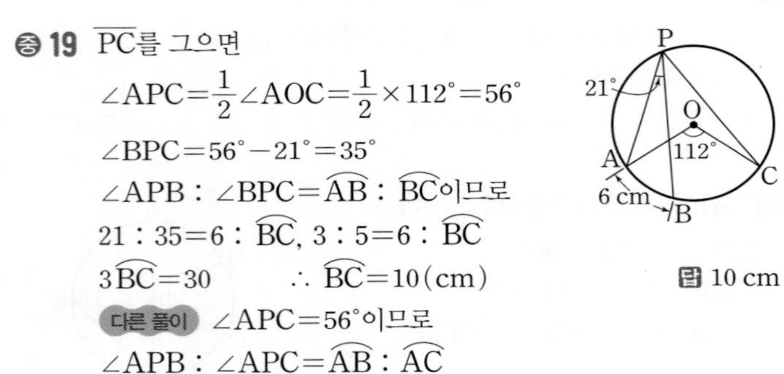

$\angle APC=\frac{1}{2}\angle AOC=\frac{1}{2}\times 112°=56°$

$\angle BPC=56°-21°=35°$

$\angle APB:\angle BPC=\overset{\frown}{AB}:\overset{\frown}{BC}$이므로

$21:35=6:\overset{\frown}{BC}$, $3:5=6:\overset{\frown}{BC}$

$3\overset{\frown}{BC}=30$ $\therefore \overset{\frown}{BC}=10(\text{cm})$ 답 10 cm

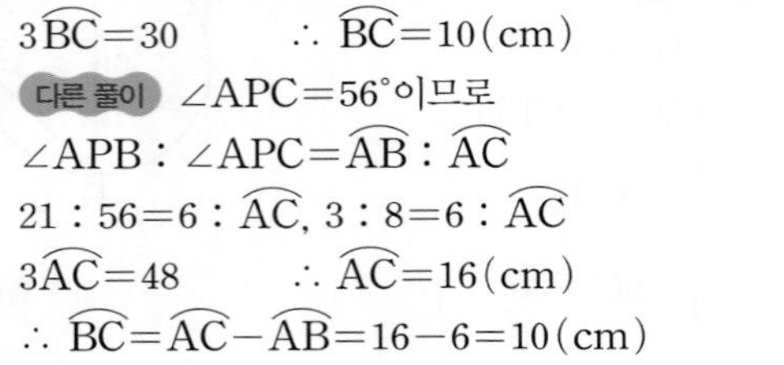

다른 풀이 $\angle APC=56°$이므로

$\angle APB:\angle APC=\overset{\frown}{AB}:\overset{\frown}{AC}$

$21:56=6:\overset{\frown}{AC}$, $3:8=6:\overset{\frown}{AC}$

$3\overset{\frown}{AC}=48$ $\therefore \overset{\frown}{AC}=16(\text{cm})$

$\therefore \overset{\frown}{BC}=\overset{\frown}{AC}-\overset{\frown}{AB}=16-6=10(\text{cm})$

중 20 한 원에서 중심으로부터 같은 거리에 있는 두 현의 길이는 같으므로 $\triangle ABC$는 $\overline{AB}=\overline{AC}$인 이등변삼각형이다.

$\angle BAC=180°-2\times 70°=40°$ …… ㉮

$\angle BAC:\angle ABC=\overset{\frown}{BC}:\overset{\frown}{AC}$이므로

$40:70=\overset{\frown}{BC}:21\pi$, $4:7=\overset{\frown}{BC}:21\pi$

$7\overset{\frown}{BC}=84\pi$ $\therefore \overset{\frown}{BC}=12\pi$ …… ㉯

답 12π

채점 기준

㉮ $\angle BAC$의 크기 구하기	40 %
㉯ $\overset{\frown}{BC}$의 길이 구하기	60 %

중 21 $2\overset{\frown}{AB}=5\overset{\frown}{CD}$이므로 $\overset{\frown}{CD}=\frac{2}{5}\overset{\frown}{AB}$

$\therefore \angle DBC=\frac{2}{5}\angle ADB=\frac{2}{5}\angle x$

$\triangle DBP$에서 $\angle x=\frac{2}{5}\angle x+39°$

$\frac{3}{5}\angle x=39°$ $\therefore \angle x=65°$ 답 65°

중 22 $\angle ABC:\angle DCB=\overset{\frown}{AC}:\overset{\frown}{BD}$이므로

$\angle DCB=\angle x$라 하면 $\angle ABC:\angle x=2:1$

$\therefore \angle ABC=2\angle x$

$\triangle PCB$에서 $120°=\angle x+2\angle x$

$3\angle x=120°$ $\therefore \angle x=40°$

$\therefore \angle ABC=2\angle x=2\times 40°=80°$ 답 ④

중 23 $4\overset{\frown}{AB}=3\overset{\frown}{BC}$에서 $\overset{\frown}{BC}=\frac{4}{3}\overset{\frown}{AB}$

$5\overset{\frown}{AB}=3\overset{\frown}{CA}$에서 $\overset{\frown}{CA}=\frac{5}{3}\overset{\frown}{AB}$

$\angle BAC:\angle CBA:\angle ACB=\overset{\frown}{BC}:\overset{\frown}{CA}:\overset{\frown}{AB}$이므로

$\angle x:\angle y:\angle z=\frac{4}{3}\overset{\frown}{AB}:\frac{5}{3}\overset{\frown}{AB}:\overset{\frown}{AB}$

$=4:5:3$

$\therefore \angle x=180°\times\frac{4}{4+5+3}=60°$,

$\angle y=180°\times\frac{5}{4+5+3}=75°$,

$\angle z=180°\times\frac{3}{4+5+3}=45°$

답 $\angle x=60°$, $\angle y=75°$, $\angle z=45°$

하 24 $\overset{\frown}{AB}:\overset{\frown}{BC}:\overset{\frown}{CA}=2:3:1$에서

$\angle ACB:\angle BAC:\angle CBA=2:3:1$

$\therefore \angle ACB=180°\times\frac{2}{2+3+1}=60°$ 답 60°

중 25 $\overline{AD}$를 그으면 $\overset{\frown}{AC}$의 길이가 원주의 $\frac{1}{5}$이므로

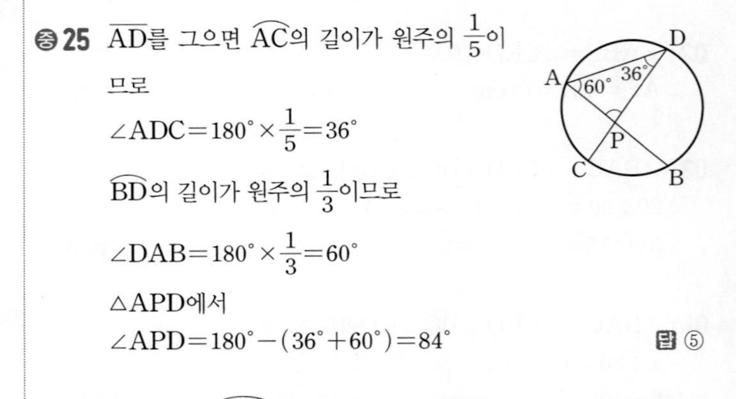

$\angle ADC=180°\times\frac{1}{5}=36°$

$\overset{\frown}{BD}$의 길이가 원주의 $\frac{1}{3}$이므로

$\angle DAB=180°\times\frac{1}{3}=60°$

$\triangle APD$에서

$\angle APD=180°-(36°+60°)=84°$ 답 ⑤

중 26 $\angle ABC$는 $\overset{\frown}{ADC}$에 대한 원주각이므로

$\angle ABC=180°\times\frac{3+4}{2+3+3+4}=105°$ 답 ②

상 27 $\overset{\frown}{AC}$의 길이가 원주의 $\frac{1}{12}$이므로

$\angle ABC=180°\times\frac{1}{12}=15°$

$\overset{\frown}{BD}=4\overset{\frown}{AC}$이므로 $\angle BCD=4\angle ABC$

$\therefore \angle BCD=4\times 15°=60°$

$\triangle$BCE에서

$\angle AEC=15°+60°=75°$ 답 75°

(하) 28 ① $\angle ACB=\angle ADB$이므로 네 점 A, B, C, D가 한 원 위에 있다.

② $\triangle$ABC에서 $\angle BAC=180°-(40°+60°+35°)=45°$
따라서 $\angle BAC\neq\angle BDC$이므로 네 점 A, B, C, D는 한 원 위에 있지 않다.

③ $\angle ACB=90°-60°=30°$
따라서 $\angle ACB=\angle ADB$이므로 네 점 A, B, C, D가 한 원 위에 있다.

④ $\angle ACB=180°-(70°+75°)=35°$
따라서 $\angle ACB\neq\angle ADB$이므로 네 점 A, B, C, D는 한 원 위에 있지 않다.

⑤ $\angle BDC=110°-80°=30°$
따라서 $\angle BAC=\angle BDC$이므로 네 점 A, B, C, D가 한 원 위에 있다.

이상에서 네 점 A, B, C, D가 한 원 위에 있지 않은 것은 ②, ④이다. 답 ②, ④

(중) 29 네 점 A, B, C, D가 한 원 위에 있으므로

$\angle ADB=\angle ACB=20°$

$\triangle$APC에서

$\angle DAC=30°+20°=50°$

$\therefore \angle x=20°+50°=70°$ 답 ④

(중) 30 $\triangle$ABP에서

$\angle BAP=180°-(60°+65°)=55°$

네 점 A, B, C, D가 한 원 위에 있으므로

$\angle x=\angle BAC=55°$ …… ㉮

또, $\angle CBD=\angle CAD=40°$이므로 $\triangle$PBC에서

$\angle y=65°-40°=25°$ …… ㉯

$\therefore \angle x-\angle y=55°-25°=30°$ …… ㉰

답 30°

채점 기준

㉮ $\angle x$의 크기 구하기	40%
㉯ $\angle y$의 크기 구하기	40%
㉰ $\angle x-\angle y$의 크기 구하기	20%

Lecture 12 원과 사각형

Level A 개념 익히기 86쪽

01 $\angle B+\angle D=180°$이므로

$65°+\angle x=180°$ $\therefore \angle x=115°$

$\angle A+\angle C=180°$이므로

$85°+\angle y=180°$ $\therefore \angle y=95°$

답 $\angle x=115°$, $\angle y=95°$

02 $\angle A+\angle C=180°$이므로

$72°+\angle x=180°$ $\therefore \angle x=108°$

$\angle B+\angle D=180°$이므로

$90°+\angle y=180°$ $\therefore \angle y=90°$

답 $\angle x=108°$, $\angle y=90°$

03 $\angle A+\angle C=180°$이므로

$\angle x+86°=180°$ $\therefore \angle x=94°$

$\angle y=\angle ABC=82°$ 답 $\angle x=94°$, $\angle y=82°$

04 $\triangle$ABD에서

$\angle x+54°+46°=180°$ $\therefore \angle x=80°$

$\angle y=\angle x=80°$ 답 $\angle x=80°$, $\angle y=80°$

05 ㄱ. $\angle A+\angle C\neq180°$이므로 □ABCD는 원에 내접하지 않는다.

ㄴ. $\overline{AD}/\!/\overline{BC}$이므로
$\angle ADC=180°-60°=120°$
따라서 $\angle B+\angle D=180°$이므로 □ABCD는 원에 내접한다.

ㄷ. $\angle A=\angle DCE$이므로 □ABCD는 원에 내접한다.

ㄹ. $\triangle$ABC에서
$\angle B=180°-(60°+70°)=50°$
따라서 $\angle B+\angle D\neq180°$이므로 □ABCD는 원에 내접하지 않는다.

이상에서 □ABCD가 원에 내접하는 것은 ㄴ, ㄷ이다.

답 ㄴ, ㄷ

06 $\angle B+\angle D=180°$이어야 하므로

$\angle x+98°=180°$ $\therefore \angle x=82°$ 답 82°

07 $\angle x=\angle A=75°$ 답 75°

Level B 유형 공략하기 87~91쪽

(중) 08 $\angle BOD=2\angle BAD=2\times55°=110°$

□ABCD가 원 O에 내접하므로

$55°+\angle BCD=180°$ $\therefore \angle BCD=125°$

□OBCD에서

$\angle x+\angle y=360°-(110°+125°)=125°$ 답 ③

(중) 09 $\overline{BC}$는 원 O의 지름이므로 $\angle BDC=90°$

$\triangle$BCD에서

$\angle BCD=180°-(90°+32°)=58°$

□ABCD가 원 O에 내접하므로

$\angle x+58°=180°$ $\therefore \angle x=122°$ 답 122°

중 10 △ABD에서 $\overline{AB}=\overline{BD}$이므로

$\angle BAD=\frac{1}{2}\times(180^\circ-52^\circ)=64^\circ$

□ABCD가 원에 내접하므로

$64^\circ+\angle BCD=180^\circ$　　$\therefore \angle BCD=116^\circ$

답 ④

중 11 □ABCD가 원에 내접하므로

$\angle x+75^\circ=180^\circ$　　$\therefore \angle x=105^\circ$ …… ㉮

$\angle ECD=\angle EAD=25^\circ$ ($\overset{\frown}{DE}$에 대한 원주각)

△CDF에서

$\angle y=25^\circ+75^\circ=100^\circ$ …… ㉯

$\therefore \angle x-\angle y=105^\circ-100^\circ=5^\circ$ …… ㉰

답 5°

채점 기준

㉮ $\angle x$의 크기 구하기	40 %
㉯ $\angle y$의 크기 구하기	40 %
㉰ $\angle x-\angle y$의 크기 구하기	20 %

중 12 □ABCD가 원에 내접하므로

$\angle BAD+120^\circ=180^\circ$　　$\therefore \angle BAD=60^\circ$

$\overset{\frown}{AB}=\overset{\frown}{AD}$이므로 △ABD에서

$\angle ADB=\angle ABD=\frac{1}{2}\times(180^\circ-60^\circ)=60^\circ$

따라서 △ABD는 정삼각형이므로

$\triangle ABD=\frac{1}{2}\times6\times6\times\sin 60^\circ$

$=\frac{1}{2}\times6\times6\times\frac{\sqrt{3}}{2}=9\sqrt{3}(\text{cm}^2)$

답 $9\sqrt{3}\text{ cm}^2$

중 13 $\overline{AD}$를 그으면

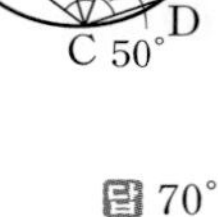

$\angle CAD=\angle CED=20^\circ$

($\overset{\frown}{CD}$에 대한 원주각)

□ABCD가 원에 내접하므로

$\angle BAD+\angle BCD=180^\circ$

$(40^\circ+20^\circ)+(\angle BCE+50^\circ)=180^\circ$

$\therefore \angle BCE=70^\circ$

답 70°

상 14 $\overline{OB}$를 그으면 △OAB와 △OBC는 이등변삼각형이므로

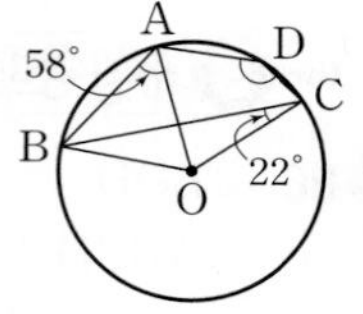

$\angle OBA=\angle OAB=58^\circ$

$\angle OBC=\angle OCB=22^\circ$

$\therefore \angle ABC=58^\circ-22^\circ=36^\circ$

□ABCD가 원 O에 내접하므로

$36^\circ+\angle ADC=180^\circ$　　$\therefore \angle ADC=144^\circ$

답 ②

중 15 □ABCD가 원 O에 내접하므로

$\angle x=\angle BAD=105^\circ$

$105^\circ+\angle BCD=180^\circ$　　$\therefore \angle BCD=75^\circ$

$\angle y=2\angle BCD=2\times75^\circ=150^\circ$

$\therefore \angle x+\angle y=105^\circ+150^\circ=255^\circ$

답 ②

하 16 $\angle BAC=\angle BDC=50^\circ$ ($\overset{\frown}{BC}$에 대한 원주각)

□ABCD가 원에 내접하므로

$\angle x=\angle BAD=50^\circ+45^\circ=95^\circ$

답 95°

하 17 △ABE에서

$\angle BAE=180^\circ-(70^\circ+40^\circ)=70^\circ$

□ABCD가 원에 내접하므로

$\angle DCE=\angle BAE=70^\circ$

답 ⑤

중 18 □ABCD가 원에 내접하므로

$\angle x=\angle BAD=85^\circ$

또, □ABCE가 원에 내접하므로

$\angle BAE+\angle BCE=180^\circ$

$(\angle y+85^\circ)+70^\circ=180^\circ$　　$\therefore \angle y=25^\circ$

$\therefore \angle x-\angle y=85^\circ-25^\circ=60^\circ$

답 60°

중 19 $\overline{BC}$는 원 O의 지름이므로 $\angle BAC=90^\circ$

△ABC에서

$\angle ABC=180^\circ-(90^\circ+40^\circ)=50^\circ$

□ABCD가 원 O에 내접하므로

$\angle ABC+\angle ADC=180^\circ$

$50^\circ+\angle x=180^\circ$　　$\therefore \angle x=130^\circ$

또, $\angle DCB=\angle DAE$이므로

$\angle y+40^\circ=60^\circ$　　$\therefore \angle y=20^\circ$

$\therefore \angle x-\angle y=130^\circ-20^\circ=110^\circ$

답 ③

중 20 $\angle A : \angle B=5 : 3$이므로 $5\angle B=3\angle A$

$\therefore \angle B=\frac{3}{5}\angle A$

또, $\angle A=\angle D+20^\circ$에서 $\angle D=\angle A-20^\circ$

□ABCD가 원에 내접하므로

$\angle B+\angle D=180^\circ$

$\frac{3}{5}\angle A+(\angle A-20^\circ)=180^\circ$

$\frac{8}{5}\angle A=200^\circ$　　$\therefore \angle A=125^\circ$

$\therefore \angle DCE=\angle A=125^\circ$

답 ③

중 21 □ABCD가 원 O에 내접하므로

$\angle DAB=\angle DCE=125^\circ$ …… ㉮

$\angle DAC=125^\circ-65^\circ=60^\circ$이므로

$\angle DBC=\angle DAC=60^\circ$ ($\overset{\frown}{CD}$에 대한 원주각) …… ㉯

$\overline{AC}$는 원 O의 지름이므로 $\angle ABC=90^\circ$

$\therefore \angle ABD=90^\circ-60^\circ=30^\circ$ …… ㉰

답 30°

채점 기준

㉮ ∠DAB의 크기 구하기	40 %
㉯ ∠DBC의 크기 구하기	30 %
㉰ ∠ABD의 크기 구하기	30 %

중 22 $\overline{CE}$를 그으면

$\angle CED=\frac{1}{2}\angle COD=\frac{1}{2}\times 60^\circ=30^\circ$

$\therefore \angle AEC=100^\circ-30^\circ=70^\circ$

□ABCE가 원 O에 내접하므로

$\angle B+\angle AEC=180^\circ$

$\angle B+70^\circ=180^\circ \qquad \therefore \angle B=110^\circ$

답 110°

중 23 $\overline{BD}$를 그으면 □ABDE가 원 O에 내접하므로

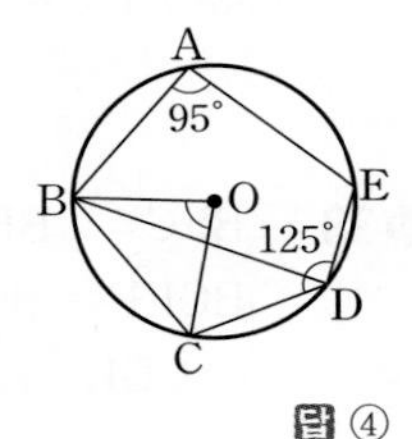

$95^\circ+\angle BDE=180^\circ$

$\therefore \angle BDE=85^\circ$

따라서 $\angle BDC=125^\circ-85^\circ=40^\circ$이므로

$\angle BOC=2\angle BDC=2\times 40^\circ=80^\circ$

답 ④

상 24 $\overline{BE}$를 그으면 □ABEF가 원에 내접하므로

$\angle ABE+\angle F=180^\circ$

또, □BCDE가 원에 내접하므로

$\angle CBE+\angle D=180^\circ$

이때 $\angle B=\angle ABE+\angle CBE$이므로

$\angle B+\angle D+\angle F=(\angle ABE+\angle CBE)+\angle D+\angle F$

$=(\angle ABE+\angle F)+(\angle CBE+\angle D)$

$=180^\circ+180^\circ=360^\circ$

답 360°

중 25 □ABCD가 원에 내접하므로

$\angle CDQ=\angle ABC=\angle x$

△PBC에서

$\angle PCQ=\angle x+26^\circ$

△DCQ에서

$\angle x+(\angle x+26^\circ)+40^\circ=180^\circ$

$2\angle x=114^\circ \qquad \therefore \angle x=57^\circ$

답 57°

중 26 □ABCD가 원에 내접하므로

$\angle CBQ=\angle ADC=55^\circ$ …… ㉮

△PCD에서 $\angle PCQ=55^\circ+32^\circ=87^\circ$ …… ㉯

△BQC에서

$\angle x=180^\circ-(55^\circ+87^\circ)=38^\circ$ …… ㉰

답 38°

채점 기준

㉮ $\angle CBQ$의 크기 구하기	40 %
㉯ $\angle PCQ$의 크기 구하기	40 %
㉰ $\angle x$의 크기 구하기	20 %

상 27 □ABCD가 원에 내접하므로

$\angle CDQ=\angle B$

△PBC에서

$\angle PCQ=\angle B+40^\circ$

△DCQ에서

$\angle B+(\angle B+40^\circ)+48^\circ=180^\circ$

$2\angle B=92^\circ \qquad \therefore \angle B=46^\circ$

△PBC에서

$\angle BCD=180^\circ-(46^\circ+40^\circ)=94^\circ$

답 94°

중 28 □PQCD가 원 O′에 내접하므로

$\angle BQP=\angle D=95^\circ$

또, □ABQP가 원 O에 내접하므로

$\angle BAP+95^\circ=180^\circ \qquad \therefore \angle BAP=85^\circ$

$\therefore \angle BOP=2\angle BAP=2\times 85^\circ=170^\circ$

답 ①

중 29 ㄱ. $\angle DCE=\angle DPQ$

$=\angle ABQ=85^\circ$

즉, 동위각의 크기가 같으므로

$\overline{AB}\,/\!/\,\overline{CD}$

ㄴ. $\overline{AB}\,/\!/\,\overline{PQ}$인지는 알 수 없다.

ㄷ. $\angle APQ=180^\circ-85^\circ=95^\circ$

ㄹ. $\angle BAP$의 크기는 알 수 없다.

ㅁ. $\angle DCQ=180^\circ-85^\circ=95^\circ$

이상에서 옳은 것은 ㄱ, ㅁ이다.

답 ①

중 30 □ABQP가 원 O에 내접하므로

$\angle QPD=\angle ABQ=110^\circ$

□PQCD가 원 O′에 내접하므로

$110^\circ+\angle x=180^\circ \qquad \therefore \angle x=70^\circ$

□ABQP가 원 O에 내접하므로

$\angle PQC=\angle BAP=80^\circ$

□PQCD가 원 O′에 내접하므로

$\angle y=\angle PQC=80^\circ$

$\therefore \angle x+\angle y=70^\circ+80^\circ=150^\circ$

답 ②

중 31 □DCFE가 원에 내접하므로

$\angle x=\angle CDE=80^\circ$ …… ㉮

한편, △DCG에서

$\angle BCD=80^\circ+25^\circ=105^\circ$

□ABCD가 원에 내접하므로

$\angle y+105^\circ=180^\circ \qquad \therefore \angle y=75^\circ$ …… ㉯

$\therefore \angle x-\angle y=80^\circ-75^\circ=5^\circ$ …… ㉰

답 5°

채점 기준

㉮ $\angle x$의 크기 구하기	40 %
㉯ $\angle y$의 크기 구하기	40 %
㉰ $\angle x-\angle y$의 크기 구하기	20 %

중 32 □ABCD가 원에 내접하므로

$\angle BAD=\angle DCF$

□DCFE가 원에 내접하므로

$\angle DCF=\angle FEH$

$\therefore \angle BAD = \angle FEH$

이때 □EFGH가 원에 내접하므로

$\angle FEH + 92^\circ = 180^\circ$ $\therefore \angle FEH = 88^\circ$

$\therefore \angle BAD = \angle FEH = 88^\circ$

답 ③

중 33 ① $\angle A \neq \angle DCE$이므로 □ABCD는 원에 내접하지 않는다.

② $\angle BAD = 180^\circ - 75^\circ = 105^\circ$이므로 $\angle BAD = \angle DCE$

따라서 □ABCD는 원에 내접한다.

③ $\angle A \neq \angle DCE$이므로 □ABCD는 원에 내접하지 않는다.

④ △ABC에서

$\angle B = 180^\circ - (50^\circ + 30^\circ) = 100^\circ$

따라서 $\angle B + \angle D \neq 180^\circ$이므로 □ABCD는 원에 내접하지 않는다.

⑤ $\angle BDC = 110^\circ - 60^\circ = 50^\circ$이므로 $\angle BAC = \angle BDC$

따라서 □ABCD는 원에 내접한다.

이상에서 □ABCD가 원에 내접하는 것은 ②, ⑤이다.

답 ②, ⑤

하 34 □ABCD가 원에 내접하려면

$\angle BDC = \angle BAC = 50^\circ$

이어야 하므로 △DPC에서

$\angle x = 180^\circ - (50^\circ + 95^\circ) = 35^\circ$

답 35°

중 35 △QBC에서

$\angle QBP = 60^\circ + 20^\circ = 80^\circ$ …… ㉮

□ABCD가 원에 내접하려면

$\angle ADC = \angle ABP = 80^\circ$

이어야 하므로 △DPC에서

$\angle x = 180^\circ - (80^\circ + 60^\circ) = 40^\circ$ …… ㉯

답 40°

채점 기준

㉮ ∠QBP의 크기 구하기	40 %
㉯ $\angle x$의 크기 구하기	60 %

중 36 ① 한 외각의 크기가 그와 이웃한 내각의 대각의 크기와 같으므로 □ABCD는 원에 내접한다.

②, ③ 한 호에 대한 원주각의 크기가 같으므로 □ABCD는 원에 내접한다.

④ 한 쌍의 대각의 크기의 합이 180°이므로 □ABCD는 원에 내접한다.

⑤ [반례] $\angle CDF = 80^\circ$, $\angle DCE = 100^\circ$, $\angle A = 120^\circ$, $\angle B = 60^\circ$라 하면

$\angle CDF + \angle DCE = 80^\circ + 100^\circ = 180^\circ$

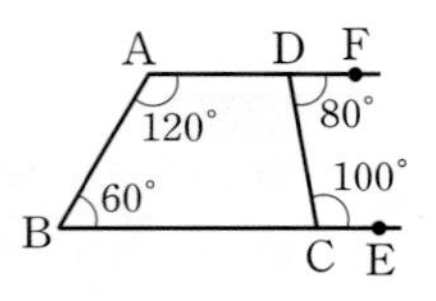

이지만 $\angle DCE \neq \angle A$이므로 □ABCD는 원에 내접하지 않는다.

즉, $\angle CDF + \angle DCE = 180^\circ$일 때, □ABCD가 항상 원에 내접하는 것은 아니다.

따라서 □ABCD가 원에 내접할 조건이 아닌 것은 ⑤이다.

답 ⑤

중 37 ㄴ. 등변사다리꼴의 아랫변의 양 끝 각의 크기가 서로 같고 윗변의 양 끝 각의 크기가 서로 같으므로 한 쌍의 대각의 크기의 합이 180°이다.

ㅁ. 직사각형의 네 내각의 크기는 모두 90°이므로 한 쌍의 대각의 크기의 합이 180°이다.

ㅂ. 정사각형의 네 내각의 크기는 모두 90°이므로 한 쌍의 대각의 크기의 합이 180°이다.

이상에서 항상 원에 내접하는 사각형은 ㄴ, ㅁ, ㅂ의 3개이다.

답 ②

상 38 $\angle BFC = \angle BEC = 90^\circ$이므로

□BCEF는 원에 내접한다.

$\therefore \angle CBE = \angle CFE = 35^\circ$

($\overset{\frown}{CE}$에 대한 원주각)

△ABD에서

$\angle BAD = 180^\circ - (90^\circ + 42^\circ + 35^\circ)$

$= 13^\circ$

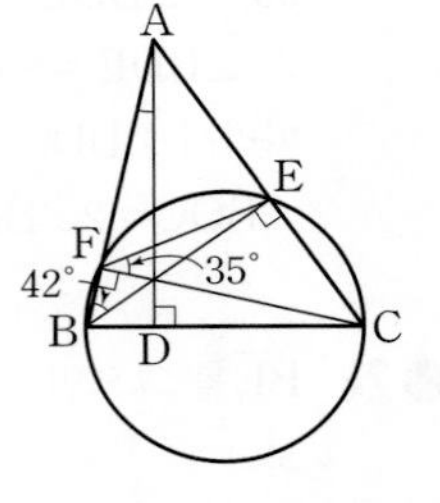

답 ②

Lecture 13 원의 접선과 현이 이루는 각

Level A 개념 익히기 92쪽

01 $\angle x = \angle BAT = 75^\circ$ 답 75°

02 $\angle x = \angle BCA = 100^\circ$ 답 100°

03 $\angle CBA = 180^\circ - (42^\circ + 58^\circ) = 80^\circ$

$\therefore \angle x = \angle CBA = 80^\circ$ 답 80°

04 $\angle BCA = \angle BAT = 50^\circ$이므로

$\angle x = 180^\circ - (50^\circ + 55^\circ) = 75^\circ$ 답 75°

05 $\angle CBA = \angle CAT = 25^\circ$, $\angle CAB = 90^\circ$이므로

$\angle x = 180^\circ - (90^\circ + 25^\circ) = 65^\circ$ 답 65°

06 $\angle CAB = 90^\circ$이므로

$\angle CBA = 180^\circ - (90^\circ + 40^\circ) = 50^\circ$

$\therefore \angle x = \angle CBA = 50^\circ$ 답 50°

07 $\angle x = \angle BTQ = \angle DTP = \angle DCT = 80^\circ$

$\angle y = \angle CTQ = \angle ATP = \angle ABT = 50^\circ$

답 $\angle x = 80^\circ$, $\angle y = 50^\circ$

08 $\angle x = \angle BTQ = \angle BAT = 68^\circ$

$\angle y = \angle ABT = 74^\circ$ 답 $\angle x = 68^\circ$, $\angle y = 74^\circ$

중 09 직선 BT가 원 O의 접선이므로
$\angle ACB=\angle ABT=62°$
$\therefore \angle AOB=2\angle ACB=2\times 62°=124°$
$\triangle OAB$는 $\overline{OA}=\overline{OB}$인 이등변삼각형이므로
$\angle OAB=\frac{1}{2}\times(180°-124°)=28°$
답 ⑤

다른 풀이 $\angle OBT=90°$이므로
$\angle OBA=90°-62°=28°$
$\therefore \angle OAB=\angle OBA=28°$

하 10 직선 AT가 원 O의 접선이므로
$\angle BCA=\angle BAT=65°$
$\therefore \angle x=180°-(30°+65°)=85°$
$\triangle A'T'B'$에서
$48°=\angle B'A'T'+23°$ $\therefore \angle B'A'T'=25°$
직선 A'T'이 원 O'의 접선이므로
$\angle y=\angle B'A'T'=25°$
$\therefore \angle x+\angle y=85°+25°=110°$
답 110°

중 11 $\triangle BTP$에서 $\overline{BT}=\overline{BP}$이므로
$\angle BTP=\angle BPT=35°$
$\overline{PT}$가 원의 접선이므로
$\angle BAT=\angle BTP=35°$
$\triangle ATP$에서
$35°+(\angle ATB+35°)+35°=180°$
$\therefore \angle ATB=75°$
답 ③

중 12 $2\widehat{AB}=\widehat{CA}$에서 $\widehat{AB}=\frac{1}{2}\widehat{CA}$
$4\widehat{BC}=3\widehat{CA}$에서 $\widehat{BC}=\frac{3}{4}\widehat{CA}$
이므로
$\angle BCA : \angle CAB : \angle ABC=\widehat{AB} : \widehat{BC} : \widehat{CA}$
$=\frac{1}{2}\widehat{CA} : \frac{3}{4}\widehat{CA} : \widehat{CA}$
$=2 : 3 : 4$ …… ㉮
$\therefore \angle ABC=180°\times\frac{4}{2+3+4}=80°$ …… ㉯
직선 CP가 원의 접선이므로
$\angle x=\angle ABC=80°$ …… ㉰
답 80°

채점 기준

㉮ $\triangle ABC$의 세 내각의 크기의 비 구하기	30 %
㉯ $\angle ABC$의 크기 구하기	40 %
㉰ $\angle x$의 크기 구하기	30 %

중 13 □ABCD가 원에 내접하므로
$80°+\angle y=180°$ $\therefore \angle y=100°$
직선 BP가 원의 접선이므로
$\angle CAB=\angle CBP=46°$
따라서 $\triangle ABC$에서
$\angle x=180°-(46°+100°)=34°$
$\therefore \angle y-\angle x=100°-34°=66°$
답 66°

공략 비법
원에 내접하는 □ABCD에서 직선 BT가 원의 접선일 때
① 대각의 크기의 합이 180°이므로
$\angle DAB+\angle DCB=180°$
$\angle ADC+\angle ABC=180°$
② $\angle ABT=\angle ACB$

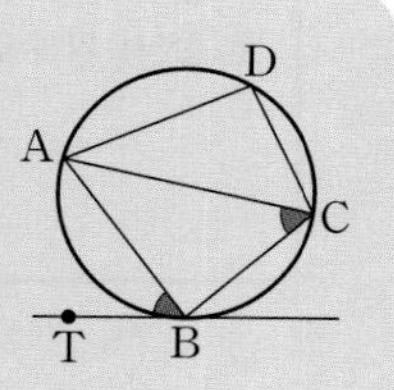

중 14 □ATCB가 원에 내접하므로
$\angle BAT+94°=180°$ $\therefore \angle BAT=86°$
$\triangle APT$에서
$86°=50°+\angle ATP$ $\therefore \angle ATP=36°$
$\overline{PT}$가 원의 접선이므로
$\angle ABT=\angle ATP=36°$
따라서 $\triangle ATB$에서
$\angle ATB=180°-(86°+36°)=58°$
답 ④

중 15 □ABCD가 원에 내접하므로
$\angle ABC+112°=180°$
$\therefore \angle ABC=68°$
$\overline{BD}$를 그으면 $\widehat{AD}=\widehat{DC}$이므로
$\angle DBC=\angle ABD=\frac{1}{2}\angle ABC$
$=\frac{1}{2}\times 68°=34°$
직선 CT가 원의 접선이므로
$\angle DCT=\angle DBC=34°$
답 34°

상 16 $\triangle ABC$에서 $\overline{AB}=\overline{AC}$이므로
$\angle ABC=\angle ACB=\angle a$라 하면
$\triangle BPC$에서
$\angle a=33°+\angle BCP$
$\therefore \angle BCP=\angle a-33°$
$\overline{PC}$가 원의 접선이므로
$\angle BAC=\angle BCP=\angle a-33°$
$\triangle ABC$에서
$(\angle a-33°)+\angle a+\angle a=180°$
$3\angle a=213°$ $\therefore \angle a=71°$
□ABCD가 원에 내접하므로
$71°+\angle ADC=180°$ $\therefore \angle ADC=109°$
답 109°

중 17 $\overline{AC}$를 그으면 $\overline{BC}$는 원 O의 지름이므로
$\angle BAC=90°$
직선 AT가 원 O의 접선이므로
$\angle BCA=\angle BAT=72°$
$\triangle ABC$에서
$\angle ABC=180°-(90°+72°)=18°$

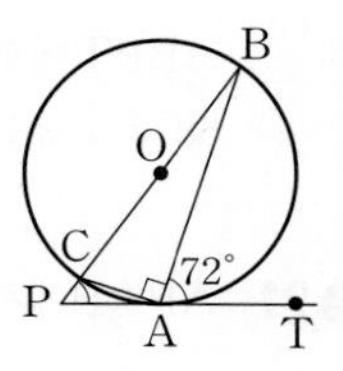

$\triangle$ABP에서

$72° = 18° + \angle BPA$ $\qquad \therefore \angle BPA = 54°$ 답 ③

개념 보충 학습

(1) 접선: 원과 한 점에서 만나는 직선

(2) 할선: 원과 두 점에서 만나는 직선

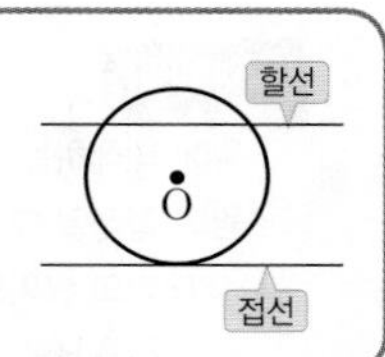

중 18 $\overline{AB}$는 원 O의 지름이므로

$\angle ATB = 90°$

직선 PT가 원 O의 접선이므로

$\angle ABT = \angle ATP = 36°$

$\triangle$ATB에서

$\angle BAT = 180° - (90° + 36°) = 54°$

이때 $\angle BAT : \angle ABT = \widehat{BT} : \widehat{AT}$이므로

$54 : 36 = 9\pi : \widehat{AT}$, $3 : 2 = 9\pi : \widehat{AT}$

$3\widehat{AT} = 18\pi$ $\qquad \therefore \widehat{AT} = 6\pi$ 답 ⑤

중 19 $\overline{BD}$를 그으면 $\overline{AD}$는 원 O의 지름이므로

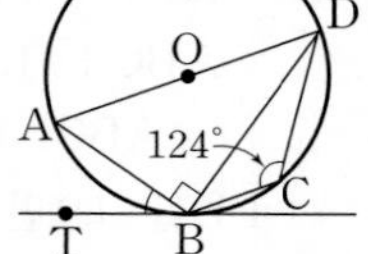

$\angle ABD = 90°$

□ABCD가 원 O에 내접하므로

$\angle DAB + 124° = 180°$

$\therefore \angle DAB = 56°$ ······ ㉮

$\triangle$ABD에서

$\angle ADB = 180° - (56° + 90°) = 34°$ ······ ㉯

직선 BT가 원 O의 접선이므로

$\angle ABT = \angle ADB = 34°$ ······ ㉰

답 34°

채점 기준

㉮ $\angle$DAB의 크기 구하기	40 %
㉯ $\angle$ADB의 크기 구하기	40 %
㉰ $\angle$ABT의 크기 구하기	20 %

중 20 $\overline{BT}$를 그으면 $\overline{BC}$는 원 O의 지름이므로

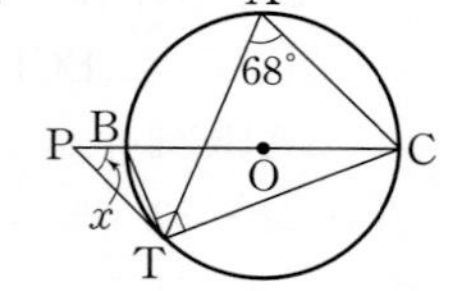

$\angle BTC = 90°$

$\angle CBT = \angle CAT = 68°$

($\widehat{CT}$에 대한 원주각)

$\triangle$BTC에서

$\angle BCT = 180° - (68° + 90°) = 22°$

$\overline{PT}$가 원 O의 접선이므로

$\angle BTP = \angle BCT = 22°$

$\triangle$BPT에서

$68° = \angle x + 22°$ $\qquad \therefore \angle x = 46°$ 답 ③

중 21 $\triangle$PAB에서 $\overline{PA} = \overline{PB}$이므로

$\angle PAB = \frac{1}{2} \times (180° - 50°) = 65°$

$\therefore \angle CAB = 180° - (65° + 70°) = 45°$

직선 PB가 원 O의 접선이므로

$\angle CBE = \angle CAB = 45°$ 답 ④

중 22 $\triangle$CFE에서 $\overline{CE} = \overline{CF}$이므로

$\angle FEC = \frac{1}{2} \times (180° - 52°) = 64°$

$\overline{BC}$가 원 O의 접선이므로

$\angle FDE = \angle FEC = 64°$

$\triangle$DEF에서

$\angle DFE = 180° - (64° + 46°) = 70°$ 답 70°

중 23 $\triangle$PAB에서 $\overline{PA} = \overline{PB}$이므로

$\angle PAB = \frac{1}{2} \times (180° - 40°) = 70°$

직선 PA가 원 O의 접선이므로

$\angle ACB = \angle PAB = 70°$ ······ ㉮

$\triangle$ACB에서

$\angle CBA + \angle CAB = 180° - 70° = 110°$

$\angle CBA : \angle CAB = \widehat{AC} : \widehat{BC}$

$= 7 : 4$

이므로

$\angle CAB = 110° \times \frac{4}{7+4} = 40°$ ······ ㉯

답 40°

채점 기준

㉮ $\angle$ACB의 크기 구하기	40 %
㉯ $\angle$CAB의 크기 구하기	60 %

중 24 $\angle BPT = \angle BAP = 45°$

$\angle CPT = \angle CDP = 60°$

$\therefore \angle CPD = 180° - (45° + 60°) = 75°$ 답 ⑤

중 25 $\angle CDP = \angle BPT' = \angle BAP = 34°$

$\triangle$DCP에서

$104° = 34° + \angle x$ $\qquad \therefore \angle x = 70°$ 답 70°

다른 풀이 $\angle DCP = 180° - 104° = 76°$이므로

$\angle DPT = 76°$

또, $\angle BPT' = \angle BAP = 34°$

$\therefore \angle x = 180° - (34° + 76°) = 70°$

중 26 ①, ③ $\angle BAT = \angle BTQ = \angle CDT$

따라서 동위각의 크기가 같으므로

$\overline{AB} /\!/ \overline{CD}$

② 직선 PQ가 두 원의 공통인 접선이므로

$\angle ABT = \angle ATP$

④ $\triangle$ABT와 $\triangle$DCT에서

$\angle BAT = \angle CDT$, $\angle ATB$는 공통

$\therefore \triangle ABT \backsim \triangle DCT$ (AA 닮음)

⑤ ④에서 $\triangle ABT \backsim \triangle DCT$이므로
$\overline{TA} : \overline{TD} = \overline{AB} : \overline{DC}$
따라서 옳지 않은 것은 ③이다. 답 ③

Level B 단원 마무리 96~99쪽
필수 유형 정복하기

01 ⑤	02 55°	03 ④	04 $\frac{3\sqrt{5}}{2}$ cm	05 ②
06 ①	07 26°	08 ③	09 200°	10 129°
11 110°	12 ①, ④	13 ②	14 ④	15 27°
16 20°	17 ③	18 ⑤	19 40°	
20 (1) 110° (2) 70°		21 60°	22 215°	23 $2\sqrt{2}$ cm^2
24 131°				

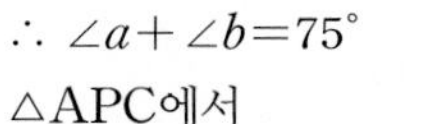

01 전략 한 호에 대한 중심각의 크기는 그 호에 대한 원주각의 크기의 2배임을 이용한다.
$\overline{OC}$를 그으면
$\angle BOC = 2\angle BAC = 2\times 56^\circ = 112^\circ$
$\triangle OBC$에서 $\overline{OB} = \overline{OC}$이므로
$\angle OBC = \frac{1}{2}\times(180^\circ - 112^\circ) = 34^\circ$

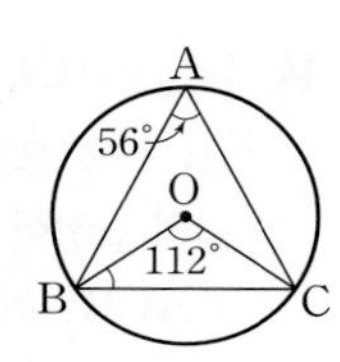

02 전략 한 호에 대한 원주각의 크기는 같음을 이용한다.
$\angle BAC = \angle BEC = 70^\circ$ ($\widehat{BC}$에 대한 원주각)이므로
$\angle BAE = \frac{1}{2}\times(180^\circ - 70^\circ) = 55^\circ$
$\therefore \angle BCE = \angle BAE = 55^\circ$ ($\widehat{BE}$에 대한 원주각)

03 전략 $\overline{AE}$를 그은 후, 반원에 대한 원주각의 크기는 90°임을 이용한다.
$\overline{AE}$를 그으면 $\overline{AB}$는 원 O의 지름이므로
$\angle AEB = 90^\circ$
$\triangle AEC$에서
$\angle DAE = 90^\circ - 64^\circ = 26^\circ$
$\therefore \angle DOE = 2\angle DAE$
$= 2\times 26^\circ = 52^\circ$

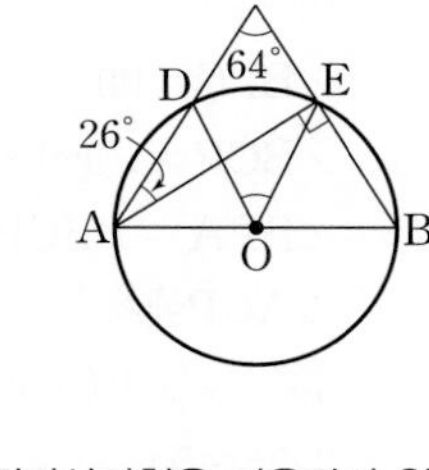

04 전략 $\overline{BC}$와 원의 지름을 두 변으로 하는 직각삼각형을 이용하여 원의 지름의 길이를 구한다.
오른쪽 그림과 같이 $\overline{BO}$의 연장선이 원 O와 만나는 점을 A′이라 하면
$\angle BA'C = \angle BAC$ ($\widehat{BC}$에 대한 원주각)
$\overline{A'B}$는 원 O의 지름이므로
$\angle A'CB = 90^\circ$

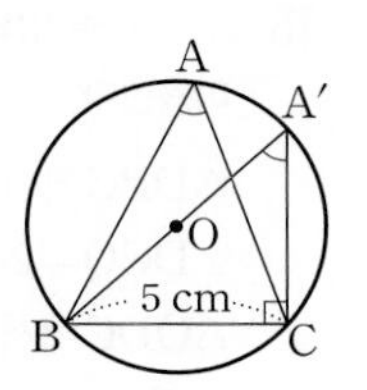

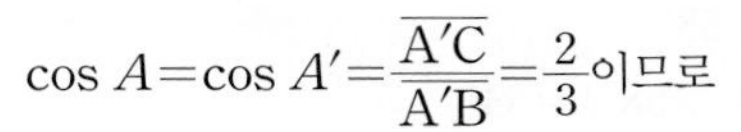
$\cos A = \cos A' = \frac{\overline{A'C}}{\overline{A'B}} = \frac{2}{3}$이므로
$\overline{A'B} = 3a$ cm라 하면 $\overline{A'C} = 2a$ cm
$\triangle A'BC$에서
$(3a)^2 = 5^2 + (2a)^2$, $9a^2 = 25 + 4a^2$
$5a^2 = 25$, $a^2 = 5$
$\therefore a = \sqrt{5}$ ($\because a > 0$)
즉, $\overline{A'B} = 3a = 3\sqrt{5}$ (cm)이므로
$\overline{A'O} = \frac{1}{2}\overline{A'B} = \frac{1}{2}\times 3\sqrt{5} = \frac{3\sqrt{5}}{2}$ (cm)
따라서 원 O의 반지름의 길이는 $\frac{3\sqrt{5}}{2}$ cm이다.

05 전략 길이가 같은 호에 대한 원주각의 크기는 같음을 이용한다.
$\widehat{AM} = \widehat{BM}$, $\widehat{BN} = \widehat{CN}$이므로
$\angle ACM = \angle BCM = \angle a$,
$\angle BAN = \angle CAN = \angle b$라 하면
$\triangle ABC$에서
$30^\circ + 2\angle a + 2\angle b = 180^\circ$
$2(\angle a + \angle b) = 150^\circ$
$\therefore \angle a + \angle b = 75^\circ$
$\triangle APC$에서
$\angle APC = 180^\circ - (\angle a + \angle b)$
$= 180^\circ - 75^\circ = 105^\circ$
$\therefore \angle MPN = \angle APC = 105^\circ$ (맞꼭지각)

06 전략 호의 길이는 그 호에 대한 원주각의 크기에 정비례함을 이용한다.
$\overline{BP}$는 원 O의 지름이므로 $\angle BAP = 90^\circ$
$\triangle ABP$에서
$\angle ABP = 180^\circ - (90^\circ + 24^\circ) = 66^\circ$
$\angle ABP : \angle BPC = \widehat{AP} : \widehat{BC}$이므로
$66 : x = 9 : 3$, $66 : x = 3 : 1$
$3x = 66$ $\therefore x = 22$
$\therefore \angle x = 22^\circ$

07 전략 호의 길이는 그 호에 대한 원주각의 크기에 정비례함을 이용한다.
$\angle APB = \frac{1}{2}\times 204^\circ = 102^\circ$이므로 $\triangle PAB$에서
$\angle PAB + \angle PBA = 180^\circ - 102^\circ = 78^\circ$ …… ㉠
$\widehat{PB} = \frac{1}{2}\widehat{PA}$이므로 $\angle PAB = \frac{1}{2}\angle PBA$, 즉
$\angle PBA = 2\angle PAB$ …… ㉡
㉡을 ㉠에 대입하면
$\angle PAB + 2\angle PAB = 78^\circ$
$3\angle PAB = 78^\circ$ $\therefore \angle PAB = 26^\circ$

08 전략 원에 내접하는 사각형의 한 쌍의 대각의 크기의 합이 180°임을 이용한다.
$\widehat{AB} = \widehat{BC}$이므로 $\angle AEB = \angle BDC = \angle a$라 하면

□AEDC가 원에 내접하므로

$\angle EAC+(\angle a+83^\circ)=180^\circ$

$\therefore \angle EAC=180^\circ-(\angle a+83^\circ)$

$=97^\circ-\angle a$

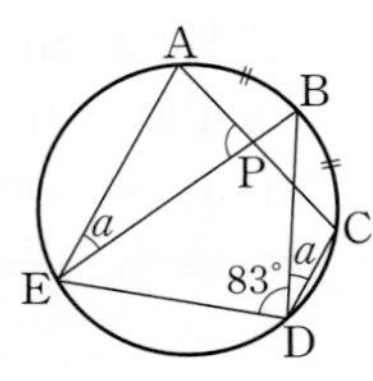

△AEP에서

$\angle APE=180^\circ-\{(97^\circ-\angle a)+\angle a\}=83^\circ$

09 전략 원에 내접하는 사각형의 성질을 이용한다.

$\widehat{ADC}$의 길이가 원주의 $\frac{5}{9}$이므로

$\angle ABC=180^\circ\times\frac{5}{9}=100^\circ$

$\widehat{BCD}$의 길이가 원주의 $\frac{2}{3}$이므로

$\angle BAD=180^\circ\times\frac{2}{3}=120^\circ$

□ABCD는 원에 내접하므로

$100^\circ+\angle ADC=180^\circ$ $\quad\therefore \angle ADC=80^\circ$

또, $\angle DCE=\angle BAD=120^\circ$이므로

$\angle ADC+\angle DCE=80^\circ+120^\circ=200^\circ$

10 전략 원에 내접하는 사각형과 외각의 성질을 이용한다.

$\angle ABC=\angle x$라 하면 □ABCD가 원에 내접하므로

$\angle ADP=\angle ABC=\angle x$

△ABQ에서

$\angle PAQ=\angle x+48^\circ$

△ADP에서

$(\angle x+48^\circ)+\angle x+30^\circ=180^\circ$

$2\angle x=102^\circ$ $\quad\therefore \angle x=51^\circ$

□ABCD가 원에 내접하므로

$\angle x+\angle ADC=180^\circ$

$51^\circ+\angle ADC=180^\circ$ $\quad\therefore \angle ADC=129^\circ$

11 전략 $\overline{PQ}$를 그은 후, 두 원에서 각각 원에 내접하는 사각형의 성질을 이용한다.

$\angle BAP=\frac{1}{2}\angle BOP=\frac{1}{2}\times140^\circ=70^\circ$

$\overline{PQ}$를 그으면 □ABQP가 원 O에 내접하므로

$\angle PQC=\angle BAP=70^\circ$

□PQCD가 원 O′에 내접하므로

$70^\circ+\angle PDC=180^\circ$

$\therefore \angle PDC=110^\circ$

12 전략 원에 내접하는 사각형의 성질을 이용한다.

① △ABE에서 $\angle BAC=180^\circ-(30^\circ+90^\circ)=60^\circ$이므로

$\angle BAC=\angle BDC$

따라서 □ABCD는 원에 내접한다.

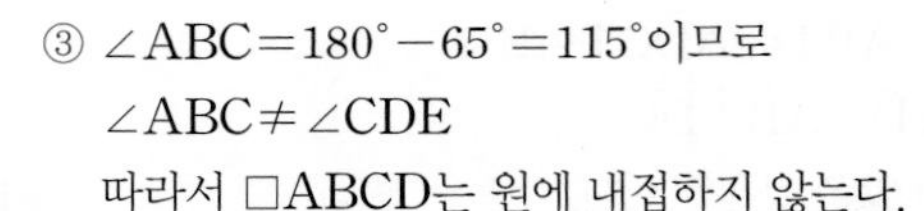

③ $\angle ABC=180^\circ-65^\circ=115^\circ$이므로

$\angle ABC\neq\angle CDE$

따라서 □ABCD는 원에 내접하지 않는다.

④ △ABC에서 $\angle B=180^\circ-(45^\circ+60^\circ)=75^\circ$이므로

$\angle B+\angle D=180^\circ$

따라서 □ABCD는 원에 내접한다.

⑤ $\angle ABC=180^\circ-100^\circ=80^\circ$

$\angle ADC=180^\circ-70^\circ=110^\circ$

따라서 $\angle ABC+\angle ADC\neq180^\circ$이므로 □ABCD는 원에 내접하지 않는다.

이상에서 □ABCD가 원에 내접하는 것은 ①, ④이다.

13 전략 원의 접선과 현이 이루는 각과 원주각의 크기는 호의 길이에 정비례함을 이용한다.

$\overline{BC}$를 그으면 직선 AT가 원의 접선이므로

$\angle BCA=\angle BAT=50^\circ$

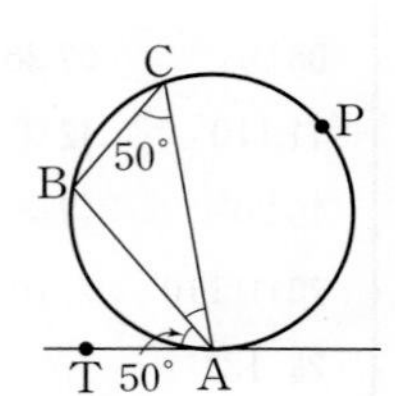

또, $2\widehat{AB}=\widehat{APC}$이므로

$\angle ABC=2\angle ACB$

$=2\times50^\circ=100^\circ$

△ACB에서

$\angle BAC=180^\circ-(50^\circ+100^\circ)=30^\circ$

14 전략 $\overline{AC}$를 그은 후, 원의 접선과 현이 이루는 각을 이용한다.

$\overline{AC}$를 그으면 두 직선 l, m은 각각 원의 접선이므로

$\angle ACB=\angle x$

$\angle ACD=\angle y$

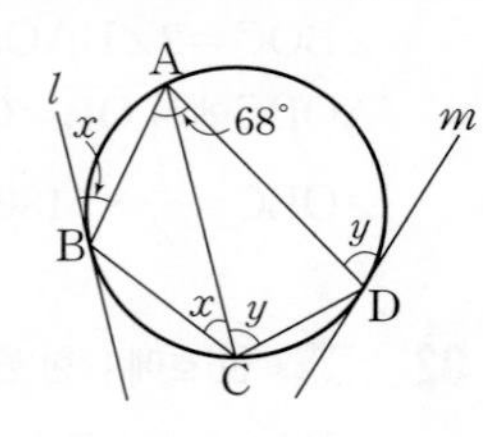

□ABCD가 원에 내접하므로

$68^\circ+\angle BCD=180^\circ$

$\therefore \angle BCD=112^\circ$

$\therefore \angle x+\angle y=\angle BCD=112^\circ$

15 전략 $\overline{PB}$를 그은 후, 반원에 대한 원주각의 크기는 90°임을 이용한다.

$\overline{PB}$를 그으면 $\overline{BC}$는 반원 O의 지름이므로

$\angle BPC=90^\circ$

$\angle BCP=\angle x$라 하면 $\overline{AP}$는 반원 O의 접선이므로

$\angle BPA=\angle BCP=\angle x$

△ACP에서

$36^\circ+\angle x+(\angle x+90^\circ)=180^\circ$

$2\angle x=54^\circ$ $\quad\therefore \angle x=27^\circ$

16 전략 원 밖의 한 점에서 두 접선을 그었을 때 접선의 길이가 같음을 이용한다.

△DPC에서

$\angle DCQ=26^\circ+32^\circ=58^\circ$

△QDC에서 $\overline{QC}=\overline{QD}$이므로

$\angle CDQ=\angle DCQ=58^\circ$

$\therefore \angle x=180^\circ-(58^\circ+58^\circ)=64^\circ$

$\overline{QD}$가 원의 접선이므로
$\angle y=\angle BDQ=26^\circ+58^\circ=84^\circ$
$\therefore \angle y-\angle x=84^\circ-64^\circ=20^\circ$

17 전략 동위각의 크기와 엇각의 크기가 각각 같으면 두 직선은 서로 평행함을 이용한다.

① $\angle CDT=\angle CTP=32^\circ$이므로
$\angle BAT=\angle CDT=32^\circ$
즉, 엇각의 크기가 같으므로
$\overline{AB}/\!/\overline{CD}$

② 오른쪽 그림에서

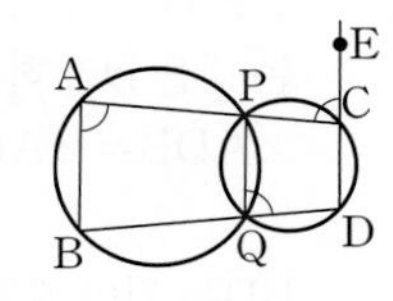

$\angle PAB=\angle PQD=\angle PCE$
즉, 엇각의 크기가 같으므로
$\overline{AB}/\!/\overline{CD}$

③ $\angle DTQ=180^\circ-(65^\circ+65^\circ)=50^\circ$이므로
$\angle DCT=\angle DTQ=50^\circ$
$\therefore \angle BAC\neq\angle DCT$
즉, 동위각의 크기가 같지 않으므로 $\overline{AB}$와 $\overline{CD}$는 평행하지 않다.

④ $\angle BAT=\angle BTQ=\angle DCT$
즉, 동위각의 크기가 같으므로
$\overline{AB}/\!/\overline{CD}$

⑤ $\angle BAQ=\angle BPQ=\angle QDC$
즉, 엇각의 크기가 같으므로
$\overline{AB}/\!/\overline{CD}$

따라서 $\overline{AB}$와 $\overline{CD}$가 서로 평행하지 않은 것은 ③이다.

18 전략 점 P를 지나는 두 원의 공통인 접선을 그은 후, 원의 접선과 현이 이루는 각을 이용한다.

점 P를 지나고 두 원 O, O′에 공통인 접선 ST를 그으면
$\angle BAP=\angle BPT$

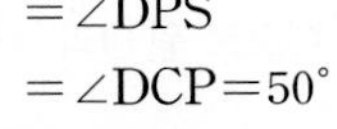

$=\angle DPS$
$=\angle DCP=50^\circ$

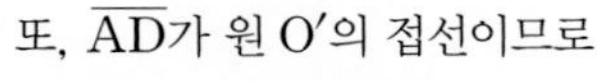

또, $\overline{AD}$가 원 O′의 접선이므로
$\angle ADP=\angle DCP=50^\circ$
△ABD에서
$(50^\circ+25^\circ)+\angle ABP+50^\circ=180^\circ$
$\therefore \angle ABP=55^\circ$

19 전략 $\overline{BC}$를 그은 후, $\widehat{AC}$, $\widehat{BD}$에 대한 원주각의 크기를 각각 구한다.

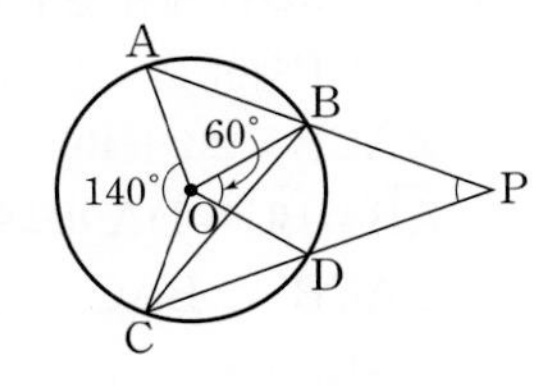

$\overline{BC}$를 그으면
$\angle ABC=\frac{1}{2}\angle AOC$
$=\frac{1}{2}\times140^\circ$
$=70^\circ$ …… ㉮
$\angle BCD=\frac{1}{2}\angle BOD$
$=\frac{1}{2}\times60^\circ=30^\circ$ …… ㉯

△BCP에서
$70^\circ=\angle APC+30^\circ$ $\therefore \angle APC=40^\circ$ …… ㉰

채점 기준

㉮ ∠ABC의 크기 구하기	40 %
㉯ ∠BCD의 크기 구하기	40 %
㉰ ∠APC의 크기 구하기	20 %

20 전략 $\overline{OA}$, $\overline{OB}$를 그어 $\angle PAO=\angle PBO=90^\circ$임을 이용한다.

(1) $\overline{OA}$, $\overline{OB}$를 그으면
$\angle PAO=\angle PBO=90^\circ$
□APBO에서
$\angle AOB$
$=360^\circ-(90^\circ+40^\circ+90^\circ)$
$=140^\circ$ …… ㉮

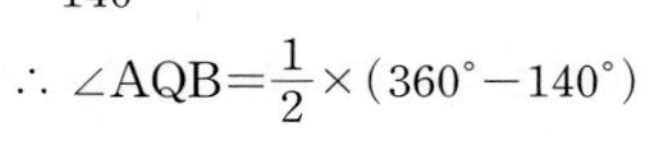

$\therefore \angle AQB=\frac{1}{2}\times(360^\circ-140^\circ)$
$=110^\circ$ …… ㉯

(2) □AQBO에서
$\angle OAQ+\angle OBQ=360^\circ-(140^\circ+110^\circ)$
$=110^\circ$ …… ㉰
$\therefore \angle PAQ+\angle PBQ$
$=(\angle OAP-\angle OAQ)+(\angle OBP-\angle OBQ)$
$=(\angle OAP+\angle OBP)-(\angle OAQ+\angle OBQ)$
$=(90^\circ+90^\circ)-110^\circ$
$=70^\circ$ …… ㉱

채점 기준

(1)	㉮ ∠AOB의 크기 구하기	20 %
	㉯ ∠AQB의 크기 구하기	30 %
(2)	㉰ ∠OAQ+∠OBQ의 크기 구하기	20 %
	㉱ ∠PAQ+∠PBQ의 크기 구하기	30 %

21 전략 $\widehat{AB}$의 길이가 원주의 $\frac{1}{k}$이면 $\widehat{AB}$에 대한 원주각의 크기는 $180^\circ\times\frac{1}{k}$임을 이용한다.

$\overline{BC}$를 그으면
$\angle ACB=180^\circ\times\frac{1}{5}=36^\circ$ …… ㉮
$\widehat{AB}:\widehat{CD}=3:2$이므로
$3\widehat{CD}=2\widehat{AB}$ $\therefore \widehat{CD}=\frac{2}{3}\widehat{AB}$

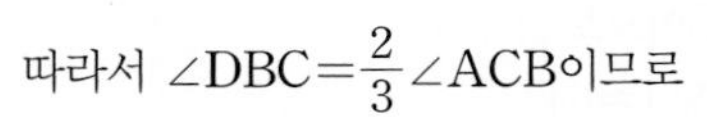

따라서 $\angle DBC=\frac{2}{3}\angle ACB$이므로
$\angle DBC=\frac{2}{3}\times36^\circ=24^\circ$ …… ㉯
△PBC에서
$\angle DPC=24^\circ+36^\circ=60^\circ$ …… ㉰

채점 기준

㉮ ∠ACB의 크기 구하기	40 %
㉯ ∠DBC의 크기 구하기	40 %
㉰ ∠DPC의 크기 구하기	20 %

22 전략 $\overline{AC}$를 그은 후, □ACDE가 원에 내접함을 이용한다.

$\overline{AC}$를 그으면

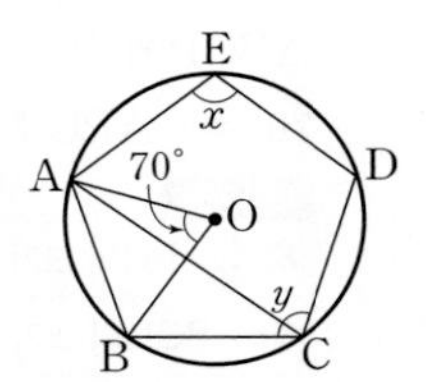

$\angle ACB=\frac{1}{2}\angle AOB$

$=\frac{1}{2}\times 70^\circ=35^\circ$ ······ ㉮

□ACDE가 원 O에 내접하므로

$\angle ACD+\angle AED=180^\circ$이고

$\angle y=\angle ACB+\angle ACD$

$\therefore\ \angle x+\angle y=\angle AED+(\angle ACB+\angle ACD)$

$=\angle ACB+(\angle ACD+\angle AED)$

$=35^\circ+180^\circ=215^\circ$ ······ ㉯

채점 기준

㉮ $\angle ACB$의 크기 구하기	40 %
㉯ $\angle x+\angle y$의 크기 구하기	60 %

23 전략 원의 접선과 현이 이루는 각을 이용하여 $\triangle PBA$와 닮음인 삼각형을 찾는다.

$\triangle PBA\backsim\triangle PCB$ (AA 닮음)이므로

$\overline{PA}:\overline{PB}=\overline{PB}:\overline{PC}$

$2:\overline{PB}=\overline{PB}:(2+6)$, $\overline{PB}^2=16$

$\therefore\ \overline{PB}=4\,(\text{cm})\ (\because\ \overline{PB}>0)$ ······ ㉮

$\therefore\ \triangle APB=\frac{1}{2}\times\overline{PA}\times\overline{PB}\times\sin 45^\circ$

$=\frac{1}{2}\times 2\times 4\times\frac{\sqrt{2}}{2}=2\sqrt{2}\,(\text{cm}^2)$ ······ ㉯

채점 기준

㉮ $\overline{PB}$의 길이 구하기	50 %
㉯ $\triangle APB$의 넓이 구하기	50 %

공략 비법

$\overline{PB}$가 원의 접선일 때,

$\triangle PBA$와 $\triangle PCB$에서

$\angle PBA=\angle PCB$, $\angle P$는 공통

$\therefore\ \triangle PBA\backsim\triangle PCB$(AA 닮음)

➡ $\overline{PA}:\overline{PB}=\overline{PB}:\overline{PC}=\overline{AB}:\overline{BC}$

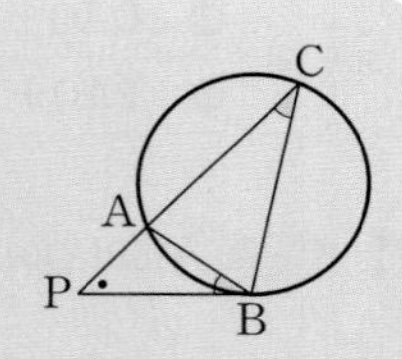

24 전략 원 밖의 한 점에서 두 접선을 그었을 때 접선의 길이가 같음을 이용한다.

$\overline{BC}$가 원 O의 접선이므로

$\angle DEB=\angle DFE=58^\circ$

$\triangle DBE$에서 $\overline{BD}=\overline{BE}$이므로

$\angle x=180^\circ-(58^\circ+58^\circ)=64^\circ$ ······ ㉮

또, $\triangle CFE$에서 $\overline{CE}=\overline{CF}$이므로

$\angle FEC=\frac{1}{2}\times(180^\circ-46^\circ)=67^\circ$

$\overline{BC}$가 원 O의 접선이므로

$\angle y=\angle FEC=67^\circ$ ······ ㉯

$\therefore\ \angle x+\angle y=64^\circ+67^\circ=131^\circ$ ······ ㉰

채점 기준

㉮ $\angle x$의 크기 구하기	40 %
㉯ $\angle y$의 크기 구하기	40 %
㉰ $\angle x+\angle y$의 크기 구하기	20 %

단원 마무리 100~101쪽

Level C 발전 유형 정복하기

01 ④	02 ③	03 30°	04 ④	05 ②
06 20°	07 ④	08 ④	09 8 cm	
10 $2\pi-2\sqrt{3}$		11 99°	12 88°	

01 전략 $\overline{AB}$와 원의 지름을 두 변으로 하는 직각삼각형을 이용하여 공연장의 지름의 길이를 구한다.

오른쪽 그림과 같이 원 모양의 공연장의 중심을 O라 하고, $\overline{BO}$의 연장선이 원과 만나는 점을 D라 하면

$\angle ADB=\angle ACB=30^\circ$

($\widehat{AB}$에 대한 원주각)

$\overline{BD}$는 원의 지름이므로

$\angle DAB=90^\circ$

$\triangle ADB$에서

$\overline{BD}=\frac{\overline{AB}}{\sin 30^\circ}=16\div\frac{1}{2}=32\,(\text{m})$

따라서 공연장의 지름의 길이는 32 m이다.

02 전략 $\overline{AO}$의 연장선을 그은 후, $\triangle AHD$와 닮음인 삼각형을 찾는다.

오른쪽 그림과 같이 $\overline{AO}$의 연장선이 원 O와 만나는 점을 P라 하자.

$\overline{BP}$를 그으면 $\triangle AHD$와 $\triangle ABP$에서

$\angle ADH=\angle APB$ ($\widehat{AB}$에 대한 원주각)

$\angle AHD=\angle ABP=90^\circ$

$\therefore\ \triangle AHD\backsim\triangle ABP$ (AA 닮음)

즉, $\overline{AH}:\overline{AB}=\overline{AD}:\overline{AP}$이고

$\triangle AHD$에서

$\overline{AD}=\sqrt{8^2+6^2}=\sqrt{100}=10$이므로

$8:12=10:\overline{AP}$, $2:3=10:\overline{AP}$

$2\overline{AP}=30$ $\qquad\therefore\ \overline{AP}=15$

따라서 원 O의 반지름의 길이가 $\frac{15}{2}$이므로 원 O의 둘레의 길이는

$2\pi\times\frac{15}{2}=15\pi$

03 전략 길이가 같은 호에 대한 원주각의 크기는 같음을 이용한다.

$\overline{AB}$, $\overline{AC}$, $\overline{BD}$를 긋고

$\angle CAD=\angle x$라 하면

$\angle CBD=\angle CAD=\angle x$

($\widehat{CD}$에 대한 원주각)

$\triangle ACP$에서

$\angle ACB=\angle x+40^\circ$

$\widehat{AB}=\widehat{BC}=\widehat{DA}$이므로

$\angle ACB=\angle BAC=\angle DBA=\angle x+40^\circ$

$\triangle ABC$에서

$(\angle x+40^\circ)+(\angle x+40^\circ+\angle x)+(\angle x+40^\circ)=180^\circ$

$4\angle x=60^\circ$ $\qquad\therefore\ \angle x=15^\circ$

$\therefore\ \angle COD=2\angle x=2\times 15^\circ=30^\circ$

04 전략 호의 길이는 그 호에 대한 원주각의 크기에 정비례함을 이용한다.

$\triangle$OAC에서 $\overline{OA}=\overline{OC}$이므로
$\angle OAC=\angle OCA=\angle x$
$\angle BOC=2\angle BAC=2\angle x$
또, $\widehat{BC}=2\widehat{AD}$이므로
$\angle BOC=2\angle AOD$
$2\angle x=2\angle AOD$
$\therefore\ \angle AOD=\angle x$
$\angle CAD=\angle OAC=\angle x$이므로
$\angle COD=2\angle CAD=2\angle x$
따라서 $\angle x+2\angle x+2\angle x=180^\circ$이므로
$5\angle x=180^\circ$
$\therefore\ \angle x=36^\circ$

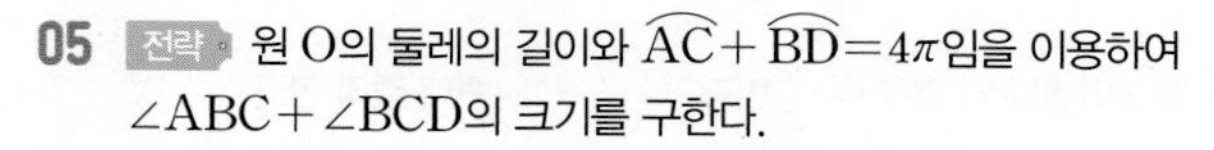
05 전략 원 O의 둘레의 길이와 $\widehat{AC}+\widehat{BD}=4\pi$임을 이용하여 $\angle ABC+\angle BCD$의 크기를 구한다.

반지름의 길이가 8이므로 원 O의 둘레의 길이는
$2\pi\times8=16\pi$
이때 $\widehat{AC}+\widehat{BD}$의 길이는 원 O의 둘레의 길이의 $\dfrac{4\pi}{16\pi}=\dfrac{1}{4}$이므로
$\angle ABC+\angle BCD=180^\circ\times\dfrac{1}{4}=45^\circ$
$\triangle$CPB에서
$\angle BPD=\angle PBC+\angle PCB=45^\circ$

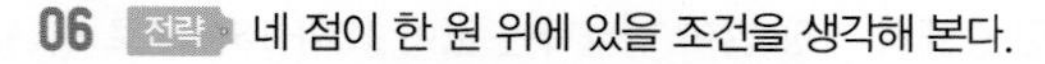
06 전략 네 점이 한 원 위에 있을 조건을 생각해 본다.

$\angle OCP=\angle ODP=15^\circ$이므로 네 점 O, P, C, D는 한 원 위에 있다.
$\triangle$DOP에서
$50^\circ=15^\circ+\angle DPO$
$\therefore\ \angle DPO=35^\circ$
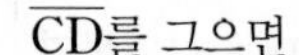
$\overline{CD}$를 그으면

$\angle DCO=\angle DPO=35^\circ$ ($\widehat{DO}$에 대한 원주각)
이때 $\triangle$OCD에서 $\overline{OC}=\overline{OD}$이므로
$\angle CDO=\angle DCO=35^\circ$
$\angle CDP=35^\circ-15^\circ=20^\circ$
$\therefore\ \angle COP=\angle CDP=20^\circ$ ($\widehat{CP}$에 대한 원주각)

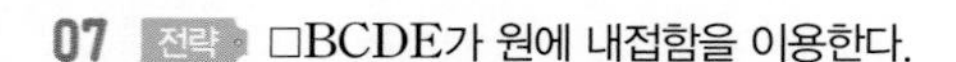
07 전략 □BCDE가 원에 내접함을 이용한다.

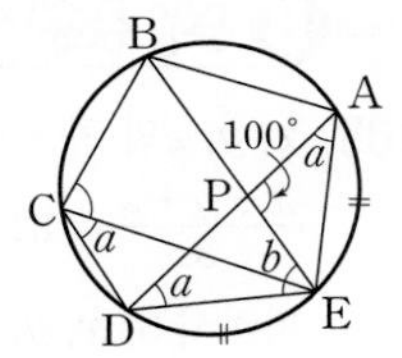

$\angle DAE=\angle a$, $\angle BED=\angle b$라 하면
$\widehat{AE}=\widehat{DE}$이므로
$\angle ADE=\angle DAE=\angle a$
$\triangle$PDE에서
$\angle a+\angle b=100^\circ$
또, $\angle DCE=\angle DAE=\angle a$
($\widehat{DE}$에 대한 원주각)
□BCDE가 원에 내접하므로
$\angle BCD+\angle BED=180^\circ$
$(\angle BCE+\angle a)+\angle b=180^\circ$
$\therefore\ \angle BCE=180^\circ-(\angle a+\angle b)$
$=180^\circ-100^\circ=80^\circ$

08 전략 $\overline{AM}$을 긋고 $\angle MAB=\angle MCA$임을 이용한다.

$\overline{AM}$을 긋고 $\angle MAB=\angle a$라 하면
$\angle MCA=\angle MAB=\angle a$
또, $\widehat{AM}=\widehat{CM}$이므로
$\angle MAC=\angle MCA=\angle a$
$\triangle$ABC에서
$(\angle a+\angle a)+90^\circ+\angle a=180^\circ$
$3\angle a=90^\circ$ $\therefore\ \angle a=30^\circ$
즉, $\angle ACB=30^\circ$이므로
$\overline{AB}=8\sin30^\circ=8\times\dfrac{1}{2}=4$(cm)
$\overline{BC}=8\cos30^\circ=8\times\dfrac{\sqrt{3}}{2}=4\sqrt{3}$(cm)
$\therefore\ \triangle ABC=\dfrac{1}{2}\times4\sqrt{3}\times4$
$=8\sqrt{3}$(cm^2)

09 전략 점 P를 지나는 두 원의 공통인 접선을 긋고 닮음인 두 삼각형을 찾는다.

점 P를 지나는 두 원의 공통인 접선 QR를 그으면
$\angle CAP=\angle CPR$
$=\angle DPQ$
$=\angle DBP$
$\angle APC=\angle BPD$
$\therefore\ \triangle ACP\backsim\triangle BDP$ (AA 닮음)
따라서 $\overline{AP}:\overline{BP}=\overline{CP}:\overline{DP}$이므로
$\overline{AP}:10=4:5$, $5\overline{AP}=40$
$\therefore\ \overline{AP}=8$(cm)

10 전략 $\overline{AB}$를 긋고 $\triangle$OAB가 직각삼각형임을 이용한다.

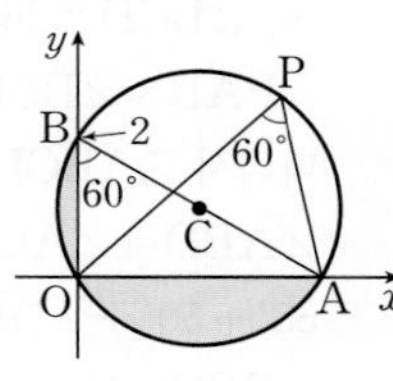
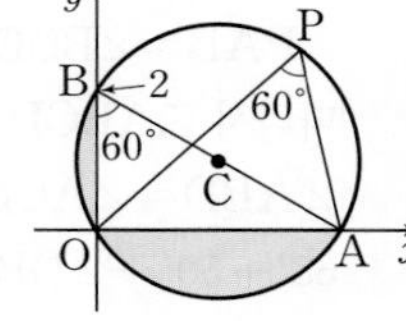

$\angle AOB=90^\circ$이므로 $\overline{AB}$를 그으면
$\overline{AB}$는 원 C의 지름이고
$\angle OBA=\angle OPA=60^\circ$
($\widehat{OA}$에 대한 원주각)
$\triangle$OAB에서
$\overline{AB}=\dfrac{\overline{OB}}{\cos60^\circ}=2\div\dfrac{1}{2}=4$ …… ㉮
따라서 원 C의 반지름의 길이는
$\dfrac{1}{2}\overline{AB}=\dfrac{1}{2}\times4=2$ …… ㉯
반원의 넓이는
$\dfrac{1}{2}\times(\pi\times2^2)=2\pi$
$\triangle$OAB의 넓이는

$\frac{1}{2}\times4\times2\times\sin 60°=\frac{1}{2}\times4\times2\times\frac{\sqrt{3}}{2}$
$=2\sqrt{3}$

∴ (색칠한 부분의 넓이)
=(반원의 넓이)−(△OAB의 넓이)
$=2\pi-2\sqrt{3}$ …… ㉰

채점 기준

㉮ $\overline{AB}$의 길이 구하기	40 %
㉯ 원 C의 반지름의 길이 구하기	10 %
㉰ 색칠한 부분의 넓이 구하기	50 %

11 전략 $\widehat{AB}$의 길이가 원주의 $\frac{1}{k}$이면 $\widehat{AB}$에 대한 원주각의 크기는 $180°\times\frac{1}{k}$임을 이용한다.

$\widehat{ABC}$의 길이가 원주의 $\frac{1}{5}$이므로
$\angle ADC=180°\times\frac{1}{5}=36°$
□ABCD가 원에 내접하므로
$\angle ABC+36°=180°$
∴ $\angle ABC=144°$ …… ㉮
$\widehat{BCD}$의 길이가 원주의 $\frac{1}{4}$이므로
$\angle BAD=180°\times\frac{1}{4}=45°$
□ABCD가 원에 내접하므로
$\angle DCE=\angle BAD=45°$ …… ㉯
∴ $\angle ABC-\angle DCE=144°-45°=99°$ …… ㉰

채점 기준

㉮ ∠ABC의 크기 구하기	40 %
㉯ ∠DCE의 크기 구하기	40 %
㉰ ∠ABC−∠DCE의 크기 구하기	20 %

12 전략 한 외각의 크기가 그와 이웃한 내각의 대각의 크기와 같은 사각형은 원에 내접함을 이용한다.

△APB에서
$\angle PAB=180°-(36°+68°)=76°$
또, $\angle BCD=26°+50°=76°$이므로
$\angle PAB=\angle BCD$
따라서 □ABCD는 원에 내접한다. …… ㉮
$\angle ABD=\angle ACD=50°$ ($\widehat{AD}$에 대한 원주각) …… ㉯
$68°+50°+\angle DBC=180°$이므로
$\angle DBC=62°$ …… ㉰
△BCE에서
$\angle CED=62°+26°=88°$ …… ㉱

채점 기준

㉮ □ABCD가 원에 내접함을 알기	20 %
㉯ ∠ABD의 크기 구하기	30 %
㉰ ∠DBC의 크기 구하기	30 %
㉱ ∠CED의 크기 구하기	20 %

5. 통계

Lecture 14 대푯값

Level A 개념 익히기 104쪽

01 전자 우편의 개수의 평균은
$\frac{6+4+7+5+8+7+5}{7}=\frac{42}{7}=6$(개) 답 6개

02 변량을 작은 값부터 순서대로 나열하면 1, 3, 9, 11, 23이고 변량의 개수가 5개이므로 중앙값은 3번째 값인 9이다. 답 9

공략 비법
변량이 n개인 자료의 중앙값은
① n이 홀수인 경우 ➡ $\frac{n+1}{2}$번째 값
② n이 짝수인 경우 ➡ $\frac{n}{2}$번째와 $\left(\frac{n}{2}+1\right)$번째 값의 평균

03 변량을 작은 값부터 순서대로 나열하면 10, 12, 13, 14, 17, 22이고 변량의 개수가 6개이므로 중앙값은 3번째와 4번째 값의 평균인 $\frac{13+14}{2}=13.5$이다. 답 13.5

04 자료의 변량 중에서 가장 많이 나타나는 값이 7이므로 최빈값은 7이다. 답 7

05 자료의 변량 중에서 가장 많이 나타나는 값이 12와 18이므로 최빈값은 12, 18이다. 답 12, 18

06 자료에서 가장 많이 나타나는 것이 사과이므로 최빈값은 사과이다. 답 사과

07 줄기와 잎 그림에서 변량을 작은 값부터 순서대로 나열하면
5, 7, 9, 10, 12, 15, 16, 18, 22, 24, 24, 27, 31
따라서 중앙값은 7번째 값인 16회이고, 자료의 변량 중에서 가장 많이 나타나는 값이 24이므로 최빈값은 24회이다.
답 중앙값: 16회, 최빈값: 24회

Level B 유형 공략하기 105~107쪽

중 **08** x, y, z의 평균이 12이므로
$\frac{x+y+z}{3}=12$ ∴ $x+y+z=36$
따라서 3, x, y, z, 16의 평균은
$\frac{3+x+y+z+16}{5}=\frac{19+x+y+z}{5}=\frac{19+36}{5}$
$=\frac{55}{5}=11$ 답 ②

중 09 A 역의 자료의 평균은

$\frac{5+4+6+5+4}{5}=\frac{24}{5}=4.8$(분)

B 역의 자료의 평균은

$\frac{2+10+5+7+1}{5}=\frac{25}{5}=5$(분)

따라서 지하철을 기다린 시간의 평균이 작은 역은 A 역이다.

답 A 역

중 10 $2a$, $2b-1$, $2c-2$, $2d-3$의 평균이 6이므로

$\frac{2a+(2b-1)+(2c-2)+(2d-3)}{4}=6$

$2(a+b+c+d)-6=24$

$\therefore a+b+c+d=15$

따라서 a, b, c, d의 평균은

$\frac{a+b+c+d}{4}=\frac{15}{4}=3.75$

답 3.75

상 11 교체된 선수를 제외한 4명의 선수의 키의 총합을 A cm라 하면

(교체하기 전의 키의 평균)$=\frac{A+176.1}{5}$(cm)

(교체한 후의 키의 평균)$=\frac{A+182.6}{5}$(cm)

$\therefore$ (교체한 후의 키의 평균)$-$(교체하기 전의 키의 평균)

$=\frac{A+182.6}{5}-\frac{A+176.1}{5}$

$=\frac{6.5}{5}=1.3$(cm)

따라서 농구 선수 5명의 키의 평균은 1.3 cm 커졌다.

답 ①

중 12 A 모둠의 변량을 작은 값부터 순서대로 나열하면

2, 3, 4, 4, 5, 7, 8, 9, 9

이므로 중앙값은 5번째 값인 5시간이다.

$\therefore a=5$

B 모둠의 변량을 작은 값부터 순서대로 나열하면

3, 4, 5, 5, 6, 8, 8, 9, 11, 12

이므로 중앙값은 5번째와 6번째 값의 평균이다. 즉,

$\frac{6+8}{2}=7$(시간) $\therefore b=7$

$\therefore a+b=5+7=12$

답 12

하 13 변량을 작은 값부터 순서대로 나열하면

4, 4, 5, 6, 7, 7, 9

이므로 중앙값은 4번째 값인 6급이다.

답 6급

중 14 ④ 35는 다른 변량들에 비해 매우 크므로 평균은 이 변량에 영향을 받는다. 따라서 이 자료에서는 중앙값이 평균보다 자료의 중심적인 경향을 더 잘 나타낸다.

답 ④

중 15 변량을 작은 값부터 순서대로 나열하면

1, 1, 2, 3, 4, 4, 4, 5, 6

이므로 중앙값은 5번째 값인 4이다.

$\therefore a=4$

또, 가장 많이 나타나는 값이 4이므로 최빈값은 4이다.

$\therefore b=4$

$\therefore a+b=4+4=8$

답 8

하 16 최빈값은 도수가 가장 큰 것이므로 플루트이다.

답 ③

중 17 ㄱ. A 팬클럽의 자료의 평균은

$\frac{4+6+3+5+6+9+2}{7}=\frac{35}{7}=5$(명)

B 팬클럽의 자료의 평균은

$\frac{3+4+6+6+9+8+6}{7}=\frac{42}{7}=6$(명)

$\therefore$ (A 팬클럽의 자료의 평균)$<$(B 팬클럽의 자료의 평균)

ㄴ. A 팬클럽의 변량을 작은 값부터 순서대로 나열하면

2, 3, 4, 5, 6, 6, 9

이므로 중앙값은 4번째 값인 5명이다.

또, 가장 많이 나타나는 값이 6이므로 최빈값은 6명이다.

$\therefore$ (A 팬클럽의 자료의 중앙값)$<$(A 팬클럽의 자료의 최빈값)

ㄷ. B 팬클럽의 변량을 작은 값부터 순서대로 나열하면

3, 4, 6, 6, 6, 8, 9

이므로 중앙값은 4번째 값인 6명이다.

또, 가장 많이 나타나는 값이 6이므로 최빈값은 6명이다.

$\therefore$ (B 팬클럽의 자료의 중앙값)$=$(B 팬클럽의 자료의 최빈값)

이상에서 옳은 것은 ㄴ뿐이다.

답 ②

중 18 줄기와 잎 그림에서 변량을 작은 값부터 순서대로 나열하면

3, 6, 8, 12, 15, 15, 17, 19, 20, 20, 21, 24

이 자료의 평균은

$\frac{3+6+8+12+15+15+17+19+20+20+21+24}{12}$

$=\frac{180}{12}=15$(회)

$\therefore a=15$

중앙값은 6번째와 7번째 값의 평균이므로

$\frac{15+17}{2}=16$(회) $\therefore b=16$

$\therefore b-a=16-15=1$

답 ②

중 19 중앙값은 변량을 작은 값부터 순서대로 나열할 때 11번째 값이므로 6점이다.

$\therefore a=6$ …… ㉮

또, 최빈값은 도수가 가장 큰 변량이므로 8점이다.

$\therefore b=8$ …… ㉯

$\therefore ab=6\times8=48$ …… ㉰

답 48

채점 기준

㉮ a의 값 구하기	40 %
㉯ b의 값 구하기	40 %
㉰ ab의 값 구하기	20 %

5 통계

중 20 (평균)$=\frac{1\times4+3\times7+5\times5+7\times3+9\times1}{20}$

$=\frac{80}{20}=4$(권)

$\therefore a=4$

중앙값은 변량을 작은 값부터 순서대로 나열할 때 10번째와 11번째 값의 평균이므로

$\frac{3+3}{2}=3$(권) $\therefore b=3$

최빈값은 도수가 가장 큰 변량이므로 3권이다. $\therefore c=3$

$\therefore a>b=c$

답 $a>b=c$

중 21 평균이 8시간이므로

$\frac{5+8+14+x+2+5+14+11}{8}=8$

$59+x=64$ $\therefore x=5$

주어진 변량을 작은 값부터 순서대로 나열하면

2, 5, 5, 5, 8, 11, 14, 14

이므로 중앙값은 4번째와 5번째 값의 평균인

$\frac{5+8}{2}=6.5$(시간)

또, 가장 많이 나타나는 값이 5이므로 최빈값은 5시간이다.

따라서 중앙값과 최빈값의 합은

$6.5+5=11.5$(시간)

답 ④

하 22 중앙값은 2번째와 3번째 값의 평균이므로

$\frac{58+64}{2}=61$

이때 평균과 중앙값이 같으므로

$\frac{50+58+64+x}{4}=61$, $172+x=244$

$\therefore x=72$

답 ④

중 23 처음 모둠에 속한 학생 6명의 통학 시간을 작은 값부터 순서대로 나열할 때 4번째 값을 x분이라 하면 중앙값 26분은 3번째와 4번째 값의 평균이므로

$\frac{24+x}{2}=26$, $24+x=52$

$\therefore x=28$

따라서 이 모둠에 통학 시간이 30분인 학생 1명이 들어올 때, 학생 7명의 통학 시간의 중앙값은 4번째 값인 28분이다.

답 28분

중 24 평균이 5개이므로

$\frac{10+3+7+x+0+y+9+6+1}{9}=5$

$36+x+y=45$ $\therefore x+y=9$

이때 최빈값이 7개이므로 x, y 중 하나는 7이어야 한다.

$\therefore x=7, y=2$ 또는 $x=2, y=7$

따라서 주어진 변량을 작은 값부터 순서대로 나열하면

0, 1, 2, 3, 6, 7, 7, 9, 10

이므로 중앙값은 5번째 값인 6개이다.

답 6개

상 25 12시간 공부한 학생 수를 x명, 전체 학생 수를 y명이라 하면

$3+x+6+6+5=y$

$\therefore x+20=y$ …… ㉠

또, 평균이 14시간이므로

$\frac{10\times3+12\times x+14\times6+16\times6+18\times5}{y}=14$

$\frac{12x+300}{y}=14$

$\therefore 12x+300=14y$ …… ㉡

㉠, ㉡을 연립하여 풀면

$x=10$, $y=30$ …… ㉮

중앙값은 변량을 작은 값부터 순서대로 나열할 때 15번째와 16번째 값의 평균이므로

$\frac{14+14}{2}=14$(시간) …… ㉯

또, 최빈값은 도수가 가장 큰 변량이므로 12시간이다. …… ㉰

답 중앙값: 14시간, 최빈값: 12시간

채점 기준

㉮ 12시간 공부한 학생 수와 전체 학생 수 구하기	40 %
㉯ 중앙값 구하기	30 %
㉰ 최빈값 구하기	30 %

Lecture 15 산포도

Level A 개념 익히기 108~109쪽

01 (평균)$=\frac{2+6+10+8+4}{5}=\frac{30}{5}=6$(회)

답 6회

02

(단위: 회)

횟수	2	6	10	8	4
편차	-4	0	4	2	-2

답 풀이 참조

03 (평균)$=\frac{3+7+12+15+18}{5}=\frac{55}{5}=11$이므로

변량	3	7	12	15	18
편차	-8	-4	1	4	7

답 풀이 참조

04 (평균)$=\frac{4+9+8+2+11+8}{6}=\frac{42}{6}=7$이므로

변량	4	9	8	2	11	8
편차	-3	2	1	-5	4	1

답 풀이 참조

05 편차의 총합은 항상 $\boxed{0}$이므로

$8+(-10)+x+4=\boxed{0}$

$2+x=0$ $\therefore x=\boxed{-2}$

답 0, 0, -2

06 편차의 총합은 항상 0이므로

$-5+(-3)+x+2+(-1)=0$

$-7+x=0$ $\therefore x=7$

답 7

07 편차의 총합은 항상 0이므로

$x+10+(-4)+(-3)+6=0$

$x+9=0$ $\therefore x=-9$

답 -9

08 $(\text{평균})=\frac{24+18+20+21+17}{5}=\frac{100}{5}=20$

답 20

09

변량	24	18	20	21	17
편차	4	-2	0	1	-3
$(\text{편차})^2$	16	4	0	1	9

답 풀이 참조

10 $(\text{편차})^2$의 총합은

$16+4+0+1+9=30$

$\therefore (\text{분산})=\frac{30}{5}=6$

답 6

11 분산이 6이므로 표준편차는 $\sqrt{6}$이다.

답 $\sqrt{6}$

12 $(\text{평균})=\frac{7+9+14+10}{4}=\frac{40}{4}=10$이므로

각 변량에 대한 편차는

$-3,\ -1,\ 4,\ 0$

$(\text{편차})^2$의 총합은

$(-3)^2+(-1)^2+4^2+0^2=26$

$\therefore (\text{분산})=\frac{26}{4}=6.5,\ (\text{표준편차})=\sqrt{6.5}$

답 분산: 6.5, 표준편차: $\sqrt{6.5}$

13 $(\text{평균})=\frac{19+16+15+17+14+15}{6}=\frac{96}{6}=16$이므로

각 변량에 대한 편차는

$3,\ 0,\ -1,\ 1,\ -2,\ -1$

$(\text{편차})^2$의 총합은

$3^2+0^2+(-1)^2+1^2+(-2)^2+(-1)^2=16$

$\therefore (\text{분산})=\frac{16}{6}=\frac{8}{3},\ (\text{표준편차})=\sqrt{\frac{8}{3}}=\frac{2\sqrt{6}}{3}$

답 분산: $\frac{8}{3}$, 표준편차: $\frac{2\sqrt{6}}{3}$

14 편차는 변량에서 평균을 뺀 값이다.

답 ×

15 답 ○

16 분산이 클수록 자료의 변량은 평균을 중심으로 흩어져 있다.

답 ×

Level B 유형 공략하기

109~113쪽

중 17 학생 C의 편차를 x점이라 하면 편차의 총합은 항상 0이므로

$4+(-2)+x+1+(-6)=0$

$-3+x=0$ $\therefore x=3$

$3=(\text{학생 C의 수학 성적})-71$이므로

$(\text{학생 C의 수학 성적})=3+71=74(\text{점})$

답 74점

공략 비법

편차를 이용하여 변량 구하기

❶ 편차의 총합이 0임을 이용하여 자료의 편차를 구한다.

❷ (편차)=(변량)−(평균)이므로 (변량)=(편차)+(평균)임을 이용한다.

하 18 $4=(\text{보미의 키})-165$이므로

$(\text{보미의 키})=4+165=169(\text{cm})$

답 169 cm

중 19 편차의 총합은 항상 0이므로

$-5+2+7+x+(-3)+1=0$

$2+x=0$ $\therefore x=-2$ …… ㉮

$-2=16-(\text{평균})$이므로

$(\text{평균})=16-(-2)=18(\text{회})$ …… ㉯

답 18회

채점 기준

㉮ x의 값 구하기	50 %
㉯ 평균 구하기	50 %

상 20 E 가구의 편차를 x명이라 하면 편차의 총합은 항상 0이므로

$-4+1+0+3+x+(-2)=0$

$x-2=0$ $\therefore x=2$

ㄱ. C 가구의 편차가 0명이므로 C 가구의 자녀 수는 평균과 같다.

ㄴ. 자녀 수의 평균을 m명이라 하면

(D 가구의 자녀 수)−(F 가구의 자녀 수)

$=(m+3)-(m-2)=5(\text{명})$

따라서 D 가구와 F 가구의 자녀 수의 차는 5명이다.

ㄷ. 평균보다 자녀 수가 많은 가구는 B, D, E의 3가구이다.

이상에서 옳은 것은 ㄱ뿐이다.

답 ㄱ

중 21 송아지의 몸무게의 분산은

$\frac{(-2)^2+4^2+1^2+(-5)^2+2^2}{5}=\frac{50}{5}=10$

따라서 송아지의 몸무게의 표준편차는 $\sqrt{10}(\text{kg})$이다.

답 $\sqrt{10}$ kg

중 22 편차의 총합은 항상 0이므로

$3+(-2)+1+x+1+(-1)=0$

$2+x=0$ $\therefore x=-2$

따라서 통화 시간의 분산은

$\frac{3^2+(-2)^2+1^2+(-2)^2+1^2+(-1)^2}{6}=\frac{20}{6}=\frac{10}{3}$

답 ④

5 통계

중 23 평균이 8이므로

$\frac{3+6+12+8+x+(x+1)}{6}=8$

$30+2x=48$ $\quad\therefore x=9$ ...... ㉮

따라서 주어진 자료는 '3, 6, 12, 8, 9, 10'이므로 분산은

$\frac{(-5)^2+(-2)^2+4^2+0^2+1^2+2^2}{6}=\frac{50}{6}=\frac{25}{3}$ ...... ㉯

$\therefore$ (표준편차)$=\sqrt{\frac{25}{3}}=\frac{5\sqrt{3}}{3}$ ...... ㉰

답 $\frac{5\sqrt{3}}{3}$

채점 기준

㉮ x의 값 구하기	30 %
㉯ 분산 구하기	50 %
㉰ 표준편차 구하기	20 %

상 24 평균이 1이므로

$\frac{2+(-4)+a+3+0+b+6}{7}=1$

$7+a+b=7$ $\quad\therefore a+b=0$

a, b의 값을 제외한 변량을 작은 값부터 순서대로 나열하면

-4, 0, 2, 3, 6

이때 중앙값이 1이므로 a, b의 값 중 하나는 1이어야 한다.

그런데 $a+b=0$, $a<b$이므로

$a=-1$, $b=1$

따라서 주어진 자료는 2, -4, -1, 3, 0, 1, 6이므로 분산은

$\frac{1^2+(-5)^2+(-2)^2+2^2+(-1)^2+0^2+5^2}{7}=\frac{60}{7}$ 답 $\frac{60}{7}$

중 25 A, B 두 모둠의 평균이 같고, 분산이 각각 $(\sqrt{6})^2$, 3^2이므로 (편차)^{2}의 총합은 각각

$(\sqrt{6})^2\times14=84$, $3^2\times16=144$

따라서 전체 학생 30명의 (편차)^{2}의 총합은

$84+144=228$이므로

(전체 분산)$=\frac{228}{30}=\frac{38}{5}$

$\therefore$ (전체 표준편차)$=\sqrt{\frac{38}{5}}=\frac{\sqrt{190}}{5}$ (시간) 답 $\frac{\sqrt{190}}{5}$시간

중 26 남학생과 여학생의 평균이 같고, 분산이 각각 4, 2이므로 (편차)^{2}의 총합은 각각

$4\times15=60$, $2\times25=50$

따라서 전체 학생 40명의 (편차)^{2}의 총합은

$60+50=110$이므로

(전체 분산)$=\frac{110}{40}=\frac{11}{4}$ 답 ⑤

상 27 남학생과 여학생의 평균이 같고, 분산이 각각 2^2, a^2이므로 (편차)^{2}의 총합은 각각

$2^2\times3=12$, $a^2\times3=3a^2$

따라서 전체 학생 6명의 (편차)^{2}의 총합은 $12+3a^2$이므로

(전체 분산)$=\frac{12+3a^2}{6}$

이때 전체 학생 6명의 분산이 $\frac{7}{2}$이므로

$\frac{12+3a^2}{6}=\frac{7}{2}$, $24+6a^2=42$

$a^2=3$ $\quad\therefore a=\sqrt{3}$ ($\because a\geq0$) 답 $\sqrt{3}$

중 28 7, x, y, 9, 11의 평균이 9이므로

$\frac{7+x+y+9+11}{5}=9$, $27+x+y=45$

$\therefore x+y=18$ ...... ㉠

또, 분산이 $(\sqrt{5})^2=5$이므로

$\frac{(7-9)^2+(x-9)^2+(y-9)^2+(9-9)^2+(11-9)^2}{5}=5$

$8+(x-9)^2+(y-9)^2=25$

$\therefore x^2+y^2-18(x+y)+145=0$

위의 식에 ㉠을 대입하면

$x^2+y^2-18\times18+145=0$

$\therefore x^2+y^2=179$ 답 179

중 29 x, y, z의 평균이 5이므로

$\frac{x+y+z}{3}=5$ $\quad\therefore x+y+z=15$ ...... ㉠

또, 분산이 4이므로

$\frac{(x-5)^2+(y-5)^2+(z-5)^2}{3}=4$

$(x-5)^2+(y-5)^2+(z-5)^2=12$

$\therefore x^2+y^2+z^2-10(x+y+z)+63=0$

위의 식에 ㉠을 대입하면

$x^2+y^2+z^2-10\times15+63=0$

$\therefore x^2+y^2+z^2=87$

따라서 x^2, y^2, z^2의 평균은

$\frac{x^2+y^2+z^2}{3}=\frac{87}{3}=29$ 답 ③

중 30 10, 9, 6, a, b의 평균이 8이므로

$\frac{10+9+6+a+b}{5}=8$, $25+a+b=40$

$\therefore a+b=15$ ...... ㉠

또, 분산이 10이므로

$\frac{(10-8)^2+(9-8)^2+(6-8)^2+(a-8)^2+(b-8)^2}{5}=10$

$9+(a-8)^2+(b-8)^2=50$

$\therefore a^2+b^2-16(a+b)+87=0$

위의 식에 ㉠을 대입하면

$a^2+b^2-16\times15+87=0$

$\therefore a^2+b^2=153$ ...... ㉡

따라서 $(a+b)^2=a^2+b^2+2ab$에 ㉠, ㉡을 각각 대입하면

$15^2=153+2ab$, $2ab=72$

$\therefore ab=36$ 답 36

중 31 편차의 총합은 항상 0이므로

$-2+a+(-5)+b+6=0$, $-1+a+b=0$

$\therefore a+b=1$ ...... ㉠ ...... ㉮

또, 분산이 $(\sqrt{14})^2=14$이므로

$$\frac{(-2)^2+a^2+(-5)^2+b^2+6^2}{5}=14$$

$a^2+b^2+65=70 \quad \therefore a^2+b^2=5$ …… ㉡ …… ㉯

㉠에서 $b=1-a$이고 이것을 ㉡에 대입하면

$a^2+(1-a)^2=5,\ a^2-a-2=0$

$(a+1)(a-2)=0 \quad \therefore a=-1$ 또는 $a=2$

그런데 $a>b$이므로 $a=2,\ b=-1$ …… ㉰

$\therefore a-b=2-(-1)=3$ …… ㉱

답 3

채점 기준

㉮ $a+b$의 값 구하기	30 %
㉯ a^2+b^2의 값 구하기	40 %
㉰ $a,\ b$의 값 각각 구하기	20 %
㉱ $a-b$의 값 구하기	10 %

중 32 $a,\ b,\ c,\ d$의 평균이 6이므로

$$\frac{a+b+c+d}{4}=6$$

또, 분산이 $3^2=9$이므로

$$\frac{(a-6)^2+(b-6)^2+(c-6)^2+(d-6)^2}{4}=9$$

따라서 $a-3,\ b-3,\ c-3,\ d-3$에 대하여

$$(\text{평균})=\frac{(a-3)+(b-3)+(c-3)+(d-3)}{4}$$

$$=\frac{a+b+c+d}{4}-3=6-3=3$$

$$(\text{분산})=\frac{1}{4}[\{(a-3)-3\}^2+\{(b-3)-3\}^2+\{(c-3)-3\}^2+\{(d-3)-3\}^2]$$

$$=\frac{(a-6)^2+(b-6)^2+(c-6)^2+(d-6)^2}{4}=9$$

답 ③

다른 풀이 $a-3,\ b-3,\ c-3,\ d-3$에 대하여

$(\text{평균})=1\times6-3=3,\ (\text{분산})=1^2\times3^2=9$

중 33 $x,\ y,\ z$의 평균이 10이므로

$$\frac{x+y+z}{3}=10$$

또, 분산이 $8^2=64$이므로

$$\frac{(x-10)^2+(y-10)^2+(z-10)^2}{3}=64$$

따라서 $2x,\ 2y,\ 2z$에 대하여

$$m=\frac{2x+2y+2z}{3}=\frac{2(x+y+z)}{3}$$

$$=2\times\frac{x+y+z}{3}=2\times10=20$$

$$s^2=\frac{(2x-20)^2+(2y-20)^2+(2z-20)^2}{3}$$

$$=4\times\frac{(x-10)^2+(y-10)^2+(z-10)^2}{3}$$

$$=4\times64=256$$

$\therefore s=\sqrt{256}=16$

$\therefore m+s=20+16=36$

답 ③

다른 풀이 $2x,\ 2y,\ 2z$에 대하여

$m=2\times10=20,\ s=|2|\times8=16$

$\therefore m+s=20+16=36$

상 34 $a,\ b,\ c,\ d,\ e$의 평균이 9이므로

$$\frac{a+b+c+d+e}{5}=9$$

또, 분산이 4이므로

$$\frac{(a-9)^2+(b-9)^2+(c-9)^2+(d-9)^2+(e-9)^2}{5}=4$$

따라서 $3a+1,\ 3b+1,\ 3c+1,\ 3d+1,\ 3e+1$에 대하여

$$(\text{평균})=\frac{1}{5}\{(3a+1)+(3b+1)+(3c+1)+(3d+1)+(3e+1)\}$$

$$=3\times\frac{a+b+c+d+e}{5}+1=3\times9+1=28$$

$$(\text{분산})=\frac{1}{5}[\{(3a+1)-28\}^2+\{(3b+1)-28\}^2+\{(3c+1)-28\}^2+\{(3d+1)-28\}^2+\{(3e+1)-28\}^2]$$

$$=\frac{1}{5}\{(3a-27)^2+(3b-27)^2+(3c-27)^2+(3d-27)^2+(3e-27)^2\}$$

$$=9\times\frac{(a-9)^2+(b-9)^2+(c-9)^2+(d-9)^2+(e-9)^2}{5}$$

$$=9\times4=36$$

$\therefore$ (표준편차)$=\sqrt{36}=6$

답 ③

다른 풀이 $3a+1,\ 3b+1,\ 3c+1,\ 3d+1,\ 3e+1$에 대하여

(표준편차)$=|3|\times\sqrt{4}=6$

중 35 표로 정리하면 다음과 같다.

열량 (kcal)	개수 (개)	(열량)×(개수)	(편차)^2×(개수)
5	1	$5\times1=5$	$(-14)^2\times1=196$
15	5	$15\times5=75$	$(-4)^2\times5=80$
25	3	$25\times3=75$	$6^2\times3=108$
35	1	$35\times1=35$	$16^2\times1=256$
합계	10	190	640

$(\text{평균})=\frac{190}{10}=19(\text{kcal}),\ (\text{분산})=\frac{640}{10}=64$

$\therefore$ (표준편차)$=\sqrt{64}=8(\text{kcal})$

답 ④

중 36 표로 정리하면 다음과 같다.

몸무게 (kg)	학생 수 (명)	(몸무게)×(학생 수)	(편차)^2×(학생 수)
70	3	$70\times3=210$	$(-15)^2\times3=675$
80	8	$80\times8=640$	$(-5)^2\times8=200$
90	5	$90\times5=450$	$5^2\times5=125$
100	4	$100\times4=400$	$15^2\times4=900$
합계	20	1700	1900

$(\text{평균})=\frac{1700}{20}=85(\text{kg}),\ (\text{분산})=\frac{1900}{20}=95$

$\therefore$ (표준편차)$=\sqrt{95}(\text{kg})$

답 ①

중 37 {(편차)×(학생 수)}의 총합은 항상 0이므로
$(-2)\times3+(-1)\times6+0\times5+1\times x+2\times2=0$
$-8+x=0 \qquad \therefore x=8$ ······ ㉮
따라서 봉사 활동 시간의 분산은
$\dfrac{(-2)^2\times3+(-1)^2\times6+0^2\times5+1^2\times8+2^2\times2}{24}$
$=\dfrac{34}{24}=\dfrac{17}{12}$ ······ ㉯

답 $\dfrac{17}{12}$

채점 기준

㉮ x의 값 구하기	40 %
㉯ 분산 구하기	60 %

상 38 턱걸이 횟수가 5회인 학생 수를 a명, 9회인 학생 수를 b명이라 하면 전체 학생 수가 20명이므로
$3+4+a+3+b+1=20,\ 11+a+b=20$
$\therefore a+b=9$ ······ ㉠
또, 평균이 5회이므로
$\dfrac{1\times3+3\times4+5\times a+7\times3+9\times b+11\times1}{20}=5$
$47+5a+9b=100 \qquad \therefore 5a+9b=53$ ······ ㉡
㉠, ㉡을 연립하여 풀면
$a=7,\ b=2$
따라서 턱걸이 횟수의 분산은
$\dfrac{1}{20}\{(1-5)^2\times3+(3-5)^2\times4+(5-5)^2\times7$
$+(7-5)^2\times3+(9-5)^2\times2+(11-5)^2\times1\}$
$=\dfrac{144}{20}=7.2$

답 7.2

중 39 자료의 분포를 그림으로 나타내면 다음과 같다.

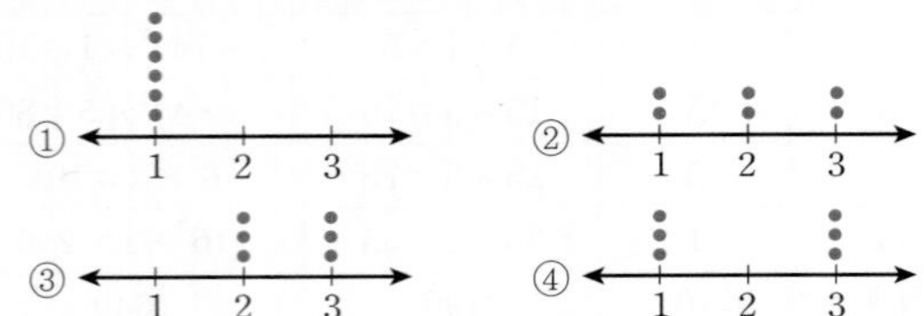
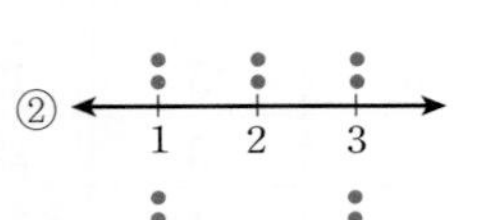
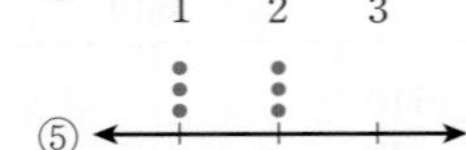

따라서 표준편차가 가장 큰 것은 주어진 자료에서 각각의 평균을 중심으로 변량의 흩어진 정도가 가장 큰 ④이다.

답 ④

중 40 사격 점수의 분포를 그림으로 나타내면 다음과 같다.

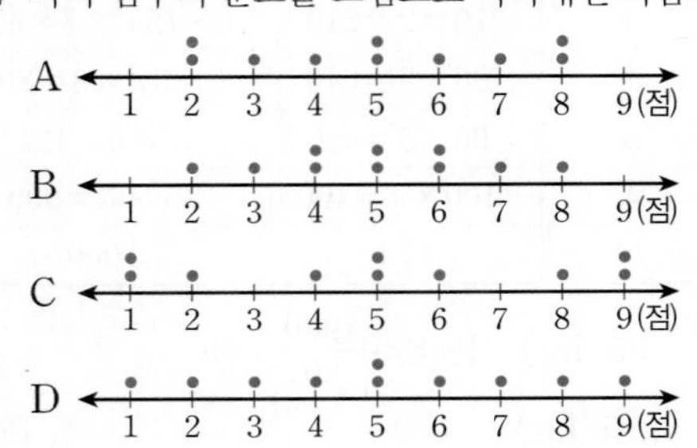

따라서 표준편차가 가장 작은 사람은 평균인 5점을 중심으로 점수의 흩어진 정도가 가장 작은 B이다.

답 B

중 41 ㄱ. D 지역의 표준편차가 가장 크므로 산포도가 가장 큰 지역은 D이다.
ㄴ. B 지역의 평균이 가장 높으므로 B 지역 학생들의 수학 성적이 다른 지역 학생들의 성적보다 대체로 우수하다.
ㄷ. 표준편차가 작을수록 자료의 분포 상태가 고르다.
따라서 수학 성적이 고르게 분포된 지역을 순서대로 나열하면 E, A, B, C, D이다.
이상에서 옳은 것은 ㄱ, ㄷ이다.

답 ③

하 42 (1) 학습 시간이 가장 짧은 학생은 평균이 가장 작은 은성이다.
(2) 학습 시간이 가장 고르지 않은 학생은 표준편차가 가장 큰 연우이다.

답 (1) 은성 (2) 연우

중 43 A 학생의 평균은
$\dfrac{9+10+10+9+9+7+10+9+10+7}{10}=\dfrac{90}{10}=9$(점)
A 학생의 분산은
$\dfrac{0^2+1^2+1^2+0^2+0^2+(-2)^2+1^2+0^2+1^2+(-2)^2}{10}$
$=\dfrac{12}{10}=1.2$
이므로 표준편차는 $\sqrt{1.2}$점이다. ······ ㉮
B 학생의 평균은
$\dfrac{10+10+9+8+9+10+9+7+9+9}{10}=\dfrac{90}{10}=9$(점)
B 학생의 분산은
$\dfrac{1^2+1^2+0^2+(-1)^2+0^2+1^2+0^2+(-2)^2+0^2+0^2}{10}$
$=\dfrac{8}{10}=0.8$
이므로 표준편차는 $\sqrt{0.8}$점이다. ······ ㉯
따라서 B 학생이 A 학생보다 표준편차가 작으므로
득점이 고른 B 학생을 선발해야 한다. ······ ㉰

답 B 학생

채점 기준

㉮ A 학생의 평균과 표준편차 각각 구하기	40 %
㉯ B 학생의 평균과 표준편차 각각 구하기	40 %
㉰ 선발할 학생 말하기	20 %

상 44 A 연극의 평점의 평균은
$\dfrac{1\times2+2\times3+3\times5+4\times3+5\times2}{15}=\dfrac{45}{15}=3$(점)
A 연극의 평점의 분산은
$\dfrac{(-2)^2\times2+(-1)^2\times3+0^2\times5+1^2\times3+2^2\times2}{15}=\dfrac{22}{15}$
이므로 표준편차는 $\sqrt{\dfrac{22}{15}}$점이다.

B 연극의 평점의 평균은

$$\frac{1\times3+2\times3+3\times3+4\times3+5\times3}{15}=\frac{45}{15}=3(\text{점})$$

B 연극의 평점의 분산은

$$\frac{(-2)^2\times3+(-1)^2\times3+0^2\times3+1^2\times3+2^2\times3}{15}=\frac{30}{15}=2$$

이므로 표준편차는 $\sqrt{2}$점이다.

C 연극의 평점의 평균은

$$\frac{1\times2+2\times5+3\times1+4\times5+5\times2}{15}=\frac{45}{15}=3(\text{점})$$

C 연극의 평점의 분산은

$$\frac{(-2)^2\times2+(-1)^2\times5+0^2\times1+1^2\times5+2^2\times2}{15}=\frac{26}{15}$$

이므로 표준편차는 $\sqrt{\frac{26}{15}}$점이다.

따라서 $\sqrt{\frac{22}{15}}<\sqrt{\frac{26}{15}}<\sqrt{2}$이므로 A 연극의 평점이 가장 고르다.

답 A 연극

Lecture 16 산점도와 상관관계

Level A 개념 익히기 114쪽

01 답 (20, 120), (15, 100), (25, 110), (30, 120), (35, 140), (25, 130), (30, 150), (15, 110)

02 답

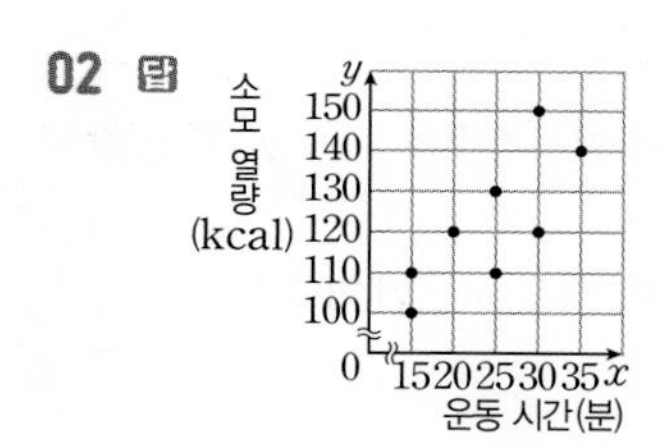

03 답 양의 상관관계

04 답 ㄱ, ㄹ

05 답 ㄴ, ㅁ

06 답 ㄷ

Level B 유형 공략하기 115~119쪽

중 **07** 스마트폰의 남은 배터리 양이 30 % 이상 50 % 이하인 스마트폰의 개수는 오른쪽 산점도에서 색칠한 부분(경계선 포함)에 속하는 점의 개수와 같으므로 7개이다.

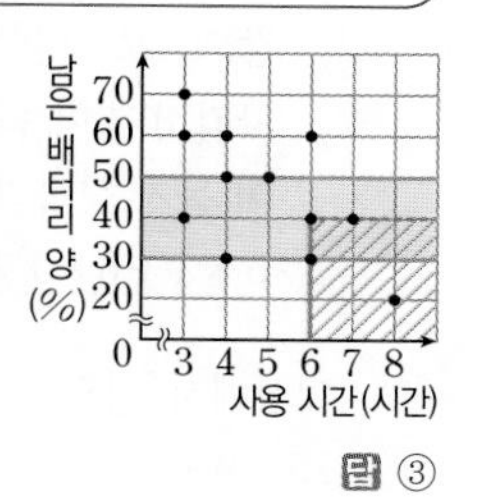

답 ③

중 **08** 스마트폰의 사용 시간이 6시간 이상이고 남은 배터리 양이 40 % 미만인 스마트폰의 개수는 **07**의 산점도에서 빗금 친 부분에 속하는 점의 개수와 같으므로 2개이다.

따라서 구하는 비율은 $\frac{2}{12}=\frac{1}{6}$

답 $\frac{1}{6}$

하 **09** 컴퓨터 사용 시간이 가장 많은 학생의 수면 시간은 4시간이다.

답 4시간

하 **10** 컴퓨터 사용 시간이 4시간 이상인 학생 수는 오른쪽 산점도에서 직선 l의 오른쪽에 속하는 점의 개수와 그 경계선 위의 점의 개수의 합과 같으므로 6명이다.

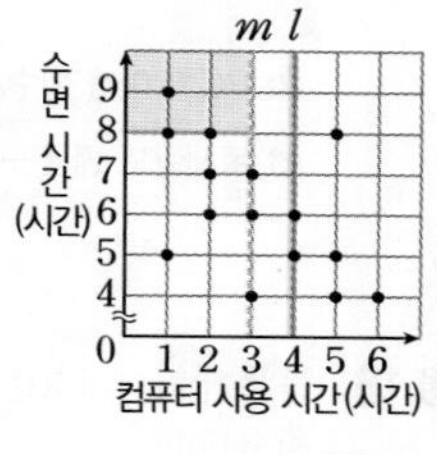

답 ⑤

중 **11** 컴퓨터 사용 시간이 3시간 미만인 학생 수는 **10**의 산점도에서 직선 m의 왼쪽에 속하는 점의 개수와 같으므로 6명이고, 이 중에서 수면 시간이 8시간 이상인 학생 수는 색칠한 부분에 속하는 점의 개수와 같으므로 3명이다.

따라서 구하는 비율은 $\frac{3}{6}=\frac{1}{2}$

답 ④

중 **12** 왼쪽 눈의 시력과 오른쪽 눈의 시력이 모두 1.5 초과인 학생 수는 오른쪽 산점도에서 색칠한 부분(경계선 제외)에 속하는 점의 개수와 같으므로 1명이다.

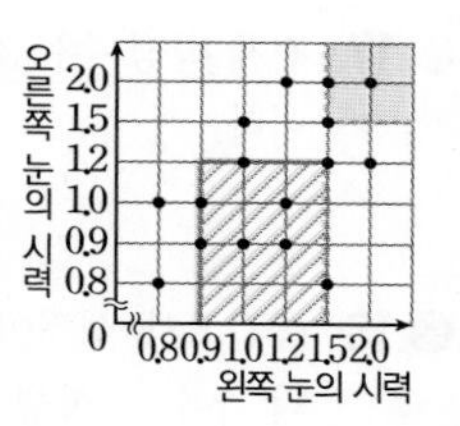

답 ①

상 **13** 조건 (가), (나)를 모두 만족하는 학생 수는 **12**의 산점도에서 빗금 친 부분에 속하는 점의 개수와 같으므로 6명이다. …… ㉮

$\therefore \frac{6}{16}\times100=37.5(\%)$ …… ㉯

답 37.5 %

채점 기준

㉮ 조건을 만족하는 학생 수 구하기	60 %
㉯ 전체의 몇 %인지 구하기	40 %

중 **14** 최고 기온이 36 °C 이상인 날의 수는 오른쪽 산점도에서 직선의 오른쪽에 속하는 점의 개수와 그 경계선 위의 점의 개수의 합과 같으므로 5일이다.

따라서 최고 기온이 36 °C 이상인 날들의 습도의 평균은

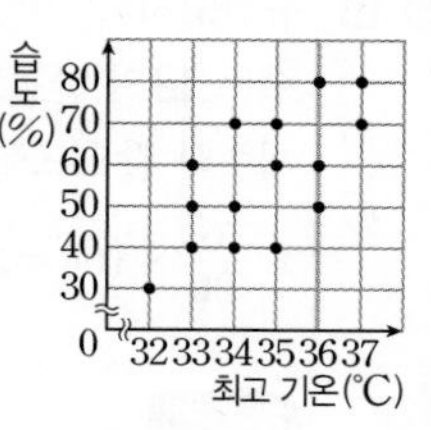

$$\frac{50\times1+60\times1+70\times1+80\times2}{5}=\frac{340}{5}=68(\%)$$

답 ④

중 15 PC방 이용 횟수가 10회 이하인 학생 수는 오른쪽 산점도에서 직선의 아래쪽에 속하는 점의 개수와 그 경계선 위의 점의 개수의 합과 같으므로 4명이다. ······ ㉮

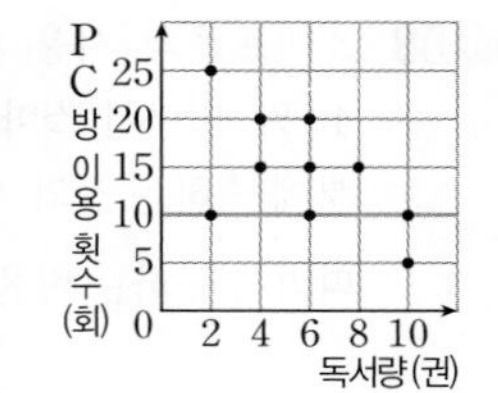

따라서 PC방 이용 횟수가 10회 이하인 학생들의 독서량의 평균은

$\frac{2\times1+6\times1+10\times2}{4}=\frac{28}{4}=7$(권) ······ ㉯

답 7권

채점 기준

㉮ PC방 이용 횟수가 10회 이하인 학생 수 구하기	40 %
㉯ 독서량의 평균 구하기	60 %

상 16 몸무게가 55 kg 이상 65 kg 미만인 학생 수는 오른쪽 산점도에서 색칠한 부분에 속하는 점의 개수와 같으므로 7명이다.

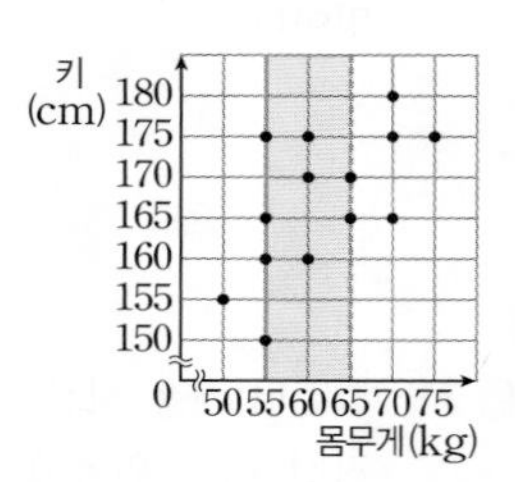

따라서 몸무게가 55 kg 이상 65 kg 미만인 학생들의 키의 평균은

$\frac{150\times1+160\times2+165\times1+170\times1+175\times2}{7}$

$=\frac{1155}{7}=165$(cm) 답 165 cm

하 17 전체 학생 수는 산점도에 있는 모든 점의 개수와 같으므로 20명이다. 답 ③

중 18 중간고사 성적이 기말고사 성적보다 우수한 학생 수는 오른쪽 산점도에서 직선 l의 아래쪽에 있는 점의 개수와 같으므로 7명이다.

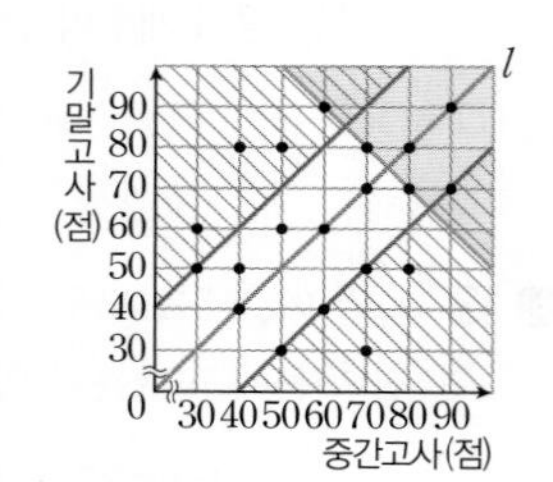

$\therefore a=7$

또, 기말고사 성적이 중간고사 성적보다 우수한 학생 수는 위의 산점도에서 직선 l의 위쪽에 있는 점의 개수와 같으므로 8명이다.

$\therefore b=8$

$\therefore a:b=7:8$ 답 ②

중 19 중간고사와 기말고사의 과학 성적의 합이 150점 이상인 학생 수는 **18**의 산점도에서 색칠한 부분(경계선 포함)에 속하는 점의 개수와 같으므로 6명이다. ······ ㉮

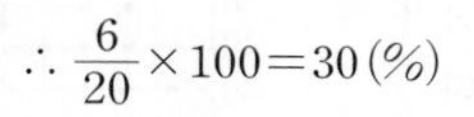

$\therefore \frac{6}{20}\times100=30$(%) ······ ㉯

답 30 %

채점 기준

㉮ 성적의 합이 150점 이상인 학생 수 구하기	60 %
㉯ 비율 구하기	40 %

중 20 중간고사와 기말고사의 과학 성적의 차가 20점 이상인 학생 수는 **18**의 산점도에서 빗금 친 부분(경계선 포함)에 속하는 점의 개수와 같으므로 11명이다. 답 11명

중 21 1학기와 2학기에 친 홈런의 개수에 변화가 없는 선수의 수는 오른쪽 산점도에서 직선 l 위에 있는 점의 개수와 같으므로 4명이다.

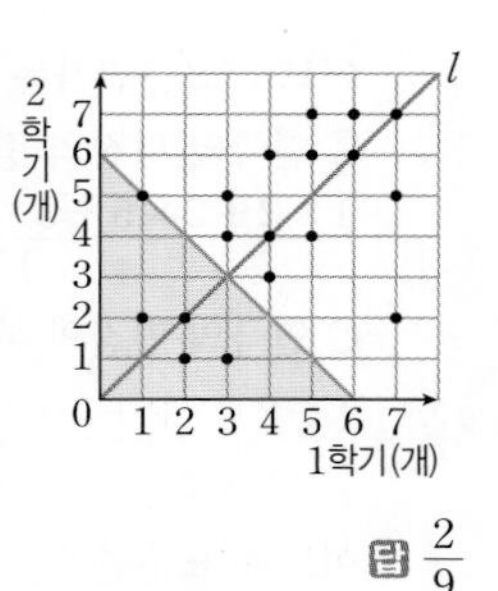

따라서 구하는 비율은 $\frac{4}{18}=\frac{2}{9}$

답 $\frac{2}{9}$

중 22 1학기와 2학기에 친 홈런의 개수의 평균이 3개 이하인 선수의 수는 **21**의 산점도에서 색칠한 부분(경계선 포함)에 속하는 점의 개수와 같으므로 5명이다. 답 ③

중 23 1학기와 2학기에 친 홈런의 개수의 합이 큰 순서대로 적으면 14개, 13개, 12개, 12개, 12개, 11개, ⋯

따라서 6등인 선수가 1학기와 2학기에 친 홈런의 개수의 합은 11개이다. 답 ④

상 24 **21**의 산점도의 직선 l에서 멀리 떨어질수록 $|x-y|$의 값은 커진다.

따라서 $x=7$, $y=2$일 때 최대이므로 $|x-y|$의 최댓값은

$|7-2|=5$ 답 ④

상 25 (가) 영어 듣기와 말하기 성적이 같은 학생 수는 오른쪽 산점도에서 직선 l 위에 있는 점의 개수와 같으므로 4명이다.

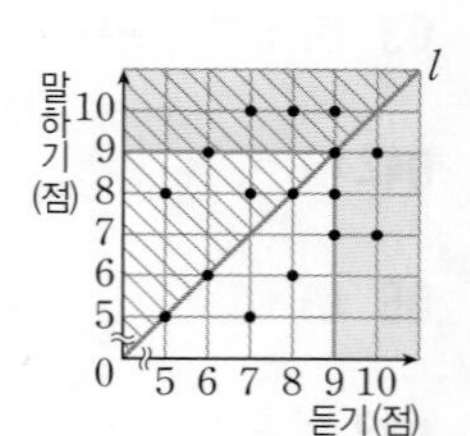

$\therefore \frac{4}{16}\times100=25$(%)

(나) 영어 듣기와 말하기 성적 중 적어도 한 영역의 성적이 9점 이상인 학생 수는 위의 산점도에서 색칠한 부분(경계선 포함)에 속하는 점의 개수와 같으므로 9명이다.

(다) 영어 듣기 성적보다 말하기 성적이 좋은 학생 수는 위의 산점도에서 빗금 친 부분(경계선 제외)에 속하는 점의 개수와 같으므로 6명이다.

따라서 영어 듣기 성적보다 말하기 성적이 좋은 학생들의 영어 듣기 성적의 평균은

$\frac{5\times1+6\times1+7\times2+8\times1+9\times1}{6}=\frac{42}{6}=7$(점)

이상에서 □ 안에 알맞은 수의 합은

$25+9+7=41$ 답 ①

중 26 주어진 산점도는 x의 값이 커짐에 따라 y의 값도 대체로 커지므로 양의 상관관계를 나타낸다.
① 상관관계가 없다.
②, ⑤ 음의 상관관계
③, ④ 양의 상관관계 답 ③, ④

하 27 음의 상관관계를 나타내는 산점도는 ④, ⑤이고, 이 중 음의 상관관계가 가장 강하게 나타나는 것은 ④이다. 답 ④

하 28 ①, ④ 양의 상관관계
②, ⑤ 음의 상관관계
③ 상관관계가 없다. 답 ③

하 29 컴퓨터 게임 시간이 길어지면 성적은 대체로 떨어지므로 두 변량 x와 y는 음의 상관관계가 있다. 답 ④

중 30 주어진 산점도는 x의 값이 커짐에 따라 y의 값은 대체로 작아지므로 음의 상관관계를 나타낸다.
①, ⑤ 음의 상관관계
② 상관관계가 없다.
③, ④ 양의 상관관계 답 ①, ⑤

중 31 에어컨 사용 시간이 길어지면 전기 요금도 대체로 올라가므로 양의 상관관계가 있다.
ㄱ, ㅁ. 양의 상관관계
ㄴ, ㄹ. 상관관계가 없다.
ㄷ. 음의 상관관계
이상에서 양의 상관관계가 있는 것은 ㄱ, ㅁ이다. 답 ㄱ, ㅁ

중 32 ⑤ 학습 시간에 비해 학생 C의 성적은 학생 B의 성적보다 낮다.
따라서 옳지 않은 것은 ⑤이다. 답 ⑤

하 33 오른쪽 산점도에서 오른쪽 위로 향하는 대각선의 위쪽에 있는 점에 해당하는 공장들이 대체로 인력에 비해 생산량이 많다고 할 수 있다.
따라서 인력에 비하여 생산량이 가장 많은 공장은 A이다. 답 ①

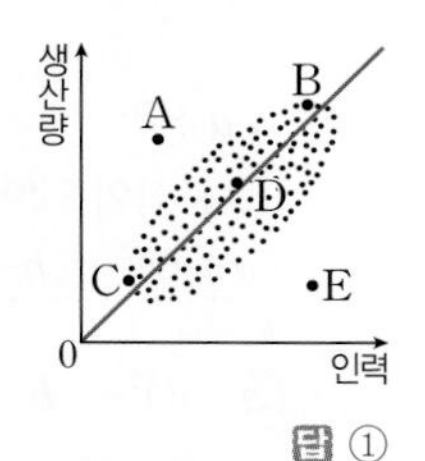

중 34 ㄱ. 지출액이 가장 많은 학생은 E이다.
ㄴ. 용돈에 비하여 지출액이 가장 많은 학생은 A이다.
ㄷ. 용돈에 비하여 저축을 많이 한다고 생각할 수 있는 학생은 용돈에 비하여 지출액이 적은 C이다.
이상에서 옳은 것은 ㄷ뿐이다. 답 ②

중 35 오른쪽 산점도에서 오른쪽 위로 향하는 대각선으로부터 멀리 떨어질수록 기록의 차가 크다.
따라서 기록의 차가 가장 큰 학생은 E이다. 답 E

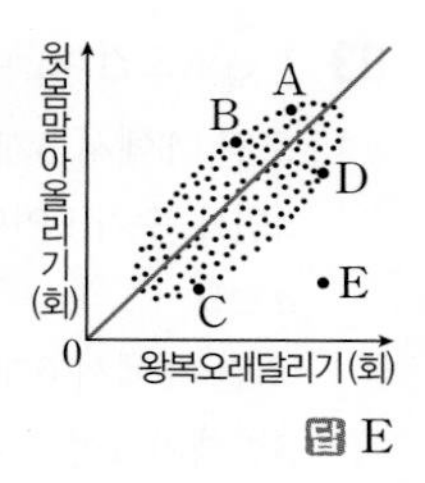

상 36 학생 10명의 성적을 산점도로 나타내었을 때 수학과 영어의 성적의 차가 큰 학생일수록 오른쪽 위로 향하는 대각선으로부터 멀리 떨어져 있다.
따라서 4번 학생의 두 과목의 성적의 차가
$89-62=27$(점)
으로 가장 크므로 이 학생이 산점도에서 대각선으로부터 가장 멀리 떨어져 있는 학생이다. 답 4번

단원 마무리 120~123쪽
Level B 필수 유형 정복하기

01 ④, ⑤	02 23.4	03 ②, ③	04 ②	05 -4
06 ⑤	07 ①	08 ③	09 6	10 $6\sqrt{3}$점
11 ①	12 ①	13 ④	14 ⑤	15 ①, ⑤
16 ④	17 ㄷ	18 E	19 11	20 32시간
21 54	22 82	23 $\frac{3}{5}$	24 19	

01 전략 대푯값과 평균, 중앙값, 최빈값의 뜻을 확인해 본다.
③ 중앙값은 자료의 개수가 짝수이면 가운데 위치한 두 변량의 평균이므로 주어진 자료 안에 없을 수도 있다.
④ 자료에 따라 최빈값은 2개 이상일 수도 있다.
⑤ 자료의 개수가 많은 경우에 대푯값으로 최빈값을 이용한다.
따라서 옳지 않은 것은 ④, ⑤이다.

02 전략 자료의 변량을 작은 값부터 순서대로 나열하여 중앙값, 최빈값을 각각 구한다.

$$(\text{평균})=\frac{9+3+7+5+8+7+8+9+10+8}{10}$$
$$=\frac{74}{10}=7.4(\text{개})$$

$\therefore a=7.4$
변량을 작은 값부터 순서대로 나열하면
3, 5, 7, 7, 8, 8, 8, 9, 9, 10
이므로 중앙값은 5번째와 6번째 값의 평균인
$\frac{8+8}{2}=8$(개) $\therefore b=8$
또, 가장 많이 나타나는 값이 8이므로 최빈값은 8개이다.
$\therefore c=8$
$\therefore a+b+c=7.4+8+8=23.4$

03 전략 조건 (가), (나)를 만족하는 a의 값의 범위를 각각 구한다.

조건 (가)에서 5개의 변량을 작은 값부터 순서대로 나열할 때 3번째 수가 9이어야 하므로

$a \geq 9$

조건 (나)에서 6개의 변량을 작은 값부터 순서대로 나열할 때 3번째와 4번째 값의 평균이 14이어야 한다.

이때 $\frac{13+15}{2}=14$이므로 6개의 변량을 작은 값부터 순서대로 나열하면

a, 11, 13, 15, 16, 17 또는 11, a, 13, 15, 16, 17

따라서 a의 값이 될 수 있는 것은 ②, ③이다.

04 전략 막대그래프로 주어진 자료에서 각 변량의 값의 도수를 파악한 후, 평균, 중앙값, 최빈값을 각각 구한다.

ㄱ. 변량의 개수는

$2+1+8+3+1=15$(개)

ㄴ. 중앙값은 변량을 작은 값부터 순서대로 나열할 때 8번째 값인 3시간이다.

ㄷ. 최빈값은 도수가 가장 큰 변량이므로 3시간이다.

또, 평균은

$\frac{1\times2+2\times1+3\times8+4\times3+5\times1}{15}=\frac{45}{15}=3$(시간)

따라서 최빈값과 평균은 같다.

이상에서 옳은 것은 ㄷ뿐이다.

05 전략 평균을 이용하여 a, b 사이의 관계식을 세운 후, 최빈값이 0임을 이용한다.

평균이 0이므로

$\frac{-5+7+(-2)+a+4+b+0}{7}=0$

$a+b+4=0 \quad \therefore a+b=-4$

이때 최빈값이 0이므로 a, b의 값 중 하나는 0이어야 한다.

그런데 $a<b$이므로

$a=-4$, $b=0$

$\therefore a-b=-4-0=-4$

06 전략 산포도, 편차, 분산의 뜻을 확인해 본다.

⑤ 변량들이 평균에 가까이 밀집되어 있을수록 산포도는 작아진다.

따라서 옳지 않은 것은 ⑤이다.

07 전략 편차의 총합은 항상 0임을 이용하여 x의 값을 구한다.

편차의 총합은 항상 0이므로

$-4+1+(-2)+x+3=0$

$-2+x=0 \quad \therefore x=2$

$2=62-$(평균)이므로

(평균)$=62-2=60$(명)

따라서 월요일에 온 손님 수는

$(-4)+60=56$(명)

08 전략 중앙값이 4임을 이용하여 a의 값을 구한다.

2, 5, 10, $a-4$의 중앙값이 4이므로 변량을 작은 값부터 순서대로 나열하면

2, $a-4$, 5, 10 또는 2, 5, $a-4$, 10

이어야 한다.

또, $\frac{(a-4)+5}{2}=4$에서 $a+1=8 \quad \therefore a=7$

따라서 주어진 자료는 5, 3, 7, 2, 8이므로

(평균)$=\frac{5+3+7+2+8}{5}=\frac{25}{5}=5$

(분산)$=\frac{0^2+(-2)^2+2^2+(-3)^2+3^2}{5}=\frac{26}{5}=5.2$

$\therefore$ (표준편차)$=\sqrt{5.2}$

09 전략 자료의 평균을 먼저 구한다.

(평균)$=\frac{(15-x)+15+(15+x)}{3}=\frac{45}{3}=15$

분산은 $(2\sqrt{6})^2=24$이므로

$\frac{\{(15-x)-15\}^2+(15-15)^2+\{(15+x)-15\}^2}{3}=24$

$2x^2=72$, $x^2=36$

$\therefore x=6$ ($\because x>0$)

10 전략 두 반의 (편차)^{2}의 총합을 각각 구한 후, 전체 학생의 (편차)^{2}의 총합을 구한다.

A, B 두 반의 평균이 같고, 분산이 각각 10^2, $(2\sqrt{30})^2$이므로 (편차)^{2}의 총합은 각각

$10^2\times30=3000$, $(2\sqrt{30})^2\times20=2400$

따라서 전체 학생 50명의 (편차)^{2}의 총합은

$3000+2400=5400$이므로

(전체 분산)$=\frac{5400}{50}=108$

$\therefore$ (전체 표준편차)$=\sqrt{108}=6\sqrt{3}$(점)

11 전략 평균과 분산을 구하는 식을 각각 세운다.

a, b, 5, 9, 11의 평균이 6이므로

$\frac{a+b+5+9+11}{5}=6$, $a+b+25=30$

$\therefore a+b=5 \quad \cdots\cdots$ ㉠

또, 분산이 12이므로

$\frac{(a-6)^2+(b-6)^2+(5-6)^2+(9-6)^2+(11-6)^2}{5}=12$

$(a-6)^2+(b-6)^2+35=60$

$a^2+b^2-12(a+b)+47=0$

위의 식에 ㉠을 대입하면

$a^2+b^2-12\times5+47=0$

$\therefore a^2+b^2=13 \quad \cdots\cdots$ ㉡

$(a+b)^2=a^2+b^2+2ab$에 ㉠, ㉡을 각각 대입하면

$5^2=13+2ab$, $2ab=12$

$\therefore ab=6$

12 전략 $(\text{평균})=\dfrac{(\text{변량의 총합})}{(\text{변량의 개수})}$, $(\text{분산})=\dfrac{\{(\text{편차})^2\text{의 총합}\}}{(\text{변량의 개수})}$임을 이용한다.

a, b, c, d의 평균이 8이므로

$\dfrac{a+b+c+d}{4}=8$

또, 분산이 4이므로

$\dfrac{(a-8)^2+(b-8)^2+(c-8)^2+(d-8)^2}{4}=4$

$2a-10$, $2b-10$, $2c-10$, $2d-10$에 대하여

$$(\text{평균})=\frac{(2a-10)+(2b-10)+(2c-10)+(2d-10)}{4}$$
$$=2\times\frac{a+b+c+d}{4}-10$$
$$=2\times8-10=6$$

$\therefore x=6$

$$(\text{분산})=\frac{1}{4}[\{(2a-10)-6\}^2+\{(2b-10)-6\}^2+\{(2c-10)-6\}^2+\{(2d-10)-6\}^2]$$
$$=\frac{(2a-16)^2+(2b-16)^2+(2c-16)^2+(2d-16)^2}{4}$$
$$=4\times\frac{(a-8)^2+(b-8)^2+(c-8)^2+(d-8)^2}{4}$$
$$=4\times4=16$$

$\therefore y=16$

$\therefore x+y=6+16=22$

다른 풀이 $2a-10$, $2b-10$, $2c-10$, $2d-10$에 대하여

$x=2\times8-10=6$, $y=2^2\times4=16$

$\therefore x+y=6+16=22$

13 전략 세 자료 A, B, C의 분포 상태를 살펴본다.

자료의 분포를 그림으로 나타내면 다음과 같다.

[자료 A] −3 −2 −1 0 1 2 3

[자료 B] −3 −2 −1 0 1 2 3

[자료 C] −3 −2 −1 0 1 2 3

ㄱ. 위의 그림은 모두 0을 중심으로 좌우 대칭이므로 세 자료 A, B, C의 평균은 0으로 모두 같다.

ㄴ. 평균 0을 중심으로 자료 B의 변량의 흩어진 정도가 가장 크므로 자료 B의 표준편차가 가장 크다.

ㄷ. 평균 0을 중심으로 자료 C의 변량의 흩어진 정도가 가장 작으므로 자료 C의 표준편차가 가장 작다.

따라서 자료 C의 변량이 가장 고르게 분포되어 있다.

이상에서 옳은 것은 ㄱ, ㄷ이다.

14 전략 표준편차를 보고 자료의 분포 상태를 파악한다.

①, ③, ④ 주어진 자료만으로는 알 수 없다.

② 모든 반의 편차의 총합은 항상 0이다.

⑤ D반의 표준편차가 가장 작으므로 국어 성적이 가장 고른 반은 D반이다.

따라서 옳은 것은 ⑤이다.

15 전략 산점도에서 두 변량 x와 y 사이의 상관관계를 파악한다.

① 음의 상관관계를 나타낸다.

⑤ 겨울철 눈이 내리는 횟수가 많을수록 자동차 사고 건수도 대체로 많아지므로 양의 상관관계가 있다.

따라서 옳지 않은 것은 ①, ⑤이다.

16 전략 안전성에 준 평점 중 가장 많이 나타나는 값을 찾아본다.

승객들이 안전성에 준 평점 중 가장 많이 나타나는 값이 4이므로 최빈값은 4점이다.

17 전략 산점도에서 각 보기를 만족하는 선수를 찾아본다.

ㄱ. 1차 경기보다 2차 경기에서 점수를 더 많이 얻은 선수의 수는 오른쪽 산점도에서 직선 l의 위쪽에 있는 점의 개수와 같으므로 6명이다.

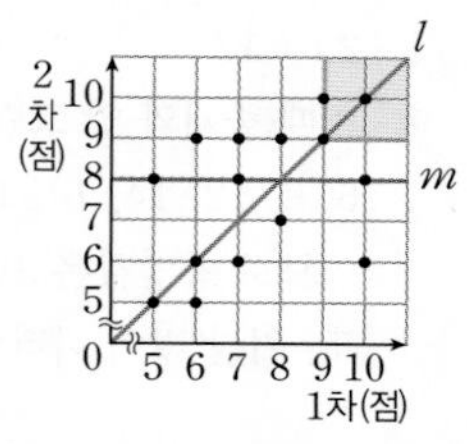

ㄴ. 2차 경기에서 8점을 얻은 선수의 수는 위의 산점도에서 직선 m 위에 있는 점의 개수와 같으므로 3명이다.

따라서 2차 경기에서 8점을 얻은 선수들의 1차 경기에서 얻은 점수의 평균은 $\dfrac{5+7+10}{3}=\dfrac{22}{3}$(점)이다.

ㄷ. 1차 경기와 2차 경기에서 얻은 점수가 모두 9점 이상인 선수의 수는 위의 산점도에서 색칠한 부분(경계선 포함)에 속하는 점의 개수와 같으므로 3명이다.

따라서 구하는 비율은 $\dfrac{3}{15}=\dfrac{1}{5}$

이상에서 옳은 것은 ㄷ뿐이다.

18 전략 산점도에서 오른쪽 위로 향하는 대각선을 기준으로 생각해 본다.

오른쪽 산점도에서 오른쪽 위로 향하는 대각선의 아래쪽에 있는 점에 해당하는 학생들이 대체로 발의 크기에 비해 키가 작다고 할 수 있다. 따라서 발의 크기에 비해 키가 가장 작은 학생은 E이다.

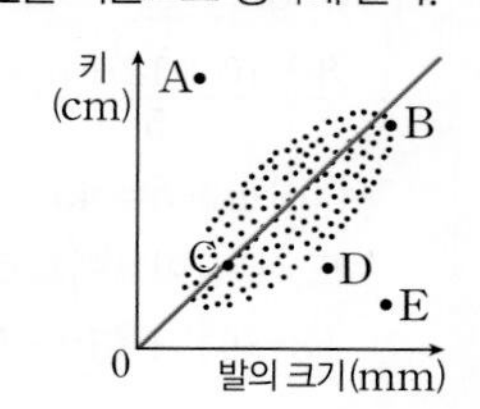

19 전략 최빈값을 이용하여 a의 값이 될 수 있는 수를 모두 구한다.

$a+1$의 값을 제외한 변량을 작은 값부터 순서대로 나열하면

8, 9, 9, 10, 12, 12, 14

이때 최빈값이 $a+1$이므로 $a+1=9$ 또는 $a+1=12$

$\therefore a=8$ 또는 $a=11$ …… ㉮

(i) $a=8$일 때, 변량을 작은 값부터 순서대로 나열하면

8, 9, 9, 9, 10, 12, 12, 14

따라서 중앙값은 $\dfrac{9+10}{2}=9.5$이므로 조건을 만족하지 않는다.

(ii) $a=11$일 때, 변량을 작은 값부터 순서대로 나열하면

8, 9, 9, 10, 12, 12, 12, 14

따라서 중앙값은 $\frac{10+12}{2}=11$이므로 조건을 만족한다.

(i), (ii)에서 조건을 만족하는 a의 값은 11이다. …… ㉯

채점 기준

㉮ 최빈값을 이용하여 가능한 a의 값 구하기	30 %
㉯ 조건을 만족하는 a의 값 구하기	70 %

20 전략 평균을 이용하여 먼저 a의 값을 구한다.

평균이 18시간이므로

$\frac{1}{15}\{6+8+12+14+14+15+(10+a)+(10+a)+16+18+20+23+26+33+33\}=18$

$\frac{258+2a}{15}=18$, $258+2a=270$

$2a=12$ $\therefore a=6$ …… ㉮

이때 줄기와 잎 그림에서 변량을 작은 값부터 순서대로 나열하면

6, 8, 12, 14, 14, 15, 16, 16, 16, 18, 20, 23, 26, 33, 33

이므로 중앙값은 8번째 값인 16시간이다.

또, 가장 많이 나타나는 값이 16이므로 최빈값은 16시간이다. …… ㉯

따라서 중앙값과 최빈값의 합은

$16+16=32$(시간) …… ㉰

채점 기준

㉮ a의 값 구하기	40 %
㉯ 중앙값과 최빈값 각각 구하기	40 %
㉰ 중앙값과 최빈값의 합 구하기	20 %

21 전략 추가한 2개의 변량을 각각 a, b라 하고 평균과 분산을 이용하여 a, b에 대한 식을 세운다.

추가한 2개의 변량을 각각 a, b라 하면 8, 10, 12, a, b의 평균이 9이므로

$\frac{8+10+12+a+b}{5}=9$

$30+a+b=45$ $\therefore a+b=15$ …… ㉠ …… ㉮

또, 분산이 4이므로

$\frac{(8-9)^2+(10-9)^2+(12-9)^2+(a-9)^2+(b-9)^2}{5}=4$

$11+(a-9)^2+(b-9)^2=20$

$\therefore a^2+b^2-18(a+b)+153=0$

위의 식에 ㉠을 대입하면

$a^2+b^2-18\times15+153=0$

$\therefore a^2+b^2=117$ …… ㉡ …… ㉯

따라서 $(a+b)^2=a^2+b^2+2ab$에 ㉠, ㉡을 각각 대입하면

$15^2=117+2ab$, $2ab=108$

$\therefore ab=54$ …… ㉰

채점 기준

㉮ 추가한 2개의 변량을 a, b로 놓고 $a+b$의 값 구하기	30 %
㉯ a^2+b^2의 값 구하기	40 %
㉰ ab의 값 구하기	30 %

22 전략 평균과 분산을 구하는 식을 각각 세운 후, x, y의 값을 구한다.

평균이 8회이므로

$\frac{6\times2+7\times2+8\times x+9\times4+10\times y}{2+2+x+4+y}=8$

$\frac{62+8x+10y}{8+x+y}=8$, $62+8x+10y=64+8x+8y$

$2y=2$ $\therefore y=1$ …… ㉮

또, 분산이 $1^2=1$이므로

$\frac{(-2)^2\times2+(-1)^2\times2+0^2\times x+1^2\times4+2^2\times1}{2+2+x+4+1}=1$

$\frac{18}{9+x}=1$, $18=9+x$

$\therefore x=9$ …… ㉯

$\therefore x^2+y^2=9^2+1^2=82$ …… ㉰

채점 기준

㉮ y의 값 구하기	40 %
㉯ x의 값 구하기	40 %
㉰ x^2+y^2의 값 구하기	20 %

23 전략 산점도에서 조건을 만족하는 날을 찾아본다.

미세 먼지 농도가 40 $\mu g/m^3$ 초과인 날의 수는 오른쪽 산점도에서 직선 l의 오른쪽에 속하는 점의 개수와 같으므로 20일이다. …… ㉮

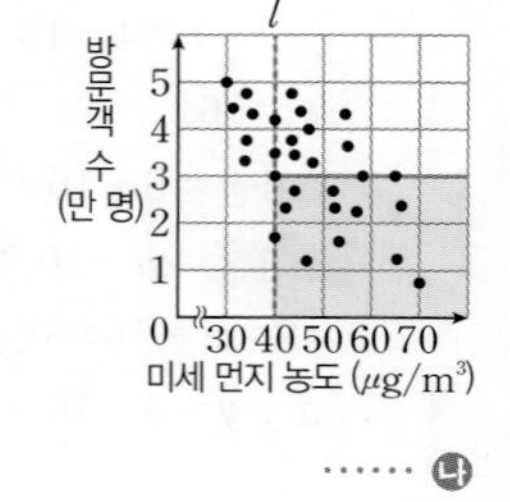

이 중에서 방문객 수가 3만 명 이하인 날의 수는 색칠한 부분에 속하는 점의 개수와 같으므로 12일이다. …… ㉯

따라서 구하는 비율은 $\frac{12}{20}=\frac{3}{5}$ …… ㉰

채점 기준

㉮ 미세 먼지 농도가 40 $\mu g/m^3$ 초과인 날의 수 구하기	40 %
㉯ 방문객 수가 3만 명 이하인 날의 수 구하기	40 %
㉰ 비율 구하기	20 %

24 전략 산점도에서 조건을 만족하는 학생을 찾아본다.

지난 일주일 동안 먹은 과자와 음료수의 개수의 합이 12개 이상인 학생 수는 오른쪽 산점도에서 색칠한 부분(경계선 포함)에 속하는 점의 개수와 같으므로 10명이다.

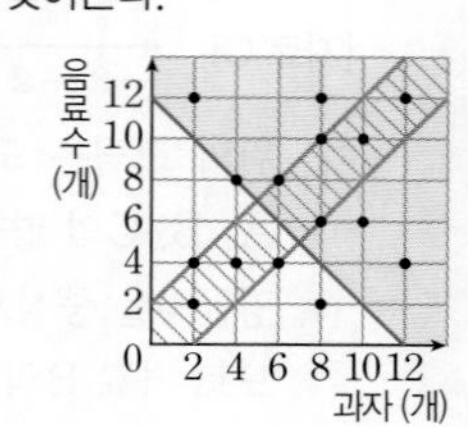

$\therefore a=10$ …… ㉮

지난 일주일 동안 먹은 과자와 음료수의 개수의 차가 2개 이하인 학생 수는 위의 산점도에서 빗금 친 부분(경계선 포함)에 속하는 점의 개수와 같으므로 9명이다.

$\therefore b=9$ …… ㉯

$\therefore a+b=19$ …… ㉰

채점 기준

㉮ a의 값 구하기	40 %
㉯ b의 값 구하기	40 %
㉰ $a+b$의 값 구하기	20 %

단원 마무리 124~125쪽

Level C 발전 유형 정복하기

01 2 : 5	02 ⑤	03 $\sqrt{6}$	04 ③	05 198
06 ②	07 26점	08 ⑤	09 $\frac{20}{7}$	10 $\sqrt{29.2}$점
11 1	12 2명			

01 전략 두 집단 A, B의 도수가 각각 m, n이고 평균이 각각 a, b일 때, 두 집단 A, B 전체의 평균은 $\frac{ma+nb}{m+n}$임을 이용한다.

A 반의 학생 수가 a명, B 반의 학생 수가 b명일 때
A, B 두 반 전체의 기말고사 평균 점수가 74점이므로
$\frac{69a+76b}{a+b}=74$
$69a+76b=74a+74b \qquad \therefore 5a=2b$
따라서 A, B 두 반의 학생 수의 비는
$a : b=2 : 5$

02 전략 1반, 2반의 꺾은선그래프를 표로 나타내 본다.

1반의 꺾은선그래프를 표로 나타내면 다음과 같다.

크기(mm)	230	235	240	245	250	255	합계
학생 수(명)	1	6	10	7	4	3	31

2반의 꺾은선그래프를 표로 나타내면 다음과 같다.

크기(mm)	230	235	240	245	250	255	합계
학생 수(명)	2	5	8	8	5	2	30

ㄱ. 1반에서 변량 240 mm의 도수가 10명으로 가장 크므로 최빈값은 240 mm이다.
ㄴ. 2반에서 변량 240 mm와 245 mm의 도수가 8명으로 가장 크므로 최빈값은 240 mm, 245 mm의 2개이다.
ㄷ. 1반의 중앙값은 16번째 값인 240 mm이고,
2반의 중앙값은 15번째와 16번째 값의 평균인
$\frac{240+245}{2}=242.5(\text{mm})$
ㄹ. 2반의 평균은
$\frac{230\times2+235\times5+240\times8+245\times8+250\times5+255\times2}{30}$
$=\frac{7275}{30}=242.5(\text{mm})$
따라서 2반의 평균과 중앙값은 같다.
이상에서 옳은 것은 ㄱ, ㄴ, ㄹ이다.

03 전략 $(\text{평균})=\frac{(\text{변량의 총합})}{(\text{변량의 개수})}$, $(\text{분산})=\frac{\{(\text{편차})^2\text{의 총합}\}}{(\text{변량의 개수})}$임을 이용한다.

100개의 변량을 x_1, x_2, $\cdots$, x_{100}이라 하면
$x_1+x_2+\cdots+x_{100}=300$,
$x_1^2+x_2^2+\cdots+x_{100}^2=1500$이므로
$(\text{평균})=\frac{x_1+x_2+\cdots+x_{100}}{100}=\frac{300}{100}=3$
$(\text{분산})=\frac{(x_1-3)^2+(x_2-3)^2+\cdots+(x_{100}-3)^2}{100}$
$=\frac{(x_1^2+x_2^2+\cdots+x_{100}^2)-6(x_1+x_2+\cdots+x_{100})+9\times100}{100}$
$=\frac{1500-6\times300+900}{100}=\frac{600}{100}=6$
$\therefore (\text{표준편차})=\sqrt{6}$

04 전략 잘못 입력된 몸무게가 포함된 자료의 평균과 분산을 각각 식으로 나타내 본다.

잘못 입력된 몸무게 48 kg, 50 kg이 포함된 6개의 변량을 48, 50, a, b, c, d라 하면 평균이 50 kg이므로
$\frac{48+50+a+b+c+d}{6}=50$
$\therefore a+b+c+d=202$
48, 50, a, b, c, d의 분산이 4이므로
$\frac{1}{6}\{(48-50)^2+(50-50)^2+(a-50)^2+(b-50)^2+(c-50)^2+(d-50)^2\}=4$
$\therefore (a-50)^2+(b-50)^2+(c-50)^2+(d-50)^2=20$
따라서 실제 6개의 변량이 51, 47, a, b, c, d이므로
$(\text{평균})=\frac{51+47+a+b+c+d}{6}$
$=\frac{98+202}{6}=\frac{300}{6}=50(\text{kg})$
$(\text{분산})=\frac{1}{6}\{(51-50)^2+(47-50)^2+(a-50)^2+(b-50)^2+(c-50)^2+(d-50)^2\}$
$=\frac{10+20}{6}=\frac{30}{6}=5$

05 전략 평균과 분산을 구하는 식을 각각 세운 후, 직육면체의 겉넓이가 $2ab+2bc+2ca$임을 이용한다.

모서리의 길이의 평균이 6이므로
$\frac{4a+4b+4c}{12}=6$, $4(a+b+c)=72$
$\therefore a+b+c=18 \qquad \cdots\cdots ㉠$
또, 모서리의 길이의 분산이 $(\sqrt{6})^2=6$이므로
$\frac{4(a-6)^2+4(b-6)^2+4(c-6)^2}{12}=6$
$(a-6)^2+(b-6)^2+(c-6)^2=18$
$a^2+b^2+c^2-12(a+b+c)+90=0$
위의 식에 ㉠을 대입하면
$a^2+b^2+c^2-12\times18+90=0$
$\therefore a^2+b^2+c^2=126$
$\therefore (\text{겉넓이})=2ab+2bc+2ca$
$=(a+b+c)^2-(a^2+b^2+c^2)$
$=18^2-126=198$

06 전략 각 자료의 변량을 비교하여 표준편차의 변화를 파악한다.

[자료 B]는 [자료 A]의 변량에 각각 50만큼 더한 것이므로 표준편차는 변화가 없다.
$\therefore a=b$

[자료 C]는 [자료 A]의 변량에 각각 2배한 것이므로 표준편차는 2배가 된다.

$\therefore a<c$

따라서 a, b, c의 대소 관계는 $a=b<c$

07 전략 두 과목의 성적의 합이 하위 25 %에 속하는 학생 수를 구한다.

전체 학생 수는 산점도에 있는 모든 점의 개수와 같으므로 12명이다.

이 학생들 중 하위 25 %에 속하는 학생 수는

$12\times\frac{25}{100}=3$(명)

즉, 두 과목의 성적의 합이 작은 쪽에서 순서대로 3명의 학생을 선택하여 재시험을 보게 하면 된다.

사회와 역사 성적의 합이 작은 순서대로 적으면

24점, 26점, 28점, 30점, ⋯

따라서 재시험을 봐야 하는 학생들의 사회와 역사 성적의 합의 평균은

$\frac{24+26+28}{3}=\frac{78}{3}=26$(점)

08 전략 선발된 학생들의 총점의 평균이 17점임을 이용하여 선발된 학생 수를 구한다.

1차, 2차에 화살를 쏘아 얻은 점수의 총점이 큰 순서대로 적으면

20점, 18점, 18점, 17점, 16점, 15점, 15점, ⋯

이때

$\frac{20+18+18+17+16+15+15}{7}$

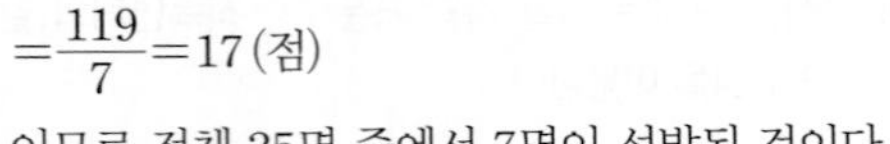

$=\frac{119}{7}=17$(점)

이므로 전체 25명 중에서 7명이 선발된 것이다.

따라서 선발된 학생들은 상위 $\frac{7}{25}\times100=28$(%) 이내에 든다.

09 전략 (분산)$=\frac{\{(편차)^2의\ 총합\}}{(변량의\ 개수)}$임을 이용한다.

선발된 학생들은 평균이 17점이므로

$$(분산)=\frac{1}{7}\{(20-17)^2\times1+(18-17)^2\times2+(17-17)^2\times1+(16-17)^2\times1+(15-17)^2\times2\}$$

$$=\frac{20}{7}$$

10 전략 상민이의 성적을 x점이라 하고 나머지 학생들의 성적을 x에 대한 식으로 나타낸다.

상민이의 성적을 x점이라 하면 미경, 지연, 민철, 기수의 성적은 각각 $(x+1)$점, $(x-9)$점, $(x-10)$점, $(x+3)$점이다. ⋯⋯ ㉮

$$(평균)=\frac{(x+1)+(x-9)+x+(x-10)+(x+3)}{5}$$

$$=\frac{5x-15}{5}=x-3(점)$$ ⋯⋯ ㉯

$$(분산)=\frac{1}{5}[\{(x+1)-(x-3)\}^2+\{(x-9)-(x-3)\}^2+\{x-(x-3)\}^2+\{(x-10)-(x-3)\}^2+\{(x+3)-(x-3)\}^2]$$

$$=\frac{4^2+(-6)^2+3^2+(-7)^2+6^2}{5}$$

$$=\frac{146}{5}=29.2$$ ⋯⋯ ㉰

$\therefore$ (표준편차)$=\sqrt{29.2}$(점) ⋯⋯ ㉱

채점 기준

㉮ 상민이의 성적을 x점이라 하고 나머지 학생들의 성적을 x에 대한 식으로 나타내기	30 %
㉯ 평균 구하기	30 %
㉰ 분산 구하기	30 %
㉱ 표준편차 구하기	10 %

11 전략 두 자료 A, B의 분산이 같음을 이용하여 a, b 사이의 관계식을 세운다.

자료 A의 평균과 분산을 각각 m_A, s_A라 하면

$$m_A=\frac{a\times4+2a\times2+3a\times4}{10}=\frac{20a}{10}=2a$$

$$s_A=\frac{(a-2a)^2\times4+(2a-2a)^2\times2+(3a-2a)^2\times4}{10}$$

$$=\frac{8a^2}{10}=\frac{4}{5}a^2$$ ⋯⋯ ㉮

자료 B의 평균과 분산을 각각 m_B, s_B라 하면

$$m_B=\frac{b\times8+2b\times4+3b\times8}{20}=\frac{40b}{20}=2b$$

$$s_B=\frac{(b-2b)^2\times8+(2b-2b)^2\times4+(3b-2b)^2\times8}{20}$$

$$=\frac{16b^2}{20}=\frac{4}{5}b^2$$ ⋯⋯ ㉯

자료 A와 자료 B의 분산이 서로 같으므로

$\frac{4}{5}a^2=\frac{4}{5}b^2$ $\therefore a=b$ ($\because a$, b는 자연수)

$\therefore \frac{b}{a}=1$ ⋯⋯ ㉰

채점 기준

㉮ 자료 A의 평균과 분산을 a에 대한 식으로 나타내기	40 %
㉯ 자료 B의 평균과 분산을 b에 대한 식으로 나타내기	40 %
㉰ $\frac{b}{a}$의 값 구하기	20 %

12 전략 산점도에서 각 조건을 만족하는 학생을 찾아본다.

주어진 조건을 모두 만족하는 학생 수는 오른쪽 산점도에서 색칠한 부분에 속하는 점의 개수와 같다. ⋯⋯ ㉮

따라서 구하는 학생 수는 2명이다. ⋯⋯ ㉯

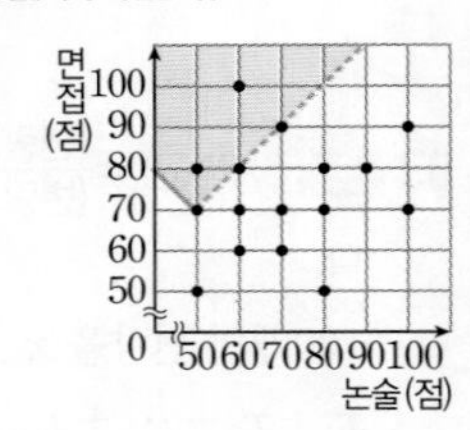

채점 기준

㉮ 산점도에서 조건을 만족하는 부분 파악하기	60 %
㉯ 학생 수 구하기	40 %

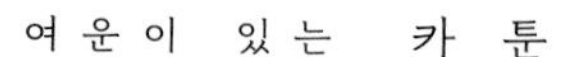

나만의 공간

층간 소음이 심각하다!

memo